极大平面图理论

(上册：结构-构造-着色)

许 进 著

科 学 出 版 社
北 京

内 容 简 介

图论作为数学的一个重要分支，已广泛应用于计算机科学、信息科学、生命科学、管理科学等领域。平面图是图论的主体内容。由于诸如四色猜想、唯一 4-色平面图猜想和九色猜想等的研究对象均为极大平面图，故从 1879 年至今，学者们从各种角度展开了对极大平面图的研究。本书系统地介绍极大平面图的结构、构造及着色等相关理论，内容包括：基于放电变换的极大平面图乃至一般平面图的结构特征研究；四色猜想的计算机证明；极大平面图的几种构造方法；极大平面图生成运算系统；极大平面图色多项式递推公式；唯一 4-色极大平面图猜想的研究；极大平面图中 Kempe 变换与σ-特征图理论等。

本书可供图论相关专业的研究人员阅读及参考，也可供计算机科学、信息科学、人工智能、通信工程、生命与医学工程、电路与系统工程等专业的研究人员及学生参考。

图书在版编目（CIP）数据

极大平面图理论．上册，结构-构造-着色 / 许进著．—北京：科学出版社，2019.1

ISBN 978-7-03-060377-7

Ⅰ．①极…　Ⅱ．①许…　Ⅲ．①平面图　Ⅳ．①O157.5

中国版本图书馆 CIP 数据核字（2019）第 006148 号

责任编辑：牛宇锋 / 责任校对：郭瑞芝
责任印制：师艳茹 / 封面设计：刘可红

科 学 出 版 社 出版
北京东黄城根北街 16 号
邮政编码：100717
http://www.sciencep.com

北京凌奇印刷有限责任公司 印刷
科学出版社发行　各地新华书店经销

*

2019 年 1 月第　一　版　开本：720 × 1000　1/16
2019 年 1 月第一次印刷　印张：23　1/2
字数：456 000

POD定价：　150.00元

序

(一)

数学中的猜想与难题众多，但没有统一标准来衡量其难易程度。一个通常的衡量标准是：从提出到解决，或尚待解决的年限。至于这些猜想与难题的价值，则在于有助解决数学与其他学科中的重要问题，以及现实生活中的实际问题。例如，ABC 猜想可用于丢番图分析，黎曼猜想与哥德巴赫猜想、孪生素数猜想等息息相关，其成果可极大促进对素数特性与分布的研究，进而应用于密码分析与破译之中。四色猜想极大地促进了诸如最大团与最大独立集问题、最小覆盖问题、图的着色理论等的发展，且与唯一 4-色极大平面图猜想、九色猜想等息息相关，其成果可直接应用于如各种调度问题、蛋白质结构预测等 NP-完全问题的研究。

1975 年，在美国伊利诺伊大学召开的一次国际数学会议上，数学家们回顾了七十多年来希尔伯特 23 个问题的研究进展。当时约有一半问题已经解决，另一半中大多数问题也都有重大进展。1976 年，在美国数学家评选的自 1940 年以来美国数学的十大成就中，有三项就是希尔伯特第一、第五、第十问题的解决。由此可见，能解决希尔伯特问题，是当代数学家的无上光荣。希尔伯特问题在过去百年中激发数学家的智慧，指引数学前进的方向，其对数学发展的影响和推动是无法估量的。

在 20 世纪，一些重大数学难题得到完满解决，如费马大定理的证明，有限单群分类工作的完成，从而使数学的基本理论得到空前发展。2000 年克雷数学研究所选定的“千年大奖问题”，其中包括 P-NP 问题、霍奇猜想、庞加莱猜想、黎曼假设、杨-米尔斯理论、纳维-斯托克方程、BSD 猜想。这七大难题的共同特点是具有很强的应用背景。

(二)

在猜想或难题中，有些涉及的知识较深，需要相当的数学功底方能理解。如黎曼猜想，它不仅涉及复变函数的一些知识，还体现了素数分布与复平面上解析变换的深刻联系。

人们常说的数学领域内的三大著名猜想，即费马猜想(费马大定理)、哥德巴赫猜想和四色猜想都属于一说就懂之列。费马猜想和哥德巴赫猜想，即使只具有小学数学基础都不难知其题意。而四色猜想，无数学基础也能明白。这三个猜想以其通俗易懂的题设，优雅精妙的结论挑战着人类的智慧，成为“家喻户晓”的世界难题。

法国数学家费马在 1637 年提出猜想：当自然数 $n>2$ 时，基于变量 x,y,z 的方程 $x^n+y^n=z^n$ 无正整数解。费马猜想如此简单易懂，给人以很容易的假象，从此开启了可歌可泣的探寻历程。数学家欧拉、勒让德、狄利克雷、高斯等前赴后继，直到 1995 年终于被维尔斯彻底证明。

哥德巴赫猜想：任一大于 2 的偶数 n 可分解为两个素数之和。该问题的题设只涉及整数分解和四则运算，但是在将近三个世纪的时间里，人们依旧无法找到解决它的有效途径。数学家们不断探索追寻着：维诺格拉多夫证明了三素数定理，陈景润给出了 1+2 的陈氏定理，丰富了数论的内容，推动了数论的发展。

四色猜想：任意地图均可用四种颜色进行着色，使得有共同边界的区域着不同颜色。这个貌似简单的数学猜想却难倒了不少著名的数学家。虽然在 1976 年 Appel 与 Haken 宣布用计算机了给出四色猜想的“证明”，但在数学界，该成果仍不能令人信服。寻求四色猜想的数学证明，仍是一个尚待解决的难题。

(三)

四色猜想的研究对象可归结为极大平面图，极大平面图是所含边数最多的一类平面图，许多著名的猜想和问题都可以归结为对极大平面图的研究，如唯一 4-色平面图猜想、九色猜想以及平面图分解与覆盖等问题。正因为如此，从 1879 年至今，众多学者从各种不同的角度展开了对极大平面图的研究，包括度序列、构造、着色、可遍历性、Hamilton 性、计数、色多项式、生成运算系统、翻转运算、分解与覆盖、生成树和算法等方面。这些问题旨在探索极大平面图的结构与着色之间的关系，有助于探索四色猜想的数学证明。

(四)

许进教授在图论领域造诣深厚，在许多分支有重要贡献，在平面图与着色领域有许多创新成果。《极大平面图理论(上册：结构-构造-着色)》一书将国内外学者在极大平面图的结构、构造及着色等相关理论给予系统介绍与研究，主要包括：研究基于放电变换的平面图的结构特征，完整地介绍四色猜想的计算机证明，给出极大平面图的几种构造方法等，特别是介绍作者在极大平面图理论中四个亮点成果：

第一，给出了不同于已有的极大平面图的构造方法，称为极大平面图的生成运算系统，其优势是可有机地将构造与着色融为一体。

第二，给出了色多项式递推公式，并由此将证明四色猜想的问题转化成对一类特殊的 **4-色漏斗型伪唯—4-色极大平面图**特性的研究，为四色猜想的数学证明指出了一种新的思路。

第三，唯一 4-色极大平面图猜想是至今没有解决的具有 45 年历史的数学难题，作者将此猜想转化成纯树着色问题的研究，并提出了一个猜想。

第四，对 Kempe 证明四色猜想所用到的核心工具 Kempe 变换进行了更为深入的研究，在此基础上提出了σ-特征图等理论。这些成果揭示了 Kempe 不能证明四色猜想的根本原因——Kempe 变换不能从一个 4-着色导出所有 4-着色。这些成果为四色猜想、唯一 4-色极大平面图猜想等的最终数学证明铺平了道路。

最后，借此机会祝许进教授在此领域取得更大成果，并盼望该书下册尽快完成。

张景中

2018 年 12 月

前　言

1985 年 7 月的一天午休，作为硕士研究生的我，突然想到可以证明四色猜想的一种方法，于是，手心冒汗，无法入睡。下午给导师王自果教授汇报，王老师说，这是百年数学难题，至今没有找到数学证明的思路，不是那么简单，你再好好考虑考虑。到了晚上，我就将自己的想法否定了。但通过这次“冲动”，激发了我对图论的热爱，更激发了一个 20 多岁年轻人“初生牛犊不怕虎”的天性——试图给出四色猜想的数学证明。

研究生毕业后回到母校陕西师范大学数学系任教，成立了一个图论讨论组，每星期讨论一次。我们教研室有 5 位老师参加。在 1991 年的一次讨论班上，我开玩笑式地在黑板上用图的色多项式方法来证明四色猜想。推导着推导着，一个令人惊奇的结果出现了，该结果不仅把四色猜想的证明转化成对可色坐标系图类特性的研究，而且给出了一种将着色与构造融为一体的极大平面图构造方法——极大平面图的扩缩运算系统。这些工作将分别在本书第 6、7 章给予详细介绍。

当时以为可色坐标系的图有两类：唯一 4-色极大平面图与拟唯一 4-色极大平面图。易证后者是可分极大平面图，故不予考虑。而对唯一 4-色极大平面图，很快猜想：只有递归极大平面图，且递归极大平面图是 4-色的。于是，乐观地认为，四色猜想就要被数学证明了。事实并非如此：第一，可色坐标系的图中，还存在当时未被发现的一类，后来我将其命名为伪唯一 4-色极大平面图，而要弄清楚此类图的特征，比唯一 4-色极大平面图还困难；第二，唯一 4-色极大平面图是递归极大平面图并非我先发现，是一个至今尚待解决的猜想！

从 1991 年到 2009 年，整整 18 年，我“转战东南西北”，先后工作于陕西师范大学、西安电子科技大学、华中科技大学、北京大学，致力于唯一 4-色极大平面图猜想的证明，遗憾的是，颗粒无收。我几乎放弃对它的证明，但还是不甘心地默默期盼奇迹发生。

2009 年 5 月 4 日上午，我又在燕北园家里琢磨唯一 4-色极大平面图猜想的证明，恩师余道衡教授突然来到我家，躲闪不及，我只能如实交代研究四色猜想的秘密。他惊奇地发现我 1991 年给出四色猜想“证明”的 43 页手稿，并殷切希望我能继续坚持。余教授的鼓励又激发了我证明四色猜想的勇气和胆量。

经过几个月的系统整理与思考，我认识到欲解决百年数学难题，无捷径，必须摸清它的对象特征。哥德巴赫猜想、孪生数猜想为什么至今没有解决，原因很简单，就是数学界至今对素数家族没有弄清楚，四色猜想至今没有给出数学证明，同样的道理，是没有对极大平面图的家族搞清楚！欲给出四色猜想的数学证明，必须弄清楚极大平面图的“五脏六腑”。

2009 年至今，我对极大平面图从三个方面展开研究：结构与构造、着色运算、色坐标系。构造的目的是从不同的角度知道每个极大平面图是从何处来，它的“祖先”是谁？它能产生多少个“孩子”，特别是应该与着色紧密关联；着色运算，意在从一个着色出发，导出该图的所有着色；色坐标系理论，意在刻画可色坐标系图的基本特征。换言之，即解决唯一 4-色极大平面图猜想，并给出伪唯一 4-色极大平面图的特征。本书上、下两册围绕着这三个方面展开，其中上册的具体章节内容简介如下：第 1 章主要给出书中所用的一些最基本的定义、记号与理论，特别给出平面图的一些相关的基本理论，如著名的 Kuratowski 定理、平面测试算法等。第 2 章以放电变换为工具研究平面图的结构特征。第 3 章介绍用计算机证明四色猜想的原理，主要包括 Heesch、Haken 及 Simon 等的工作。第 4 章主要给出同阶极大平面图的一种构造方法——边翻转运算，证明任意两个同阶极大平面图可通过有限次边翻转运算相互转化，并给出了所需边翻转次数的界。第 5 章给出异阶极大平面图的构造方法——递归生成运算，即基于小阶数的极大平面图，通过一组算子，来构造所需的极大平面图。第 6 章给出一种将结构与着色融为一体的构造方法——生成运算系统，有助于四色猜想的数学证明。第 7 章给出求解极大平面图色多项式的一种递推公式，基于该公式，得到证明四色猜想的两种思路。第 8 章相继深入研究哑铃极大平面图与递归极大平面图的结构与特性，结合第 6 章的扩缩运算，给出证明唯一 4-色极大平面图猜想的一种思路。第 9 章重点介绍 Kempe 变换、刻画所有着色之间关联关系的σ-特征图、非 Kempe 图的 3 种类型等。Kempe 变换是 Kempe“证明”四色猜想的精髓。其功能是：从极大平面图中的一个 4-着色导出另一个 4-着色。Kempe 用该变换未能证明四色猜想的根本原因是：存在大量的不能从一个 4-着色导出所有 4-着色的极大平面图。虽然如此，由于图顶点着色问题是一个困难的 NP-完全问题，故从 1879 年至今的 130 多年来，Kempe 变换一直是平面图、非平面图着色理论、算法与应用研究中的基本工具。

附录 A 具体给出了 6～12-阶 $\delta \geqslant 4$ 的极大平面图的结构。附录 B 给出了 6～12-阶 $\delta \geqslant 4$ 的非可分极大平面图的全部着色，以及部分非可分极大平面图的σ-特征图，以进一步明确该极大平面图是纯圈型、纯树型还是混合型，是否具有 2-色不变圈。作者以为，两个附录是深入研究极大平面图很有用的工具。

本书在完成过程中，与北京大学余道衡教授、中国科学院的王建方研究员、西北师范大学姚兵教授和陈祥恩教授、山东大学吴建良教授等进行了多次有益的讨论，在此一并表示感谢。

此外，我的几位学生付出了辛勤劳动，使得本书按时交稿，他们是朱恩强、李泽鹏、刘小青、王宏宇、周洋洋、赵栋杨、马明远、苏静等，在此一并表示感谢。

在本书完成过程中，北京大学信息科学技术学院诸多领导、专家、同事均给予大力鼓励与支持，包括杨芙清院士、王阳元院士、何新贵院士、梅宏院士、黄如院士、屈婉玲教授、王捍贫教授、曹永知教授、刘田副教授、边凯归副教授等。在此对他们表示衷心的感谢！衷心感谢我的几位恩师对我多年的培养，他们是保铮院士、汪应洛院士、陈开国教授、王国俊教授、王自果教授、魏显荪教授、王朝瑞教授、王建方研究员、张福基教授、张忠辅教授等。

本书出版得到国家自然科学基金(项目批准号：61672050、61672051)的资助。

限于作者水平，书中难免存在不妥之处，敬请广大读者批评指正。

目　　录

第1章 图论基础

本章主要给出书中所用的一些最基本的定义、记号与理论；特别给出平面图的一些相关的基本理论，如著名的Kuratowski定理、平面测试算法等。

1.1 图的定义与类型

我们用$X^{(k)}$表示非空集X的所有k-元子集构成的集族，$k \geqslant 2$。基于此，给出图的定义：设V是一个非空子集，$E \subseteq V^{(2)}$，则把2-元有序对(V, E)称为一个**图**，记作G，并把V称为图G的**顶点集**，E称为图G**边集**；V中的每个元素称为图G的**顶点**，E中的每个元素称为图G的**边**。设$\{u, v\} \in E$，通常用$uv \triangleq e$来代替$\{u, v\}$，称顶点u与顶点v**相邻**；并称顶点u(或v)与边e(相互)**关联**。

设$v \in V(G)$，用$N_G(v)$或$N(v)$表示在图G中所有与顶点v相邻的顶点构成的集合，称为v的**邻域集**。图G中的两条边e_1, e_2称为**相邻的**，如果它们关联于同一个顶点，设$V' \subseteq V$，如果V'中的任意一对顶点均不相邻，则称V'是G的一个**独立集**。类似地，设$E' \subseteq E$，若E'中的任意一对边均不相邻，则称E'是G的**匹配集**，或称为G的**边独立集**。

注1 在集合的定义中，元素不允许重复，因此，V与E中均无重复的元素，且$V^{(2)}$为无序2-元子集构成的集族。这就意味着：①E中没有重复的边；②E中的每一条边$e = uv$中的两个关联顶点不同；③$e = uv = vu$。故把上述所定义的图也称为**简单无向图**。

若V与E中的元素均为有限的，则G称为**有限图**；否则，称为**无限图**。本书所言之图皆指有限图。通常定义$|V| = n$，称为图G的**阶**，$|E| = m$称为图G的**规模**，并把具有n个顶点，m条边的图称为(n, m)-**图**。

若将一个图G在平面上用一几何图形来表示：其顶点用一个小圆点(以后简称为点)表示，若在G中顶点u与v相邻，则在u与v之间连接一条线。这种将一个图画在平面上的方法称为G的**图解**。用图解表示一个图的这种图形表示法，使人们更能直观、清晰地认识到图的结构，有助于理解图的许多性质。这也是图论魅力所在。

设$G = (V, E)$是一个n-阶图，$V = \{v_1, v_2, \cdots, v_n\}$。若$E = V^{(2)}$，则称$G$为$n$-**阶**

完全图，记作 K_n，如图 1.1(a)和(b)给出了 K_4 的两种不同的图解。完全图的特征是：每对顶点均相邻。与完全图恰恰相反的是：每对顶点均不相邻，称为空图。确切定义如下：

设 G 是一个 n-阶简单图。如果 $E(G)=\varnothing$(空集)，则称 G 为 **n-阶空图**，也称 **n-阶零图**，记作 N_n，在不考虑顶点数时，通常称为**空图**或**零图**。

若 $E=\{v_1v_2, v_2v_3, \cdots, v_{n-1}v_n, v_nv_{n+1}\}$，则称 G 为 **n-长路**或 **n-路**，记作 P_{n+1}，P_{n+1} 可记为 $v_1v_2\cdots v_{n+1}$，如图 1.1(c)给出了 P_4 的一个图解；若 $E=\{v_1v_2, v_2v_3, \cdots, v_{n-1}v_n, v_nv_1\}$，则称 G 为 **n-圈**，记作 C_n，C_n 可表示为 $v_1v_2\cdots v_n$，如图 1.1(d)给出了 C_4 的一个图解。一个图 G 称为**二部图**，如果它的顶点集可以分解为两个非空子集 X 和 Y，使得每条边都有一个端点在 X 中，另一个端点在 Y 中，记为 $G[X,Y]$。

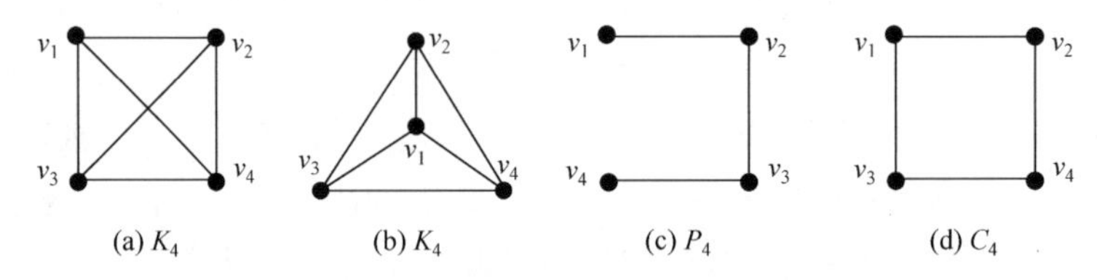

图 1.1 K_4、P_4 和 C_4 的图解

注 2 一个图的图解，其顶点不论大小、圆扁、空心还是实心，边不论长短、粗细、曲直。但在图解中，尽可能让两条边在平面上不相交。

例 1.1 设 $G=(V,E)$ 是一简单图，顶点集为 $V=\{v_1, v_2, v_3, v_4, v_5, v_6, v_7, v_8, v_9, v_{10}\}$，$E=\{v_1v_2, v_2v_3, v_3v_4, v_4v_5, v_5v_1, v_6v_8, v_8v_{10}, v_{10}v_7, v_7v_9, v_9v_6, v_1v_6, v_2v_7, v_3v_8, v_4v_9, v_5v_{10}\}$，此图是著名的**彼得松**(Peterson)**图**。图 1.2(b)和(c)分别给出了该图的两种不同的图解。

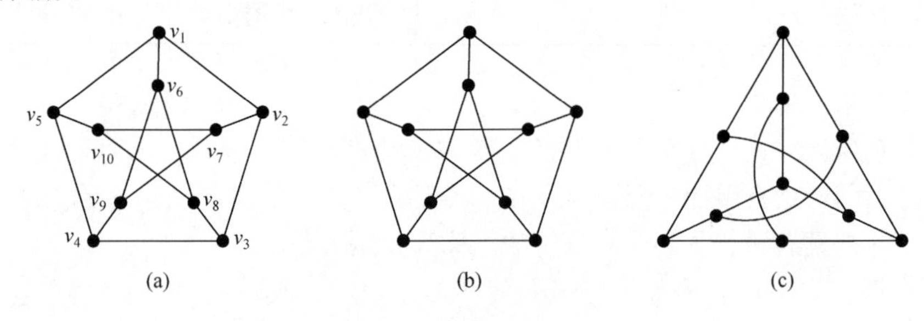

图 1.2 彼得松图

若对 V 中每个顶点标名称，则称 G 为**标定图**；否则，称为**非标定图**。图 1.2(a)所示的图为标定图，图 1.2(b)和(c)所示的图均为非标定图。

在简单图的定义中，边集 E 中的元素是互不相同的，即**边互不相同**。如果删去这个限制，即**允许有相同元素**，这样导致图 $G=(V,E)$ 中一对顶点之间可能有

$i\,(>1)$ 条边，称为 i -**重边**。我们把具有重边的图称为**重图**。更详细的论述如下。

将 $V^{(2)}$ 扩展成一个新的集合：允许其含重复元素，所形成的集族，记作 $V_{=}^{(2)}$ 。把 2-元有序对 $(V, E_{=})$ 称为一个**重图**，记作 $G_{=}$ ，其中 $E_{=} \subseteq V_{=}^{(2)}$,并把重复出现的元素称为**重边**。

例 1.2　设 $G_{=}=(V, E_{=})$ 是一重图， $V=\{v_1, v_2, v_3, v_4, v_5\}$, $E_{=}=\{e_1, e_2, e_3, e_4, e_5, e_6, e_7, e_8, e_9, e_{10}, e_{11}\}$, $e_1=e_2=v_1v_5$, $e_3=e_4=e_5=v_1v_2$, $e_6=v_1v_4$, $e_7=v_1v_3$, $e_8=e_9=e_{10}=e_{11}=v_3v_4$ 。重图 $G_{=}$ 的一个图解如图 1.3(a)所示。

重图 $G_{=}$ 的**基础图**，记作 $M(G)$ ，是一个基于 $G_{=}$ 的简单图：顶点集 $V(M(G))=V(G_{=})$ ，且 $V(M(G))$ 中任意一对顶点相邻当且仅当该对顶点在 $G_{=}$ 中至少有一条边相连。如图 1.3(a)所给出的重图 $G_{=}$ 的基础图是 $M(G)=(V', E')$ ， $V'=\{v_1, v_2, v_3, v_4, v_5\}$ ， $E'=\{v_1v_5, v_1v_2, v_1v_3, v_1v_4, v_3v_4\}$ ，它的图解如图 1.3(b)所示。

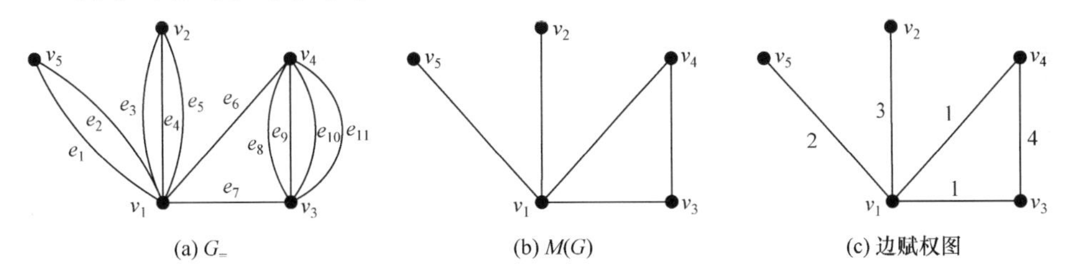

图 1.3　一个重图 $G_{=}$ 、基础图 $M(G)$ 及它的边赋权图

在简单图与重图的定义中，任意边 $e=uv$ 所关联的两个顶点不同，即 $u \neq v$ 。如果去掉这个限制，即一条边可以关联同一个顶点，把这种边称为图的**自环**，并把含有自环的图称为**伪图**。确切地讲，在简单图或重图中，将 $V^{(2)}$ 或 $V_{=}^{(2)}$ 扩展成一个新的集合：允许含 $\{\{v_1, v_1\}, \{v_2, v_2\}, \cdots, \{v_n, v_n\}\}$ 中的一个或多个元素，所形成的集族记作 $V_{O}^{(2)}$ ，并把 2-元有序对 (V, E_{O}) 称为一个**伪图**，记作 G_{O} ，其中 $E_{O} \subseteq V_{O}^{(2)}$ ，元素 $\{v_i, v_i\}, 1 \leqslant i \leqslant n$ 称为**自环**。

例 1.3　图 $G_{O}=(V, E_{O})$ 是一个伪图， $V=\{v_1, v_2, v_3, v_4\}$, $E_{O}=\{e_1, e_2, e_3, e_4, e_5, e_6\}$ ，在 E_{O} 中 $e_5=v_3v_3$ 与 $e_6=v_4v_4$ 均为自环，如图 1.4 所示。

注 3　在重图中，边集 $E_{=}$ 中必含重边；在伪图中，边集 E_{O} 中必含自环。

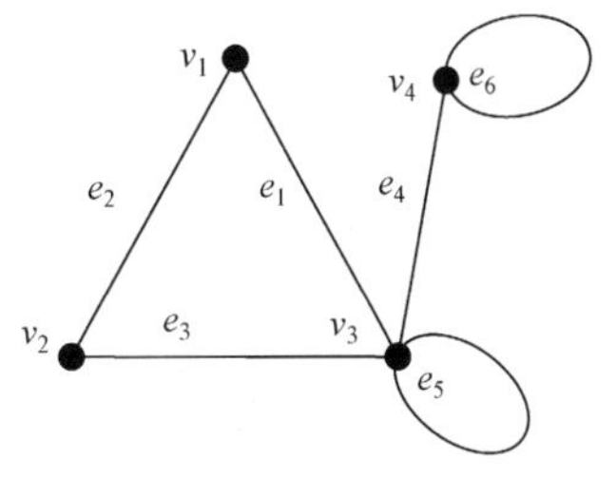

图 1.4　一个含自环的图

在重图中，如果把关联同一对顶点的边的数目，在它对应基础图的边上标出来，则相当于给边赋权值，如图 1.3(a)所示的重图 $G_{=}$ ，在其基础图 $M(G)$ 上对应的边赋权后所得图为边赋权图，其中边 e 的赋权记作 $w(e)$ 。如图 1.3(c)所示赋权图，其中

$w(v_1v_5)=2$, $w(v_1v_2)=3$, $w(v_1v_3)=w(v_1v_4)=1$, $w(v_3v_4)=4$，这些权值分别表示图1.3(a)所示重图中顶点之间相连边的数目。

更一般地，所谓**边赋权图**，可用一个3-元有序组来描述，即$(V,E,w(e))$，其中，V和E与简单图中的定义一致，分别表示图的顶点集和边集，$w(e)\triangleq(w(e_1), w(e_2),\cdots,w(e_m))$称为**赋权向量**，其中$E=\{e_1,e_2,\cdots,e_m\}$，$e_i\in E$，$w(e_i)$是$e_i$的边赋值，$1\leqslant i\leqslant m$。按此定义，图1.3(c)所示的边赋权图$(V,E,w(e))$中$w(e)=(3,1,1,2,4)$，其中边的次序为$(v_1v_2,v_1v_3,v_1v_4,v_1v_5,v_3v_4)$。

边赋权图具有良好的应用背景，如交通网络，顶点表示城市，边表示两个城市之间是否有公路、铁路、航线或航海线等，边的权值则表示两个城市之间的距离(包括公路距离、铁路距离、航行距离和航海距离等)。

再如生物神经网络，记作N_B，$N_B=(V,E,w(e))$。其中V表示一个生物体(如人)的全体神经元构成的集合，E表示两个神经元之间的突触构成的集合，$w(e)$表示一个突触的**厚度**，即两个神经元之间连接的强度等。人脑约有10^{12}个神经元，以及$10^{15}\sim10^{16}$个突触，但关于突触的厚度研究较少，即权值之间的研究较少。这方面的深入研究对脑科学的研究至关重要。

边赋权图在诸如植物代谢网络、基因网络、电网络、软件漏洞网络等均有直接应用。

类似于边赋权图，下面给出点赋权图的定义：一个3-元有序组$(V,E,w(v))$称为一个**点赋权图**，其中$G=(V,E)$是一简单图，$w(v)=(w(v_1),w(v_2),\cdots,w(v_n))$是$V(G)=\{v_1,v_2,\cdots,v_n\}$的**顶点赋权向量**，$w(v_i)$是顶点$v_i$的权值，$i=1,2,\cdots,n$。

图1.5所示的图是一个点赋权图，其中$V=\{v_1,v_2,\cdots,v_{12}\}$，$w(v)=(1,2,3,4,1,3,2,4,1,4,3,2)$。注意到$G$中每个顶点的赋权值为1,2,3,4，且每条边的两端权值不同，因此，这种点赋权可视为对该图的**顶点着色**，其中权值代表颜色，颜色集合为$\{1,2,3,4\}$。

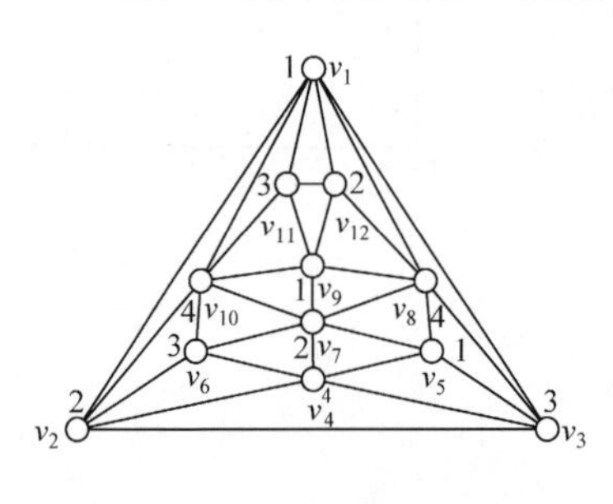

图1.5　点赋权图

同边赋权图的应用一样，点赋权图也具有良好的应用背景，如交通信号灯的设计问题、各种调度问题、航线规划问题等，其详细应用方法可在一些图论书中找到。

更具有广泛应用背景的赋权图是对一个简单图$G=(V,E)$的顶点与边同时赋权的图，称为**混合型赋权图**，通常简称为**赋权图**，它是一个4-元组$(V,E,w(e),w(v))$，其中$G=(V,E)$是一简单图，$w(e)$与$w(v)$分别是定义在E与V上的赋权向量，与前述边赋权图中的$w(e)$，以及点赋权上的$w(v)$相同，这里不再赘述。

综上所述，我们给出了图的分类，确切地讲，是关于无向图的分类。列表如下：

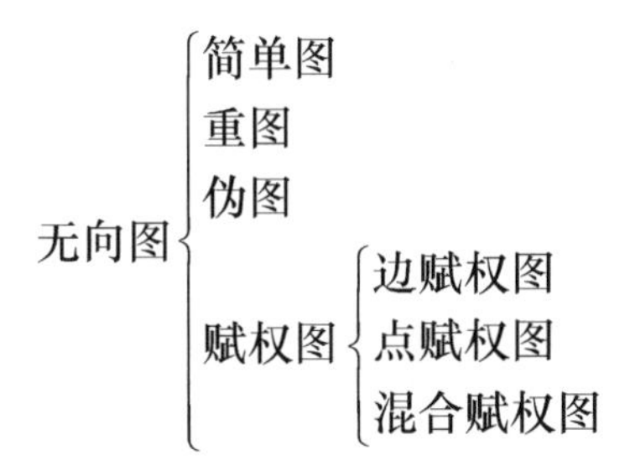

注 4　若无特别声明，书中所言之图皆指有限简单无向图。

在图的定义中，把$V^{(2)}$中的**无序**改成**有序**，便得到有向图的概念。

设$V=\{v_1,v_2,\cdots,v_n\}$，$V^{[2]}$表示V中所有 2-元有序对之集，并把从v_i到v_j的有序对记作(v_i,v_j)，简记v_iv_j，$i\neq j$。如$V=\{v_1,v_2,v_3\}$，$V^{[2]}=\{(v_1,v_2),(v_1,v_3),(v_2,v_3),(v_3,v_2),(v_3,v_1),(v_2,v_1)\}$。

基于$V^{[2]}$，类似于无向图的定义方法来定义有向图。

设V是一非空子集，$A\in V^{[2]}$，则把 2-元有序对(V,A)称为一个**简单有向图**，记作D，并称V为D的**顶点集**，称A为D的**弧集**。V中的元素称为D的**顶点**，A中的元素称为D的**弧**。设$a=uv\in A$，则称a是从u连接到v的，u是a的**尾**，v是a的**头**；也称a**关联**u和v，u**邻接**于a，u**控制**v等。

把形如uv和vu的一对弧称为**对称弧**。设D是一个有向图，它的**逆**，记作D'，定义为$V(D)=V(D')$，$A(D')=\{uv:uv\in V^{[2]},uv\notin A(D)\}$；有向图$D$的**基础图**，记作$M(D)$，是指用无向图的边来代替$D$中的每一条弧而得到的图。图 1.6(a)、图 1.6(b)及图 1.6(c)中分别给出了一个有向图D，以及它的逆D'和它的基础图$M(D)$。

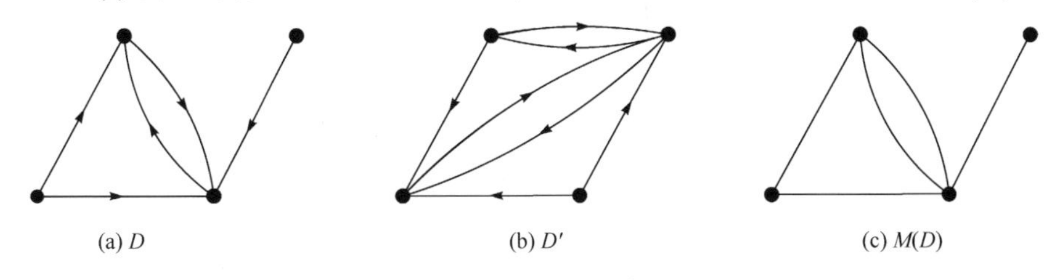

(a) D　　(b) D'　　(c) $M(D)$

图 1.6　有向图、它的逆与基础图

一个**完全对称图**是每对顶点之间恰有一对对称弧连接的有向图，如在图 1.7(a)中给出了一个 5-阶完全对称图。**竞赛图**是一个有向图，它的每对顶点之间恰有一条弧。换言之，竞赛图就是其基础图$M(D)$为完全图的有向图D，如图 1.7(b)中给出了一个 5-阶竞赛图。竞赛图是一类具有良好应用背景的有向图。

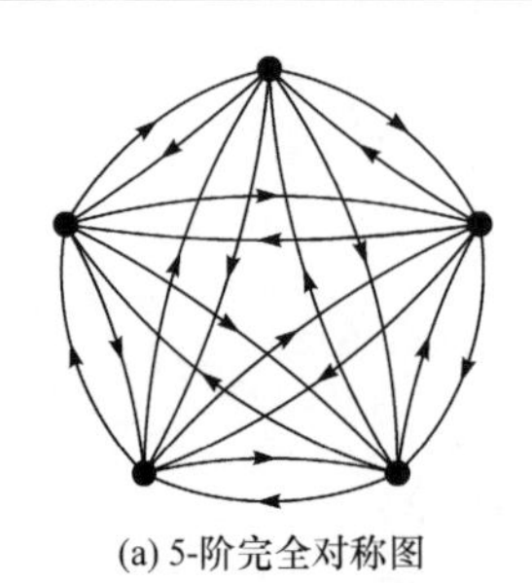

(a) 5-阶完全对称图

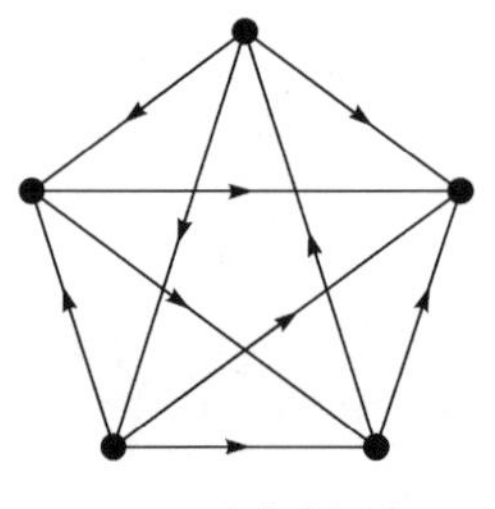

(b) 5-阶竞赛图

图 1.7 5-阶完全对称有向图及一个 5-阶竞赛图

上述所言的有向图为简单有向图。类似于无向图的分类，有向图也可分为如下四类：

- 有向图
  - 简单有向图
  - 多重有向图
  - 伪有向图
  - 赋权有向图
    - 弧赋权有向图
    - 点赋权有向图
    - 混合赋权有向图

本书主要针对无向图，故本节只对有向图的基本概念与分类给予简要介绍，有向图更系统与深入的理论可查阅文献[1]，而关于无向图的定义、记号及基本理论可查阅文献[2]、[3]。

1.2 图的度序列

1.2.1 度序列定义及性质

设 G 是一个简单图，$v \in V(G)$，我们把关联 v 的边的数目称为 v 的**度数**，简称为**度**，记作 $d_G(v)$。在不致混淆的情况下用 $d(v)$ 表示。显然，

$$d_G(v) = |N_G(v)|\text{，或 } d(v) = |N(v)| \tag{1.1}$$

图 G 的最大度，记作 $\Delta(G)$，是指图 G 中所有度数构成的集合中的最大值；类似地，图 G 的最小度，记作 $\delta(G)$，是指图 G 中所有度数构成的集合中的最小值，即

$$\Delta(G) = \max\{d_G(v_1), d_G(v_2), \cdots, d_G(v_n)\}\text{，}\quad \delta(G) = \min\{d_G(v_1), d_G(v_2), \cdots, d_G(v_n)\}$$

其中，$V(G) = \{v_1, v_2, \cdots, v_n\}$。

我们把度数为 0 的顶点称为**孤立点**，度数为 1 的顶点称为**悬挂点**。

一个图 G 的度序列是它的所有顶点度数依次构成的序列。一般采用单调递增，或者单调递减的次序。确切地讲，设 $V(G) = \{v_1, v_2, \cdots, v_n\}$，$d(v_i) \triangleq d_i$，$i = 1, 2, \cdots, n$。如果

$$d_1 \geqslant d_2 \geqslant \cdots \geqslant d_n \tag{1.2}$$

则称$(d_1, d_2, \cdots, d_n)$是图G的**度序列**，并记作$\pi(G)$。有时也采用递增序列：

$$d_1 \leqslant d_2 \leqslant \cdots \leqslant d_n \tag{1.3}$$

作为图G的**度序列**$\pi(G) = (d_1, d_2, \cdots, d_n)$。

例如，对于图 1.3(b)中所示图G的度序列$\pi(G) = (1,1,2,2,4)$,或$\pi(G) = (4,2,2,1,1)$。

关于图的度序列，下列结论是显然的。

定理 1.1 设G是一个(n,m)-图，$V(G) = \{v_1, v_2, \cdots, v_n\}$，$d(v_i) \triangleq d_i$，$i = 1,2,\cdots,n$。则有：

(1) $0 \leqslant d_i \leqslant n-1$；

(2) 在$d_1, d_2, \cdots, d_n$中至少存在两个值相等；

(3) $\sum_{i=1}^{n} d_i = 2m$。

证明 (1) $V(G) = \{v_1, v_2, \cdots, v_n\}$中的顶点至多与其余$n-1$个顶点相邻，也有孤立顶点的可能性，故(1)成立；

(2) 根据鸽子巢原理获证；

(3) 图中的每条边给$\sum_{i=1}^{n} d_i$贡献数为 2，m条边贡献数为$2m$，从而(3)成立。■

1.2.2 可图序列的特征

设$\pi = (d_1, d_2, \cdots, d_n)$是一个非负整数序列。若存在一个$n$-阶图$G$，它的度序列为$\pi$，即$\pi(G) = \pi$，则称$\pi$是**可图序列的**，或称$\pi$是**图序列**，并称$G$是$\pi$的一个**实现**。一个自然的问题是：一个非负整数序列$\pi = (d_1, d_2, \cdots, d_n)$是图序列的充要条件是什么？关于此问题，下述两个定理已给出了漂亮的回答。

定理 1.2 设$\pi = (d_1, d_2, \cdots, d_n)$是一个非负整数序列，$n-1 \geqslant d_1 \geqslant d_2 \geqslant \cdots \geqslant d_n$且$\sum_{i=1}^{n} d_i$是偶数，则$\pi$是图序列的充要条件是

$$\pi' = (d_2 - 1, d_3 - 1, \cdots, d_{d_1+1} - 1, d_{d_1+2}, \cdots, d_n) \tag{1.4}$$

是图序列的。

定理 1.3 设$\pi = (d_1, d_2, \cdots, d_n)$是一个非负整数序列，$n-1 \geqslant d_1 \geqslant d_2 \geqslant \cdots \geqslant d_n$且$\sum_{i=1}^{n} d_i$是偶数，则$\pi$是图序列的充要条件是

$$\sum_{i=1}^{r} d_i \leqslant r(r-1) + \sum_{i=r+1}^{n} \min\{r, d_i\}, \quad 1 \leqslant r \leqslant n-1 \tag{1.5}$$

关于这两个定理的详细证明见文献[3]中第 1.3.1 节。

这两个定理给出了简单无向图的可图序列的特征，而关于其他特殊类型图的度序列特征，已经有大量的结果，可查阅综述类文献[4]、[5]等。

1.2.3 可图序列的实现计数与构造

设$\pi=(d_1,d_2,\cdots,d_n)$是图序列，则π至少有一个实现。我们用$G(\pi)$表示π的所有实现构成的集合，试问：$|G(\pi)|=$？这是图序列的**实现计数问题**；另外，如何把$G(\pi)$中的图全部构造出来？这就是图序列的**构造问题**。

设$\pi=(d_1,d_2,\cdots,d_n)$是一个图序列，$G_1\in G(\pi)$，$ab,cd\in E(G_1)$，$ac,bd\notin E(G_1)$。在G_1中删除边ab,cd，同时添加边ac，bd，将该过程称为一次**交换运算**。基于交换运算，Eggleton[6]给出了一种构造$G(\pi)$的方法，见定理 1.4。

定理 1.4[6] 设$\pi=(d_1,d_2,\cdots,d_n)$是一个图序列，$G_1\in G(\pi)$，则$G(\pi)/G_1$中的任意一个可通过对G_1实施若干次的交换运算得到。

作为本小结的结束，我们给出一种特殊有趣的图序列：唯一图序列。

设π是一个图序列，如果$|G(\pi)|=1$，则称π为**唯一图序列**。唯一图序列的研究始于 20 世纪 60 年代，Hakimi[7,8]、Johnson[9-11]、Koren[12-14]等对此进行了研究。

容易验证，$\pi=(4,4,3,3,2)$是图序列，并且π的实现只有一个，如图 1.8 示。此外，不难证实，图序列$\pi=(6,5,4,3,2,2,2)$也是一个唯一图序列。

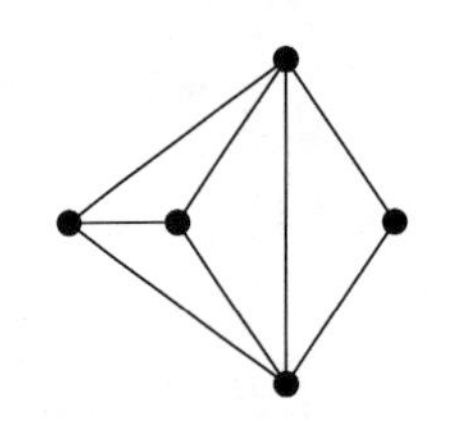

图 1.8 一个唯一图序列的图

下述结论对一种特殊唯一图序列进行了刻画。

定理 1.5[3] 一个满足$d_2=d_{p-1}$的图序列$\pi=(d_1,d_2,\cdots,d_p)$是唯一图序列，当且仅当下列条件之一成立：

(1) $d_1=d_p, d_p\in\{1,p-1,p-2\}$；

(2) $d_1=d_p=2, p=5$；

(3) $d_1>d_2=d_p=1$；

(4) $d_1>d_2=d_p=2, d_1\in\{p-1,p-2\}$；

(5) $p-2=d_1=d_{p-1}>d_p$；

(6) $p-3=d_1=d_{p-1}>d_p=1$；

(7) $p-1=d_1>d_2=d_p=3, p=6$；

(8) $p-1=d_1>d_2=d_p=p-2$。

1.3 图的运算

数的基本运算有 4 种：加、减、乘、除，每种运算代表不同的运算功能。由这4种运算演绎出更多的其他运算，如幂运算、开方运算、三角运算等，它们也代表了不同的功能；向量、矩阵等也有许多运算。

类似于数、向量或矩阵，在图与图之间，以及图自身也存在许多运算，这些运算也代表了不同的功能。随着图论的深入，一定会产生更多的运算。本节只对一些最基本的运算给予介绍，也指出一些与极大平面图有关的运算。

1.3.1 子图与图的一元运算

一个图G的**子图**H是一个图，它满足①$V(H)\subseteq V(G)$，$E(H)\subseteq E(G)$；②$E(H)$中每条边的两个端点均在$V(H)$中。在图的子图中，有两类特殊而重要的子图：生成子图与导出子图，分别介绍如下。

设H为G的一个子图，若$V(H)=V(G)$，则称H为G的一个**生成子图**，或**支撑子图**。

设$V'\subseteq V(G)$，由V'导出的子图，简称为**顶点导出子图**，记作$G[V']$，是指G的一个子图：$V(G[V'])=V'$，$E(G[V'])=\{uv;u,v\in V',uv\in E(G)\}$。与顶点导出子图类似，可定义**边导出子图**(或简称为**边导子图**)：设E'是图G的非空边子集，以E'为边集，以E'中边的端点的全体为顶点集所构成的子图称为由E'**导出的**G**的子图**，记作$G[E']$。

(1) **删点运算**，导出子图$G[V-V']$简记为$G-V'$($V'\subseteq V$)，它是从G中删去V'中的顶点及与这些顶点相关联的全部边得到的子图。特别地，当$V'=\{v\}$时，把$G-\{v\}$简记为$G-v$，称为G的**删点子图**。

(2) **删边运算**，若$e\in E(G)$，则从G中删去边e所得之图，记作$G-e$，称为**删边子图**。若$E'=\{e_1,e_2,\cdots,e_k\}\subseteq E(G)$，则$G-E'$表示从$G$中删去$e_1,e_2,\cdots,e_k$而得到的子图。图1.9给出了各种子图图示。

基于子图的概念，在此给出连通图与树的定义。

设G是一个n-阶图。若$\forall u,v\in V(G)$，在G中存在从u到v的一条路，则称G是**连通的**，或称G为**连通图**；若在G中存在一个子图是圈，则称G是**含圈图**，否则，称G为**森林**。特别地，连通的森林称为**树**；换言之，所谓树，即是连通的无圈图。

设G是一连通图，T是G的一个生成子图。若T是一颗树，则称T是G的**生成树**。关于树理论等的研究可查阅文献[15]～[17]，关于连通图理论的研究参见文献[2]、[18]。

我们把删点运算与删边运算均称为图的**一元运算**，它们是针对一个图中的运算。

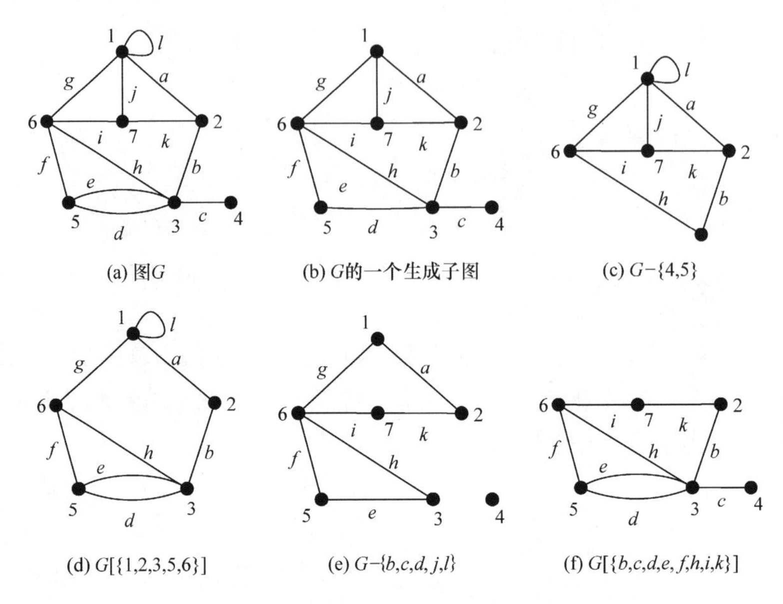

图 1.9　各种子图示例

1.3.2　二元运算

本小节给出常用的 8 种两个子图之间的运算，也称为**图的二元运算**，它们是：并、交、差、环和、联、积、强积与合成，介绍如下。

分别用 G_1 和 G_2 表示图 G 的两个子图。

(3) **并运算**，记作 $G_1 \cup G_2$ ：$V(G_1 \cup G_2) = V(G_1) \cup V(G_2)$ ，$E(G_1 \cup G_2) = E(G_1) \cup E(G_2)$ 。若 G_1 与 G_2 无公共边，即 G_1 和 G_2 的边不重合，则称 $G_1 \cup G_2$ 为 G_1 和 G_2 的**直和**，故今后所言直和运算时，参与运算的诸子图之间没有公共边。

(4) **交运算**，记作 $G_1 \cap G_2$ ：$V(G_1 \cap G_2) = V(G_1) \cap V(G_2)$ ，$E(G_1 \cap G_2) = E(G_1) \cap E(G_2)$ 。

(5) **差运算**，记作 $G_1 - G_2$ ，也称 G_1 **减** G_2 ，它是从 G_1 中删除 G_2 的顶点和边所得的子图。

(6) **环和运算**，记作 $G_1 \oplus G_2$ ，它是由 G_1 与 G_2 的并减 G_1 与 G_2 的交所得到的图，即

$$G_1 \oplus G_2 = (G_1 \cup G_2) - (G_1 \cap G_2) = (G_1 - G_2) \cup (G_2 - G_1) 。$$

图 1.10 对上述几种运算分别给予了举例说明。

(7) **联运算**，记作 $G_1 + G_2$ ，其顶点集 $V(G_1 + G_2) = V(G_1) \cup V(G_2)$ ，边集 $E(G_1 + G_2) = E(G_1) \cup E(G_2) \cup \{u_1u_2; u_1 \in V(G_1), u_2 \in v(G_2)\}$ 。图 1.11 给出了两个图 G_1 与 G_2 和它们的**联图** $G_1 + G_2$ 。

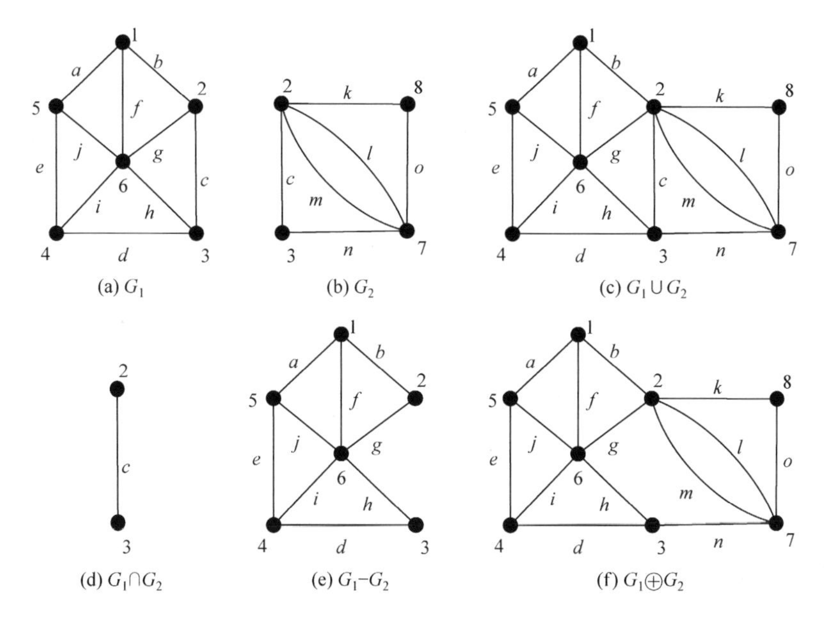

图 1.10　并、交、差与环和运算图示

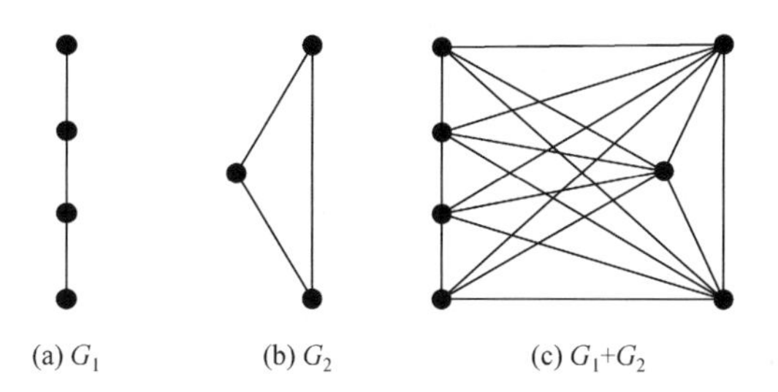

图 1.11　两个图与它们的联图

基于联运算与空图，在此引入完全 n-部图。一个**完全 n-部图**，记作 $K_{p_1,p_2,\cdots,p_n}$，定义为

$$K_{p_1,p_2,\cdots,p_n} = N_{p_1} + N_{p_2} + \cdots + N_{p_n} \tag{1.6}$$

显然，它有 $\sum_{i=1}^{n} p_i$ 个顶点，$\sum_{1\leqslant i<j\leqslant n} p_i p_j$ 条边。特别地，当 $n=2$ 时完全 2-部图称为**完全偶图**。

基于联运算，在此引入轮图的概念。把只有一个顶点图称为**平凡图**。平凡图 $K_1=\{x\}$ 与 n-阶圈 C_n 的联 C_n+K_1 称作**轮图** W_n，其中 C_n 称为轮的**圈**；K_1 的顶点称为该轮的**轮心**。有时把轮图 W_n 的圈 C_n 用 C^x 表示。图 1.12 分别列出了 3 个阶数最小的轮图 W_3, W_4, W_5。

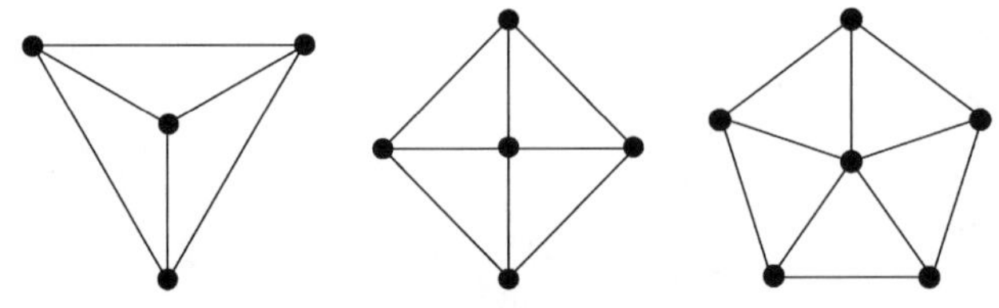

图 1.12　轮图 W_3, W_4, W_5

(8) **积运算**，又称**笛卡儿积**，记作 $G_1 \times G_2$，顶点集为 $V(G_1) \times V(G_2)$，且对于顶点集中的任意两个顶点 $u=(u_1,u_2)$ 和 $v=(v_1,v_2)$，u 与 v 在 $G_1 \times G_2$ 中相邻当且仅当下列条件之一成立：

① $u_1=v_1$ 且 u_2 与 v_2 在 G_2 中相邻；

② $u_2=v_2$ 且 u_1 与 v_1 在 G_1 中相邻。

图 1.13 对这种运算给予图例说明。

基于积运算，在此引入一类图，称为 n-**维超立方体**，简称为 n-**方体**，记作 Q_n，它被递推地定义为 $Q_1=K_2,\cdots,Q_n=K_2 \times Q_{n-1}$。于是 Q_n 有 2^n 个顶点，且每个顶点可用一个长度为 n 的 0-1 序列 $a_1a_2\cdots a_n$ 来标定。设 $X=a_1a_2\cdots a_n$，$Y=b_1b_2\cdots b_n$，把 X 与 Y 对应分量不同的数目称为 X 与 Y 的汉明(Hamming)距离，记作 $d_{\mathrm{H}}(X,Y)$。若 X 与 Y 是 Q_n 的两个不同的顶点，则 X 与 Y 相邻当且仅当

$$d_{\mathrm{H}}(X,Y)=1 \tag{1.7}$$

n-维超立方体是一类非常重要的图类，它不单是计算机科学不可缺少的研究工具，而且在智能科学，如神经网络、遗传算法等方面具有良好的应用[19-21]。

(9) **强积运算**，两个图 G_1 与 G_2 的**强积**，记作 $G_1 * G_2$，顶点集为 $V(G_1) \times V(G_2)$，且对其中任意两个顶点 $u=(u_1,u_2)$ 和 $v=(v_1,v_2)$，它们在 $G_1 * G_2$ 中相邻当且仅当下列条件之一成立：

① $u_1=v_1$ 且 $u_2v_2 \in E(G_2)$；

② $u_2=v_2$ 且 $u_1v_1 \in E(G_1)$；

③ $u_1v_1 \in E(G_1)$ 且 $u_2v_2 \in E(G_2)$。

图的强积运算在图的香农(Shannon)容量研究中有重要应用[22,23]。图 1.13 中给出了图的强积运算图例。

(10) **合成运算**，两个图 G_1、G_2，G_1 关于 G_2 的**合成**，记作 $G_1[G_2]$，顶点集为 $V(G_1) \times V(G_2)$，且对其中任意两个顶点 $u=(u_1,u_2)$ 和 $v=(v_1,v_2)$ 相邻当且仅当下列条件之一成立：

① $u_1v_1 \in E(G_1)$；

② $u_1=v_1$ 且 $u_2v_2 \in E(G_2)$。

对于图 1.13 所示的两个图 G_1 和 G_2，两种合成运算得到的 $G_1[G_2]$ 和 $G_2[G_1]$ 见图 1.14。

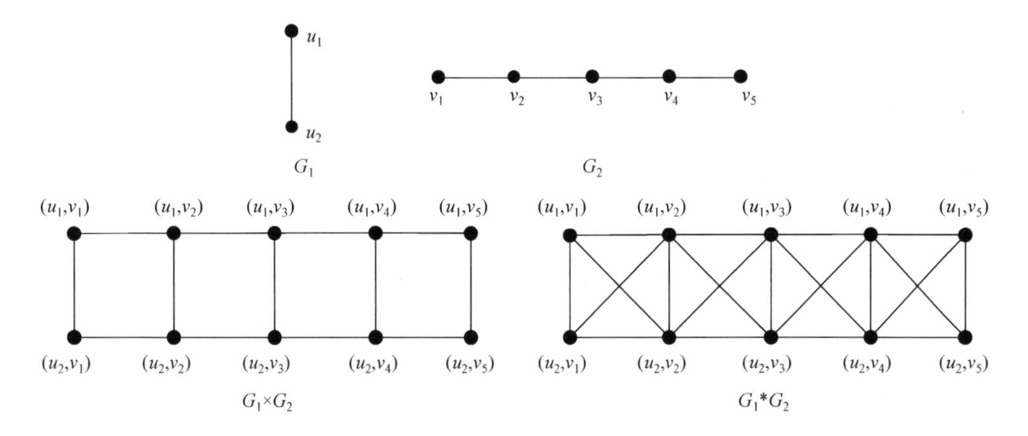

图 1.13　积运算与强积运算图示

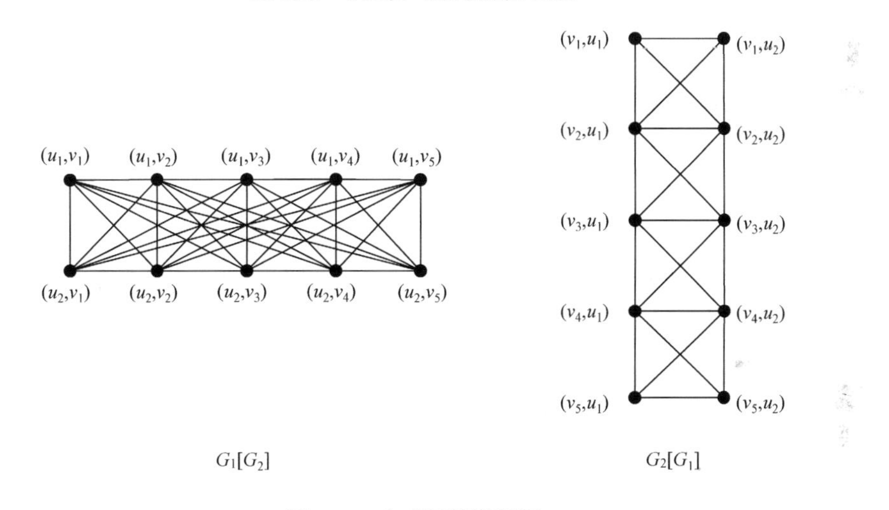

图 1.14　合成运算说明图

1.3.3　一元运算续

1.3.1 小节中所言的删点运算、删边运算均为**图的一元运算**，本小节再给出作用于一个图中的常用 4 种运算：补运算、收缩运算、同态运算和剖分运算等，分别介绍如下。

(11) **补运算**，设 G 是一简单图，G 的**补运算**，或简称为**补**，记作 $\overline{G}$，其中 $V(\overline{G})=V(G)$，边集 $E(\overline{G})=\{uv;u,v\in V(\overline{G})\text{ 且 }uv\notin E(G)\}$。如图 1.15 给出了一个图 G 和它的补图 $\overline{G}$。易证：一个 n-阶简单图 G 与它的补 $\overline{G}$ 之并图是一个 n-阶完全图 K_n，即 $G\cup\overline{G}=K_n$。故有

$$|E(G)|+|E(\overline{G})|=\binom{n}{2}=\frac{1}{2}n(n-1)$$

注 5　一个图是完全图当且仅当它的补是空图。

利用一个图 G 与它的补之间的相互关系，在网络分析或系统分析研究中有直接应用：当一个网络的结构越复杂，则它的补网络的结构越简单。我们可通过研究它的补网络，再来分析原网络的特性。

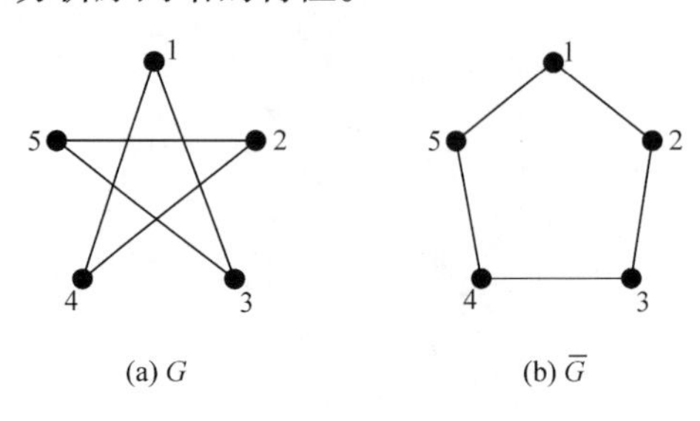

图 1.15　一个图和它的补图

定理 1.6　设 G 是一个简单图。若 G 不连通，则 $\overline{G}$ 连通。

这个定理的证明比较容易，留给读者。

(12) **收缩运算**，设 G 是一个简单图，$V' \subseteq V(G)$。所谓**在图 G 中收缩 V'**，是指把图 G 中的顶点子集 V' 视为一个（新的）顶点，记作 v'，G 中原来与 V' 中顶点关联的边变成与 v' 关联，G 中其余的顶点与边保持不变。我们把这样得到的新图称为图 G **关于 V' 的收缩图**，记作 $G \circ V'$，并把此过程称为关于顶点子集 V' 的**收缩运算**。特别地，当 $V' = \{u,v\}$ 且 $e = uv \in E(G)$ 时，我们称图 $G \circ V'$ 为在图 G 中**收缩边** e，记作 $G \circ e$，并把此过程称为**缩边运算**。图 1.16 给出了一个图 G 和关于顶点子集 $V' = \{2,5,7,8\}$ 及边 $e = 78$ 的收缩图 $G \circ V'$ 和 $G \circ e$。

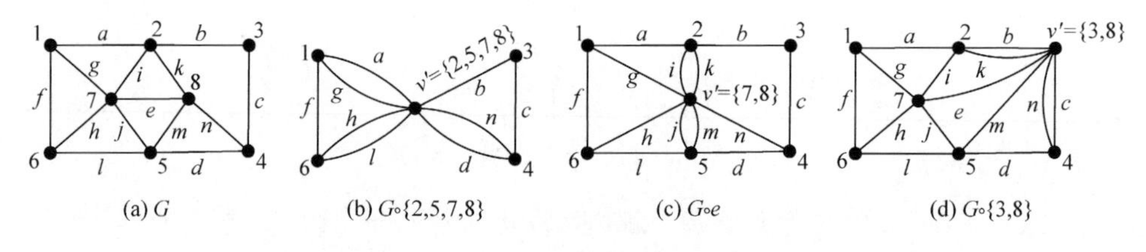

图 1.16　收缩运算示意图

(13) **同态运算**，设 G 是一个图，$u,v \in V(G)$，且 $uv \notin E(G)$，则把对点对 $\{u,v\}$ 的收缩运算 $G \circ \{u,v\}$ 称为基于 $\{u,v\}$ 的 G 的**同态运算**。图 1.16 第 4 个图给出了同态运算的说明示意图。

同态运算是一种特殊的收缩运算，在此专门把它作为一种一元运算列出来的原因是：此运算似乎是证明著名的四色猜想(4-色猜想)的一种途径，可通过下面的猜想来说明。

猜想 1.1　任意极大平面图可通过实施若干次同态运算变为 K_4。

如对于附录A中的**每个极大平面图**，业已验证，该猜想成立。这里以其中的10-阶第2个极大平面为例给予说明，每次对图中的两个灰色顶点实施同态运算，最后得到K_4，如图1.17所示。

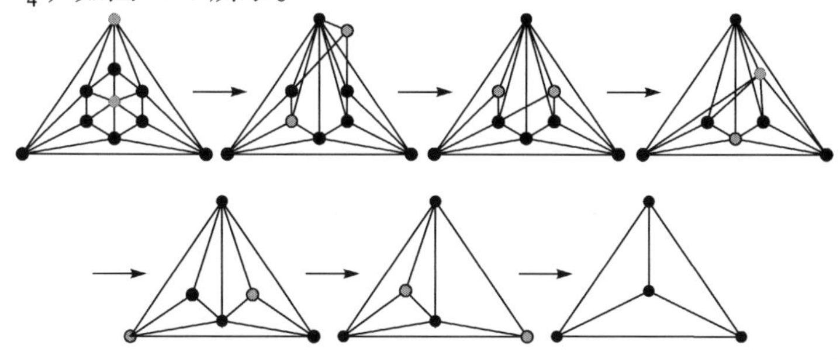

图1.17　说明猜想1.1的一个实例

(14) **剖分运算**，设e是图G的一条边。边e称为被**剖分**(又称为**细分**)，是指在G中将e替换为一条具有3个顶点的2-长路P_3，其示意图如图1.18(a)所示。图G的一个**剖分图**是指在G中对它的边进行一次，或多次剖分而得到的一个图。如图1.18(b)给出了一个K_4的剖分图。图的剖分运算在图论研究过程中经常会用到，如判别一个图为可平面图的Kuratowski定理就用到剖分的概念。

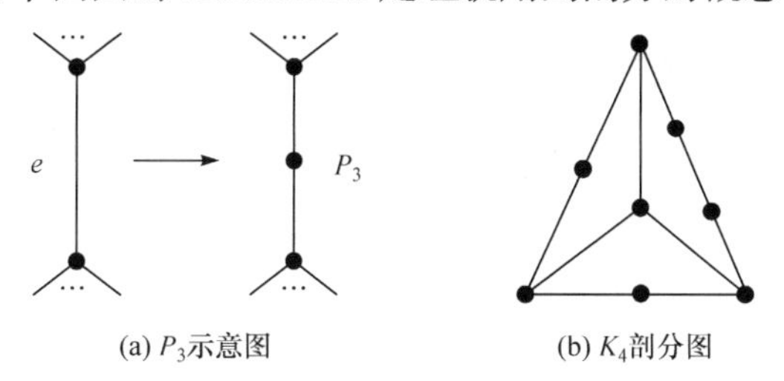

(a) P_3示意图　(b) K_4剖分图

图1.18　剖分运算示例

一般而言，图的运算是指：在已有一个或多个图的基础上，利用图的运算，获得一个或多个我们所需要的图，如在本书关于极大平面图的构造方面，业已给出了几种构造极大平面图的运算。随着对图论的深入研究，会产生更多的图运算。

1.4　图的同构

1.4.1　定义与记号

由图的定义可知，图本质上只是刻画：在顶点集V中，任一对顶点之间是否相邻。图的顶点与位置无关，两个顶点之间的边与它的长度、曲直或形状无关。正因为如此，有些表面上似乎完全不同的图，其本质上是相同的(如图1.19所示的一对表面上不同，但实际上完全相同的图)，于是，粗略地称这两个图是同构的，其严格定义如下。

设 G_1 与 G_2 是两个简单图，G_1 与 G_2 称为**同构的**，记作 $G_1 \cong G_2$。如果存在一个从 $V(G_1)$ 到 $V(G_2)$ 之间保持相邻性的 1-1 映射 σ，它满足：$\forall u, v \in V(G_1)$，u 与 v 在 G_1 中相邻当且仅当 $\sigma(u)$ 与 $\sigma(v)$ 在 G_2 中相邻，并把 σ 称为 G_1 与 G_2 之间的一个**同构映射**。

图 1.19 所示两个图 G 与 G'，$V(G)=\{v_1, v_2, v_3, v_4, v_5, v_6\}$，$V(G')=\{1,2,3,4,5,6\}$，定义

$$\sigma(v_i)=i,\ \ i=1,2,\cdots,6$$

易验证，σ 是 G 与 G' 之间的一个同构映射，因此 G 与 G' 是同构的。

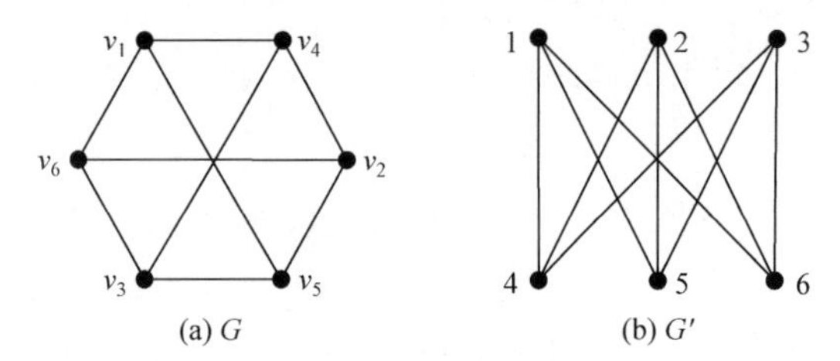

图 1.19　一对典型的同构图

对于重图、一般图、赋权图及有向图等，类似地可以给出两个图同构的定义。下面以顶点赋权图为例给予说明。

设 $(G_1, w(v))$ 与 $(G_2, w(v))$ 是两个顶点赋权图。$V(G_1)=\{v_1^1, v_2^1, \cdots, v_n^1\}$，$V(G_2)=\{v_1^2, v_2^2, \cdots, v_n^2\}$。$w_1(v)=(w_1(v_1^1), w_1(v_2^1), \cdots, w_1(v_n^1))$，$w_2(v)=(w_2(v_1^2), w_2(v_2^2), \cdots, w_2(v_n^2))$。$(G_1, w(v))$ 与 $(G_2, w(v))$ 称为是**点赋权同构的**，记作 $(G_1, w(v)) \cong (G_2, w(v))$，如果存在一个保持对应顶点权值相等的 G_1 与 G_2 之间的同构映射 σ。

易验证，图 1.20 所示的两个顶点赋权图 G_1 与 G_2 是同构的。令 $V(G_1)=\{v_1, v_2, v_3, v_4, v_5, v_6, x, y, z\}$，$V(G_2)=\{a_1, a_2, a_3, a_4, a_5, a_6, x', y', z'\}$，且令 σ 为

$$\sigma(v_i)=a_i,\ \ i=1,2,\cdots,6;\ \ \sigma(x)=x',\ \ \sigma(y)=y',\ \ \sigma(z)=z'$$

则 σ 是 G_1 与 G_2 间的一个同构映射。又因 $w(v_i)=w(a_i),\ i=1,2,\cdots,6$，$w(x)=w(x')$，$w(y)=w(y')$，$w(z)=w(z')$，从而证明了 G_1 与 G_2 是点赋权同构的。

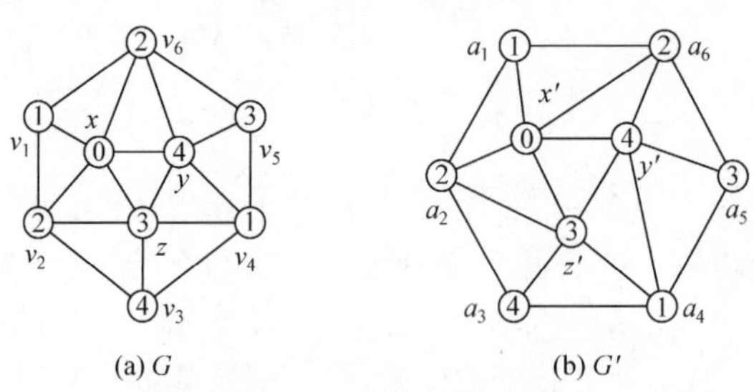

图 1.20　两个点赋权同构的图

1.4.2 同构测试算法

把判断两个图 G_1 与 G_2 是否同构的问题称为**图同构测试问题**。此问题是 P-问题，还是 NP-问题尚未定论。但普遍认为，图同构测试问题是 NP-完全问题。

下面，给出几个可判别图同构问题的直观方法。

方法 1 顶点数与边数判别法。

定理 1.7 若 $G_1 \cong G_2$，则 $|V(G_1)|=|V(G_2)|$，$|E(G_1)|=|E(G_2)|$，其逆不真。

此方法只能针对不同构的两个图进行判断，即若两图的顶点数不等，则不同构；或若两图的顶点数相等，但边数不等，则不同构。但这种判别太粗糙，因为满足顶点数与边数相等,但不同构的图太多,如(4,3)-图共有 3 个,如图 1.21 所示。

基于此，我们给出了图的度序列判别法，即方法 2。

方法 2 度序列判别法。

定理 1.8 若 $G_1 \cong G_2$，则 $\pi(G_1)=\pi(G_2)$，但其逆不真。

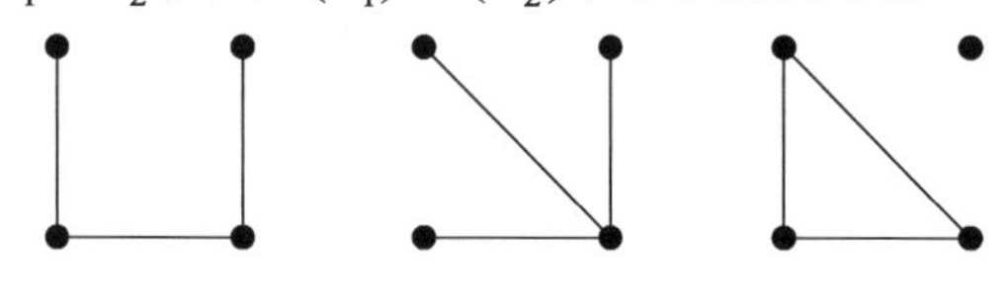

图 1.21 3 个(4,3)-图

此方法也只能针对不同构的两个图进行判断：若两图的度序列不等，则不同构。但这种判别太粗糙，因为同一个图序列 π 的对应多个不同构的图，如 6 个顶点的且度序列为(2, 2, 2, 2, 2, 2)的图有两个：一个是 C_6，另一个是两个不相交的三角形。

方法 3 补图判别法。

定理 1.9 两个图 G_1 与 G_2 是同构的当且仅当它们的补图 $\overline{G_1}$ 与 $\overline{G_2}$ 是同构的。

当两个图的边数较多时，利用定理 1.9 进行判别是比较好的。

一般而言，需要判别两个图的同构问题是很困难的问题，目前已经给出了不少的算法，如常规算法[24]、神经网络算法[25]、遗传算法[26]等。

这里不再赘述，有兴趣的读者可参考相应的文献。

1.4.3 图同构的应用

图的同构问题具有良好的应用背景，其中最直接的应用是：在系统工程中，判别两个系统是同构的，甚至近似同构，这在系统建模中具有非常实用的价值。

另一个直接的应用是：利用计算机构造图时，必须排除大量的同构图。如澳大利亚图论专家 McKay 在证明拉姆齐(Ramsey)数 $r(3,8)=28$ [27]、$r(4,5)=25$ [28]及 $r(5,5)\leqslant 48$ [29]时，由于在判别图的同构方法好而获成功。

1.5 图 的 矩 阵

一个图 G 的**不变量**，指的是与 G 相关的一个**数**，或者一个**向量**，它对于任何一个与 G 同构的图具有相同的数，或相同的向量。例如，对于具有 n 个顶点的图而言，n 就是一个不变量。同理对具有 m 条边的图而言，m 就是一个不变量，后面我们将会看到，图的色数、最大独立数等也是图的不变量；图的度序列显然是图的向量型不变量。一般而言，图的不变量很难精准刻画图的结构与特征。

本节所言图的矩阵，可精准地刻画图的结构与特征，它是计算机对图进行信息处理的基础。图的基本矩阵有两种：关联矩阵、相邻矩阵。本节对这两类矩阵给予简要介绍，并对代数图论中另一个核心矩阵——拉普拉斯矩阵给予简要介绍。

设 G 是一个 (n,m) -图， $V(G)=\{v_1,v_2,\cdots,v_n\}$ ， $E(G)=\{e_1,e_2,\cdots,e_m\}$ ，则称 $M(G)=(m_{ij})_{n\times m}$ 为图 G 的**关联矩阵**。它是一个 $n\times m$ 矩阵，其中 m_{ij} 是 v_i 和 e_j 关联的次数(0，1 或 2)，$i=1,2,\cdots,n$ ， $j=1,2,\cdots,m$ 。图 1.22 给出了图 G 及其关联矩阵。

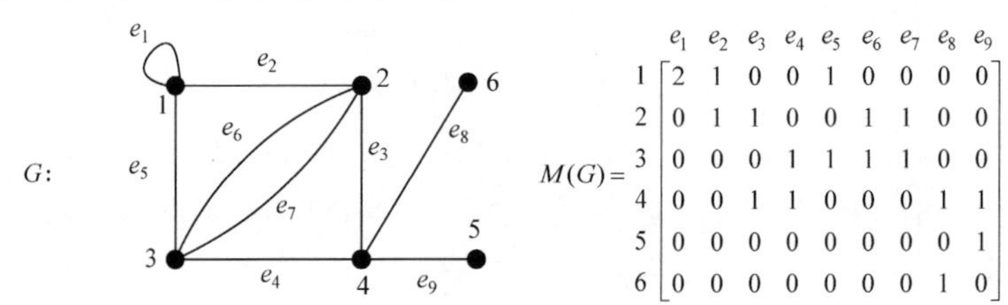

图 1.22 一个图 G 及其关联矩阵

注 6 一个无自环图 G 的关联矩阵 $M(G)$ 一定是一个 0-1 矩阵。

关联矩阵是利用图的顶点与边之间的关联关系来刻画图结构的一种矩阵。当图的边数较多时，我们可用两个顶点间的相邻关系来确定图的结构一种矩阵，即图的相邻矩阵。

设 G 是 n-阶图，$V(G)=\{v_1,v_2,\cdots,v_n\}$ 。把 $n\times n$ 方阵 $A(G)=(a_{ij})_{n\times n}$ 称为图 G 的**相邻矩阵**，其中 a_{ij} 表示连接 v_i 与 v_j 的边的数目。

如图 1.22 中图 G 的相邻矩阵 $A(G)$ 为

$$A(G)=\begin{array}{c}\\ 1\\ 2\\ 3\\ 4\\ 5\\ 6\end{array}\begin{array}{c}\begin{array}{cccccc}1&2&3&4&5&6\end{array}\\ \begin{bmatrix}1&1&1&0&0&0\\1&0&2&1&0&0\\1&2&0&1&0&0\\0&1&1&0&1&1\\0&0&0&1&0&0\\0&0&0&1&0&0\end{bmatrix}\end{array}$$

相邻矩阵 $A(G)$ 具有下列特性：

(1) 对称矩阵，当且仅当 G 无环时，$A(G)$ 的对角线元素均为 0；

(2) $A(G)$ 是对角线元素为 0 的对称的 0-1 矩阵当且仅当 G 是简单图。

注 7　简单图的集合与所有对角线元素均为 0 的 0-1 对称矩阵的集合一一对应。

这是因为：对一个对角线元素均为 0 的 0-1 对称矩阵 A，就可以唯一地构造出一个简单图 G，使得 $A(G)=A$；每个简单图唯一对应一个对角线元素均为 0 的 0-1 对称矩阵。

基于注 7，图的许多性质可以利用矩阵这个代数工具进行研究。如下是两个基本定理。

定理 1.10　设 $A(G)=(a_{ij})_{p\times p}$ 表示简单图 G 的相邻矩阵，则

(1) $A(G)$ 的 l-次幂 $A^l(G)$ 的 (i,j) 元素 $a_{ij}^{(l)}$ 等于图中长为 l 的 v_i-v_j 途径的数目；

(2) $a_{ii}^{(2)}=\sum\limits_{j=1}^{p}a_{ij}a_{ji}=d(v_i)$；

(3) $a_{ii}^{(3)}$ 是 G 中以 v_i 为一个顶点的三角形数目的两倍。

证明　(1)当 $n=0$ 时，$A^0(G)=I_n$（n 阶单位矩阵)，从任一顶点 v_i 到自身有一条长度为零的途径，任何不同的两个顶点间没有长度为零的途径，从而结论(1)在 $n=0$ 时成立。

假设当 $n\geqslant 0$ 时结论成立，因为 $A^{n+1}(G)=A(G)A^n(G)$，故

$$a_{ij}^{(n+1)}=\sum_{k=1}^{p}a_{ik}a_{kj}^{(n)}$$

由于 a_{ik} 是连接 v_i 和 v_k 的长度为 1 的途径的数目，$a_{kj}^{(n)}$ 是连接 v_i 和 v_k 的长度为 n 的途径的数目，因此右边每项表示由 v_i 经过一条边到 v_k 再经过一条长度为 n 的途径到 v_j 的总长度为 $n+1$ 的途径的数目，对所有的 k 求和，即得 $a_{ij}^{(n+1)}$ 是所有连接 v_i 和 v_j 的长度为 $n+1$ 的途径数目，由此推出结论(1)成立。

(2) 因为连接 v_i 与它自身的长为 2 的途径只能是重复一次经过一条关联于 v_i 的边，由结论(1)即得结论(2)。

(3) 连接 v_i 与其自身的长为 3 的途径只能是以 v_i 为一个顶点的三角形，而每一个这样的三角形按两种不同方向对应于两条不同途径。 ■

下述定理刻画了正则图中邻接矩阵与关联矩阵之间的关系。

定理 1.11　设 $M(G)$ 和 $A(G)$ 分别为图 G 的关联矩阵和相邻矩阵，若 G 是 k-正则图，则

$$M(G)M^{\mathrm{T}}(G)=A(G)+kI_n \tag{1.8}$$

其中，$M^{\mathrm{T}}(G)$ 是 $M(G)$ 的转置矩阵；I_n 是 n-阶单位矩阵。

设 G 是 n-阶图，$V(G)=\{v_1,v_2,\cdots,v_n\}$。把 $n\times n$ 方阵 $L(G)=D(G)-A(G)$ 称为图 G 的**拉普拉斯矩阵**，其中 $A(G)$ 为图 G 的相邻矩阵，

$$D(G)=\begin{pmatrix} d_1 & 0 & \cdots & 0 \\ 0 & d_2 & \cdots & 0 \\ \vdots & \vdots & \ddots & \vdots \\ 0 & 0 & \cdots & d_n \end{pmatrix} \tag{1.9}$$

为图 G 的对角矩阵，对角线上的元素 d_i 表示顶点 v_i 在图 G 中的度数，$i=1,2,\cdots,n$；非对角线上的元素均为 0。

拉普拉斯矩阵 $L(G)$ 具有下列特性：

(1) $L(G)$ 为对称的半正定矩阵；

(2) $L(G)$ 的秩为 $n-k$，其中 k 为 G 中连通分支数量；

(3) 对任意向量 X，有

$$X'L(G)X=\sum_{i\sim j}(x_i-x_j)^2$$

(4) $L(G)$ 的每行元素与每列元素之和都为 0；

(5) $L(G)$ 中任一元素的代数余子式相等。

1.6 平 面 图

无论是理论上还是应用上，平面图都是一类非常重要的图。理论上，著名的四色猜想、唯一 4-色平面图猜想、九色猜想、以及三色问题等不仅在图论领域，乃至整个数学界都具有重大影响。从应用的角度来讲，平面图理论可直接应用于电路布线、信息科学等领域。

1.6.1 相关定义

设 G 是一无向图，称图 G **可嵌入**平面，若能把图 G 画在平面上，使得任意两条边只能在顶点处相交。平面图 G 的这样一种画法称为图 G 的**平面嵌入**。如果图 G 可嵌入平面，则称图 G 是**可平面图**。可平面图 G 的一个平面嵌入 G' 称为**平面图**。如果一个图没有平面嵌入，则称该图为**非平面图**。按定义，平面嵌入是可平面图的一个几何实现，两者是同构的。图 1.23(a)所示是可平面图，因此它存在一个图 1.23(b)所示的平面嵌入，但图 1.23(c)与(d)所示为非平面图。

称平面图 G 为**极大平面图**，如果在 G 中任意两个不相邻顶点之间添加一条边便可破坏其平面性。因此，极大平面图的每个面都为三角形，故也称为**三角剖分图**。若一个平面图满足：它的一个面的边界是长度大于等于 4 的圈 C，其余面均

为三角形，则称该平面图为**基于 C 的半极大平面图**，记作 G^C，简称为**半极大平面图**，也称为**构形**，并把 C 称为 G^C 的**外圈**。

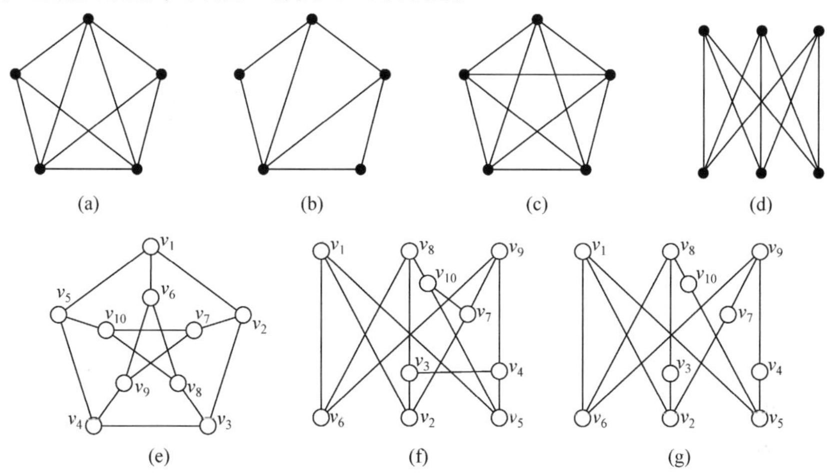

图 1.23　可平面图、平面图、非平面图

1.6.2　欧拉公式及应用

设 P 是平面图 G 中的一个面，把 P 上圈的边数称为面 P 的**度数**。由此可知，极大平面图中每个面的度数均为 3。现在来介绍刻画平面图中顶点数 n、边数 m 与面的度数 r 相互之间的关系，即著名的欧拉(Euler)公式：

$$n-m+r=2 \tag{1.10}$$

欧拉公式的证明比较容易，有多种方法，几乎可在任何一本图论教材中找到，故在此不再赘述。基于此欧拉公式，易推：

定理 1.12　设 G 是一 (n,m)-平面图，且 G 中面的最小度数为 $l\geqslant 3$，则

$$m\leqslant \frac{l}{l-2}(n-2) \tag{1.11}$$

特别地，当每个面的度数均为 $l=3$ 时，有

$$m=3(n-2) \tag{1.12}$$

证明　因为平面图中的面的度数之和恰等于边数的 2 倍，即

$$2m\geqslant lr$$

于是，由欧拉公式有

$$2m\geqslant lr=l(2-n+m)$$

即

$$m\leqslant \frac{l}{l-2}(n-2)$$

当 G 的每个面的度数均为 $l=3$ 时，有 $2m=3r=3(2-n+m)$，因此 $m=3(n-2)$。■

定理 1.13　K_5 与 $K_{3,3}$ 及它们的剖分图均为非平面图。

证明　对于式(1.11)，当 $l=3$、$n=5$ 时，$m=9$，但 $|E(K_5)|=10$，故 K_5 为非平面的；当 $l=4$、$n=6$ 时，$m=8$，但 $|E(K_{3,3})|=9$，故 $K_{3,3}$ 非平面。

对于它们的剖分图，采用式(1.11)可给出证明。这是因为，每实施一次剖分运算，所得之图的顶点增加 1 个，边也增加 1 个，因此，与式(1.11)等同，从而获证。■

图 1.23(e)～(g)所示之图均为含 $K_{3,3}$ 的剖分子图，故均为非平面图，其中图 1.23(e)是著名的彼得松图。

定理 1.14　若 G 是阶数 $\geqslant 4$ 的极大平面图，则

$$3 \leqslant \delta(G) \leqslant 5$$

证明　由于 G 是极大平面图，显然，$\delta(G) \geqslant 3$，故只需证明 $\delta(G) \leqslant 5$。由于 G 为极大平面图，故有 $2m=3r$，代入式(1.10)有 $3n-m=6$，即 $6n-2m=12$。又因 $d_1+d_2+\cdots+d_n=2m$，故有

$$6n-\sum_{i=1}^{n} d_i=\sum_{i=1}^{n}(6-d_i)=12$$

由此推出，若 G 中每个顶点的度均 $\geqslant 6$ 时，上式不成立。从而本定理获证。■

1.6.3 Kuratowski 定理

判断一个图是否可平面是研究平面图的基本理论问题，定理 1.15 给出了一个充分条件。1930 年，数学家 Kuratowski 证明了定理 1.15 的条件也是必要的，从而给出了可平面图的一个简洁的特征[30]。

定理 1.15　图 G 是可平面图当且仅当 G 的子图不含 K_5 和 $K_{3,3}$，以及它们的剖分图。

此定理的证明在一般图论教科书中均可找到，故略。

1.6.4 平面嵌入算法

虽然定理 1.15 给出了一个图 G 是可平面的漂亮特征，但遗憾的是：判别一个图是可平面的算法却是困难的 NP-完全问题[31]；又因可平面嵌入问题具有良好的应用背景，所以，众多学者从各自不同的角度展开对平面嵌入问题的研究。

平面嵌入问题在诸如印刷电路板设计、大规模集成电路的布线、可视化问题(如基因调控可视化)，以及计算机科学许多领域内有广泛的应用[32]。其中印刷电路板的设计和制造是最直接的应用。将电路图提取为一个简单的连通图：顶点表示电子元件，边代表导线。此时判断给定电路图是否可以被印刷到平面而不发生短路的问题转化为可平面嵌入问题。同时可平面嵌入算法也提供了单层以及多层的布线方案，具有现实意义。

在平面嵌入算法研究中，1964 年，Demucron 等[33]最早从事平面嵌入问题的研究工作。他们从图的一个圈入手，找出关于这个圈的所有的桥，再对每个桥逐一嵌入到平面上。1974 年，Hopcroft 和 Tarjan[34]通过附加路的方法，首先建立了线性时间平面嵌入算法，但是每次迭代时构造的局部可平面子图需要不断修改，十分复杂。1993 年，Shih 和 Hsu[35]基于深度优先搜索树提出了一种简单的线性时间测试算法，每次迭代时不再需要修正。

20 世纪 70 年代，吴文俊[36]和刘彦佩[37]利用拓扑的方法把平面性判定问题转化为代数方程组求解问题，经改进后被国际上称为 Wu-Liu 方法[38]。

近 30 年来，基于仿生计算，诸如遗传算法、蚁群算法、神经网络算法等广泛应用于平面嵌入问题[39-41]。这些仿生计算的基本思想是：将平面嵌入问题映射到相应的计算模型，进而给予优化求解。Takefuji 和 Lee[42]于 1989 年提出了用 Hopfield 神经网络对平面测试问题求解，该方法的基本思想是将可平面图嵌入对应网络的**能量最小点**。文献[43]在上述工作基础上定义了新的相交函数，改进了能量函数，提高了收敛速度，并使得网络更易得到全局最优解。

1.7 图 着 色

图着色问题是图论学科的生长点，也是图论中最重要的研究分支之一，它对整个图论的发展有着深远影响。图着色问题具有广泛的应用，如各种调度问题、蛋白质结构预测问题、密码破译问题等。

1.7.1 定义与分类

图 G 的一个 **k-顶点着色**，简称为 **k-着色**，是指从顶点集 V 到颜色集 $C(k)=\{1,2,\cdots,k\}$ 的一个映射 f，满足对任意的 $xy\in E(G)$，有 $f(x)\neq f(y)$。如果在 G 中存在一个正常 k-顶点着色，则称图 G 是 **k-可着色的**。图 G 的**色数**，记作 $\chi(G)$，是指满足图 G 为 k-可着色的最小数值 k。若 $\chi(G)=k$，则称 G 是 **k-色图**。

图 G 的每一个 k-着色 f 唯一对应满足下列条件的一个 **k-色组划分** $(V_1,V_2,\cdots,V_k)$：①$V=V_1\cup V_2\cup\cdots\cup V_k$；②第 i 个分量 V_i 表示着颜色 i 的顶点子集，称之为**色组**。在一个 k-色组划分中，若把 V_i 与 V_j 中的顶点颜色互换，其他顶点颜色不变，则称所得着色与前者**等价**。因此，一个 k-着色 f 所在的等价类共有 $k!$ 个着色。按此划分，我们从每个等价类中取出第 i 个分量 V_i 着颜色 i 对应的 k-着色，全体这样的着色构成的集合记作 $C_k^0(G)$。设 $f\in C_k^0(G)$，用 G_{ij}^f 表示在 f 下 G 中所有着颜色 i 和所有着颜色 j 构成的顶点子集的导出子图，并称之为 **2-色导出子图**，其中，$i, j \in C(k)$，$i \neq j$。在不混淆时，可用G_{ij}代替G_{ij}^f，G_{ij}中的分支称为 **ij-分支**或**2-色分支**。

若$C_k^0(G)$中仅含一个元素，则称G是**唯一 k-可着色的**。如图 1.24 所示的图是一个唯一 3-可着色图。

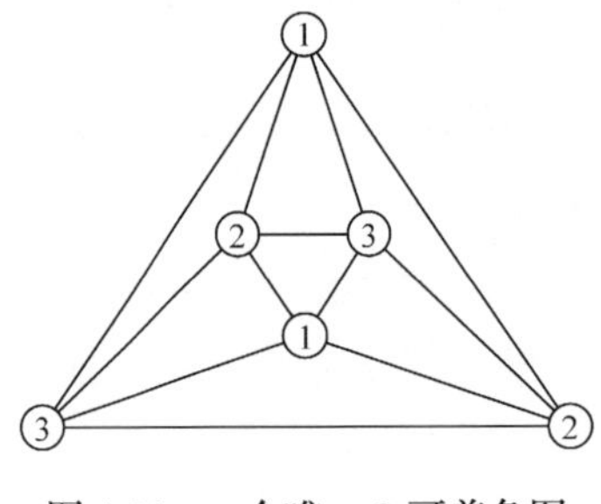

图 1.24　一个唯一 3-可着色图

图G的一个 **k-边着色**，简称为**边着色**，是指从图G的边集E到颜色集$C(k)=\{1,2,\cdots,k\}$的一个映射f，满足对任意的$e,e'\in E(G)$，若e,e'相邻，则有$f(e)\neq f(e')$。如果在G中存在一个k-边着色，则称图G是**k-可边着色的**。图G的**边色数**，记作$\chi'(G)$，是指满足图G为k-可边着色的最小数值k。若$\chi'(G)=k$，则称G是**k-边色图**。

图G的每一个k-边着色f对应于边集E的一个划分$\{E_1,E_2,\cdots,E_k\}$，其中E_i表示分配到颜色i的所有边构成的集合，即

$$E(G)=\bigcup_{i=1}^{k}E_i;\ E_i\neq\phi;\ E_i\cap E_j=\phi;\ i\neq j;\ i,j=1,2,\cdots,k$$

将G的上述匹配集E_i $(i=1,2,\cdots,k)$也称为f的一个**边色组**。

图$G=(V,E)$的一个 **k-全着色**，简称为**全着色**，是指从$V\cup E$到颜色集$C(k)=\{1,2,\cdots,k\}$的一个映射f，满足对于$V\cup E$中任意一对关联的或相邻的元素x,y，均有$f(x)\neq f(y)$。如果在G中存在一个正常 k-全着色，则称图G是 **k-可全着色的**。图G的**全色数**，**记作**$\chi^{\mathrm{T}}(G)$，是指满足图G有一个k-全着色的最小数值k。

除了上面所言的顶点着色、边着色、全着色之外，还存在其他特定着色。比如，对于平面图，有面着色、点面全着色、边面全着色[44]、点边面全着色[45]等，有兴趣读者可查阅相关文献。

1.7.2　图的色数

上小节介绍了图的着色类型及对应的色数，一个自然的问题是：给定一个图，怎样去确定它的色数？进而，一个图的色数是否与图的其他不变量有关？

定理 1.16[46]　设Δ是图G的最大度，则有$\chi(G)\leqslant\Delta+1$。

定理 1.16 给出了一般图的色数上界，当图G是完全图或奇圈时，满足$\chi(G)=\Delta+1$。当图G为其他类型的图时，上述结论可以作进一步改进。

定理 1.17 (Brooks 定理)[46]　若图G既不是奇圈，也不是完全图，则$\chi(G)\leqslant\Delta$。

此外，下述结论给出的界比 Brooks 定理更好。

定理 1.18[47]　设 G 是任意的一个图，则

$$\chi(G) \leqslant \max\{\delta(H) \mid H \subseteq G\} + 1 \tag{1.13}$$

其中，$\delta(H)$ 为图 H 的最小度。

图 G 的每一个 k-顶点着色 f 对应于顶点集 V 的一个划分 $\{V_1, V_2, \cdots, V_k\}$，因此，当 $\chi(G)=2$ 时，G 必然是一个非空的且顶点集 V 能够划分成 2 个独立集 V_1, V_2 的图，即任意与 V_1 中顶点关联的每条边必然也与 V_2 关联，反之亦然，故 G 是 2-部图。

定理 1.19　图 G 的色数等于 2 当且仅当 G 是非空 2-部图。

1961 年，Hajos[48]从图的结构角度给出了一个有关顶点着色的色数猜想：

Hajos 猜想　若 G 是 k-色图，则 G 含 K_k 的剖分图，其中 K_k 为 k-阶完全图。

当 $k \leqslant 4$ 时，已有人证明了此猜想成立[49]，但当 $k=8$ 时，Hajos 猜想不成立[50]。一般情形下的 Hajos 猜想尚未解决，它是公认的一个非常困难的问题。当 $k=5$ 时，Hajos 猜想等价于四色猜想[51]。

对于边色数，根据其定义，我们很容易知道 $\chi'(G) \geqslant \Delta$。当 G 为 2-部图时，等号成立。

定理 1.20[52]　设 G 是一个 2-部图，则 $\chi'(G)=\Delta$。

对于一般图的边色数问题，Vizing[53]于 1964 年和 Gupta[54]于 1966 年分别独立地得到如下一个重要结论，后来也被称为 Vizing 定理。

定理 1.21 (Vizing 定理)　对于任意的图 G，有 $\Delta \leqslant \chi'(G) \leqslant \Delta+1$。

Vizing 定理是一个很强的结论，因为既存在使 $\chi'(G)=\Delta$ 的图，也存在使 $\chi'(G)=\Delta+1$ 的图。然而，什么图满足其色数等于 Δ？这仍是一个待解决的难题。

在全色数方面，Behzad[55]于 1965 年和 Vizing[56]于 1968 年分别独立地提出了著名的全着色猜想。

全着色猜想　对于任意的图 G，有

$$\Delta + 1 \leqslant \chi^{\mathrm{T}}(G) \leqslant \Delta + 2 \tag{1.14}$$

Kostochka[57,58]和 Vijayaditya[59]证明了当 $\Delta \leqslant 5$ 时，此猜想成立。对于平面图，Borodin[60]证明了当 $\Delta \geqslant 9$ 时猜想成立；Yap[61]和 Andersen[62]证明了当 $\Delta=8$ 时猜想成立；Sanders 和 Zhao[63]证明了当 $\Delta=7$ 时猜想成立。到现在为止，对于平面图，全着色猜想仅在 $\Delta=6$ 时的情况尚未得到证明。

1.7.3　图着色算法

不论是确定一个图的色数，还是给出 k-色图的一个 k-着色，它们均为 NP-完全问题。本小节介绍几种经典常规算法。

1. 缩点加边法[64]

给定图 $G=(V, E)$，设 $u, v \in V(G)$，$uv \notin E(G)$。下面，用 $G+uv$ 表示在 G 中

添加边 uv 后得到的图，用 $G\circ\{u,v\}$ 表示在 G 中实施关于顶点子集 $\{u,v\}$ 的收缩运算后得到的图。

定理 1.22[64]　设 u,v 是图 G 的不相邻顶点，则

$$\chi(G)=\min\{\chi(G+uv),\chi(G\circ\{u,v\})\}$$

根据该定理得到一种图顶点着色的算法，称为**缩点加边法**。

设图 $G=(V,E)$，v_i 与 v_j 是 G 的两个不相邻的顶点。在 G 中收缩 $\{v_i,v_j\}$ 的运算简称为**缩点**，若在 v_i 与 v_j 之间添加一条边，则将该过程称为**加边**。

反复对一个图实施缩点和加边，使图的阶次逐渐变小，最后变为完全图。其中阶数最小的完全图的色数（即完全图的阶数）就是图 G 的色数。图 1.25 给出了对 5-圈求解色数图示。

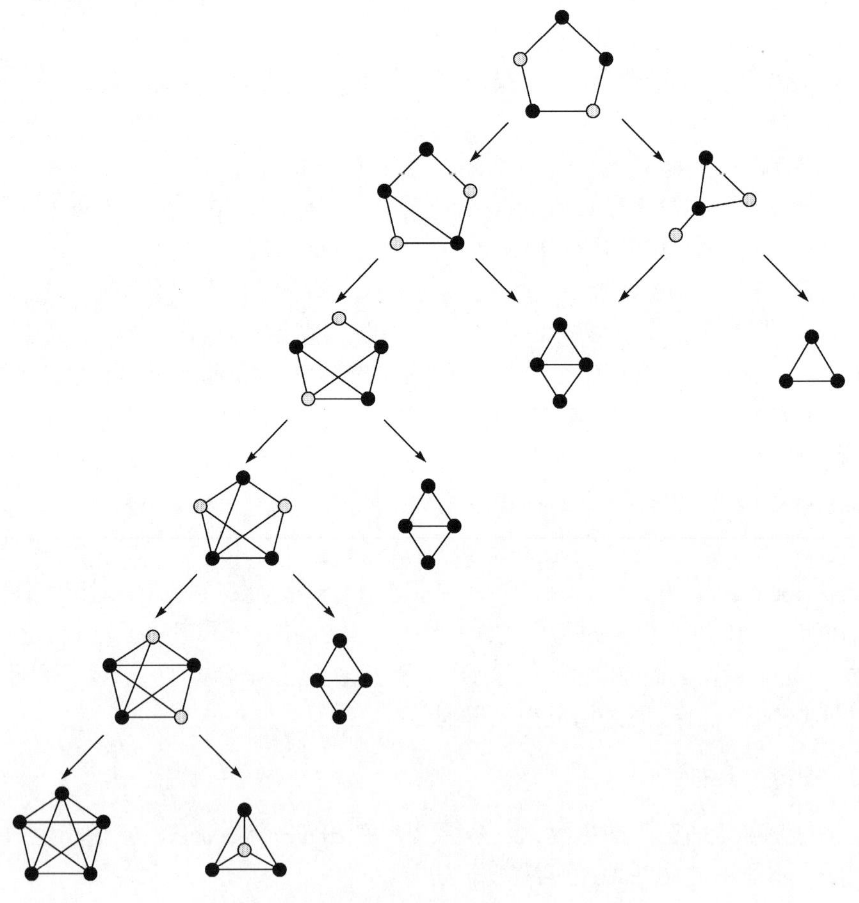

图 1.25　缩点加边法求解 $\chi(C_5)=3$ 实例

2. 独立集法[65]

设 S 是图 G 的一个独立集，且 $V-S$ 中的任一顶点必与 S 中至少一个顶点相邻，则称 S 为 G 的**极大独立集**。设 S 是 G 的一个独立集，且 G 不存在另一独立集 S' 满足 $|S'|>S$，则称 S 为 G 的**最大独立集**。图 G 的一个**覆盖**是 V 的一个子集 K，满足 G 的每条边都至少有一个端点在 K 中。G 的一个**极小覆盖**是指 V 的一个子集 K，满足 G 的每个顶点 v，要么 $v\in K$，要么 $N(v)\in K$。

由于独立集内的所有顶点可以着同一种颜色，如果将图的顶点进行划分，使每个顶点子集都是一个独立集，那么，最小的划分数也就是图的色数。由此，我们就可通过找出一个图所有独立集的方法而得到它的一个着色。又因为每个独立集均是某个极大独立集的子集，所以只要找出所有极大独立集即可。注意到，由定义可知，每个极大独立集的补集是极小覆盖，故下面给出通过找出极小覆盖的方法得到极大独立集。

设 v 是图 G 的一个顶点，则在寻找极小覆盖时，要么选择顶点 v，要么选择 v 的所有邻点。下面，我们把寻找极小覆盖的过程转化为一个代数表达式，其中将“选择顶点 v”简记为符号 v，用代数符号“+”代表“或”，“×”代表“与”。根据上述约定，在寻找图 1.26 的极小覆盖时，对应的代数表达式即为

$$
\begin{aligned}
&(a+bdfbd)(b+aceg)(c+bdef)(d+aceg)(e+bcdf)(f+ceg)(g+bdf)\\
&=aceg+bcdeg+bdef+bcdf
\end{aligned}
$$

由此推出，$\{a,c,e,g\}$，$\{b,c,d,e,g\}$，$\{b,d,e,f\}$ 和 $\{b,c,d,f\}$ 是图 1.26 的所有极小覆盖。它们的补集 $\{b,d,f\}$，$\{a,f\}$，$\{a,c,g\}$ 和 $\{a,e,g\}$ 即是所有极大独立集。

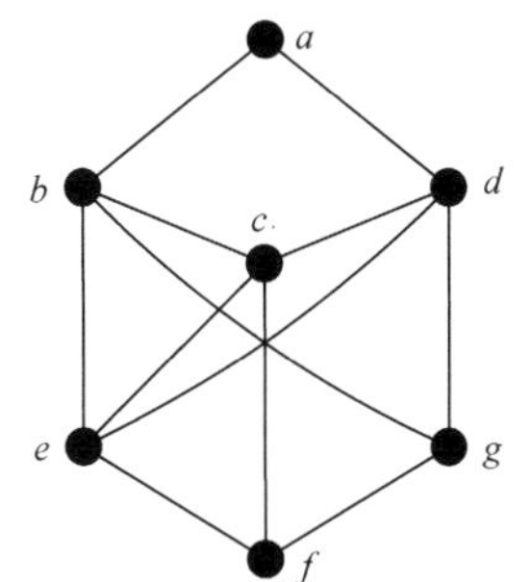

图 1.26　基于最小覆盖法求图的色数

3. 鲍威尔(Powell)法[66]

鲍威尔法的具体步骤如下：

步骤 1：将图 G 的顶点按度数递减的顺序排列(度数相同的顶点次序可以任意选定)。

步骤 2：用第一种颜色(设为颜色 1)给第一个顶点着色，并按顺序对与该顶点不相邻的且尚未着色的顶点着相同的颜色。

步骤 3：用第二种颜色(设为颜色 2)给下一个未着色顶点着色，并按顺序对与该顶点不相邻的且尚未着色的顶点着相同的颜色。

步骤 4：用第三种颜色(设为颜色 3)、第四种颜色(设为颜色 4)实施类似步骤 3 中给出的方法，直至所有顶点都着上颜色。

以图 1.26 为例，首先将顶点按度数递减的顺序进行排列：c, e, b, d, f, g, a。

用颜色 1 对 c 着色，并且按顺序对与 c 不相邻的顶点 g 和 a 着颜色 1。

用颜色 2 对 e 着色，并按顺序检查后面的顶点，顶点 b，d，f 与 e 相邻，g 和 a 已经着色，所以仅对顶点 e 着颜色 2。

用颜色 3 对顶点 b 着色，并按顺序检查，可知顶点 d 和顶点 f 也应着颜色 3。至此，所有顶点都着色完毕，其色数 $\chi=3$。

图的顶点着色常规算法还有很多，如顺序着色法、增强 SEQ 算法及 DSATUR 算法等。基于仿生计算、生物计算等的图着色算法研究，有兴趣读者可查看文献[67]、[68]等。

1.7.4 图着色应用

图着色问题不但有着重要理论价值，它还可直接应用于诸多实际问题中。本小节采用举例方式讨论图着色的一些应用。

1. 交通信号灯

在一个路口，需要安装一个交通信号灯来调节车流。若来自两个不同车道的车同时通过路口时会产生碰撞，则不允许这两个车道上的车同时进入路口。为了确保交通安全，信号灯至少需要多少个信号相位？

利用图的顶点着色可解决上述问题。首先，我们可以构造一个图 G，其顶点集 V 即为路口所有车道构成之集，V 中的任意两个顶点相邻当且仅当对应的两个车道上的车不能同时安全进入路口。于是所需最少数量的信号相位问题转化为求解图 G 的色数问题。

2. 储藏问题

一家化学制品公司要储藏一些不同的化学物品，其中某些物品不能互相接触，否则会引起危险或变质。为此，该公司需要将它的仓库分仓，使得不能互相接触的物品放置在不同的仓中。那么，该公司至少需要将仓库分成多少个子仓库呢？

上述问题可以转化为图的顶点着色问题。具体地，构造一个图 G，其顶点集 V 为所要储藏的所有种类化学物品构成之集，V 中的任意两个顶点相邻当且仅当对应的物品种类不能互相接触。不难发现，所需子仓库的最少数量即为图 G 的色数。

3. 排课表问题

给学校某个年级的学生进行排课，在明确每位教师给每个班级上课的课时后，怎样排出一张所用课时尽可能少的课时表？

可将上述排课表问题转化为图的边着色问题。构造一个 2-部图 G，其顶点集

$V=\{t_1,t_2,\cdots,t_m,c_1,c_2,\cdots,c_n\}$，其中教师构成的集合为$\{t_1,t_2,\cdots,t_m\}$，班级构成的集合为$\{c_1,c_2,\cdots,c_n\}$。若教师$t_i$需要给班级$c_j$上$p_{ij}$节课，则顶点$t_i$与$c_j$间有$p_{ij}$条边连接。因而求解最少课时问题即为求解图$G$的边色数问题。

在实际生活中，排课表问题可能会受其他因素约束(如给定有限个教室等)而变得复杂，更为复杂的排课表问题的研究可查阅文献[69]、[70]等。

参考文献

[1] (丹)邦詹森 J, (英)古廷 G. 有向图的理论、算法及其应用. 姚兵, 张忠辅译. 北京: 科学出版社, 2009.

[2] Bondy J A, Murty U S R. Graph Theory with Applications. New York: Springer, 2008.

[3] 许进. 自补图理论及其应用. 西安: 西安电子科技大学出版社, 1999.

[4] 许进, 李泽鹏, 朱恩强. 极大平面图理论研究进展. 计算机学报, 2015, 38 (8): 1680-1704.

[5] 李炯生. 图的度序列. 数学进展, 1994, 23 (8): 193-204.

[6] Eggleton R B. Graphic sequences and graphic polynomials：a report. Colloq Mathematical Society Janos Bolyai, 1975, 10: 385-392.

[7] Hakimi S L. On realizability of a set of integers as the degrees of the vertices of a linear graph. I. Journal of the Society for Industrial and Applied Mathematics, 1962, 10: 496-506.

[8] Hakimi S L. On realizability of a set of integers as the degrees of the vertices of a linear graph. Ⅱ. Journal of the Society for Industrial and Applied Mathematics, 1963, 11:135-147.

[9] Johnson R H. The diameter and radius of simple graphs. Journal of Combinatorial Theory, Series B, 1974, 17: 188-198.

[10] Johnson R H. Simple separable graphs. Pacific Journal of Mathematics, 1975, 56: 143-158.

[11] Johnson R H, Simple directed trees. Discrete Mathematics, 1976, 14: 257-264.

[12] Koren M. Extreme degree sequence of simple graphs. Journal of Combinatorial Theory, Series B, 1973, 15: 213-224.

[13] Koren M. Pairs of sequences with a unique realization by bipartite graphs. Journal of Combinatorial Theory, Series B, 1976, 21: 224-234.

[14] Koren M. Pairs of sequences with a unique realization by bipartite graphs. Journal of Combinatorial Theory, Series B, 1976, 21: 235-244.

[15] Serre J P. Trees. Berlin Heidelberg, New York: Springer-Verlag, 1980.

[16] 李晓明, 黄振杰. 图中树的数目: 计算及其在网络可靠性中的作用. 哈尔滨: 哈尔滨工业大学出版社, 1993.

[17] 许进. 几类图的支撑树的计数公式. 西北大学学报, 1989, 4(19), 23-31.

[18] 许进. 系统的核与核度理论及应用. 西安: 西安交通大学出版社, 1987.

[19] 张军英, 许进. 二进前向人工神经网络: 理论与应用. 西安: 西安电子科技大学, 2001.

[20] Wasserman P D. Neural computing theory and practice. New York: Van Nostrand Reinhold, 1989.

[21] Tanese R, Parallel genetic algorithms for a hypercube. International Conference on Genetic Algorithms & Their Application, 1987, 177: 177-183.

[22] Shannon C E. The zero-error capacity of a noisy channel. IRE Transactions on Information Theory, 1956, 3: 8-19.

[23] Lovasz L. On the Shannon capacity of a graph. IEEE Transactions on Information Theory, 1979, 25 (1): 1-7.

[24] Reingold E M, Nievergelt J, Deo N. Combinatorial algorithms: Theory and practice. New Jersey: Prentice-hall, 1977, 9(5): 1054.

[25] Hopfield J J, Tank D W. Neural computation of decisions in optimization problems. New York: Springer-Verlag, 1985 , 52 (3) :141-152

[26] Wang Y K, Fan K C, Horng J T. Genetic-based search for error-correcting graph isomorphism. IEEE Transactions on Systems, 1997, 27 (4): 588-597.

[27] McKay B D, Min Z K. The value of the Ramsey number R (3, 8). Journal of Graph Theory, 1992, 16 (1): 99-105.

[28] McKay B D, Radziszowski S P. R (4, 5)=25. Journal of Graph Theory, 1995, 19 (3): 309-322.

[29] McKay B D, Radziszowski S P. A new upper bound for the Ramsey number R (5, 5). Australasian Jouranl of Combinatorics, 1992, 5: 13-20.

[30] Kuratowski K. Sur le problème des courbes gauches en topologie. Fundamenta Mathematicae, 1930, 15: 271-283.

[31] Erdos P, Katona G. Theory of Graph. New York: Academic Press, 1968: 265-269.

[32] Lempel A, Even S, Cederbaum I. An algorithm for planarity testing of graphs. Theory of Graph, 1967, 5 (2): 215-232.

[33] Demoucron G, Malgrange Y, Pertuiset R. Graphes planaires: reconnaissance et construction des representations plenaries topologiques. Revue Francaise de Recherche Operationnelle, 1964, 8: 33-47.

[34] Hopcroft J E, Tarjan R E. Efficient planarity testing of graphs. Journal of the ACM, 1974, 21 (4): 549-568.

[35] Shih W K, Hsu W L. A simple test for planar graphs. Proceedings of the International Workshop on Discrete Mathematics and Algorithms, 1993, 110-122.

[36] 吴文俊. 线性图的平面嵌入. 科学通报, 1974, 19 (5): 226-228.

[37] 刘彦佩. 模 2 规划与平面嵌入. 应用数学学报, 1978, 1 (4): 321-329.

[38] Rosenstiehl P. Preuve algébrique du critère de planarité de Wu-Liu. Annals of Discrete Mathematics, 1980, 9: 67-78.

[39] di Battista G, Eades P, Tamassia R, et al. Algorithms for drawing graphs: an annotated bibliography. Computational Geometry, 1994, 4(5): 235-282.

[40] Huang J W, Kang L S, Chen Y P. Binary tree drawing algorithm based on genetic algorithm. Journal of Software, 2000, 11(8): 1-8.

[41] Eloranta T, Mäkinen E. TimGA: a genetic algorithm for drawing undirected graphs. Divulgaciones Matemáticas, 2001, 9(2): 155-171.

[42] Takefuji Y, Lee K C. A near-optimum parallel planarization algorithm. Science, 1989, 245 (4922): 1221-1223.

[43] 高琳, 许进, 张军英. 平面测试问题的一种新型的神经网络算法. 西安电子科技大学学报

(自然科学版), 2001, 28 (2): 245-248.
[44] 胡冠章, 张忠辅. 关于平面图的边面全着色. 清华大学学报(自然科学版), 1992, 32 (3): 18-23.
[45] Kronk H V, Mitchem J. A seven-color theorem on the sphere. Discrete Mathematic, 1973, 5: 253-260.
[46] Brooks R L. On colouring the nodes of a network. Mathematical Proceedings of the Cambridge Philosophical Society, 1941, 37: 194-197.
[47] (德) Diestel R. 图论. 于青林, 王涛, 王光辉译. 北京: 高等教育出版社, 2013.
[48] Hajos G. Uber eine konstruktion nicht *n*-farbbarer graphes. Wissenschaftliche Zeitschrift der Martin-Luther-Universität Halle-Wittenberg, Mathematisch-Naturwissenschaftliche Reihe, 1961, 10: 116-117.
[49] Dirac G A. A property of 4-chromatic graphs and some remarks on critical graphs. London Mathematical Society, 1952, 27: 85-92.
[50] Catlin P A. Hajos′ graph-coloring conjecture: variations and counterexamples. Journal of Combinatorial Theory, Series B, 1979, 26: 268-274.
[51] Wagner K. Beweis einer abschwachung der hadwiger-vermutung. Mathematische Annalen, 1964, 153: 139-141.
[52] Konig D. Uber graphen und ihre anwendung auf determinantentheorie und mengenlehre. Mathematische Annalen, 1916, 77: 453-465.
[53] Vizing V G. On an estimate of the chromatic class of a p-graph (in Russian). Diskretnyĭ Analiz, 1964, 3: 25-30.
[54] Gupta R P. The chromatic index and the degree of a graph. Notices of the American Mathematical Society, 1966, 13: abstract 66T-429.
[55] Behzad M. Graphs and their chromatic numbers. Doctoral thesis. Michigan: Michigan State University, 1965.
[56] Vizing V G. Some unsolved problems in graph theory. Russian Mathematical Surveys, 1968, 23: 125-142.
[57] Kostochka A V. The total coloring of a multigraph with maximal 4. Discrete mathematics, 1977, 17: 161-163.
[58] Kostochka A V. The total chromatic number of any multigraph with maximum degree five is at most seven. Discrete mathematics, 1996, 162: 199-214.
[59] Vijayaditya N. On total chromatic number of a graph. London Mathematical Society, 1971, 3: 405-408.
[60] Borodin O V. On the total coloring of planar graphs. Journal Fur Die Reine Und Angewandte Mathematik, 1989, 394: 180-185.
[61] Yap H P. Total-colourings of graphs. Manuscript, 1989.
[62] Andersen L. Total colouring of simple graphs (in Danish). Master’s thesis. Aalborg: University of Aalborg, 1993.
[63] Sanders D P, Zhao Y. On total 9-coloring planar graphs of maximum degree seven. Journal of Graph Theory, 1999, 31: 67-73.

[64] Zykov A A. On some properties of linear complexes (in Russian). Matematicheskii Sbornik, 1949, 24: 163-188.

[65] Boppana R. Approximating maximum independent sets by excluding subgraphs. Berlin Heidelberg: Springer, 1990, 32 (2): 13-25.

[66] Welsh D J A, Powell M B. An upper bound on the chromatic number of a graph and its application to timetabling problems. The Computer Journal, 1967, 10: 85-87.

[67] Kokosinski Z, Kwarciany K, Kolodziej M. Efficient graph coloring with parallel genetic algorithms. Computing & Informatics, 2005, 24: 123-147.

[68] Xu J, Qiang X, Zhang K, et al. A parallel type of DNA computing model for graph vertex coloring problem. Engineering, 2018, 4(1):61-77.

[69] Dempster M A H. Two algorithms for the time-table problem. Combinatorial Mathematics and its Applications, London: Academic Press, 1971: 63-65.

[70] de Werra D. On some combinatorial problems arising in scheduling. Infoscience, 1970, 8: 165-175.

第 2 章　放电变换与极大平面图的结构

由于四色猜想的研究对象是平面图，故从 19 世纪末，数学家就对平面图，特别是极大平面图的结构特征与构造等展开了研究。从本章开始，我们将逐步介绍其中的主要成果。本章是研究平面图结构特征的基础，主要讨论利用**放电变换**研究平面图的结构特征。

2.1　欧拉公式

多面体是指四个或四个以上多边形所围成的立体。更确切地讲，由若干个平面多边形围成的空间图形叫做**多面体**。围成多面体的多边形叫做多面体的**面**，两个面的公共边叫做多面体的**棱**，若干条棱的公共顶点叫做多面体的**顶点**。我们把多面体中的点数，棱数，面数分别用 n,m,r 表示。关于这三者之间的关系，1750 年欧拉在写给他的朋友哥德巴赫(Goldbach)的一封信中第一次提到，即欧拉公式：$n-m+r=2$。

把多面体的任何一个面伸展，如果其他各面都在这个平面的同侧，则称这个多面体为**凸多面体**。凸多面体内部或界面上任何两点所连的线段都在凸多面体内或界面上。在三维空间中，每个凸多面体简称为 **3-多面体**。用 P 表示一个 3-多面体，若视它的顶点为一个图的顶点，棱视为图的边，则 P 便视为一个图，记作 $G(P)$，称为 P 的**图**。

易证：任意 3-多面体 P，$G(P)$ 都是平面图，且是 3-连通的。反之，一个图 G，如何与空间中的 3-多面体 P 建立联系呢？这一问题由 Steinitz[1]在 1922 年解决：**3-多面体与 3-连通平面图是一一对应的。**

Steinitz 的工作实际指出了欧拉公式自然适应于 3-连通平面图中顶点数、边数和面数之间的关系，可证欧拉公式适应于一般平面图，即第 1 章式(1.10)，在此重述并给出证明。

定理 2.1(欧拉公式)　设 G 是一个含 n 个顶点、m 条边和 r 个面的连通平面图，则

$$n-m+r=2 \tag{2.1}$$

证明　对图 G 的面数 r 进行归纳。当 $r=1$ 时，G 的每一条边都是割边，又因 G 连通，所以 G 是一棵树。于是，$m=n-1$，结论成立。

假设对所有面数小于 r 的连通平面图，结论成立。

考察 G 中含 $r(\geqslant 2)$ 个面的情况。任取 G 的一条不是割边的边 e，则 $G-e$ 仍连通，且因 G 中被边 e 分隔的两个面合成 $G-e$ 的一个面，所以 $G-e$ 有 $r-1$ 个面，自然 $G-e$ 有 $m-1$ 条边，G 与 $G-e$ 有相同的顶点数，于是，由归纳假设，有

$$n-(m-1)+(r-1)=n-m+r=2$$

本定理获证。 ■

定理 2.2　设 G 是阶数 $n\geqslant 4$，边数为 m，面数为 r 的连通平面图，则

(1) $m\leqslant 3n-6$；

(2) $\delta(G)\leqslant 5$，特别地，当 G 为极大平面图时，$3\leqslant\delta(G)\leqslant 5$。

证明　(1) 令 F 表示 G 的所有面构成之集，则对 G 中每一个面 f，它的度 $d_G(f)\geqslant 3$，即

$$2m=\sum_{f\in F}d_G(f)\geqslant 3r$$

由欧拉公式

$$n-m+2m/3\geqslant 2$$

即

$$m\leqslant 3n-6$$

(2) 当 $n=1,2$ 时，结论显然成立。当 $n\geqslant 4$ 时，由(1)的结论可知

$$\delta n\leqslant\sum_{v\in V}d(v)=2m\leqslant 2(3n-6)$$

所以，$\delta\leqslant 5$。特别地，若 G 为极大平面图，必有 $\delta(G)\geqslant 3$。

综上所述，本定理获证。 ■

2.2　放 电 变 换

设 $G=(V,E)$ 是一含 n 个顶点，m 条边和 r 个面的极大平面图，由于 G 中每个面的度数均为 3，故有

$$3r=2m=\sum_{v\in V}d(v) \tag{2.2}$$

于是，由欧拉公式有

$$3n-3m+3r=3n-m=3n-\frac{1}{2}\sum_{v\in V}d(v)=6$$

此即

$$\sum_{v\in V}(d(v)-6)=-12 \tag{2.3}$$

视 G 为顶点、边和面均赋电荷的一个赋权图，确切地讲，对 G 中每个顶点 v，边 e，面 f，分别赋**电荷** $c(v)$, $c(e)$, $c(f)$，则图 G 的**电荷量**，定义为

$$c(G)=\sum_{v\in V}c(v)+\sum_{e\in E}c(e)+\sum_{f\in F}c(f) \tag{2.4}$$

图的顶点、边、面的**电荷设置**，**应由所选择欧拉公式的形式**来确定。如基于式(2.3)，G 中每个顶点 v，边 e，面 f 对应的电荷分别定义为

$$c(v)=d(v)-6,\quad c(e)=c(f)=0 \tag{2.5}$$

则 $c(G)=-12$，并称 $(c(v),c(e),c(f))=(d(v)-6,0,0)$ 为 G 的**初始电荷**。

所谓**放电变换**是指：首先基于欧拉公式的某种变形，对顶点，边，面分配初始电荷；然后根据一些规则对电荷进行局部重新分配，并保持电荷量 $c(G)$ 不变。

更确切地讲，放电变换，记作 $\varphi=(\varphi_1,\varphi_2,\cdots,\varphi_k)$，其中每一 φ_i，$i=1,2,\cdots,k$，对应一条规则；变换 $\varphi:c\to c'$，且满足：$c(G)=c'(G)$。

用**放电变换研究极大平面图结构的基本思想**是：先假设某些结构不存在，然后构造一个放电变换 φ，使得接受电荷的总量不再等于释放电荷的总量，导出矛盾(电荷不守恒)。

设 G 是 $\delta=5$ 的极大平面图。令 V^i 表示度数为 i 的顶点子集，我们最关心的是度数为 5，6，7 的顶点导出子图 $G[V^5\cup V^6\cup V^7]$ 的结构特征，目前研究成果主要集中于 $G[V^5\cup V^6\cup V^7]$ 中的**路**与**三角形**。另外，还有**圈**与**星图**等结构的研究。为了较为全面地介绍此领域研究成果，我们将讨论对象扩展到平面图，且所讨论的平面图的每个顶点和面的度数 $\geqslant 3$。

2.3 路型结构

在图 G 中，一个 k-点(k-面)是指度数为 k 的顶点(面)，一个 k^--点(k^--面)是指度数至多为 k 的顶点(面)。图 G 的**围长**是指 G 中最小圈的长度，记作 g。一条边 xy，如果满足 $d(x)=a,\ d(y)=b$，则称它是一条 (a,b)-边；一条 (a,b^-)-边指满足 $d(x)=a,\ d(y)\leqslant b$ 的 xy 边。一条 $(a,4,b)$-路指满足 $d(x)=a,\ d(y)=4,\ d(z)=b$ 的路；一条 $(a^-,4,b)$-路指满足 $d(x)\leqslant a,\ d(y)=4,\ d(z)=b$ 的 xyz 路，等等。用 w_k 表示 G 中含 k 个点的路的最小度数之和。用 $e_{i,j}$ 表示关联一个 i-点和一个 j-点的边的数目，$f_{i,j,k}$ 表示关联一个 i-点、一个 j-点和一个 k-点的三角形面的数目。

2.3.1 边

定理 2.3 若 G 是 $\delta=5$ 的平面图，则 G 至少含(5,5)-边与(5,6)-边之一。 ■

本定理的证明蕴含在下述定理 2.4 之中，故在此省略证明。

注 1　对于$\delta=5$的平面图，有些图不含(5,6)-边，如图 2.1(a)所示的正二十面体，每条边均为(5,5)-边；有些图既含(5,5)-边，又含(5,6)-边，如图 2.1(b)所示，它只有两个 6 度顶点，且距离为 3，其余顶点度数均为 5，因此，该图共有 12 条(5,6)-边，其余均为(5,5)-边；有些图不含(5,5)-边，如图 2.1(c)所示。

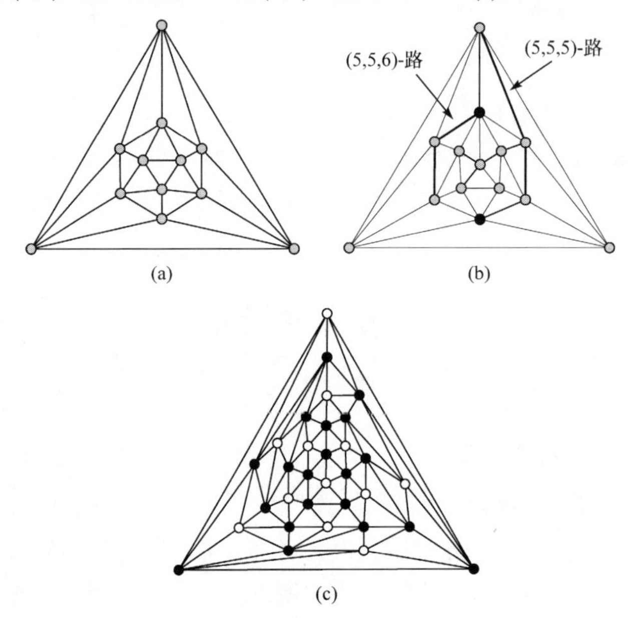

图 2.1　注 1 说明图例

定理 2.3 实际上已被众多学者给予证明。1904 年，Wernicke[2]首先证明：任一$\delta=5$的平面图中都含一条$(5,6^-)$-边；1940 年，Lebesgue[3]证明：任一平面图都含一条$(3,11^-)$-边，或$(4,7^-)$-边，或$(5,6^-)$-边，其中参数 6, 7 是**紧的**(即该参数不能被改进)；1955 年，Kotzig[4]证明了对任意 3-连通平面图，有$w_2\leqslant 13$；随后，Borodin 证明了对任意$\delta\geqslant 3$的平面图都有$w_2\leqslant 13$，详见文献[5]～[8]。1993 年，Borodin[8]证明了：任一平面图都含一条$(3,10^-)$-边，或$(4,7^-)$-边，或$(5,6^-)$-边。期间，1992 年，Borodin[9]证明了每一个平面图中权重较小的边的数目满足不等式：

$$40e_{3,3}+25e_{3,4}+16e_{3,5}+10e_{3,6}+\frac{20}{3}e_{3,7}+5e_{3,8}+\frac{5}{2}e_{3,9}+2e_{3,10}+\frac{50}{3}e_{4,4}$$
$$+11e_{4,5}+5e_{4,6}+\frac{5}{3}e_{4,7}+\frac{16}{3}e_{5,5}+2e_{5,6}\geqslant 120$$

1996 年，Fabrici 和 Jendrol′[10]给出 3-连通平面图中权重较小的边的数目满足不等式：

$$20e_{3,3}+25e_{3,4}+16e_{3,5}+10e_{3,6}+\frac{20}{3}e_{3,7}+5e_{3,8}+\frac{5}{2}e_{3,9}+2e_{3,10}+\frac{50}{3}e_{4,4}$$
$$+11e_{4,5}+5e_{4,6}+\frac{5}{3}e_{4,7}+\frac{16}{3}e_{5,5}+2e_{5,6}\geqslant 120$$

上面两个不等式中系数均为紧的，不同之处仅在于$e_{3,3}$前的系数。Borodin 也曾证明除了一个多重图外，Fabrici 和 Jendrol′的结论对其他平面图都是成立的。

对于$\delta=4$的平面图，Borodin 在文献[9]中也给出了相关结论。

关于$\delta=5$的平面图中权重较小的边的数目研究，已有不少成果。1973 年，Grünbaum[11]证明了$60e_{5,5}+e_{5,6}\geqslant 60$，并且存在图使得$e_{5,5}=0$，$e_{5,6}=60$，所以不等式中$e_{5,6}$前面的系数是紧的。同时，Grünbaum 还提出：

猜想 2.1　$2e_{5,5}+e_{5,6}\geqslant 60$。

然而，Fisk 找到一个反例图[12]，其中$e_{5,5}=28$，$e_{5,6}=0$，如图 2.2(a)所示，这说明$e_{5,5}$前面的系数不小于$15/7$。1982 年，Grünbaum 和 Shephard[12]宣布$4e_{5,5}+e_{5,6}\geqslant 60$是成立的。1992 年，Borodin[13]对此进行改进，得到下面定理 2.4。1994 年，Borodin 和 Sanders[14]得到这方面最好的结论，即$7/3e_{5,5}+e_{5,6}\geqslant 60$。并且，通过给出图 2.2(b)所示极大平面图，其中$e_{5,5}=24, e_{5,6}=4$，说明此不等式已不能再改进。

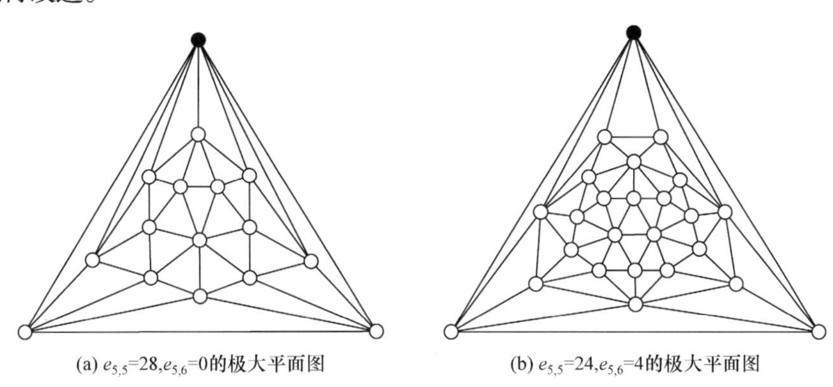

(a) $e_{5,5}$=28,$e_{5,6}$=0的极大平面图　(b) $e_{5,5}$=24,$e_{5,6}$=4的极大平面图

图 2.2　$e_{5,5}=28, e_{5,6}=0$的极大平面图和$e_{5,5}=24, e_{5,6}=4$的极大平面图

下面，以 Borodin[13]在 1992 年给出的结果具体说明放电变换在平面图结构研究中的应用。

定理 2.4　设G是$\delta=5$的平面图，则

(1) $\frac{18}{7}e_{5,5}+e_{5,6}\geqslant 60$；

(2) $2e_{5,5}+e_{5,6}+\frac{2}{7}e_{5,7}\geqslant 60$

证明 用反证法。

(1) 假设存在平面图 G，使得 $18/7e_{5,5}+e_{5,6}<60$。通过在 G 的面上添加对角边得到极大平面图 G'，仍不满足(1)。于是，由式(2.5)中给出的初始电荷知：除 5 度顶点外，其余顶点的电荷均非负。现对式(2.5)的初始电荷分配 c 实施如下所定义的放电变换 $\varphi=(\varphi_1,\varphi_2,\varphi_3,\varphi_4)$，得到新的电荷分配 $c'=\varphi(c)$，需满足：$c'(G')=-12$，其中 φ_i ($i=1,2,3,4$)定义如下：

φ_1 的作用对象是 G' 中的 $(5,5,7)$ -面 $\Delta uu'v$ 上的 7-点 v 及(5,5)-边 uu'，它将 7-点 v 上电荷 $c(v)=1$ 的 $-2/35$ 转移给 uu' 边，确切定义为

$$\varphi_1(c(v),c(uu'))=\left(c(v)+\frac{2}{35},-\frac{2}{35}\right)$$

φ_2 的作用对象是 G' 的 $(5,8^+)$ -边 uv 及 8^+ -点 v，它将 v 上电荷 $c(v)=d(v)-6$ 中至少

$$\frac{d(v)-6}{d(v)}\geqslant\frac{2}{8}=\frac{1}{4}$$

的电荷转移给边 uv，确切定义为

$$\varphi_2(c(v),c(uv))=\left(c(v)-\frac{1}{4},\frac{1}{4}\right)$$

φ_3 的作用对象是 G' 的 $(5,7)$ -边 uv 及 7-点 v，它将 v 上电荷 $c(v)=1$ 中至少 $1/5$ 的电荷转移给边 uv，确切定义为

$$\varphi_3(c(v),c(uv))=\left(1-\frac{1}{5},\frac{1}{5}\right)=\left(\frac{4}{5},\frac{1}{5}\right)$$

对 φ_3 的定义需说明如下：

① 基于 φ_1，显然当点 v 至多与 5 条 $(5,7)$ -边关联时，定义成立。

② 当顶点 v 与 6 条 $(5,7)$ -边关联时，基于 φ_1，从 $c(v)$=1 转移给 5 条 $(5,5)$ -边的电荷总量为 $-2/(35\times5)=-2/7$，故 φ_1 作用后顶点 v 的电荷量为 $1+2/7$。因此，$(1+2/7)/6=3/14>1/5$，定义成立。

③ 当 v 与 7 条 $(5,7)$ -边关联时，经 φ_1 后，顶点 v 的电荷量为 $1+7\times2/35$。故 $(1+7\times2/35)/7=1/5$，定义成立。

φ_4 的作用对象是 G' 中 5-点 u 及 $\{uv\mid v\in N(u)\}\triangleq E(u)$，它将 uv 边上电荷 $c(uv)$=0 转移 $1/5$ 给顶点 u，确切定义为

$$\varphi_4(c(u),c(uv))=\left(-1+\frac{1}{5},-\frac{1}{5}\right)$$

基于上述放电变换 $\varphi=(\varphi_1,\varphi_2,\varphi_3,\varphi_4)$ 后，G' 中所有 6^+-点 v，有 $c'(v)\geqslant 0$；5-点 v，由 φ_4，$c'(v)=-1+5\times 1/5=0$。G' 中所有边，除 $(5,5)$-边，$(5,6)$-边外，其余电荷量均非负。注意所有面上的电荷仍均为 0，故由式(2.4)有

$$\begin{aligned}
-12=c'(G')&=\sum_{v\in V}c'(v)+\sum_{e\in E}c'(e)+\sum_{f\in F}c'(f)\\
&=\sum_{v\in V}c'(v)+\sum_{e\in E_{5,5}\cup E_{5,6}}c'(e)+\sum_{e\in E\setminus(E_{5,5}\cup E_{5,6})}c'(e)\\
&\geqslant\sum_{e\in E_{5,5}\cup E_{5,6}}c'(e)
\end{aligned}$$

即

$$\sum_{e\in E_{5,5}\cup E_{5,6}}c'(e)\leqslant -12$$

基于 φ 中 φ_1 与 φ_4，G' 中(5,5)-边的电荷最少的情况如图 2.3 所示，其电荷为 $2\times(-1/5-2/35)=-18/35$。因此，对于 $e\in E_{5,5}$，$c'(e)\geqslant -18/35$。

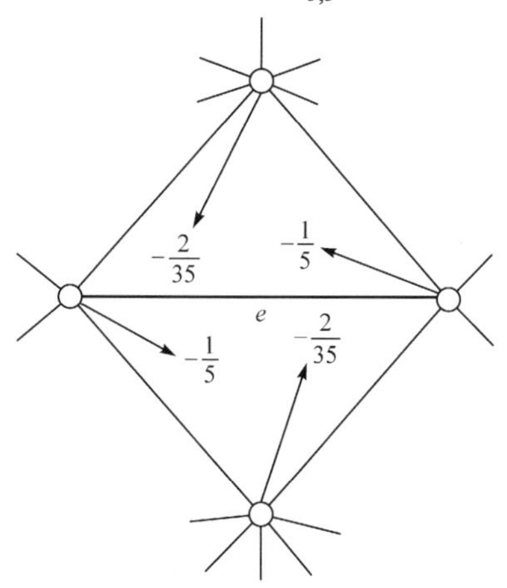

图 2.3　定理 2.4(1)证明过程示意图

对 $e\in E_{5,6}$，显然有 $c'(e)=-1/5$，由此推出

$$-12\geqslant\sum_{e\in E_{5,5}\cup E_{5,6}}c'(e)\geqslant\sum_{e\in E_{5,5}}\left(-\frac{18}{35}\right)+\sum_{e\in E_{5,6}}\left(-\frac{1}{5}\right)=-\frac{18}{35}e_{5,5}-\frac{1}{5}e_{5,6}$$

$$-\frac{18}{35}e_{5,5}-\frac{1}{5}e_{5,6}\leqslant -12$$

即

$$\frac{18}{7}e_{5,5}+e_{5,6}\geqslant 60$$

这与假设矛盾！从而(1)获证。

(2) 假设 $2e_{5,5}+e_{5,6}+2/7e_{5,7}<60$，其证明过程与(1)类似，其放电变换为 $\varphi=(\varphi_2,\varphi_3',\varphi_4)$，$\varphi_2$ 和 φ_4 与(1)中一致，φ_3' 定义如下：

φ_3' 的作用对象是 G' 的 $(5,7)$ -边 uv 及 7-点 v，它将 7-点 v 上电荷 $c(v)=1$ 中 $1/7$ 的电荷转移给边 uv，确切定义为

$$\varphi_3'(c(v),c(uv))=\left(c(v)-\frac{1}{7},\frac{1}{7}\right)$$

经放电变换 $\varphi=(\varphi_2,\varphi_3',\varphi_4)$ 后，G' 中顶点的电荷均非负，且除 $(5,5)$ -边、$(5,6)$ -边及 $(5,7)$ -边外，其余边电荷量也均非负。具体地，

当 $e\in E_{5,5}$ 时，$c'(e)=-2/5$；当 $e\in E_{5,6}$ 时，$c'(e)=-1/5$；当 $e\in E_{5,7}$ 时，$c'(e)=1/7-1/5=-2/35$。

所以，

$$-\frac{2}{5}e_{5,5}-\frac{1}{5}e_{5,6}-\frac{2}{35}e_{5,7}\leqslant -12$$

即

$$2e_{5,5}+e_{5,6}+\frac{2}{7}e_{5,7}\geqslant 60$$

这与假设矛盾！从而(2)获证。

综合(1), (2)，本定理获证。 ■

2.3.2　3-路 P_3

1922 年，Franklin[15]证明了：

定理 2.5　设 G 是 $\delta=5$ 的平面图，则 G 中存在一条 $(6^-,5,6^-)$ -路。 ■

注 2　对于 $\delta=5$ 的平面图，有些图只有(5,5,5)-路，如图 2.1(a)中所示的正二十面体；有些图既含(5,5,5)-路，也含(5,5,6)-路，如图 2.1(b)所示。图 2.4 中给出了含(6,5,6)-路的实例。对于既不含(5,5,5)-路，也不含(5,5,6)-路及(5,6,5)-路的平面图见定理 2.10 中构造。

平面图中关于 w_3 的研究已有不少成果。1993 年，Ando 等[16]证明了任意 3-连通平面图满足 $w_3\leqslant 21$，且它是紧的。1999 年，Jendrol′[17]证明了任意 3-连通平面图都含一条 (a,b,c) -路和一条 (a,b,c,d) -路，满足 $\max\{a,b,c\}\leqslant 15$，$\max\{a,b,c,d\}\leqslant 23$，

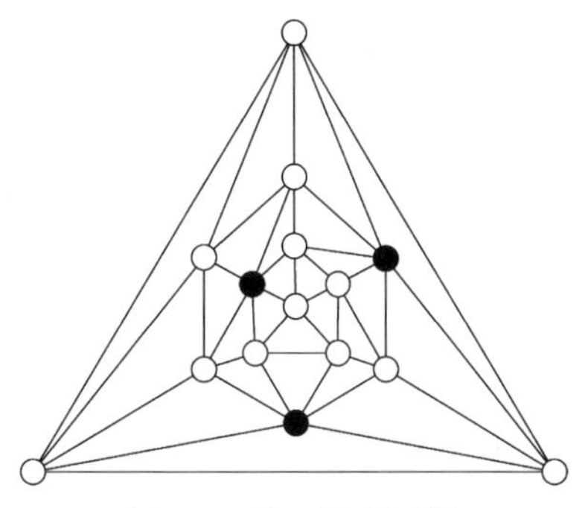

图 2.4　注 2 说明图例

其中，15 是紧的。1997 年，Jendrol′[18]得到比 Kotzig[4]、Franklin[15]和 Jendrol′[17]更强的结果，给出了 3-连通平面图中的 3-路必属于的 10 种类型，并证明每个 3-连通平面图都含一条 (a,b,c) -路，满足 $a+b+c\leqslant 23$ 。此外，Jendrol′还构造了一个仅含 (a,b,c) -路，且 $a+b+c\geqslant 21$ 的 3-连通平面图，如图 2.5 所示，说明 $w_3\leqslant 21$ 是紧的。

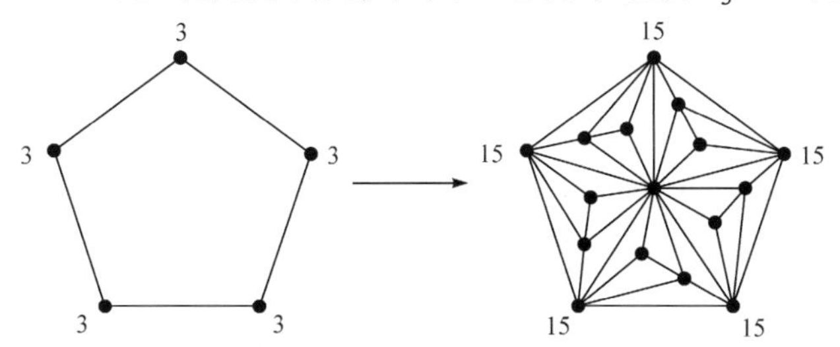

图 2.5　Jendrol′给出仅含 $(3^+,15^+,3^+)$ -路的构造证明 $w_3\leqslant 21$ 是紧的

注 3　为保证 w_3 的有限性,要求图的 3-连通性是必要的。如图 2.6 所示 $K_{2,2t}^*$ ，其连通度为 2，$w_2=6$ ，而它的任意一条 3-路都必含顶点 a 或 b ，且随着 t 的增大，w_3 也增大。这也证明，不是所有的 (3,3) -边导致 w_3 无界，而是只有那些位于 3-面上的 (3,3) -边。

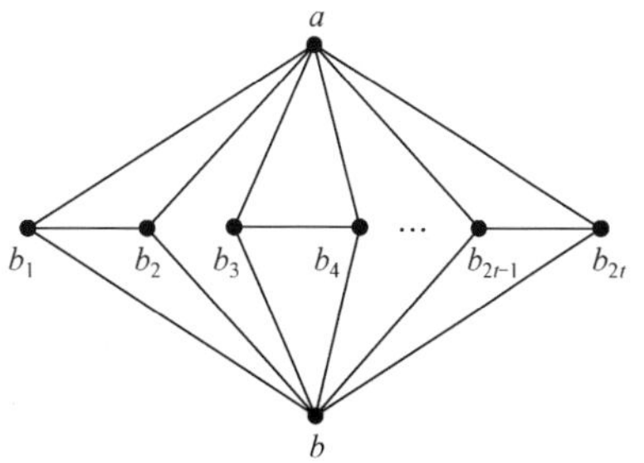

图 2.6　仅含 $(3,3,\infty),(3,\infty,3)$ -路的图 $K_{2,2t}^*$

1997 年，Borodin[19]改进了 Ando 等[16]的结论，证明了：

定理 2.6　设 G 是 $\delta\geqslant 3$ 的平面图，且不含 $K_{2,4}^*$ ，则

(1) 要么 $w_3\leqslant 18$ ，要么存在一个 15^--点与两个 3-点相邻；

(2) 要么 $w_3\leqslant 17$ ，要么 $w_2\leqslant 7$ 。■

显然，若 $w_2>6$ ，则 $w_3\leqslant 21$；若 G 中不含 3 度顶点，则 $w_3\leqslant 17$ 。

上述 $w_3 \leqslant 21$，$w_3 \leqslant 17$ 都是紧的，而 $w_3 \leqslant 18$ 在 2012 年才被 Borodin[20]等证实是紧的。

定理 2.7　设 G 是 $\delta \geqslant 3$ 的平面图，且 G 中不含 $K_{2,4}^{*}$ 结构，则 G 必含下述类型 3-路之一：$(3^-,4^-,11^-),(3^-,7^-,5^-),(3^-,10^-,4^-),(3^-,15^-,3^-),(4^-,4^-,9^-),(6^-,4^-,8^-),(7^-,4^-,7^-),(6^-,5^-,6^-)$，其中参数均为紧的。

定理 2.5～定理 2.7 蕴含在定理 2.8 之中，故在此省略证明。■

不难发现，定理 2.7 扩展了 Franklin[15]及 Ando 等[16]的结果，但却不能说明定理 2.6 中的结果。2016 年，Borodin 等[21]改进定理 2.6，得到：

定理 2.8　设 G 是 $\delta \geqslant 3$ 的平面图，且不含 $K_{2,4}^{*}$ 结构，则 G 中必含下述类型 3-路之一：$(3,15^-,3),(3,10^-,4^-),(3,8^-,5^-),(4^-,7^-,4^-),(5^-,5^-,7^-),(6^-,5^-,6^-),(3,4^-,11^-),(4^-,4^-,9^-),(6^-,4^-,7^-)$，其中参数均为紧的。

证明　首先，通过下面实例说明定理中结果都是紧的。

如图 2.5 所示，Jendrol′构造的仅含 3 度，4 度和 15 度顶点的平面图，它的每一条 3-路都会通过一个 15-点，这就说明了 $(3,15^-,3)$ 是紧的。

图 2.7 所示半极大平面图的内部仅含 3, 4, 10-点，且 3-点与 4^--点均不相邻，外圈边界点的度序列为 97569756。将此半极大平面图旋转 90°，度序列变为 56975697。将这两个半极大平面图黏合(外圈重叠)，得到一个极大平面图，使得黏合的圈上的顶点度数均 $\geqslant 11$，且均不与 3-点相邻。所得之图仅有定理中提到的 $(3^+,10^+,4^+)$-路，说明 $(3,10^-,4^-)$ 是紧的。

将图 2.8 所示两个这样的半极大平面图沿外圈黏合起来得到一个极大平面图，其中任意两个 4^--点之间的距离均 $\geqslant 3$，且不存在含 7^--点的 3-路。因此，所得之图仅有定理中提到的 $(3^+,8^+,5^+)$-路，说明 $(3,8^-,5^-)$ 是紧的。

如图 2.9 所示，通过图(a)中变换得到一个仅含 4 度和 7 度顶点的半极大平面图，其任意两个 4-点均不相邻；通过图(b)中变换得到的半极大平面图中不含 4^--点，且每个 5-点都被 6-点包围；通过图(c)中变换得到的半极大平面图中不含 3-点，且每个 4-点都被 3 个 9^+-点包围。图 2.9(a), (b), (c)分别说明 $(4^-,7^-,4^-)$，$(6^-,5^-,6^-)$，$(4^-,4^-,9^-)$ 是紧的。

图 2.10 所示半极大平面图的外圈由 4 条(8,7,7,8,7,7,7,7,8)-路构成，将两个这样的半极大平面图沿外圈黏合，得到一个极大平面图，它不含 3-点，每个 4-点都被 7^+-点包围，且每个 5-点都有 4 个度数 $\geqslant 7$ 的邻点。因此，$(5^-,5^-,7^-)$ 是紧的。

将图 2.11 所示两个这样的半极大平面图黏合得到的极大平面图仅含 3, 4-点和 11^+-点，且其中没有顶点与两个 3-点相邻，所以它仅含定理中 $(3,4^-,11^-)$ 类型的

3-路，说明 $(3,4^-,11^-)$ 是紧的。

图 2.12 所示半极大平面图的外圈由 4 条(8,7,7,6,6,7,7,8)-路构成，将两个这样的半极大平面图沿外圈黏合，得到一个极大平面图，它不含 3-点，任意 5^--点之间不相邻，且每个 5^--点至多有一个 6 度邻点。所得极大平面图中仅含 $(6^+,4^+,7^+)$-路，从而说明 $(6^-,4^-,7^-)$ 是紧的。

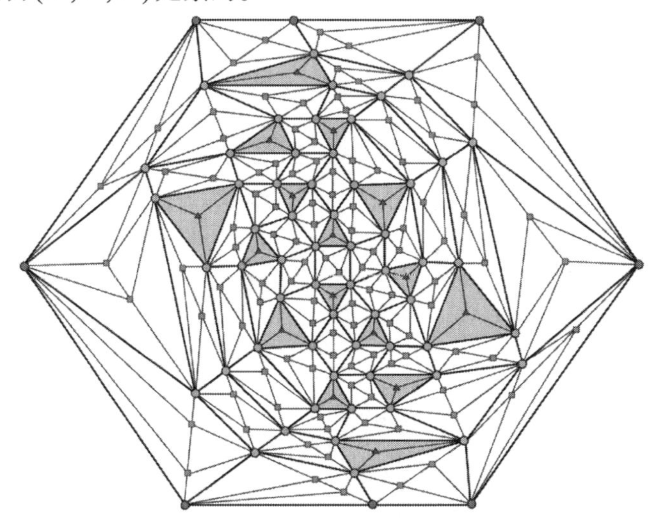

图 2.7　证明 $(3,10^-,4^-)$ 是紧的示意图[21]

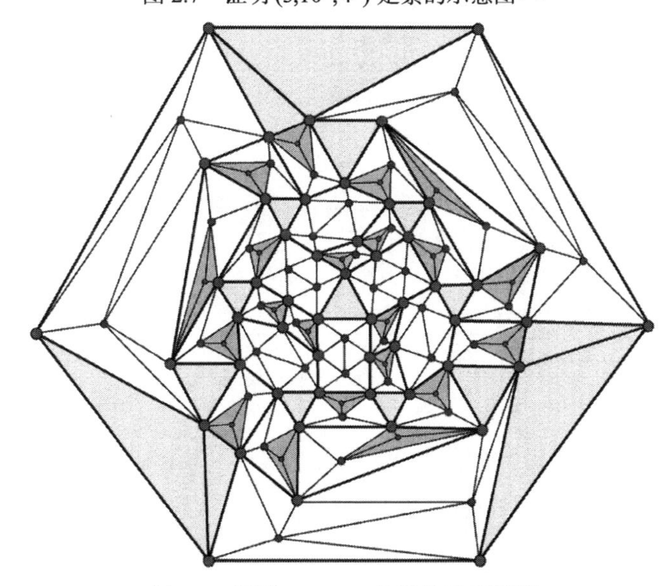

图 2.8　证明 $(3,8^-,5^-)$ 是紧的示意图[21]

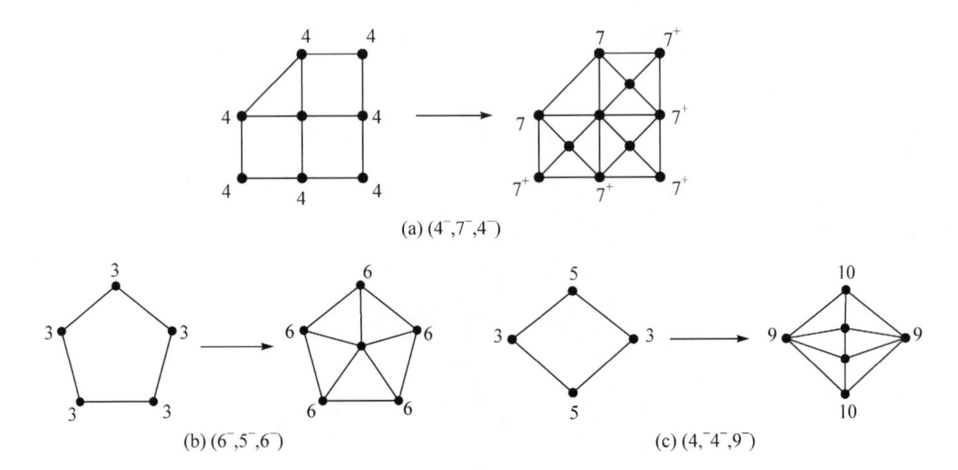

图 2.9　证明 $(4^-,7^-,4^-)$, $(6^-,5^-,6^-)$, $(4^-,4^-,9^-)$ 是紧的示意图[21]

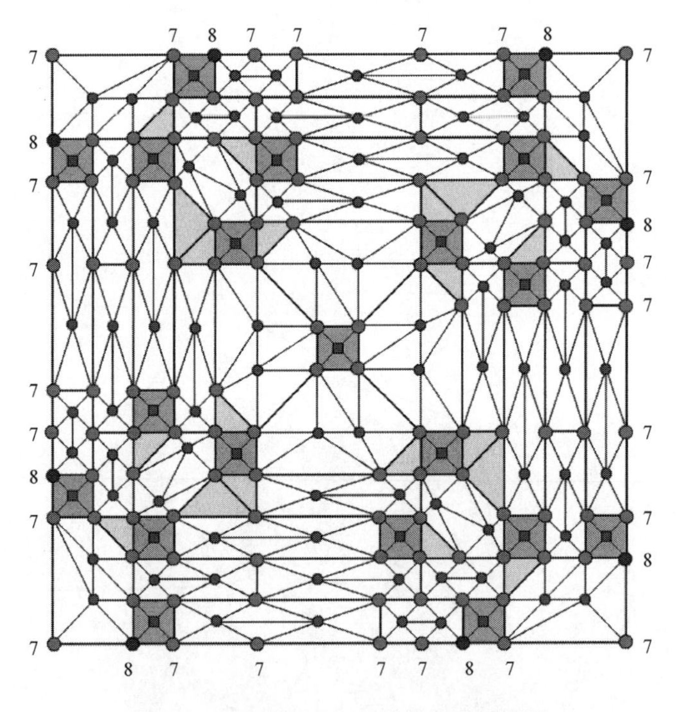

图 2.10　证明 $(5^-,5^-,7^-)$ 是紧的示意图[21]

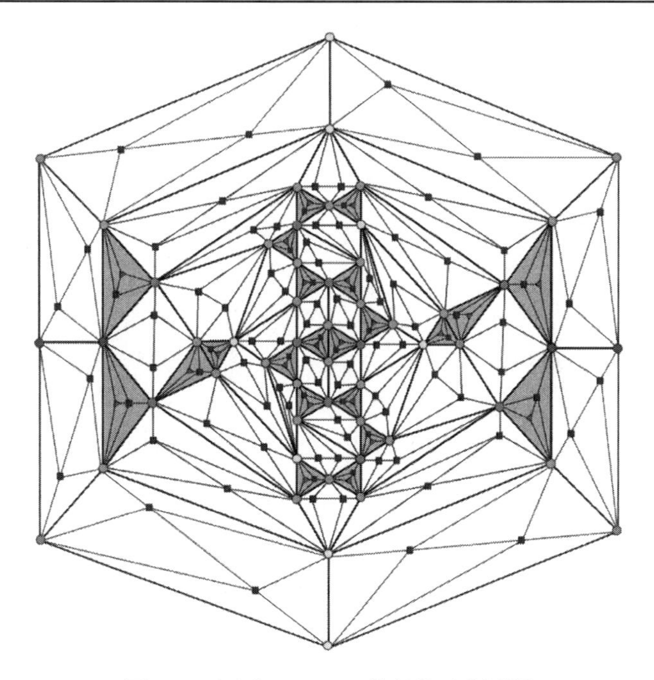

图 2.11　证明 $(3,4^-,11^-)$ 是紧的示意图[21]

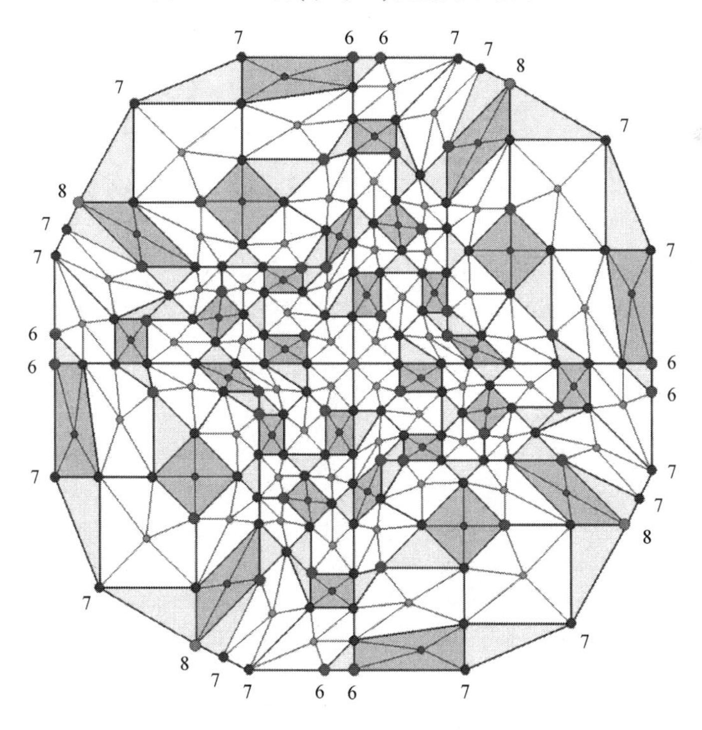

图 2.12　证明 $(6^-,4^-,7^-)$ 是紧的示意图[21]

用反证法，假设G是不满足定理 2.8 的边数最多的平面图。分三个部分证明：

1. G是极大平面图

假设G不是极大平面图，则G中存在一个4^+-面$f=abc\cdots$，设b是与f关联的顶点中度数最小的，且$d(a)\leqslant d(c)$，那么，证明$G+ac$仍不满足定理 2.8 即可。

由于$\delta(G)\geqslant 3$且G中不含$K_{2,4}^*$，则$G+ac$中不含$K_{2,4}^*$。反设$G+ac$中包含定理 2.8 出现的 3-路acz或zac，那么$z=b$。否则，若$z\neq b$，鉴于$d(b)\leqslant d(a)\leqslant d(c)$，通过将$acz$中$a$换成$b$，或将$zac$中$c$换成$b$，可分别得到 3-路$bcz$或$zab$，导致图$G$中本就含定理中的 3-路类型，矛盾。所以，$z=b$。

情况 1 $d(b)=3$。若$d(a)=3$，则由$(3,4^-,11^-)$-路的不存在性，$d(c)\geqslant 12$。于是，$G+ac$中的新路acb及bac，要么是$(3^+,13^+,4^+)$-路，要么是$(3^+,4^+,13^+)$-路，也就是说，它们不是定理中描述的 3-路。若$d(a)=4$，则由$(4^-,4^-,9^-)$-路的不存在性，$d(c)\geqslant 10$。于是，$G+ac$中的新路要么是$(3^+,11^+,5^+)$-路，要么是$(3^+,5^+,11^+)$-路，它们也不是定理中描述的 3-路。类似地，若$d(a)\in\{5,6\}$，则由$(6^-,5^-,6^-)$-路的不存在性，$d(c)\geqslant 7$。于是，$G+ac$中的新路要么是$(3^+,6^+,8^+)$-路，要么是$(3^+,8^+,6^+)$-路，仍不是定理中描述的 3-路。同理，当$7\leqslant d(a)\leqslant d(c)$时，这仍不是定理中描述的 3-路。

情况 2 $d(b)=4$。若$d(a)=4$，则由$(4^-,4^-,9^-)$-路的不存在性，$d(c)\geqslant 10$。于是，新路要么是$(4^+,11^+,5^+)$-路，要么是$(4^+,5^+,11^+)$-路；若$5\leqslant d(a)\leqslant 6$，则由$(6^-,4^-,7^-)$-路的不存在性，$d(c)\geqslant 8$。于是，新路要么是$(4^+,6^+,9^+)$-路，要么是$(4^+,9^+,6^+)$-路；若$d(a)\geqslant 7$，则由$d(a)\leqslant d(c)$得，$d(c)\geqslant 7$。于是，新路要么是$(8^+,4^+,8^+)$-路，要么是$(4^+,8^+,8^+)$-路。这都不是定理中描述的 3-路。

情况 3 $d(b)\geqslant 5$。若$d(b)\geqslant 5$，那么，新路要么是$(5^+,6^+,8^+)$-路，要么是$(5^+,8^+,6^+)$-路，这均不是定理中出现的路型。

上述三种情况说明$G+ac$仍不包含定理描述的 3-路类型，这与“G是不满足定理 2.8 的边数最多的平面图”矛盾。因此，G是极大平面图，G中任意 3 度顶点之间不相邻。

2. 放电变换

对极大平面图G，基于式(2.3)，给出初始电荷分配c：

$$c(v)=d(v)-6,\quad c(e)=c(f)=0,\quad v\in V,\ e\in E,\ f\in F$$

除 5-点外，其余顶点的电荷均非负。将顶点v的邻点按顺时针次序依次记作

$v_1, v_2, \cdots, v_{d(v)}$，现对初始电荷分配 c 实施如下定义的放电变换 $\varphi = (\varphi_1, \varphi_2, \varphi_3)$，得到新的电荷分配，记作 c'，即 $\varphi(c) = c'$。c' 需满足：$c'(G) = c(G) = -12$，其中 φ_i $(i = 1,2,3)$定义如下：

φ_1 的作用对象是 G 中的 3-点 v 及 v 的邻点 v_1, v_2, v_3，功能如下：

(1) 若 $4 \leqslant d(v_1) \leqslant 6$，则 φ_1 分别将 $3/2$ 电荷从 v_2 和 v_3 转移给 v，确切定义为

$$\varphi_1(c(v) + c(v_1) + c(v_2) + c(v_3)) = \left(c(v) + \frac{3}{2} + \frac{3}{2} + c(v_1) + \left(c(v_2) - \frac{3}{2}\right) + \left(c(v_3) - \frac{3}{2}\right)\right)$$

(2) 若 $d(v_i) \geqslant 7$，$i = 1,2,3$，则 φ_1 分别将 1 电荷从 v_1, v_2, v_3 转移给 v，确切定义为

$$\varphi_1(c(v) + c(v_1) + c(v_2) + c(v_3)) = (c(v) + 1 + 1 + 1 + (c(v_1) - 1) + (c(v_2) - 1) + (c(v_3) - 1))$$

注意，若 $d(v_1) = 4$，由于不存在 $(3,4^-,11^-)$-路，则 $d(v_2) \geqslant 12$，$d(v_3) \geqslant 12$；若 $d(v_1) = 5$，由于不存在 $(3,8^-,5^-)$-路，则 $d(v_2) \geqslant 9$，$d(v_3) \geqslant 9$；若 $d(v_1) = 6$，由于不存在 $(6^-,4^-,7^-)$-路，则 $d(v_2) \geqslant 8$，$d(v_3) \geqslant 8$。所以，3-点 v 在所有情况下都有 $c'(v) = c(v) + 3 = 0$。

φ_2 的作用对象是 G 中的 4-点 v 及 v 的邻点 v_1, v_2, v_3, v_4，功能如下：

(1) 若 $d(v_1) = 3$，则 φ_2 分别将 $1/2$ 电荷从 v_2 和 v_4 转移给 v，将 1 电荷从 v_3 转移给 v，确切定义为

$$\begin{aligned}&\varphi_2(c(v) + c(v_1) + c(v_2) + c(v_3) + c(v_4)) \\ &= \left(c(v) + \frac{1}{2} + \frac{1}{2} + 1 + c(v_1) + \left(c(v_2) - \frac{1}{2}\right) + (c(v_3) - 1) + \left(c(v_4) - \frac{1}{2}\right)\right)\end{aligned}$$

(2) 若 $d(v_1) = 4$，则

① 若 $d(v_3) \leqslant 11$，则 φ_2 分别将 $3/5$ 电荷从 v_2 和 v_4 转移给 v，将 $4/5$ 电荷从 v_3 转移给 v，确切定义为

$$\begin{aligned}&\varphi_2(c(v) + c(v_1) + c(v_2) + c(v_3) + c(v_4)) \\ &= \left(c(v) + \frac{3}{5} + \frac{3}{5} + \frac{4}{5} + c(v_1) + \left(c(v_2) - \frac{3}{5}\right) + \left(c(v_3) - \frac{4}{5}\right) + \left(c(v_4) - \frac{3}{5}\right)\right)\end{aligned}$$

② 若 $d(v_3) \geqslant 12$，$d(v_2) \leqslant 11$，$d(v_4) \leqslant 11$，则 φ_2 分别将 $3/5$ 电荷从 v_2 和 v_4 转移给 v，将 $4/5$ 电荷从 v_3 转移给 v，φ_2 定义同①；

③ 若 $d(v_3) \geqslant 12$，$d(v_2) \geqslant 12$，$d(v_4) \leqslant 11$，则 φ_2 分别将 $9/10$ 电荷从 v_3 转移给 v，将 $1/2$ 和 $3/5$ 电荷从 v_2 和 v_4 转移给 v，确切定义为

$$\begin{aligned}&\varphi_2(c(v) + c(v_1) + c(v_2) + c(v_3) + c(v_4)) \\ &= \left(c(v) + \frac{1}{2} + \frac{9}{10} + \frac{3}{5} + c(v_1) + \left(c(v_2) - \frac{1}{2}\right) + \left(c(v_3) - \frac{9}{10}\right) + \left(c(v_4) - \frac{3}{5}\right)\right)\end{aligned}$$

④ 若$d(v_3)\geqslant 12$，$d(v_2)\geqslant 12$，$d(v_4)\geqslant 12$，则φ_2分别将$1/2$电荷从v_2和v_4转移给v，将 1 电荷从v_3转移给v，确切定义为

$$\varphi_2(c(v)+c(v_1)+c(v_2)+c(v_3)+c(v_4))$$
$$=\left(c(v)+\frac{1}{2}+\frac{1}{2}+1+c(v_1)+\left(c(v_2)-\frac{1}{2}\right)+(c(v_3)-1)+\left(c(v_4)-\frac{1}{2}\right)\right)$$

(3) 若$5\leqslant d(v_1)\leqslant 6$，则$\varphi_2$分别将$3/4$电荷从$v_2$和$v_4$转移给$v$，并将$1/2$电荷从$v_3$转移给$v$，确切定义为

$$\varphi_2(c(v)+c(v_1)+c(v_2)+c(v_3)+c(v_4))$$
$$=\left(c(v)+\frac{3}{4}+\frac{3}{4}+\frac{1}{2}+c(v_1)+\left(c(v_2)-\frac{3}{4}\right)+\left(c(v_3)-\frac{1}{2}\right)+\left(c(v_4)-\frac{3}{4}\right)\right)$$

(4) 其他情况，φ_2分别将$1/2$电荷从v_1,v_2,v_3,v_4转移给v，确切定义为

$$\varphi_2(c(v)+c(v_1)+c(v_2)+c(v_3)+c(v_4))$$
$$=\left(c(v)+4\times\frac{1}{2}+\left(c(v_1)-\frac{1}{2}\right)+\left(c(v_2)-\frac{1}{2}\right)+\left(c(v_3)-\frac{1}{2}\right)+\left(c(v_4)-\frac{1}{2}\right)\right)$$

注意，若$d(v_1)=3$，由于不存在$(3,4^-,11^-)$-路，则$d(v_i)\geqslant 12$，$2\leqslant i\leqslant 4$；若$d(v_1)=4$，由于不存在$(4^-,4^-,9^-)$-路，则$d(v_i)\geqslant 10$，$2\leqslant i\leqslant 4$；若$5\leqslant d(v_1)\leqslant 6$，因为不存在$(6^-,4^-,7^-)$-路，则$d(v_i)\geqslant 8$，$2\leqslant i\leqslant 4$。否则，$d(v_i)\geqslant 7$，$1\leqslant i\leqslant 4$。因此，每个 4-点$v$都有$c'(v)\geqslant c(v)+2=0$。

φ_3的作用对象是G中的 5-点v及v的邻点v_1,v_2,v_3,v_4,v_5，其功能如下：

(1) 若$d(v_1)\leqslant 5$，则φ_3分别将$1/2$电荷从v_3和v_4转移给v，确切定义为

$$\varphi_2(c(v)+c(v_1)+c(v_2)+c(v_3)+c(v_4)+c(v_5))$$
$$=\left(c(v)+2\times\frac{1}{2}+c(v_1)+c(v_2)+\left(c(v_3)-\frac{1}{2}\right)+\left(c(v_4)-\frac{1}{2}\right)+c(v_5)\right)$$

(2) 其他，φ_3分别将$1/4$电荷从每个7^+-邻点转移给v。

如果$d(v_1)\leqslant 5$，则由于不存在$(5^-,5^-,7^-)$-路，有$d(v_i)\geqslant 8$，$2\leqslant i\leqslant 5$。如果$d(v_1)\geqslant 6$，由于不存在$(6^-,5^-,6^-)$-路，$d(v_i)\geqslant 7$，$2\leqslant i\leqslant 5$。因此，$c'(v)\geqslant c(v)+1=0$。

3. 验证对任意$d(v)\geqslant 6$的顶点v，$c'(v)\geqslant 0$

情况 1 $d(v)=6$，因 6-点没有参与放电过程，所以，$c'(v)=c(v)=0$。

情况 2 $d(v)=7$，若顶点v有一个 3 度邻点，则因为不存在$(3,8^-,5^-)$-路，v仅给它的一个邻点分配电荷；根据$\varphi_1(2)$，将v中 1 电荷转移给此 3-度邻点。

若v没有 3 度邻点，由于G中不存在$(5^-,5^-,7^-)$-路，所以v的邻点中没有两个相邻的5^--点，根据$\varphi_2(4)$和$\varphi_3(2)$及G中不存在$(4^-,7^-,4^-)$-路，则顶点v至多

给它的 3 个邻点转移电荷，且其中至多转移出一个 $1/2$ 电荷。所以，$c'(v) \geqslant 7-6-1/2-2\times 1/4=0$。

情况 3　$d(v)=8$，若 v 含有 1 个 3 度邻点，由于不存在 $(3,8^-,5^-)$-路，则 v 与 5^--点是不相邻的，根据 $\varphi_1(1)$，v 中 $3/2$ 电荷转移给此 3 度邻点，那么 $c'(v) \geqslant 8-6-3/2>0$。

若 v 没有 3 度邻点。由于 G 中不存在 $(4^-,4^-,9^-)$-路，那么仅 $\varphi_2(3),\varphi_2(4),\varphi_3$ 可适用于 v。其中，4 度邻点与 5 度邻点相邻的结构仅出现两次，且此时 v 给 4-点转移 $3/4$ 电荷而不给 5-点电荷。因此，根据 $\varphi_2(3)$，从 v 中至多转移两次电荷量为 $3/4$ 的电荷，又由 $\varphi_2(4)$ 和 φ_3，$c'(v) \geqslant 8-6-2\times 3/4-1/2=0$。若顶点 v 恰好转移出一次电荷量为 $3/4$ 的电荷，则由 φ_2 和 φ_3，v 至多再转移出两次电荷量为 $1/2$ 或 $1/4$ 的电荷，因此 $c'(v) \geqslant 8-6-3/4-2\times 1/2>0$。最后，若 v 没有转移出 $3/4$ 的电荷，则 $c'(v) \geqslant 2-4\times 1/2>0$。

情况 4　$d(v)=9$，由于 G 中不存在 $(3,10^-,4^-)$-路，顶点 v 最多只有 1 个 3 度邻点，且不能同时有 1 个 3 度邻点和 1 个 4 度邻点。根据 $\varphi_1,\varphi_2,\varphi_3$，顶点 v 不能给两个连续的邻点转移电荷。否则，假设顶点 v 给两个连续的邻点 v_1 和 v_2 转移电荷，通过核查变换 $\varphi_1,\varphi_2,\varphi_3$，这种情况仅当 $d(v_1)\leqslant 5, d(v_2)=5$ 时可能发生。然而，从 $\varphi_3(1)$ 可以看出，v 没有转移任何电荷给 v_2，矛盾。

若 $d(v_1)=3$，根据 φ_1，顶点 v 至多转移 $3/2$ 电荷给 v_1，又根据 φ_3，v 转移给其他的 5 度邻点的电荷量至多为 $3\times 1/2$，因此，$c'(v) \geqslant 9-6-3/2-3\times 1/2=0$。若 v 没有 3 度邻点，根据 φ_2 和 φ_3，v 至多给它的 4 个邻点贡献电荷，且每个都至多为 $3/4$ 电荷，所以，$c'(v) \geqslant 9-6-4\times 3/4=0$。

关于任意 10^+-点 v，这里需要给出一些定义。根据 G 中不存在 $(5^-,5^-,5^-)$-路，顶点 v 的**单一 5^--邻点**是指一个 5^--点 v_2，使得 $d(v_1)\geqslant 6$，$d(v_3)\geqslant 6$。顶点 v 的一对**双胞胎 5^--邻点**是指 5^--点 v_2 和 v_3，它们被 6^+-点 v_1 和 v_4 包围。

情况 5　$d(v)=10$，若 v 有一个 3 度邻点，由于不存在 $(3,10^-,4^-)$-路，则其他邻点的度都大于 4。于是，结合 $\varphi_1(1)$，我们可以再次应用情况 3 中的论证，顶点 v 至多含有 5 个 5 度邻点，则 $c'(v) \geqslant 10-6-3/2-5\times 1/2=0$。

假设顶点 v 没有 3 度邻点，由 φ_2 和 φ_3，顶点 v 给它的每个单一 5^--邻点至多转移 $4/5$ 电荷，给每对双胞胎 5^--邻点至多转移 $2\times 3/5$ 的电荷。

为估计顶点 v 转移出的总电荷量，将转移给单一 5^--邻点的电荷均匀地分给与它关联的两个面，转移给双胞胎 5^--邻点的电荷均匀地分给附近关联的三个面，所以，每个面从 v 获得至多 $2/5$ 的电荷。我们称此为“**2/5 的平均电荷分配**”。这样，$c'(v) \geqslant 10-6-10\times 2/5=0$。

情况 6 $d(v)=11$，v 最多有一个 3 度邻点。根据 G 中不存在 $(3,4^-,11^-)$-路，v 的 3 度邻点与 4 度邻点不相邻。

若 v 有一个 3 度邻点 v_2，因 G 中不存在 $(5^-,5^-,7^-)$-路，所以，如果 $d(v_2)=3$，$d(v_3)=5$，则 $d(v_1)\geqslant 8$, $d(v_4)\geqslant 8$。v 给 v_2 转移 3/2 电荷，其余邻点遵循 $2/5$ 的平均电荷分配。故 $c'(v)\geqslant 11-6-3/2-8\times 2/5>0$。

若 v 没有 3 度邻点，则由 $2/5$ 的平均电荷分配，$c'(v)\geqslant 11-6-11\times 2/5>0$。情况 6 得证。

为估计 $d(v)\geqslant 12$ 时顶点 v 的贡献电荷数，需详细说明单一 5^--邻点和双胞胎 5^--邻点的情况。

对于每个单一 5^--邻点，设为 v_2，根据 $\varphi_1(2)$, φ_2, φ_3，它从顶点 v 中获得至多 1 电荷，我们可以把这一电荷转移分给与边 vv_2 相邻的两个面，每个最多分到 $1/2$。

对于双胞胎 5^--邻点，分两种类型，假设 $d(v_1)\geqslant 8$，$d(v_2)\leqslant 5$，$d(v_3)\leqslant 5$，$d(v_4)\geqslant 8$。第一种类型，记作 T_1，满足 $d(v_2)=3$，$d(v_3)=4$，根据 $\varphi_1(1)$ 和 $\varphi_2(1)$，它们从 v 获得 $3/2+1/2$ 电荷。其他双胞胎 5^--邻点属于第二种类型，记作 T_2，这种情况下，T_2 最多从 v 中获得 $3/2$ 电荷，因此，可以将此电荷分给与边 vv_2 和 vv_3 关联的 3 个面，使得每个最多分到 $1/2$。这样，对面 Δvv_2v_3，若 v_2 和 v_3 是一对 T_1 类型的双胞胎 5^--邻点，则面 Δvv_2v_3 从 v 获得 $2/3$ 电荷；否则，至多获得 $1/2$ 电荷。

情况 7 $12\leqslant d(v)\leqslant 15$，因 G 中不存在 $(3,15^-,3)$-路，则 v 至多含有一个 T_1 型双胞胎 5^--邻点。若 v 有一个 T_1，则 $c'(v)\geqslant d(v)-6-(3/2+1/2)-(d(v)-3)\times 1/2=(d(v)-13)/2$，故仅需考虑 $d(v)=12$ 的情况。

如果 v 关联一个面 f，它不与 5^--点相关联，那么经电荷平均之后，f 从 v 不获得任何电荷，因此，$c'(v)\geqslant 12-6-(3/2+1/2)-8\times 1/2=0$。若除 T_1 外 v 还有 T_2，由于不存在 $(3,15^-,3)$-路，则 v 不能有含 3-点的 T_2，这意味着 T_2 从 v 获得至多 1 电荷而不是 $3/2$ 电荷，故 $c'(v)\geqslant 6-2-1-6\times 1/2=0$。

最后，假设 v 不含 T_1 型双胞胎 5^--邻点，则 $c'(v)\geqslant d(v)-d(v)\times 1/2=(d(v)-12)/2\geqslant 0$。

情况 8 $d(v)\geqslant 16$，此时 v 可含多个 3 度邻点，可实施 $\varphi_1(1)$ 和 $\varphi_2(1)$ 多于一次。于是，每个面平均从 v 获得至多 $(3/2+1/2)/3=2/3$ 电荷。

当$d(v) \geqslant 18$时，$c'(v) \geqslant d(v)-6-d(v) \times 2/3=(d(v)-18)/3 \geqslant 0$。

假设$16 \leqslant d(v) \leqslant 17$，如果$v$关联一个面$f$，$f$不与$5^-$-点关联，那么电荷平均之后，$f$不从$v$获得任何电荷。因此，$c'(v) \geqslant d(v)-6-(d(v)-1) \times 2/3=(d(v)-16)/3 \geqslant 0$。如果与$v$关联的每个面都与单一 5^--邻点或双胞胎 5^--邻点关联，则每个 17-点必有一个单一 5^--邻点，$c'(v) \geqslant 17-6-15 \times 2/3-1=0$；每个 16-点至少有两个单一 5^--邻点，则$c'(v) \geqslant 16-6-12 \times 2/3-2 \times 1=0$。

综上，我们证明了对任意$v \in V$，$c'(v) \geqslant 0$，但

$$0 \leqslant \sum_{v \in V} c'(v)=\sum_{v \in V} c(v)=-12$$

推出矛盾，定理获证。■

注 4　由定理 2.8 知，每个平面图都含一个2^--点，或一条$(3,3,\infty)$-路，或一条定理 2.8 中描述的 3-路。

注 5　文献[21]中还给出了：对任意平面图中的 3-路，恰存在下面 3 个单项紧类型：

(1) $(10^-,5^-,\infty)$；

(2) $(5^-,10^-,\infty)$；

(3) $(5^-,\infty,6^-)$。

从上述结论可以看出，描述平面图中 3-路的类型不是一个容易的问题，目前学者们对一些特殊情况给出解决方案。2015 年，Borodin 和 Ivanova[22]给出

定理 2.9　对于$\delta \geqslant 3$，且不含三角形面的平面图，恰存在下面 7 种紧类型：

(1) $(5^-,3^-,6^-) \vee (4^-,3^-,7^-)$；

(2) $(3^-,5^-,3^-) \vee (3^-,4^-,4^-)$；

(3) $(5^-,3^-,6^-) \vee (3^-,4^-,3^-)$；

(4) $(3^-,5^-,3^-) \vee (4^-,3^-,4^-)$；

(5) $(5^-,3^-,7^-)$；

(6) $(3^-,5^-,4^-)$；

(7) $(5^-,4^-,6^-)$。

本定理的证明与定理 2.8 的证明过程类似，故省略，读者可参见文献[22]。■

2016 年，Borodin 和 Ivanova[23]发现一个与定理 2.5 非常相似的结果：

定理 2.10　任一$\delta=5$的 3-连通平面图必含一条$(5,6^-,6^-)$-路，其中参数是紧的。

证明　首先，说明定理中结论是紧的：对正二十面体的每个面实施图 2.13 所示替换，所得之图既不含$(5,6^-,5)$-路，也不含$(5,5,6^-)$-路。

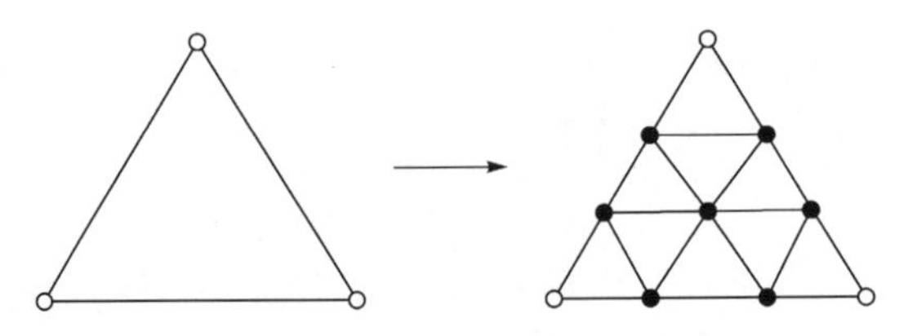

图 2.13　证明定理 2.10 的图示

假设存在$\delta=5$的 3-连通平面图G'不含$(5,6^-,6^-)$-路，则存在图G与G'含相同顶点数，且边数最多，使得G中不含$(5,6^-,6^-)$-路。那么，G是极大平面图。否则，若G含4^+-面f，设其边界点为$v_1,v_2,\cdots,v_{d(f)}$。如果$d(v_1)\geqslant 6$或$d(v_3)\geqslant 6$，则通过添加边v_1v_3可得一个边数更多的反例图，与G的选择矛盾。所以，$d(v_1)=d(v_3)=5$。同理，$d(v_2)=d(v_4)=5$，这样G含$(5,5,5)$-路，矛盾。

基于式(2.5)给出的初始电荷分配c，除 5-点外，其余顶点的电荷均非负。现对c实施如下定义的放电变换$\varphi=(\varphi_1,\varphi_2)$，得到新的电荷分配，记作$c'$，即$\varphi(c)=c'$，$c'$需满足：$c'(G)=-12$，其中$\varphi_i$($i=1,2$)定义如下：

φ_1的作用对象是G中的6^+-点v及$u\in\{u\mid d(u)=5,u\in N(v)\}$，其功能是将$1/4$电荷从$6^+$-点$v$转移给$u$，确切定义为

$$\varphi_1(c(v)+c(u))=\left(\left(c(v)-\frac{1}{4}\right)+\left(c(u)+\frac{1}{4}\right)\right)$$

φ_2的作用对象是G中的7^+-点v及$u\in\{u\mid d(u)\geqslant 6,u\in N(v)\}$，其功能是将$1/8$电荷从$7^+$-点$v$转移给$u$，确切定义为

$$\varphi_2(c(v)+c(u))=\left(\left(c(v)-\frac{1}{8}\right)+\left(c(u)+\frac{1}{8}\right)\right)$$

下面说明：对任意$v\in V$，有$c'(v)\geqslant 0$。

为方便，将v的邻点按顺时针方向记作$v_1,v_2,\cdots,v_{d(v)}$。

情况 1　$d(v)=5$。由G中不含$(5,5,5)$-路可知，v至多有一个 5 度邻点。根据φ_1，$c'(v)\geqslant -1+4\times 1/4=0$。

情况 2　$d(v)=6$。若v有一个 5 度邻点，不妨设为v_1。由G中不含$(5,6^-,6^-)$-路可得，$d(v_i)\geqslant 7$，$2\leqslant i\leqslant 6$。于是基于φ_1和φ_2，$c'(v)\geqslant 0-1/4+5\times 1/8>0$。另一方面，若$v$没有 5 度邻点，$c'(v)\geqslant c(v)=0$。

情况 3　$d(v)=7$。如果v至多有一个 5 度邻点，根据φ_1和φ_2，$c'(v)\geqslant 1-1/4-(7-1)\times 1/8=0$。如果$v$恰有两个不相邻的 5 度邻点，根据$(5,6^-,6^-)$-路的不存在性，$v$至多有 4 个 6 度邻点。因此，$c'(v)\geqslant 1-2\times 1/4-4\times 1/8=0$。如果$v$有两个

相邻的 5 度邻点，不妨设 $d(v_1)=d(v_2)=5$，则 $d(v_3)\geqslant 7$，$d(v_7)\geqslant 7$，考虑 v_4,v_5,v_6 中：若存在一个 7^+-点，$c'(v)\geqslant 1-4\times 1/4=0$；若至少有两个 6-点，$c'(v)\geqslant 1-3\times 1/4-2\times 1/8=0$。最后，若 $d(v_1)=d(v_3)=d(v_5)=5$，$d(v_2)\geqslant 7$，$d(v_4)\geqslant 7$，$d(v_6)\geqslant 6$，$d(v_7)\geqslant 6$ 时，$c'(v)\geqslant 1-3\times 1/4-2\times 1/8=0$。

情况 4　$d(v)\geqslant 8$。根据 φ_1 和 φ_2，$c'(v)\geqslant d(v)-6-d(v)\times 1/4=(3(d(v)-8))/4\geqslant 0$。

以上我们说明了 $c'(v)\geqslant 0, v\in V$，但这与式(2.3)矛盾，定理成立。■

此外，Borodin 和 Ivanova 还得到一个重要的结论。

定理 2.11　除了 $(5,6^-,6^-)$ 及 $(6^-,5,6^-)$，$\delta=5$ 的 3-连通平面图中的 3-路没有其他紧类型。

证明　设 P_5 为所有 $\delta=5$ 的 3-连通平面图的集合，假设 $D=\{(x_1,y_1,z_1),(x_2,y_2,z_2),\cdots,(x_k,y_k,z_k)\}$ 是 P_5 中 3-路的紧类型集合。这意味着：

(1) 至少有一个 i，$1\leqslant i\leqslant k$，每个 $P_5\in\mathrm{P}_5$ 中含一条 (x_i,y_i,z_i)-路；

(2) 如果将 D 中任意一项 (x_i,y_i,z_i) 删掉，或是将 D 中任一参数减少 1 而不改变其他 $3k-1$ 个参数，那么至少存在一个 $P_5\in\mathrm{P}_5$ 不满足新产生的结构描述。

显然，D 中所有参数都至少为 5。又因 D 是紧的，所以 D 中不存在 $x_iy_iz_i$ 与 $x_jy_jz_j$，使得 $x_i\leqslant x_j$，$y_i\leqslant y_j$，$z_i\leqslant z_j$，否则，$D'=D\setminus\{x_iy_iz_i\}$ 与 D 等价且比 D 短。

情况 1　D 中存在 $(5^+,6^+,6^+)$。

根据定理 2.11，D 是合理的，且没有 $(5,6^-,6^-)$ 强，所以 $(5,6^-,6^-)\in D$。

情况 2　D 中存在 $(6^+,5^+,6^+)$。

根据定理 2.6，D 是合理的，且没有紧的类型描述 $(6^-,5,6^-)$ 强，所以 $(6^-,5,6^-)\in D$。

情况 3　D 的每一项都至多有一个参数大于 5。

不难发现，这样的 D 根本不是一个描述，因为按照图 2.5 中所示结构构造出的图，其所有 3-路最多穿过一个 5-点。即 $\delta=5$ 的 3-连通平面图的 3-路恰好存在两种紧类型：$(5,6^-,6^-)$ 和 $(6^-,5,6^-)$。■

以上讨论了平面图中 3-路的一些紧类型问题。对于 4-路问题，其研究成果较少。1996 年，Jendrol′ 和 Madaras[24]证明了权重至多为 23 的 4-路的存在。根据定理 2.10，Borodin 和 Ivanova[25]在 2016 年证明了：每一个 $\delta=5$ 的 3-连通平面图都有一条 $(6^-,5,6^-,6^-)$-路或 $(5,5,5,7^-)$-路。同年，Ivanova[26]确定了 $(5,6^-,6^-,6^-)$-路或 $(5,5,5,7^-)$-路的存在性，且这些界都是紧的。

2000 年，Madaras[27]证明了对于 $\delta=4$ 的极大平面图，有 $w_4\leqslant 31$，并给出了一种 $w_4=27$ 的构造。随后，Borodin 和 Ivanova[28]在 2016 年将此结论改进，得到：

任意$\delta \geqslant 4$的极大平面图都含一条权重至多为 27 的 4-路，且此参数是紧的。

2016 年，Batueva 等[29]对$\delta = 5$的 3-连通平面图，给出了 4-路的所有紧类型。

定理 2.12 对于$\delta = 5$的 3-连通平面图中的 4-路，恰存在下面 10 种紧类型：

(1) $(5,6^-,6^-,6^-) \vee (5,5,5,7^-)$；

(2) $(6^-,5,6^-,6^-) \vee (5,5,5,7^-)$；

(3) $(5,6^-,6^-,6^-) \vee (5,5,7^-,5)$；

(4) $(6^-,5,6^-,6^-) \vee (5,5,7^-,5)$；

(5) $(5,6^-,6^-,7^-)$；

(6) $(6^-,5,6^-,7^-)$；

(7) $(6^-,6^-,5,7^-)$；

(8) $(5,6^-,7^-,6^-)$；

(9) $(5,7^-,6^-,6^-)$；

(10) $(6^-,5,7^-,6^-)$。

本定理的证明与定理 2.11 的证明过程类似，故省略，读者可参见文献[29]。■

2.4 面型结构

设G是$\delta \geqslant 3$且$3 \leqslant g \leqslant 5$的平面图，$f$是$G$的一个面，它与顶点$v_1, v_2, \cdots, v_{d(f)}$相关联，其中$d(v_1) \leqslant d(v_2) \leqslant \cdots \leqslant d(v_{d(f)})$。如果$d(v_1) = k_1$，$d(v_2) = k_2$且$d(v_i) \leqslant k_i$，$3 \leqslant i \leqslant d(f)$，则称$f$是$(k_1, k_2, k_3^-, \cdots, k_{d(f)}^-)$**-面**。同理，$(k_1, k_2^-, \cdots, k_{d(f)}^-)$-面表示边界点满足$d(v_1) = k_1$，$d(v_i) \leqslant k_i$，$2 \leqslant i \leqslant d(f)$的面，$(k_1, k_2^+, \cdots, k_{d(f)}^+)$-面表示$d(v_1) = k_1$, $d(v_i) \geqslant k_i$, $2 \leqslant i \leqslant d(f)$的面，其中$k_1 \leqslant k_2 \leqslant \cdots \leqslant k_{d(f)}$。

面f的**权重**，记作$w(f)$，是指其边界点的度数之和，$w(G)$是G中所有5^--面的权重的最小值，简记为w。如果一个 3-面f与至少 2 个4^--点关联，或一个 4-面f与至少 3 个 3-点关联，则称f是**金字塔形面**。若平面图G含有金字塔形面，则w可能任意大。例如，阿基米德$(3,3,3,n)$-体和$(4,4,n)$-体的每个面f都有$w(f) \geqslant n+8$。因此，在提到w时，假设图中没有金字塔形面。

1940 年，Lebesgue[3]对平面图中的5^-面类型给出描述：

定理 2.13 任一平面图都含下述类型的5^-面之一：

$$(3,6^-,\infty),(3,7,41^-),(3,8,23^-),(3,9,17^-),(3,10,14^-),(3,11,13^-),$$
$$(4,4,\infty),(4,5,19^-),(4,6,11^-),(4,7,9^-),(5,5,9^-),(5,6,7^-),$$

$(3,3,3,\infty),(3,3,4^-,11^-),(3,3,5^-,7^-),(3,4,4,5^-),(3,3,3,3,5^-)$。

许多学者将定理 2.13 进行改进，促进了平面图中面的结构研究。1963 年，Kotzig[30]证明了对任意$\delta=5$的极大平面图，有$w\leqslant 18$，并猜想$w\leqslant 17$。1989 年，Borodin[31]以一种更一般的形式证实了 Kotzig 的猜想：

定理 2.14 每一个$\delta=5$的平面图中都含一个$(5,5,7^-)$-面或$(5,6,6)$-面，其中参数均为紧的。

定理 2.14 也证实了 Grünbaum[32]在 1975 年提出的猜想，即每一个 5-连通平面图的**循环连通数**(通过删除若干边得到两个连通分支，使得每个分支都包含一个圈，所需删除边的最小数目)至多为 11，且此界是紧的。

1992 年，Borodin[13]将定理 2.14 中结论进一步强化，得到：

定理 2.15 设G是一个$\delta=5$的平面图，则

$$18f_{5,5,5}+9f_{5,5,6}+5f_{5,5,7}+4f_{5,6,6}\geqslant 144$$

证明 用反证法。假设存在G，使得$18f_{5,5,5}+9f_{5,5,6}+5f_{5,5,7}+4f_{5,6,6}<144$，且$G$中所有度数大于 5 的点都在三角形面上。不妨设$G$连通，$V,E$和$F$分别为$G$的顶点集，边集和面集。由欧拉公式，$|V|-|E|+|F|=2$，以及

$$2|E|=\sum_{v\in V}d(v)=\sum_{i\geqslant 3}i|F_i|,$$

其中，F_i表示围长为i的面的集合。可得

$$\sum_{v\in V}(d(v)-6)+\sum_{i\geqslant 4}(2i-6)|F_i|=-12 \tag{2.6}$$

令$t(v)$表示与点v关联的三角形面的数目，注意到，$2i-6\geqslant i/2(i\geqslant 4)$，则由式(2.6)，得

$$\sum_{v\in V}(d(v)-6)+\frac{\sum_{i\geqslant 4}i|F_i|}{2}\leqslant -12 \tag{2.7}$$

又$\sum_{i\geqslant 4}i|F_i|=\sum_{i\geqslant 3}i|F_i|-3|F_3|=\sum_{v\in V}d(v)-\sum_{v\in V}t(v)$，代入式(2.7)，得

$$\sum_{v\in V}(d(v)-6+\frac{d(v)-t(v)}{2})\leqslant -12 \tag{2.8}$$

基于式(2.8)，定义初始电荷分配c如下：

$$c(v)=d(v)-6+\frac{d(v)-t(v)}{2},\ c(e)=c(f)=0,\ v\in V,\ e\in E,\ f\in F,$$

于是，有

$$\sum_{x \in V \cup E \cup F} c(x) \leqslant -12 \tag{2.9}$$

对初始电荷 c 实施下面定义的放电变换 $\varphi=(\varphi_1,\varphi_2)$，得到新的电荷分配，记作 c'，即 $\varphi(c)=c',c'$ 需满足：$c'(G)=c(G)\leqslant -12$，其中 φ_i ($i=1,2$)定义如下：

φ_1 的作用对象是 G 中的 7^+-点 v 及与 v 关联且与至少一个 5-点关联的三角形面 Δuvw，它将 7^+-点 v 上部分电荷转移给 Δuvw 面，具体转移电荷量为

(1) $(d(v)-6)/d(v)$，当 $d(v)\neq 7$ 时；

(2) $1/6$，$d(v)=7$ 且 Δuvw 不是(5,5,7)-面。

所以，φ_1 的确切定义为

(1) $\varphi_1(c(v),c(\Delta uvw))=\left(c(v)-\dfrac{d(v)-6}{d(v)},0+\dfrac{d(v)-6}{d(v)}\right)$，$d(v)\neq 7$ 时；

(2) $\varphi_1(c(v),c(\Delta uvw))=\left(c(v)-\dfrac{1}{6},0+\dfrac{1}{6}\right)$，$d(v)=7$ 且 Δuvw 不是(5,5,7)-面。

φ_2 的作用对象是 G 中的 5-点 v 及与 v 关联的三角形面 Δuvw，它将面 Δuvw 上部分电荷转移给 5-点 v，具体转移电荷量为

(1) 1/2，Δuvw 是(5,5,5)-面；

(2) 3/8，Δuvw 是(5,5,6)-面；

(3) 5/24，Δuvw 是(5,5,7)-面；

(4) 1/3，Δuvw 是(5,6,6)-面；

(5) u 和 w 转移给 Δuvw 的电荷总和，$d(u)>5,\ d(w)>5$；

(6) 顶点 w 转移给 Δuvw 电荷的 1/2，$d(u)=5,\ d(w)>7$。

对应地给出 φ_2 的确切定义：

(1) 当 Δuvw 是(5,5,5)-面时，$\varphi_2(c(v),c(\Delta uvw))=\left(c(v)+\dfrac{1}{2},0-\dfrac{1}{2}\right)$；

(2) 当 Δuvw 是(5,5,6)-面时，$\varphi_2(c(v),c(\Delta uvw))=\left(c(v)+\dfrac{3}{8},0-\dfrac{3}{8}\right)$；

(3) 当 Δuvw 是(5,5,7)-面时，$\varphi_2(c(v),c(\Delta uvw))=\left(c(v)+\dfrac{5}{24},0-\dfrac{5}{24}\right)$；

(4) 当 Δuvw 是(5,6,6)-面时，$\varphi_2(c(v),c(\Delta uvw))=\left(c(v)+\dfrac{1}{3},0-\dfrac{1}{3}\right)$；

(5) 当 $d(u)>5,\ d(w)>5$ 时，$\varphi_2(c(v),c(\Delta uvw))=(c(v)+x+y,0)$，其中 x 和 y 分别表示 u 和 w 转移给 Δuvw 的电荷量；

(6) 当 $d(u)=5,\ d(w)>7$ 时，$\varphi_2(c(v),c(\Delta uvw))=\left(c(v)+\frac{1}{2}y,c(\Delta uvw)-\frac{1}{2}y\right)$，其

中 y 表示 w 转移给 Δuvw 的电荷量。

注 6　基于 φ_1 和 φ_2，一个与 5-点关联的三角形面至少给这个 5-点转移 1/8 电荷，其中当三角形面为(5,5,8)-面时，恰给每个 5-点转移 1/8 电荷。

下面说明新的电荷分配 c' 满足：$c'(v) \geqslant 0,\ v \in V$。

情况 1　当 $d(v) \geqslant 6$ 时，$c'(v) \geqslant 0$。

若 $d(v)=6$，则 $c(v)=c'(v)=0$。若 $d(v) \geqslant 8$，则由 $\varphi_1(1)$ 可得，$c'(v) \geqslant 0$。仅需考虑 $d(v)=7$ 的情况，因为每个 7-点最多关联 6 个恰与一个 5-点关联的面，基于 $\varphi_1(2)$，$c'(v) \geqslant 7-6-6\times 1/6=0$。

情况 2　当 $d(v)=5$ 时，按顺时针将顶点 v 的邻点依次记作 $v_1, v_2, \cdots, v_5$。

子情况 2.1　$t(v) \leqslant 3$ 时，$c'(v) \geqslant c(v) \geqslant -1+2/2=0$。

子情况 2.2　$t(v)=4$ 时，v 从每个三角形面得到至少 1/8 电荷，所以，$c'(v) \geqslant c(v)+4\times\dfrac{1}{8}=0$。

子情况 2.3　$t(v)=5$ 时，分两种情况：

子情况 2.3.1　v 与至少一个(5,5,5)-面关联，则 $c'(v) \geqslant -1+1/2+4\times 1/8=0$。

子情况 2.3.2　v 不与(5,5,5)-面关联。若 v 与两个 5-点相邻，则 $c'(v) \geqslant -1+1/4+3/4=0$；若 v 恰与一个 5-点相邻，则 $c'(v) \geqslant -1+3/4+1/3>0$；若 v 的邻点中没有 5-点，则 $c'(v) \geqslant 0$。

因此，对 $\forall v \in V,\ c'(v) \geqslant 0$。

又由式(2.9)，得

$$\sum_{f \in F} c'(f) \leqslant -12$$

基于放电变换 $\varphi=(\varphi_1, \varphi_2)$，除了(5,5,5)-面, (5,5,6)-面, (5,5,7)-面和(5,6,6)-面外，其他面的电荷均为 0。所以，

$$-\frac{3}{2}f_{5,5,5}-\frac{3}{4}f_{5,5,6}-\frac{5}{12}f_{5,5,7}-\frac{1}{3}f_{5,6,6} \leqslant -12$$

即

$$18f_{5,5,5}+9f_{5,5,6}+5f_{5,5,7}+4f_{5,6,6} \geqslant 144$$

综上所述，本定理获证。■

此外，Borodin 构造了图 2.14～图 2.17 来说明定理中结果的紧性：除第 3 个系数 5 之外，其他都是紧的(就极大平面图而言)。特别地，由图 2.14 所示，$f_{5,5,7}=48$，$f_{5,5,5}=f_{5,5,6}=f_{5,6,6}=0$，可知第 3 个系数不小于 3。

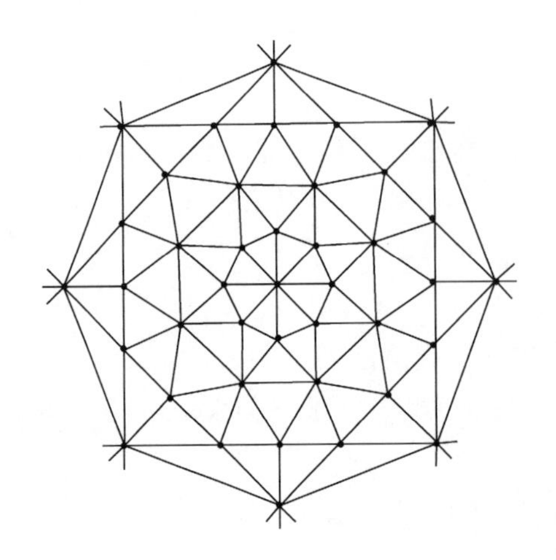

图 2.14　仅含 (5,5,7) -面的极大平面图

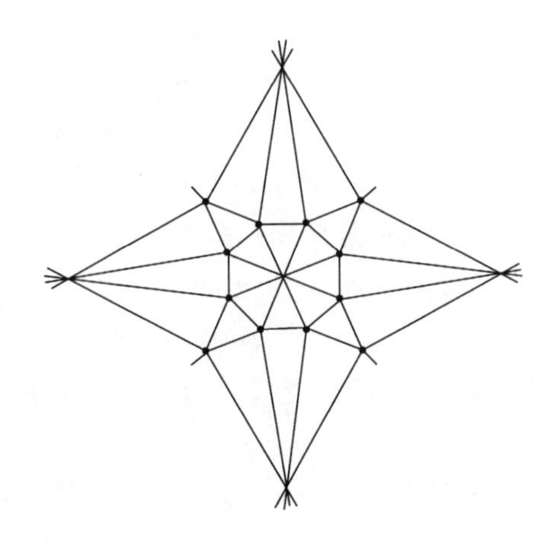

图 2.15　仅含 (5,5,5) -面的极大平面图

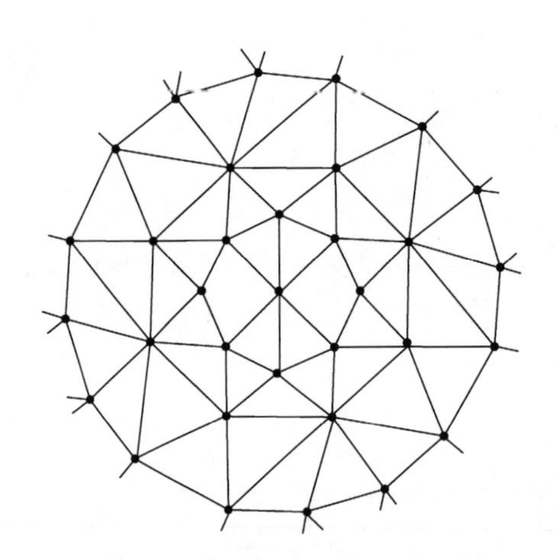

图 2.16　仅含 (5,5,6) -面的极大平面图

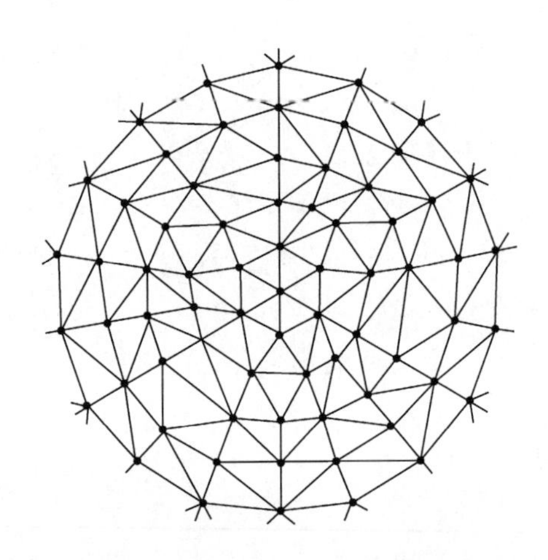

图 2.17　仅含 (5,6,6) -面的极大平面图

对于一些特殊平面图类，定理 2.13 中的某些参数得到改进。2002 年，Borodin[33] 在不改变其他参数的情况下加强了定理 2.13 中的 9 个参数。

定理 2.16　任一平面图都含下述类型的 5^- 面之一，其中星号 * 标记的参数均为紧的：

$$(3,6^-,\infty^*),(3,7^*,22^-),(3,8^*,22^-),(3,9^*,15^-),(3,10^*,13^-),(3,11^*,12^-),$$

$$(4,4,\infty^*),(4,5^*,17^-),(4,6^*,11^-),(4,7^*,8^-),(5,5^*,8^-),(5,6,6^*),$$

$$(3,3,3,\infty^*),(3,3,4^{-*},11^-),(3,3,5^{-*},7^-),(3,4,4,5^{-*}),(3,3,3,3,5^{-*})。$$

从定理 2.13 可知，如果平面图 G 满足 $\delta \geqslant 4$，则 G 要么存在一个 $(4,4,\infty)$-面，要么存在一个权重有界的 3-面。关于不含 3-点的平面图中面的结构研究，Borodin[34]等在 2013 年给出：

定理 2.17 设 G 是不含 3-点的平面图，则 G 必含下述类型的 3-面之一，其中参数均为紧的：

$$(4,4,\infty),(4,5,14^-),(4,6,10^-),(4,7,7),(5,5,7^-),(5,6,6)\text{。}$$

1999 年，Jendrol′[35]通过研究极大平面图中面的特征，优化了定理 2.13 中除 $(4,4,\infty)$，$(4,6,11^-)$ 外的其他参数。

定理 2.18 任一 $n(\geqslant 5)$-阶极大平面图都含下述类型的三角面之一：

$$(3,4,35^-),(3,5,21^-),(3,6,20^-),(3,7,16^-),(3,8,14^-),(3,9,14^-),(3,10,13^-),$$

$$(4,4,\infty),(4,5,13^-),(4,6,17^-),(4,7,8^-),(5,5,7^-),(5,6,6)\text{。}$$

基于定理 2.18，Jendrol′提出

猜想 2.2 任一 $n(\geqslant 5)$-阶极大平面图都含下述三角面之一，其中参数均是紧的：

$$(3,4,30^-),(3,5,18^-),(3,6,20^-),(3,7,14^-),(3,8,14^-),(3,9,12^-),(3,10,12^-),$$

$$(4,4,\infty),(4,5,10^-),(4,6,15^-),(4,7,7),(5,5,7^-),(5,6,6)\text{。}$$

2014 年，Borodin 和 Ivanova[36]给出下述定理，说明 $(4,5,11)$ 是可达的，从而否定了猜想 2.2。

定理 2.19 设 G 是 $\delta \geqslant 4$ 的极大平面图，则 G 必含下述三角面之一，其中参数均为紧的：

$$(4,4,\infty),(4,5,11^-),(4,6,10^-),(4,7,7),(5,5,7^-),(5,6,6)\text{。}$$

对比定理 2.17 和定理 2.19，极大平面图类中 3-面的类型描述较一般平面图更精准。

2014 年，Borodin 等[37]给出极大平面图中面的结构研究的最优结果。

定理 2.20 任一 $n(\geqslant 5)$-阶极大平面图都含下述三角面之一：

$$(3,4,31^-),(3,5,21^-),(3,6,20^-),(3,7,13^-),(3,8,14^-),(3,9,12^-),(3,10,12^-),$$

$$(4,4,\infty),(4,5,11^-),(4,6,10^-),(4,7,7),(5,5,7^-),(5,6,6)\text{。}$$

其中所有参数都是紧的。

证明 首先证明定理中结果都是紧的。将两个图 2.14 所示的半极大平面图沿外圈黏结起来得到一个极大平面图，它只含定理中提到的 $(5,5,7)$-面，说明 $(5,5,7)$ 是紧的，其他通过图 2.18～图 2.24 的构造给出具体说明。

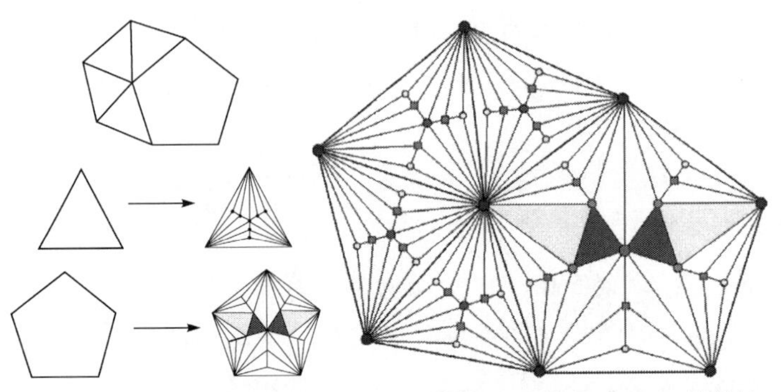

图 2.18　一种仅含定理中 (3,4,31) -面的构造，说明 (3,4,31) 是紧的

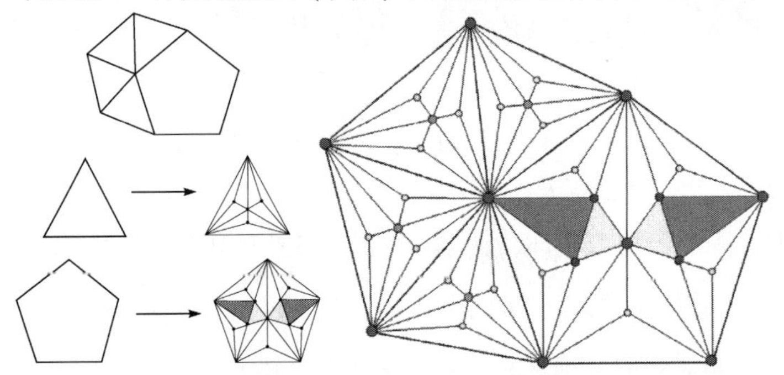

图 2.19　一种仅含定理中 (3,5,21) -面的构造，说明 (3,5,21) 是紧的

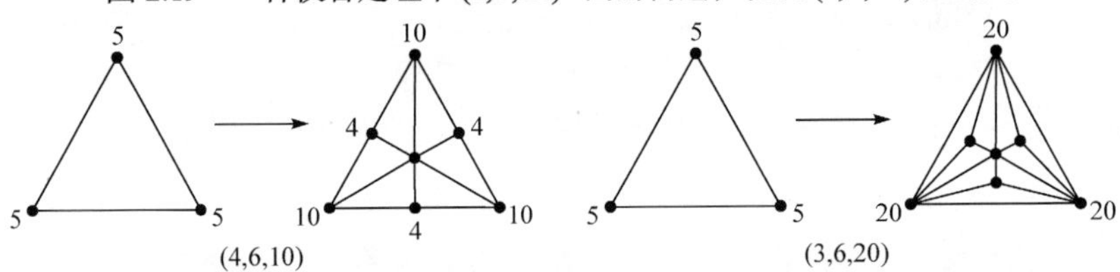

图 2.20　对正二十面体实施左侧运算，说明 (4,6,10) 是紧的，实施右侧运算，说明 (3,6,20) 是紧的

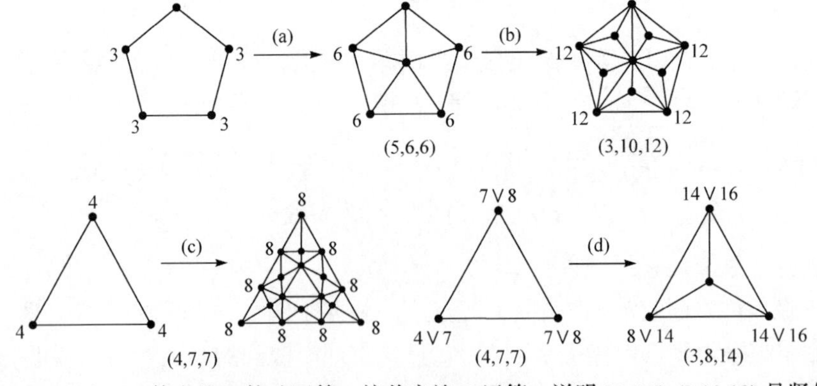

图 2.21　对十二面体实施(a)构造运算，接着实施(b)运算，说明 (5,6,6),(3,10,12) 是紧的；对正八面体实施(c)运算，说明(4,7,7)是紧的，接着实施(d)运算，说明(3,8,14)是紧的

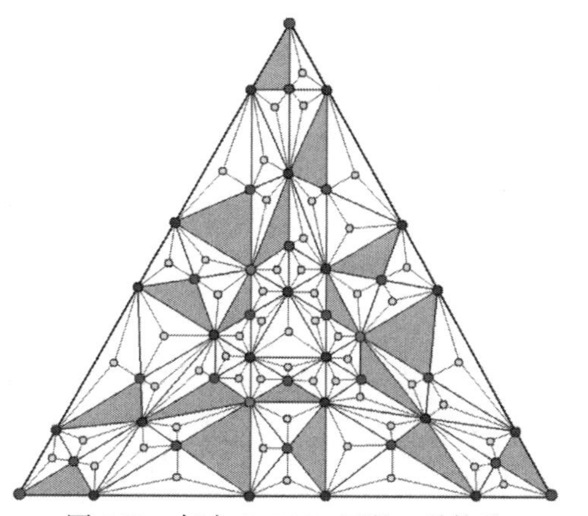

图 2.22　仅含 (3,7,13) -面的一种构造

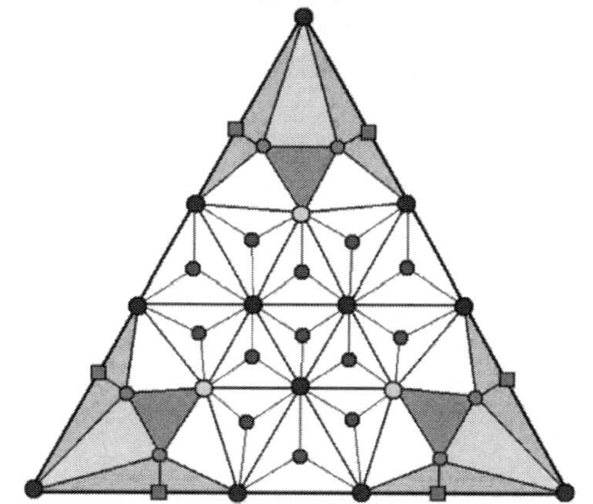

图 2.23　仅含 (3,9,12) -面的一种构造

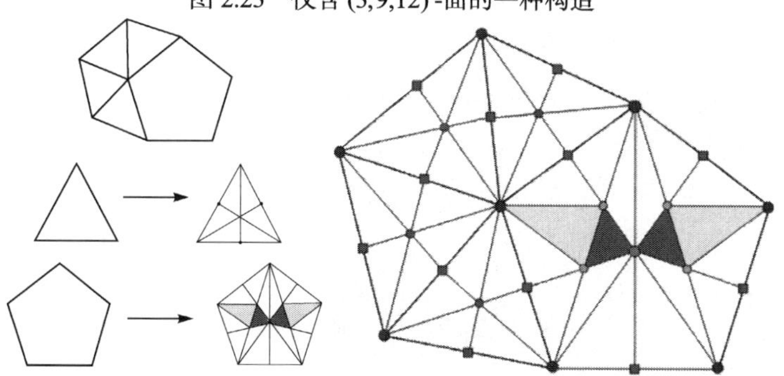

图 2.24　仅含 (4,5,11) -面的一种构造

下面证明定理主体部分。

用反证法。假设 G^* 不满足定理中结果。首先定义：如果一个面不与 3-点关联，则称该面是 **hard-面**。那么，不妨设 G^* 是含最少 hard-面的反例，将 G^* 中顶点 v 的邻点按顺时针顺序记作 $v_1,v_2,\cdots,v_{d(v)}$，则 G^* 具有以下性质：

(1) 3-点与 3-点之间不相邻。事实上，$G^* \neq K_4$。

(2) 一个 4-点其邻点中至多有一个 3-点。

(3) 一个 $(2k+1)$-点 v，$2 \leqslant k \leqslant 5$，其邻点 v_1 和 v_{2k-1} 不是 3-点。

假设 $d(v_1)=d(v_{2k-1})=3$，由于 G^* 中不含 $(3,5,21),(3,7,13),(3,9,12),(3,10,12)$-面，$d(v_{2k})$ 和 $d(v_{2k+1})$ 均充分大，在面 $\Delta v_1 v_{2k} v_{2k+1}$ 中添加一个点 z，并将 z 与 v_1, v_{2k}, v_{2k+1} 连边，这就会得到一个比 G^* 中 hard-面更少的反例，与假设矛盾。

(4) 一个 $(2k+1)$-点 $v, 2 \leqslant k \leqslant 5$，其邻点中不能有 k 个 3-点。

对 G^*，由欧拉公式 $|V|-|E|+|F|=2$，可得

$$\sum_{v \in V}(d(v)-6)+\sum_{f \in F}(2d(f)-6)=-12 \tag{2.10}$$

基于式(2.10)，给出初始电荷分配 c：

$$c(v)=d(v)-6, \quad c(e)=c(f)=0, \; v \in V, \; e \in E, \; f \in F$$

显然，除 5^--点外，其余电荷均非负。实施放电变换前，先对 G^* 中 7-点 v 给出一些定义：

若 $d(v_1)=4, \; 4 \leqslant d(v_3) \leqslant 5, \; d(v_5)=5$，则称 7-点 v 是 **poor-点**，记作 7_p**-点**。7_p^4-点或 7_p^5-点分别表示 $d(v_3)=4$ 或 $d(v_3)=5$ 的 7_p-点。若一个 7_p-点与另一 7_p-点相邻，则称它们为 **couple-点**。

若 $d(v_1)=7, \; d(v_2)=5, \; d(v_4)=d(v_6)=3$，且存在面 $\Delta v_2 v_3 z$，$z \neq v, \; d(z) \geqslant 5$，则称 7-点 v 是 **bad-点**。由于 G^* 中不含 $(3,7,13)$-面，则可得 $d(v_3) \geqslant 14, \; d(v_7) \geqslant 14$。

下面对初始电荷分配 c 实施如下定义的放电变换 $\varphi=(\varphi_1,\varphi_2,\varphi_3,\varphi_4,\varphi_5)$，得到新的电荷分配，记作 c'，即 $\varphi(c)=c'$，c' 需满足：$c'(G^*)=c(G^*)=-12$，其中 φ_i ($i=1,2,3,4,5$)定义如下。

φ_1 的作用对象是 G^* 中的 3-点 v 及 v 的邻点 v_1, v_2, v_3，其功能如下：

(1) 若 $d(v_1) \leqslant 6$，则 φ_1 分别从 v_2 和 v_3 转移 $3/2$ 电荷给 v；

(2) 若 $d(v_1)=7$，则 φ_1 从 v_1 转移 $2/3$ 电荷给 v，并分别从 v_2 和 v_3 转移 $7/6$ 电荷给 v；

(3) 若 $d(v_1)=8$，则 φ_1 从 v_1 转移 $1/2$ 电荷给 v，并分别从 v_2 和 v_3 转移 $5/4$ 电荷给 v；

(4) 若 $d(v_1)=9$，则 φ_1 从 v_1 转移 $3/4$ 电荷给 v，并分别从 v_2 和 v_3 转移 $9/8$ 电荷给 v；

(5) 若 $d(v_1)=10$，则 φ_1 从 v_1 转移 $4/5$ 电荷给 v，并分别从 v_2 和 v_3 转移 $11/10$ 电荷给 v；

(6) 若 v_1, v_2, v_3 均为 11^+-点，则 φ_1 分别从 v_1，v_2，v_3 转移 1 电荷给 v。

φ_2 的作用对象是 G^* 中 4-点 v 及与 v 关联的面 Δuvw 和顶点 u, w,其中 $d(u) \geqslant 8$，其功能如下：

(1) 若 $d(w) \leqslant 6$，则 φ_2 通过面 Δuvw 将 $1/2$ 电荷从 u 转移给 v；

(2) 若 $d(w) = 7$，则 φ_2 通过面 Δuvw 将 $1/4$ 电荷从 u 转移给 v，将 $1/2$ 电荷从 w 转移给 v；

(3) 若 $d(w) \geqslant 8$，则 φ_2 通过面 Δuvw 将 $1/4$ 电荷从 u 转移给 v，并将 $1/4$ 电荷从 w 转移给 v，但下面(3^*)例外；

(3^*) 若 $d(v_1) = 3,\ d(v_2) \geqslant 32,\ d(v_3) \geqslant 13,\ d(v_4) \geqslant 32$，则 φ_2 分别通过面 Δv_2vv_3 和 Δv_3vv_4 将 $1/2$ 电荷从 v_3 转移给 v，但并不从 v_2 和 v_4 转移出电荷。

φ_3 的作用对象是 G^* 中的 5-点 v 及与 v 关联的面 Δuvw，其中 $d(u) \geqslant 8$，其功能如下：

(1) 若 $d(w) = 5,\ d(u) \leqslant 11$，则 φ_3 通过面 Δuvw 将 $1/8$ 电荷从 u 转移给 v；

(2) 若 $d(w) \geqslant 6,\ d(u) \leqslant 11$，则 φ_3 通过面 Δuvw 将 $1/4$ 电荷从 u 转移给 v；

(3) 若 $d(w) = 5,\ d(u) \geqslant 12$，则 φ_3 通过面 Δuvw 将 $1/4$ 电荷从 u 转移给 v；

(4) 若 $d(w) \geqslant 6,\ d(u) \geqslant 12$，则 φ_3 通过面 Δuvw 将 $1/2$ 电荷从 u 转移给 v，但(4^*)除外；

(4^*) 若 $d(w) = 7$ 且存在面 $\Delta uv'w, d(v') = 3$，则 φ_3 通过面 Δuvw 将 $1/4$ 电荷从 u 转移给 v。

φ_4 的作用对象是 G^* 中的 7-点 v 及它的 5 度邻点 v_2，其功能是将 v 中部分电荷转移给 v_2，转移电荷量如下：

(1) v 既不是 bad-点，也不是 couple-点，$d(v_1) \geqslant 6$

① $1/4$，若 $d(v_3) \geqslant 8$；

② $1/3$，若 $d(v_3) \leqslant 7$ 且 $d(v_1) \leqslant 7$。

(2) 7-点 v 和 v_1 均为 couple-点，于是 $d(v_6) = 4$，则

① $1/8$，若 $d(v_4) = 4$；

② $3/8$，若 $d(v_4) = 5$，在这种情况下，φ_4 也将 v 中 $1/4$ 电荷转移给 v_4。

(3) $1/6$，若 v 是 bad-点。

φ_5 的作用对象是 G^* 中的 7-点 v 及与它关联的面 Δv_1vv_2 和顶点 v_2,其中 $d(v_2) \geqslant 8$，其功能是将 v_2 中部分电荷通过面 Δv_1vv_2 转移给 v，具体转移电荷量情况如下：

(1) $1/4$，若 $d(v_1) = 4$。

(2) 当 $d(v_3) = 3, d(v_1) = 5$，于是存在一个面 $\Delta v_1v'v_2$ 且 $v' \neq v$，则

① $1/3$，若 $d(v') \leqslant 4$；

② $1/4$，若 $d(v') \geqslant 5$。

(3) 当 $d(v_1) = 8$ 或 $d(v_1) \geqslant 8$，则

① 1/4， 若$d(v_2)\leqslant 13$；

② 1/3，若$d(v_2)\geqslant 14$。

(4) 1/4， 若$d(v_1)=7$且$d(v_2)\geqslant 12$。

(5) 当$d(v_1)=7,d(v_2)\leqslant 11$，则

① 1/4，若v_1是poor-点但不是couple-点；

② 1/8，其他。

下面证明对任意$x\in V\cup F$，$c'(x)\geqslant 0$。

如果f是G^*的一个面，则$c'(f)=c(f)=2\times 3-6=0$。

设v是G^*中任意一点，分下面情况讨论：

情况 1 $d(v)=3$。根据φ_1，点v恰从它的邻点接收一共3电荷，所以$c'(v)=3-6+3=0$。

情况 2 $d(v)=4$。根据φ_2，点v从每个与它关联，且不与7-点关联的面接收$1/2$电荷。若$d(v_1)=7$，则v从v_1接收$1/2$电荷，从面Δv_1vv_2，Δv_1vv_4分别得到$1/4$电荷，所以，$c'(v)=4-6+2=0$。

情况 3 $d(v)=5$。由于$c(v)=-1$，需说明v从其邻点$v_1,v_2,\cdots,v_5$共接收至少1电荷。如图2.25所示，分情况讨论：

子情况 3.1 $d(v_1)\leqslant 4,\ d(v_3)\leqslant 4$，则由$G^*$中不含(4,5,11)-面，可得$d(v_4)\geqslant 12$, $d(v_5)\geqslant 12$。基于$\varphi_3(4)$，v经面Δvv_4v_5从v_4和v_5分别得$1/2$电荷。

子情况 3.2 $d(v_2)\leqslant 4,\ d(v_4)\geqslant 5$，则$d(v_1)\geqslant 12,\ d(v_3)\geqslant 12$。

当$d(v_4)=5$时，由G^*中不含(5,5,7)-面，得$d(v_5)\geqslant 8$。于是，基于$\varphi_3(4)$，v经面Δvv_1v_5从v_1得$1/2$电荷；基于$\varphi_3(2)$，v从v_5得至少$1/4$电荷；基于$\varphi_3(3)$，v经面Δvv_3v_4从v_3得$1/4$电荷。

当$d(v_4)\geqslant 6,\ d(v_5)\geqslant 6$时，由于$G^*$中不含(5,6,6)-面，则要么$d(v_4)\geqslant 7$，要么$d(v_5)\geqslant 7$。只需说明$v$从$v_3$和$v_4$所得电荷总量至少为$1/2$即可。假设$\varphi_3(4^*)$不能应用于$v_3$，则由$\varphi_3(4)$，$v$经面$vv_3v_4$从$v_3$得$1/2$电荷，如图2.25(b)所示。如果$v$从$v_4$得至少$1/4$电荷，那么根据$\varphi_3(3),(4),(4^*)$，以及$v$从$v_3$至少得$1/4$电荷，已满足需要。又根据$\varphi_4$，这仅在$v_4$是couple-$7_p^4$-点或bad-点时才不成立。但因$v_4$有一个3度邻点，所以它不是poor-点。所以，假设v_4是一个bad-点，如图2.25(b)所示，然而根据$\varphi_4(3)$要求$d(v_2)\geqslant 5$，v_4不可能给v转移$1/6$电荷，与上述假设矛盾。

下面我们假设5-点v的邻点中没有4^--点。

子情况 3.3 基于$\varphi_4(2)$①，v从7_p^4-点v_3得到$1/8$电荷，如图2.25(c)和(d)所示。假设v_2是7_p-点，使得$d(v_4)\geqslant 8$。若v_2是7_p^4-点(图2.25(c))，则$d(v_1)\geqslant 8$。根

据$\varphi_3(2),(4),(4^*)$，v从v_1和v_4分别得到至少$1/4+1/8$电荷；根据$\varphi_4(2)$①，v从v_2和v_3分别得到至少$1/8$电荷。因此，$c'(v)\geqslant 0$。若v_2是7_p^5-点(图2.25(d))，v从v_3和v_4共得到至少$1/4+2\times 1/8$电荷；同时，由$\varphi_4(2)$①，v从v_2得$3/8$电荷。为确保$c'(v)\geqslant 0$，需再转移$1/8$电荷给v。由于G^*中不含$(5,6,6)$-面，v_1和v_5中至少有一个是7^+-点，根据φ_3和φ_4，它至少将$1/8$电荷转移给v。

子情况 3.4　根据$\varphi_4(3)$，v从bad-点v_3得$1/6$电荷，如图2.25(e)所示。假设$d(v_2)\geqslant 14,\ d(v_4)=7$，根据$\varphi_3(3),(4),(4^*)$，$v_2$通过面$\Delta v_2vv_1$和$\Delta v_2vv_3$分别转移给$v$至少$1/6$电荷。由子情况3.3，$v_4$给$v$至少$1/6$电荷。同样，由于$G^*$中不存在$(5,6,6)$-面，$v_1$和$v_5$中至少有一个是$7^+$-点，也至少将$1/6$电荷给$v$。所以，$c'(v)\geqslant -1+2\times 1/4+3\times 1/6=0$。

基于φ_4，以下假设每一个7度邻点给v至少转移$1/4$电荷。根据φ_3，v的每个8^+-邻点也至少转移$1/4$电荷。根据$\varphi_3(1)$，最坏情况下v通过两个面接收$1/8+1/8$电荷。

子情况 3.5　$d(v_1)=d(v_3)=5$，如图2.25(f)所示。由于不存在$(5,5,7)$-面，则$d(v_2)\geqslant 8$，$d(v_4)\geqslant 8$且$d(v_5)\geqslant 8$。根据φ_3，v从v_2得至少$1/4$电荷，从v_4和v_5分别得至少$1/4+1/8$电荷。所以，$c'(v)\geqslant 0$。

子情况 3.6　$d(v_2)=5,\ d(v_4)\geqslant 6,\ d(v_5)\geqslant 7$，如图2.25(g)所示。由于不存在$(5,5,7)$-面，则$d(v_1)\geqslant 8, d(v_3)\geqslant 8$。故$v$从$v_1$和$v_3$中分别得至少$3/8$电荷，从$v_4$和$v_5$分别得至少$1/4$电荷。所以，$c'(v)\geqslant 0$。

子情况 3.7　v的邻点中没有5^--点，如图2.25(h)所示。如果v含至少4个7^+度邻点，则$c'(v)\geqslant -1+4\times 1/4=0$。另一方面，由于$(5,6,6)$-面的不存在性，$v$含至少3个$7^+$度邻点。于是，假设$d(v_1)=d(v_3)=6,\ d(v_2)\geqslant 7,\ d(v_4)\geqslant 7,\ d(v_5)\geqslant 7$，如果$v_2$，$v_4$，$v_5$中至少有一个$8^+$-点，则$\varphi_3(1)$不适用，且$c'(v)\geqslant -1+1/2+2\times 1/4=0$。所以，假设$d(v_2)=d(v_4)=d(v_5)=7$。基于$\varphi_4$及$(4,7,7)$-面的不存在性，$v_2$，$v_4$，$v_5$分别给$v$转移$1/3$电荷($\varphi_4(1)$②)或$3/8$电荷($\varphi_4(2)$②)。所以，$c'(v)\geqslant -1+3\times 1/3=0$。

情况 4　$d(v)=6$。6-点v不参与放电过程，所以，$c'(v)=c(v)=0$。

情况 5　$d(v)=7$。如图2.26所示，v为7-点时是本定理证明中最困难的一

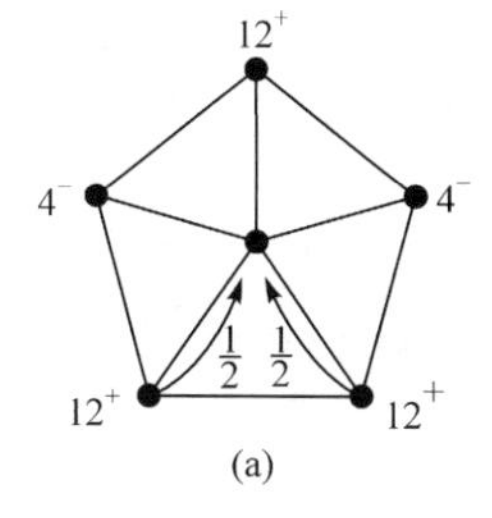

(a)

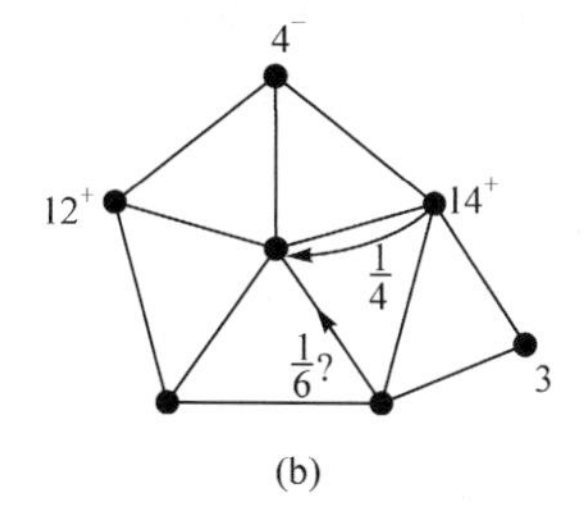

(b)

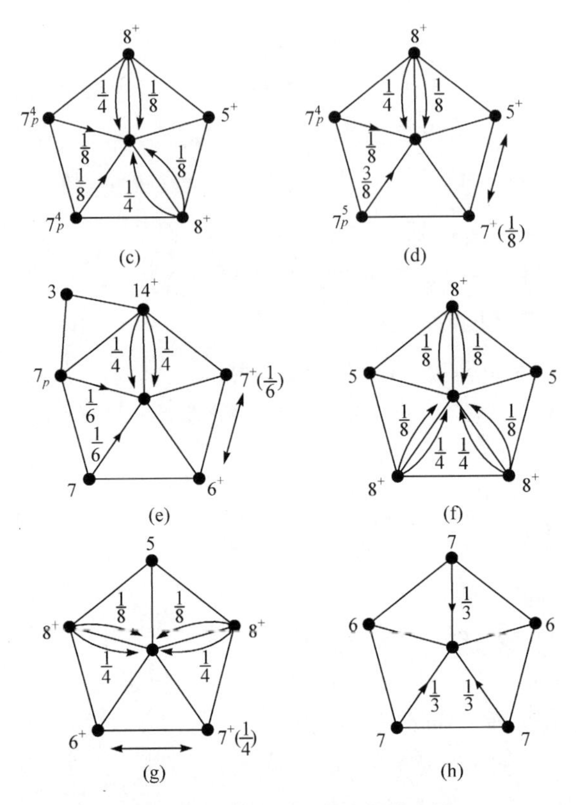

图 2.25　情况 3 证明过程示意图

部分。由性质 4，v 至多含 2 个 3 度邻点。基于放电变换 $\varphi_1(2), \varphi_2(2), \varphi_4$，$v$ 给它的每个 3 度邻点 $2/3$ 电荷，每个 4 度邻点 $1/2$ 电荷，每个 5 度邻点至多 $3/8$ 电荷。

子情况 5.1　v 含 2 个 3 度邻点，如图 2.26(a)～(d)所示。由性质 3，可以假设 $d(v_1)=d(v_3)=3$。又由 (3,7,13) -面的不存在性，$d(v_4)\geqslant 14,\ d(v_7)\geqslant 14$。根据 $\varphi_5(1),(2),(3)②,(4),(5)$，$v$ 经面 Δv_4vv_5 从 v_4 接收至少 $1/4$ 电荷，v 经面 Δv_6vv_7 从 v_7 也接收至少 $1/4$ 电荷。因此，v 有至少 $3/2$ 电荷可以转移给其 5^- 度邻点。又 v 给它的 3 度邻点 $4/3$ 电荷，且不给 6^+ -邻点电荷，可假设 $4\leqslant d(v_5)\leqslant 5$。由于不存在 (4,7,7) -面和 (5,5,7) -面，有 $d(v_6)\geqslant 6$，如图 2.26(a)所示。

若 $d(v_6)=6$，由 (4,6,10) -面不存在，可得 $d(v_5)=5$。根据 $\varphi_5(3)②$，v 从 v_7 得 $1/3$ 电荷。因 v 有 3 度邻点，则 v 不是 couple-点，v 没有 7 度邻点，则它也不是 bad-点。基于 $\varphi_4(1)$，v 将 $1/4$ 电荷给 v_5。所以，$c'(v)\geqslant 1+1/3+1/4-2\times 2/3-1/4=0$。

若 $d(v_6)\geqslant 8$，如图 2.26(b)所示。根据 $\varphi_5(3)①$ 和 $\varphi_5(3)②$，v 经面 Δv_6vv_7 从 v_6 和 v_7 接收至少 $1/4+1/3$ 电荷，且从 v_4 接收至少 $1/4$ 电荷。而 v 给 v_5 至多 $1/2$ 电

荷，所以，$c'(v) \geqslant 1+1/3+2\times 1/4-4/3-1/2=0$。

若$d(v_6)=7$，由$(4,7,7)$-面的不存在性，有$d(v_5)=5$，如图 2.26(c)和(d)所示。因v不是 couple-点且$d(v_4)\geqslant 14$，根据φ_4，v可给v_5至多$1/4$电荷。因此，v给出的总电荷至多为$2\times 2/3+1/4$。如果v_5是 bad-点，则由$\varphi_4(3)$，它从v接收仅$1/6$电荷，如图 2.26(c)所示，那么$c'(v)\geqslant 3/2-4/3-1/6=0$。

设v_5的邻点按顺时针次序为x, y, v_6, v, v_4。仅当$d(x)\leqslant 4$时，$\varphi_4(3)$不能用于v_5，如图 2.26(d)所示。然而，在此种情况下，根据$\varphi_5(2)$①，v从v_4接收$1/3$而不是$1/4$电荷，而由$\varphi_4(1)$，v_5仍从v接收$1/4$电荷。所以，$c'(v)\geqslant 1+1/4+1/3-4/3-1/4=0$。

子情况 5.2　v仅含一个 3 度邻点，设为v_1，如图 2.26(e)和(f)所示，则有$d(v_4)\geqslant 14,\ d(v_7)\geqslant 14$。$v$有至少$3/2$电荷可以转移给其邻点，特别地，$v$有至少$5/6$电荷可以给其$4^+$-邻点。因为$v$不是 poor-点，$v$给其 5 度邻点转移至多$1/3$电荷。又$v$给每个 4 度邻点$1/2$电荷，所以，仅需考虑$v$有 2 个 4 度邻点的情况。如果$d(v_3)=d(v_5)=4$，如图 2.26(e)所示。由于$(4,7,7)$-面不存在，则$d(v_6)\geqslant 8$。于是，$v$从$8^+$度邻点$v_2,v_6,v_7$接收至少$3\times 1/4$电荷，所以，$c'(v)\geqslant 1+3\times 1/4-2/3-2\times 1/2>0$。

如果$d(v_3)=d(v_6)=4$，如图 2.26(f)所示，则$d(v_4)\geqslant 8,\ d(v_5)\geqslant 8$。于是，$v$从其$8^+$度邻点接收至少$4\times 1/4$电荷，这就导致$c'(v)>0$。

子情况 5.3　v没有 3 度邻点，特别地，v不是 bad-点。仅需证明v与 3 个5^--点相邻。

如果$d(v_1)=d(v_5)=4$，如图 2.26(g)所示，则有$d(v_6)\geqslant 8,\ d(v_7)\geqslant 8$。根据$\varphi_5(3)$②，$v$经面$\Delta v v_6 v_7$接收至少$1/4+1/4$电荷，所以，$c'(v)\geqslant 1+2\times 1/4-3\times 1/2=0$。

如果$d(v_1)=4,\ d(v_5)=5$，即v是 poor-点，那么$d(v_6)\geqslant 6, d(v_7)\geqslant 8$。

若$d(v_3)=4$，则v是一个7_p^4-点，如图 2.26(h)所示。若v_6不是7_p-点，也就是说v不是 couple-点，那么根据$\varphi_5(3)$①, (3)②, (4), (5)①，v经面$\Delta v_6 v v_7$从v_7接收至少$1/4$电荷，根据φ_4，v给v_5转移$1/4$电荷。所以，$c'(v)\geqslant 1+1/4-2\times 1/2-1/4=0$。若$v_6$是 couple-点，根据$\varphi_5(4)$, (5)②，$v$经面$\Delta v_6 v v_7$从$v_7$接收至少$1/8$电荷，且根据$\varphi_4(2)$①，$v$给$v_5$电荷$1/8$。所以，$c'(v)\geqslant 1+1/8-2\times 1/2-1/8=0$。

若$d(v_3)=5$，则v是7_p^5-点，如图 2.26(i)所示。根据$\varphi_5(3)$①～(5)②，v接收至少$1/8$电荷。若v是 couple-点，根据$\varphi_4(2)$②，否则根据$\varphi_4(1)$，v都给v_3转移$1/4$电荷，且v给v_4至多$3/8$电荷。所以，$c'(v)\geqslant 1+1/8-1/2-1/4-3/8=0$。

最后，$d(v_1)=d(v_5)=5$。若$d(v_3)=5$，如图 2.26(j)所示，则根据$\varphi_4(1)$①, (1)②，$c'(v)\geqslant 1-3\times 1/3=0$；否则，根据$\varphi_2(2)$和$\varphi_4(1)$①，$c'(v)\geqslant 1-1/2-2\times 1/4=0$，如图 2.26(k)所示。

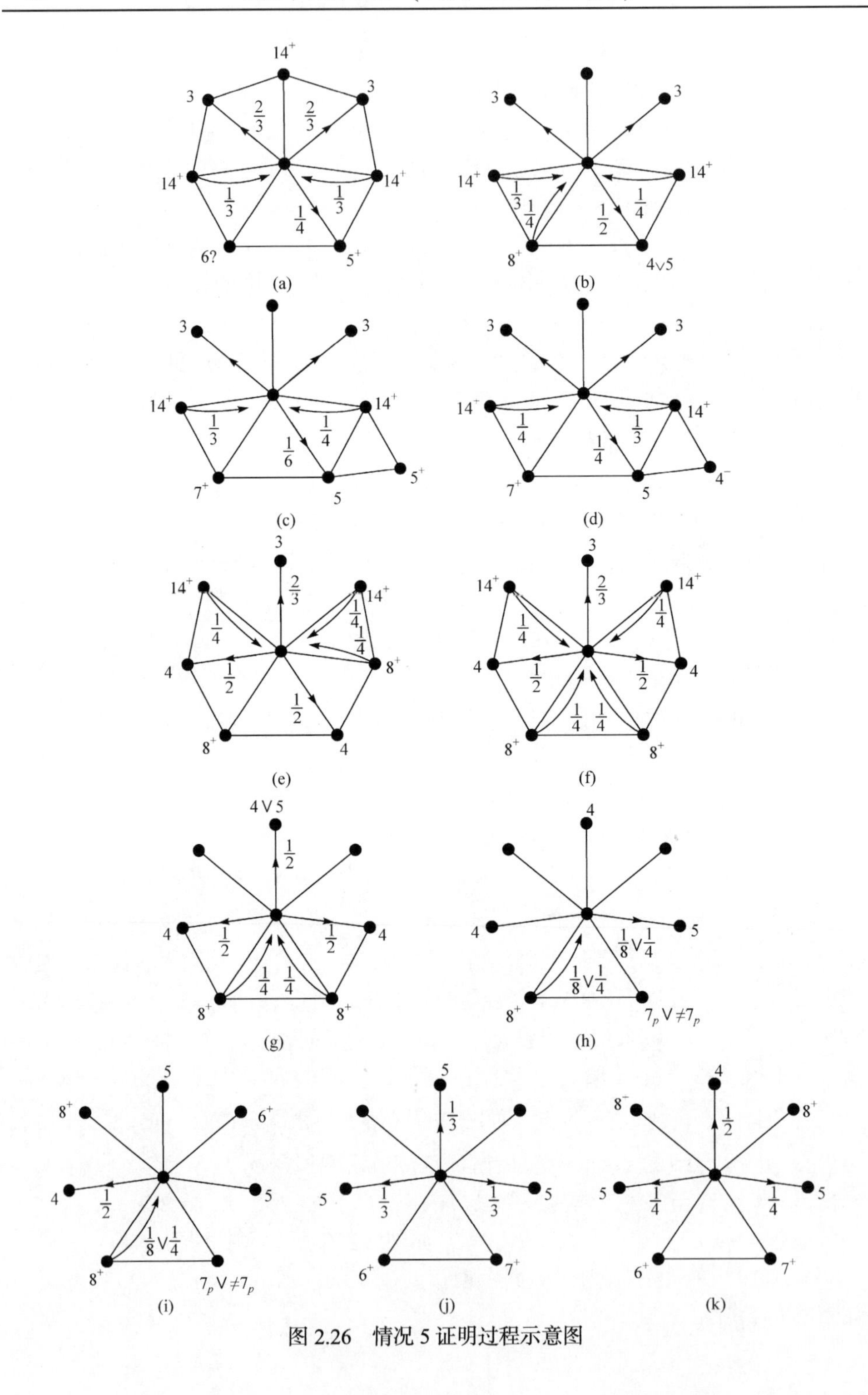

图 2.26　情况 5 证明过程示意图

注 7　基于$\varphi_2((2),(3))$, $\varphi_3((1),(2))$和$\varphi_5(3)$①, (5)①, (5)②，除$d(v)=11$, $d(v_1)=4$, $d(v_2)=5$外，任一顶点$v(8\leqslant d(v)\leqslant 11)$通过每个关联的 hard-面$\Delta v_1vv_2$给出至多$1/4$电荷；当$d(v)=11$, $d(v_1)=4$, $d(v_2)=5$时，基于$\varphi_2(1)$，v给v_1转移$1/2$电荷，基于$\varphi_1,\varphi_2,\varphi_3,\varphi_4,\varphi_5$，不给$v_2$电荷。

情况 6　$d(v)=8$。基于$\varphi_1(3)$，我们将v给 3-点v_2的$1/2$电荷(根据$\varphi_1(3)$)看作是经非 hard-面Δv_1vv_2和Δv_2vv_3各给v_2转移$1/4$电荷。由注 7，v经每个关联的面至多给出$1/4$电荷，所以，$c'(v)\geqslant 8-6-8\times 1/4=0$。

在下面证明中，用n_3表示v的 3 度邻点的数目。

情况 7　$9\leqslant d(v)\leqslant 10$。根据注 7，$v$通过不与 3-点关联的$d(v)-2n_3$个面中任一个面给出至多$1/4$电荷。

若$d(v)=9$，由性质 4 知$n_3\leqslant 3$。基于$\varphi_1(4)$，$c'(v)\geqslant 9-6-n_3\times 3/4-(9-2n_3)\times 1/4=(3-n_3)/4\geqslant 0$。

若$d(v)=10$，基于$\varphi_1(5)$，$c'(v)\geqslant 10-6-n_3\times 4/5-(10-2n_3)\times 2/5=0$。

情况 8　$d(v)=11$。基于$\varphi_1(6)$，我们将v给 3-点w的 1 电荷看作是v通过与边vw关联的两个面各给$1/2$电荷。基于φ_1和φ_2，v通过面Δv_1vv_2给$1/2$电荷当且仅当$d(v_1)=3$, $d(v_2)\geqslant 11$，或者$d(v_1)=4, d(v_2)=6$。此外，根据注 7，其他任一面从点v接收至多$1/4$电荷。因$c(v)=11-6=5$，所以$c'(v)\geqslant 0$除非每一个与v关联的面从v接收$1/2$电荷；或者其中 10 个与v关联的面每个接收$1/2$电荷，且第 11 个关联的面接收正的电荷量。假设这种情况成立，作如下讨论。

如果$n_3=0$，则v含两个连续 6 度邻点，不妨设为v_1和v_2，但面Δv_1vv_2并不从v接收电荷，矛盾。故假设$n_3\geqslant 1$，如图 2.27(a)所示。

设$v_1,v_2,\cdots v_{2k+1}$是满足$d(v_2)=d(v_3)=\cdots=d(v_{2k})=3$, $k\leqslant 4$的一个最大序列，则可找到两个不同的面Δv_1vv_{11}和$\Delta v_{2k+1}vv_{2k+2}$（由于性质 4 有$n_3\leqslant 4$），因$d(v_1)\geqslant 11$, $d(v_{2k+1})\geqslant 11$，则其中每个面从v得到的电荷都少于$1/2$ (事实上，基于$\varphi_2(3),\varphi_3(2),\varphi_5(5)$②，得到$1/4$电荷或 0)，矛盾。

注 8　基于$\varphi_2((1),(3^*)),\varphi_3((3),(4),(4^*)),(\varphi_5(1),(2)$②, (3)②, (4))，每个$12^+$-点$v$，通过关联的 hard-面$\Delta v_2vv_3$给出至多$1/2$电荷，当$d(v)\geqslant 14$, $d(v_1)=3$, $d(v_2)=7$, $d(v_3)=5, d(v_4)\leqslant 4$时，基于$\varphi_3(4^*),\varphi_5(2)$①, v给出$1/4+1/3$电荷。

情况 9　$d(v)=12$。与情况 8 一样，基于$\varphi_1(6)$，每个 3 度邻点从v接收 1 电荷。由注 8，v实际上通过每个关联的面给出至多$1/2$电荷。因此，$c'(v)\geqslant 12-6-12\times 1/2=0$。

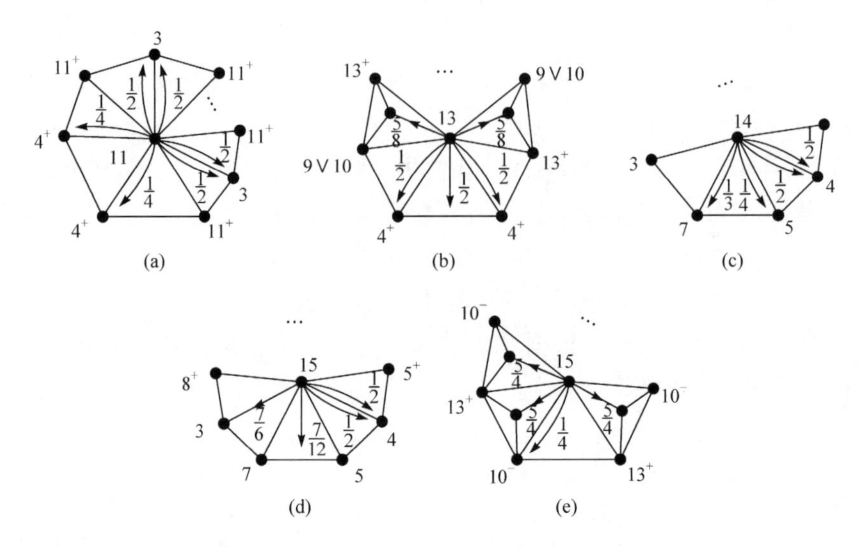

图 2.27　情况 8 及 11～12 证明过程示意图

情况 10　$d(v)=13$。由于 G^* 中不含 (3,4,31), (3,5,21), (3,6,20), (3,7,13), (3,8,14) -面，基于 $\varphi_1(3),(4),(5)$，v 给一个 3-点至多 $9/8$ 电荷，又由注 8，v 经不与 3-点关联的面给出至多 $1/2$ 电荷，这包括应用 $\varphi_5(3)$② 时的 $1/3$ 电荷。故 $c'(v)\geqslant 13-6-n_3\times 9/8-(13-2n_3)\times 1/2=(4-n_3)/8$。当 $n_3\leqslant 4$ 时，$c'(v)\geqslant 0$。另一方面，由性质 1 得 $n_3\leqslant 6$。下面讨论 $n_3=5,\ 6$ 的情况。

当 $n_3=6$ 时，由于 G^* 中不存在 (3,4,31), (3,5,21), (3,6,20), (3,7,13), (3,8,14) -面，则 v 含两个连续的 9^+ 度邻点，设为 v_1 和 v_2，这也意味着 v 不通过面 Δv_1vv_2 转移任何电荷。因此，$c'(v)\geqslant 7-6\times 9/8>0$。

当 $n_3=5$ 时，若 $d(v_1)\geqslant 11,\ d(v_2)=3,\ d(v_3)\geqslant 11$，基于 $\varphi_1(6)$，v_2 从 v 仅接收 1 电荷，因此，$c'(v)\geqslant 7-4\times 9/8-1-3\times 1/2=0$。由于 (3,4,31), (3,5,21), (3,6,20), (3,7,13), (3,8,14) -面均不存在，可假设点 v 的每个 3 度邻点都与一个 9-点或 10-点相邻。另一方面，如果 $d(v_i)=3,\ d(v_{i-1})\leqslant 10$ (模 13)，则由 $\Delta v_{i-1}v_iv_{i+1}$ 不能是 (3,9,12), (3,10,12) -面，得 $d(v_{i+1})\geqslant 13$。

设 $d(v_4)=d(v_6)=\cdots=d(v_{12})=3,\ 9\leqslant d(v_3)\leqslant 10,\ d(v_{13})\geqslant 13$，如图 2.27(b)所示，$v$ 经面 Δv_2vv_3 给出要么 $1/4$ 电荷，要么 0 电荷。事实上，$d(v_2)=4$ 时应用 $\varphi_2(3)$；$d(v_2)=5$ 时应用 $\varphi_3(3)$；$d(v_2)=6$ 或 $d(v_2)\geqslant 8$ 时，基于 $\varphi_1,\varphi_2,\cdots,\varphi_5$，没有电荷转移；$d(v_2)=7$ 时，由 $\varphi_5(3)$②，v 给 $1/4$ 电荷。因此，$c'(v)\geqslant 7-5\times 9/8-1/4-2\times 1/2>0$。

情况 11　$d(v)=14$。与 $d(v)\leqslant 13$ 相比，基于 $\varphi_5(2)$①, $\varphi_3(4^*)$，当 $d(v_1)=5,$

$d(v_2)=7,\ d(v_3)=3$，$d(v_{14})\leqslant 4$ 时，v 经面 Δv_1vv_2 给出 $1/3+1/4$ 电荷，其中 $d(v_{14})=4$ 由 $(3,7,13)$ -面不存在可得。如果 $\varphi_5(2)$① 不能应用，则根据注 8，每个不含 3 度邻点的与 v 关联的面从 v 接收至多 $1/2$ 电荷。同时，当 $d(v_1)=7,\ d(v_2)=3$ 时，v 给 v_2 给出 $7/6$ 电荷(由 $\Delta v_1v_2v_3$ 不能是 $(3,7,13)$ -面，有 $d(v_3)\geqslant 14$)。

注意到，$c'(v)\geqslant 14-6-n_3\times 7/6-(14-2n_3)\times 7/12=-1/6$。如果 $\varphi_5(2)$① 应用于点 v，如图 2.27(c)所示，则上述 4-点 v_{14} 与两个面关联，且其中每个面都从点 v 接收 $1/2$ 电荷而不是 $7/12$ 电荷，如此，则 $c'(v)\geqslant 8-6\times 7/6-2\times 1/2=0$。所以，下面假设 $\varphi_5(2)$① 永不应用于点 v。

如果 $n_3\leqslant 6$，则存在至少两个 hard-面，其中每一个都从 v 接收至多 $1/2$ 电荷，所以，$c'(v)\geqslant 0$。如果 $n_3=7$，根据 $(3,10,12)$ -面不存在，则存在 v 的一个 3 度邻点被 11^+ -点包围。基于 $\varphi_1(6)$，这个 3-点从 v 得到 1 电荷，而非基于 $\varphi_1(2)$ 得到 $7/6$ 电荷。所以，$c'(v)\geqslant 0$。

情况 12 $15\leqslant d(v)\leqslant 20$。根据注 8，$v$ 经每个关联的面发送的电荷量严格小于 $5/8$。同时，由于不存在 $(3,4,31)$, $(3,5,21)$, $(3,6,20)$ -面，$\varphi_1(1)$ 无法应用，基于 $\varphi_1(2),(3),(4),(5),(6)$，$v$ 给每个相邻的 3-点至多 $5/4$ 电荷。当 $d(v)\geqslant 16$ 时，$c'(v)\geqslant d(v)-6-n_3\times 5/4-(d(v)-2n_3)\times 5/8=(3(d(v)-16))/8\geqslant 0$。下面假设 $d(v)=15$。

现有粗略估计 $c'(v)\geqslant -3/8$，上面讨论到，v 经 hard-面给 $5/8$ 电荷，并给 3-点 $5/4$ 电荷，需节省 $3/8$ 电荷使得 $c'(v)\geqslant 0$。

首先，假设面 Δv_2vv_3 从点 v 接收的电荷多于 $1/2$，与情况 11 类似，这种情况仅当 $\varphi_5(2)$① 应用时出现，于是 $d(v_1)=4,\ d(v_2)=5,\ d(v_3)=7,\ d(v_4)=3$，如图 2.27(d)所示。实际上，基于 $\varphi_5(2)$①，Δv_2vv_3 转移给 v_3 的电荷为 $1/3$，基于 $\varphi_3(4^*)$，转移给 v_2 电荷 $1/4$。仅由面 Δv_2vv_3 节约电荷量为 $5/8-1/3-1/4=1/8-1/12$。此外，v 给 v_4 转移电荷量为 $7/6$ 而非 $5/4$，节省了 $1/12$ 电荷。最后，面 Δv_1vv_2 传递了 $1/2$ 电荷，这又节省了 $1/8$ 电荷。因此，任何 $\varphi_5(2)$① 的应用将节约 $2/8$ 电荷。

由于$(3,7,13)$-面不存在，则 $d(v_5)\geqslant 8$，所以由 v_4 导致的 $1/12$ 电荷的节约应归于面 Δv_2vv_3，同理，由面 Δv_1vv_2 节约的 $1/8$ 电荷不可计算两次，且仅属于 Δv_2vv_3。因此，$\varphi_5(2)$① 应用超过一次将节约至少 $4/8$ 电荷，故 $c'(v)\geqslant 0$。如果 $\varphi_5(2)$① 仅应用于 v 一次，那么通过 Δv_1vv_{14} 有额外 $1/8$ 电荷节省下，其中 $d(v_{14})\geqslant 5$ 由$(3,5,21)$-面的不存在可知(简单地说，$\varphi_5(2)$① 在 4 个连续面上的任何应用节省 $2/8$ 电荷，在 5 个连续面上仅应用一次节省 $3/8$ 电荷)。

假设 $\varphi_5(2)$① 不能应用于 v，则每个 hard-面从 v 传递至多 $1/2$ 电荷，为 v 节省了至少 $1/8$ 电荷。假设满足 $d(v_1)\geqslant 4,\ d(v_2)\geqslant 5$ 的面 Δv_1vv_2 是唯一的，否则已

无须再证。

所以，$n_3=7$。设 $d(v_3)=d(v_5)=\cdots=d(v_{15})=3$，如图 2.27(e)所示。

如果存在 $v_{2k+1}\,(1\leqslant k\leqslant 7)$ 被 3 个11^+-点包围，则基于$\varphi_1(6)$，v_{2k+1}从v仅接收1电荷，这为v节省$1/4$电荷。于是共节省$1/8+1/4$电荷。否则，由于(3,10,12)-面不存在及对称性，$d(v_2)\leqslant 10,\ d(v_1)\geqslant 13$。又由(3,6,20)-面不存在，$d(v_2)\geqslant 7$。若$d(v_2)\geqslant 8$，则根据$\varphi_1,\varphi_2,\cdots,\varphi_5$，$v$不经面$\Delta v_1vv_2$给出电荷，这节省$5/8$电荷。若$d(v_2)=7$，基于$\varphi_5(3)$②，面$\Delta v_1vv_2$从$v$仅接收$1/3$电荷。所以，$v$给出$7/6$电荷($\varphi_1(2)$)而非$5/4$电荷($\varphi_1(3)$)，故$c'(v)\geqslant 15-6-7\times 5/4-1/3=0$。

情况 13　$21\leqslant d(v)\leqslant 31$。如果$d(v_2)\geqslant 4,\ d(v_3)\geqslant 5$，则称$\Delta v_2vv_3$是**单重面**。显然，在顶点$v$处恰好存在$d(v)-2n_3$个单重面(或者说是 hard-面，此处它们是相同的)。每个单重面Δv_2vv_3，要么从v接收至多$1/2$电荷，要么在$d(v_1)=3,\ d(v_2)=7,\ d(v_3)=5,\ d(v_4)\leqslant 4$情况下参与$\varphi_5(2)$①，如图 2.28(a)所示，并将注 8 描述的面简称为**坏单重面**。

面Δv_2vv_3从v传递$7/12$电荷，同时v_1接收$7/6$电荷，称 3-点v_1与坏单重面v_2vv_3相关。由于(3,7,13)-面不存在，有$d(v_{d(v)})\geqslant 14$，所以v_1不可能与v处的两个坏单重面相关。

根据φ_1，v的每个 3 度邻点从v接收至多$3/2$电荷。令n_3'表示v处与 3-点相关的坏单重面的数目。因$3/2+1/2-(7/6+7/12)=1/4$，所以，相较于v给一个 hard-面以及一个 3-点共发送$1/2+3/2$电荷而言，一个坏单重面连同与其相关的 3-点为v节省$1/4$电荷。

由$n_3\leqslant\left\lfloor\dfrac{d(v)}{2}\right\rfloor$，可得

$$
\begin{aligned}
c'(v)&\geqslant d(v)-6-(n_3-n_3')\times\frac{3}{2}-n_3'\times\frac{7}{6}-(d(v)-2n_3-n_3')\times\frac{1}{2}-n_3'\times\frac{7}{12}\\
&\geqslant d(v)-6-n_3\times\frac{3}{2}-(d(v)-2n_3)\times\frac{1}{2}=\frac{d(v)-12-n_3}{2}\geqslant\frac{d(v)-24}{4}
\end{aligned}
$$

所以，当$d(v)\geqslant 24$时，$c'(v)\geqslant 0$。当$d(v)=13$时，$c'(v)\geqslant(23-12-n_3)/2\geqslant 0$。

当$d(v)=22$时，因$c'(v)\geqslant(22-12-n_3)/2$，仅需考虑$n_3=11$。由于(3,10,12)-面不存在，且$22/2$是奇数，则存在$v$的一个 3 度邻点$v_2$，使得$d(v_1)\geqslant 11,\ d(v_3)\geqslant 11$。根据$\varphi_1(6)$，$v_2$从$v$仅接收 1 电荷。这将$c'(v)\geqslant(22-12-11)/2=-1/2$提高了$3/2-1$，故$c'(v)\geqslant 0$。

当$d(v)=21$时，如图 2.28(b)～(d)所示。由$c'(v)\geqslant(9-n_3)/2$，假设$n_3=10$已足够，即$c'(v)\geqslant -1/2$。设$d(v_2)=d(v_4)=\cdots=d(v_{20})=3$，因(3,5,21)-面不存在，有$d(v_1)\geqslant 6,\ d(v_{21})\geqslant 6$，如图 2.28(b)所示。$\varphi_5(2)$①不适用于面$\Delta v_1vv_{21}$。事实上，如

果 $d(v_1)\neq 7\neq d(v_{21})$，则基于 $\varphi_1,\varphi_2,\cdots,\varphi_5$，面 Δv_1vv_{21} 不得到任何电荷。因此，$c'(v)\geqslant 21-6-10\times 3/2=0$。如果 $d(v_1)=7$，则 v 给 v_2 转移的电荷量为 $7/6$ 而非 $3/2$，即 v 在 v_2 节省了 $1/3$ 电荷，如图 2.28(c)和(d)所示。如果 $d(v_{21})=7$，如图 2.28(c)所示，则 $c'(v)\geqslant -1/2+2\times 1/3>0$。如果 $d(v_{21})\neq 7$，如图 2.28(d)所示，根据 $\varphi_5(3)$②，v 经面 Δv_1vv_{21} 给 v_1 转移 $1/3$ 电荷，所以，$c'(v)\geqslant 21-6-9\times 3/2-7/6-1/3=0$。

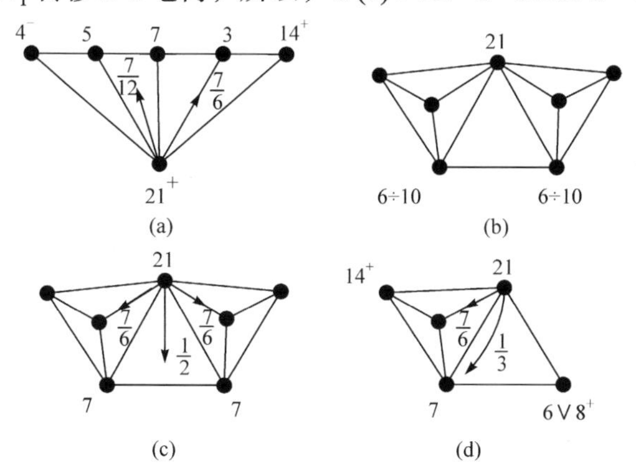

图 2.28　情况 13 证明过程示意图

情况 14　$d(v)\geqslant 32$。因 v 的 3 度邻点可以有 4 度邻点，于是 $\varphi_1(1)$ 适用于 v。如果 $d(v_2)=4,\ d(v_3)=3$，由 $(3,4,31)$-面不存在，$d(v_4)\geqslant 32$，那么面 Δv_1vv_2，Δv_2vv_3 和 Δv_3vv_4 形成一个 **v 的三重接收器**，简称为**三重接收器**，如图 2.29(a)所示。一个**二重接收器**是指一对面 $\Delta v_1vv_2,\ \Delta v_2vv_3$ 满足 $d(v_1)\geqslant 5,\ d(v_2)=3,\ d(v_3)\geqslant 11$（根据 $(3,10,12)$-面不存在可得），如图 2.29(b)所示。一个**单重接收器**是指一个面 Δv_1vv_2，满足 $d(v_1)\geqslant 5,\ d(v_2)\geqslant 5$，或 $d(v_1)\geqslant 5,\ d(v_2)=4,\ d(v_3)\geqslant 5$，分别如图 2.29(c)和(d)所示。

由性质 1 及 $(4,4,\infty)$-面的不存在性可知，与 v 关联的每个面恰属于一种接收器，所以 $3n_t+2n_d+n_s=d(v)$，其中 n_t,n_d 和 n_s 分别表示相应接收器的数目。

基于放电变换 $\varphi_1,\varphi_2,\cdots,\varphi_5$，每个三重接收器从 v 接收至多 $1/2+1/2+3/2$ 电荷，于是每个面平均接收至多 $5/6$ 电荷。一个二重接收器从 v 接收至多 $3/2$ 电荷，就每个面平均接收 $5/6$ 电荷而言，这为 v 节省至少 $2\times 5/6-3/2=1/6$ 电荷。除 $\varphi_5(2)$①，每个单重接收器从 v 接收至多 $1/2$ 电荷，为 v 节省至少 $1/3$ 电荷。

假设 $\varphi_5(2)$① 适用于 v，则存在一个情况 13 中所述的坏单重面，满足 $d(v_2)=3$，$d(v_3)=7$，$d(v_4)=5,\ d(v_5)\leqslant 4$。其中 Δv_3vv_4 是上面定义的单重接收器，而与边 vv_2 关联的两个面形成一个二重接收器。所以 v_2 从 v 接收 $7/6$ 电荷，v_3 和 v_4 分别通过 Δv_3vv_4-面从 v 接收 $1/3$ 和 $1/4$ 电荷。因 $7/6+1/3+1/4=3\times 5/6-3/4$，$v$ 在这两种接收器上节省至少 $3/4$ 电荷。故 $c'(v)\geqslant d(v)-6-d(v)\times 5/6+3/4\geqslant (32-36)/6+3/4>0$。

假设 $\varphi_5(2)$① 不适用于 v 。当 $d(v)\geqslant 36$ 时，$c'(v)\geqslant d(v)-6-d(v)\times 5/6=(d(v)-36)/6\geqslant 0$ 。对于其他情况 $32\leqslant d(v)\leqslant 35$ ，需更细致的讨论，以证明所有接收者的总节约电荷量总能覆盖 $(d(v)-36)/6$ 的不足。例如，当 $d(v)=32$ 时，说明总节约电荷量至少为 $2/3$ 即可。

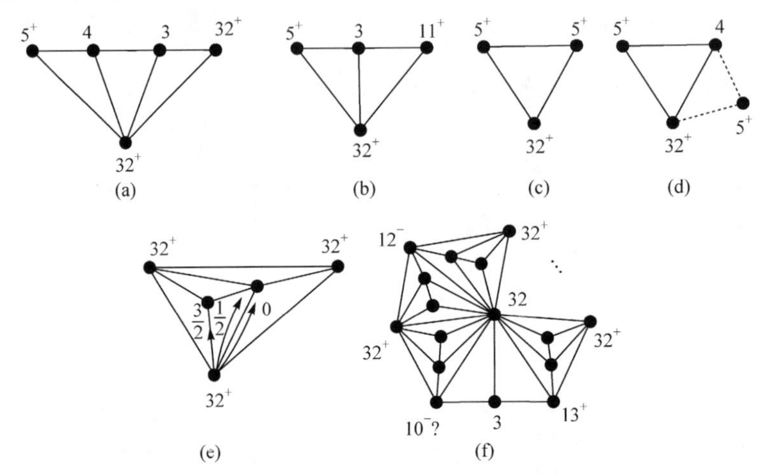

图 2.29　情况 14 证明过程示意图

子情况 14.1　$d(v)=35$ 。$(d(v)-36)/6=-1/6$ 。由于 $n_d+n_s\geqslant 1$ ，$35/3$ 不是整数，则节约电荷量至少为 $1/6$ 。

子情况 14.2　$d(v)=34$ 。$(d(v)-36)/6=-1/3$ 。如果 $n_s\geqslant 1$ ，则已节省至少 $1/3$ 电荷，得证。当 $n_s=0$ 时，因 $34/3$ 和 $(34-1\times 2)/3$ 都不是整数，有 $n_d\geqslant 2$ 。这样，$c'(v)\geqslant(34-36)/6+2\times 1/6=0$ 。

子情况 14.3　$d(v)=33$ 。$(33-36)/6=-1/2$ 。需节省 $1/3$ 电荷，所以假设 $n_s\leqslant 1$ 。如果 $n_s=1$ ，由 $(33-1\times 1)/3$ 不是整数，则 $n_d\geqslant 1$ 。这样节省电荷量至少为 $1/3+1/6$ ，得证。如果 $n_s=0$ ，当 $k\in\{1,2\}$ 时，$(33-k\times 2)/3$ 不是整数，所以除 $n_d=0$ 外，$c'(v)\geqslant 0$ 。当 $n_s=0,\ n_d=0$ 时，$n_t=11$ ，也就是说，顶点 v 的邻域集可划分为 11 个三重接收器。由于 $(3,4,31)$ -面不存在，三重接收器中的一个 3-点含一个 32^+ 度邻点。又 $33/3$ 不是偶数，则存在一条路 $v_1-\cdots-v_4$ 使得 $d(v_1)\geqslant 32,\ d(v_2)=4,\ d(v_3)=3,\ d(v_4)\geqslant 32$ ，如图 2.29(d)所示。基于 $\varphi_2(3^*)$ ，v 通过面 Δv_1vv_2 和 Δv_2vv_3 分别给 v_2 转移 $0+1/2$ 电荷，同时，v 沿边 vv_3 将 $3/2$ 电荷给 v_3 。此三重接收器节省了 $3\times 5/6-1/2-3/2$ 即 $1/2$ 电荷，得证。

子情况 14.4　$d(v)=32$ 。$(32-36)/6=-2/3$ ，需节省 $2/3$ 电荷。如果 $n_s=1$ ，则 $n_d\geqslant 2$ ，总的节省电荷量至少为 $1/3+2\times 1/6$ ，得证。如果 $n_s=0$ ，$k\in\{0,2,3\}$ 时，$(32-k\times 2)/3$ 不是整数，所以要么 $n_d=1$ ，要么 $n_d\geqslant 4$ 。

因此仅需证明 $n_d=1$ 的情况。设 D 是定义在 $v_1-v_2-v_3$ -路上的一个二重接收器。由于$(3,10,12)$-面不存在，可假设$d(v_1)\geqslant 5,\ d(v_2)=3,\ d(v_3)\geqslant 11$。若$d(v_1)\leqslant 10$，则$D$节省了$2\times 5/6-3/2=1/6$电荷，否则，仅$D$就节省了$2\times 5/6-1=2/3$电荷。下面考虑$d(v_1)\leqslant 10$，因$(3,10,12)$-面不存在，有$d(v_3)\geqslant 13$，如图 2.29(e)所示。基于$\varphi_2(3^*)$，存在一个三重接收器，它没有经 hard-面从$v$得到电荷。因此，这又为$v$节省了$1/2$电荷，加上$D$节省的$1/6$电荷，得证。

因此，对$\forall x\in V\cup F$，有$c'(x)\geqslant 0$，但这与式(2.10)矛盾，定理得证。■

以上是对平面图及极大平面图中面的类型描述，经过学者们不断研究改进，我们对平面图中面的结构已有清晰的了解。此外，关于平面图中5^--面的权重w的研究，也有重大进展。

由定理 2.14 可知，任意不含 3-点和 4-点的 3-连通平面图满足$w\leqslant 17$，且它是紧的。对于不含 4-点的极大平面图，1979 年，Kotzig[38]证明了$w\leqslant 39$；1992 年，Borodin[39]给出$w\leqslant 29$，并说明它是紧的，这也证实了 Kotzig[38]的猜想。1998 年，Borodin[40]进一步证明：若一个极大平面图中不含相邻的 4-点，则$w\leqslant 37$，且它是紧的。若一个极大平面图中没有 4-点与一个 3-点或 4-点相邻，则$w\leqslant 29$，且这是紧的。

自 1940 年，Lebesgue[3]证明了每一个四边形化的 3-连通平面图(即每个面都是四边形的 3-连通平面图)满足$w\leqslant 21$；1995 年，Avgustinovich 和 Borodin[41]将此界改进，得到$w\leqslant 20$；2015 年，Borodin 和 Ivanova[42]又进一步改进此界，得$w\leqslant 18$，且它为紧的。对于不含三角形面的 3-连通平面图，Borodin 和 Ivanova[43]在 2016 年给出$w\leqslant 20$，此界是紧的。除这些外，还有在某些限制条件下的研究结果。

1998 年，Borodin 和 Woodall[44]证明了任意平面图在不含$(3,5,\infty)$-面的情况下，要么存在一个$(3,6,20^-)$-面，要么存在一个权重至多为 25 的5^--面，其中参数均是紧的。1996 年，Horňák 和 Jendrol′[45]证明了任意包含$(3,5,\infty)$-面的平面图，其所有5^--面的权重均至少为 38；他们还证明了存在一个5^--面f，满足$w(f)\leqslant 47$。对任意 3-连通平面图，Horňák 和 Jendrol′[45]证明$w\leqslant 32$。2016 年，Borodin 和 Ivanova[46]又将此改进得到：

定理 2.21　设G是不含金字塔形面的平面图，则$w\leqslant 30$，且它是紧的(图 2.30)。

从定理 2.13 中可以发现，任意不含三角形面，且不含金字塔形面的 3-连通平面图，都含一个 4-面f满足$w(f)\leqslant 21$，或者一个 5-面f满足$w(f)\leqslant 17$。在很长一段时间，学者们都无法确定这个界是否是紧的，直到 2016 年，Borodin 和 Ivanova[43]给出：

定理 2.22　任意不含三角形面且不含金字塔形面的 3-连通平面图中，都含一个权重至多为 20 的 4-面，或一个权重至多为 17 的 5-面，其中参数 20、17 均为紧的。

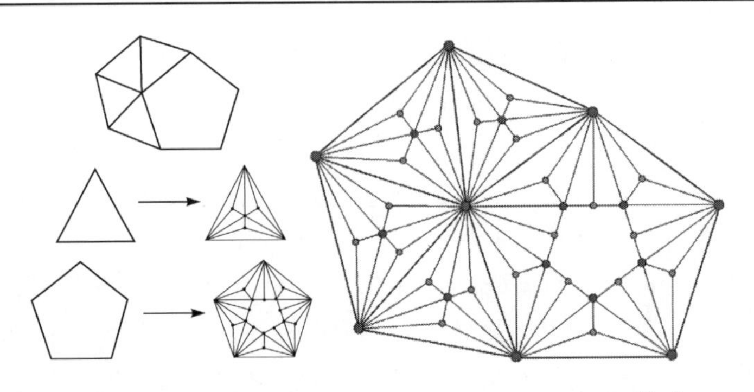

图 2.30　每个面的权重都至少为 30 的 3-连通平面图构造

2.5 圈 和 星 图

前面两节，我们已对平面图的路(包括边)及面的结构和性质进行了确切描述，本节考虑圈和星图的结构。

用 M_5 表示 $\delta=5$ 的平面图类，P_5 表示 M_5 中的 3-连通平面图类，T_5 表示 M_5 中的极大平面图类。一个 **k-星图**是指 $k+1$ 个点的星图，记作 $S_k(v)=K_{1,k}=[v,x_1,x_2,\cdots,x_k]$，其中 v 是中心点。需要说明的是，本节研究的星图均指中心点 v 满足 $d(v)\leqslant 5$ 的星图。一个 $(5;a,b,c)$ -星图是指以 5-点 v 为中心、相邻于一个 a -点、一个 b -点和一个 c -点的 3-星图。以下，用 C_k 表示 k 个顶点的圈，S_k 表示以 5-点为中心的 k -星图。如果 $d(x_1)\leqslant p_1,d(x_2)\leqslant p_2,\cdots,d(x_k)\leqslant p_k$， $p_1\leqslant p_2\leqslant\cdots\leqslant p_k$，则称 S_k 为 $(p_1,p_2,\cdots,p_k)$ 型 k-星图。给定图 H，权重 $w_M(H)$ 是指任意 $M_5\in\mathrm{M}_5$ 的 M_5 中所有与 H 同构的子图的顶点度数之和的最小值的最大值，即

$$w_M(H)=\max_{M_5\in\mathrm{M}_5}\min_{H^*\subseteq M_5,H^*\cong H}\left\{\sum_{v\in V(H^*)}d(v)\right\}$$

同理，可定义 $w_P(H)$, $w_T(H)$。令 $\varphi_M(H)$ $(\varphi_P(H)$, $\varphi_T(H))$ 表示满足下面性质的最小整数 k：每一个 $\delta=5$ 的平面图(3-连通平面图，极大平面图)中都含一个 H 的复制，其中顶点的度数均不超过 k。

2.5.1 圈的权重 $w(C_k)$ 及其上点的度数限制 $\varphi(C_k)$

从定理 2.13 可得 $w_T(C_3)\leqslant 18$。1963 年，Kotzig[30]用另一种方法证明了这一结果，并猜想 $w_T(C_3)\leqslant 17$，且它是紧的。1989 年，Borodin[31]以更一般的形式证实了 Kotzig 的猜想，给出 $w_M(C_3)=17$, $\varphi_M(C_3)=7$。1996 年，Jendrol′和 Madaras[24]证明了 $\varphi_M(S_4)=10$，$\varphi_T(C_4)=\varphi_T(C_5)=10$。R.Soták 在某次私下交流中给出 $\varphi_P(C_4)=11$，$\varphi_P(C_5)=10$，参见 Jendrol′和 Voss[47]的一篇综述。1999 年，Jendrol′等[48]得到：$10\leqslant\varphi_T(C_6)\leqslant 11$，$15\leqslant\varphi_T(C_7)\leqslant 17$，$15\leqslant\varphi_T(C_8)\leqslant 29$，$19\leqslant\varphi_T(C_9)\leqslant 41$，且

当$k \geqslant 11$时，$\varphi_T(C_k)=\infty$。Madaras 和 Soták[49]证明了$20 \leqslant \varphi_T(C_{10}) \leqslant 415$。对一般的$P_5$图类，Mohar 等[50]证明了$10 \leqslant \varphi_P(C_6) \leqslant 107$。2014 年，Borodin 等[51]证明了$\varphi_P(C_6)=\varphi_T(C_6)=11$，并给出

定理 2.23　每一个$\delta=5$的 3-连通平面图中都含一个C_6，使得其每个点的度数至多为 11，且这个界是紧的。

对于C_7，除 Jendrol′等给出的$15 \leqslant \varphi_T(C_7) \leqslant 17$，Madaras 等[52]在 2007 年证明$\varphi_P(C_7) \leqslant 359$。2015 年，Borodin 和 Ivanova[53]证明了$\varphi_P(C_7)=\varphi_T(C_7)=15$ (图 2.31)。

定理 2.24　每一个$\delta=5$的 3-连通平面图中都含一个C_7，使得其每个点的度数至多为 15，且这个界是紧的。

对于最小度为 5 的极大平面图类T_5，Jendrol′和 Madaras[24]于 1996 年给出：

定理 2.25　$w_T(C_3) \leqslant 18$，$w_T(C_4) \leqslant 35$，$w_T(C_5) \leqslant 45$。

1998 年，Borodin 和 Woodall[54]进一步改进，证明了$w_T(C_4)=25$，$w_T(C_5)=30$。

2014 年，Borodin 等[55]给出对任意$\delta=5$的 3-连通平面图，有$w_P(C_4)=26$，$w_P(C_5)=30$，且作为它的一个简单推论，可得到上面提到的 R.Soták 未发表的结论$\varphi_P(C_4)=11$，$\varphi_P(C_5)=10$。

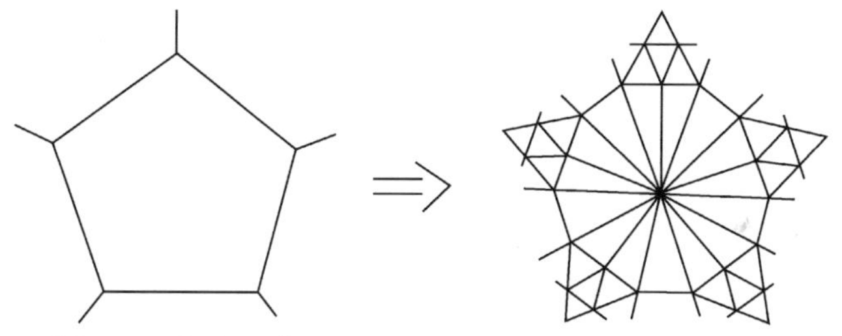

图 2.31　每个C_7都经过一个 15-点的构造(详见文献[53])

2.5.2　星图

对于$\delta=5$的平面图类M_5，有 Wernicke[2]给出的$w(S_1) \leqslant 11$，以及 Franklin[15]给出的$w(S_2) \leqslant 17$，它们都是紧的。1940 年，Lebesgue[3]证明了$w(S_3) \leqslant 24$。至 1996 年，Jendrol′和 Madaras[24]对此进行改进，得到$w(S_3) \leqslant 23$，并对M_5中的 3-星图给出确切刻画。

定理 2.26　设G是$\delta=5$的平面图，则G中必含一个星图$S_3=[v,x_1,x_2,x_3]$，满足$d_G(v)=5$且① $d_G(x_1)=5, d_G(x_2) \leqslant 6, d_G(x_3) \leqslant 7$或② $d_G(x_1)=d_G(x_2)=d_G(x_3)=6$。其中参数均是紧的。

定理 2.27　任一$\delta=5$的平面图G都含子图$S_4=[v,x_1,x_2,x_3,x_4]$，满足$d_G(v)=5,\ d_G(x_i) \leqslant 10,\ i=1,2,3,4$，且参数 10 是紧的。

此外，Jendrol′和 Madaras[24]还给出每一个$\delta=5$的连通平面图中都包含一条

4-路 P_4 满足 $w(P_4) \leqslant 23$，且 23 是紧的。

显然，定理 2.25 作为定理 2.26 和 2.28 的推论可直接得到。

特别地，对 $\delta=5$ 的极大平面图，Jendrol′ 和 Madaras[25]给出

定理 2.28　每一个 $\delta=5$ 的极大平面图 G 都含：

(1) 一个 3-星图 $S_3=[v,x_1,x_2,x_3]$，其中 $d_G(v) \leqslant 8$，$d_G(x_i) \leqslant 6$，$i=1,2,3$；

(2) 一个 4-星图 $S_4=[v,x_1,x_2,x_3,x_4]$，其中 $d_G(v) \leqslant 11$，$d_G(x_i) \leqslant 7$，$i=1,2,3,4$。

1940 年，Lebesgue[3]还证明了：任一 $\delta=5$ 的平面图中都含一个 5-点，其任意 4 个邻点的度数之和至多为 26。也就是说，每一个 $\delta=5$ 的平面图都含一个以 5-点作为中心点、权重至多为 31 的 4-星图。1998 年，Borodin 和 Woodall[54]将 31 改进到 30，得到：任一 $\delta=5$ 的平面图中都含一个以 5-点作为中心点、权重至多为 30 的 4-星图。2013 年，Borodin 和 Ivanova[56]对 30 的紧性进行细化描述。

定理 2.29　任一 $\delta=5$ 的平面图都含下述以 5-点为中心的 4-星图类型之一：

$$(5,5,5,10),(5,5,6,9),(5,5,7,8),(5,6,6,8),(5,6,7,7),(6,6,6,7)。$$

确切地讲，他们给出 6 个 $\delta=5$ 的平面图，使得：①每个以 5-点为中心的 4-星图的权重都至少为 30；②对于权重为 30 的 4-星图的 6 种可能类型 $(5,5,5,10)$, $(5,5,6,9)$, $(5,5,7,8)$, $(5,6,6,8)$, $(5,6,7,7)$ 和 $(6,6,6,7)$ 中每一种，都恰好出现在这 6 个 $\delta=5$ 的平面图中的一个。

2013 年，Borodin 和 Ivanova[57]还对平面图中以 d-点为中心的 $(d-2)$-星图 $(d \leqslant 5)$ 的结构给出准确描述。

定理 2.30　每个平面图中都含至少一种下列星图：

① $(3,10^-)$-边；② $(5^-,4,9^-)$-路；③ $(6,4,8^-)$-路；④ $(7,4,7)$-路；⑤ $(5;4,5,5)$-星图；⑥ $(5;5,b,c)$-星图，$5 \leqslant b \leqslant 6$, $5 \leqslant c \leqslant 7$；⑦ $(5;6,6,6)$-星图。

并且，这些结果都是紧的。

关于 5-星图 S_5，已知存在 $\delta=5$ 的平面图，其以 5-点为中心的 5-星图的最小权重 $w(S_5)$ 任意大。将 5-点 v 的邻点按 $v_1,v_2,\cdots,v_5$ 次序排列，若存在 $k(\leqslant 5)$，使得 $d(v_{k+1})=d(v_{k+4})=5$，$d(v_{k+2}) \leqslant 6$ 且 $d(v_{k+3}) \leqslant 6$，则称 v 为**循环型(5,6,6,5)-点**。1940 年，Lebesgue[3]证明了若一个 $\delta=5$ 的平面图中不含以循环型(5,6,6,5)-点为中心的 4-星图，则 $w(S_5) \leqslant 68$。2014 年，Borodin 等[58]将此界改进到 55，并构造出一个不含循环型(5,6,6,5)-点，且 $w(S_5)=48$ 的 $\delta=5$ 的平面图。

参考文献

[1] Steinitz E. Polyheder und Raumeinteilungen. Enzyklopädie der Mathematischen Wissenschafteu, 1922, 3: 1-139.

[2] Wernicke P. Über den kartographischen Vierfarbensatz. Mathematische Annalen, 1904, 58(3):413-426.

[3] Lebesgue H. Quelques conséquences simples de la formule d'Euler. Journal De Mathématiques Pures Et Appliqués, 1940:27-43.

[4] Kotzig A. Contribution to the theory of eulerian polyhedra. Mathematica Slovaca, 1955:101-113.

[5] Borodin O. On the total coloring of planar graphs. Journal Für Die Reine Und Angewandte Mathematik, 1989, (394):180-185.

[6] Borodin O. Joint generalization of the theorems of Lebesgue and Kotzig on the combinatorics of planar maps. Diskrmat Matematika, 1991, (4):24-27.

[7] Borodin O. Joint extension of two theorems of Kotzig on 3-polytopes. Combinatorica, 1993, 13(1):121-125.

[8] Borodin O. The structure of neighborhoods of an edge in planar graphs and the simultaneous coloring of vertices, edges and faces. Mathematical Notes, 1993, 53(5):483-489.

[9] Borodin O. Precise lower bound for the number of edges of minor weight in planar maps. Mathematica Slovaca, 1992, (42):129-142.

[10] Fabrici I, Jendrol′ S. An inequality concerning edges of minor weight in convex 3-polytopes. Discussiones Mathematicae Graph Theory, 1996, (16):81-87.

[11] Grünbaum B. Acyclic colorings of planar graphs. Israel Journal of Mathematics, 1973, 14(4):390-408.

[12] Grünbaum B, Shephard G. Analogues for tilings of Kotzig's theorem on minimal weights of edges. North-Holland Mathematics Studies, 1982, (08):129-140.

[13] Borodin O. Structural properties of planar maps with the minimal degree 5. Mathematische Nachrichten, 1992, 158(1):109-117.

[14] Borodin O, Sanders D. On light edges and triangles in planar graphs of minimum degree five. Mathematische Nachrichten, 1994, 170(1):19-24.

[15] Franklin P. The four color problem. American Journal of Mathematics, 1922, 44(4):225-236.

[16] Ando K, Iwasaki S, Kaneko A. Every 3-connected planar graph has a connected subgraph with small degree sum. Annual Meeting of Mathematical Society of Japan, 1993.

[17] Jendrol′ S. Paths with restricted degrees of their vertices in planar graphs. Czechoslovak Mathematical Journal, 1999, 49(3):481-490.

[18] Jendrol′ S. A structural property of convex 3-polytopes. Geometriae Dedicata, 1997, 68(1):91-99.

[19] Borodin O. Minimal vertex degree sum of a 3-path in plane maps. Discussiones Mathematicae Graph Theory, 1997, (2):279-284.

[20] Borodin O, Ivanova A, Jensen T, et al. Describing 3-paths in normal plane maps. Discrete Mathematics, 2012, 313(23):2702-2711.

[21] Borodin O, Ivanova A, Kostochka A. Tight descriptions of 3-paths in normal plane maps. Journal of Graph Theory, 2016,85(1): DOI: 10.1002/jgt.22051.

[22] Borodin O, Ivanova A. Describing tight descriptions of 3-paths in triangle-free normal plane maps. Discrete Mathematics, 2015, 338(11):1947-1952.

[23] Borodin O, Ivanova A. An analogue of Franklin's theorem. Discrete Mathematics, 2016, 339(10):2553-2556.

[24] Jendrol′ S, Madaras T. On light subgraphs in plane graphs of minimum degree five. Discussiones

Mathematicae Graph Theory, 1996, 16(2):207-217.

[25] Borodin O, Ivanova A. Describing 4-paths in 3-polytopes with minimum degree 5. Siberian Mathematical Journal, 2016, 57(5):764-768.

[26] Ivanova A. Tight descriptions of 4-paths in 3-polytopes with minimum degree 5(Russian). Mathematical notes of North-Eastern Federal University, 2016, 23(1): 46-55.

[27] Madaras T. Note on the weight of paths in plane triangulations of minimum degree 4 and 5. Discussiones Mathematicae Graph Theory, 2000, 20(2):173-180.

[28] Borodin O, Ivanova A. Every triangulated 3-polytope of minimum degree 4 has a 4-path of weight at most 27. The Electronic Journal of Combinatorics, 2016, 23(3): P3.48.

[29] Batueva C, Borodin O, Ivanova A. All tight descriptions of 4-paths in 3-polytopes with minimum degree 5. Graphs & Combinatorics, 2016, 33(1):1-10.

[30] Kotzig A. From the theory of Eulerian polyhedra. Matematicky Asopis, 1963, 13:20-34.

[31] Borodin O. Solving the Kotzig and Grünbaum problems on the separability of a cycle in planar graphs. Matem Zametki, 1989, (5):9-12,103.

[32] Grünbaum B. Polytopal graphs. Studies in Graph Theory Part II, 1975, 12:201-224.

[33] Borodin O. Strengthening Lebesgue's theorem on the structure of the minor faces in convex polyhedra. Diskretnyi Analiz i Issledovanie Operatsii, 2002, (3):29-39.

[34] Borodin O, Ivanova A. Describing 3-faces in normal plane maps with minimum degree 4. Discrete Mathematics, 2013, 313(23):2841-2847.

[35] Jendrol′ S. Triangles with restricted degrees of their boundary vertices in plane triangulations. Discrete Mathematics, 1999, 196(196):177-196.

[36] Borodin O, Ivanova A. Combinatorial structure of faces in triangulated 3-polytopes with minimum degree 4. Siberian Mathematical Journal, 2014, 55(1):12-18.

[37] Borodin O, Ivanova A, Kostochka A. Describing faces in plane triangulations. Discrete Mathematics, 2014, 319 (319):47-61.

[38] Kotzig A. Extremal polyhedral graphs. Annals of the New York Academy of Sciences, 1979,319:569-570.

[39] Borodin O. Minimal weight of a face in planar triangulations without 4-vertices. Mathematical Notes, 1992, (1):16-19,160.

[40] Borodin O. Triangulated 3-polytopes with restricted minimal weight of faces. Discrete Mathematics, 1998, 186:281-285.

[41] Avgustinovich S, Borodin O. Neighborhoods of edges in normal cards. Diskretnyi Analiz i Issledovanie Operatsii, 1995, 2(3):3-9.

[42] Borodin O, Ivanova A. The vertex-face weight of edges in 3-polytopes. Siberian Mathematical Journal, 2015, 56(2):275-284.

[43] Borodin O, Ivanova A. On the weight of minor faces in triangle-free polytopes. Discussiones Mathematicae Graph Theory, 2016, 36(3):603-619.

[44] Borodin O, Woodall D. Weight of faces in plane maps. Mathematical Notes, 1998, 64(5):562-570.

[45] Horňák M, Jendrol′ S. Unavoidable set of face types for planar maps. Discussiones Mathematicae Graph Theory, 1996, 16(2):123-141.

[46] Borodin O, Ivanova A. The weight of faces in normal plane maps. Discrete Mathematics, 2016, 339(10):2573-2580.

[47] Jendrol′ S, Voss H. Light subgraphs of graphs embedded in the plane—A survey. Discrete Mathematics, 2013, 313(4):406-421.

[48] Jendrol′ S, Madaras T, Soták R, et al. On light cycles in plane triangulations. Discrete Mathematics, 1999, 197-198(1-3):453-467.

[49] Madaras T, Soták R. The 10-cycle C_{10} is light in the family of all plane triangulations with minimum degree five. Tatra Mountains Mathematical Publications, 1999, 18:35-56.

[50] Mohar B, Škrekovski R, Voss H. Light subgraphs in planar graphs of minimum degree 4 and edge-degree 9. Journal of Graph Theory, 2003, 44(4):261-295.

[51] Borodin O, Ivanova A, Kostochka A. Every 3-polytope with minimum degree 5 has a 6-cycle with maximum degree at most 11. Discrete Mathematics, 2014, 315-316(1):128-134.

[52] Madaras T, Škrekovski R, Voss H. The 7-cycle C_7 is light in the family of planar graphs with minimum degree 5. Discrete Mathematics, 2007, 307:1430-1435.

[53] Borodin O, Ivanova A. Each 3-polytope with minimum degree 5 has a 7-cycle with maximum degree at most 15. Siberian Mathematical Journal, 2015, 56(4):612-623.

[54] Borodin O, Woodall D. Short cycles of low weight in normal plane maps with minimum degree 5. Discussiones Mathematicae Graph Theory, 1998, 34(2):159-164.

[55] Borodin O, Ivanova A, Woodall D. Light C_4 and C_5 in 3-polytopes with minimum degree 5. Discrete Mathematics, 2014, 334:63-69.

[56] Borodin O, Ivanova A. Describing 4-stars at 5-vertices in normal plane maps with minimum degree 5. Discrete Mathematics, 2013, 313(17):1710-1714.

[57] Borodin O, Ivanova A. Describing $(d-2)$-stars at $d(\leqslant 5)$ -vertices in normal plane maps. Discrete Mathematics, 2013, 313:1700-1709.

[58] Borodin O, Ivanova A, Jensen T. 5-Stars of low weight in normal plane maps with minimal degree 5. Discussiones Mathematicae Graph Theory, 2014, 34(3): 18-20.

第 3 章　四色猜想的计算机证明

本章介绍用计算机证明四色猜想的原理与历程，主要包括 Heesch、Haken 和 Appel，以及 Simon 等的工作。

3.1　四 色 猜 想

在数学领域内有三大著名猜想：费马猜想(费马大定理)、哥德巴赫猜想和四色猜想。这三大猜想著名的原因是不需要太多的数学基础就能理解，可以说是家喻户晓。如费马猜想：当自然数 $n \geqslant 3$ 时，基于变量 x, y, z 的方程 $x^n + y^n = z^n$ 无正整数解，理解此猜想仅需具有初中数学基础；哥德巴赫猜想：任一 $\geqslant 6$ 的偶数 n 可分解为两个素数之和，这个猜想显然仅需具有小学数学基础就可理解；四色猜想：世界上任意的地图都可以用四种颜色进行着色，使得有共同边界的国家着不同颜色，即使没有数学基础也可理解此猜想。

若将一个地图中国家与国家之间的相邻关系用图来表示：其中顶点代表国家，若两个国家之间有公共边界，则相应两个顶点相邻。显然，所得之图为平面图。1852 年，Guthrie 实际上发现了：只需 4 种颜色即可对平面图进行正常着色[1]。这就是四色猜想。易推出，欲证此猜想，只需考虑极大平面图。

猜想 3.1(Guthrie 猜想)　若 G 是一个极大平面图，则 $\chi(G) \leqslant 4$ 。

3.2　Kempe“证明”与 Heawood 反例

1879 年 7 月 17 日，《自然》(*Nature*)杂志宣布“四色猜想得到证明”。给出证明的是 Kempe[2]，文章发表于《美国数学杂志》(*American Journal of Mathematics*)，其“证明”简述如下：

对极大平面图 G 的顶点数 n 归纳证明。

当 $n \leqslant 4$ 时，四色猜想成立；

假设小于 $n(\geqslant 4)$ 时结论成立；考察 n 的情况。

由定理 2.2 可知，对于任意极大平面图 G ，有 $3 \leqslant \delta \leqslant 5$ 。故按 $\delta = 3,4,5$ 分类证明。

(1) 当 $\delta = 3$ 时，设 $x \in V(G)$ ， $d(x) = 3$ ， $N(x) = \{v_1, v_2, v_3\}$ 。由归纳假设，$\exists f \in C_4^0(G - x)$ ，$f(N(x)) = \{1, 2, 3\}$ 。由此得到 G 的一个 4-着色 f' ：对于 $\forall u \in V(G)$ ，

$$f'(u)=\begin{cases}4, & u=x \\ f(u), & \text{否则}\end{cases} \tag{3.1}$$

(2) 当 $\delta=4$ 时，设 $x\in V(G)$，$d(x)=4$，$N(x)=\{v_1,v_2,v_3,v_4\}$，由归纳假设，$\exists f\in C_4^0(G-x)$，使得 $|f(N(x))|=2,3,4$。当 $|f(N(x))|=2,3$ 时，类似(1)，可得到 G 的一个 4-着色。故只考虑 $|f(N(x))|=4$ 的情况。不妨设 $f(v_i)=i,\ \ i=1,2,3,4$，如图 3.1(a)所示。

在导出子图 G_{13} 中，若顶点 v_1 与 v_3 不在同一个连通分支，将顶点 v_1 所在的 13-分支颜色互换，其他顶点颜色不变，得到 G 的一个 4-着色 f'：对于 $\forall\, u\in V(G)$，

$$f'(u)=\begin{cases}1, & u=x\text{ 或 }u\in V(G_{13}^{v_1}), f(u)=3 \\ 3, & u\in V(G_{13}^{v_1}), f(u)=1 \\ f(u), & \text{否则}\end{cases} \tag{3.2}$$

式(3.2)～(3.5)中，$G_{ij}^{f,v}$ 表示着色 f 下顶点 v 所在的 ij-分支，简记为 G_{ij}^{v}。例如 $G_{13}^{v_1}$ 表示 v_1 所在 13-分支。

故假设在 G_{13} 中，顶点 v_1 与 v_3 在同一个连通分支，如图 3.1(b)所示，则顶点 v_2 与 v_4 不在同一个 24-分支，将顶点 v_2 所在的 24-分支颜色互换，其他顶点颜色不变，得到 G 的一个 4-着色 f'：对于 $\forall\, u\in V(G)$，

$$f'(u)=\begin{cases}2, & u=x\text{ 或 }u\in V(G_{24}^{v_2}), f(u)=4 \\ 4, & u\in V(G_{24}^{v_2}), f(u)=2 \\ f(u), & \text{否则}\end{cases} \tag{3.3}$$

如图 3.1(c)所示。故 $\delta=4$ 时，结论成立。

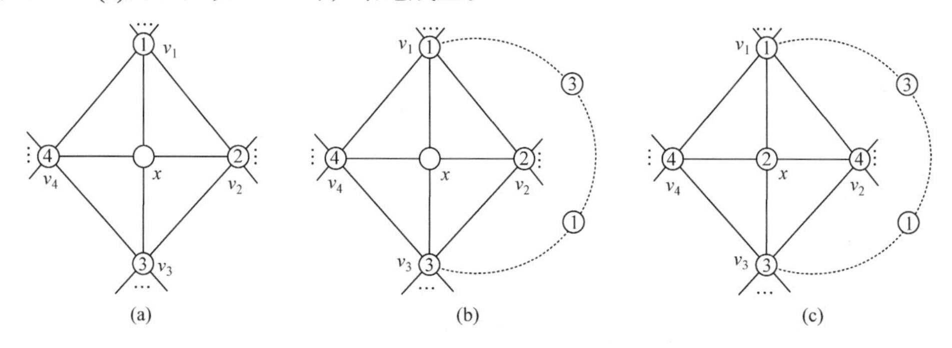

图 3.1　$\delta=4$ 证明过程示意图

(3) 当 $\delta=5$ 时，设 $x\in V(G)$，$d(x)=5$，$N(x)=\{v_1,v_2,v_3,v_4,v_5\}$。由归纳假设，$\exists f\in C_4^0(G-x)$，使得 $|f(N(x))|=3,4$。当 $|f(N(x))|=3$ 时，类似(1)，可得到 G 的一个 4-着色。故只考虑 $|f(N(x))|=4$ 的情况。不妨设 $f(v_i)=i,\ \ i=1,2,3,4$，

$f(v_5)=2$，如图 3.2(a)所示。

若在 G_{13} 中，顶点 v_1 与 v_3 不在同一个连通分支(或在 G_{14} 中，顶点 v_1 与 v_4 不在同一个连通分支)，则将顶点 v_1 所在的 13(或 14)-分支颜色互换，其他顶点颜色不变，得到 G 的一个 4-着色 f'：对 $\forall\, u\in V(G)$，

$$f'(u)=\begin{cases}1, & u=x \text{ 或 } u\in V(G_{13}^{v_1})(V(G_{14}^{v_1})), f(u)=3(4)\\ 3(4), & u\in V(G_{13}^{v_1})(V(G_{14}^{v_1})), f(u)=1\\ f(u), & \text{否则}\end{cases} \tag{3.4}$$

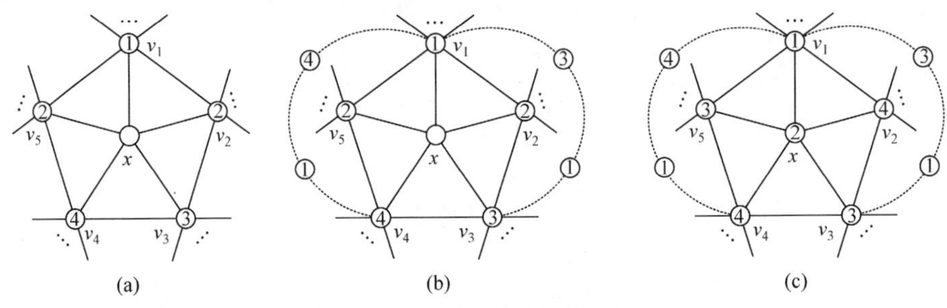

图 3.2　$\delta=5$ 证明过程示意图

从而结论成立。故设在 G_{13} 中，v_1 与 v_3 在同一个连通分支，且在 G_{14} 中，v_1 与 v_4 在同一个连通分支。如图 3.2(b)所示，则 v_2 与 v_4 不在同一个 24-分支，且 v_3 与 v_5 不在同一个 23-分支。将顶点 v_2 所在的 24-分支颜色互换，同时将顶点 v_5 所在的 23-分支颜色互换，其他顶点颜色不变，如图 3.2(c)所示。可得到 G 的一个 4-着色 f'：对于 $\forall\, u\in V(G)$，

$$f'(u)=\begin{cases}2, & u=x \text{ 或 } u\in V(G_{24}^{v_2}), f(u)=4 \text{ 或 } u\in V(G_{23}^{v_5}), f(u)=3\\ 3, & u\in V(G_{23}^{v_5}), f(u)=2\\ 4, & u\in V(G_{24}^{v_2}), f(u)=2\\ f(u), & \text{否则}\end{cases} \tag{3.5}$$

故 $\delta=5$ 时，结论成立。

这就是 Kempe 给出的四色猜想“证明”。■

1890 年，Heawood[3]发现 Kempe 证明过程中的缺陷：当 $\delta=5$ 时，若 v_1 与 v_3 所在的 13-连通分支与 v_1 与 v_4 所在的 14-连通分支相交于颜色 1 的顶点数 $\geqslant 2$ (如图 3.3(a)所示)，则 Kempe 的证明出现错误：将 v_2 所在的 24-分支颜色互换后，无法确定 v_3 与 v_5 在 G_{23} 中是否连通，因此也就无法进行第二次换色，如图 3.3(b)所示。

图 3.4 给出 Heawood 反例。Heawood 与 Kempe 均无法修正这个缺陷，但利用 Kempe“证明”四色猜想的过程，很容易得到：

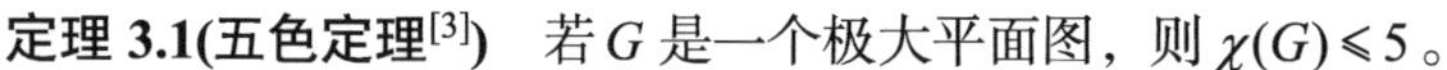

定理 3.1(五色定理[3])　若 G 是一个极大平面图，则 $\chi(G) \leqslant 5$。

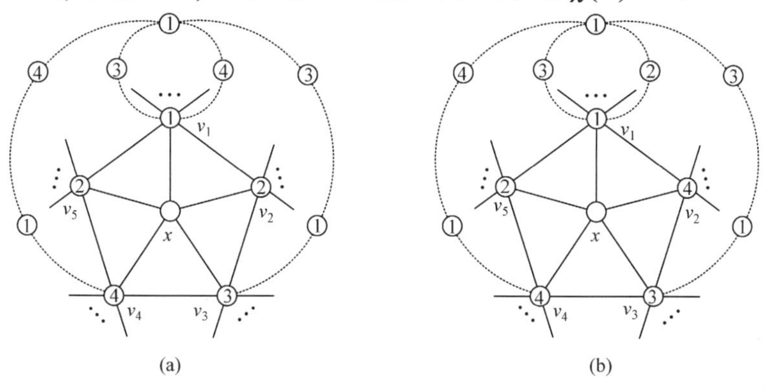

图 3.3　Kempe 证明的缺陷

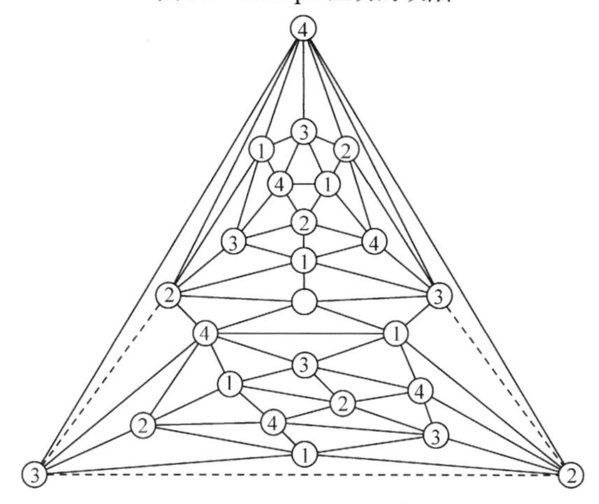

图 3.4　Heawood 反例

Kempe 虽然没有给出四色猜想的证明，但他“证明”过程中所提出的方法对图的着色理论，乃至整个计算理论的发展影响深远。基于 Kempe 的方法，很容易从图的一种着色导出另一种着色，后人称之为 **Kempe 变换**。利用 Kempe 变换可大大降低求一个图的所有着色的复杂度。因为图着色问题是一个典型的 NP-完全问题，而 Cook[4]在 1971 年证明了所有的 NP-完全问题在多项式时间内是等价的，这意味着 Kempe 的工作对计算复杂度的研究具有很大贡献。

在 Heawood 否定了 Kempe 证明之后，许多学者对四色猜想展开研究。从 1890 年至今，虽然没有给出四色猜想的数学证明，但在研究过程中，相继提出了不少理论与方法，如 Birkhoff[5]在 1912 年提出的色多项式方法，不仅给出了一般图着色的一种计数工具，而且给出了着色与相应图的结构联系的工具。本书将在第 8 章给出极大平面图的色多项式递推公式，并由此获得了证明四色猜想的一种新思路。

针对 Kempe 证明四色猜想过程中 δ=5 时的缺陷，1976 年以前，数学家证明四色猜想的主要思路是：寻找 δ=5 极大平面图的**不可避免的可约构形集**。按此思路，无论是证明一个构形(即半极大平面图)是可约的，还是证明一组可约构形不可避免，几乎是不可能的。于是，在 1969 年，Heesch 在一次学术会议上，提出放电变换，并利用计算机来寻找不可避免的可约构形集[6]。Haken 等听取报告之后，受到很大启发，花费了 7 年时间，与 Appel 等[7,8]终于在 1976 年实现了 Heesch 的思想，给出了四色猜想的一种计算机证明。Haken 与 Appel 的工作，在计算机领域引起了很大的影响，给出了用机器进行逻辑推理的范例。但作为数学家，自然期待严谨而简短的数学证明，遗憾的是，**四色猜想的数学证明至今没有问世**。

许多学者同时也对计算机证明的严谨性表示怀疑。事实上，Haken 与 Appel 对 1976 年的工作给出了多次修改，最后确定为 1936 个可约的不可避免构形。时隔 20 年后的 1996 年，由 Robertson 等给出的四色猜想的计算机证明[9]，虽然从 1936 减少到 633 个可约的不可避免构形，但仍采用 Haken 与 Appel 方法，没有太大意义，只说明 1996 年的电子计算机优于 1976 年的电子计算机。

但无论如何，Haken 与 Appel 的工作是伟大的，故本章对他们的工作给予详细介绍。

3.3　不可避免的可约构形集

3.3.1　基本概念

设 G 是极大平面图，C 是 G 中的一个圈，则 C 将 G 划分成两个半极大平面图，并统一记作 G^C。我们把基于圈 C 的半极大平面图 G^C 称为一个**构形**，并将 C 内顶点的导出子图称为构形 G^C 的**内部**，称 $|V(C)|$ 为构形的**圈长**。设 U 是一个构形集，若任意极大平面图至少含 U 中的一个元素，则称 U 是**不可避免的**。

如图 3.5 所示，Kempe“证明”中使用了 4 个构形，内部均为单个顶点 v，圈长分别为 2, 3, 4 和 5。因为任意平面图都至少包含一个 2-点, 3-点, 4-点和 5-点，故这 4 个构形组成的集合是不可避免的。

假设 n 阶极大平面图 G 不是 4-可着色的，且任意顶点数小于 n 的极大平面图都 4-可着色，则称 G 是四色猜想的一个**最小反例**。若任意最小反例都不包含构形 G^C，则称 G^C 是**可约的**。可以发现，给定任意含有可约构形 G^C 的平面图 G，若删去 G^C 的内部，得到的平面图 G' 是 4-可着色的，且将 G^C 的内部添加回去，得到 G 仍然是 4-可着色的。若任意极大平面图至少含构形集 U 中一个元素，且 U 中构形都是可约的，则称 U 是**不可避免的可约构形集**。

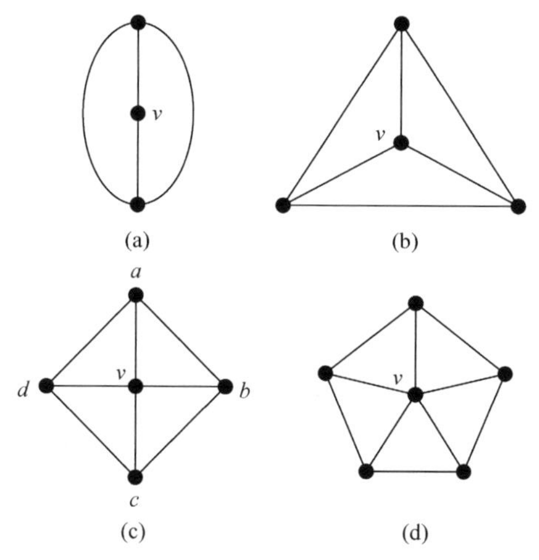

图 3.5　Kempe 使用的不可避免构形集

证明四色猜想，只需寻找一个不可避免的可约构形集 U 。由于任意极大平面图至少含 U 中一个构形，则最小反例也含可约构形，矛盾。因此，最小反例不存在，四色猜想得证。

3.3.2　不可避免集

Kempe“证明”中使用了由 4 个构形组成的不可避免集，但 Kempe 无法证明图 3.5(d)所示构形的可约性。因此必须寻找新的不可避免集。1904，Wernicke[10] 首次提出新的不可避免集，如图 3.6 所示。其中，图 3.5(d)构形被替代为图 3.6(d)和(e)所示的两个新构形。

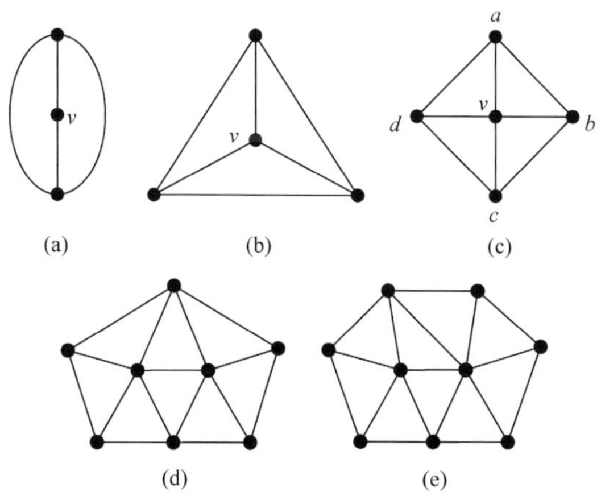

图 3.6　Wernicke 提出的不可避免构形集

1922 年，Franklin[11]进一步证明了，最小反例至少含图 3.7 中 6 种结构之一。由此，Franklin 得到了 $n(\leqslant 25)$ 阶极大平面图的不可避免可约构形集，故最小反例至少含 26 个顶点。若顶点数小于 n 的极大平面图都存在一个不可避免的可约构形集，则称 n 为 **Birkhoff 数**。也就是说，Franklin 证明了 Birkhoff 数 $\geqslant 26$ 。

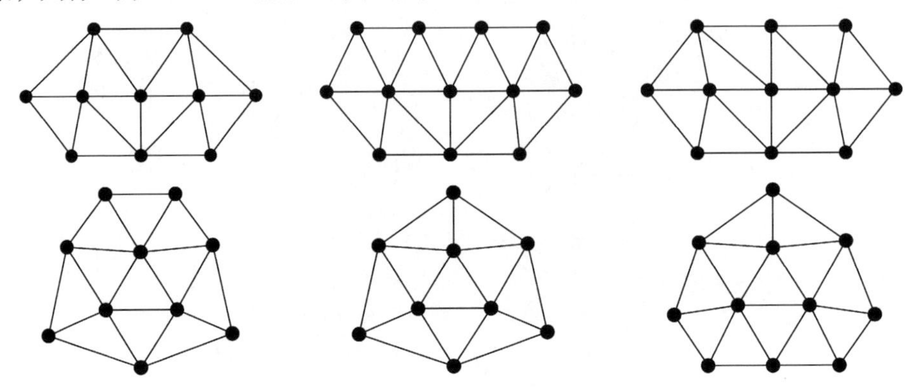

图 3.7 Franklin 发现，极小反例必含以上 6 种结构之一

Franklin 的最终目标是，找到所有极大平面图的不可避免可约构形集，即将 Birkhoff 数推广到无穷大。然而，随着顶点数增多，要找到不可避免集并证明其可约性就越难。例如，6-圈的 4-着色方案有 31 种，而 12-圈有 22144 种。因此验证圈长较大构形的可约性是复杂的。

诸多数学家为 Birkhoff 数的推进做了大量工作，如表 3.1 所示[12]。

表 3.1 Birkhoff 数的发展

数学家	年份	Birkhoff 数
Franklin	1922	26
Reynolds	1926	28
Franklin	1938	32
Winn	1940	36
Ore、Stemple	1968	41
Stromquist	1973	45
Mayer	1973	48
Stromquist	1974	52
Mayer	1975	96

1948 年，德国数学家 Heesch 提出了一个不可避免集，包含约 10000 个构形，其中有圈长为 18 的构形。Heesch 的另一个成果是在 1969 年提出**放电变换**[6]，为

寻找不可避免集给出了系统的方法。

本书第 2 章详细介绍了放电变换的原理，在不可避免性的证明中，先假设存在一个反例，不包含不可避免集中的任何一个构形，然后构造一个放电变换 φ，使得接收电荷的总量不再等于释放电荷的总量，导出矛盾[6,13]。

3.3.3　构形的可约性

构形的可约性研究最早可以追溯到 1913 年，Birkhoff[14]证明了图 3.8(a)所示的构形(被称为 Birkhoff 菱形)是可约的。本小节的目的是通过介绍 Birkhoff 的方法，给出 Birkhoff 菱形的可约性证明。

定理 3.2　Birkhoff 菱形是可约的。

证明　假设最小反例 G 包含图 3.8(a)所示的构形 G^C。从 G 中删去 G^C 的内部，得到 G'，如图 3.8(b)所示。由于 G 是一个最小反例，则 G' 是 4-可着色的。下证 G' 存在 4-着色可扩展为 G 的 4-着色。

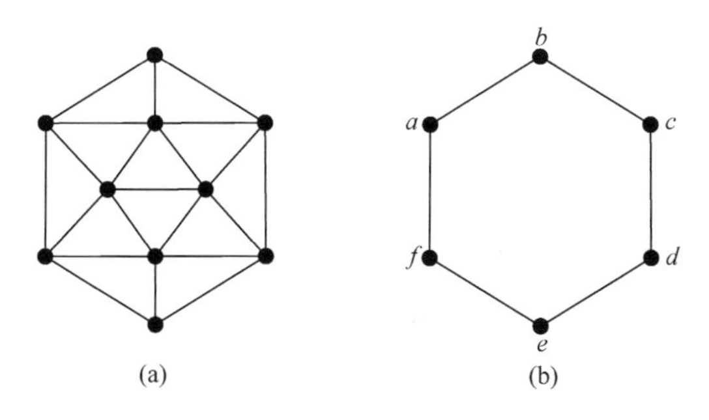

图 3.8　Birkhoff 菱形可约性证明过程示意图

由于 G' 的外部结构不定，需考虑 G' 中如图 3.8(b)所示 6-圈的所有可能着色，共有 31 种：

1 2 1 2 1 2
1 2 1 2 1 3√
1 2 1 2 3 2
1 2 1 2 3 4√
1 2 1 3 1 2√
1 2 1 3 1 3
1 2 1 3 1 4
1 2 1 3 2 3√
1 2 1 3 2 4√
1 2 1 3 4 2√
1 2 1 3 4 3√
1 2 3 1 2 3
1 2 3 1 2 4
1 2 3 1 3 2√
1 2 3 1 3 4
1 2 3 1 4 2
1 2 3 1 4 3
1 2 3 2 1 2√
1 2 3 2 1 3√
1 2 3 2 1 4√
1 2 3 2 3 2√
1 2 3 2 3 4
1 2 3 2 4 2
1 2 3 2 4 3
1 2 3 4 1 2
1 2 3 4 1 3
1 2 3 4 1 4√
1 2 3 4 2 3
1 2 3 4 2 4√
1 2 3 4 3 2√
1 2 3 4 3 4√

以上列出了图 3.8(b)中顶点 $a \sim f$ 在 G' 中的所有可能着色。在列举的情况中，一些着色可以直接扩展，对 G^C 进行 4-着色，则得到图 G 的 4-着色。这些着色称为**合理着色**，用√标记。例如，图 3.9 展示了着色 1 2 1 2 1 3 可被扩展到 G^C，因此是一个合理着色。如果这 31 个可能的着色都是合理着色，则每一个 G' 的 4-着色都可以扩展为 G 的一个 4-着色，也就证明了 G^C 是可约的。

下一步，使用 Kempe 变换将非合理着色转化为合理着色。例如，着色 1 2 1 3 1 3 可以通过 1-4 换色，或者 2-3 换色，转化为 1 2 1 2 1 3, 1 2 1 3 1 2 或 1 2 1 3 4 3，这些都是合理着色。因此 1 2 1 3 1 3 可以被转化为合理着色。类似地，1 2 1 3 1 4 也可以通过 1-2 换色，或者 3-4 换色，转化为 1 2 1 3 2 4 或 1 2 1 3 1 3，因此 1 2 1 3 1 4 也可以被转化为合理着色。如果每一个非合理着色都可以按照 Kempe 变换转化为合理着色，则 G 是 4-可着色的且 G^C 是可约的。在这种情况下，G^C 被称为 **D-可约**。

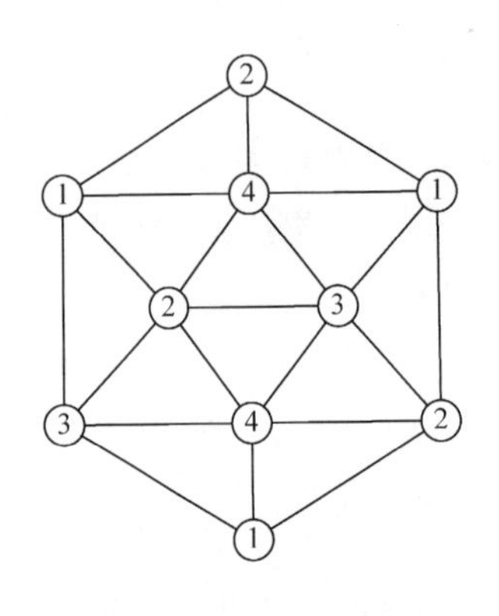

图 3.9 G^C 的一个合理着色

如上文介绍，首先利用 Kempe 变换检查构形是否 D-可约。如若不然，使用另一个方法。实际上，并不需要考虑所有 31 种可能着色。由于任意顶点数小于 G 的图都是 4-可着色的，可使用任意顶点数小于 G^C 的构形替代 G^C，例如图 3.10 所示构形替代图 3.8(a)，这就得到了另一个 4-可着色的图 G''。

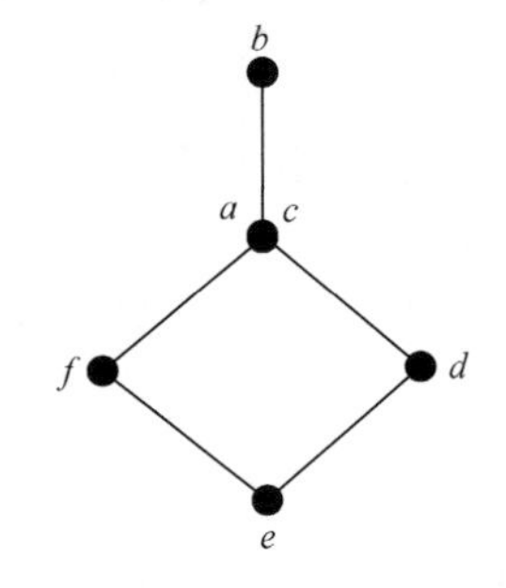

图 3.10 替代 Birkoff 菱形的另一构形

于是，只需考虑顶点 a 和 c 着相同颜色，顶点 d 和 f 着不同的颜色。满足条件的着色只有 6 种：1 2 1 2 1 3、1 2 1 2 3 4、1 2 1 3 1 2、1 2 1 3 1 4、1 2 1 3 2 4 和 1 2 1 3 4 2，其中有 5 个都是合理着色，1 2 1 3 1 4 可经 Kempe 变换转化为合理着色。因此，图 G 是 4-可着色的，则构形 G^C 是可约的。 ■

注 1 事实上，在定理 3.2 证明中，圈外结构不变，且内部顶点数尽可能少的构形都可用来替代 G^C。如果存在某个替换，可得到 G 的 4-着色，则称 G^C 是 **C-可约**。

表 3.2[12]给出了早期关于可约构形的一些重要成果，显然，极小反例中不含这些结构：

表 3.2 构形可约性的早期成果

数学家	年份	研究成果
Birkhoff	1913	一个顶点，其邻点全是 5-点
Birkhoff	1913	一个偶点，其邻点全是 6-点

续表

数学家	年份	研究成果
Franklin	1922	一条(5,5,5)-路，且都是同一个 6-点的邻点
Franklin	1922	一个 5-点，其邻点构成一条(5,5,6,6,6)-路
Errera	1925	只含 5-或 6-点
Winn	1937	一个 5-点，其邻点全是 6-点
Chojnacki-Hanani	1958	只含度数不为 6 或 7 的顶点
Heesch	1942	只含 5-或 7-点，且不包含(7,7,7)-面
Stanik	1973	只含度数不为 6 的顶点，且不含(5,5,5)-面
Osgood	1974	只含 5-，6-或 8-点
Allaire	1976	只含度数不为 6 的顶点

1965 年，Heesch 和 Dürre 设计了验证构形可约性的第一个算法[12]。由于早期计算机内存不足，只能验证圈长不超过 12 的构形，而 Heesch 找出的不可避免集中构形的圈长可达 14 以上，无法快速完成可约性的验证[15]。Appel 等[7,8]首先用 Kempe 变换确定构形是否 D-可约；如果不是，再尝试证明构形为 C-可约，若不能在短时间内证明构形为 C-可约，则删去此构形，并更新不可避免集。基于 Heesch 的观察：当构形包含某些结构时，所有已知方法都不能证明其可约性。Appel 和 Haken 称这些结构为**障碍**，如图 3.11 所示。两人设定修正规则，如当某个构形中含有障碍，或其圈长不小于 14 就直接删去[12]。

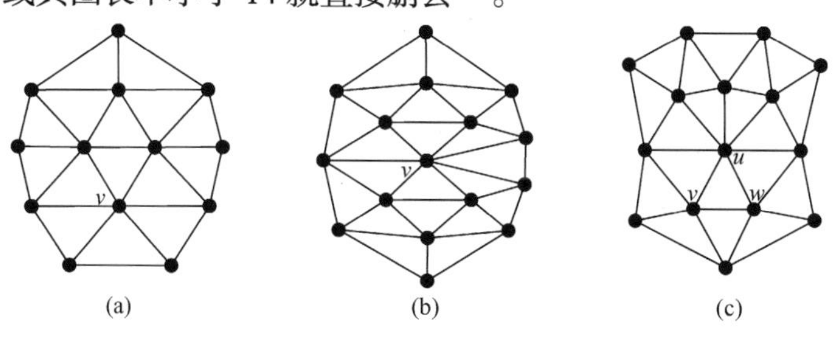

图 3.11　Appel 和 Haken 设置的 3 个障碍

3.4　计算机证明

1976 年，Appel 和 Haken[7]通过放电变换得到一个由 1936 个构形组成的不可避免集，对应的放电变换由 487 条规则构成。按 3.3.3 节所述方法，经计算机 1200h

的验证，Appel 和 Haken 证明了这 1936 个构形都是可约的。这代表着四色猜想计算机证明最终完成。

1976 年 6 月 22 日，Appel 和 Haken 首次在美国数学学会夏季会议公布了他们的结果。同年 9 月，美国数学学会的公告专栏上刊登了两人证明四色定理的消息[16]。1977 年，他们将题为“Every planar map is four colorable”的论文分为两部分发表在 *Illinois Journal of Mathematics* 上[12,13]。

下面详细介绍 Appel 和 Haken 的具体工作。

给定极大平面图 G，对于 $\forall v\in V(G)$，初始电荷 $c(v)=60(6-d(v))$，其中系数 60 是为在证明过程中减少分数运算。由定理(2.1)，有

$$\sum_{v\in V(\mathrm{G})} c(v)=720 \tag{3.6}$$

因此，对于所有 7^+-点 v，$c(v)$ 是负电荷，所有的 6-点电荷量为 0, 所有的 5-点电荷量为正。

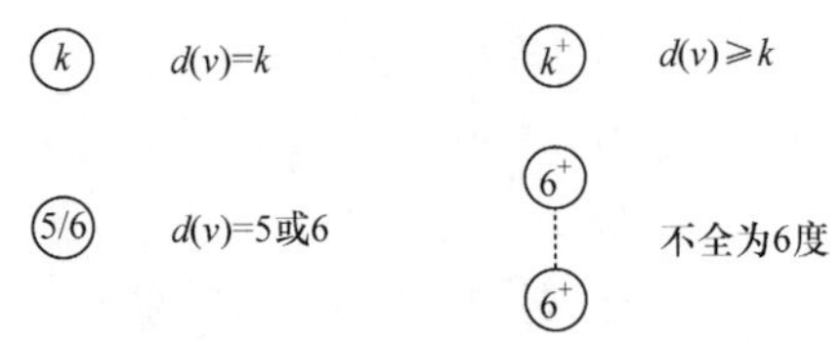

图 3.12　点的度数表示

通过示意图的方式描述构形，其中点的度数如图 3.12 所示。设 G 是极大平面图，G^C 是构形，若存在一个嵌入映射：$f:G^C\to G$，且保持 G^C 度数不变，则称 G^C 被**包含**在 G 中。

在 G 上定义**放电变换** $\mathcal{P}$，顶点 v 的初始电荷 $c(v)=60(6-d(v))$。按以下两种方式，将 5-点的电荷转移给 7^+-点：

(1) **短程放电**，将 5-点的电荷转移给 7^+-邻点；

(2) **T-放电**，电荷从 5-点穿过 1 条、2 条或 3 条(6,6)-边，转移给一个 7^+-点。

若极大平面图 G 包含图 3.13 所示的构形，则按照箭头所示方向进行电荷转移，其中实心箭头表示转移 20 电荷，空心箭头表示转移 10 电荷，并称这些构形为 **T-结构**。

另外，若一个 5-点通过 T-放电，给 2 个 7^+-点转移电荷，且穿过同一条(6,6)-边，则修正放电规则：如果这两个箭头中至少有一个是实心的，那么每个箭头转移 10 电荷；如果两个箭头都是空心的，那么每个箭头转移 5 电荷(用开放箭头表示)，如图 3.14 所示。

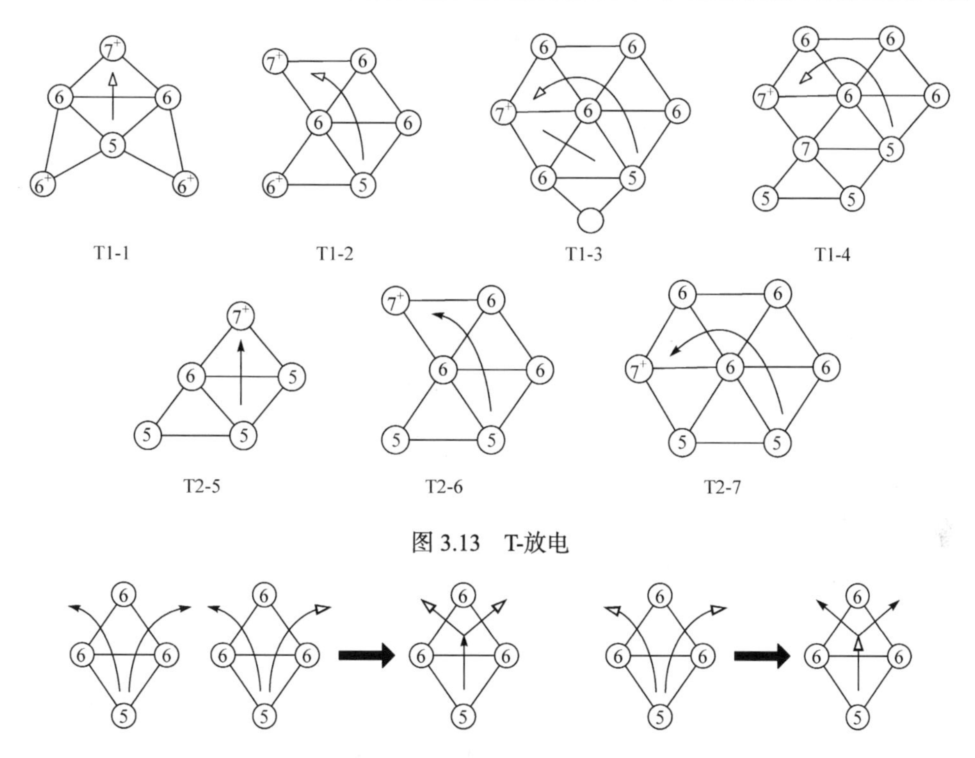

图 3.13　T-放电

图 3.14　T-放电修正示意图

根据电荷转移量对 T-放电进行分类，转移 5 或 10 电荷称为 **T1-放电**，转移 20 电荷称为 **T2-放电**，并将图 3.13 所示的 7 个构形记为 T1-1～T1-4, T2-5～T2-7。用无箭头的线条表示未指定电荷量的 T-放电。例如，在 T1-3 中，若图中未指定度数的顶点被映射为 G 中的一个 5-点，则此 T-放电是 T2-放电，否则就是 T1-放电。

下面介绍短程放电，具体分为：小规模短程放电和大规模短程放电。本章附图 3.1 中列举了小规模短程放电构形，其中构形的部分点(6^+ -点或 7^+ -点)，使用“修剪标记”标注，如图 3.15 所示。每个构形都有一条有数字标记的边，表示转移电荷量，并将这些边称为**可区别边**。将不含“修剪标记”的构形称为 **S-结构**，附图 3.1 中所有构形称为**扩展 S-结构**。附图 3.2 中列举了大规模短程放电构形，简记为 **L-结构**，转移电荷量被标记在可区别边上。

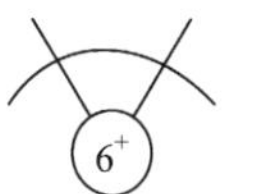

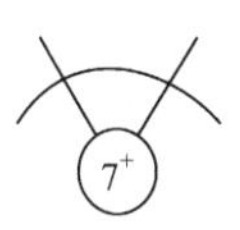

图 3.15　修剪标记

为叙述方便，引入图 3.16 所示标记，并在图 3.17 给出相关示例。

图 3.16(a)与(b)代表部分 T-结构，具体在图 3.17 中展开。图 3.16(c)表示一个 7^+ -点 v ，但不包括以下情况：v 是 7-点，与一个 5-点 u 相邻，且 u 不属于 v 所在构

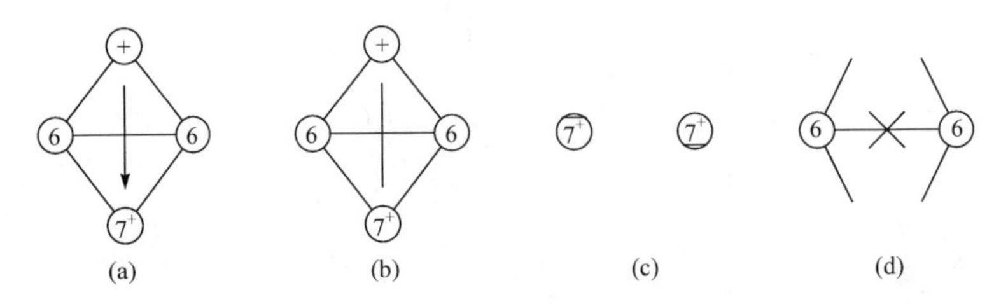

图 3.16　证明过程部分简化标记

形，但 u 与构形上另一点相邻。图 3.16(d)表示一个 7^+ -点 v，但不包括以下情况：v 是 7-点，与一个 5-点 u 相邻，且 u 的邻点构成一条 $(6,7(v),7,5,5)$ -路。图 3.16(e)表示没有 T-放电穿过标记的(6,6)-边。

图 3.17(a)代表图 3.17(a1)～(a5)五个构形，并假定图 3.14 情形不发生，且在图 3.17(a3)～(a5)中的点 v 都满足 $d(v)\leqslant 6$。图 3.17(b)代表图 3.17(a1)～(a5), (b1)～

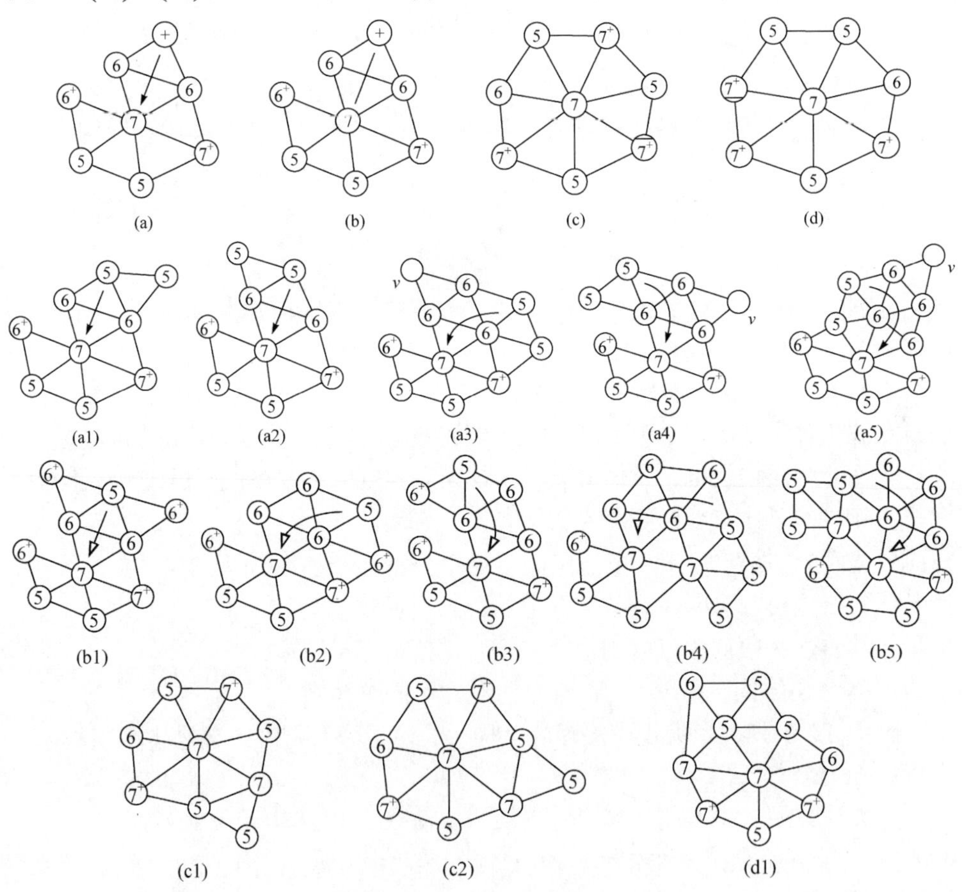

图 3.17　简化标记示例

(b5)十个构形，但不限制 T2-放电和顶点 v 的度数。图 3.17(c)排除图 3.17(c1)与(c2)的两种构形。图 3.17(d)排除图 3.17(d1)的构形。

关于$(5,7^+)$-边 e 有三种情况，如图 3.18 所示。

(1) e 不与 S-结构或 L-结构关联。此时称 e 是**正则放电边**，或 **R-边**，且通过 e 转移 30 电荷，记作 $t(e)=30$。

(2) e 与一个或多个 S-结构关联，且不与 L-结构关联，称 e 是**小放电边**，或 **S-边**，且通过 e 转移的电荷 $t(e)$ 与相关联的 S-结构的最小电荷相同。

(3) e 与一个或多个 L-结构关联，且与 0 个、1 个或多个 S-结构关联，称 e 是**大放电边**，或 **L-边**，且通过 e 转移的电荷 $t(e)$ 与相关联的 L-结构的最大电荷相同。

除$(5,7^+)$-边外，经其余边转移 0 电荷。将沿 R-边、S-边和 L-边的电荷转移，分别称为 **R-放电**、**S-放电**和 **L-放电**。通过同时执行短程放电及 T-放电，得到新的电荷分配，记作 c'。这就完成了放电变换 $\mathcal{P}$ 的定义。

对 S-边和 L-边，引入以下简称：S0 表示经 S-边转移 0 或 5 电荷，S1 表示经 S-边转移 10 或 15 电荷，S2 表示经 S-边转移 20 或 25 电荷；L4 表示经 L-边转移 35 或 40 电荷，L5 表示经 L-边转移 50 电荷，L6 表示经 L-边转移 60 电荷。

放电变换 $\mathcal{P}$ 本质上基于图 3.14 所示 T-结构集 $\mathcal{T}$ 及附图 3.1 和附图 3.2 所示 S-结构集 S 和 L-结构集 $\mathcal{L}$，为简便计，记放电变换为 $\mathcal{P}=(\mathcal{T},S,\mathcal{L})$。下面给出：

定理 3.3(放电定理)　如果 G 不含不可避免构形集 U 中任一元素，则对 G 实施放电变换 $\mathcal{P}=(\mathcal{T},S,\mathcal{L})$ 后，有 $c'(v)\leqslant 0,\ \forall v\in V(G)$。

定理 3.3 的证明　对于任一 6-点 v，有 $c'(v)=0$。还需证明：

(1) 对于任一 5-点 v，有 $c'(v)\leqslant 0$；

(2) 对于任一 7^+-点 v，有 $c'(v)\leqslant 0$

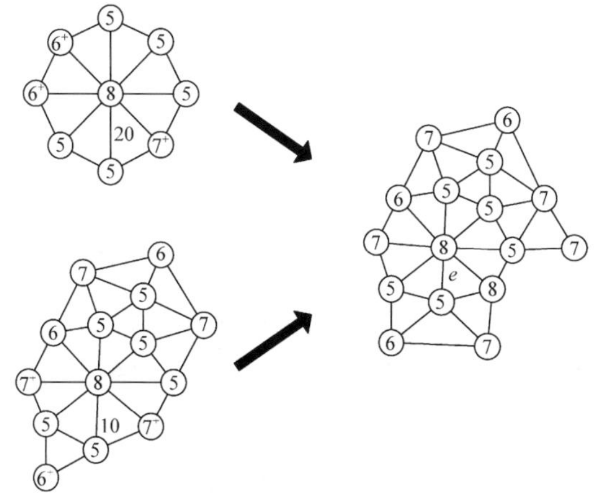

(a) 情况(2), $t(e)=10$

图 3.18　$(5,7^+)$-边 e 转移电荷示意图

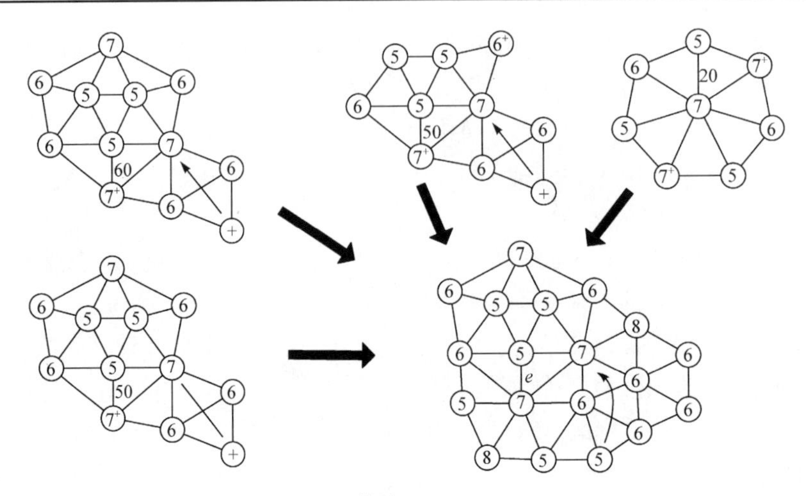

(b) 情况(3), $t(e)=60$

图 3.18　(续)

定理 3.3(1)的证明　首先证明关于 T-放电的若干引理。

引理 3.1(5-6-6)　设 v 是 G 的一个 5-点，且 v 有 3 个连续邻点，度数分别为 5, 6, 6，如图 3.19 所示，则存在 T-放电从 v 出发，穿过(6,6)-边，转移 20 个电荷。

图 3.19　引理 3.1 示意图

证明　假设对任意 G，存在 G 中 5-点 v，有连续的度数分别为 5, 6, 6 的邻点，且不存在 T2-放电从 v 出发，穿过(6,6)-边 e。基于 T-放电定义，G 中不包含 T2-结构 T2-5, T2-6, T2-7。因此，G 包含图 3.20 中四个构形之一，即含用圈标记的 U 的四个构形之一，与题设矛盾。引理得证。■

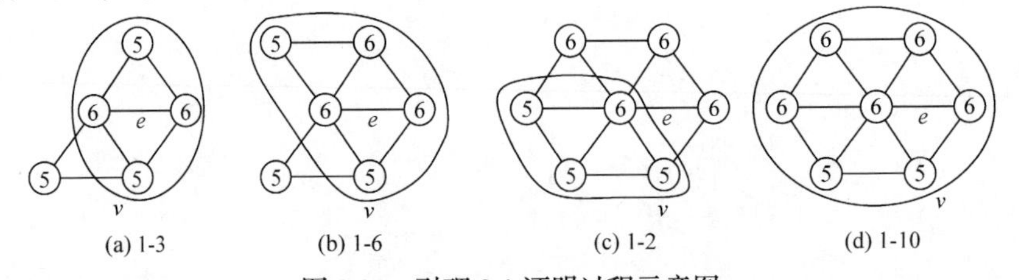

(a) 1-3　(b) 1-6　(c) 1-2　(d) 1-10

图 3.20　引理 3.1 证明过程示意图

引理 3.2 (6-6-6)　设 v 是 G 的一个 5-点，且 v 有 3 个连续 6 度邻点，如图 3.21 所示，则存在 T-放电从 v 出发，穿过每条(6,6)-边，转移至少 10 电荷。

引理 3.3(5^5-7-6-6)　设 v 是 G 的一个 5-点，v 有 4 个连续邻点，度数分别为 5, 7, 6, 6，且其中的 5-点与另一 5-点相邻，如图 3.22 所示，则存在 T-放电从 v 出发，穿过(6,6)-边，转移至少 10 电荷。

引理 3.4(6-6)　设 v 是 G 的一个 5-点，v 有 2 个连续 6 度邻点，若不存在穿过此(6,6)-边的 T-放电，则 G 包含图 3.23 所示的构形。

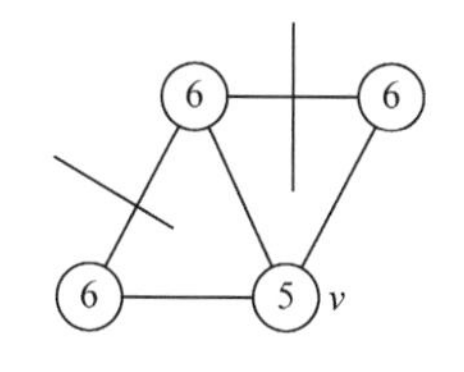

图 3.21　引理 3.2 示意图

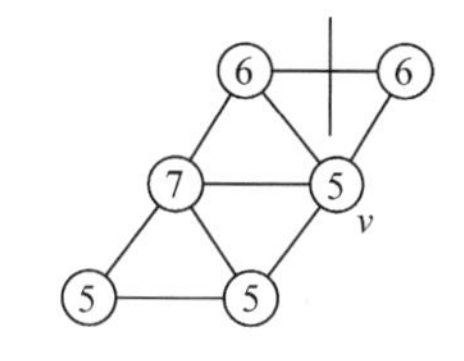

图 3.22　引理 3.3 示意图

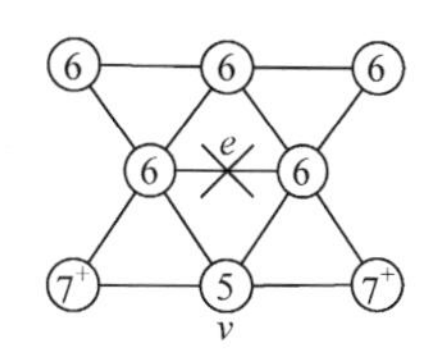

图 3.23　引理 3.4 示意图

引理 3.2, 3.3, 3.4 的证明都和引理 3.1 类似。■

引理 3.5(S^+)　设 $f:S\to G$ 是从 S-结构 S 到极大平面图 G 的嵌入映射，且保持度数不变，则 f 可扩展为从扩展 S-结构 S^+ 到 G 的嵌入映射，且保持度数不变。

观察附图 3.1 和构形集 U 立即可证。■

首先考虑放电变换 $\mathcal{P}_1=(\mathcal{T},S,\varnothing)$ (不使用 L-结构)，将实施 $\mathcal{P}_1$ 后得到的电荷分配记作 $c_1'(v)$，则

引理 3.6($c_1'(v_5)$)　设 v 是 G 的一个 5-点，满足 $c_1'(v)>0$，则 G 含构形 CTS-01～CTS-33 之一，其中心顶点 v_5 对应于顶点 v，且与之关联的边分别标记为 e,f,g,h，如附图 3.3 所示。

对所有满足 $c_1'(v)>0$ 的 5-点 v 进行统计可证。■

故 G 不含 U 中元素，其余情况见附图 3.3。用 μ 表示 v 的邻点中 7^+-点的个数，则需考虑 $\mu=0,1,2,3,4,5$ 的情况。

若 $\mu=0$，则 v 及其邻点的导出子图是 U 的某个元素。

若 $\mu=1$，G 不含 U 中元素的情况是 CTS-01, CTS-02 和 CTS-03，其中 CTS-01 和 CTS-03 中的 T2-放电是引理 3.1 中的 T-放电。

若 $\mu=2$，G 至少含一个 S-结构(否则，两个 R-放电将导致 $c_1'(v)\leqslant 0$)；当 G 含一个 S-结构时，它转移电荷 $t(e)$ 和 T-放电(基于引理 3.1～3.3)之和小于 30(否则，剩余的 R-放电将导致 $c_1'(v)\leqslant 0$)。

若 $\mu=3$，G 至少含两个 S-结构，且其中至少有一个是 S0-结构或 S1-结构。但若转移电荷 $t(e)+t(f)\geqslant 30$，将出现第三个 S-结构。所有这些不含 U 中构形的情况，都包含一个 S0-结构或两个 S1-结构。

若 $\mu=4$，G 必含两个 S-结构，且出现在两条连续的边 e 和 f 上，$t(e)+t(f)<30$，边 g 上必定出现第三个 S-结构，且如果 $t(e)+t(f)+t(g)\geqslant 30$，则需第四个 S-结构。所有这些不含 U 中构形的情况，都包含两个 S0-结构和一个 S2-结构，或者一个 S0-结构和两个 S1-结构。

若 $\mu=5$，考虑所有与一个 S0 和 S1 或 S2 关联的情况，只有少部分不含 U 中构形。所有的连续三元组(S0, S0, S0)，(S0, S0, S1)和(S1, S0, S1) 都含 U 中构形。

其余情况容易验证。剩下的唯一不含U中的构形的情况包含4个连续的S-结构(S0, S1, S1, S0)。

引理 3.7(L) 附图3.3中每个构形CTS-01～CTS33都包含一个L-结构，放电边标记为x，且转移电荷充分大，使得对中心的5-点v，有$c_1'(v) \leqslant 0$。

直接观察可证。 ■

于是，定理3.3(1)得证。

定理3.3(2)的证明 首先给出若干引理。

引理 3.8(T) 设v是G的一个7^+-点，v有2个连续6度邻点，则v至多接收一个穿过此(6,6)-边e的T-放电。

引理 3.9(T1, T2) 设v是G的一个7^+-点，且v接收穿过2条连续(6,6)-边e, f的T2-放电，则G含图3.24中两个构形之一。

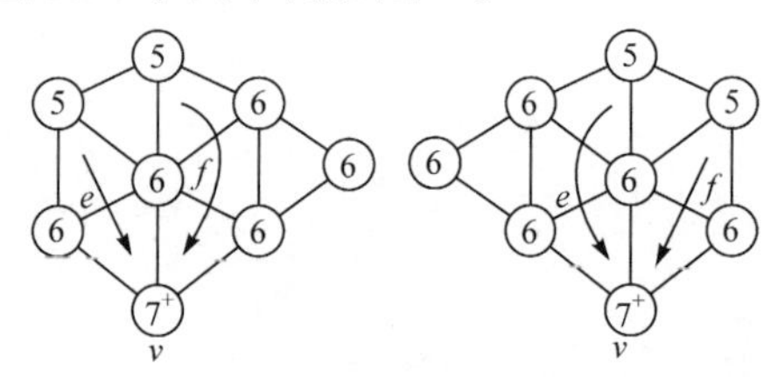

图 3.24 引理3.9示意图

引理 3.10(T2, T2, T2) 设v是G的一个7^+-点，则v不接收穿过3条连续(6,6)-边的T2-放电。

引理 3.11(T, T2, T2, T) 设v是G的一个7^+-点，且v接收穿过4条连续(6,6)-边e, f, g, h的T-放电，则穿过边f和g的放电不全是T2-放电。

引理 3.12(60/50, T) 设v是G的一个7^+-点，v接收一个沿着边x的L-放电(转移60或50电荷)，以及一个穿过(6,6)-边e的T-放电，且x的5-点和e的6-点相邻，则G含图3.25中(a)和(b)之一。

引理 3.13 (60/50, T2, T2) 设v是G的一个7^+-点，v接收一个沿着边x的L-放电(转移60或50电荷)，以及一个穿过(6,6)-边e的T2-放电，且x的5-点和e的6-点相邻，则v不能接收另一个穿过与e相邻的(6,6)-边f的T2-放电。

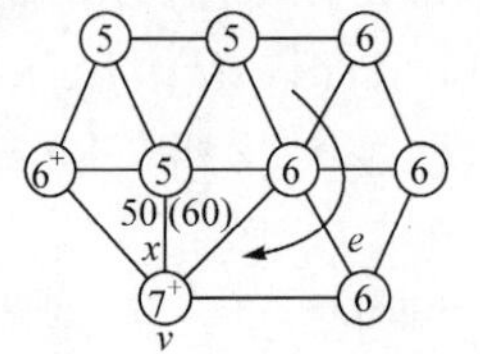

(a) 411, 441, 491, ⋯, 495之一

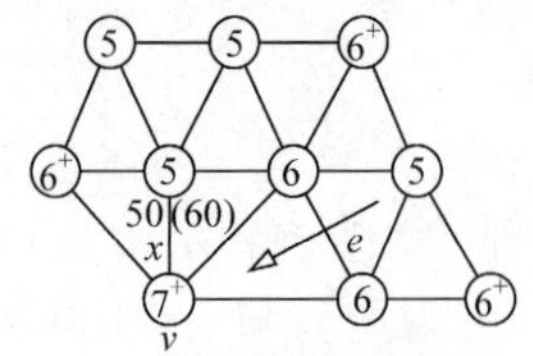

(b) 411, 441, 492, 483, 494之一

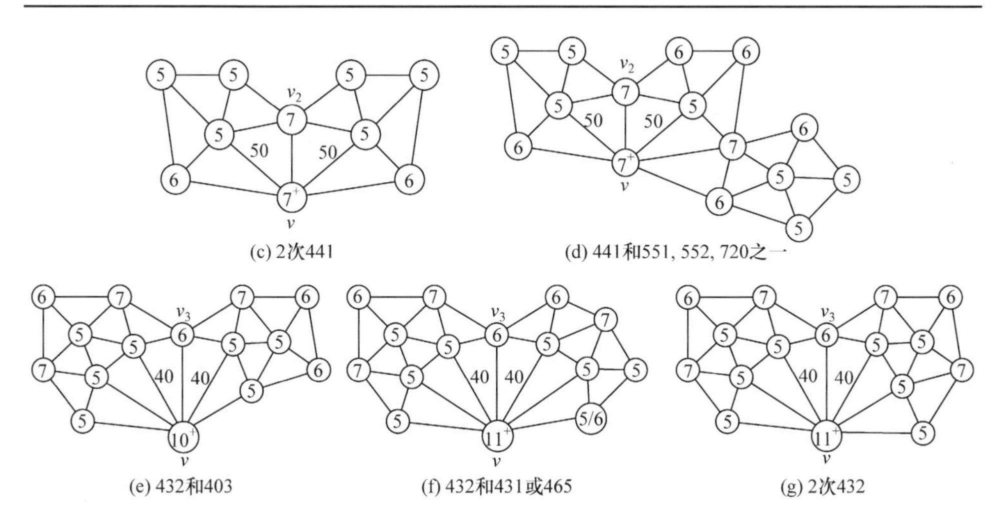

(c) 2次441　(d) 441和551, 552, 720之一

(e) 432和403　(f) 432和431或465　(g) 2次432

图 3.25　引理 3.12～3.15 示意图

引理 3.14 (60/50，˙，60/50)　设 v 是 G 的一个 7^+-点，v_1, v_2, v_3 是 v 的 3 个连续邻点，$d(v_1) = d(v_3) = 5$，若 v 分别从 v_1 和 v_3 接收一个 L6-放电或 L5-放电，则 G 含图 3.25 中(c)和(d)之一。

引理 3.15 (5，L，˙，L，5)　设 v 是 G 的一个 7^+-点，v_1, v_2, v_3, v_4, v_5 是 v 的 5 个连续邻点，$d(v_1) = d(v_2) = d(v_4) = d(v_5) = 5$，若 v 分别从 v_2 和 v_4 接收一个 L-放电，则 G 含图 3.25 中(e), (f), (g)之一。

引理 3.16 (5，L，5)　设 v 是 G 的一个 7^+-点，v_1, v_2, v_3 是 v 的 3 个连续 5 度邻点，则不存在从 v_2 到 v 的 L-放电。

引理 3.17 (5, L)　设 v 是 G 的一个 7^+-点，v_1 和 v_2 是 v 的 2 个连续 5 度邻点，则不存在从 v_1 和 v_2 到 v 的 L5-放电或 L6-放电。

引理 3.18 (5，L，T2)　设 v 是 G 的一个 7^+-点，v_1, v_2, v_3, v_4 是 v 的 4 个连续邻点，$d(v_1) = d(v_2) = 5,\ d(v_3) = d(v_4) = 6$，若 v 从 v_2 接收一个 L-放电，并接收一个穿过 v_3 和 v_4 间(6,6)-边的 T2-放电，则 G 含图 3.26 所示的构形。

图 3.26　引理 3.18 示意图

引理 3.19 (5，L，˙，60/50)　设 v 是 G 的一个 7^+-点，v_1, v_2, v_3, v_4 是 v 的 4 个连续邻点，$d(v_1) = d(v_2) = d(v_4) = 5$，若 v 从 v_2 接收一个 L-放电，从 v_4 接收一个 L6-放电或 L5-放电，则 v_4 的放电由 L-结构 50-441 确定，且 $d(v_3) = 7$。

引理 3.20 (50/60，T，50/60)　设 v 是 G 的一个 7^+-点，v_1, v_2, v_3, v_4 是 v 的 4 个连续邻点，$d(v_1) = d(v_4) = 5, d(v_2) = d(v_3) = 6$，若 v 从 v_1 和 v_4 分别接收一个超过

40 电荷的 L-放电，并接收一个穿过 v_2 和 v_3 间的(6,6)-边 e 的 T-放电，则 T1-1 实施于 e。

通过以上引理，可估计 G 的 7^+ -点 v 接收电荷总和的上界，记为 $up(v)$。

引理 3.21 (上界引理)　设 v 是 G 的一个 $k(\geqslant 7)$ -点，n 表示 v 的 5-度邻点的个数，则

$$up(v) \leqslant 30k - 7.5(k-n) \tag{3.7}$$

若 G 不含图 3.26 所示构形，则

$$up(v) \leqslant 30k - 10(k-n) \tag{3.8}$$

证明　令 $v_1, v_2, \cdots, v_k$ 是 v 的连续邻点(按顺时针方向)，对每个 v_i 赋贡献值 c_i，满足

$$c_i = \begin{cases} 30, & d(v_i) = 5 \\ c_i^* + c_i^{**}, & d(v_i) > 5 \end{cases} \tag{3.9}$$

其中，c_i^* 和 c_i^{**} 按如下方式定义：

(1) 若 v_j 是一个 5-点，且 v 从 v_j 接收 L4-放电、L5-放电或 L6-放电，以及 v_{j-1} 和 v_{j+1} 都不是 5-点，则 $c_{j-1}^{**} = c_{j+1}^{*} = 5$, 10 或 15。此外，在图 3.27 所示三种情况下，c_{j-1}^{**} 和 c_{j+1}^{*} 按图中所示定义。

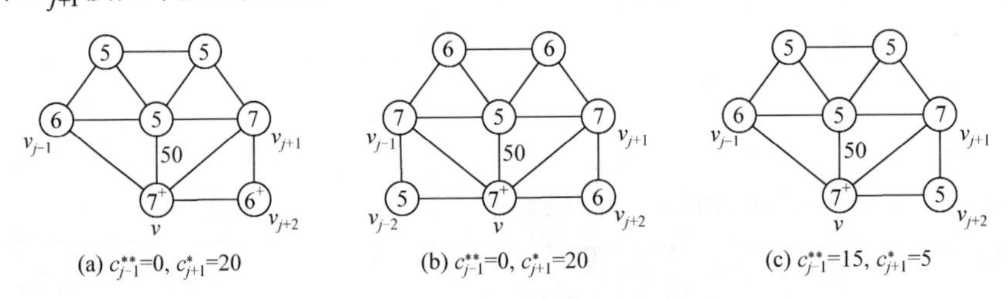

(a) $c_{j-1}^{**}=0$, $c_{j+1}^{*}=20$　　(b) $c_{j-1}^{**}=0$, $c_{j+1}^{*}=20$　　(c) $c_{j-1}^{**}=15$, $c_{j+1}^{*}=5$

图 3.27　上界引理证明示意图 1

(2) 若 v_j 和 v_{j+1} 都是 5-点，且 v 从 v_j 接收 L4-放电，则 $c_{j-1}^{**} = 10$；若 v_{j-1} 和 v_j 都是 5-点，且 v 从 v_j 接收 L4-放电，则 $c_{j+1}^{*} = 10$。

(3) 若 v_j 和 v_{j+1} 都是 6-点，且存在穿过 v_j 和 v_{j+1} 间(6,6)-边到 v 的 T1-放电，则 $c_j^{**} = c_{j+1}^{*} = 5$。

(4) 若 v_j 和 v_{j+1} 都是 6-点，且存在穿过 v_j 和 v_{j+1} 间(6,6)-边到 v 的 T2-放电，则 $c_j^{**} = c_{j+1}^{*} = 10$。此外，在图 3.28 所示三种情况下，$c_j^{**}$ 和 c_{j+1}^{*} 按图中所示定义。

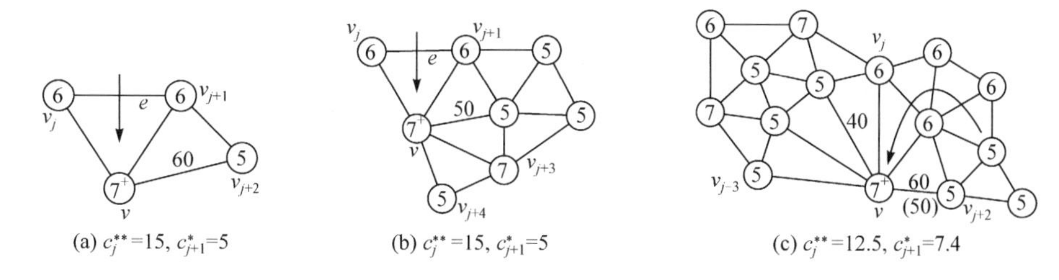

图 3.28　上界引理证明示意图 2

(5) 其他情况下，$c_i^* = c_i^{**} = 0$。

基于以上情况，有

$$\sum_{i=1}^{k} c_i \geqslant up(v) \tag{3.10}$$

其中

$$c_i \leqslant \begin{cases} 22.5, & d(v_i) \neq 5 \\ 20, & d(v_i) \neq 5, d(v_i) \neq 6 \end{cases} \tag{3.11}$$

则引理 3.21 得证。■

推论 3.2　若 G 不含图 3.26 中构形，且存在下标 l 满足 $c_l < 20$，则

$$up(v) \leqslant 30k - 10(k-n) - 10 \tag{3.12}$$

由于 $\sum_{i=1}^{k} c_i$ 是 10 的整数倍，根据引理 3.21 得证。■

下面说明，当 $k \geqslant 11$ 时，定理 3.3(2)成立：

基于

$$c_1'(v) = up(v) - 60(k-6) \tag{3.13}$$

由式(3.7)和式(3.13)，当 $k \geqslant 12$ 时，$c_1'(v) \leqslant 0$；当 $k = 11$ 时，如果 $c_1'(v) > 0$，则 $n \geqslant 8$。但当 $n = 8$ 时，由式(3.8)，G 含图 3.26 所示构形。另一方面，$n \geqslant 10$ 可根据构形集 U 中的 15～34 排除。其他情况，要么 $c_1'(v) \leqslant 0$，要么 G 含构形 15～24 或 15～25。

定理 3.3(2)的证明还需讨论 $k = 7, 8, 9, 10$。

考虑放电变换 $\mathcal{P}_2 = (\mathcal{T}, \varnothing, \mathcal{L})$ (不使用 S-结构)，将实施 $\mathcal{P}_2$ 后所得电荷分配记作 $c_2'(v)$，则

引理 3.22(c_2')　设 v 是 G 的一个 7^+-点，$c_2'(v) > 0$，则 G 含图 3.34 中 CTL-1～CTL-152 之一。其中心顶点对应于 v，且对标有大放电值的边实施 L-放电，与 v 关联的其他边不变。

对 $k = 7, 8, 9, 10$ 的情况观察可证。■

当 $k = 7$ 时，需考虑 v 的邻点：

(1) v 没有 5 度邻点，v 接收 T-放电超过 60 电荷；

(2) v 有一个 5 度邻点，v 接收 R-放电，L4-放电，L5-放电或 L6-放电，且 T-放电分别超过 30, 20, 10 或 0 电荷；

(3) v 有 2 个 5 度邻点，且 v 接收一个 T-放电或 L-放电；

(4) v 有至少 3 个 5 度邻点。

其中 G 不含 U 中构形的情况见附图 3.4。所有圈长不超过 14，中心点对应 7-点的 L-结构都是可约构形，如附图 3.2 所示。但有些构形圈长大于 14，难以验证其可约性。为此，对不可避免集进行修改，删去圈长超过 14 的构形，增加附图 3.4 中 CTL-76, CTL-77。

当 $k=8$ 时，考虑 v 的邻点：

(1) v 没有 5 度邻点；

(2) v 有 1, 2 或 3 个 5 度邻点，且 v 接收相应的 T-放电或 L-放电；

(3) v 有 4 个 5 度邻点，且 v 接收一个 T-或 L-放电；

(4) v 有至少 5 个 5 度邻点。

基于引理 3.8, 3.10, 3.11，情况(1)可证。情况(2)～(4)中，G 不含 U 中构形的情况只有 CTL-138, CTL-139，如附图 3.4 所示。

当 $k=9,10$ 时，类似 $k=8$ 中讨论，得证。

引理 3.23 (S)　在附图 3.4 中所有情况 CTL-1～CTL-152 下，对于中心点 v，都有 $c'(v)\leqslant 0$。

上述引理观察可证。故定理 3.3 得证。■

于是，对于极大平面图 G，由式(3.6)，不存在任何一个放电变换 $\mathcal{P}$，使得对 G 实施 $\mathcal{P}$ 后，有 $c'(v)\leqslant 0$。则

推论 3.1　任一极大平面图 G 都至少含 U 中一个元素。

按照 3.3.2 小节中 Appel 和 Haken 检查构形可约性的方法，可验证 U 中的每一个元素都可约，则任一极小反例都不含 U 中元素，与推论 3.1 矛盾，故极小反例不存在，四色猜想得证。

3.5　改进与总结

针对证明冗长、难以理解的问题，Haken 等对证明进行改进，主要方向是寻找更小的不可避免集和更易验证的可约构形。Haken 等很快将不可避免构形集的大小从 1936 改进到 1476。1996 年，Robertson 等[9]又将其改进到 633。数学家们

对证明进行详细验证，发现大量缺陷和错误，经过若干年的修正才最终完成[12]。其中，Robertson 等对于可约性的证明沿用了 Appel 和 Haken 的方法，但通过对放电变换的改进，仅需 32 个放电规则即可证明不可避免性，如图 3.29 示。此外，他们提出一种平面图 4-着色算法，将计算复杂度由 $O(n^4)$ 减小到 $O(n^2)$。

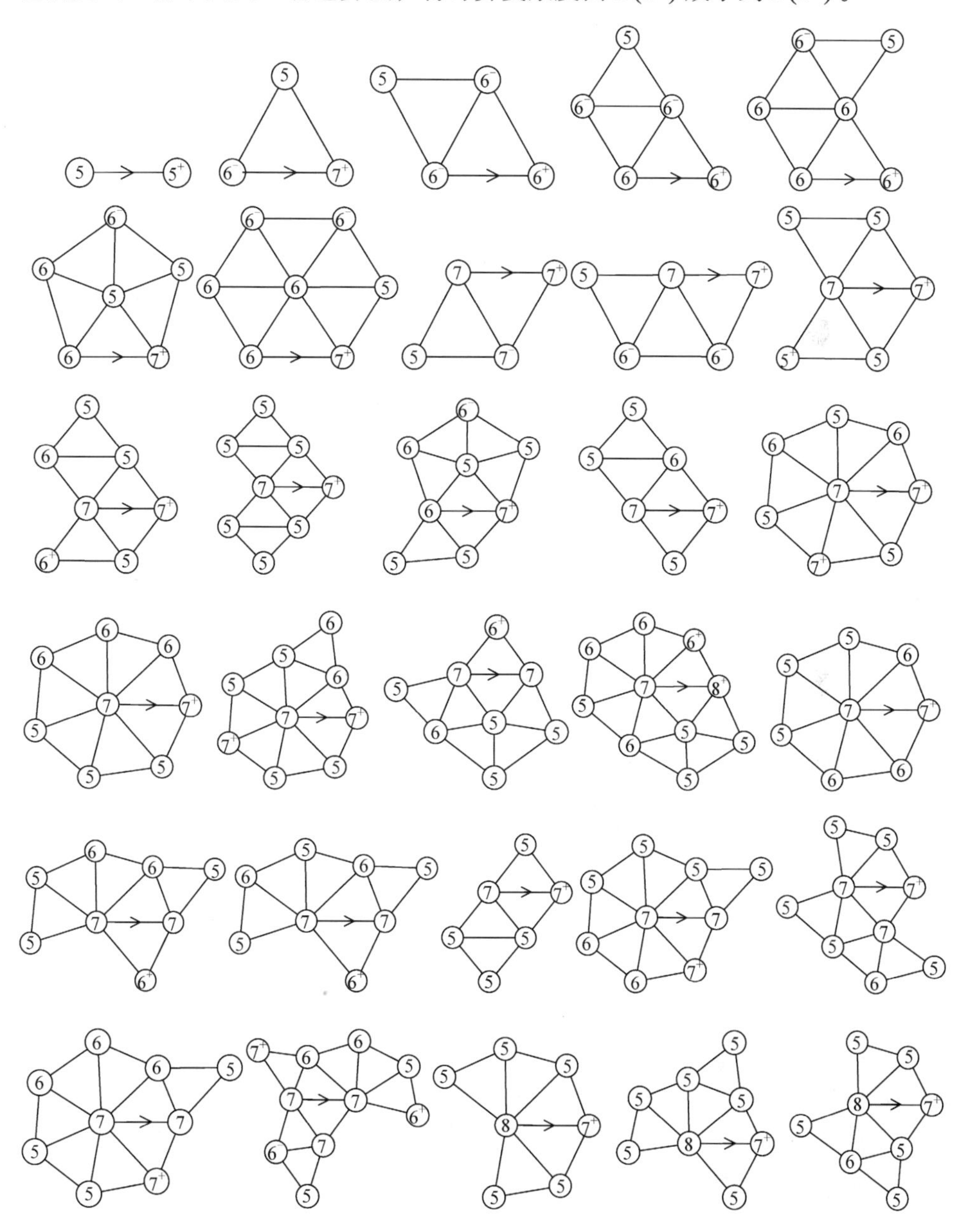

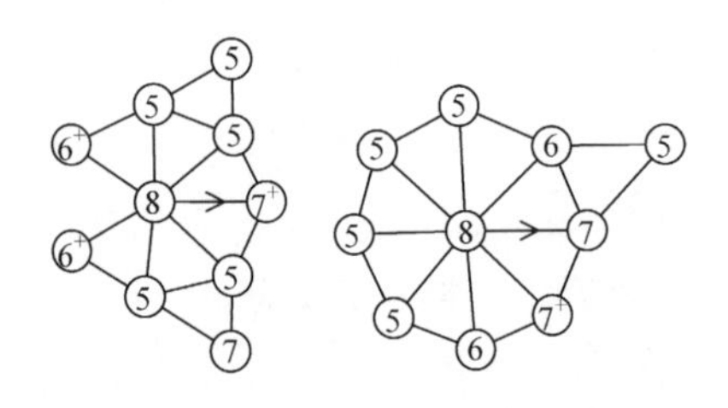

图 3.29　Robertson 等证明中的 32 条放电规则

Birkhoff[14]已经证明了：所有圈长为 4 的构形，以及所有圈长为 5 且内部至少有 2 个顶点的构形都是可约的。即

定理 3.4　设 G 是一个极小反例，则 G 不含：

(1) 1 个 4-圈；

(2) 1 个 5-圈，且其内部至少有 2 个顶点。

因此，极小反例中所含圈长较小的圈类型很少。其中，平凡圈有两种：三角形的三条边所形成的 3-圈；5-点的邻点形成的 5-圈。图 3.30 给出了 2 个非平凡圈。

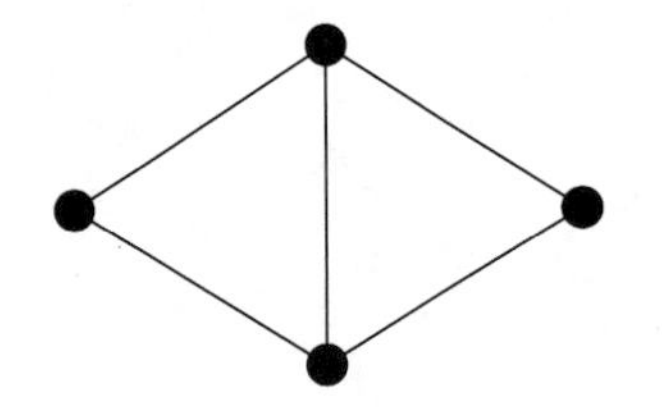
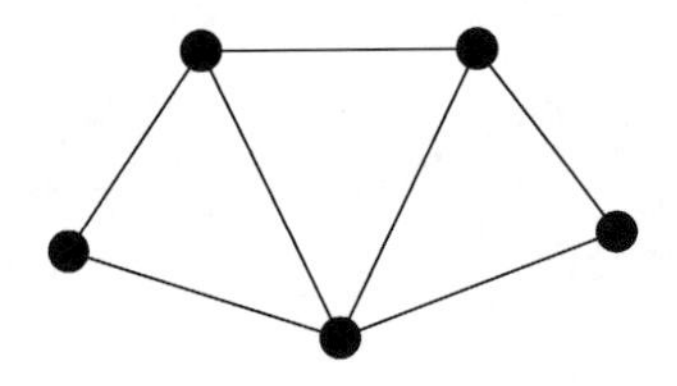

图 3.30　2 个非平凡圈

Robertson 等引入下述定义：

设 G 是极大平面图，C 是 G 中的圈，若 $|C|\leqslant 5$，则称 C 为短圈。如果 G 中的短圈都是平凡的，则称 G 为**内部 6-连通的**。

Robertson 等的证明基于以下三个定理：

定理 3.5　设 G 是内部 6-连通的极大平面图，则 G 至少含 633 个构形中的一个。

假设 G 不含 633 个构形中任意一个，根据图 3.29 所示规则实施放电变换，导致电荷量不守恒，得到矛盾。这说明了 633 个构形的不可避免性。■

定理 3.6　任意极小反例都是内部 6-连通的。

文献[9]中给出了一种极大平面图 G 的染色算法，可从 G 的一个非平凡短圈和所有阶数小于 G 的极大平面图的 4-着色开始，构造出 G 的一个 4-着色。对于极小

反例 G，所有阶数小于 G 的极大平面图都是 4-可着色的，假设 G 含非平凡短圈，则可通过算法构造出 G 的一个 4-着色，矛盾。因此 G 不含非平凡短圈，则 G 是内部 6-连通的。 ■

定理 3.7　极小反例不含 633 个构形中的任意一个。

由此定理，Robertson 等给出的 633 个构形都是可约构形。

基于定理 3.5～3.7，这 633 个构形构成了一个不可避免的可约构形集，四色猜想得证。

四色猜想是首个主要由计算机验证成立的数学猜想。然而，数学家们并不接受这一证明。1979 年，Tymoczko[17]提出，四色猜想与其计算机证明能否称之为“定理”和“证明”，尚有疑问。“证明”的定义也需要进行再次审视。其理由包括两点：一方面，计算机辅助下的证明无法由人力进行检查；另一方面，计算机辅助的证明无法形成抽象严谨的逻辑表述[18]。也有人认为，计算机辅助证明数学定理不过是人的能力的延伸，因为计算机是按照人的指令进行每一步操作，只是节约了人的工作时间[6]。

一个多世纪以来，数学家们为证明四色猜想绞尽脑汁，试图找到一个数学证明，期间引进了大量新概念与方法，极大地促进了拓扑学、图论和计算机科学等的发展。四色猜想的研究，仍然在路上。

参 考 文 献

[1] Beineke L W, Wilson R J. Selected Topics in Graph Theory. Cambridge: Academic Press, 1978.

[2] Kempe A B. On the geographical problem of the four colors. American Journal of Mathematics, 1879, 2(3): 193-200.

[3] Heawood P J. Map-colour theorems. Quarterly Journal of Mathematics, 1890, 24: 332-338.

[4] Cook S A. The complexity of theorem-proving procedures. Proceedings of the third annual ACM Symposium on Theory of computing, 1971: 151-158.

[5] Birkhoff G D. A determinantal formula for the number of ways of coloring a map. Annals of Mathematics, 1912, 14: 42-46.

[6] Soifer A. The Mathematical Coloring Book: Mathematics of Coloring and the Colorful Life of Its Creators. Heidelberg: Springer, 2009.

[7] Appel K, Haken W. Every planar map is four colorable. Part I: Discharging. Illinois Journal of Mathematics, 1977, 21(3): 429-490.

[8] Appel K, Haken W, Koch J. Every planar map is four colorable. Part II: Reducibility. Illinois Journal of Mathematics, 1977, 21(3): 491-567.

[9] Robertson N, Daniel S, Seymour P, et al. A new proof of the four-colour theorem. Electronic Research Announcements of the American Mathematical Society, 1996, (2): 17-25.

[10] Wernicke P. Über den kartographischen Vierfarbensatz. Mathematische Annalen, 1904, 58(3): 413-426.

[11] Franklin P. The Four Color Problem. American Journal of Mathematics, 1922, 44(4): 225-236.

[12] Fritsch R, Fritsch G. The Four-Color Theorem: History, Topological Foundations, and Idea of proof. Heidelberg: Springer, 1998.

[13] Magee J P. Reducible Configurations and So on: The Final Years of the Four Color Theorem. Ann Arbor: ProQuest, 2008.

[14] Birkhoff G D. The Reducibility of maps. American Journal of Mathematics, 1913, 35: 115-128.

[15] O'Connor J J, Robertson E F. The four colour theorem. Scotland: University of St. Andrews, 1996.

[16] Appel K, Haken W. Research Announcement: Every planar map is four colorable. Bulletin of the American Mathematical Society, 1976, 82 (5): 711-712.

[17] Tymoczko T. The four-color problem and its philosophical significance. The Journal of Philosophy, 1979, 76 (2): 57-83.

[18] Herczeg T, Bavnbek B B. The effect of computers on pure mathematics. Roskilde: Roskilde University, 2009.

附　　图

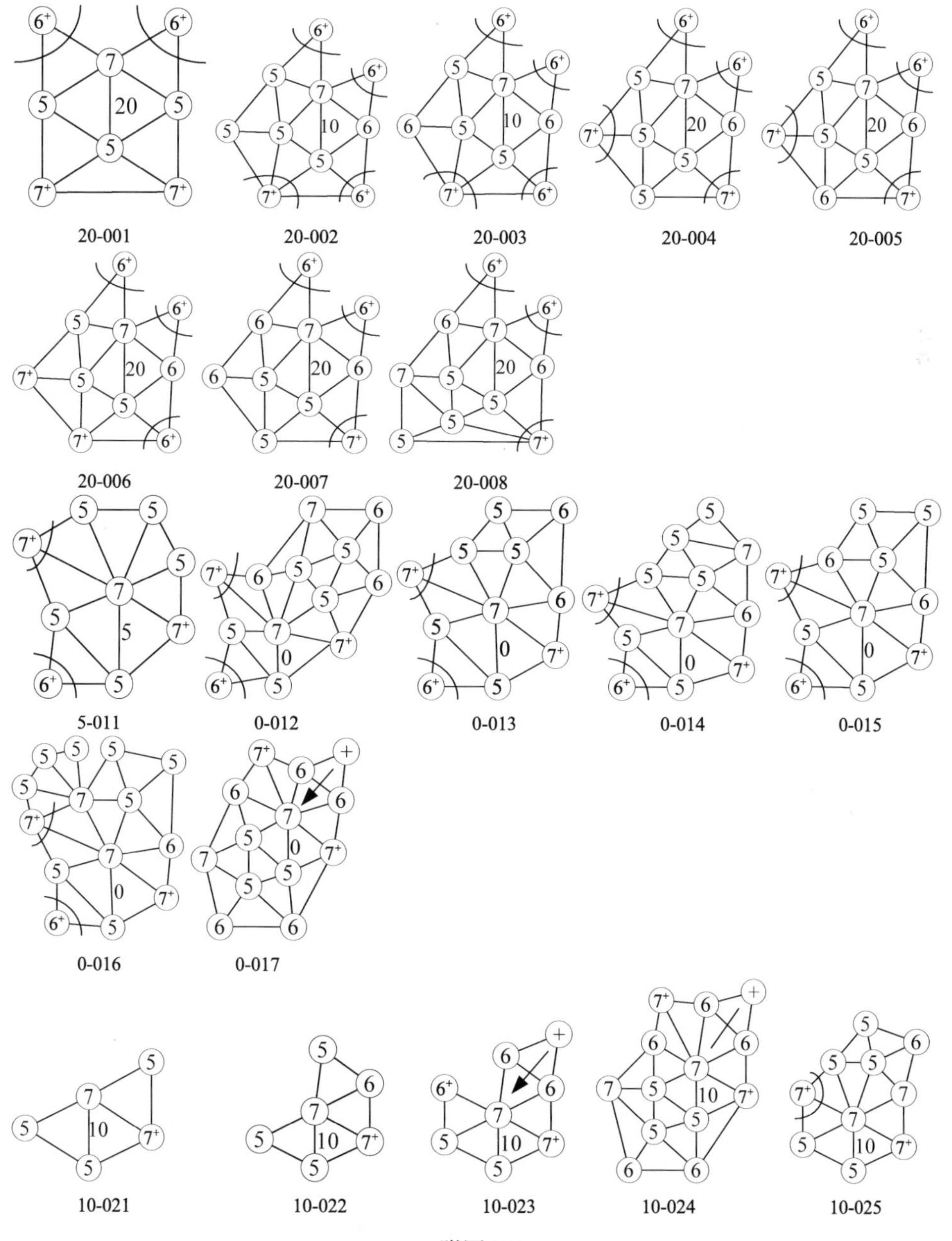

20-001
20-002
20-003
20-004
20-005
20-006
20-007
20-008
5-011
0-012
0-013
0-014
0-015
0-016
0-017
10-021
10-022
10-023
10-024
10-025

附图 3.1

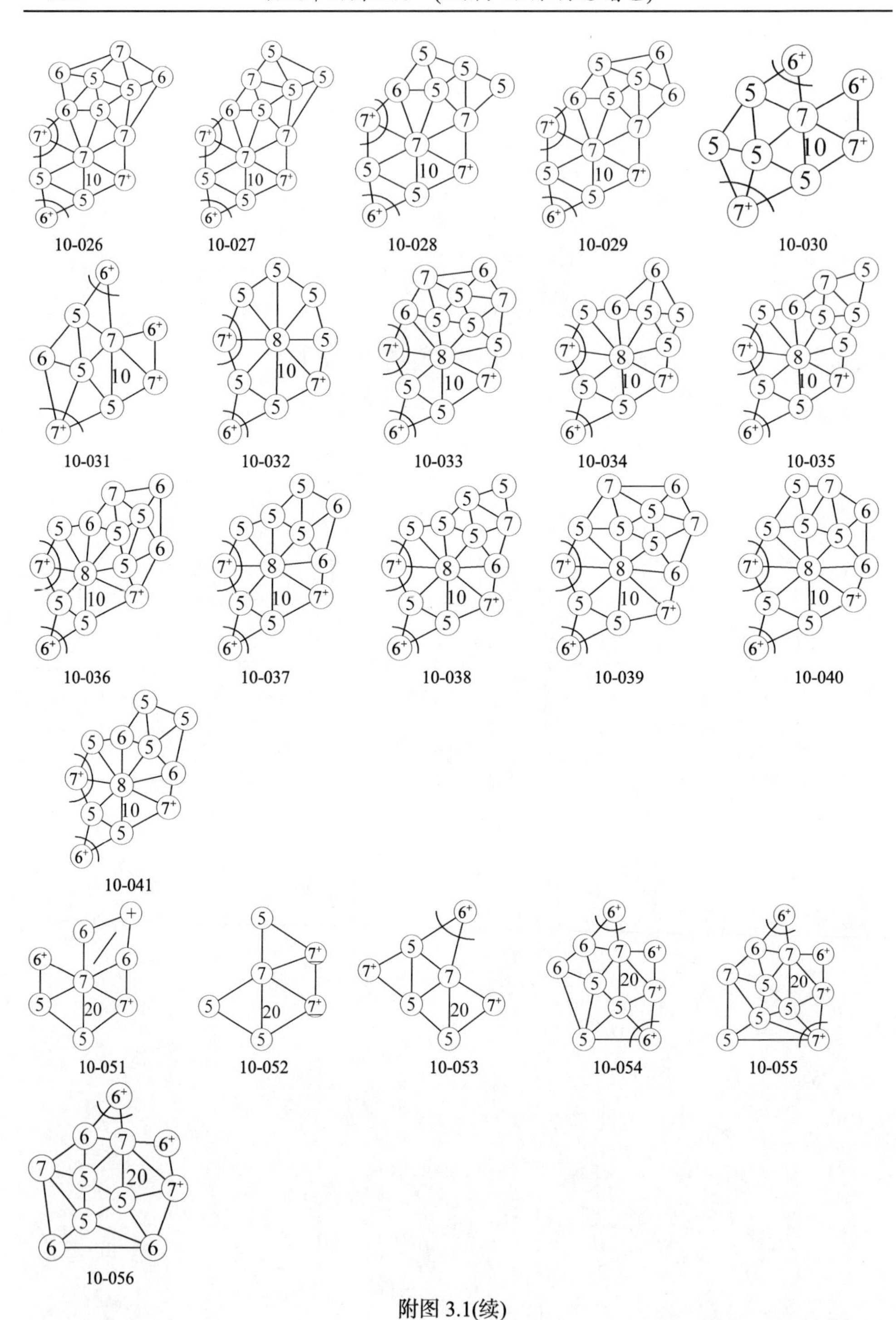
10-026
10-027
10-028
10-029
10-030
10-031
10-032
10-033
10-034
10-035
10-036
10-037
10-038
10-039
10-040
10-041
10-051
10-052
10-053
10-054
10-055
10-056

附图 3.1(续)

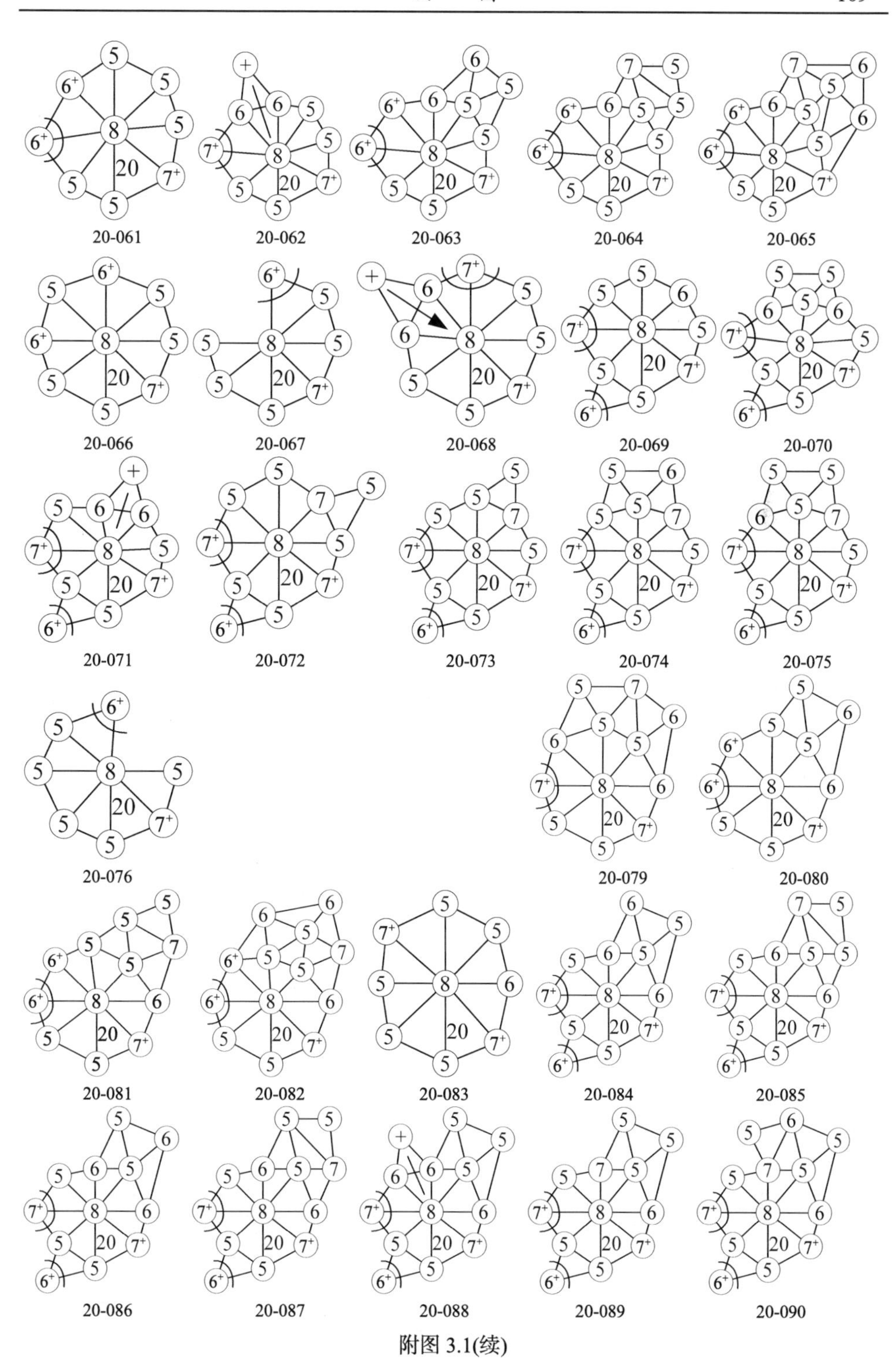
20-061
20-062
20-063
20-064
20-065
20-066
20-067
20-068
20-069
20-070
20-071
20-072
20-073
20-074
20-075
20-076
20-079
20-080
20-081
20-082
20-083
20-084
20-085
20-086
20-087
20-088
20-089
20-090

附图 3.1(续)

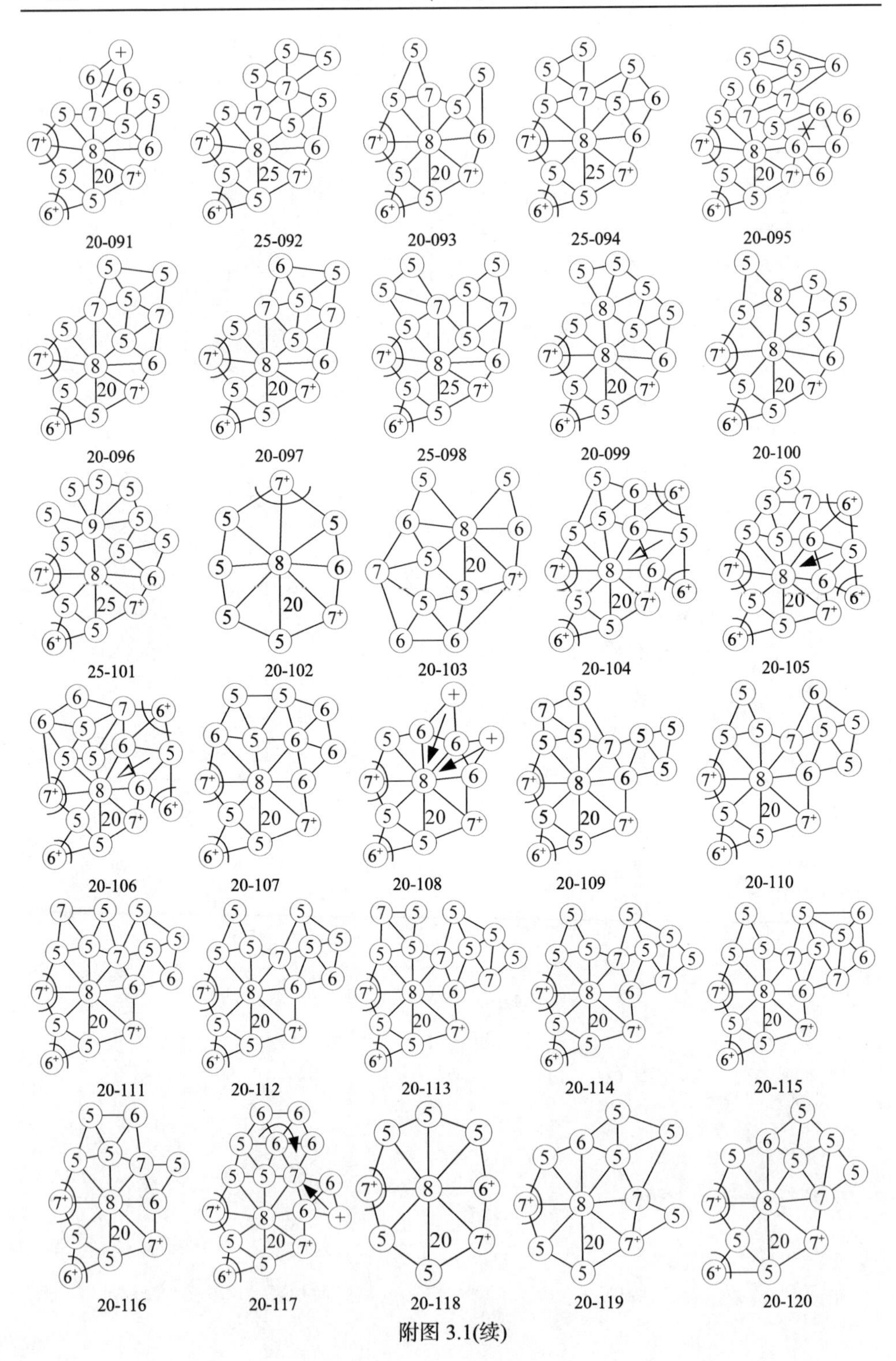
20-091
25-092
20-093
25-094
20-095
20-096
20-097
25-098
20-099
20-100
25-101
20-102
20-103
20-104
20-105
20-106
20-107
20-108
20-109
20-110
20-111
20-112
20-113
20-114
20-115
20-116
20-117
20-118
20-119
20-120

附图 3.1(续)

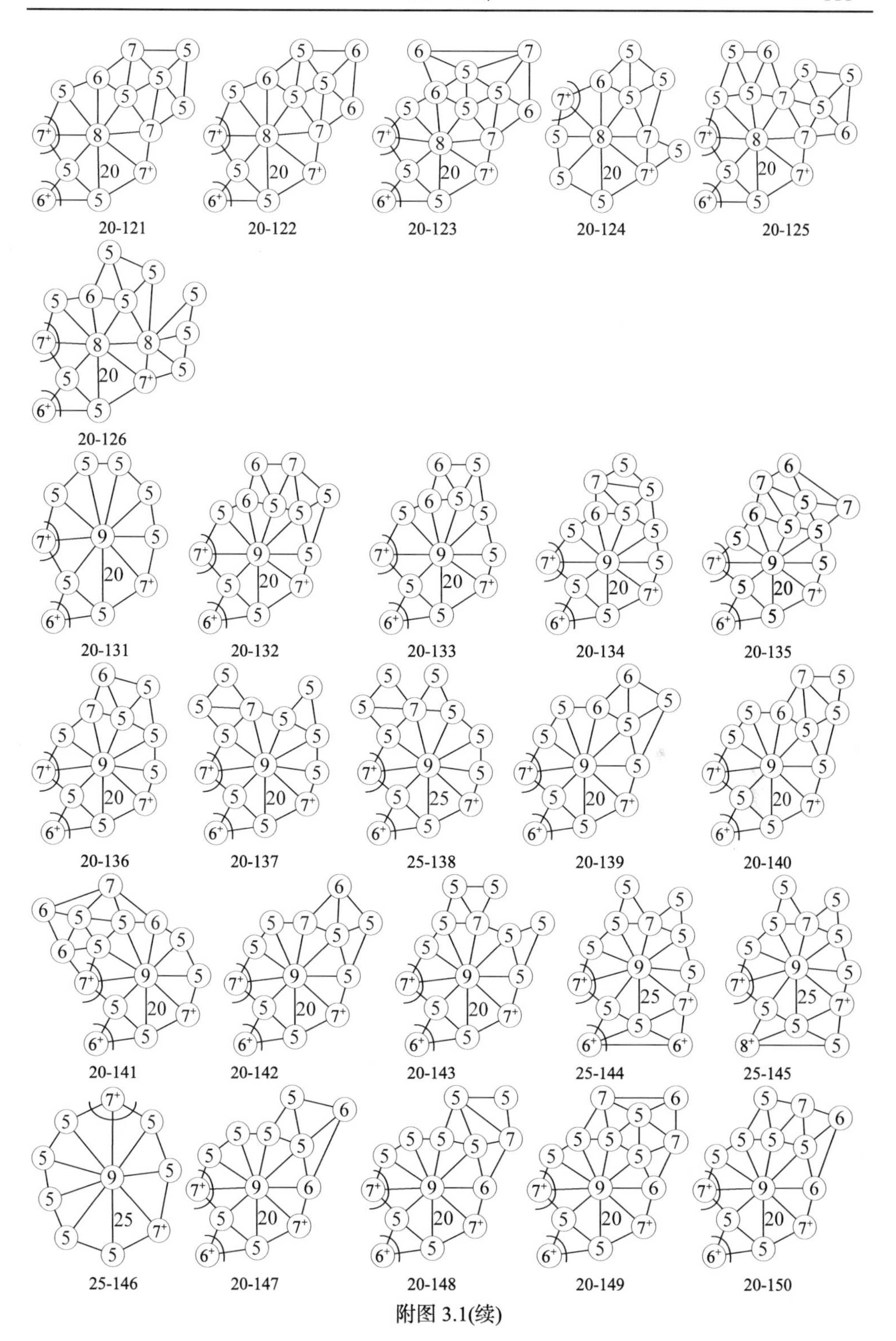

附图 3.1(续)

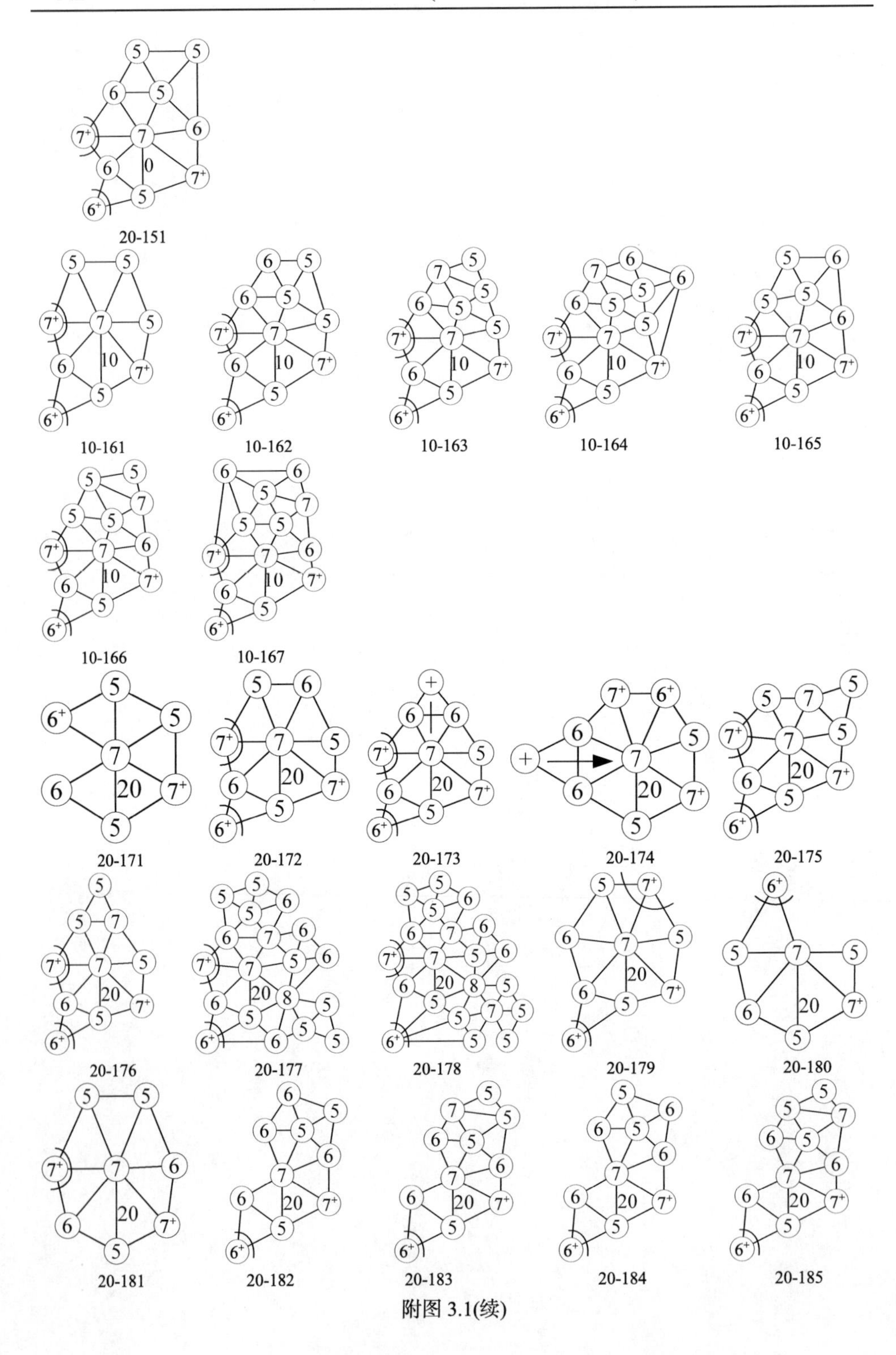
20-151
10-161
10-162
10-163
10-164
10-165
10-166
10-167
20-171
20-172
20-173
20-174
20-175
20-176
20-177
20-178
20-179
20-180
20-181
20-182
20-183
20-184
20-185

附图 3.1(续)

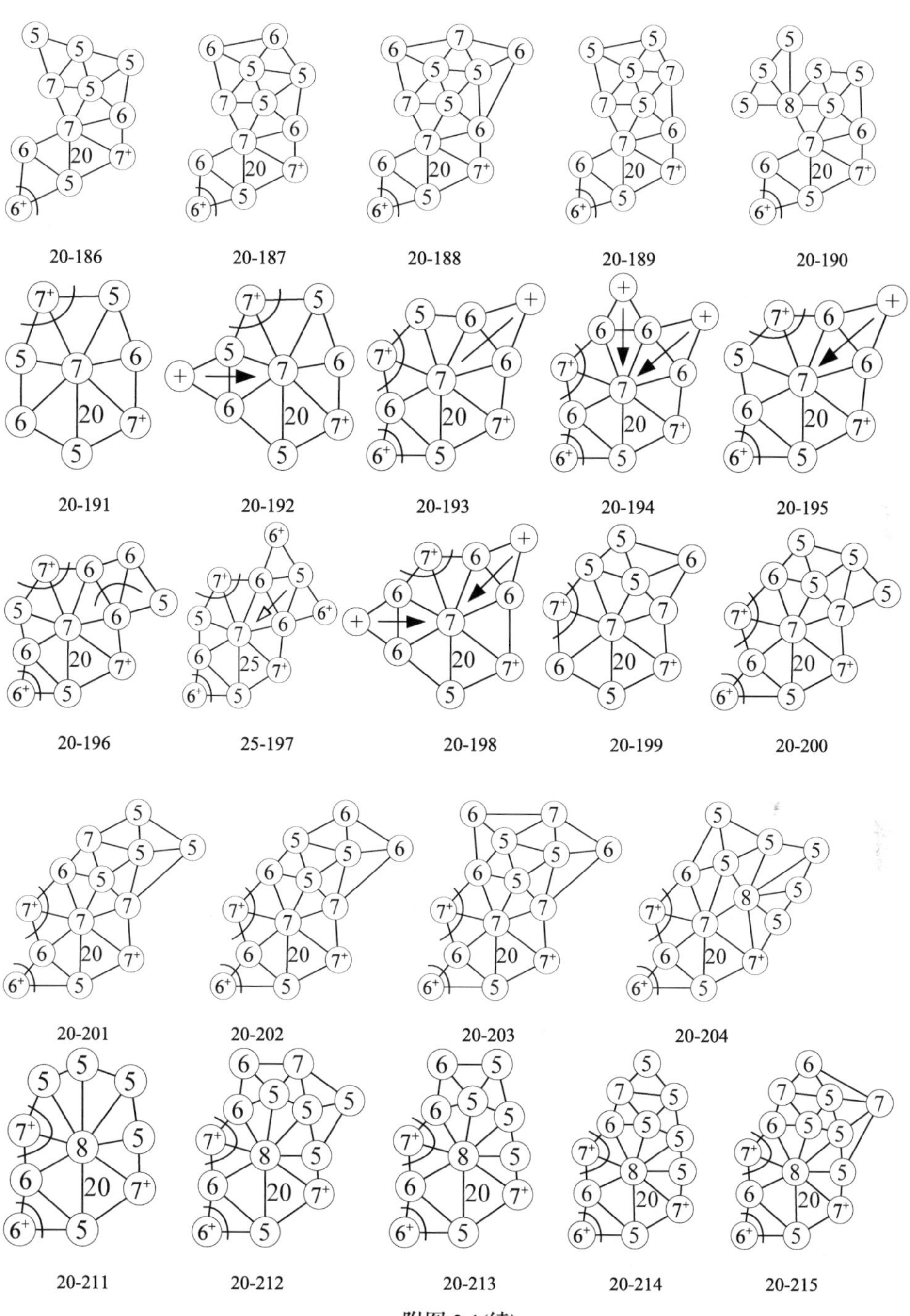
20-186
20-187
20-188
20-189
20-190
20-191
20-192
20-193
20-194
20-195
20-196
25-197
20-198
20-199
20-200
20-201
20-202
20-203
20-204
20-211
20-212
20-213
20-214
20-215

附图 3.1(续)

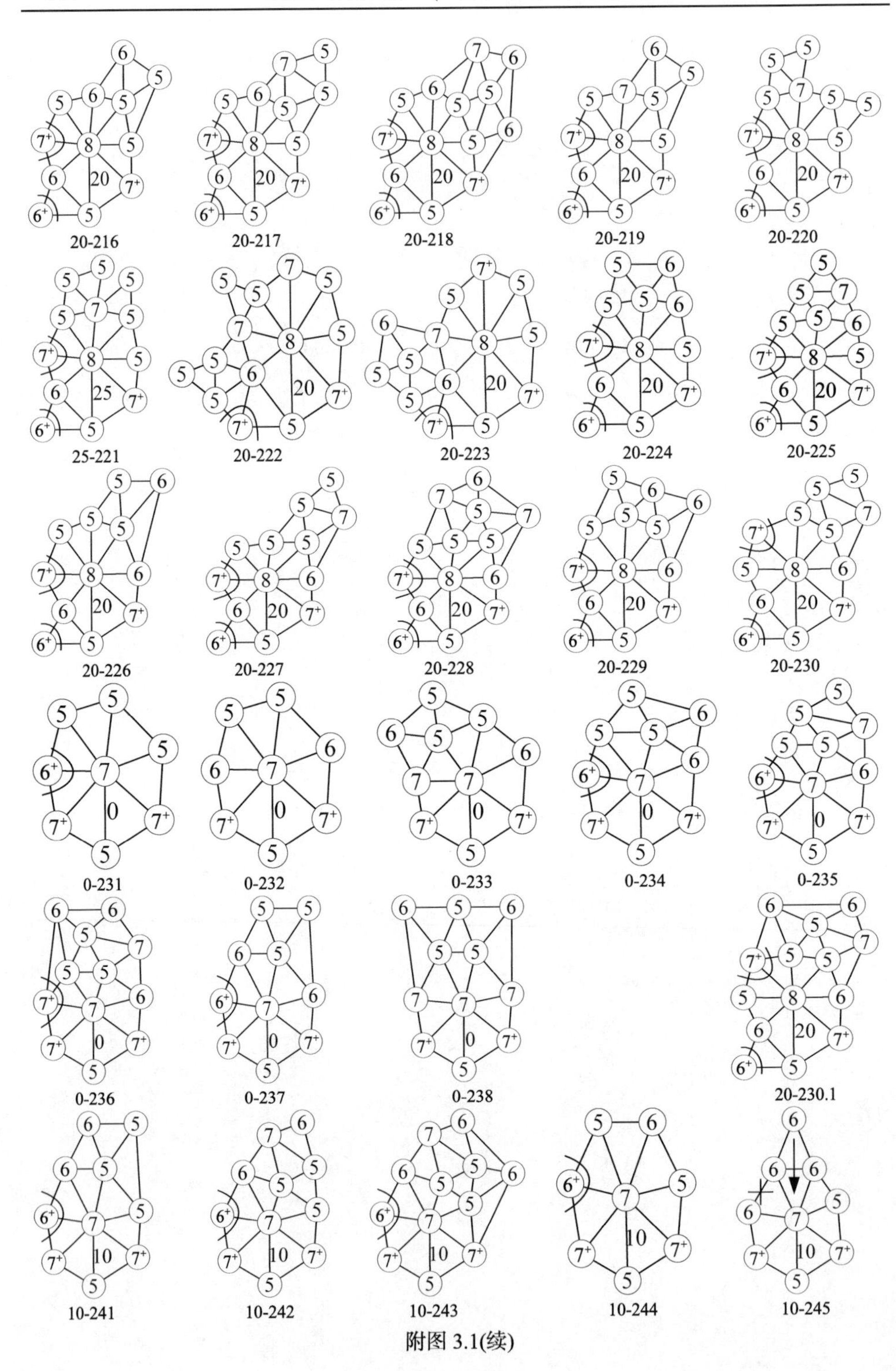
20-216
20-217
20-218
20-219
20-220
25-221
20-222
20-223
20-224
20-225
20-226
20-227
20-228
20-229
20-230
0-231
0-232
0-233
0-234
0-235
0-236
0-237
0-238
20-230.1
10-241
10-242
10-243
10-244
10-245

附图 3.1(续)

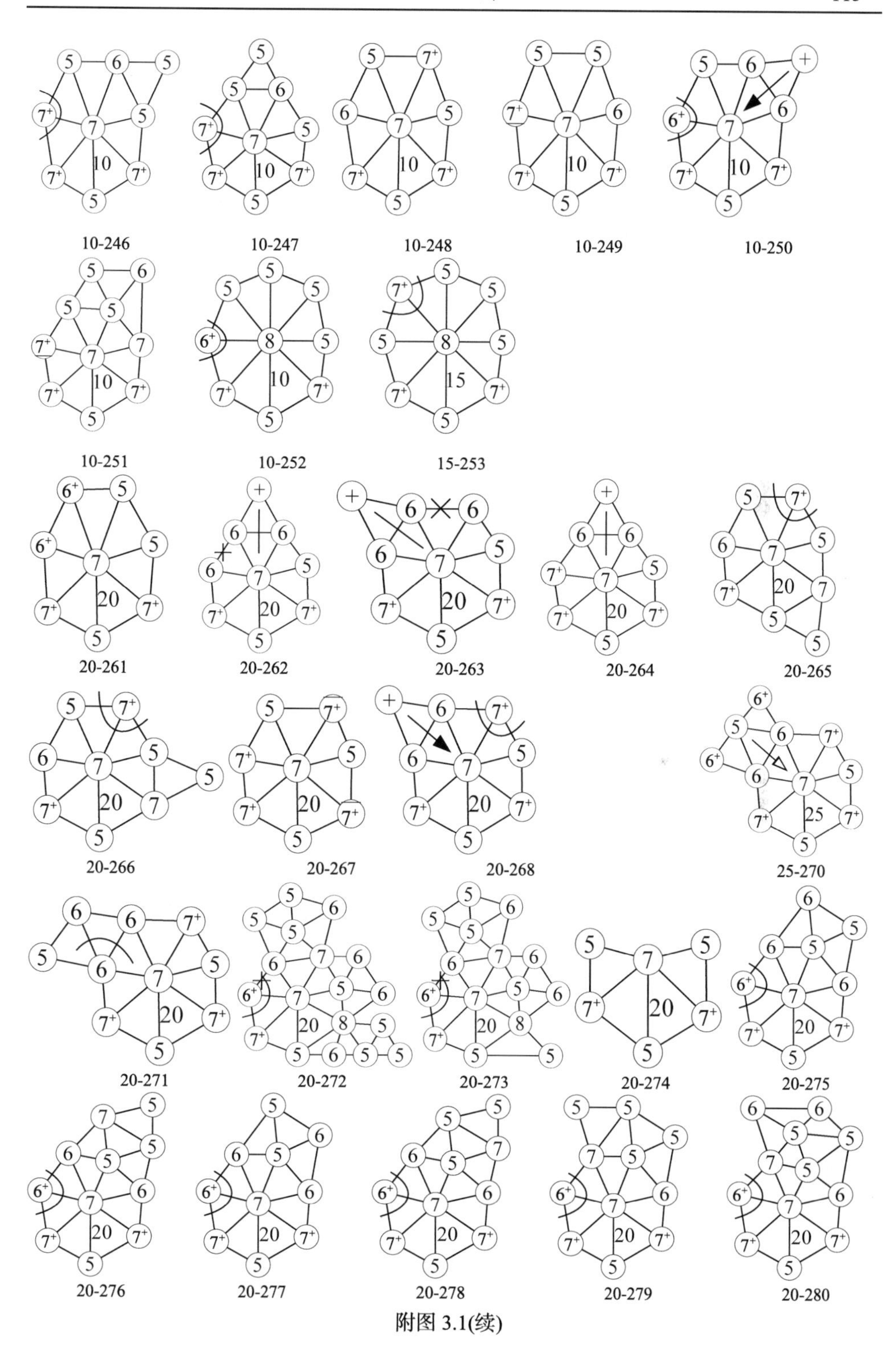
10-246
10-247
10-248
10-249
10-250
10-251
10-252
15-253
20-261
20-262
20-263
20-264
20-265
20-266
20-267
20-268
25-270
20-271
20-272
20-273
20-274
20-275
20-276
20-277
20-278
20-279
20-280

附图 3.1(续)

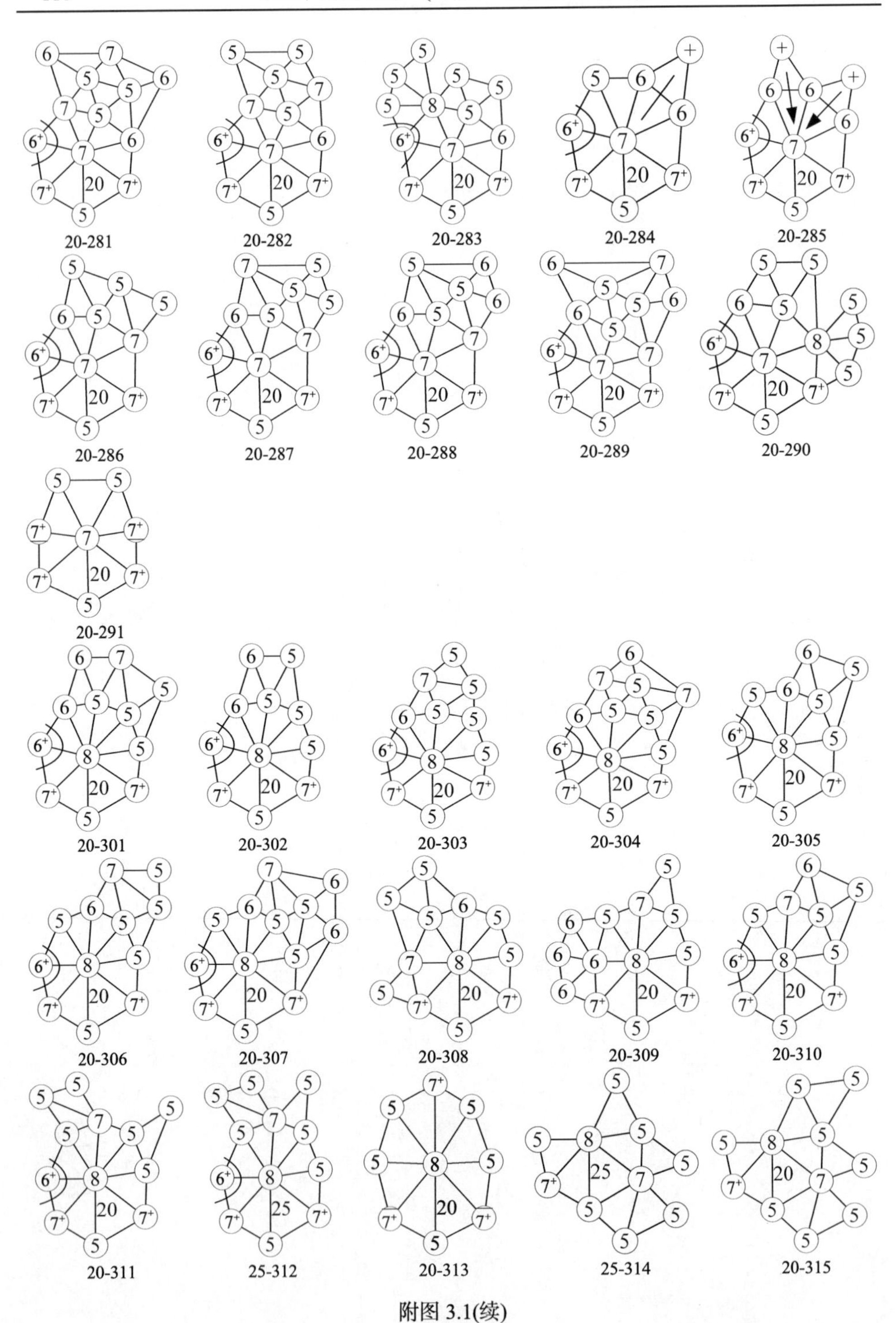
20-281
20-282
20-283
20-284
20-285
20-286
20-287
20-288
20-289
20-290
20-291
20-301
20-302
20-303
20-304
20-305
20-306
20-307
20-308
20-309
20-310
20-311
25-312
20-313
25-314
20-315

附图 3.1(续)

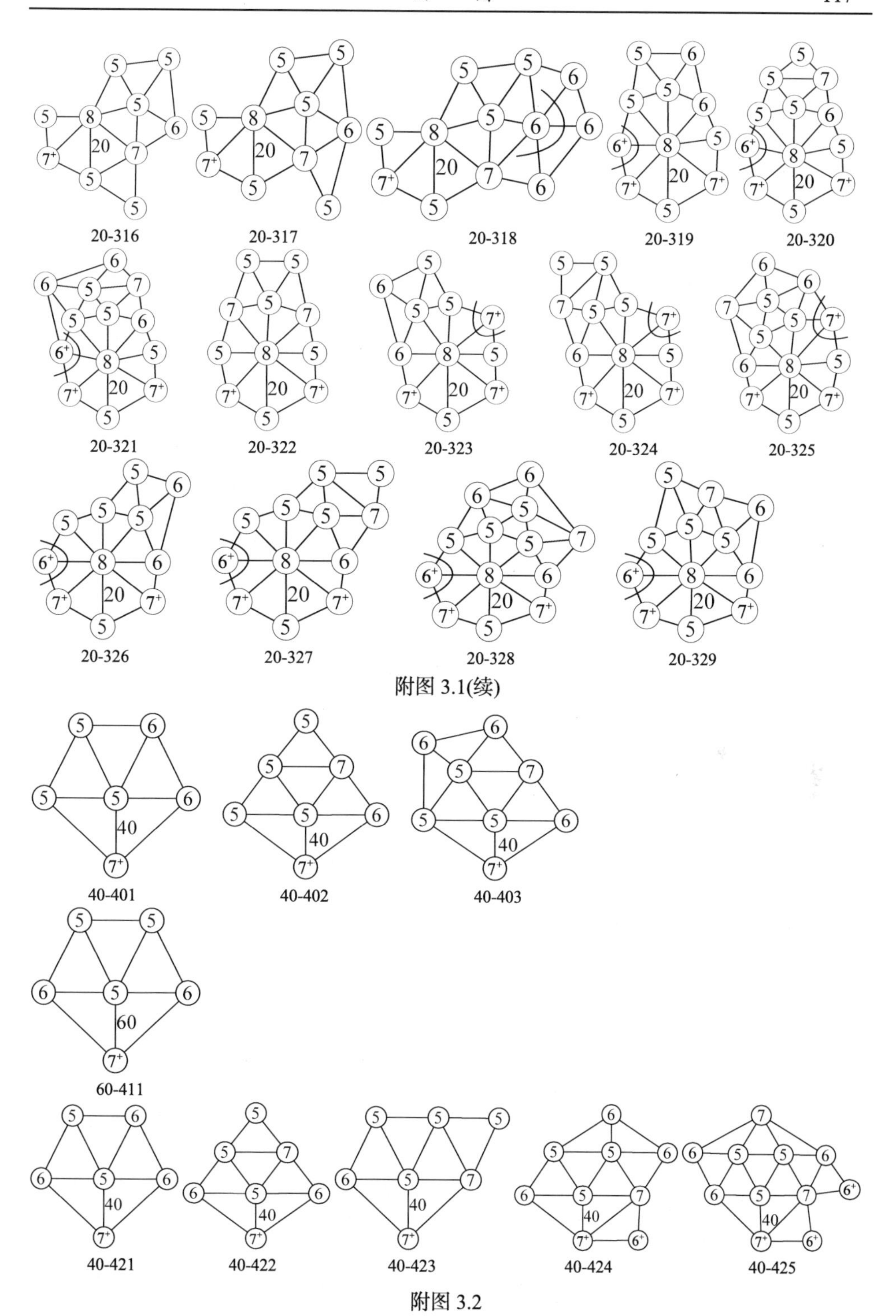
20-316
20-317
20-318
20-319
20-320
20-321
20-322
20-323
20-324
20-325
20-326
20-327
20-328
20-329
40-401
40-402
40-403
60-411
40-421
40-422
40-423
40-424
40-425

附图 3.1(续)

附图 3.2

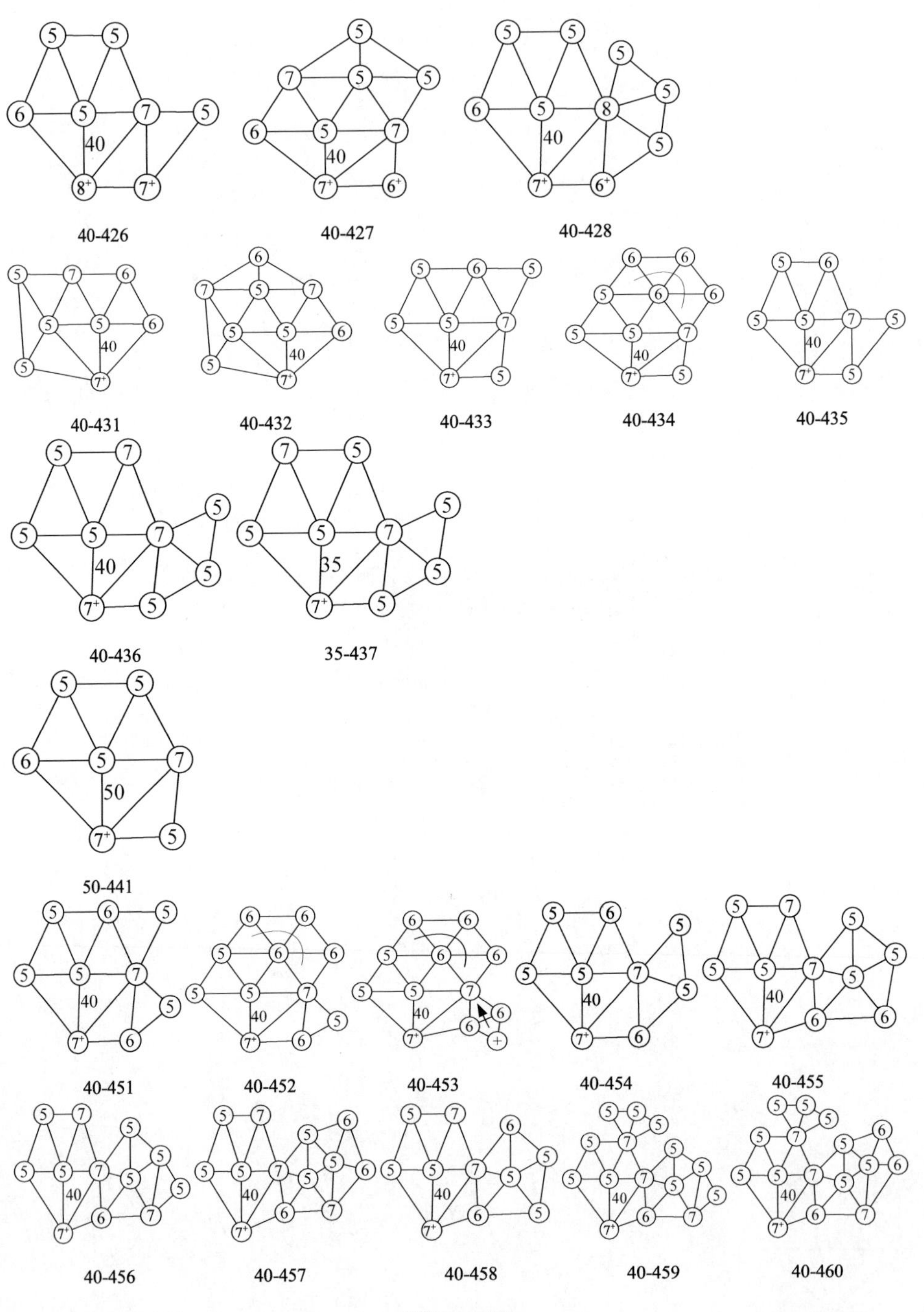
40-426
40-427
40-428
40-431
40-432
40-433
40-434
40-435
40-436
35-437
50-441
40-451
40-452
40-453
40-454
40-455
40-456
40-457
40-458
40-459
40-460

附图 3.2(续)

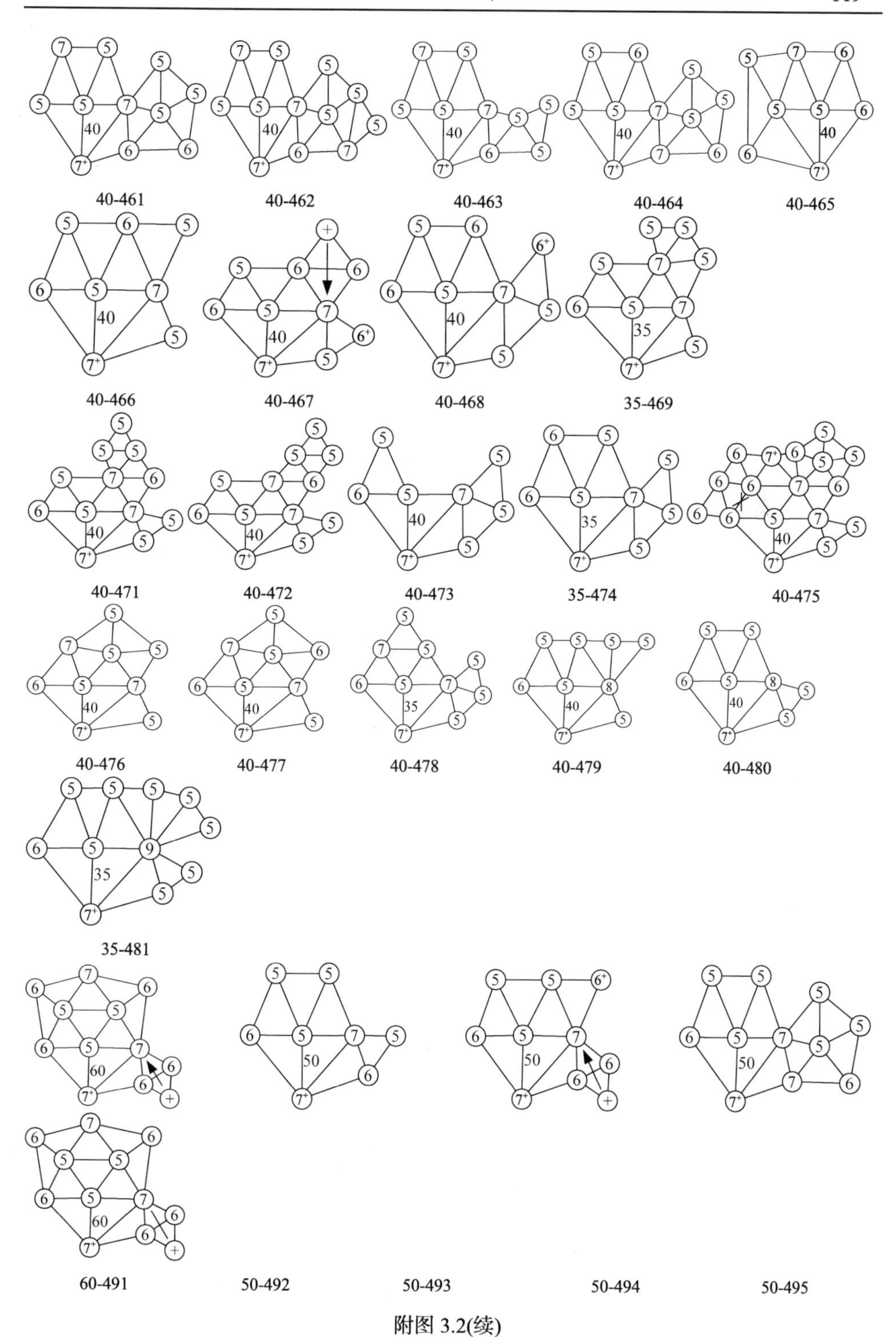
40-461
40-462
40-463
40-464
40-465
40-466
40-467
40-468
35-469
40-471
40-472
40-473
35-474
40-475
40-476
40-477
40-478
40-479
40-480
35-481
60-491
50-492
50-493
50-494
50-495

附图 3.2(续)

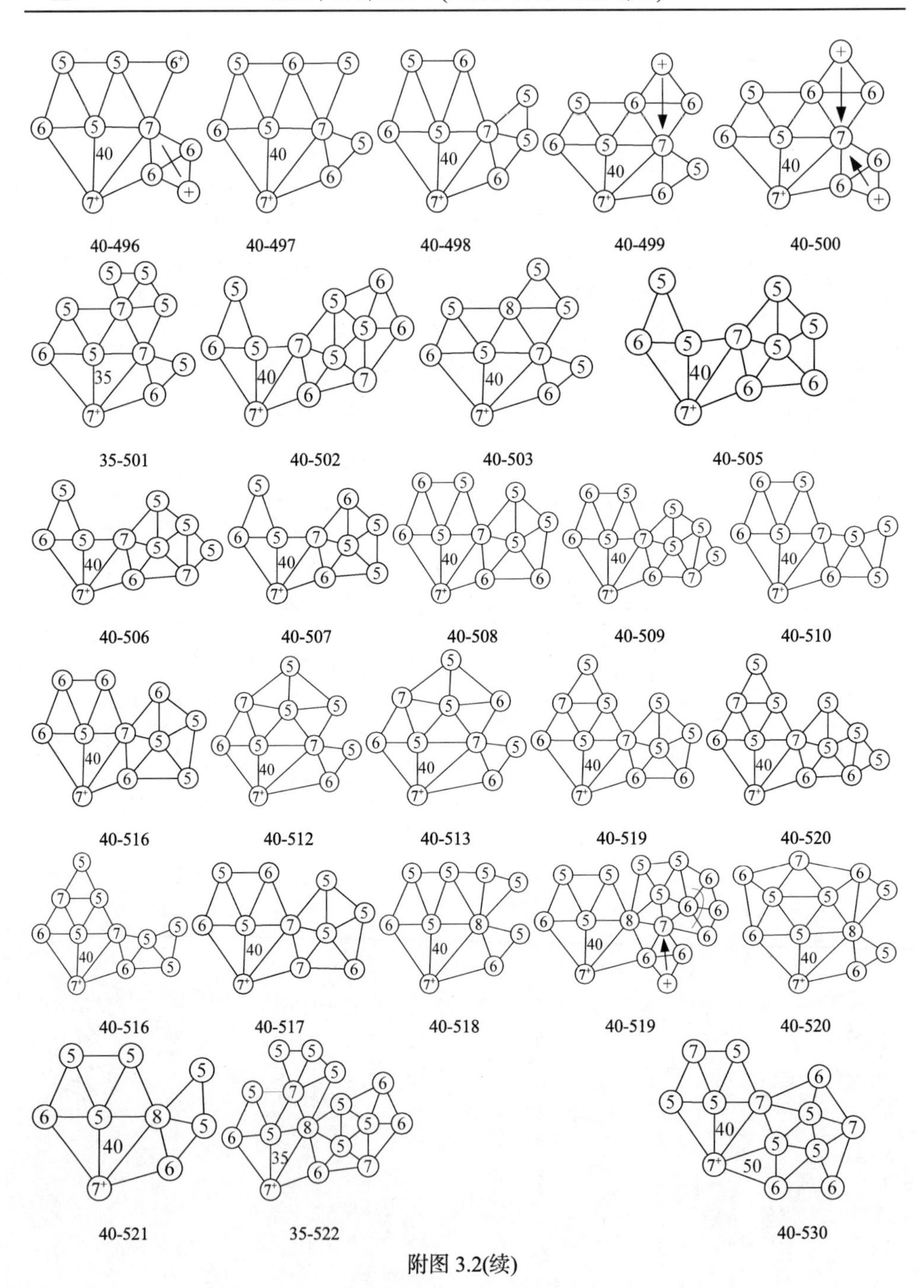
40-496
40-497
40-498
40-499
40-500
35-501
40-502
40-503
40-505
40-506
40-507
40-508
40-509
40-510
40-516
40-512
40-513
40-519
40-520
40-516
40-517
40-518
40-519
40-520
40-521
35-522
40-530

附图 3.2(续)

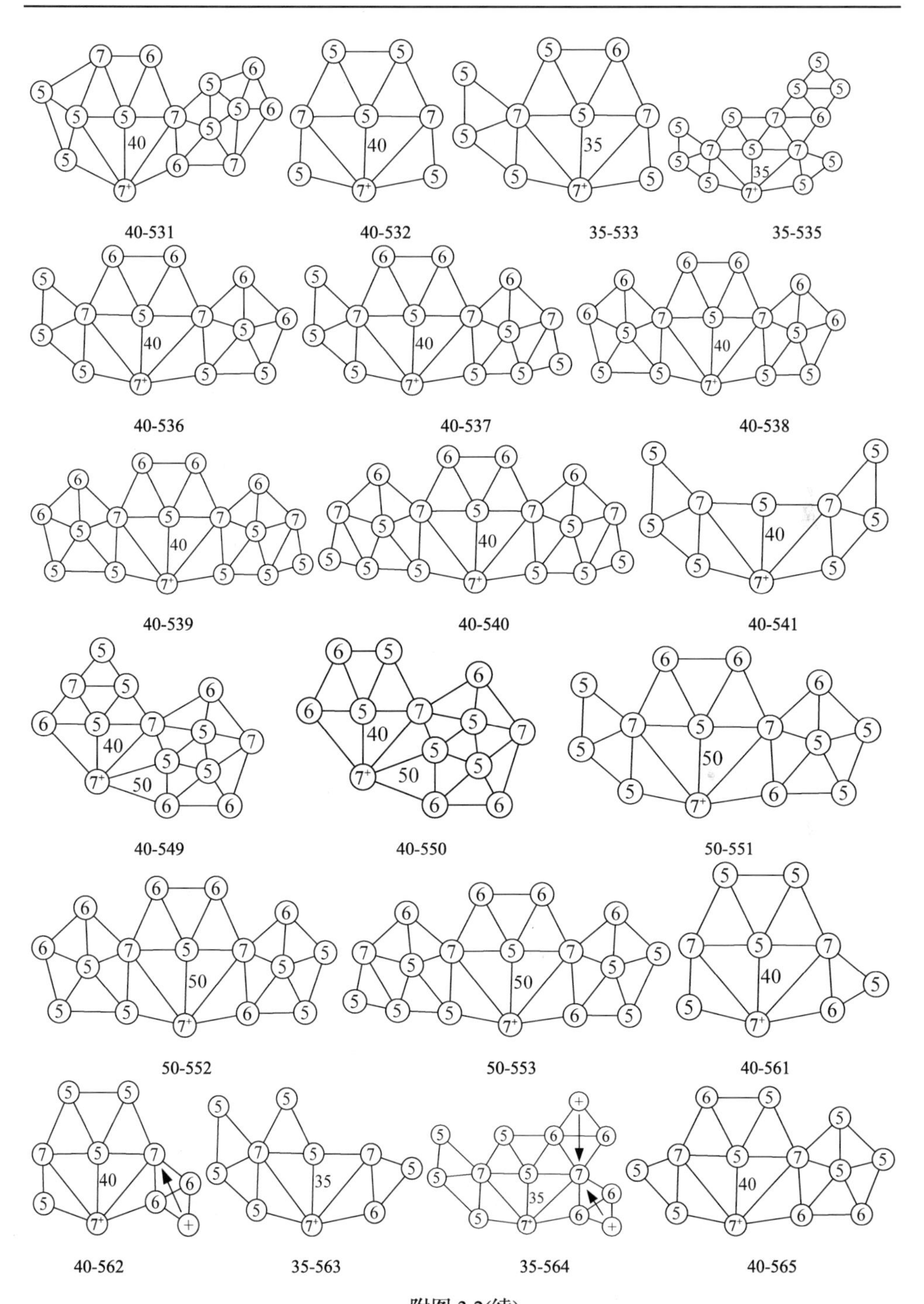
40-531
40-532
35-533
35-535
40-536
40-537
40-538
40-539
40-540
40-541
40-549
40-550
50-551
50-552
50-553
40-561
40-562
35-563
35-564
40-565

附图 3.2(续)

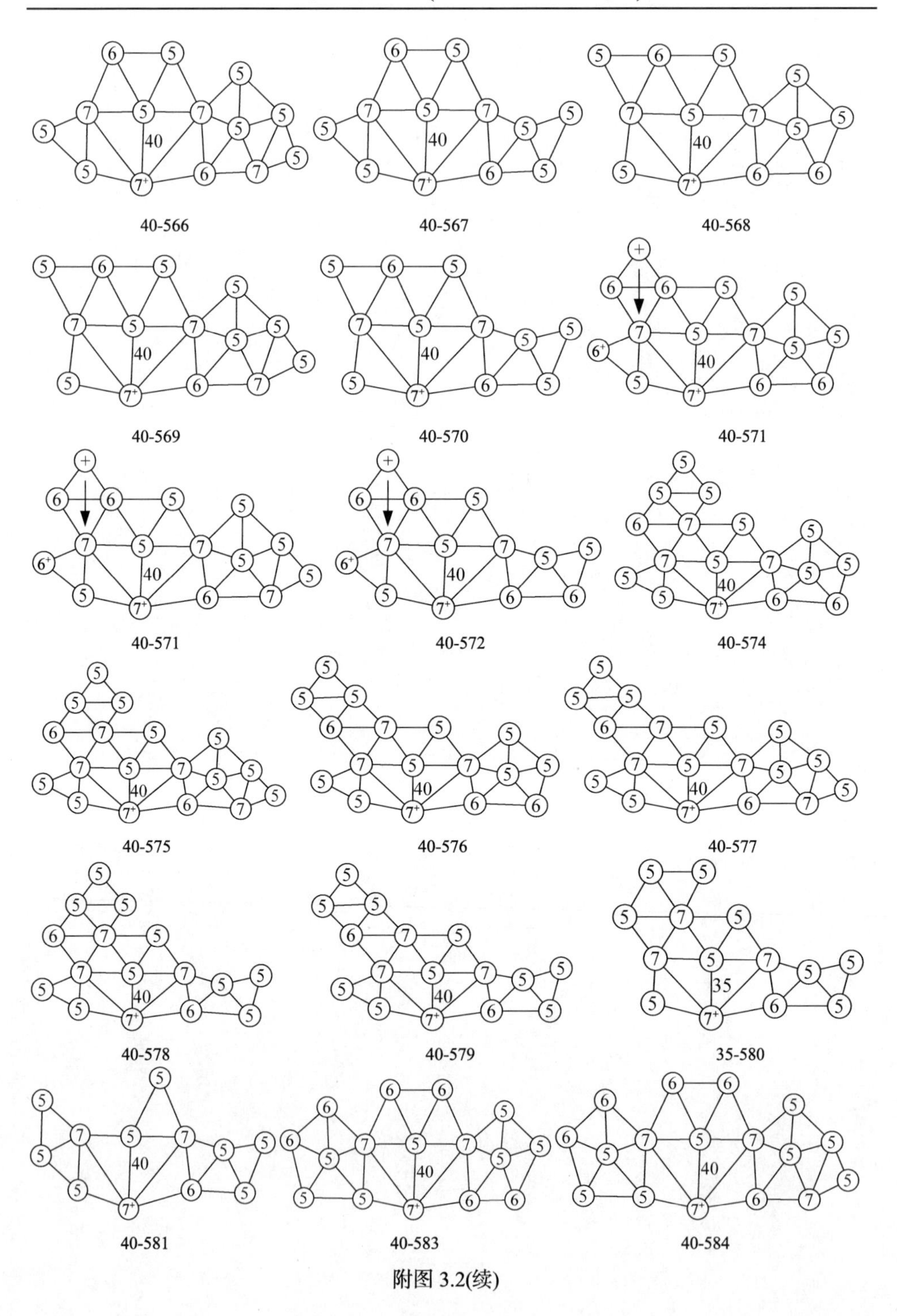
40-566
40-567
40-568
40-569
40-570
40-571
40-571
40-572
40-574
40-575
40-576
40-577
40-578
40-579
35-580
40-581
40-583
40-584

附图 3.2(续)

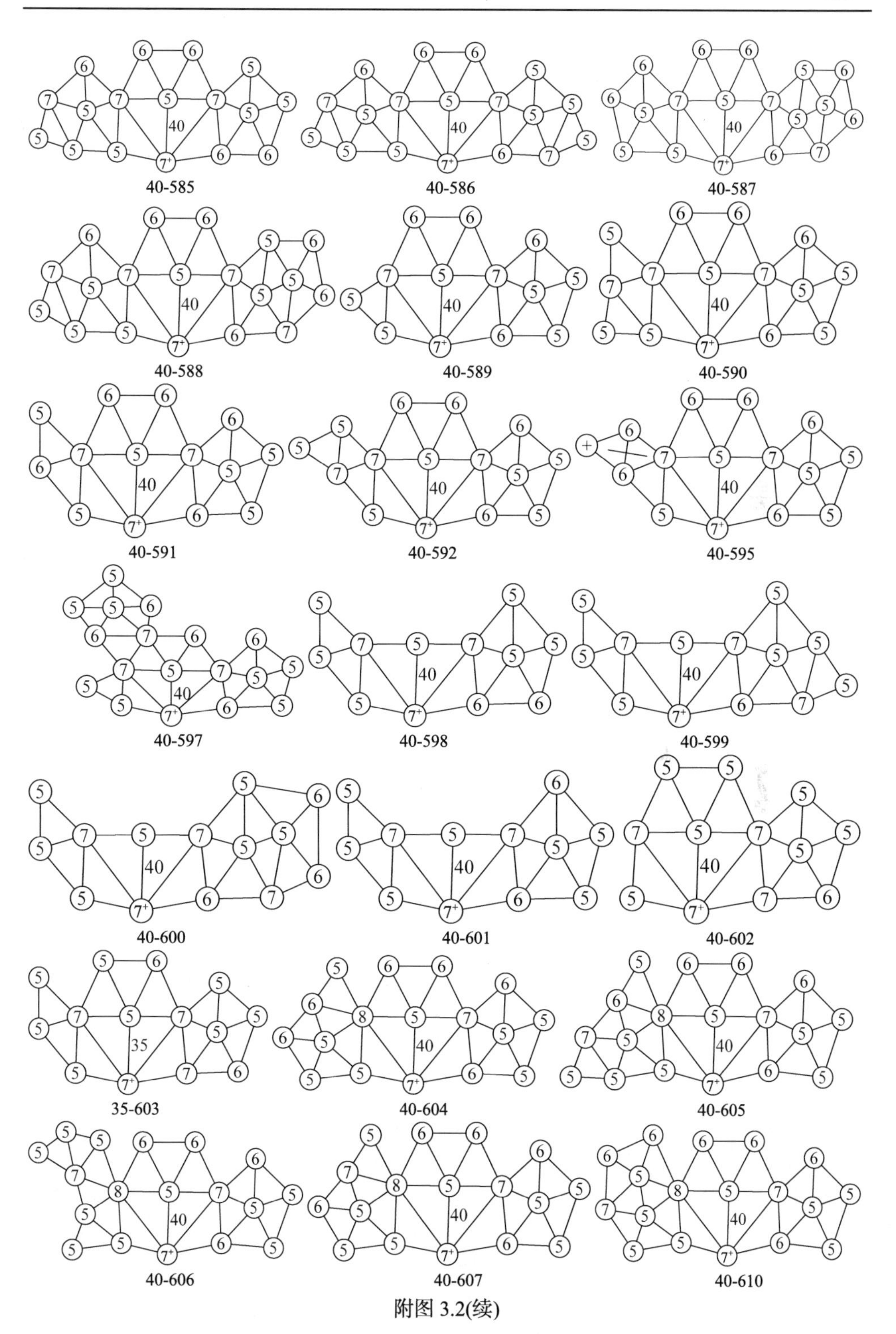
40-585
40-586
40-587
40-588
40-589
40-590
40-591
40-592
40-595
40-597
40-598
40-599
40-600
40-601
40-602
35-603
40-604
40-605
40-606
40-607
40-610

附图 3.2(续)

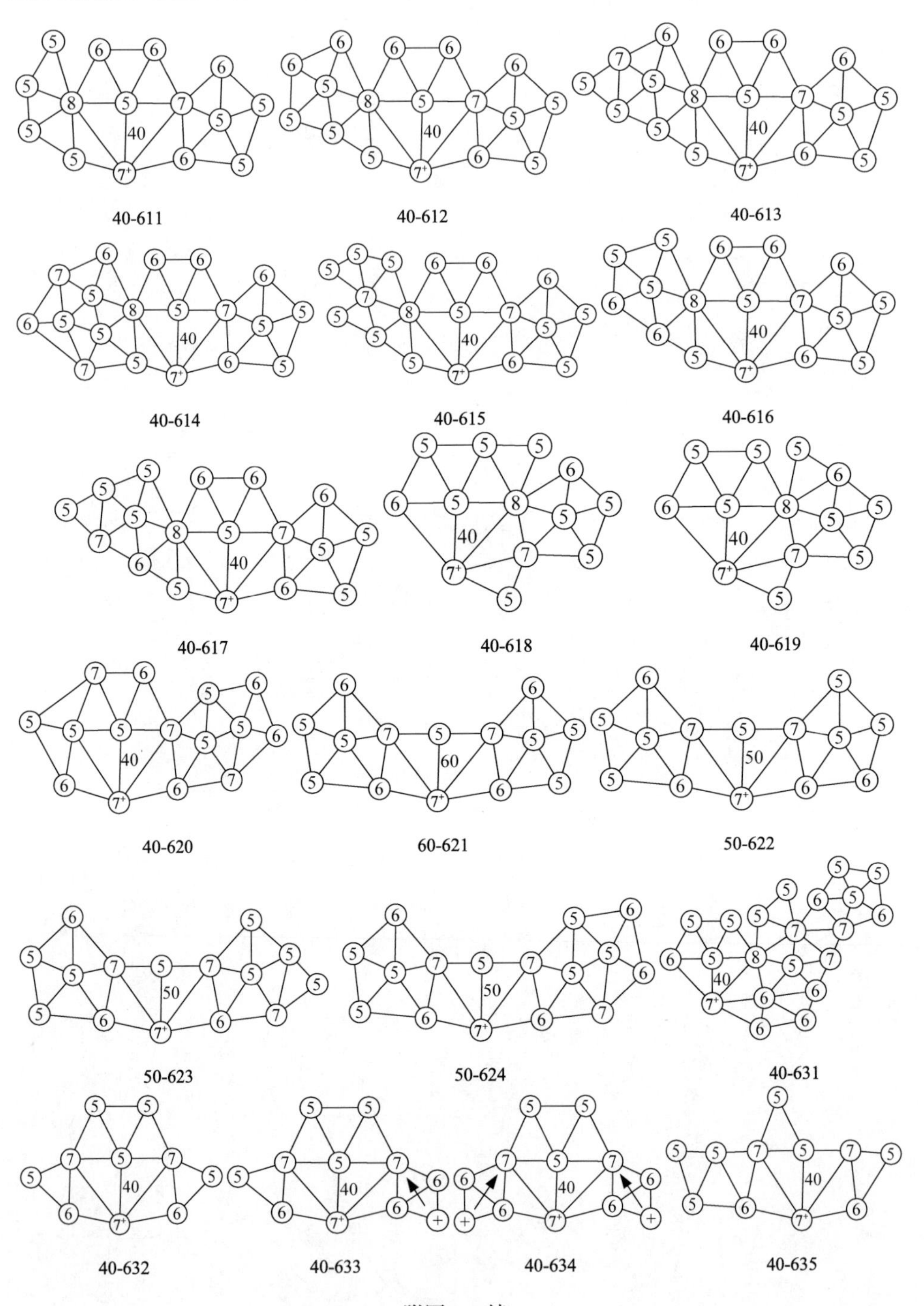
40-611
40-612
40-613
40-614
40-615
40-616
40-617
40-618
40-619
40-620
60-621
50-622
50-623
50-624
40-631
40-632
40-633
40-634
40-635

附图 3.2(续)

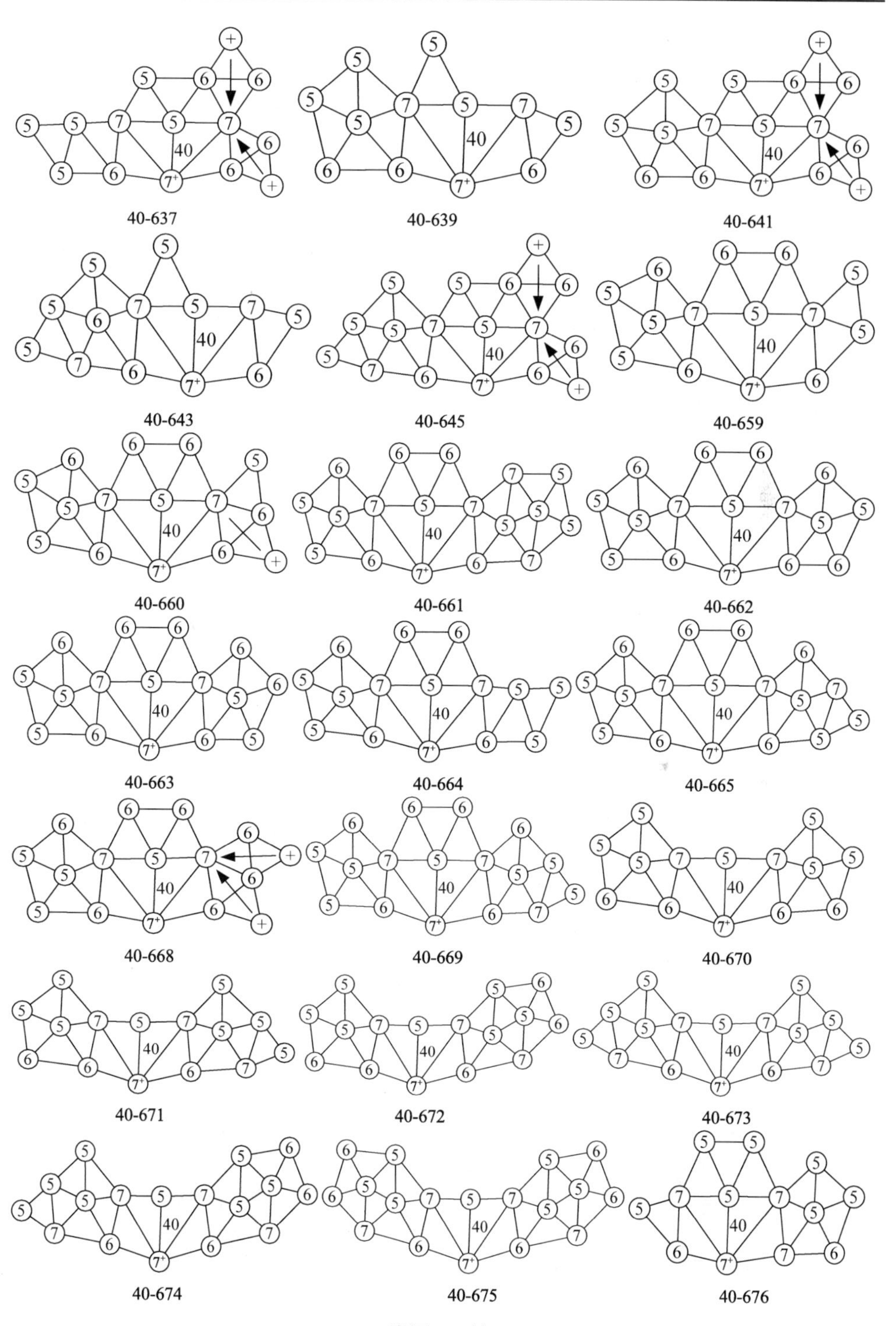
40-637
40-639
40-641
40-643
40-645
40-659
40-660
40-661
40-662
40-663
40-664
40-665
40-668
40-669
40-670
40-671
40-672
40-673
40-674
40-675
40-676

附图 3.2(续)

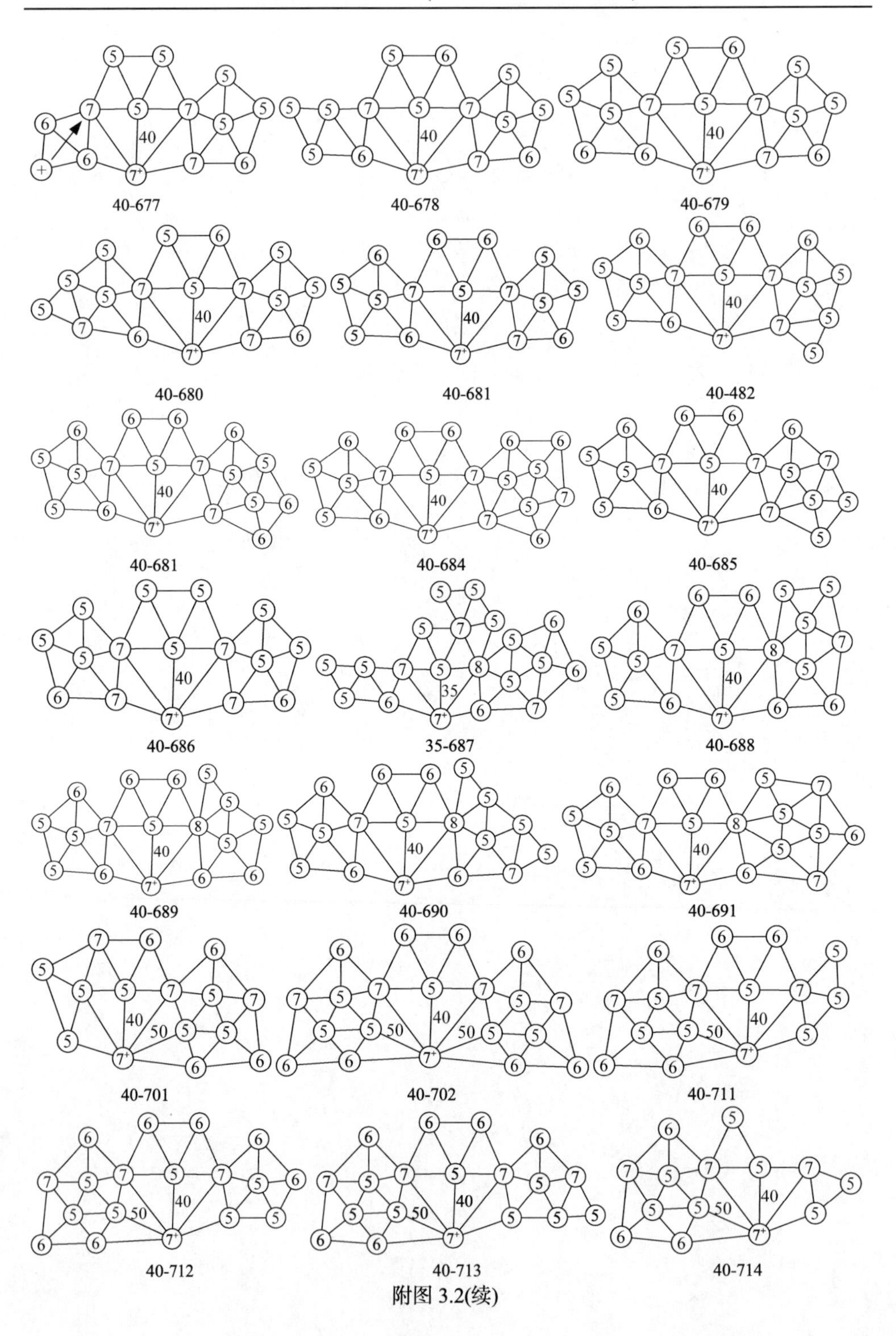
40-677
40-678
40-679
40-680
40-681
40-482
40-681
40-684
40-685
40-686
35-687
40-688
40-689
40-690
40-691
40-701
40-702
40-711
40-712
40-713
40-714

附图 3.2(续)

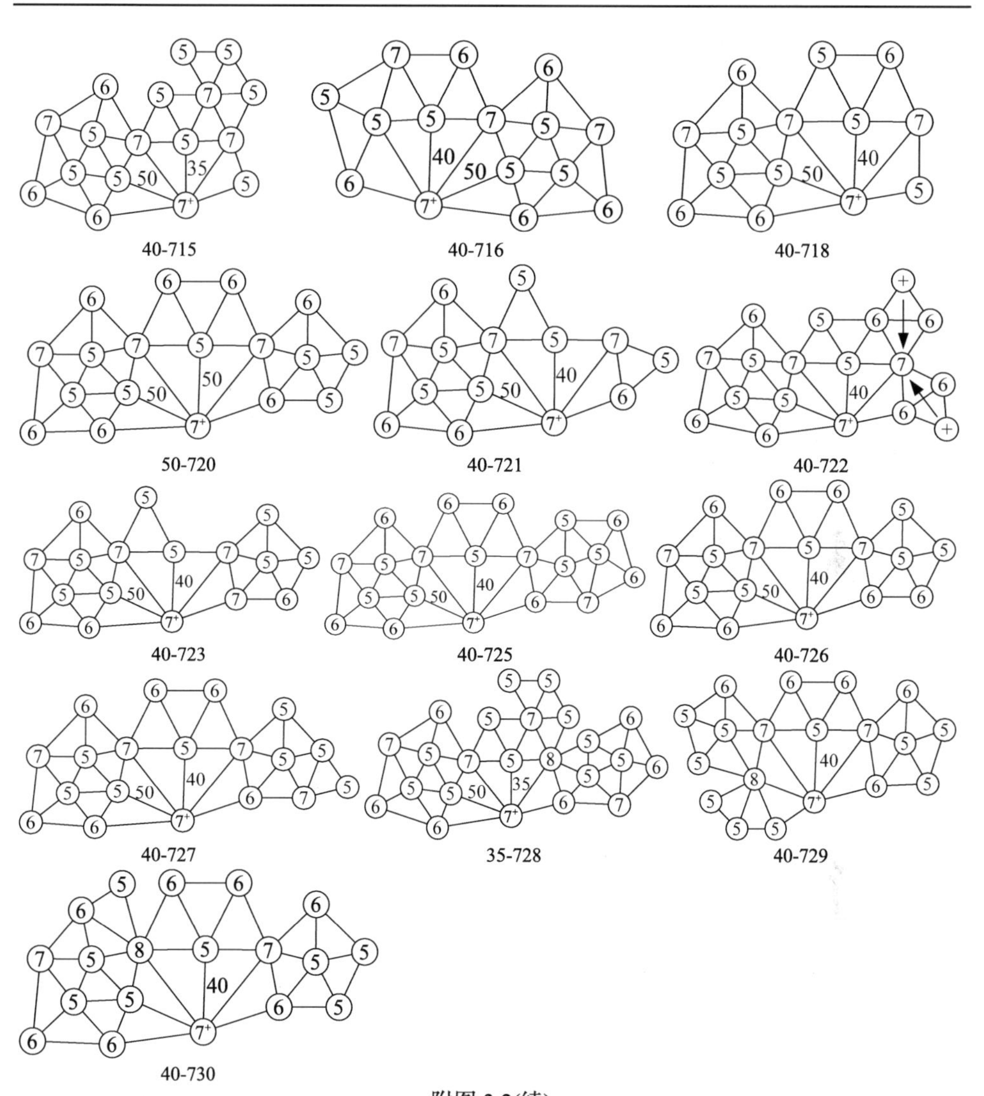
40-715
40-716
40-718
50-720
40-721
40-722
40-723
40-725
40-726
40-727
35-728
40-729
40-730

附图 3.2(续)

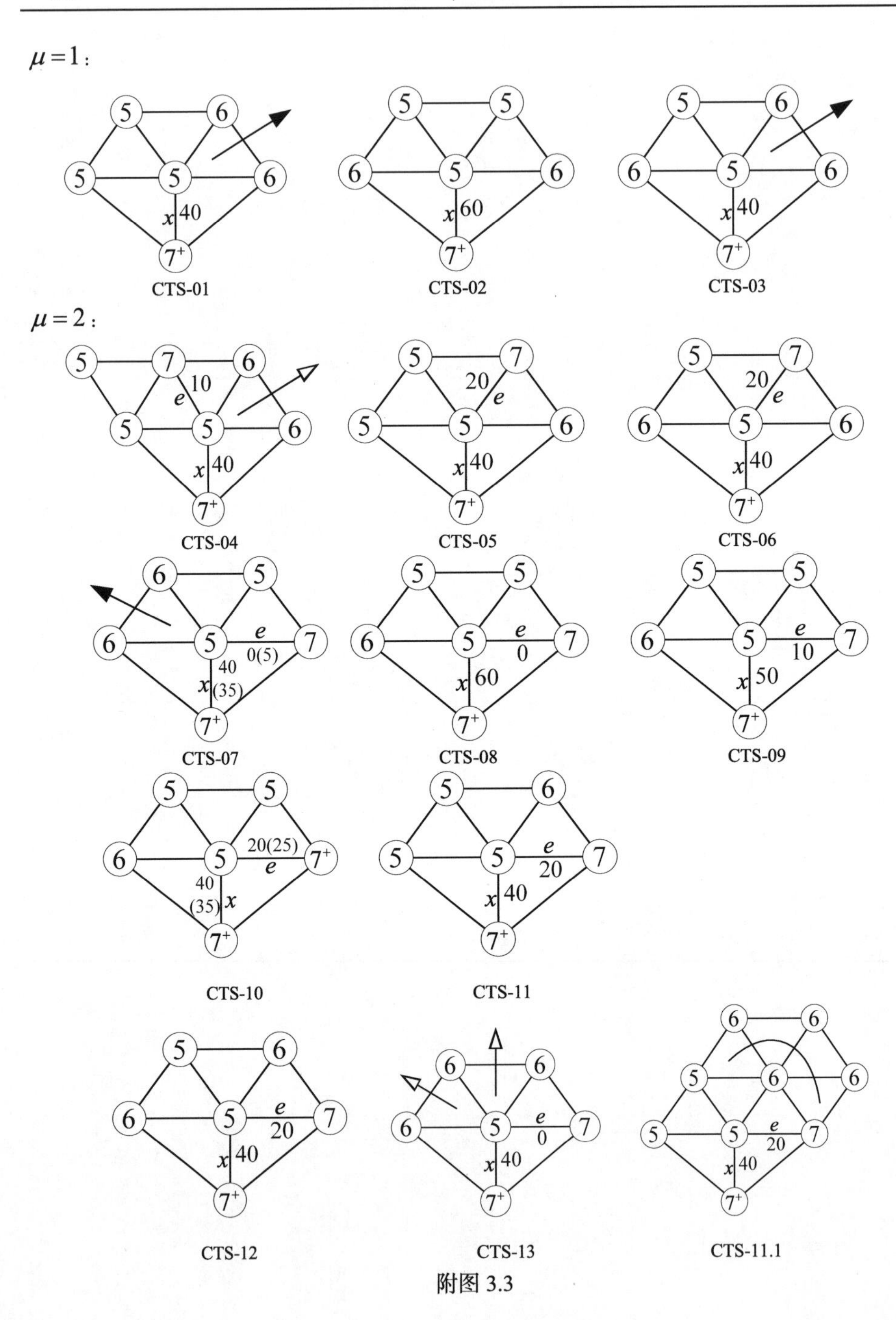
$\mu=1$：
CTS-01
CTS-02
CTS-03
$\mu=2$：
CTS-04
CTS-05
CTS-06
CTS-07
CTS-08
CTS-09
CTS-10
CTS-11
CTS-12
CTS-13
CTS-11.1

附图 3.3

$\mu = 3$：

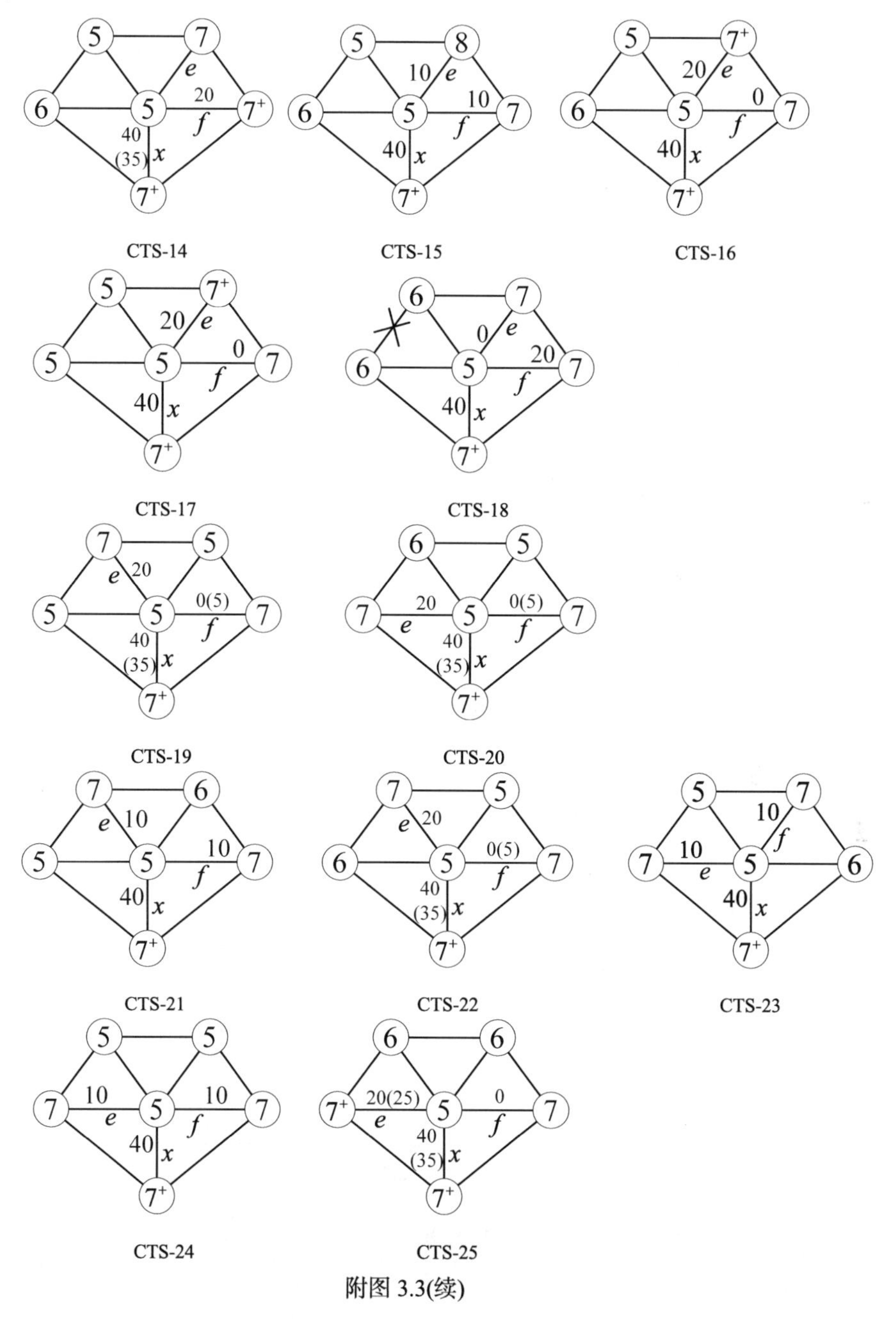
CTS-14
CTS-15
CTS-16
CTS-17
CTS-18
CTS-19
CTS-20
CTS-21
CTS-22
CTS-23
CTS-24
CTS-25

附图 3.3(续)

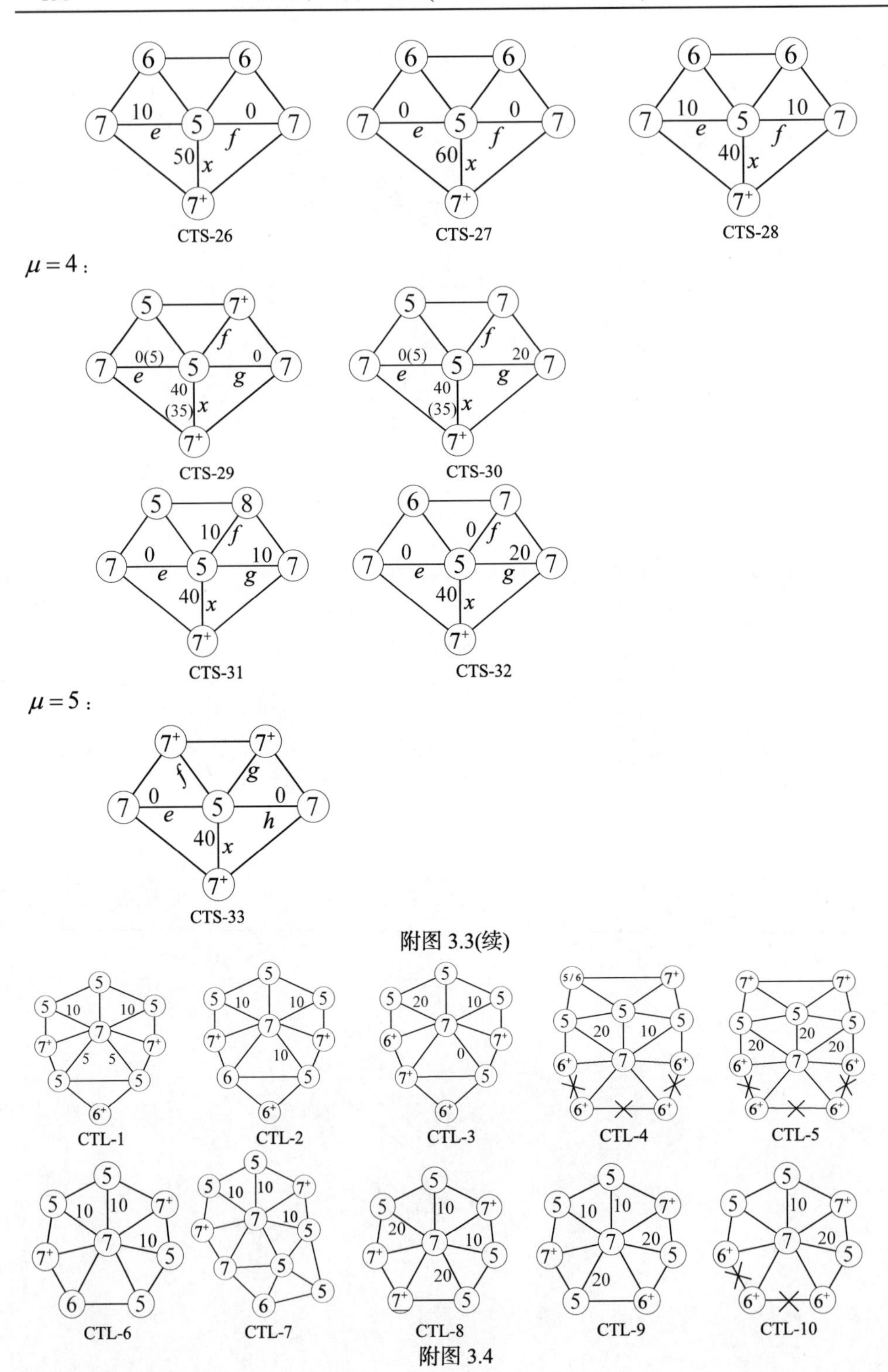
CTS-26
CTS-27
CTS-28
$\mu=4$：
CTS-29
CTS-30
CTS-31
CTS-32
$\mu=5$：
CTS-33
CTL-1
CTL-2
CTL-3
CTL-4
CTL-5
CTL-6
CTL-7
CTL-8
CTL-9
CTL-10

附图 3.3(续)

附图 3.4

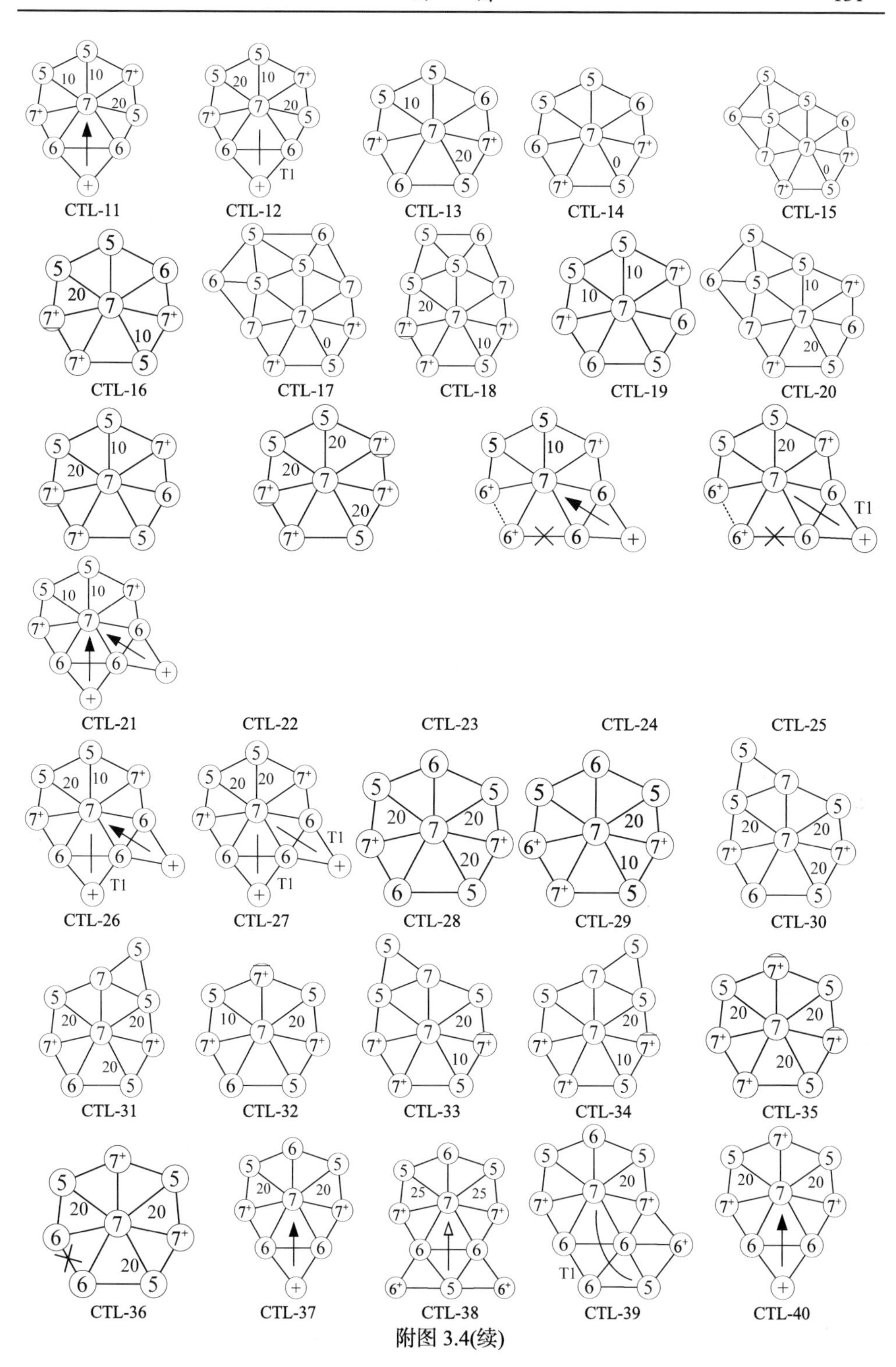
CTL-11
CTL-12
CTL-13
CTL-14
CTL-15
CTL-16
CTL-17
CTL-18
CTL-19
CTL-20
CTL-21
CTL-22
CTL-23
CTL-24
CTL-25
CTL-26
CTL-27
CTL-28
CTL-29
CTL-30
CTL-31
CTL-32
CTL-33
CTL-34
CTL-35
CTL-36
CTL-37
CTL-38
CTL-39
CTL-40

附图 3.4(续)

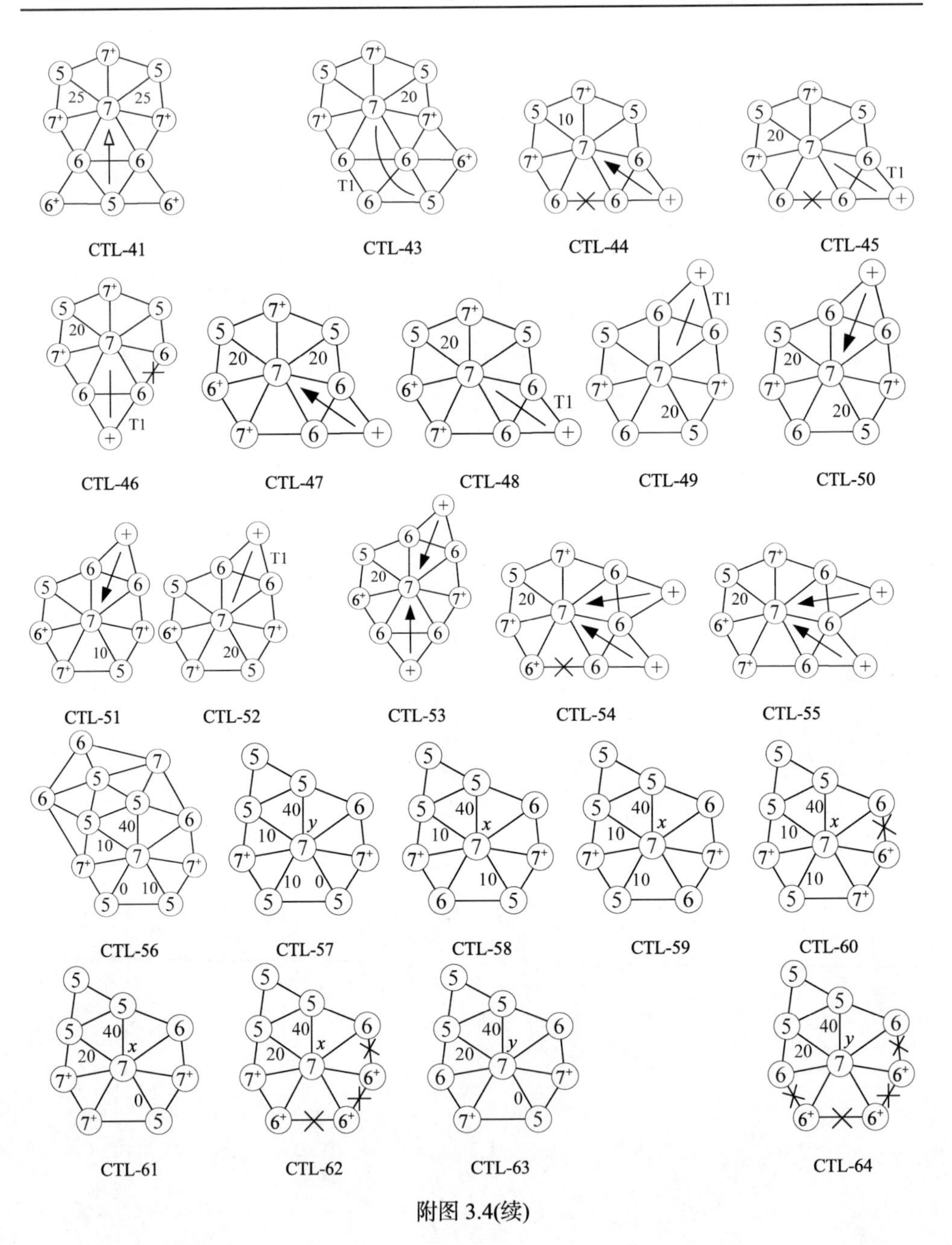
CTL-41
CTL-43
CTL-44
CTL-45
CTL-46
CTL-47
CTL-48
CTL-49
CTL-50
CTL-51
CTL-52
CTL-53
CTL-54
CTL-55
CTL-56
CTL-57
CTL-58
CTL-59
CTL-60
CTL-61
CTL-62
CTL-63
CTL-64

附图 3.4(续)

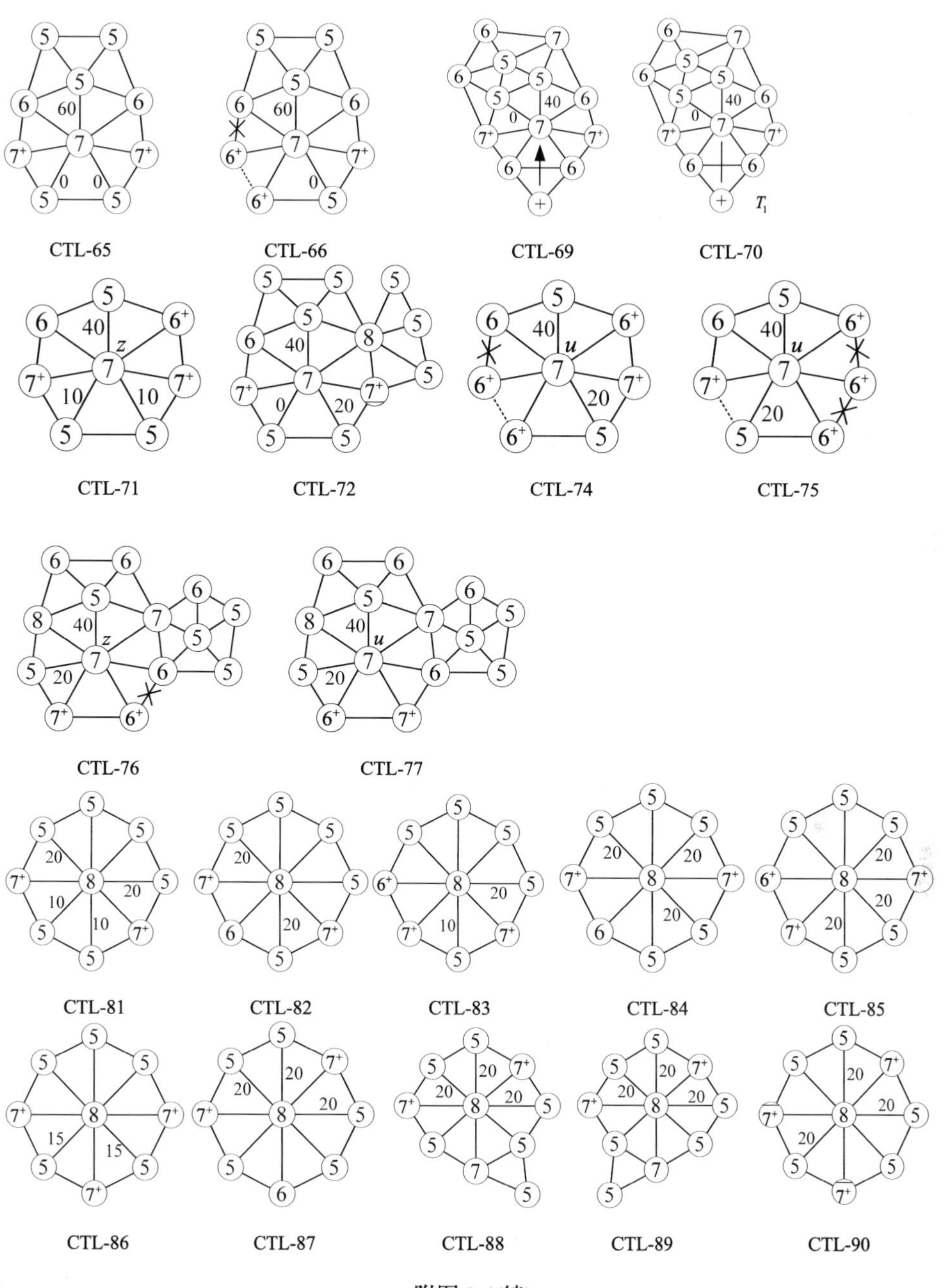
CTL-65
CTL-66
CTL-69
CTL-70
CTL-71
CTL-72
CTL-74
CTL-75
CTL-76
CTL-77
CTL-81
CTL-82
CTL-83
CTL-84
CTL-85
CTL-86
CTL-87
CTL-88
CTL-89
CTL-90

附图 3.4(续)

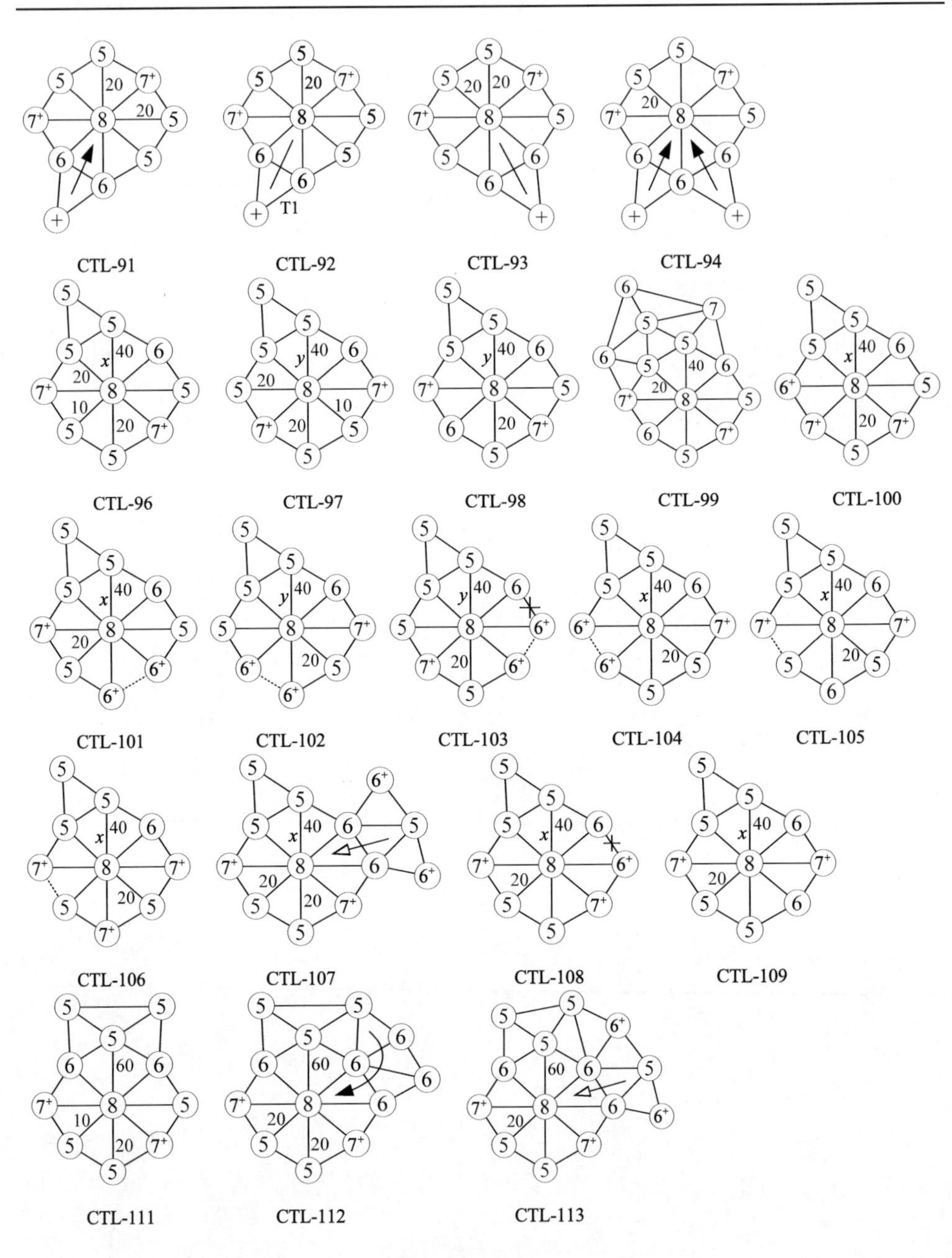
CTL-91
CTL-92
CTL-93
CTL-94
CTL-96
CTL-97
CTL-98
CTL-99
CTL-100
CTL-101
CTL-102
CTL-103
CTL-104
CTL-105
CTL-106
CTL-107
CTL-108
CTL-109
CTL-111
CTL-112
CTL-113

附图 3.4(续)

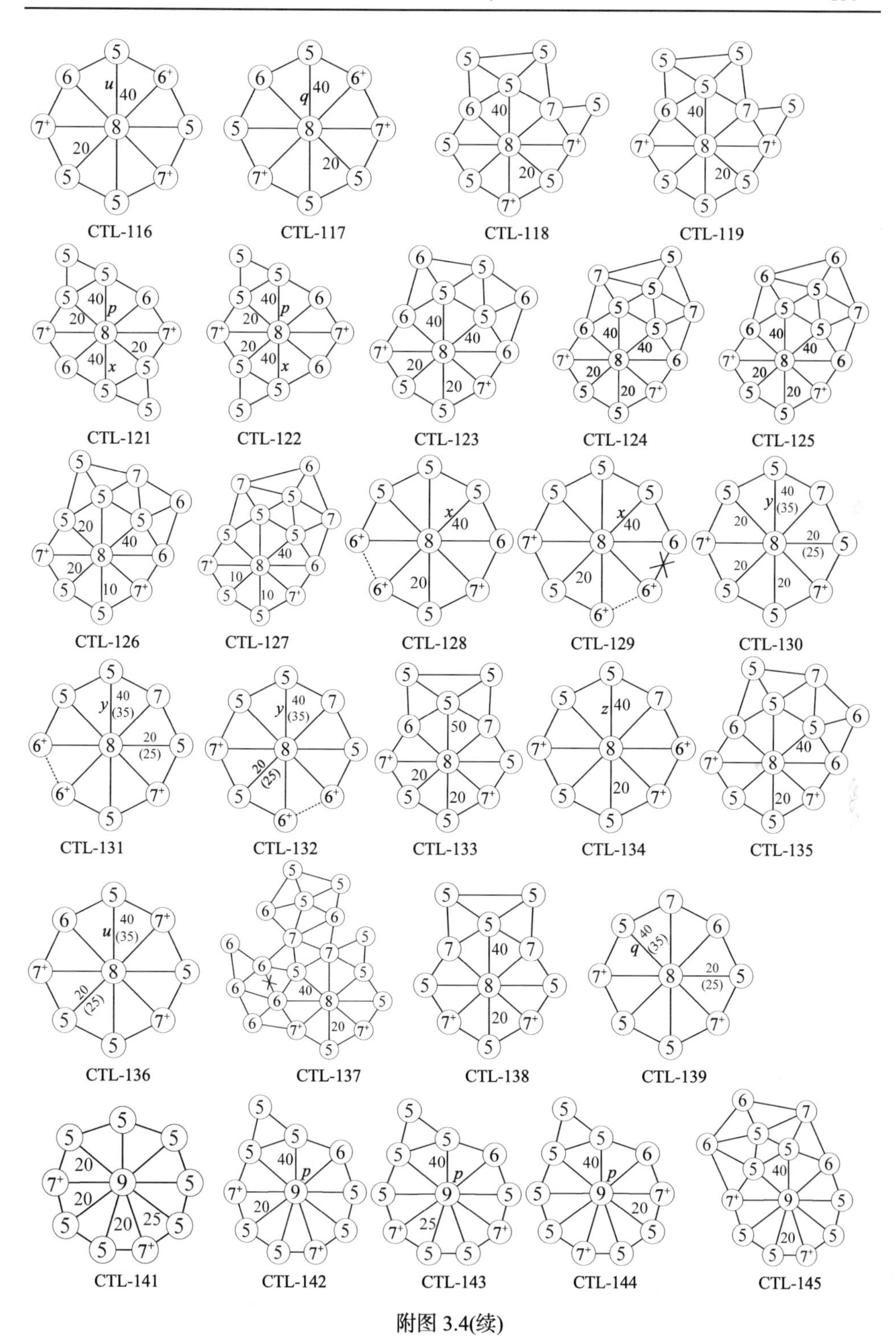
CTL-116
CTL-117
CTL-118
CTL-119
CTL-121
CTL-122
CTL-123
CTL-124
CTL-125
CTL-126
CTL-127
CTL-128
CTL-129
CTL-130
CTL-131
CTL-132
CTL-133
CTL-134
CTL-135
CTL-136
CTL-137
CTL-138
CTL-139
CTL-141
CTL-142
CTL-143
CTL-144
CTL-145

附图 3.4(续)

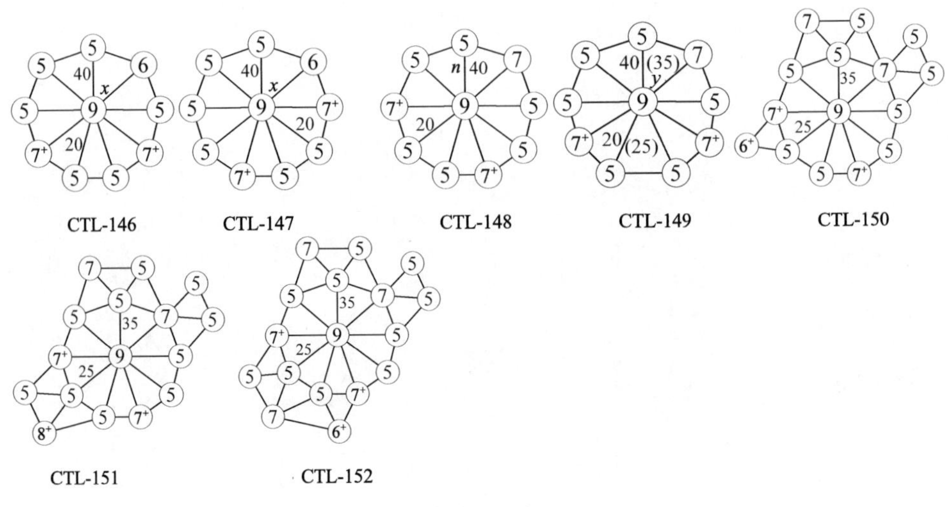

附图 3.4(续)

第 4 章　同阶极大平面图的构造

图构造是研究图的基本方法，1890 年开始对极大平面图的构造展开研究。从本章开始，我们将相继给出构造极大平面图的几种方法。本章主要给出同阶极大平面图的一种构造方法——**边翻转运算**。证明任意两个同阶极大平面图可通过有限次边翻转运算相互转化，并给出所需边翻转次数的界。

4.1 基本概念

1936 年，Wagner[1]提出了边翻转算子的概念。具体地，设 G 是一个极大平面图，$abcd$ 是 G 中以 ac 为腰的**菱形**。若在该菱形中删除边 ac 后添加边 bd，如图 4.1 所示，使所得到的图仍是极大平面图，则称此运算为 G 中对 ac 的**边翻转运算**，并将 ac 称为**可翻转的**。显然，如果 G 本身含边 bd，则对 ac 不能实施边翻转运算，即 ac **不是可翻转的**。

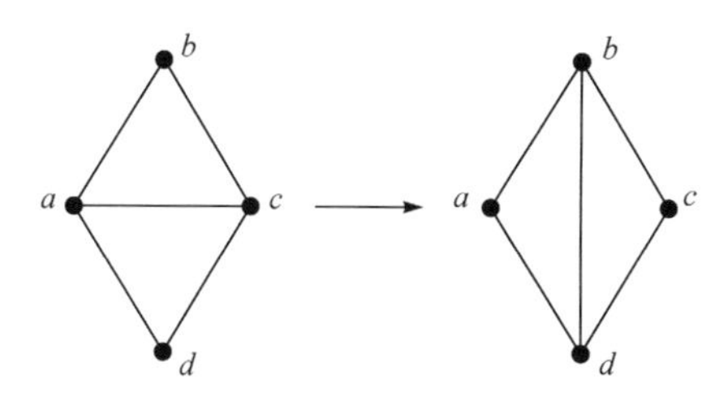

图 4.1　边翻转运算

注意到一个 n-阶极大平面图含有 $3n-6$ 条边。自然地，提出下面的问题：对任意给定的 n-阶极大平面图 G，G 中存在多少条可翻转的边？Hurtado 等[2]证明了任意 n-阶极大平面图至少包含 $\lceil (n-4)/2 \rceil$ 条可翻转边。Gao 等[3]改进了 Hurtado 等的结果，证明了任意 n-阶极大平面图 G 至少包含 $n-2$ 条可翻转边。特别地，当 $\delta(G) \geqslant 4$ 时，G 至少包含 $2n+3$ 条可翻转边，并且在某些特殊情况下这两个界都是可达的。

定理 4.1(Gao 等[3]) 任意 $n(>4)$-阶极大平面图 G 至少包含 $n-2$ 条可翻转边，并且存在一类阶数为 $n=3t-4$ 的极大平面图，恰好包含 $n-2$ 条可翻转边，其中 $t \geqslant 3$。

证明 设 G 是一个 $n(>4)$ -阶极大平面图。下面证明 G 的每个面都至少含一条可翻转边。设 $\Delta v_i v_j v_k$ 是一个三角形面，假设它含一条不可翻转边 $e = v_i v_j$ ，$\Delta v_i v_j v_l$ 是另一个包含 e 的三角形面。因为 e 是不可翻转的，所以顶点 v_k 和 v_l 由一条边连接。由于 G 所含顶点的数目多于 4，则 v_i 和 v_j 不可能都是 3 度顶点。不失一般性，假设 v_i 的度数至少为 4，此时 $v_i v_k v_l$ 是分离三角形，由平面性，边 $v_i v_k$ 是可翻转的。

另一方面，每一条可翻转边恰好包含在两个面里，G 中共有 $2(n-2)$ 个面。因此，可翻转边的数目至少为 $2(n-2)/2 = n-2$ 。

下面构造一类阶数为 $n = 3t-4$ ，恰好包含 $n-2$ 条可翻转边的极大平面图。设 G' 是任意一个 t -阶极大平面图，则 G' 含有 $2t-4$ 个三角形面。在 G' 的每一个三角形面上添加一个顶点，并使添加的顶点与所在面上的全部顶点相邻，得到极大平面图 G ，如图 4.2 示。G 中可翻转的边恰好是 G' 的边，总共有 $3t-6$ 条边。另一方面 G 恰含 $t+2t-4=3t-4$ 个顶点，令 $n=3t-4$ ，定理结论成立。 ■

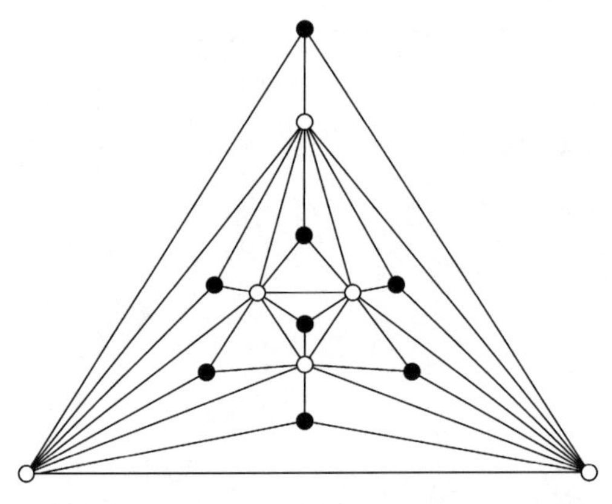

图 4.2 含 $n-2$ 条可翻转边的极大平面图

定理 4.2(Gao 等[3]) 设 G 是一个 $\delta \geqslant 4$ 的 n-阶极大平面图，则 G 至少包含 $\min\{2n+3, 3n-6\}$ 条可翻转边，且界是可达的。

证明 由定理 4.1 知，若 G 包含多于 4 个顶点和一条不可翻转边，则 G 含分离三角形。因此，如果 G 中不含分离三角形，则结论成立。下面假设 G 包含分离三角形。与定理 4.1 的证明过程类似，可知 G 的每一个面至少含有两条可翻转边。下面证明 G 中至少存在 14 个面，使得其中每一个面都含 3 条可翻转边。设 $v_i v_j v_k$ 是 G 中的一个分离三角形，使得极大平面图 $T(v_i v_j v_k)$ 不含分离三角形，其中 $T(v_i v_j v_k)$ 包含三角形 $v_i v_j v_k$ 及其内部的所有顶点。由于 G 不含 3-度顶点，所以 $T(v_i v_j v_k)$ 包含至少 3 个内部顶点和 7 个内部面。同时 $T(v_i v_j v_k)$ 不含分离三角形，所以 $T(v_i v_j v_k)$ 中所有的边在 G 中都是可翻转的。类似地，G 至少包含 7 个在三角

形 $v_iv_jv_k$ 外部的面，使得其中每一个都含 3 条可翻转边。因此，G 中可翻转边的数目至少为：

$$\frac{14\times3+(2n-4-14)\times2}{2}=2n+3$$

下面证明这个界是可达的。设 G' 是一个含 $n-6$ 个顶点的极大平面图，其包含两个相邻的 $n-7$ 度顶点 v_i 和 v_j 。在与边 v_iv_j 关联的两个面内分别添加一个三角形，使得这 6 个新顶点的度数均为 4，如图 4.3 所示。所得到的极大平面图恰含 n 个顶点，$2n+3$ 条可翻转边。定理得证。■

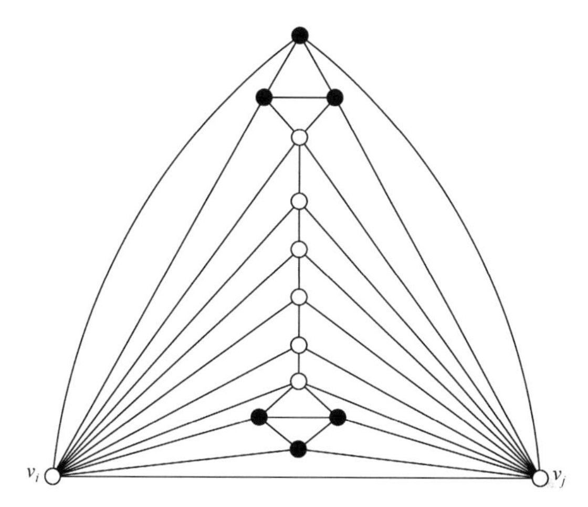

图 4.3　最小度为 4 且含 $2n+3$ 条可翻转边的极大平面图

4.2　同阶极大平面图的相互转化

通过边翻转运算，可以把一个极大平面图转化成另一个与其阶数相同的极大平面图，但这个极大平面图可能是同构于翻转前的极大平面图，或是在几个极大平面图中循环。这就产生了下面的问题：给定一个 n-阶极大平面图是否能够通过有限次边翻转运算转化为任意一个其他的 n-阶极大平面图？1936 年，Wagner[1]首次对此问题给出了肯定的回答。虽然 n-阶极大平面图的个数是 n 的指数级的，但是 Wagner 采用将任意极大平面图转化为一类标准极大平面图的方法，有效地回避了图同构的问题，证明了一个 n-阶极大平面图在至多 $2n^2$ 次边翻转后可转化为另一个给定的 n-阶极大平面图。

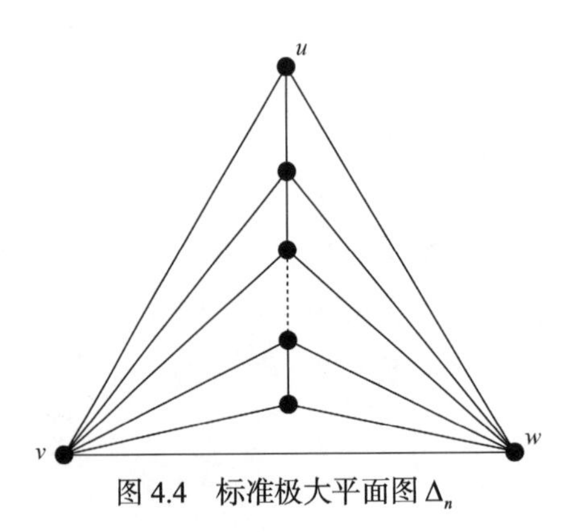

图 4.4 标准极大平面图 Δ_n

一个 n-阶**标准极大平面图**是指包含两个最大度为 $n-1$ 顶点的唯一极大平面图，如图 4.4 所示，其中 n-阶标准极大平面图记为 Δ_n 。

此后，有许多学者对这个问题也进行了研究，并改进了 Wagner 的上界。1993 年，Negami 与 Nakamoto[4] 证明了任意 n-阶极大平面图经过 $O(n^2)$ 次边翻转可转化为 Δ_n 。1997 年，Komuro[5]证明了若 $n \geqslant 13$ ($n \geqslant 7$)，则两个 n-阶极大平面图可通过至多 $8n-54$ ($8n-48$)次边翻转相互转化。下面对 Komuro 的工作给出详细介绍。

首先，给出关于极大平面图的两个引理，并定义函数

$$\omega_G(v,w) = 3d(v) + d(w) \tag{4.1}$$

引理 4.1(Komuro[5]) 设 G 是一个 n-阶极大平面图，v和w 是 G 的任意一对相邻顶点，则通过至多 $4n-4-\omega_G(v,w)$ 次边翻转运算，可将 G 转换为 Δ_n 。

证明 设 Δuvw 是一个三角形面， $w, w_1, w_2, \cdots, w_t, v$ 是与顶点 u 相邻的顶点，且按这种次序排列。下面根据 u 的度数进行讨论：

(1) $d(u) \geqslant 4$ 。如果顶点 w_2 与顶点 w 不相邻，那么用边 ww_2 替换边 uw_1 。如果顶点 w_2 与顶点 w 相邻，用边 vw_1 替换边 uw 。这样，每实施一次边翻转运算，函数 $\omega_G(v,w)$ 分别增加了 1 或 2。

(2) $d(u)=3$ 。设 u_1 是唯一与顶点 u , v , w 都相邻的顶点。若 $d(u_1) \geqslant 5$ ，对图 G 实施如下的变换。设 $u, w, h_1, h_2, \cdots, h_k, v$ 是与顶点 u_1 相邻的顶点，且按这种次序绕顶点 u_1 排列。如果顶点 h_2 与顶点 w 不相邻，那么用 h_2w 替换 u_1h_1 。通过这一次边翻转运算，函数 $\omega_G(v,w)$ 增加了 1。如果 h_2 与 w 相邻，则用 h_1u 替换 u_1w ，用 h_1v 替换 uu_1(由于 h_2 与 w 相邻，则 v 与 h_1 不相邻)。这样，通过两次边翻转运算，函数 $\omega_G(v,w)$ 增加了 2。考虑 $d(u_1)=3$ 或 4 的情况，若 $d(u_1)=3$ ，那么图 G 仅由四个顶点 $\{u,v,w,u_1\}$ 构成，且与 Δ_4 同构。若 $d(u_1)=4$ ，则有另外一个与顶点 u_1, v, w 均相邻且不是 u 的顶点 u_2 。于是，类似于对三角形面 Δuvw 做的变换，可以将 u_1vw 视为三角形面实施同样的变形。

重复实施上述变换，得到一列顶点 $u, u_1, u_2, \cdots, u_{n-3}$ ，这些顶点形成一条路，且都与顶点 v 和 w 相邻。当 $d(u_{n-3})=3$ 时，变换停止，最终得到与 Δ_n 同构的图。在这个标准极大平面图 Δ_n 中，顶点 v和w 的度数均为 $n-1$ ，且

$$\omega_{\Delta_n}(v,w) = 4n-4 \tag{4.2}$$

由于一次边翻转运算相当于 $\omega_G(v,w)$ 增加了 1 或 2，则上述变换实施边翻转运

算的总次数不超过

$$\omega_{\Delta_n}(v,w)-\omega_G(v,w)=4n-4-\omega_G(v,w) \tag{4.3}$$

引理得证。 ■

注 1　在式(4.1)中，$3d(v)+d(w)$的值越大，引理 4.1 中边翻转运算的次数越小。所以，在选择v和w时尽量选择两个度数较大的相邻顶点。

引理 4.2(Komuro[5])　设G是一个$n(\geqslant 6)$-阶极大平面图，若G不与$C_{n-2}\vee\bar{K}_2$同构，则G中任意一个度数至少为 5 的顶点必与另一个度数至少为 5 的顶点相邻。

证明　设$v\in V(G)$，$d(v)\geqslant 5$，$u_1,u_2,\cdots,u_k$是与顶点v相邻的顶点，且按此顺序分布在v的周围。用反证法，假设对于任意的i，都有$d(u_i)\leqslant 4$。若$d(u_3)=3$，则顶点u_2与u_4相邻，使得$\Delta u_2u_3u_4$是G的一个三角形面。这样，$d(u_2)=d(u_4)=4$，且u_1与u_5重合，即有$\Delta u_1u_2u_4$是G的一个三角形面。这就意味着$d(v)\leqslant 4$，矛盾。因此，对于任意i，$d(u_i)=4$。然而，此时u_i均与顶点v的星状邻点外的顶点v'相邻。这样，图G是由圈$u_1u_2\cdots u_k$和 2 个顶点v与v'构成的联图，即图G同构于$C_{n-2}\vee\bar{K}_2$，矛盾。引理得证。 ■

定理 4.3(Komuro[5])　当$n\geqslant 13$时，任何两个n-阶极大平面图至多通过$8n-54$次边翻转可相互转换；当$7\leqslant n\leqslant 12$时，至多通过$8n-48$次边翻转可相互转换。

证明　首先，对一个给定的n-阶极大平面图G，计算其转换为标准极大平面图Δ_n所需的边翻转运算次数。寻找一对相邻顶点u和v，使得引理 4.1 中$3d(v)+d(w)$的值最大。引理 4.2 中唯一特例$C_{n-2}\vee\bar{K}_2$可仅通过一次边翻转运算就转换为Δ_n。因此不考虑G与$C_{n-2}\vee\bar{K}_2$同构的情况。

由欧拉公式

$$\sum_{i\geqslant 3}(6-i)V_i=12 \tag{4.4}$$

其中，V_i表示度数为i的顶点数目。如果$n\geqslant 13$，则G中存在一个度数至少为 6 的顶点，从中选取一个作为顶点v。根据引理 4.2，存在一个度数至少为 5 的顶点w与v相邻。因此，$3d(v)+d(w)\geqslant 3\times 6+5=23$，即所需边翻转运算的次数不超过$4n-27$。

当$7\leqslant n\leqslant 12$时，若G的所有顶点的度数都不超过 4，则G至多由 6 个顶点构成。因此，G含有度数均至少为 5 的相邻顶点v和w。这样，至多需要$4n-24$次边翻转运算可将图G转换为Δ_n。

现考虑任意 2 个n-阶极大平面图G_1和G_2。G_1和G_2中的任何一个都可转换成标准极大平面图Δ_n，因此，通过Δ_n，实施 2 倍于上面的边翻转运算，G_1和G_2之间可相互转换。定理得证。 ■

4.3 边翻转运算数目的上界

根据定理 4.3 可知，任意两个阶数相同的极大平面图可通过有限次边翻转运算相互转换。2003 年，Mori 等[6]证明了至多经过 $n-4$ 次边翻转可将任意 n-阶极大平面图转化为 4-连通图。在 2011 年，Bose 等[7]得到了更精确的上界。本节主要介绍极大平面图边翻转研究中 Bose 等的工作，探讨任意极大平面图转化为 4-连通图所需的边翻转次数，以及 Hamilton 极大平面图转化为标准型所需的边翻转次数，进而给出了任意两个极大平面图相互转换所需边翻转运算数目的上界。

首先，极大平面图 G 的边可分为两类：属于分离三角形和不属于分离三角形。一个**分离三角形**是指去掉此三角形的三个顶点后使图不连通。若一条边不属于分离三角形，则称为 G 的**自由边**，它们具有下面的性质。

引理 4.3(Bose 等[7])　在极大平面图 G 中，分离三角形 D 上的任一顶点 v 至少与 D 内的一条自由边关联。

证明　因为 D 是可分的，所以其内部不能为空。考虑 D 内关联于顶点 v 的边 e。下面对 D 内分离三角形的数目采用数学归纳法进行证明。

当 D 内不包含其他的分离三角形时，e 必是自由边，结论成立。

假设 D 内分离三角形的数目为 t 时结论成立，考虑 $t+1$ 时的情况。如果 e 不属于任一分离三角形，则结论成立。若 e 属于分离三角形 D'，由于 D' 本身被 D 包含，且包含具有传递性，所以 D' 包含的分离三角形数目必小于 D 包含的分离三角形数目。由于 v 也是 D' 上的顶点，根据归纳假设，存在关联于顶点 v 的 D' 内的自由边。D' 包含于 D，该自由边也在 D 中。 ■

一个分离三角形可以被包含在其他分离三角形中，如果包含它的三角形数目最多，称其为**最深分离三角形**。Bose 等通过对最深分离三角形中的边施行边翻转运算，证明了至多经过 $\lfloor (3n-6)/5 \rfloor$ 次边翻转运算可消除 n-阶极大平面图中所有的分离三角形。

定理 4.4(Bose 等[7])　对 $n(\geqslant 6)$ 阶极大平面图 G，至多经过 $\lfloor (3n-6)/5 \rfloor$ 次边翻转可将其转化为 4-连通图。

证明　采用电荷释放的方法进行证明。先给 G 的每条边上分配 1 电荷，每进行一次边翻转运算释放 5 电荷。在施行边翻转运算时，只对最深分离三角形的边进行翻转，并且要求下面两条规则保持成立：

(1) 分离三角形每一条边的 1 电荷未被释放；

(2) 分离三角形的每个顶点关联一条内部自由边，这条边的 1 电荷未被释放。

下面给出在对最深分离三角形 D 上的某条边施行边翻转运算 ϕ 时，可释放电荷边的类型：

类型 1：被翻转的边 e。边翻转运算 ϕ 消除了所有包括 e 的分离三角形，且不产生任何新分离三角形。所以，边 e 上的电荷释放后，上述两个不变量依旧保持，满足电荷释放条件。

类型 2：最深分离三角形 D 上一条不属于其他分离三角形的未被翻转边 e。边翻转运算 ϕ 消除了 e 所在的分离三角形，且不产生新的分离三角形，故边 e 上的电荷释放后，上述两个不变量依旧保持，满足电荷释放条件。

类型 3：与最深分离三角形 D 上顶点 v 关联的自由边 e，且 v 不在包含 D 的分离三角形上。由于边翻转运算 ϕ 消除了 D，且边 e 不与其他包含边 e 的分离三角形顶点关联。故边 e 上电荷释放后，上述两个不变量保持，满足电荷释放条件。

类型 4：与最深分离三角形 D 上一个顶点 v 关联的自由边 e，其中 v 是 D 上边 e' 的一个端点，并且边 e' 也在分离三角形 B 上，B 不包含 D，同时 e' 为翻转边。任何包含 D 但不包含 B 的分离三角形一定包含边 e'，因此可通过边翻转运算 ϕ 消除。所以，在边翻转运算 ϕ 实施后，每一个包含顶点 v 和 D 的分离三角形也包含 B。由于第二个不变量对每个分离三角形上的顶点仅需要一条与其关联的自由边拥有电荷，故释放 D 内自由边上的电荷，但不释放 B 内自由边上的电荷，第二个不变量仍保持。

根据 D 与其他分离三角形公共边的数目以及其他分离三角形是否包含 D 分 5 种情况进行讨论，分别在图 4.5～图 4.7 中给出解释(图中被翻转边用虚线表示，释放电荷的边分别用有阴影方块▩(类型 1)、白方块□(类型 2)、白圆圈○(类型 3)或有阴影圆圈●(类型 4)表示。

情况 1　D 与其他的分离三角形没有公共边，如图 4.5 所示。此情况下，可对 D 上的任意一条边实施边翻转运算，且释放 D 上所有边上的电荷。由于 D 与其他分离三角形至多有一个公共顶点共享自由边，故可将另外两个顶点关联的两条自由边上的电荷释放。

情况 2　D 与包含它的分离三角形没有公共边，但与不包含它的分离三角形 B 有公共边，如图 4.6 所示。此时，对公共边 e 施行边翻转运算，可释放边 e 和 D 内与边 e 的端点关联的两条自由边上的电荷。进一步考虑由 D 和 B 除去公共边 e 后所形成的四边形。由于 D 与包含它的三角形没有公共边，这个四边形上至多有两个顶点在包含 D 的分离三角形中，因此，可以释放与另外两个顶点关联的两条自由边上的电荷。

情况 3　D 与包含它的三角形 A 有一条公共边 e，但与不包含它的分离三角形没有公共边，如图 4.7(a)所示。此时，对边 e 施行边翻转运算，将 D 上所有边

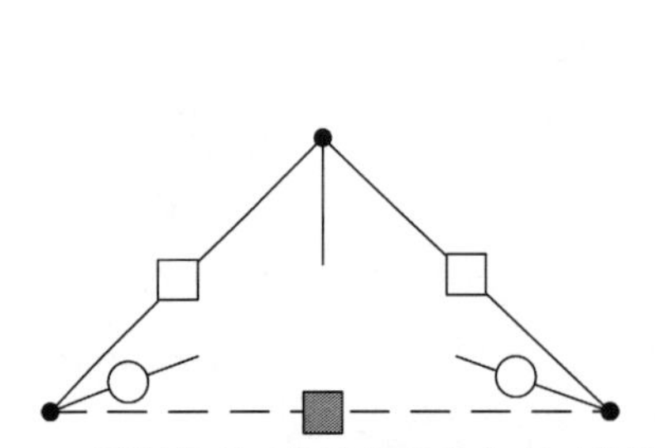

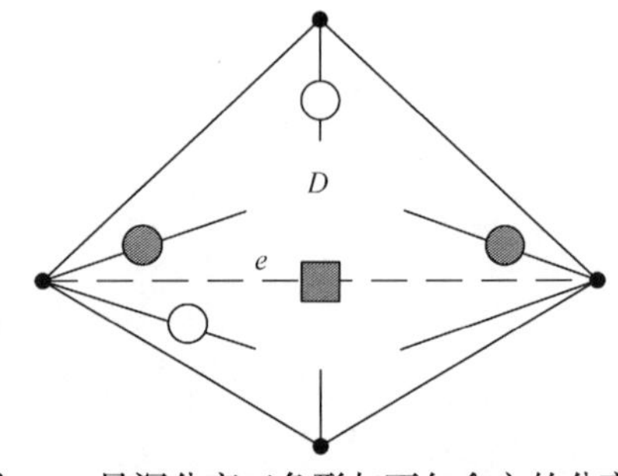

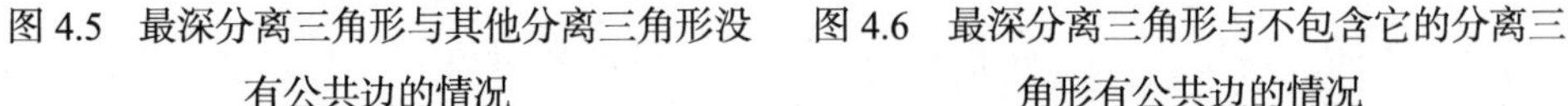

图 4.5 最深分离三角形与其他分离三角形没有公共边的情况

图 4.6 最深分离三角形与不包含它的分离三角形有公共边的情况

的电荷释放。由于 D 上不在三角形 A 上的顶点也不在其他分离三角形中，且在边翻转运算 ϕ 后，e 的两个端点中至多有一个在分离三角形中，所以可将不在分离三角形中的两个顶点关联两条自由边上的电荷释放。

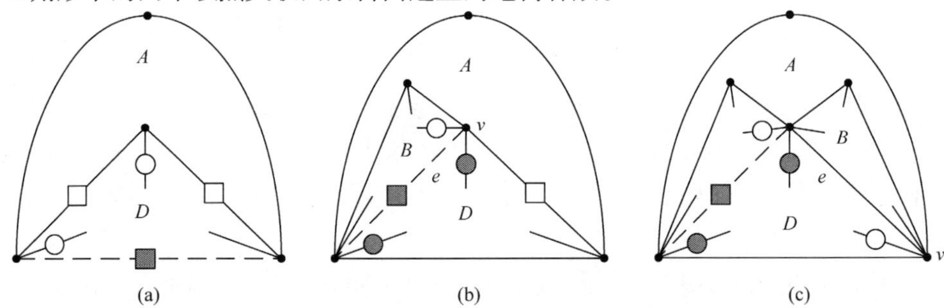

图 4.7 最深分离三角形与包含它的三角形有公共边的情况

情况 4 D 与包含它的三角形 A 有一条公共边，且与一个不包含它的分离三角形 B 有公共边，如图 4.7(b)所示。此时，对 D 与 B 的公共边施行边翻转运算。设 v 是 D 的不在三角形 A 上的顶点。首先，释放翻转边 e 上的电荷；其次，释放 D 的非公共边上电荷及 D 内与 e 的端点关联的两条自由边上电荷。最后一个电荷由 B 内与顶点 v 关联的一条自由边 e' 释放。由于 D 是最深分离三角形，故 B 也是最深的。又因为每个包含 D 的三角形必包含 B，所以，顶点 v 不在任意一个包含自由边 e' 的分离三角形中。故自由边 e' 上的电荷可以被释放。

情况 5 D 与包含它的三角形 A 有一条公共边，并且，D 的另外两条边也包含在其他分离三角形上，如图 4.7(c)所示。此时，对 D 与不包含它的分离三角形 B 的公共边 e 实施边翻转运算。释放电荷的边与情况 4 类似，但不释放 D 与 B 的公共边 e。由于对顶点 v，在分离三角形 B 内存在一条与其关联的自由边，则最后一个电荷由 D 内最后一条自由边来释放。

综上所述，每个边翻转运算可释放 5 电荷，并保持规则不变。只要极大平面图含有分离三角形，就能找到一个属于上述 5 种情况的最深分离三角形 D，使得能够对 D 的一条边施行边翻转运算，并可将 5 条边上的电荷进行释放。因此，只

有当所有的分离三角形被消除后，边翻转运算过程停止。定理得证。■

下面考虑 Hamilton 极大平面图及 4-连通的极大平面图转化为标准型所需边翻转次数的上界。若一个平面图 G 所有顶点都在外部面的边界上，除外部面外，其他面都是三角形面，则称 G 为**极大外平面图**。首先，给出几个简单的事实(Mori 等[6])：

事实 1　当 $n=4,5$ 时，分别存在唯一的 n-阶极大平面图，即 Δ_4 和 Δ_5。

事实 2　任意一个极大外平面图都含有一个 2 度顶点。

事实 3　任意一个含有至少 5 个顶点的极大外平面图都包含一个度数至少为 4 的顶点。

事实 4　设 G 是一个极大外平面图，C 是它的外圈，并设 e 是任意一条不在 C 上的边，则可对 e 施行边翻转运算。

证明　假设 $e=ac$ 是四边形 $abcd$ 的一条对角边，且它不能被翻转。那么，b 和 d 在 G 中相邻。此时，G 中存在同构于 K_4 的包含顶点 a, b, c, d 的子图。然而，任何一个外平面图都不能包含 K_4 及其剖分图，矛盾。■

若 n-阶极大外平面图 G 与 $P_{n-1}+K_1$ 同构，则称 G 为**标准极大外平面图**，记为 H_n。H_n 中唯一的 $n-1$ 度顶点称为 H_n 的**控制点**，如图 4.8 所示。

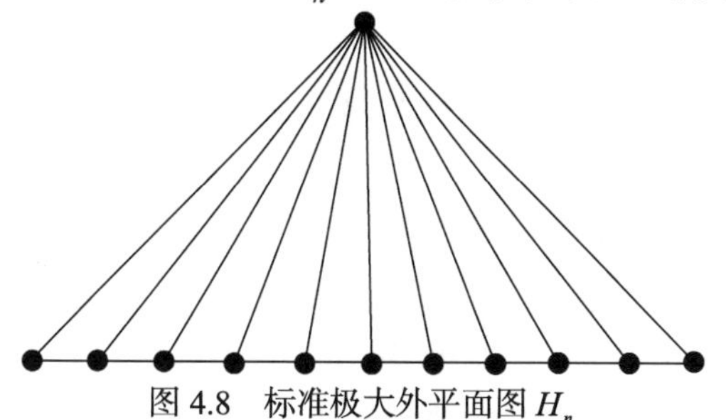

图 4.8　标准极大外平面图 H_n

定理 4.5(Mori 等[6])　设 G 是一个 n-阶 Hamilton 极大平面图，则 G 可通过至多 $\max\{2n-10,0\}$ 次边翻转运算，转化成标准极大平面图 Δ_n。另外，如果 G 是 4-连通的，则至多需要 $\max\{2n-11,0\}$ 次边翻转运算。

证明　设 C 是 G 的一个 Hamilton 圈，由事实 1，可假定 $n\geqslant 6$。

显然，G 可分解成两个极大外平面图 G_1 和 G_2，使得 $G_1\cap G_2=C$。由事实 2，G_1 含有一个度为 2 的顶点 v，设 v_1 和 v_2 是 G_1 中与点 v 相邻的两个顶点。

现在考虑顶点 G_2 中 v 的邻域。G 是 3-连通的，$d_G(v)\geqslant 3$，$d_{G_1}(v)=2$，因此，$d_{G_2}(v)\geqslant 3$ (如果此时 G 是 4-连通的，则有 $d_{G_2}(v)\geqslant 4$)。如果 G_2 中存在一个三角形面 Δvxy 且 $xy\notin E(C)$，根据事实 4，在 G_2 中两个三角形面 Δvxy 和 Δxyz 形成的四边形 $vxzy$ 中，xy 可转换成 vz。此外，由 $d_{G_1}(v)=2$，有 $vz\notin E(G_1)$。所以，用 vz 替换 xy 也并不破坏整个图的简单性。因此，G_2 可通过至多 $n-4$ 次边翻转运算，转化成标准极大外平面图 $S_2\cong H_n$，且其控制点为 v (如果 G 是 4-连通的，则至多需

要 $n-5$ 次边翻转运算)。设 G' 是由 G 通过一系列将 G_2 转化成 S_2 的边翻转运算得到的 Hamilton 极大平面图。

下面考虑从 G_1 删去顶点 v 所得到的子图 G_1'，G_1' 是一个 $(n-1)$-阶极大外平面图，有 $G' = G_1' \vee \{v\}$。我们将 G_1' 的外圈记为 C'。因为 G_1' 中不相邻的两个顶点在 G' 中也不相邻，所以根据事实 4，我们可以对 G_1' 中不在 C' 上的任意边实施边翻转运算。

特别地，由于 G_1' 至少含有 5 个顶点，由事实 3，G_1' 包含一个度数至少为 4 的顶点 u。因为 $d_{G_1'}(u) \geqslant 4$，那么 G_1' 可通过至多 $n-6$ 次边翻转运算，转化成标准极大外平面图 $S_1 \cong H_{n-1}$ (其控制点为 u，即 $d_{S_1}(u) = n-2$)。这样，最后得到的整个图恰好就是标准极大平面图 Δ_n。所需要的边翻转运算的次数最多为 $2n-10$ (如果 G 是 4-连通的，则至多需要 $2n-11$ 次边翻转运算)。

注意到，对固定的 Hamilton 圈 C 上的边不实施边翻转运算。所以，在应用到边翻转运算的过程中，Hamilton 圈始终是存在的。

定理得证。 ■

由定理 4.5，可得

推论 4.1(Mori 等[6]) 通过至多 $\max\{4n-22, 0\}$ 次边翻转运算，可将任意两个 n-阶 4-连通极大平面图相互转化。

定理 4.6(Bose 等[7]) 任意两个 n-阶极大平面图可通过至多 $5.2n-24.4$ 次边翻转运算相互转化。

证明 由定理 4.5 可知，任意两个 4-连通极大平面图可通过至多 $4n-22$ 次边翻转运算相互转化。再根据定理 4.4，通过至多 $\lfloor (3n-6)/5 \rfloor$ 次边翻转运算可将任意极大平面图转化为 4-连通的。因此，可以通过至多 $2(3n-6)/5 + 4n - 22 = 5.2n - 24.4$ 次边翻转运算将任意一个极大平面图转化为另一个给定的极大平面图。 ■

4.4 边翻转运算数目的下界

本节介绍两个极大平面图相互转化所需要边翻转次数的下界。1997 年，Komuro 给出了目前最好的结果，此下界依赖于图的最大度。

定理 4.7(Komuro[5]) 设 G 是一个 n-阶极大平面图，至少用 $2n-2\Delta(G)-3$ 次边翻转运算可将 G 转化为标准极大平面图。

证明 设 a 和 b 是标准极大平面图中两个 $n-1$ 度顶点。若边翻转运算后产生边 ab，此时两个顶点的度数同时增加 1，否则每次边翻转至多给顶点 a 或顶点 b 的度数增加 1。由于顶点 a 或顶点 b 的度数至多为 $\Delta(G)$，故至少需要 $2(n-1-\Delta(G))-1 = 2n-2\Delta(G)-3$ 次边翻转。 ■

由于存在最大度为 6 的极大平面图，即可得到任意极大平面图转化为标准极大平面图所需要边翻转次数的一个下界 $2n-15$。这说明，以标准极大平面图作为中介，任意两个极大平面图相互转化至少需要 $4n-30$ 次边翻转运算。

Komuro 也给出了任意两个极大平面图相互转化时，基于顶点度数的边翻转次数的下界。

定理 4.8(Komuro[5])　令 $v_1,v_2,\cdots,v_n$ 和 $v_1',v_2',\cdots,v_n'$ 分别是两个 n-阶极大平面图 G 和 G' 的按照度数递增排列的顶点，则至少经过 $D(G,G')/4$ 次边翻转运算可将 G 转化为 G'，其中

$$D(G,G')=\sum_{i=1}^{n}|d(v_i)-d(v_i')| \tag{4.5}$$

证明　设 σ 是从 G 的顶点到 G' 的顶点之间的一个映射，且通过边翻转运算将 G 转化为 G' 时，使得 $v_i\in G$ 变为 $v'_{\sigma(i)}\in G'$。因为每次边翻转运算将一个顶点的度数只改变 1，故至少需要 $|d(v_i)-d(v'_{\sigma(i)})|$ 次边翻转运算才能得到 $v'_{\sigma(i)}$ 的度数。然而，每一次边翻转影响 4 个顶点的度数，即 $\frac{1}{4}\sum_{i=1}^{n}|d(v_i)-d(v_i')|$ 是边翻转的界。实际上，这个下界需要对所有的映射 σ 取最小值。当两个图的顶点均按递增或递减的顺序排序时取得最小值。结论成立。 ■

注意，存在最大度数为 6 的 Hamilton 极大平面图，故将一个 Hamilton 极大平面图转化为标准型的也至少需要 $2n-15$ 次边翻转运算。根据定理 4.5，将一个 Hamilton 极大平面图转化为标准型至多需要 $2n-10$ 次边翻转运算。所以，Mori 等得到的关于 Hamilton 极大平面图转化为标准型的上界几乎是可达的。

对于任意极大平面图转化为 4-连通图所需边翻转运算的次数，Bose 等给出了一个紧的下界。

定理 4.9(Bose 等[7])　存在极大平面图 G 可通过 $\lceil (3n-10)/5 \rceil$ 次边翻转转化为 4-连通的。

证明　首先，从一个三角形开始，如图 4.9(a)所示，添加一个倒三角形，使其每个顶点与它相对边的两个端点连边，如图 4.9(b)所示。其次，在与原来三角形的三个顶点关联的三个新三角形中进行递归添加，如图 4.9(c)所示。最后，在每个递归添加的三角形中添加一个顶点使其与所在三角形的三个顶点连边，并且在外部面中也添加一个顶点，使其与初始三角形的三个顶点连接，如图 4.9(d)所示。因为在外部面中添加了一个顶点，故初始三角形也是可分离的。所以，最后得到的是一个具有 $\lceil (3n-10)/5 \rceil$ 个边不交的分离三角形的极大平面图。由于消除所有分离三角形是使图为 4-连通的唯一途径，也就是说，至少需要 $\lceil (3n-10)/5 \rceil$ 次边翻转才可将其转化为 4-连通的。因为边翻转次数是整数，故 $\lceil (3n-10)/5 \rceil = \lfloor (3n-6)/5 \rfloor$，即此界是紧的。 ■

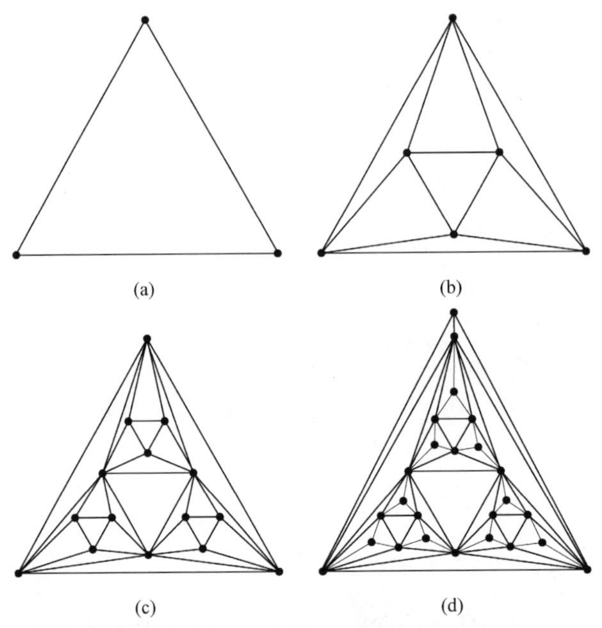

图 4.9　含大量边不交分离三角形的极大平面图的递归构造

定理 4.9 已经达到了 Mori 等方法的极限，即将一个极大平面图先转化成 4-连通图，然后再转化为标准极大平面图。然而，有很多例子表明一个极大平面图是 Hamilton 图(特别是阶数较小的图)，但不一定是 4-连通图，即 4-连通是 Hamilton 图的一个充分不必要条件。因此，可能有方法通过更少的边翻转运算构造一个 Hamilton 极大平面图。目前最好的下界由 Aichholzer 等在 2008 年给出，详见文献[8]。

参考文献

[1] Wagner K. Bemerkungen zum vierfarbenproblem. Jahresbericht der Deutschen Mathematiker-Vereinigung, 1936, 46: 26-32.

[2] Hurtado F, Noy M, Urrutia J. Flipping edges in triangulations//Proceedings of the twelfth annual symposium on Computational geometry. ACM, 1996: 214-223.

[3] Gao Z, Urrutia J, Wang J. Diagonal flips in labelled planar triangulations. Graphs and Combinatorics, 2001, 17(4): 647-657.

[4] Negami S, Nakamoto A. Diagonal transformations of graphs on closed surfaces. Science Reports of the Yokohama National University, 1993, 40(40):71-97.

[5] Komuro H. The diagonal flips of triangulations on the sphere. Yokohama Mathematical Journal, 1997, 44(2):115-122.

[6] Mori R, Nakamoto A, Ota K. Diagonal flips in Hamiltonian triangulations on the sphere. Graphs and Combinatorics, 2003, 19(3): 413-418.

[7] Bose P, Jansens D, van Renssen A, et al. Verdonschot, Making triangulations 4-connected using flips. Proceedings of the 23rd Canadian Conference on Computational Geometry, 2011: 241-247.

[8] Aichholzer O, Huemer C, Krasser H. Triangulations without pointed spanning trees. Computational Geometry, 2008, 40(1): 79-83.

第5章　异阶极大平面图的构造

第4章给出了同阶极大平面图的边翻转构造法。本章给出异阶极大平面图的构造法——**递归生成运算**，即基于小阶数的极大平面图，通过一组算子来构造所需的极大平面图。

5.1 纯弦圈法

在介绍纯弦圈法之前，首先给出纯弦圈的定义。设G是一个极大平面图，C是G中的一个圈，若圈C内不含顶点，且C内每个面都是三角形，则把圈C称为图G的一个**纯弦圈**，并把C内每条边称为圈C的**弦**。极大平面图中的三角形也视为纯弦圈。

早在1891年，Eberhard[1]就展开对极大平面图构造问题的研究，给出了能够构造所有极大平面图的运算系统，并把这个运算系统记为$\langle K_4;\Phi=\{\varphi_1,\varphi_2,\varphi_3\}\rangle$，其中，$K_4$表示初始对象，$\Phi=\{\varphi_1,\varphi_2,\varphi_3\}$为运算集，$\varphi_1,\varphi_2,\varphi_3$是三种算子，其具体实现过程如图5.1示。

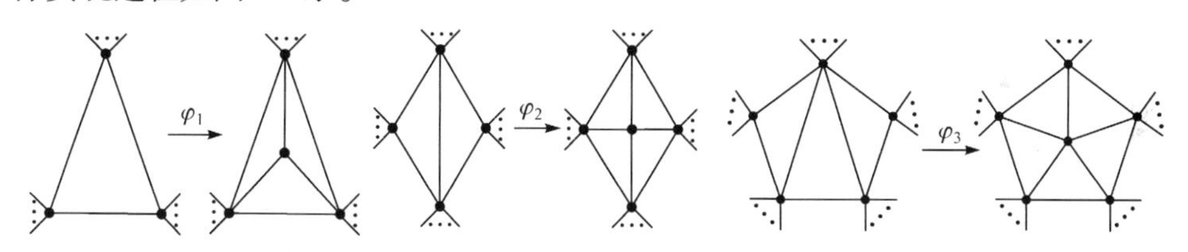

图5.1　Eberhard构造极大平面图的3种算子

观察可知，Eberhard的构造方法实际上是在极大平面图中找到圈长分别是3, 4, 5的纯弦圈C，然后把圈C的所有弦删去，在圈内添加一个顶点，并使其与圈上每个顶点相连。

定理5.1(Eberhard[1])　任意$n(\geqslant 4)$-阶极大平面图G可通过对$(n-1)$-阶极大平面图实施运算φ_1,φ_2或φ_3得到。

证明　设G是一个n-阶极大平面图，当$n=4$时，结论成立。

考虑$n\geqslant 5$的情况，由欧拉公式，G必含有度数小于6的顶点。因为G的每一条边必在2个不同的三角形面上，每一个顶点的度数都大于2，令u是G中度数最小的顶点，则u的度数为3, 4或5。

情况1　若$d(u)=3$，则u及其邻域在G中的结构如图5.2(a)所示。删去顶点

u 以及边 uv_k ，$k=1,2,3$ ，可得到一个 $(n-1)$ -阶极大平面图 G' 。所以，如果在 G' 的三角形面 $\Delta v_1v_2v_3$ 内添加顶点 u ，并连接边 $uv_k(k=1,2,3)$ ，即对 G' 实施运算 φ_1 可得到 G 。

情况 2 若 $d(u)=4$，则 u 及其邻域在 G 中的结构如图 5.2(b)所示。根据若尔当(Jordan)曲线定理，要么 v_1 与 v_3 不相邻，要么 v_2 与 v_4 不相邻。不妨设 v_1 与 v_3 不相邻。删去顶点 u 及边 uv_k $(k=1,2,3,4)$ ，并在四边形 $v_1v_2v_3v_4$ 内添加边 v_1v_3 ，可得到一个 $(n-1)$ -阶极大平面图 G' 。反之，对 G' 实施运算 φ_2 可得到 G 。

情况 3 若 $d(u)=5$ ，则存在 v_k ，使得 v_k 除与某两个顶点相邻外不与其他 v_i 相邻(如图 5.2(c)所示)。反证，若不存在上述 v_k ，则设 v_1 与 v_3 相邻。由若尔当曲线定理，则 v_2 不与 v_4 和 v_5 相邻，矛盾。因此，可假设 v_1 与 v_3 及 v_4 均不相邻。删去顶点 u 以及边 $uv_k(k=1,2,3,4,5)$ ，并添边 v_1v_3 和 v_1v_4 ，这样得到极大平面图 G' 。对 G' 实施运算 φ_3 即可得到 G 。

因此，对所有具有 $n-1$ 个顶点的极大平面图运用上述三种运算系统可生成所有具有 n 个顶点的极大平面图。 ■

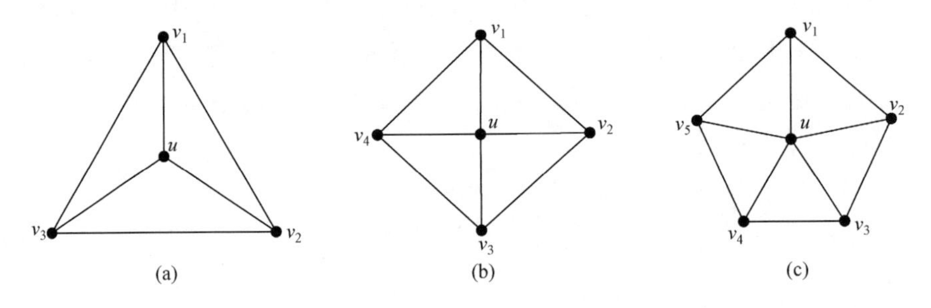

图 5.2　u 及其邻域的三种情况

根据定理 5.1，容易得出下面结论。

推论 5.1 任意 n -阶极大平面图可通过运算系统 $\langle K_4;\Phi=\{\varphi_1,\varphi_2,\varphi_3\}\rangle$ 得到。

1967 年，Bowen 与 Fisk[2]在 *Mathematics of Computation* 上发表了一篇关于构造所有极大平面图的论文，所用方法与 Eberhard 给出的方法完全相同，并分别给出了 6～12 阶 $\delta\geqslant 3$ 与 $\delta\geqslant 4$ 的极大平面图的数目，见表 5.1。其中 $t_n(3)$ 和 $t_n(4)$ 分别表示阶数为 n 且 $\delta\geqslant 3$ 与 $\delta\geqslant 4$ 的极大平面图的数目。

表 5.1　6～12 阶最小度为 3 与 4 的极大平面图的数目

数目	阶数						
	6	7	8	9	10	11	12
$t_n(3)$	2	5	14	50	233	1249	7595
$t_n(4)$	1	1	2	5	12	34	130

5.2　递归生成 5-连通极大平面图

Eberhard 之后，在 1974 年，Barnette[3]与 Butler[4]分别给出了构造所有 5-连通极大平面图的方法。不同于 Eberhard，在 Barnette 与 Butler 的运算系统中，初始对象是正二十面体，算子有三个，将该运算系统记为$\langle Z_{20};\Phi=\{\varphi_4,\varphi_5,\varphi_6\}\rangle$，其中，$Z_{20}$为正二十面体，$\varphi_4,\varphi_5,\varphi_6$是三个算子，如图 5.3 所示，省略号表示该顶点所关联的两条边之间可能含有边，也可能不含边，以示每个顶点的度数至少为 5。

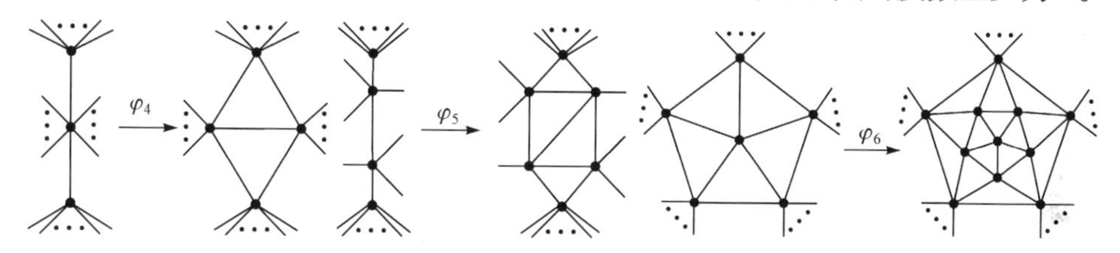

图 5.3　Barnette 与 Butler 构造极大平面图的三种算子

Barnette 与 Butler 的构造方法是：从正二十面体出发，不断地实施图 5.3 中的三个算子φ_4,φ_5和φ_6，可得到所有的 5-连通极大平面图。

为证明这个结论，首先给出一些定义。设G是极大平面图，C是G中的一个圈，若C由G中某个顶点v的所有邻点构成，则称C**围绕**v。若从G中去掉圈C后图不连通，则称C为G的**分离圈**。如果C是G的分离圈，且它不围绕任何一个顶点，则称C为G的**真分离圈**。若G是k-连通的，且G的任意分离k-圈不是真分离k-圈，则称G是k^***-连通的**。设e是G中的一条边，若在G中收缩边e后所得到的图$G\circ e$是k-连通的，则称e是k**-可收缩的**。

引理 5.1(Barnette [3])　设图G是一个不含 5-可收缩边的 5-连通极大平面图，如果G不是正二十面体，则对G实施φ_6的逆运算后得到的极大平面图仍是 5-连通的。

证明　设图G'是对G实施φ_6的逆运算得到的图，如图 5.4 所示，假设G'不是 5-连通的，则在G'中存在一个包含顶点v'的分离 4-圈C。不失一般性，假设C包含v_1和v_3。设v_6是C的第四个顶点。由于$v_1v_2v_3v_6$是图G的 4-圈，故它一定含有一条对角线v_2v_6。下面证明v_2v_6是 5-可收缩的。假设不是，那么v_2v_6属于图G的一个分离 5-圈，唯一可能的圈是$v_6v_2abv_4$和$v_6v_2cdv_5$，这意味着要么v_5v_6是G中的一条边，要么v_6v_4是G中的一条边。若v_6v_4是G中的边，则$v_6v_1v_5v_4$是G的 4-圈，此时必有v_6v_5边，从而G是正二十面体。同理，若v_6v_5是G中的边，可以得到相同的结论，矛盾。定理得证。 ■

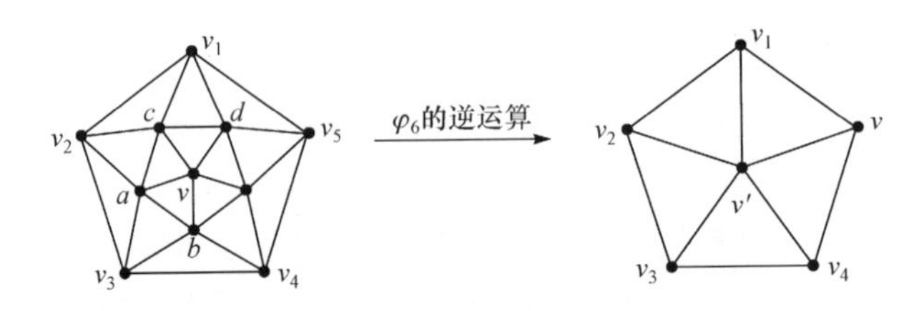

图 5.4　φ_6 的逆运算

引理 5.2(Barnette[3])　设 G 是一个包含 4 个 5 度顶点的 5-连通极大平面图(不是正二十面体)，如图 5.5(a)所示，若不存在顶点 v_{11}，使得 $v_{11}v_1v_{10}v_9v_4$ (或 $v_{11}v_2v_{10}v_7v_5$) 是分离 5-圈，则可以对 G 实施基于边 $v_{10}v_9$ 和 v_7v_8 或 v_7v_{10},v_8v_9 的 φ_5 逆运算，或者可对 G 实施 φ_4 或 φ_6 的逆运算。

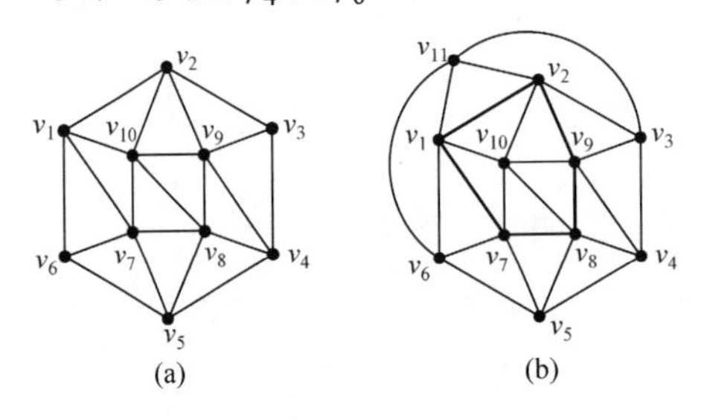

图 5.5　G 中的子图结构

证明　假设不能对 G 实施基于边 $v_{10}v_9$ 和 v_7v_8 的 φ_5 逆运算，则其中至少一条边在 G 的一个分离 5-圈中，且不属于圈 $v_1v_2v_9v_8v_7$ 或圈 $v_{10}v_9v_4v_5v_7$。不失一般性，假设 $v_{10}v_9$ 属于 G 的一个分离 5-圈 C。

情况 1　圈 C 是 $v_3v_9v_{10}v_7v_6$。在此情况下，$v_3v_2v_1v_6$ 是 G 中含一条弦的 4-圈，因此 v_1 或 v_2 的度数小于 5，与图 G 的 5-连通题设矛盾。

情况 2　圈 C 是 $v_1v_{10}v_9v_3v_{11}$。对不同于 $v_1,v_2,\cdots,v_{10}$ 的顶点 v_{11}，假设边 v_7v_{10} 和 v_9v_8 不可收缩。如上可以假设 v_7v_{10} 属于 G 的一个分离 5-圈 C'，且不围绕顶点 v_8 或 v_{10}。

情况 2(a)　圈 C' 是 $v_3v_9v_{10}v_7v_6$。该情况类似于情况 1。

情况 2(b)　圈 C' 是 $v_2v_{10}v_7v_5v_{12}$。对不同于顶点 $v_1,v_2,\cdots,v_{10}$ 的顶点 v_{12}，C' 是题设中圈的类型。

情况 2(c)　圈 C' 是 $v_2v_{11}v_6v_7v_{10}$。在此情况下，v_{10} 的所有邻点度数都是 5。由于 G 是 5-连通的，故顶点 v_3,v_4,v_5,v_6,v_{11} 的度数至少为 5。若它们的度数都大于等于 6，则可对 G 实施基于 5-圈 $v_1v_7v_8v_9v_2$ 的 φ_6 的逆运算。若存在一个 5-度顶点，设为 v_5，记 v_5 的除 v_4,v_6,v_7,v_8 外的一个邻点为 v_{12}，则可对 G 实施基于边 v_5v_{12} 的 φ_4 的逆运算。

情况 3　圈 C 是 $v_1v_{11}v_4v_9v_{10}$。C 是题设中所涉及类型的圈。

综上所述，引理得证。■

定理 5.2(Barnette[3])　设 G 是一个 5^*-连通极大平面图(不是正二十面体)，则可对 G 实施一次 φ_4,φ_5 或 φ_6 的逆运算得到一个 5-连通极大平面图。

证明　设 v_0 是图 G 中的任意一个 5 度顶点。若不存在 3 个连续的 5 度顶点与 v_0 相邻，则存在一条以顶点 v_0 为端点的边 e 不属于任何围绕一个顶点的 5-圈，从而可对 G 实施基于边 e 的 φ_4 的逆运算。若存在 3 个连续的 5-度顶点与 v_0 相邻，则 G 包含如图 5.5(a)所示的子图结构(v_0 对应于 v_8，其他 3 个顶点分别与 v_7, v_{10} 和 v_9 对应)。根据引理 5.2，要么可以对 G 实施基于边 $v_{10}v_9$ 和 v_7v_8 或 v_7v_{10} 和 v_8v_9 的 φ_5 的逆运算，要么 G 中存在一个 $v_1v_{10}v_9v_4v_{11}$ 类型的 5-圈。后者意味着 $v_1v_{10}v_8v_4v_{11}$ 是 G 的一个真分离 5-圈，矛盾。定理得证。■

定理 5.3(Barnette[3])　设 G 是一个 5-连通极大平面图(不是正二十面体)，则对 G 实施一次 φ_4, φ_5 或 φ_6 的逆运算仍得到一个 5-连通极大平面图。

证明　根据定理 5.2，可假设 G 不是 5^*-连通的，即 G 包含真分离 5-圈。若 G 中存在 5-可收缩边，可对 G 实施 φ_4 的逆运算。下面假设 G 中不存在 5-可收缩边。选择 G 的一个最小真分离 5-圈 C，若存在另外的真分离 5-圈的一条边在 C 的内部，则这个分离圈上至少有一个顶点在 C 的外部。分四步进行证明：

(1)　C 内没有 2-长路连接 C 上两个不连续的顶点。

设圈 C 为 $v_1v_2v_3v_4v_5$，2-长路为 $v_1v_0v_3$，若圈 $C'=v_1v_0v_3v_4v_5$ 含有弦，则弦为 v_0v_5 或 v_0v_4，不妨设为 v_0v_5。圈 $v_0v_3v_4v_5$ 和 $v_1v_0v_3v_2$ 必含弦，且只可能是 v_0v_4 和 v_0v_2，因此 C 不是真分离 5-圈，矛盾。若圈 $C'=v_1v_0v_3v_4v_5$ 不含弦，由于 C 是最小的，则 C' 一定围绕一个顶点。然而，当给 $v_1v_0v_3v_2$ 添加一条弦时，v_0 是 4 度顶点，矛盾。故 C 上每个顶点均至少与其内部的两条边关联。

(2)　C 内的每条边均属于一个围绕顶点的 5-圈。

假设不成立，由于 G 中不存在 5-可收缩边，则 C 的内部存在一条边，属于一个真分离 5-圈 C'。由(1)，C' 上有两个顶点在 C 的内部。设 C' 是 $v_6v_1v_7v_8v_3$，其中 v_6 在 C 的外部，v_7 和 v_8 在 C 的内部，此时必有 v_6v_2 边。如果圈 $v_1v_7v_8v_3v_2$ 含有弦，那么 C' 内部仅有一个顶点 v_2，从而 C' 不是真分离圈。因此，圈 $v_1v_7v_8v_3v_2$ 没有弦。由 C 的最小性，$v_1v_7v_8v_3v_2$ 一定围绕一个顶点 v_9，$v_1v_9v_3v_6$ 是 G 的分离 4-圈，矛盾。

(3)　G 包含图 5.5(a)所示的子图，且 4 个 5 度顶点在 C 上或 C 内。

如下构造平面图 H，H 包含 C，C 的内部及 C 外部的一个新顶点 w，其中 w 与 C 上的每一个顶点相邻。对所有 $\delta \geqslant 3$ 的极大平面图，由欧拉公式：

$$\sum(6-i)n_i = 12$$

其中，n_i 表示在 G 中 i 度顶点的数目。由于图 H 中不含度数小于 5 的顶点，于是有 $n_5 \geqslant 12$，故 C 内至少存在 6 个 5 度顶点。由 C 的定义和 H 的构造，可以得出 H 是 5^*-连通的。根据定理 5.2 的证明过程，可知 G 中存在所需的子图。

(4)　可对 G 实施基于边 $v_{10}v_9$ 和 v_7v_8 或 v_7v_{10} 和 v_8v_9 的 φ_5 逆运算。

若结论不成立，不失一般性，假设 G 中有路 $v_1v_{11}v_4$，其中顶点 v_{11} 不同于

$v_1,v_2,\cdots,v_{10}$。$v_1v_{10}v_8v_4v_{11}$是图G的一个真分离圈，从而其中至少有一个顶点在C的外部。若v_1是外部顶点，则v_{10}和v_{11}属于C。若C是含顶点v_{10}和v_{11}，不含顶点v_1，且长度为 5 的分离圈，则有 4 种情况：$v_2v_{10}v_8v_5v_{11}$，$v_2v_{10}v_8v_4v_{11}$，$v_2v_{10}v_7v_6v_{11}$和$v_2v_{10}v_7v_5v_{11}$。在前两种情况下，C分离v_7和v_9；第三种情况，C围绕v_1且不是真分离圈；第四种情况，v_2v_{11}作为一条边使得$v_2v_9v_4v_{11}$是一个分离 4-圈。上述 4 种情况均导出矛盾，故v_1不能是外部顶点。类似地，v_4也不能是外部顶点。因此v_{11}是外部顶点，v_1和v_4均在C上。下面讨论其余顶点的情况。

若v_{10}在C上，则顶点v_8不能在C上，因为此时C包含边v_8v_{10}，将v_9与v_7分离。顶点v_9不能在C上，否则$v_{10}v_8v_4$是C内连接C上两个不相邻顶点的 2 长路，与(1)矛盾。v_7和v_2均不能在C上，否则C将含有弦。根据讨论，v_{10}只有一个邻点在C上，矛盾。因此，v_{10}不在C上。同样，v_8也不在C上。

若v_q在C上，则$v_1v_{10}v_9$是C内连接C上两个不相邻顶点的 2 长路，与(1)矛盾。因此v_9不在C上。类似地，v_7不在C上。

v_2v_4不是G中的边，否则v_3将会是 3 度顶点；若v_2在C上，$v_2v_9v_4$是C内连接C上两个不相邻顶点的 2 长路。于是，v_2不在C上。由于v_2连接C内部顶点v_{10}，所以它不能在C的外部。同理v_5也不在C上。

v_1v_3不是G中的边，否则v_2将会是 4 度顶点；若v_3在C上，则$v_1v_2v_3$是C内连接C上两个不相邻顶点的 2 长路。因此，v_3不能在C上。同理，v_6也不在C上。

综上可知，除顶点v_1和v_2位于C上外，图 5.5(a)所示的子图位于C的内部。设v_{12}是C上的连接v_1和v_4的顶点。圈$C'=v_{12}v_1v_6v_5v_4$上没有顶点位于圈C的外部，因此C'围绕一个顶点或含有弦：若C'有弦，则v_6或v_5的度数均小于 5；若围绕一个顶点，则v_6是 4 度顶点，矛盾。

综上所述，定理成立。 ■

根据定理 5.3 可得下面推论：

推论 5.2　从正二十面体出发，通过不断实施如图 5.3 中所给出的 3 个算子φ_4，φ_5或φ_6，可得到所有的 5-连通极大平面图，即任意 5-连通极大平面图均可通过运算系统$\langle Z_{20};\Phi\rangle$生成，其中，$Z_{20}$为正二十面体，$\Phi=\{\varphi_4,\varphi_5,\varphi_6\}$。

5.3　最小度为 5 的 4-连通和 3 连通极大平面图的递归生成

上一节通过扩路扩点法构造了所有的 5-连通极大平面图。1983 年，Batagelj[5]对 Barnette 与 Butler 的方法进行改进，将运算系统中的一个算子进行更换，Brinkman 等又完善了定理证明。该方法初始对象仍是正二十面体，算子也有 3 个，运算系统记为$\langle Z_{20};\Phi=\{\varphi_4,\varphi_5,\varphi_7\}\rangle$，其中$\varphi_7$称为**边翻转算子**，如图 5.6 所示。本节考虑的图均为$\delta=5$的极大平面图。

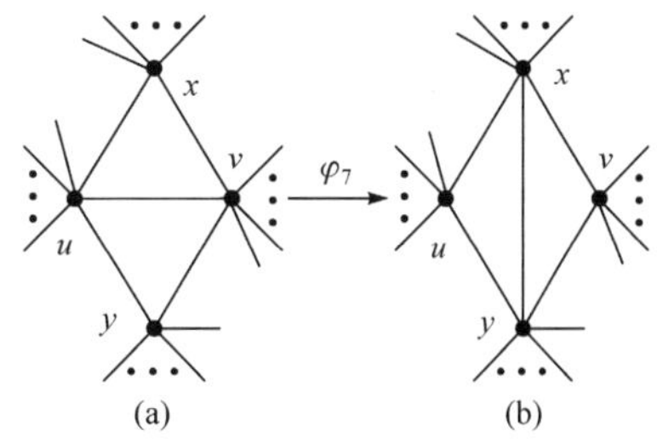

图 5.6　边翻转算子

若一个分离k-圈C的内部或外部不包含其他分离k-圈的任何边，$k\in\{3,4\}$，则称C为**最深分离k-圈**。容易验证，如果一个极大平面图包含分离 3-圈，则一定存在最深分离 3-圈；如果包含分离 4-圈但不包含分离 3-圈，那么一定存在最深分离 4-圈。

对于$t\in\{4,5\}$，如果实施一次φ_7运算后，被翻转的边不属于圈长小于等于$t-1$的分离圈，则简记为φ_7^t运算。

定理 5.4(Brinkman 和 McKay[7])　① 含有分离 3-圈的$\delta=5$的n-阶 3-连通极大平面图，可由含较少分离 3-圈的$\delta=5$的n-阶 3-连通极大平面图通过φ_7生成；② 含有分离 4-圈的n-阶$\delta=5$的 4-连通极大平面图，可由含较少分离 4-圈的n-阶$\delta=5$的 4-连通极大平面图通过φ_7^4，或由阶数较小的$\delta=5$的 4-连通极大平面图通过ϕ_4生成。

证明　①的证明：设G是一个$\delta=5$的 3-连通极大平面图，C是它的一个最深分离 3-圈。C上的每一个顶点，都至少关联两条C内部的边。否则，若存在C上顶点v仅与一条边e关联，顶点v'是e的另一个端点，则v'与C上其余两个顶点相邻，从而在C的内部形成 3 个 3-圈。又因C是最深的，则形成的 3 个 3-圈必为三角形面，顶点v'的度数为 3，与$\delta=5$矛盾。因此，C包含如图 5.7(a)所示的 3 个内部面，C为图中粗线表示的圈。

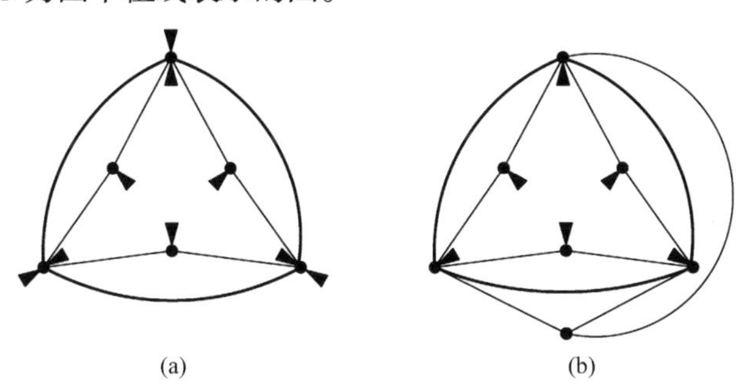

图 5.7　分离 3-圈的可能情况

因为C的外部不是一个面，则它的每一个顶点都至少与一条C外部的边关联。如果C上有两个顶点恰有一条边向外关联，不失一般性，设为图中在底部的两个点，则会出现如图 5.7(b)所示的结构，会产生一个 3 度点，矛盾。所以C上至少有两个顶点v与w，至少有两条边向外关联。于是，C上的顶点v与w的度数至少均为 6，因此，对 vw 实施 φ_7 的逆运算，不会破坏最小度的条件。在所得图 G' 中，分离 3-圈 C 已被破坏，且新产生的边不可能生产一个新的分离 3-圈。故 G' 中分离 3-圈的数目比 G 中的少，并且 G 可由对 G' 实施运算 φ_7 生成。

②的证明：对任意一个最小度为 5 的 4-连通极大平面图 G，假设它没有分离 3-圈，但含至少一个分离 4-圈，并设 C 是 G 的一个最深分离 4-圈。

由最深分离 4-圈的定义，C 上的每个顶点至少与其内部的两条边关联，如图 5.8(a)所示。圈 C 的对角顶点不可能相邻，否则会产生分离 3-圈，或 C 的外部没有顶点，与 C 为分离 4-圈矛盾。C 上的每个顶点至少有一条边向外关联。如果 C 上有两个相邻的顶点都恰与一条 C 外部的边关联，则圈 C 的外部有一个 4 度顶点或有一个分离 3-圈，矛盾。所以，C 上至少存在两个顶点 v 与 w，都至少与两条 C 外部的边关联。

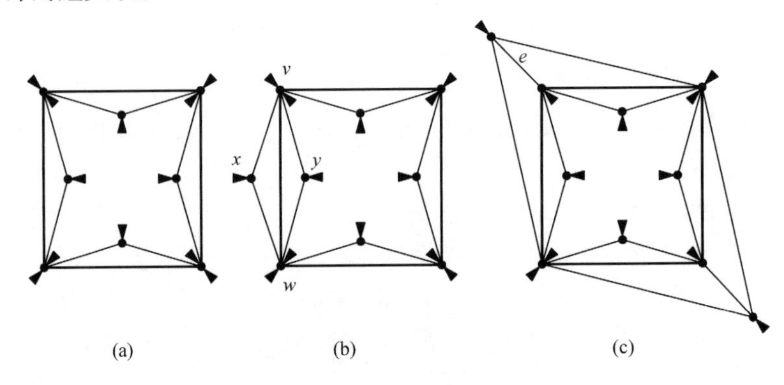

图 5.8　分离 4-圈的可能情况

假设 v 和 w 是 C 上的两个相邻顶点，如图 5.8(b)示。圈 C 外部的顶点 x 和 C 内部的顶点 y，都不与 C 上其余的两个顶点相邻，否则会存在一个分离 3-圈。因此，实施 φ_7，用边 xy 替换边 vw，破坏了分离 4-圈 C。如果生成新的分离 4-圈 C'，则 C' 在顶点 v 或 w 处穿过 C，不妨设为 v，此时 v，x 和 C 外一顶点形成图 G 的一个分离 3-圈，矛盾。所以，在满足题设条件下，φ_7 减少了分离 4-圈的数目。

若 C 上对角顶点都恰与一条 C 外部边关联，其他顶点与至少两条 C 外部边关联，如图 5.8(c)所示。实施 φ_4 的逆运算收缩边 e，生成一个阶数更小的图，且不产生新的分离 3-圈。 ■

定理 5.5(Brinkman 和 McKay[7]) ①对正二十面体实施 φ_4,φ_5 和 φ_7^5，可生成 $\delta=5$ 的 5-连通极大平面图。② 对正二十面体实施 φ_4,φ_5 和 φ_7^4，可生成 $\delta=5$ 的 4-连通极大平面图。

证明　基于定理 5.3，每一个不能通过 φ_4 或 φ_5 的逆运算降阶的图 G，都可通过 φ_6 的逆运算降阶，所以 G 必包含图 5.4 中左边的结构。对其实施 φ_7^5 的逆运算，不产生分离 4-圈，运算后所得到的图与原来的图性质相同，如图 5.9 所示，这为实施 φ_5 的逆运算提供了条件。因此，每一个包含这种结构的 $\delta=5$ 的 5-连通极大平面图，都可通过对一个阶数较小的 $\delta=5$ 的 5-连通极大平面图先实施运算 φ_5，再实施运算 φ_7^5 生成。情况①成立。

根据情况①和定理 5.4②，情况②成立。■

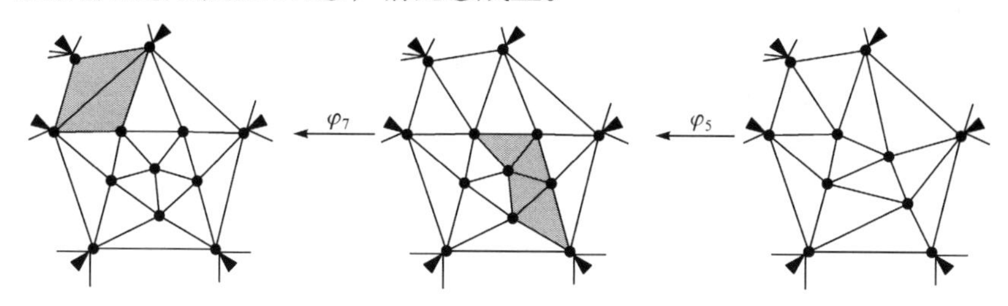

图 5.9　用运算 φ_5 及 φ_7 替换运算 φ_6

定理 5.6(Brinkmann 和 McKay[7])　对正二十面体实施运算 φ_4,φ_5 和 φ_7，可生成 $\delta=5$ 的 3-连通极大平面图。

证明　基于定理 5.5，$\delta=5$ 的 4-连通极大平面图和 5-连通极大平面图，可通过运算 φ_4,φ_5 和 φ_7 生成。又由定理 5.4①，$\delta=5$ 的 3-连通极大平面图，可通过对 $\delta=5$ 的 4-连通极大平面图实施 φ_7 生成。■

5.4　递归生成 $\delta\geqslant 4$ 的极大平面图

1984 年，Batagelj[6]给出了 $\delta\geqslant 4$ 的极大平面图的递归生成运算系统，其初始对象是正八面体，即含顶点数最少的 $\delta\geqslant 4$ 的极大平面图。该运算系统记为 $\langle Z_8;\Phi=\{\varphi_4',\varphi_8\}\rangle$，其中 Z_8 表示正八面体；运算 φ_4' 与图 5.3 中给出的运算 φ_4 类似，只是对图结构要求不同，中间点右边部分的度数为 1 或 2，且不需限制两端点的度数大于等于 5，如图 5.10(a)所示；φ_8 如图 5.10(b)所示。

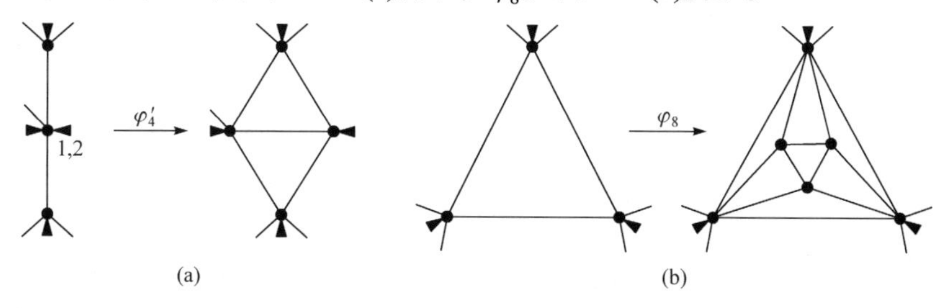

图 5.10　$\delta\geqslant 4$ 极大平面图的两个生成算子

定理 5.7(Batagelj[6])　对正八面体实施运算 φ_4' 和 φ_8，可生成 $\delta\geqslant 4$ 的极大平

面图。

证明 只需给出对任意不含 3 度顶点的极大平面图 G (不是正八面体)，可通过 φ_4' 或 φ_8 的逆运算得到一个阶数较小且不含 3 度顶点的极大平面图。

由欧拉公式可知，每个极大平面图中一定存在度数小于 6 的顶点。设 x 是图 G 中度数最小的顶点，则 $d(x)=4$ 或 $d(x)=5$ 。分下面两种情况进行讨论：

情况 1 $d(x)=4$，此时，x 的邻点如图 5.11(a)所示。讨论 x 邻点度数的情况。

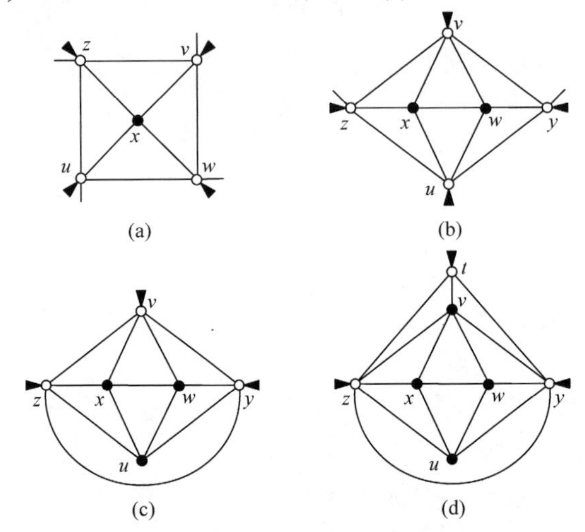

图 5.11 $d(x)=4$ 时的情况

情况 1.1 顶点 x 的 4 个邻点的度数至少为 5，如图 5.11(a)所示。边 uv 和 zw 中至少有一条边不属于图 G 。由对称性，不妨设边 uv 不属于图 G，因此能够对 G 实施基于边 xv 的 φ_4' 的逆运算，从而得到一个阶数较小且不含 3-顶点的极大平面图。

情况 1.2 顶点 x 至少有一个邻点的度数是 4，不妨设为 w，如图 5.11(b)所示。若顶点 u 和 v 是两个度数至少为 5 的顶点，则可对 G 实施基于边 xw 的 φ_4' 的逆运算。否则，若顶点 u 和 v 中有一个度数为 4，设为 u，如图 5.11(c)所示。若顶点 v, z 和 y 的度数均至少为 6，则可对 G 实施基于三角形面 Δxwu 的 φ_8 的逆运算。若存在度数小于 6 的顶点，则 v, z 和 y 中至少有一个 5 度顶点，否则 G 是正八面体。不妨设 v 为 5 度顶点，如图 5.11(d)所示，则可对 G 实施基于边 vt 的 φ_4' 的逆运算。

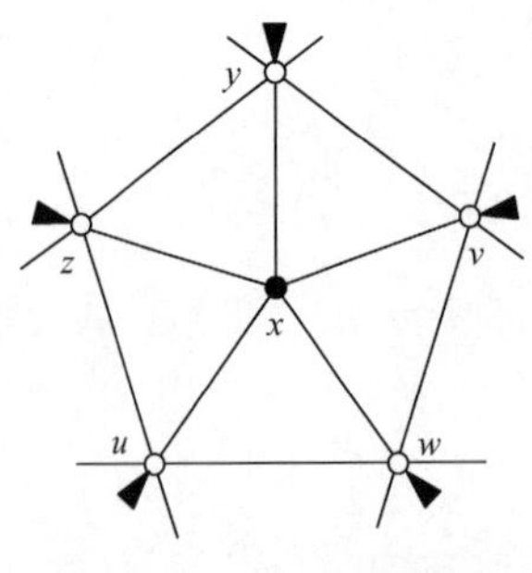

图 5.12 $d(x)=5$ 的情况

情况 2 $d(x)=5$，如图 5.12 所示，邻点 u, w, v, y, z 中存在至少一个顶点，其左右两个顶点在 G 中不相邻。否则，若 yu 或 yw 是图 G 的一条边，则 zw 和 zv 不是图 G 的边，矛盾。由对称性，假设边 yu 和 yw 均不是图 G

的边，此时，可以对 G 实施基于边 xy 的 φ_4' 的逆运算。

综上所述，定理成立。■

2005 年，Brinkmann 和 McKay[7]对 Barnette、Butlery 及 Batagelj 的工作进行更为细致的研究，提出了构造 $\delta=5$ 极大平面图的有效方法，给出上述 4 种算子 $\varphi_4,\varphi_5,\varphi_6,\varphi_7$ 生成含分离 3-圈，分离 4-圈，以及分离 5-圈的 $\delta=5$ 的极大平面图的情况及相应算法。Brinkmann 和 McKay 用构造性的方法给出了 12～40 阶所有 $\delta=5$ 的极大平面图的个数，其中 $\delta=5$ 的 40-阶 3-连通, 4-连通, 5-连通极大平面图各有 8469193859271, 7488436558647, 5925181102878 个。

5.5　偶极大平面图的递归生成

本节介绍偶极大平面图的递归生成运算。首先给出偶极大平面图的定义。如果一个极大平面图中所有顶点的度数均为偶数，则称这个极大平面图为**偶极大平面图**。

1984 年，Batagelj[6]给出了偶极大平面图的递归生成运算系统，记为 $\langle Z_8;\Phi=\{\varphi_9,\varphi_{10}\}\rangle$，其初始对象是正八面体，即含顶点数最少的偶极大平面图，两个算子 φ_9 和 φ_{10} 如图 5.13 所示。

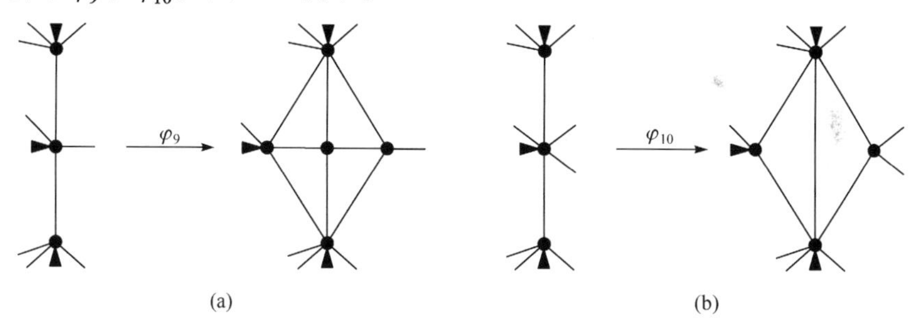

图 5.13　偶极大平面图的两个生成算子

定理 5.8(Batagelj[6])　任一偶极大平面图可由正八面体通过实施运算 φ_9 和 φ_{10} 生成。

证明　只需证明对任意偶极大平面图 G (不是正八面体)，可通过 φ_9 或 φ_{10} 的逆运算得到一个阶数较小的偶极大平面图。

由欧拉公式可知，每一个偶极大平面图中至少含 4 个 4 度顶点。设 x 为 G 的一个 4 度顶点，其邻点 u, w, v, z 按照逆时针方向排列，如图 5.14(a)所示。考虑如下两种情况：

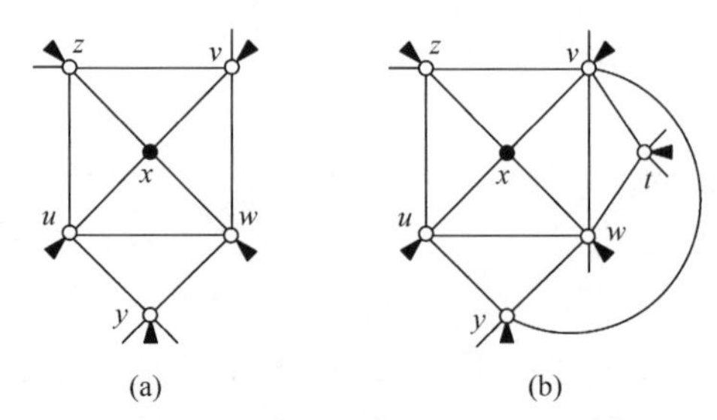

图 5.14　x 的所有邻点至少为 6 度的情况

情况 1　u, w, v, z 的度数均至少为 6。设 y 为 u 和 w 的另一个公共邻点，t 为 w 和 v 的另一个公共邻点。

若 $yv \notin E(G)$，且 $yz \notin E(G)$，则可对 G 实施基于四边形 $xuyw$ 的 φ_{10} 的逆运算。否则，由对称性，设 $yv \in E(G)$，如图 5.14(b)所示，$tz \notin E(G)$，且 $tu \notin E(G)$，可以对 G 实施基于四边形 $xwtv$ 的 φ_{10} 的逆运算。

情况 2　u, w, v, z 中至少有一个 4 度顶点，不妨设 $d(w)=4$。

情况 2.1　顶点 x 和 w 的共同邻点 u 和 v 中至少有一个为 4 度顶点，不妨设为 u，如图 5.15(a)所示。因为 G 不是正八面体，故顶点 z 和 v 的度数至少为 6，可对 G 实施基于四边形 $xvtz$ 的 φ_{10} 的逆运算，其中 t 为顶点 v, z 的另一个公共邻点。

情况 2.2　顶点 x 和 w 的共同邻点 u 和 v 的度数至少为 6。考虑以下三种可能的情况。

情况 2.2.1　顶点 w 和 z 的公共邻点只有顶点 x, u 和 v，则顶点 w 和 z 之间的每条不经过 x, u 或 v 的路至少有两个内部顶点。此时，可以对 G 实施基于四边形 $zuwv$ 的 φ_9 的逆运算，其中被收缩的两个顶点是 w 和 z。

情况 2.2.2　wz 是图 G 的边，如图 5.15(b)所示。因为 $d(u) \geqslant 6$，会导致 $d(w) \geqslant 5$，矛盾。

情况 2.2.3　除了顶点 x,u 和 v 外，顶点 w 和 z 还有一个公共邻点 t，如图 5.15(c)所示。此时，可以对 G 实施基于四边形 $vwty$ 的 φ_{10} 的逆运算。

综上所有情况，定理 5.8 成立。■

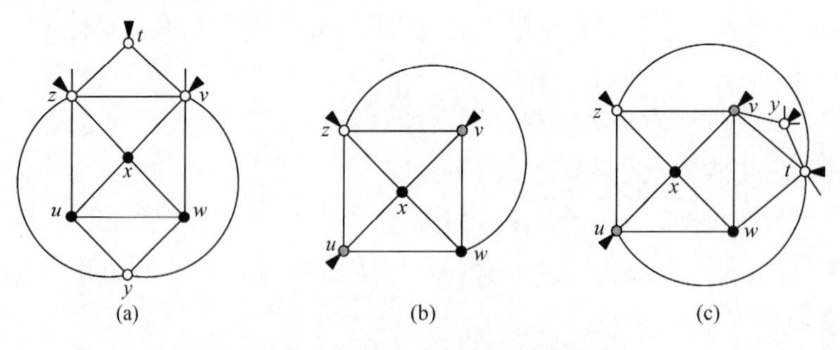

图 5.15　x 至少有一个 4-邻点的情况

注意，如图 5.16 所示的两个极大平面图表明运算 φ_9 和 φ_{10} 是独立的。φ_{10} 的逆运算不能在左边的极大平面图中实施，因为图中不存在两个相邻的度数均至少为 6 的顶点；φ_9 的逆运算不能在右边的极大平面图中实施，因为图中不存在两个相邻的 4 度顶点。

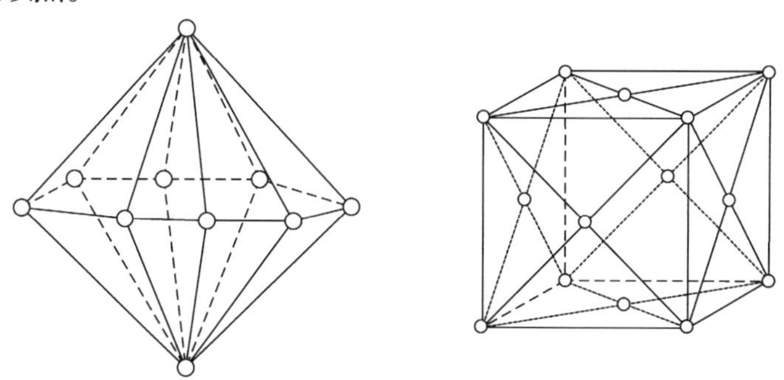

图 5.16　不能实施 φ_9 或 φ_{10} 的逆运算的两个极大平面图

5.6　最小度为 5 阶数≤19 极大平面图

基于 5.3 节关于最小度为 5 的极大平面图的构造方法，我们构造出了阶数为 12～19 的 $\delta=5$ 的所有极大平面图，以供有兴趣的读者研究之用[8]。

图 5.17 是部分最小度为 5 的极大平面图的结构，其中 n 表示阶数，括号内为图的度序列。

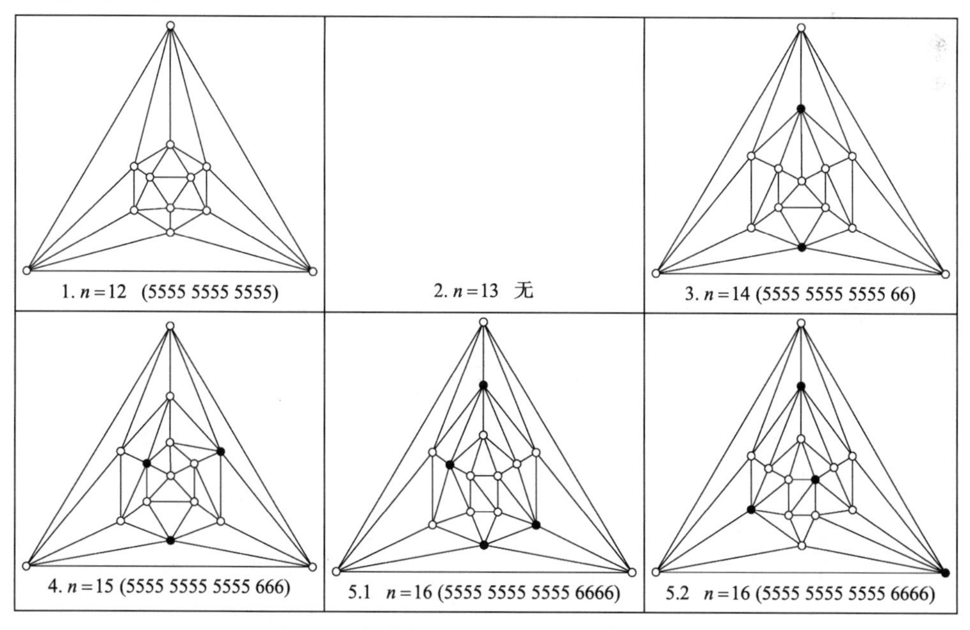

图 5.17　部分最小度为 5 的极大平面的结构

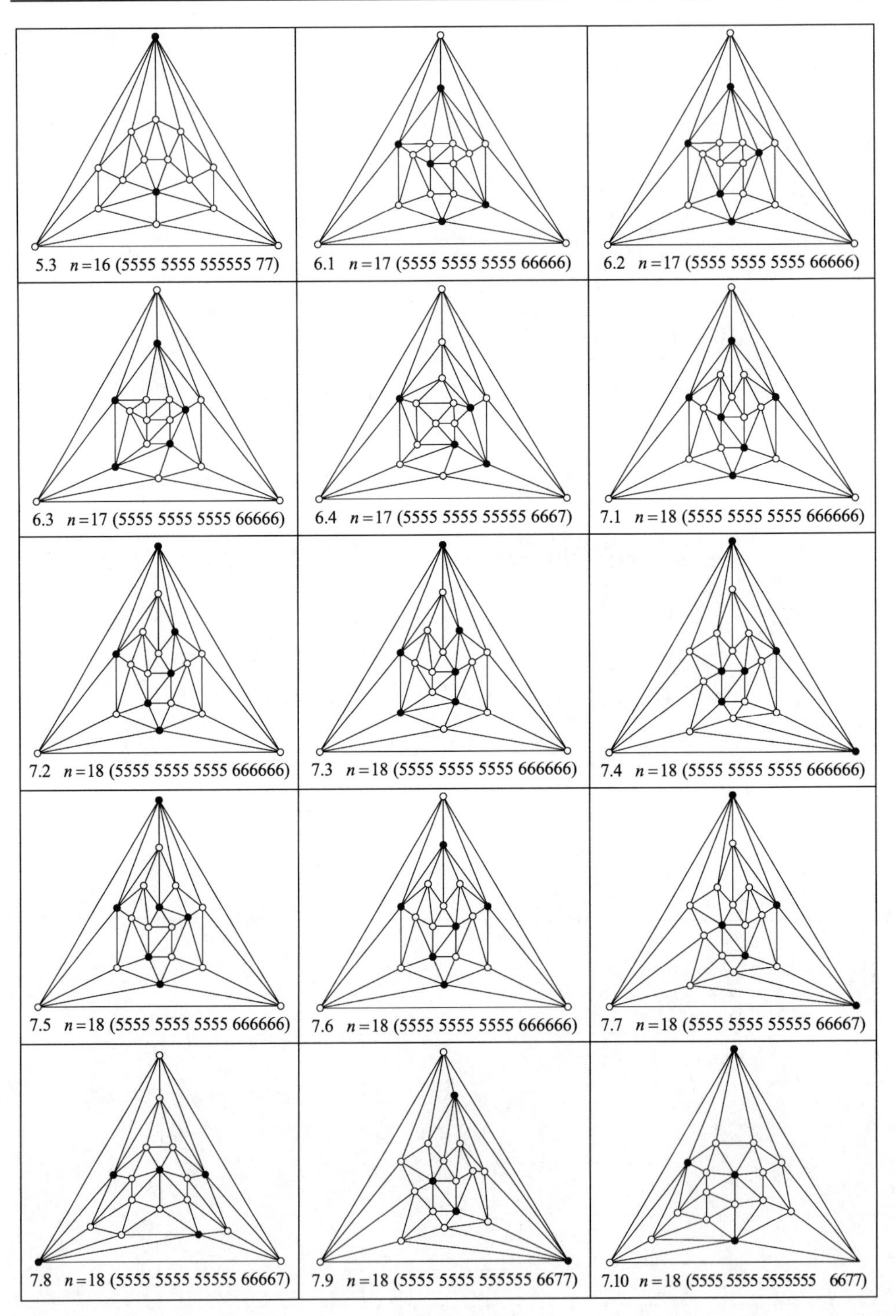
5.3　n=16 (5555 5555 555555 77)
6.1　n=17 (5555 5555 5555 66666)
6.2　n=17 (5555 5555 5555 66666)
6.3　n=17 (5555 5555 5555 66666)
6.4　n=17 (5555 5555 55555 6667)
7.1　n=18 (5555 5555 5555 666666)
7.2　n=18 (5555 5555 5555 666666)
7.3　n=18 (5555 5555 5555 666666)
7.4　n=18 (5555 5555 5555 666666)
7.5　n=18 (5555 5555 5555 666666)
7.6　n=18 (5555 5555 5555 666666)
7.7　n=18 (5555 5555 55555 66667)
7.8　n=18 (5555 5555 55555 66667)
7.9　n=18 (5555 5555 555555 6677)
7.10　n=18 (5555 5555 5555555　6677)

图 5.17(续)

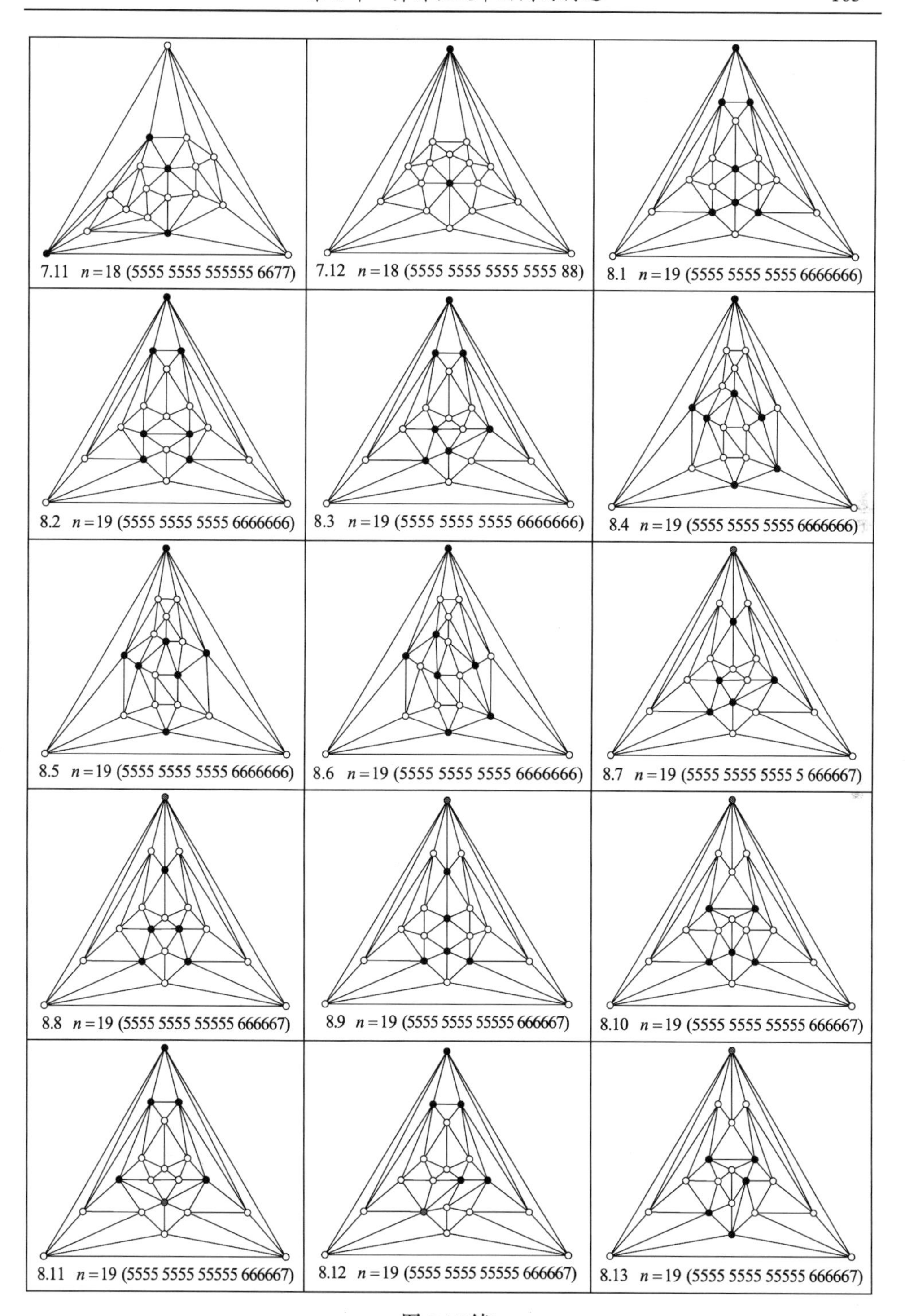
7.11 n=18 (5555 5555 555555 6677)
7.12 n=18 (5555 5555 5555 5555 88)
8.1 n=19 (5555 5555 5555 6666666)
8.2 n=19 (5555 5555 5555 6666666)
8.3 n=19 (5555 5555 5555 6666666)
8.4 n=19 (5555 5555 5555 6666666)
8.5 n=19 (5555 5555 5555 6666666)
8.6 n=19 (5555 5555 5555 6666666)
8.7 n=19 (5555 5555 5555 5 666667)
8.8 n=19 (5555 5555 55555 666667)
8.9 n=19 (5555 5555 55555 666667)
8.10 n=19 (5555 5555 55555 666667)
8.11 n=19 (5555 5555 55555 666667)
8.12 n=19 (5555 5555 55555 666667)
8.13 n=19 (5555 5555 55555 666667)

图 5.17(续)

参 考 文 献

[1] Eberhard V. Zur morphologie der polyeder. BG Teubner, 1891.
[2] Bowen R, Fisk S. Generations of triangulations of the sphere. Mathematics of Computation, 1967, 21(98): 250-252.
[3] Barnette D. On generating planar graphs. Discrete Mathematics, 1974, 7(3-4): 199-208.
[4] Butler J W. A generation procedure for the simple 3-polytopes with cyclically 5-connected graphs. Candian Journal of Mathematics, 1974, 26(3): 686-708.
[5] Batagelj V. An inductive definition of the class of all triangulations with no vertex of degree smaller than 5//Proceedings of the Fourth Yugoslav Seminar on Graph Theory, Novi Sad, 1983: 15-24.
[6] Batagelj V. Inductive definition of two restricted classes of triangulations. Discrete Mathematics, 1984, 52(2-3): 113-121.
[7] Brinkmann G, McKay B D. Construction of planar triangulations with minimum degree 5. Discrete Mathematics, 2005, 301(2-3): 147-163.
[8] 朱恩强. 可树着色极大平面图相关理论的研究[博士研究生论文]. 北京：北京大学, 2015.

第 6 章　极大平面图的生成运算系统

第 4、5 章中分别给出了同阶、异阶及最小度为 5 的极大平面图的构造方法。本章给出一种异于这两章的构造方法——生成运算系统[1]。该构造系统的特点是：有机地将结构与着色融在一起，自然有助于四色猜想的最终数学证明。

6.1　极大平面图的基本扩缩运算系统

本节给出极大平面图基本扩缩运算系统，它由运算对象与基本算子两个部分构成，其中运算对象是极大平面图，基本算子有 4 对：扩 i-轮运算及逆运算缩 i-轮运算，$i=2,3,4,5$。该运算系统的基本功能是：以 K_4 作为初始运算对象，通过反复使用 4 种基本扩轮运算，可以生成任意一个给定的极大平面图。

扩 2-轮运算的步骤为：①在某条边 uv 的两端点之间再连接一条边，使其产生 2 重边，即产生 2-圈；②在该 2-圈内部添加一个新的顶点 x，并令 x 与 2-圈的两顶点 u 与 v 相连边，产生一个 2-轮。**缩 2-轮运算**的作用对象子图是一个 2-轮。其步骤是：①删除该 2-轮的轮心及相关联的两条边；②删除 2 重边中的一条。扩 2-轮与缩 2-轮的运算过程见图 6.1 所示。扩 2-轮运算在极大平面图中的对象子图是一条边，如图 6.2(a)所示。

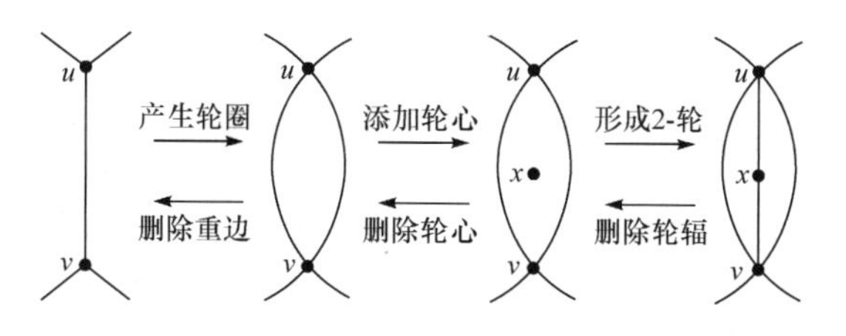

图 6.1　扩缩 2-轮运算过程示意图

扩 3-轮运算：在极大平面图的某一个面上加入一个顶点 x，并让 x 与构成该面的 3 个顶点相连边。因此，扩 3-轮运算在极大平面图中的对象子图是一个三角形，如图 6.2(b)所示。**缩 3-轮运算**：将某个 3 度顶点及与该顶点相关联的边删去。

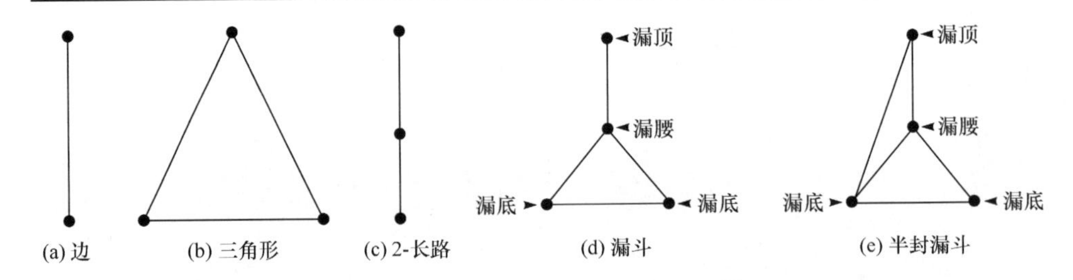

图 6.2　基本扩轮运算的 4 个对象子图及半封漏斗子图

扩 4-轮运算的步骤为：①在极大平面图中某条 2-长路 $P_3 = v_1v_2v_3$ 上，从顶点 v_1 出发，沿着 $v_1 \to v_2 \to v_3$ 方向，从边-点-边的内部划开，即将边 v_1v_2，顶点 v_2 及边 v_2v_3 从中间划开，使得顶点 v_2 变成两个顶点，分别记作 v_2 与 v_2'；v_1v_2 与 v_2v_3 均变成了两条边，分别是 v_1v_2 与 v_1v_2'，v_2v_3 与 $v_2'v_3$，原来在 P_3 左侧与 v_2 关联的边变成与 v_2 关联，原来在 P_3 右侧与 v_2 关联的边变成与 v_2' 关联，从而保持平面性，该过程如图 6.3 中第 1 个到第 4 个图所示。②在顶点 v_1,v_2',v_3,v_2 这 4 个顶点形成的 4-圈内增加一个新顶点 x，并将 x 分别与顶点 v_1,v_2',v_3,v_2 相连边，如图 6.3 中的第 5 个图所示。**缩 4-轮运算**：在极大平面图中，将某 4 度顶点以及与它关联的边均删去，并对该顶点邻域中的某一对不相邻的顶点实施收缩运算，其过程如图 6.3 中第 5 个到第 1 个图所示。

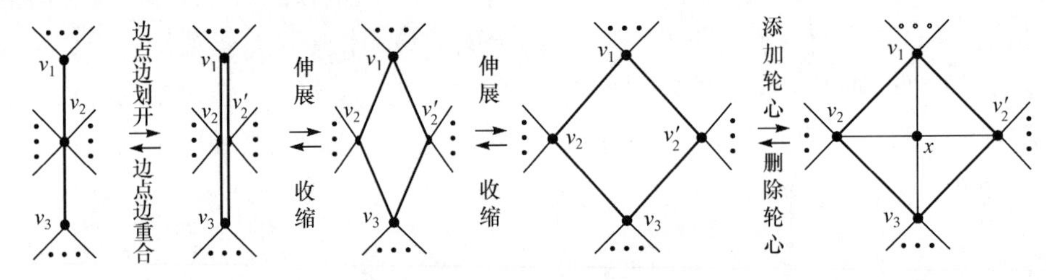

图 6.3　扩缩 4-轮运算的示意图

把图 6.2(d)所示的图称为**漏斗**，它是极大平面图中施行扩 5-轮运算的对象子图，其中度数为 1 的顶点称为**漏顶**；度数为 3 的顶点称为**漏腰**；两个度数为 2 的顶点称为**漏底**。若一个图的顶点导出子图是漏斗，则该子图称为**漏斗子图**。在漏斗上给漏顶与一个漏底连边所形成的图称为**半封漏斗**，如图 6.2(e)所示。若在一个极大平面图中由 4 个顶点导出的子图是半封漏斗，则称该子图为**半封漏斗子图**。半封漏斗子图是构造子孙图与祖先图的一个对象子图。

扩 5-轮运算的步骤如图 6.4 所示，其步骤为：①对极大平面图中某漏斗子图 $L = v_1 - \Delta v_2v_3v_4$，从顶点 v_1 出发，沿着 $v_1 \to v_2$ 方向，从边-点内部划开，即将边 v_1v_2，顶点 v_2 从中间划开，使得顶点 v_2 变成两个顶点，分别记作 v_2 与 v_2'；

v_1v_2 变成了两条边，分别是 v_1v_2 与 v_1v_2'；原来在 L 左侧与 v_2 关联的边变成与 v_2 关联，原来在 L 右侧与 v_2 关联的边变成与 v_2' 关联，从而保持平面性，该过程如图 6.4 中第 1 个到第 4 个图所示。②在顶点 v_1,v_2',v_3,v_4,v_2 这 5 个顶点形成的 5-圈内增加一个新顶点 x，并将 x 分别与顶点 v_1,v_2',v_3,v_4,v_2 相连边，如图 6.4 中的第 5 个图示。**缩 5-轮运算**：在极大平面图中，将某 5 度顶点及与它关联的边均删去，并对该顶点邻域中的某一对不相邻的顶点实施收缩运算即可，其过程如图 6.4 中第 5 个到第 1 个图所示。

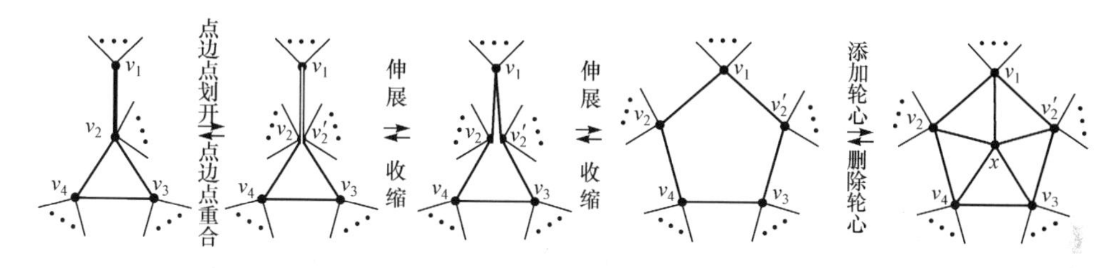

图 6.4　扩缩 5-轮运算的示意图

以上给出了基本扩缩运算系统的 8 种运算(或算子)，用 $\Psi=\{\zeta_2^-,\zeta_2^+,\zeta_3^-,\zeta_3^+,\zeta_4^-,\zeta_4^+,\zeta_5^-,\zeta_5^+\}$ 来表示。我们把其中的 $\zeta_2^-,\zeta_2^+,\zeta_3^-,\zeta_3^+$ 均称为**过程运算**，把 $\zeta_4^-,\zeta_4^+,\zeta_5^-,\zeta_5^+$ 称为**终结运算**。用 $\zeta_i^-(G)$ 表示在极大平面图 G 中缩 i-轮运算后得到的图，用 $\zeta_i^+(G)$ 表示在极大平面图 G 中扩 i-轮运算后得到的图。在不考虑缩或扩 i-轮运算中 i 值大小时，分别用 $\zeta^-(G)$ 与 $\zeta^+(G)$ 来代替 $\zeta_i^-(G)$ 与 $\zeta_i^+(G)$；用 $\zeta^{2-}(G)$ 表示对 $\zeta^-(G)$ 实施 1 次缩轮运算，或对 G 实施 2 次缩轮运算后所得之图；用 $\zeta^{m-}(G)$ 表示对 G 实施 m 次缩轮运算后所得之图；同理，用 $\zeta^{m+}(G)$ 表示对 G 实施 m 次扩轮运算后所得之图。

显然，对于一个最小度 ⩾ 4 且非可分的极大平面图，只经过 1 次扩轮或缩轮运算，所得之图 $\zeta^+(G)$ 与 $\zeta^-(G)$ 虽然均为极大平面图，但 $\zeta^+(G)$ 与 $\zeta^-(G)$ 的最小度可能为 2 度或 3 度，也可能是可分图。无论 $\zeta^+(G)$ 与 $\zeta^-(G)$ 的最小度是多少，下列结论是成立的：

定理 6.1　设 G 是一个最小度 ⩾ 4 的极大平面图，且 G 的阶数为 n，则

$$\left|\zeta_2^-(G)\right|=\left|\zeta_3^-(G)\right|=\left|V(G)\right|-1=n-1 \tag{6.1}$$

$$\left|\zeta_4^-(G)\right|=\left|\zeta_5^-(G)\right|=\left|V(G)\right|-2=n-2 \tag{6.2}$$

证明略。■

6.2　多米诺扩缩运算系统

6.2.1　连续扩缩运算与多米诺扩缩运算

上节给出了4对基本扩缩运算。基本扩缩运算系统是一种用于构造极大平面图的运算系统，更确切地讲，是一种能有机地将着色与结构相融合的极大平面图的构造方法。在基本扩缩运算系统中，基于K_4可构造出任一极大平面图。因此，一般需要实施多次扩缩运算方能实现，我们把连续多次实施扩缩运算也称为**连续扩缩运算**。

如前面所述，本章主要考虑最小度$\geqslant 4$的极大平面图。因此，当通过1次扩或缩运算所得之图$\zeta^{+}(G)$或$\zeta^{-}(G)$含有2度或3度顶点时，需要继续实施扩或缩运算，直到所得之极大平面图的最小度$\geqslant 4$，或为K_4。

设G是一个最小度$\geqslant 4$的极大平面图。W_4(或W_5)是它的一个4-轮(或5-轮)。对W_4(或W_5)实施缩4-轮(或5-轮)运算，若$\zeta^{-}(G)$的最小度$\geqslant 4$，则本次缩轮运算结束，并把此运算称为一次**多米诺缩轮运算**；若$\zeta^{-}(G)$中含有2度或3度顶点，则实施缩2-轮或缩3-轮运算。若所得之图$\zeta^{2-}(G)$的最小度$\geqslant 4$，则本次缩轮运算结束，并把此连续2次缩轮运算称为一次**多米诺缩轮运算**；若$\zeta^{2-}(G)$中含有2度或3度顶点，则继续实施缩2-轮或缩3-轮运算，若缩轮之后仍含2度或3度顶点，则仍继续进行缩2-轮或缩3-轮运算。如此步骤，不断重复(设总共实施了m次缩轮运算)，则可能出现两种情况：①m次缩轮运算之后所得之极大平面图$\zeta^{m-}(G)$的最小度$\geqslant 4$，对此情况，我们把这连续m次缩轮运算称为一次**多米诺缩轮运算**；②$\zeta^{m-}(G)\cong K_4$，则称G为**可多米诺极大平面图**。如图6.5(a)给出了一个9-阶可多米诺极大平面图，对粗线所标的4-轮实施缩4-轮运算，其中u和v为收缩点，所得$\zeta^{-}(G)$如图6.5(b)所示，$\zeta^{-}(G)$含两个2度顶点，因此分别对这两个2度顶点实施缩轮运算，所得$\zeta^{3-}(G)$含3度顶点，于是继续实施缩3-轮运算。如此反复，直到所得之图的最小度$\geqslant 4$或者为K_4，其过程如图6.5(b)～(d)所示。

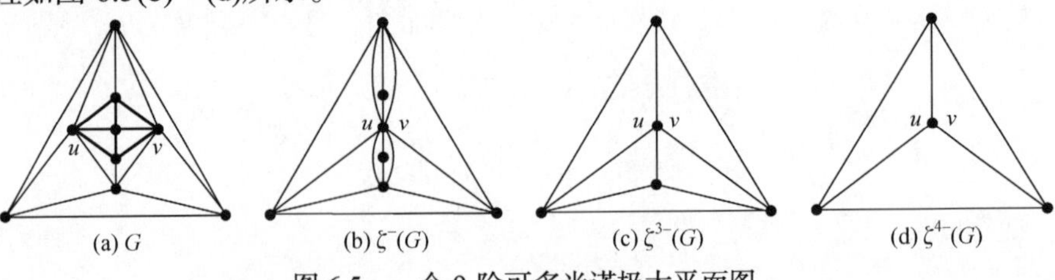

图6.5　一个9-阶可多米诺极大平面图

设 G 是一个最小度≥4 的极大平面图，P_3(或 L)是它的一条 2-长路(或漏斗子图)，则对 G 实施基于 P_3(或 L)的扩 4-轮(或扩 5-轮)运算所得之图 $\zeta^{+}(G)$ 过程为一次**多米诺扩轮运算**。若对 G 首先实施扩 2-轮或扩 3-轮运算，则所得之图 $\zeta^{+}(G)$ 含 2 度或 3 度顶点，需继续对 $\zeta^{+}(G)$ 实施扩轮运算；若所得之图 $\zeta^{2+}(G)$ 的最小度≥4，则把这 2 次的扩轮运算称为一次**多米诺扩轮运算**。若 $\zeta^{2+}(G)$ 中含有 2 度或 3 度顶点，则继续实施扩轮运算；若扩轮之后仍含 2 度或 3 度顶点，则仍继续进行扩轮运算。如此步骤，不断重复，若 m 次扩轮运算之后所得之极大平面图 $\zeta^{m+}(G)$ 的最小度≥4，则我们把这连续 m 次的扩轮运算称为一次**多米诺扩轮运算**。关于多米诺扩轮运算的实例在 6.2.2 节中给出。

6.2.2　轮心数≤3 的多米诺扩缩运算与多米诺构形

对于一个最小度≥4的极大平面图 G，经过 m 次连续扩轮运算构成的一次多米诺扩轮运算后所得之图 $\zeta^{m+}(G)$，G 与 $\zeta^{m+}(G)$ 之间结构的变化与一种称为多米诺构形的子图有关。下面，我们根据 $m=1,2,3$ 的情况来详细分析多米诺构形。

若 $m=1$，则 $\zeta^{+}(G)$ 由扩 4-轮或扩 5-轮运算获得，将扩轮的轮心及其邻域构成顶点子集的导出子图，即 4-轮 W_4 与 5-轮 W_5 均称为**多米诺构形**。这两个构形的外圈分别为 4-圈与 5-圈，其中扩轮前对象子图分别为 2-长路与漏斗子图，如图 6.6 所示。设 $\zeta^{+}(G)$ 是一个最小度≥4的极大平面图，$W_4=x-v_1v_2v_3v_2'$ 是一个如图 6.6(a)所示的 4-轮，它满足：$d_{\zeta^{+}(G)}(v_1), d_{\zeta^{+}(G)}(v_3)\geq 6$，则对 W_4 实施基于点对 $\{v_2,v_2'\}$ 的缩 4-轮运算后的图记作 G，显然 $\delta(G)\geq 4$，故从 $\zeta^{+}(G)$ 到 G 的缩轮运算是一次多米诺缩轮运算，将 $\zeta^{+}(G)$ 中的 W_4 称为**多米诺构形**。

同理，若 $W_5=x-v_1v_2v_3v_4v_2'$ 是 $\zeta^{+}(G)$ 的一个 5-轮，且 $d_{\zeta^{+}(G)}(v_1)\geq 6$，$d_{\zeta^{+}(G)}(v_3), d_{\zeta^{+}(G)}(v_4)\geq 5$，则对 W_5 实施基于点对 $\{v_2,v_2'\}$ 的一次缩 5-轮运算是一个多米诺缩轮运算，将 $\zeta^{+}(G)$ 中的 W_5 称为**多米诺构形**，如图 6.6(b)所示。

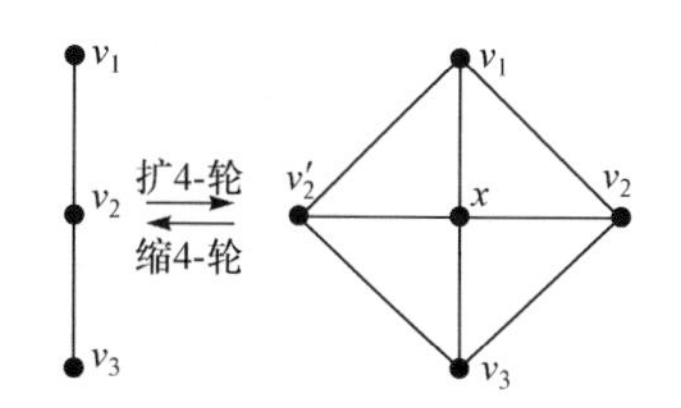

(a) 扩4-轮运算得到的外圈为 C_4 的多米诺构形

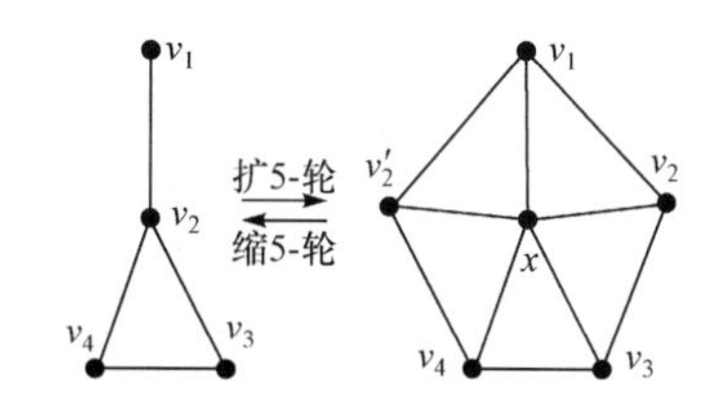

(b) 扩5-轮运算得到的外圈为 C_5 的多米诺构形

图 6.6　含一个轮心的两个多米诺构形

若$m=2$，则$\zeta^{2+}(G)$可由扩 24-轮(即先实施扩 2-轮，再实施扩 4-轮的运算，其余定义类似)、扩 34-轮、扩 25-轮及扩 35-轮运算(两种：**Ⅰ-型扩 35-轮**，即扩 3-轮的轮心是扩 5-轮的漏顶；**Ⅱ-型扩 35-轮**，即扩 3-轮的轮心是扩 5-轮的漏底)获得。将扩轮过程中的两个轮心及其邻域构成顶点子集的导出子图称为**多米诺构形**，其中扩轮前的对象子图分别为 2-长路、漏斗子图和**哑铃子图**(即有一个公共顶点的两个三角形构成的子图)，如图 6.7 所示。

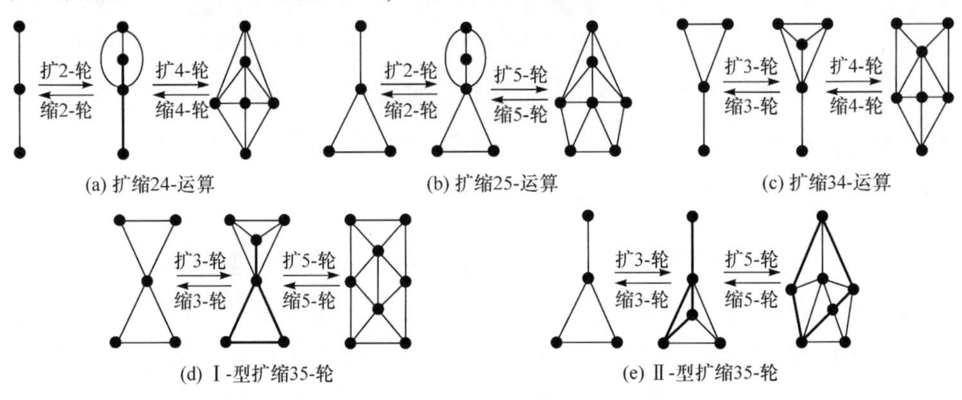

图 6.7　含两个轮心的多米诺构形

注　扩 25-轮、扩 34-轮和Ⅱ-型扩 35-轮所得之多米诺构形相同。因此，含两个轮心的多米诺构形**共有 3 个**。

类似于图 6.6 中关于多米诺缩轮运算的讨论，含有两个轮心的扩轮运算的逆运算共有五个：缩 24-轮运算、缩 25-轮运算、缩 34-轮运算、Ⅰ-型缩 35-轮运算与Ⅱ-型缩 35-轮运算，如图 6.7 所示。易推出这五种多米诺缩轮运算的必要条件。如缩 24-轮运算的必要条件是构形的外圈上非收缩顶点的度数均$\geqslant 6$。

若$m=3$，则$\zeta^{3+}(G)$可能是由下列扩轮运算获得：扩 224-轮运算；扩 234-轮运算；两种扩 334-轮(一种是两个扩 3-轮轮心不相邻的情况，如图 6.8(c)所示，称为**不相邻型的扩 334-轮**；另一种是两个扩 3-轮轮心相邻的情况，如图 6.8(d)所示，称为**相邻型的扩 334-轮**)；两种扩 235-轮运算(一种是扩 2-轮与扩 3-轮的两个轮心相邻的情况，如图 6.8(e)所示，称为**相邻型的扩 235-轮**；另一种是扩 2-轮与扩 3-轮的两个轮心不相邻的情况，如图 6.8(f)所示，称为**不相邻型的扩 235-轮**)；三种扩 335-轮运算(一种是不相邻型的扩 335-轮，如图 6.8(g)所示；一种是**非对称相邻型**，如图 6.8(h)所示；另一种是**对称相邻型**，如图 6.8(i)所示)；我们把扩轮过程中的三个轮心及其邻域构成的顶点子集的导出子图，均称为**多米诺构形**。图 6.8 所示的 9 个多米诺构形中，扩轮前的对象子图有三种类型：2-长路、漏斗子图和哑铃子图。把不相邻型的扩 334-轮运算称为**哑铃变换**，在后面的纯树着色研究中起关键作用[2]，这方面更详细研究见第 8 章。

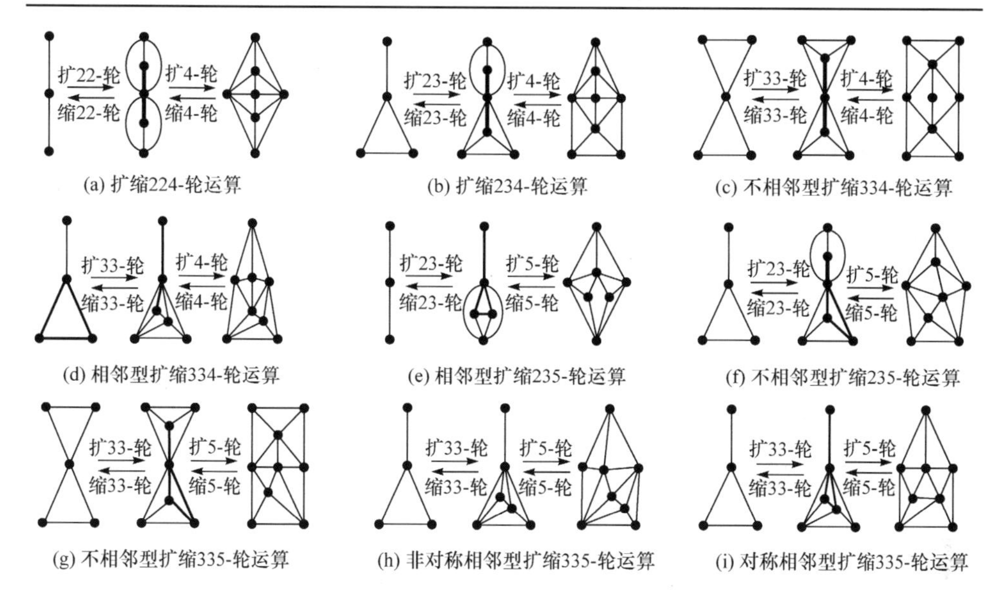

图 6.8　含 3 个轮心的 7 个多米诺构形

注　图 6.8 给出了 9 个含 3 个轮心的扩轮运算，但其中的相邻型扩 334-运算与扩 235-运算所得的多米诺构形相同；扩 234-运算与非对称相邻型扩 335-运算所得之多米诺构形相同。因此，含 3 个轮心的多米诺构形**共有 7 个**。

类似前面含 1 和 2 个轮心的缩轮运算，含 3 个轮心的缩轮运算共 9 个，分别是：缩 224-轮运算、缩 234-轮运算、不相邻型缩 334-轮运算、相邻型缩 334-轮运算、相邻型缩 235-轮运算、不相邻型缩 235-轮运算、不相邻型缩 335-轮运算、非对称相邻型缩 335-轮运算、对称相邻型缩 335-轮运算，如图 6.8 所示。易推出这 9 种多米诺缩轮运算的必要条件。这里不再赘述。

综上所述，含 1～3 个轮心的多米诺构形共有 12 个，为方便，我们把从图 6.6～6.8 中的全部 12 个多米诺构形集中于图 6.13。并将图 6.13 前两行中所示的 5 个多米诺构形称为**基本多米诺构形**。今后有时把多米诺构形的**轮心**又称为**多米诺构形的内点**。

6.2.3　扩轮对象集

在 6.2.2 节所给出的扩 4-轮与扩 5-轮运算中，只有 1 次扩轮运算对象子图分别是 2-长路 $P_3 = v_1v_2v_3$ 和 $L = v_1 - \Delta v_2v_3v_4$。若在 $P_3 = v_1v_2v_3$ 中，v_1 与 v_3 相邻，或在 $L = v_1 - \Delta v_2v_3v_4$ 中顶点 v_1 恰与其中一个漏底相邻，则进行一次基本扩 4-轮或 5-轮运算之后所得之图均为可分图。故对只扩 1 次的基本扩轮对象，要求 P_3 的两个端点不相邻，也要求在 L 中漏顶与漏底不相邻，但对于施行 2 次，或者 3 次基本扩轮运算，则情况有所不同，下面逐一说明之：

注 1　设 G 是最小度 $\geqslant 4$ 的极大平面图。$P_3 = v_1v_2v_3$ 是 G 中一条 2-长路，且 v_1 与 v_3 相邻。当这种情况的 P_3 作为扩轮的初始对象时，则对基于 P_3 的任一 $m \geqslant 1$ 次扩轮运算所得之图 $\zeta^{m+}(G)$ 是含有以 $\Delta v_1v_2v_3$ 可作为无穷面的可分子图。

注 2　设 G 是最小度 $\geqslant 4$ 的非可分极大平面图。$L = v_1 - \Delta v_2v_3v_4$ 中顶点 v_1 恰与其中一个漏底相邻，是 G 的一个半封漏斗子图，其中设 v_1 与 v_3 相邻。则对基于 L 的任一 $m \geqslant 2$，$\zeta^{m+}(G)$ 是非可分极大平面图。此结论可由图 6.9(g)～(j)给予说明。

注 3　设 G 是最小度 $\geqslant 4$ 的非可分极大平面图。$Y = \Delta v_1v_2u - \Delta uv_3v_4$ 是 G 的一个哑铃子图，如图 6.9(c)所示。无论 v_1 与 v_3，或 v_2 与 v_4 相邻与否，则对基于 Y 的任一 $m \geqslant 2$，$\zeta^{m+}(G)$ 是非可分极大平面图。此结论可由图 6.9(k)～(l)给予说明。

基于上述 3 个注，推出多米诺扩轮运算中的对象子图如图 6.9(a)～(f)所示，共有 6 个。

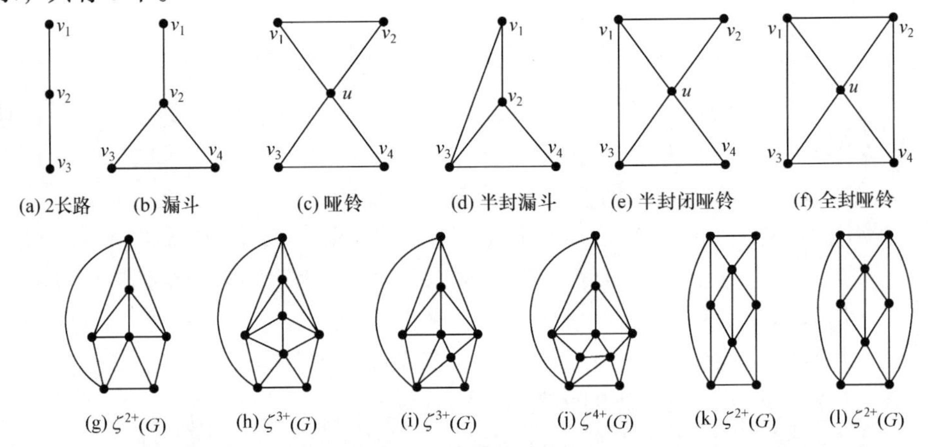

图 6.9　多米诺运算中扩轮运算的 6 个对象子图及说明

6.2.4　多米诺构形的定义

6.2.2 节中给出了所有的含 1～3 内点的多米诺构形。自然，当多米诺构形的内点数 $m \geqslant 4$ 时，对应的多米诺构形结构如何？为此，本节先给出多米诺构形的一般性定义。然后在此基础上，刻画了多米诺构形的特征。首先给出内点数 $m \geqslant 4$ 的 3 个多米诺构形的例子，如图 6.10 所示。

注意到 6.2.2 节中含 1～3 个内点的多米诺构形，乃至按照上述方法得到的含更多内点的多米诺构形均至少包含一个满足下列条件的 4-轮 W_4 或 5-轮 W_5：①将它们的轮心均记作 x，在 C^x 上存在不相邻的顶点对 $\{u,v\} \subset V(C)$；②以 W_4 或 W_5 为初始缩轮对象子图，以 $\{u,v\}$ 为初始收缩点对实施一次多米诺缩轮运算，所得到的图只能是：2-长路、漏斗或哑铃。

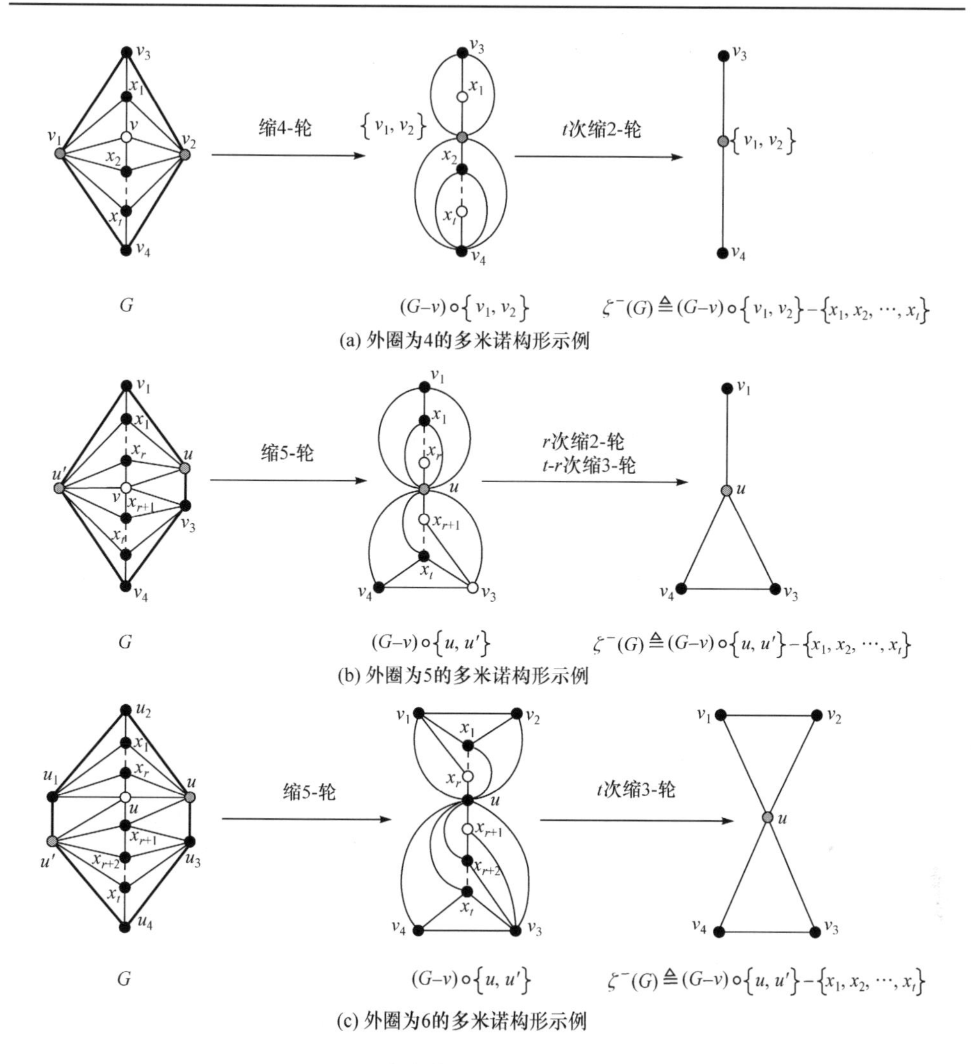

(a) 外圈为4的多米诺构形示例

(b) 外圈为5的多米诺构形示例

(c) 外圈为6的多米诺构形示例

图 6.10　内点数 ⩾ 4 的 3 个多米诺构形

基于上述讨论，下面给出多米诺构形的定义：设 G^C 是一个半极大平面图，若在 G^C 中存在满足下列条件的 4-轮 W_4 或 5-轮 W_5，则称 G^C 为一个**多米诺构形**：①用 x 表示 W_4 或 W_5 的轮心，则在 C^x 上存在不相邻的顶点对 $\{u,v\}\subset V(C)$；②以 W_4 或 W_5 为初始缩轮对象子图，以 $\{u,v\}$ 作为初始收缩点对实施一次多米诺缩轮运算，则所得到之图不含内点。并称 $\{u,v\}$ 为 G^C 的**缩点对**，称 x 为 G^C 的**初始收缩轮心**。

设 G^C 是一个多米诺构形，用 x 表示可缩 4-轮或 5-轮的轮心，即 G^C 的初始收缩轮心。用 $X(x)$ 表示 G^C 的**内点集**。在不致混淆的情况，将 $X(x)$ 简记为 X。

易证，一个多米诺构形G^C收缩之后要么是 2-长路，要么是漏斗，要么是哑铃，并由此推出多米诺构形的外圈长度$|C|=4,5,6$，即有

定理 6.2 设G^C是一个多米诺构形。$\{u,v\}$是G^C的缩点对，则

(1) 基于$\{u,v\}$的多米诺收缩运算后所得的之图为 2-长路，漏斗或哑铃；

(2) $4\leqslant|C|\leqslant 6$。

基于定理 6.2，我们有

引理 6.1 设G^C是一个多米诺构形。$\{u,v\}$是收缩点对，则

(1) 若$\left|V(C)\right|=4$, 记$C=uz_1vz_2$，则$d_{G^C}(z_1),d_{G^C}(z_2)\leqslant 4$；

(2) 若$\left|V(C)\right|=5$, 记$C=uz_1vz_2z_3$，则$d_{G^C}(z_1)\leqslant 4,d_{G^C}(z_2)$或$d_{G^C}(z_3)=3$；

(3) 若$\left|V(C)\right|=6$, 记$C=uz_1z_2vz_3z_4$，则$d_{G^C}(z_1)$或$d_{G^C}(z_2)=3$，$d_{G^C}(z_3)$或$d_{G^C}(z_4)=3$。

证明 (1)若$d_{G^C}(z_1)\geqslant 5$，令$u,y_1,y_2,\cdots,y_l,v$是G^C内与z_1依次相邻的顶点，其中$l\geqslant 3$。由于G^C是多米诺构形，设x是G^C的初始收缩轮心，则对G^C实施基于x的多米诺收缩运算，可使其收缩为 2 长路P_3。易知，在$G^C[V(C)\cup\{y_1,y_2,\cdots,y_l\}]$中，顶点$y_1,y_2,\cdots,y_l$的度数均$\geqslant 3$。设在多米诺收缩运算过程中，$y_1,y_2,\cdots,y_l$中第 1 个被收缩的顶点为$y$。记收缩以$y$为轮心的轮之前的图为$\zeta^-(G^C)$。当$y=y_1$或$y_l$时，在$\zeta^-(G^C)$中$y_2$与$x_v^u$相邻或$y_{l-1}$与$x_v^u$相邻，其中$x_v^u$是将顶点$u$与$v$收缩后的新顶点。故在$G^C$中$y_2$与$u$相邻或$y_{l-1}$与$v$相邻，即有$d_{G^C}(y_2)=3$或$d_{G^C}(y_{l-1})=3$，与$G^C$是多米诺构形矛盾；当$y=y_i$，$2\leqslant i\leqslant l-1$时，在$\zeta^-(G^C)$中$y_{i-1}$与$y_{i+1}$相邻，因此，在$G^C$中$y_{i-1}$与$y_{i+1}$也相邻，矛盾。所以，$d_{G^C}(z_1)\leqslant 4$。同理可证，$d_{G^C}(z_2)\leqslant 4$。

(2) 类似情形(1)中证明过程，可得$d_{G^C}(z_1)\leqslant 4$。显然，$d_{G^C}(z_2),d_{G^C}(z_3)\geqslant 3$。假设$d_{G^C}(z_2),d_{G^C}(z_3)\geqslant 4$。令$u,y_1,y_2,\cdots,y_r,\cdots,y_l,v$是$G^C$内与$z_2,z_3$依次相邻的顶点，其中$y_r$是$z_2,z_3$的公共邻点，$2\leqslant r\leqslant l-1$，$l\geqslant 3$。则在$G^C[V(C)\cup\{y_1,y_2,\cdots,y_l\}]$中，顶点$y_r$的度数为 4，$\{y_1,y_2,\cdots,y_l\}\setminus\{y_r\}$中所有顶点的度数均$\geqslant 3$。考虑在多米诺收缩运算过程中$y_1,y_2,\cdots,y_l$中第 1 个被收缩的顶点$y$。类似情形(1)中证明过程，无论$y$是$y_1,y_2,\cdots,y_l$中的哪个顶点，都会导致$G^C$中出现 3 度顶点，矛盾。所以，$d_{G^C}(z_2)$或$d_{G^C}(z_3)=3$。

(3) 类似情况(2)的证明，可得$d_{G^C}(z_1)$或$d_{G^C}(z_2)=3$，$d_{G^C}(z_3)$或$d_{G^C}(z_4)=3$。 ■

基于引理 6.1，易推下述

定理 6.3　设 G^C 是一个多米诺构形，x 是 G^C 的初始收缩轮点，$\{u, v\}$ 是缩点对。则

(1) 对 C 上的 2-长路 $P_3 = uz_1v$，其中 z_1 与 x 不相邻，有 $G^C - z_1$ 是以 x 为初始收缩轮点，$\{u, v\}$ 为缩点对的多米诺构形；

(2) 对 C 上的 3-长路 $P_4 = uz_2z_3v$，其中 z_2, z_3 与 x 不相邻，若 $d_{G^C}(z_2) = d_{G^C}(z_3) = 3$，则 $G^C - \{z_2, z_3\}$ 是以 x 为初始收缩轮点，$\{u, v\}$ 为缩点对的多米诺构形；若 $d_{G^C}(z_2) = 3$，$d_{G^C}(z_3) \geqslant 4$，则 $G^C - z_2$ 是以 x 为初始收缩轮点，$\{u, v\}$ 为缩点对的多米诺构形。

6.2.5　多米诺构形的特征

为了刻画多米诺构形的特征，先给出 4 个运算：$\tau_1, \tau_1', \tau_2, \tau_3$，称它们为**多米诺构形的生成运算**，分别定义如下：

设 G^C 是一个多米诺构形，$\{u,v\}$ 为 G^C 是它的缩点对。G^C 上的 τ_1 **运算**是指：选择 C 上的 2-长路 $P = uyv$，在 G^C 外添加一个顶点 z，并令该顶点分别与 u, y, v 相连边，所得之图记作 $\tau_1(G^C)$，如图 6.11(a)所示。

G^C 上的 τ_1' **运算**是指：选择 C 上的 2-长路 $P = xyv$，且 $x \notin \{u,v\}$。在 G^C 外添加一个顶点 z，并令该顶点分别与 x, y, v 相连边，所得之图记作 $\tau_1'\left(G^C\right)$，如图 6.11(b)所示。

G^C 上的 τ_2 **运算**是指：选择 C 上的 2-长路 $P = uyv$，在 G^C 外添加两个相邻顶点 z_1, z_2，并令 z_1, z_2 均与 y 相连边，且 z_1 与 u 相连边，z_2 与 v 相连边，z_1 与 z_2 相连边，所得之图记作 $\tau_2\left(G^C\right)$，如图 6.11(c)所示。

G^C 上的 τ_3 **运算**是指：选择 C 上的 3-长路 $P = uy_1y_2v$，在 G^C 外添加一个顶点 z，并令该顶点分别与 u, y_1, y_2, v 相连边，所得之图记作 $\tau_3\left(G^C\right)$，如图 6.11(d)所示。

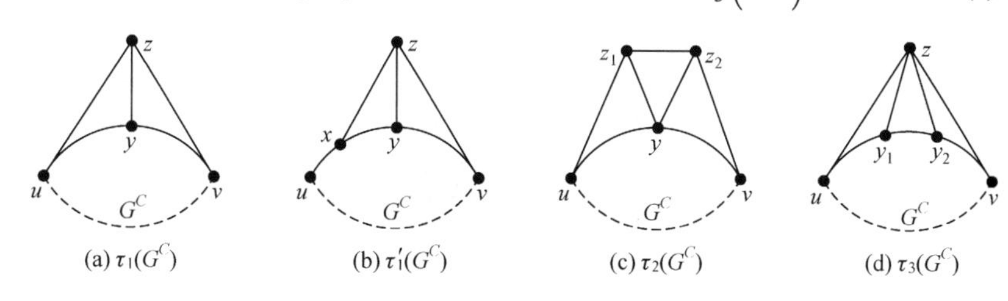

图 6.11　多米诺构形的 4 个生成算子

由上述 4 种运算，引入**多米诺构形生成运算系统**，记作$\langle\{W_4,W_5\};\varGamma\rangle$，$\varGamma=\{\tau_1,\tau_1',\tau_2,\tau_3\}$，该系统旨在基于$W_4$与$W_5$，可生成所有的多米诺构形。如对$W_4$，相继实施$\tau_1,\tau_2,\tau_3,\tau_1,\tau_2,\tau_3$运算，所得之图$\tau_3\tau_2\tau_1\tau_3\tau_2\tau_1(W_4)$，如图 6.12(a)所示；对$W_5$，相继实施$\tau_1,\tau_2,\tau_3,\tau_1,\tau_2,\tau_3$运算，所得之图$\tau_3\tau_2\tau_1\tau_3\tau_2\tau_1(W_5)$，如图 6.12(b)所示；对$W_5$，相继实施$\tau_1,\tau_2,\tau_1',\tau_1',\tau_1',\tau_1',\tau_1',\tau_1'$运算，所得之图$\tau_1'\tau_1'\tau_1'\tau_1'\tau_1'\tau_1'\tau_2\tau_1(W_5)$，如图 6.12(c)所示。

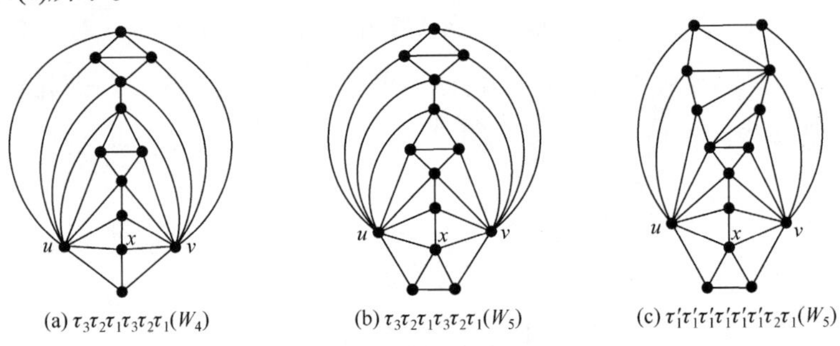

图 6.12　基于$\langle\{W_4,W_5\};\varGamma\rangle$的 3 个多米诺构形

通过图6.12中所示的3个例子可以看到，若G^C是一个多米诺构形，$\{u,v\}$是缩点对，则有下列事实：

事实 1　一次τ_1运算等同于一次扩 2-轮运算，故G^C是多米诺构形的充要条件是$\tau_1(G^C)$是多米诺构形，且G^C与$\tau_1(G^C)$有等长的外圈，即$|V(\tau_1(C))|=|V(C)|$，其中，$\tau_1(C)$表示$\tau_1(G^C)$的外圈，下同；

事实 2　一次τ_1'运算等同于一次扩 3-轮运算，故G^C是多米诺构形的充要条件是$\tau_1'(G^C)$是多米诺构形，且G^C与$\tau_1'(G^C)$有等长的外圈，即$|V(\tau_1'(C))|=|V(C)|$；

事实3　一次τ_2运算等同于一次扩23-轮运算，故G^C是多米诺构形的充要条件是$\tau_2(G^C)$是多米诺构形，但$|V(\tau_2(C))|=|V(C)|+1$；

事实 4　一次τ_3运算等同于一次扩 3-轮运算，故G^C是多米诺构形的充要条件是$\tau_3(G^C)$是多米诺构形，但$|V(\tau_3(C))|=|V(C)|-1$。

定理 6.4　任一多米诺构形均可通过多米诺运算系统$\langle\{W_4,W_5\};\varGamma\rangle$获得。

证明　对多米诺构形的内点数n实施数学归纳法。

当内点数$n=2,3$结论成立，其证明如下：

由 6.2.2 节知含 2 个内点的多米诺构形有 3 个，如图 6.7 所示，或图 6.13 中的第 2 行所示。

对 W_4 分别实施 τ_1 与 τ_2 运算，分别得到图 6.13 中第 2 行的第 1 与第 2 个含 2 个内点的多米诺构形；对 W_5 实施 τ_1,τ_1',τ_2 及 τ_3 运算，分别得到图6.13 中第2行的第 2 与第 3 个含两个内点的多米诺构形及第 3 行中最后 1 个含 3 个内点的多米诺构形，其中被收缩顶点对可能不同。

对第 2 行中的第 1 个多米诺构形分别实施 τ_1 与 τ_2 运算，得到第 3 行中第 1 与第 2 个含 3 个内点的多米诺构形；对第 2 行中的第 2 个多米诺构形分别实施 τ_1,τ_1', τ_1',τ_2 与 τ_2 运算，其中被收缩顶点对可能不同，分别得到第 3 行中第 2 个、第 3 个、第 4 个、第 5 个与第 6 个含 3 个内点的多米诺构形；对第 2 行的第 3 个实施 τ_1' 运算，得到第 3 行中的第 6 个含 3 个内点的多米诺构形。

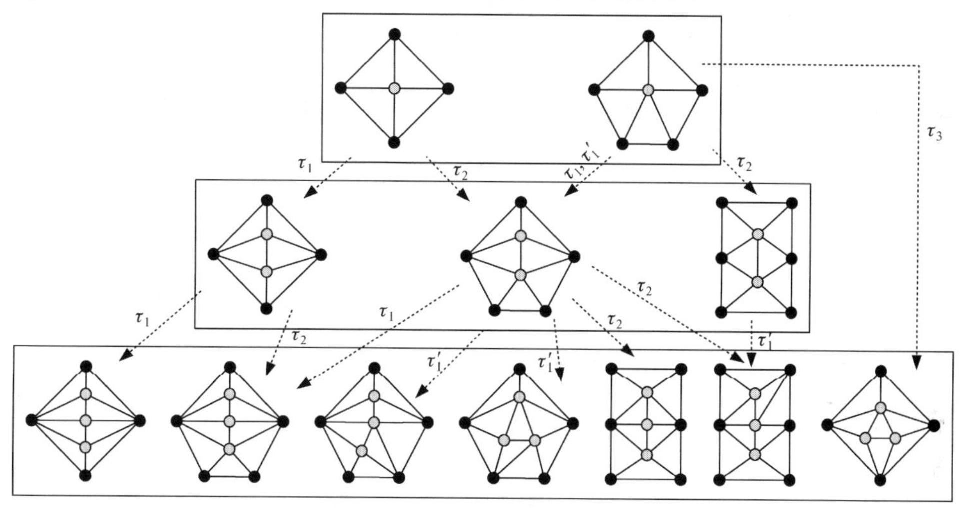

图 6.13　多米诺生成算子应用实例

假设内点数 $\leqslant n(\geqslant 3)$ 时结论成立。考察多米诺构形 G^C 的内点数为 $n+1$ 的情况。设 $\{u,v\}$ 是 G^C 的缩点对。基于引理 6.1，分如下三种情况讨论：

情况 1　若 $|V(C)|=4$，且 $C=uz_1vz_2$，则 $d_{G^C}(z_1),d_{G^C}(z_2)\leqslant 4$，且 z_1,z_2 中至少有一个，设为 z_1，与初始轮心点 x 不相邻。若 $d_{G^C}(z_1)=3$ 时，则由定理 6.4 知，G^C-z_1 是多米诺构形，于是，由归纳假设知，G^C-z_1 是由 $\langle\{W_4,W_5\};\varGamma\rangle$ 构造出来的。注意到 $G^C=\tau_1(G^C-z_1)$，从而证明了 G^C 可通过 $\langle\{W_4,W_5\};\varGamma\rangle$ 构造出来的；若 $d_{G^C}(z_1)=4$ 时，则由定理 6.4 知，G^C-z_1 是多米诺构形，于是，由归纳假设知，G^C-z_1 是由 $\langle\{W_4,W_5\};\varGamma\rangle$ 构造出来的。注意到 $\tau_3(G^C-z_1)=G^C$，从而证明了 G^C 可通过 $\langle\{W_4,W_5\};\varGamma\rangle$ 构造出来的。由此证明了 $|V(C)|=4$ 时，内点

数为 $n+1$ 时情况成立。

情况 2　若 $|V(C)|=5$，且 $C=uz_1vz_2z_3$，则 $d_{G^C}(z_1)\leqslant 4$，$d_{G^C}(z_2)$ 或 $d_{G^C}(z_3)=3$。不失一般性，设 $d_{G^C}(z_3)=3$。则由定理 6.4 知，G^C-z_2 是多米诺构形，于是，由归纳假设知，G^C-z_2 是由 $\langle\{W_4,W_5\};\varGamma\rangle$ 构造出来的。注意到 $G^C=\tau_1'(G^C-z_1)$，从而证明了 G^C 可通过 $\langle\{W_4,W_5\};\varGamma\rangle$ 构造出来的，由此证明了 $|V(C)|=5$ 时，内点数为 $n+1$ 时情况成立。

情况 3　若 $|V(C)|=6$，且 $C=uz_1z_2vz_3z_4$ 时 $d_{G^C}(z_1)$ 或 $d_{G^C}(z_2)=3$，$d_{G^C}(z_3)$ 或 $d_{G^C}(z_4)=3$。不失一般性，设 z_1 与初始轮心点 x 不相邻，且 $d_{G^C}(z_1)=3$。基于由定理 6.3 知，G^C-z_1 是多米诺构形。由归纳假设知，G^C-z_1 是由 $\langle\{W_4,W_5\};\varGamma\rangle$ 构造出来的。注意 $G^C=\tau_1'(G^C-z_1)$，从而证明了 G^C 可通过 $\langle\{W_4,W_5\};\varGamma\rangle$ 构造出来的，由此证明了 $|V(C)|=6$ 时，内点数为 $n+1$ 时情况成立。

综合上述三种情况，我们证明了内点数为 $n+1$ 时情况成立。　■

定理 6.4 给出了多米诺构形的一种构造性方法，即多米诺构形生成运算系统。该方法可通过 4-轮与 5-轮构造出任一所需多米诺构形，而多米诺构形是极大平面图扩缩运算系统的核心。

6.3　祖先图与子孙图

在极大平面图构造方面，有两个基本问题：①一个极大平面图从何而来，更确切地讲，哪些极大平面图可通过扩轮运算生成该极大平面图；②一个极大平面图能生成多少个不同构的极大平面图。要解决这两个问题，定理 6.5 起关键作用。为此，引入祖先图与子孙图的概念。

对一个最小度 $\geqslant 4$ 的极大平面图 G，若它可从阶数较低，且最小度 $\geqslant 4$ 的极大平面图 $\zeta^-(G)$ 通过扩轮运算而获得的，则我们把 $\zeta^-(G)$ 称为 G 的**祖先图**，而把 G 称为 $\zeta^-(G)$ 的**子孙图**。当然，对于一个最小度 $\geqslant 4$ 的极大平面图 G，经过扩轮运算后所得到的最小度 $\geqslant 4$ 的极大平面图 $\zeta^+(G)$ 而言，G 是 $\zeta^+(G)$ 的**祖先图**，而 $\zeta^+(G)$ 是 C 的**子孙图**。现在，我们给出精确的定义。

6.3.1　子孙图

多米诺构形 G^C 的外圈长度可为 4, 5, 6。我们一般用 $G_{v_2v_2'}^{C_4}, G_{v_2v_2'}^{C_5}, G_{v_2v_2'}^{C_6}$ 分别表示外圈长度为 4, 5, 6 的多米诺构形；用 $\mathfrak{I}_{v_2v_2'}^{C_4}, \mathfrak{I}_{v_2v_2'}^{C_5}, \mathfrak{I}_{v_2v_2'}^{C_6}$ 分别表示外圈长分别为

4, 5, 6 的所有**多米诺构形构成的集合**，其中下标 v_2v_2' 表示缩点对 $\{v_2, v_2'\}$。类似于多米诺构形，我们将一个最小度≥4 的极大平面图 G 的子孙图相应的分为三种类型。

类型 1 路型子孙图　设 $P_3 = v_1v_2v_3$ 是 G 中的一条 2-长路。基于 P_3 的**扩 4-圈型半极大平面图**，记作 $G_{P_3}^{C_4}$，是指按下列方法获得的半极大平面图：在 P_3 上，从顶点 v_1 出发，沿着 $v_1 \to v_2 \to v_3$ 方向，从边-点-边的内部划开，即将边 v_1v_2，顶点 v_2 及边 v_2v_3 从中间划开，使得顶点 v_2 变成两个顶点，分别记作 v_2 与 v_2'；v_1v_2 与 v_2v_3 均变成了两条边，分别是 v_1v_2 与 v_1v_2', v_2v_3 与 $v_2'v_3$，原来在 P_3 左侧与 v_2 关联的边变成与 v_2 关联，原来在 P_3 右侧与 v_2 关联的边变成与 v_2' 关联。该过程如图 6.14 所示，并将顶点对 $\{v_2, v_2'\}$ 称为 $G_{P_3}^{C_4}$ 的**扩点对**。

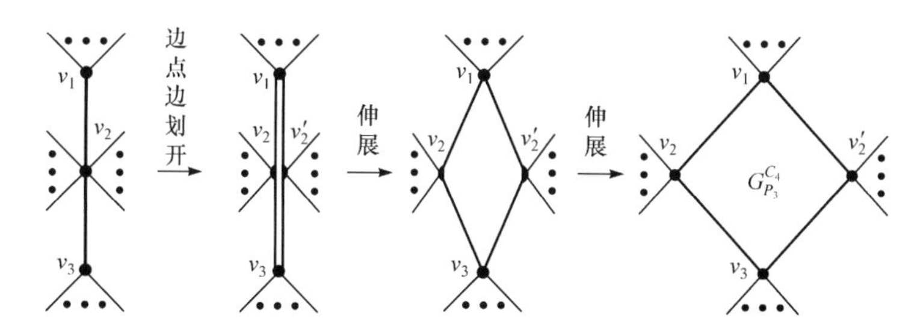

图 6.14　扩 4-圈型半极大平面图的过程示意图

设 $G_{P_3}^{C_4}$ 是一个扩 4-圈型半极大平面图，外圈 $C_4 = v_1v_2'v_3v_2$，且 $\{v_2, v_2'\}$ 是 $G_{P_3}^{C_4}$ 的扩点对，如图 6.14 中的最后一个图所示。$G_{v_2v_2'}^{C_4} \in \mathfrak{I}_{v_2v_2'}^{C_4}$，且外圈 $C_4 = v_1v_2'v_3v_2$，$\{v_2, v_2'\}$ 是 $G_{v_2v_2'}^{C_4}$ 的缩点对。如果 $G_{P_3}^{C_4} \cap G_{v_2v_2'}^{C_4} = C_4 = v_1v_2'v_3v_2$，则称 $H = G_{P_3}^{C_4} \cup G_{v_2v_2'}^{C_4}$ 是图 G 的一个**路型子孙图**。更详细地，称为图 G 的一个基于 $\left\{P_3, G_{v_2v_2'}^{C_4}\right\}$ 的**子孙图**。

类型 2 漏斗型子孙图　设 $L = v_1 - \Delta v_2v_3v_4$ 是 G 中的一个漏斗子图。基于 L 的**扩 5-圈型半极大平面图**，记作 $G_L^{C_5}$，是指按下列方法获得的半极大平面图：从 L 的顶点 v_1 出发，沿着 $v_1 \to v_2$ 方向，从边-点内部划开，即将边 v_1v_2，顶点 v_2 从中间划开，使得顶点 v_2 被剖分成两个顶点，分别记作 v_2 与 v_2'；v_1v_2 变成了两条边，分别是 v_1v_2 与 v_1v_2'；原来在 L 左侧与 v_2 关联的边变成与 v_2 关联，原来在 L 右侧与 v_2 关联的边变成与 v_2' 关联。该过程如图 6.15 所示，并将顶点对 $\{v_2, v_2'\}$ 称为 $G_L^{C_5}$ 的**扩点对**。

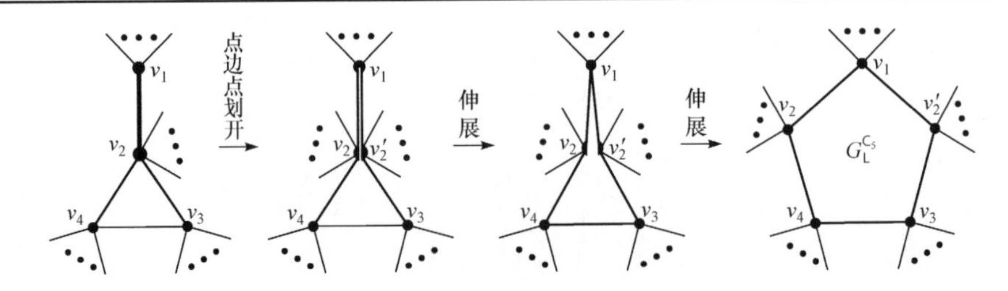

图 6.15　扩 5-圈型半极大平面图的过程示意图

设$G_L^{C_5}$是一个扩 5-圈型半极大平面图，其外圈$C_5=v_1v_2'v_3v_4v_2$，且$\{v_2,v_2'\}$是$G_L^{C_5}$的扩点对，如图 6.15 中的最后一个图所示。$G_{v_2v_2'}^{C_5}\in\mathfrak{I}_{v_2v_2'}^{C_5}$，且外圈$C_5=v_1v_2'v_3v_4v_2$，$\{v_2,v_2'\}$是$G_{v_2v_2'}^{C_5}$的缩点对，如果$G_L^{C_5}\cap G_{v_2v_2'}^{C_5}=C_5=v_1v_2'v_3v_4v_2$，则称$H=G_L^{C_5}\cup G_{v_2v_2'}^{C_5}$是图 G 的一个**漏斗型子孙图**。更详细地，称为图 G 的一个基于$\left\{L,G_{v_2v_2'}^{C_5}\right\}$的**子孙图**。

类型 3 哑铃型子孙图　设$Y=\Delta v_1v_3v_2-\Delta v_4v_5v_2$是 G 中的一个哑铃子图。基于 Y 的**扩 6-圈型半极大平面图**，记作$G_Y^{C_6}$，是指按下列方法获得的半极大平面图：将 Y 中顶点v_2从中间划开，使得顶点v_2被剖分成两个顶点，分别记作v_2与v_2'。原来在 Y 左侧与v_2关联的边变成与v_2关联，原来在 Y 右侧与v_2关联的边变成与v_2'关联，该过程如图 6.16 所示，并将顶点对$\{v_2,v_2'\}$称为$G_Y^{C_6}$的**扩点对**。

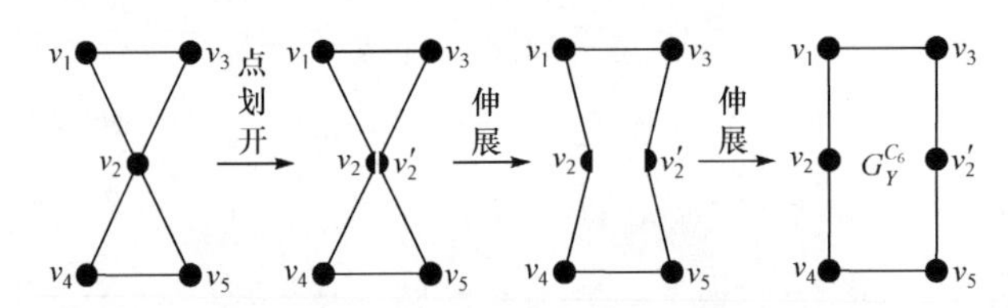

图 6.16　扩 6-圈型半极大平面图的过程示意图

设$G_Y^{C_6}$是一个扩 6-圈型半极大平面图，其外圈$C_6=v_1v_3v_2'v_5v_4v_2$，且$\{v_2,v_2'\}$是$G_Y^{C_6}$的扩点对，如图 6.16 中的最后一个图所示。$G_{v_2v_2'}^{C_6}\in\mathfrak{I}_{v_2v_2'}^{C_6}$，且外圈$C_6=v_1v_3v_2'v_5v_4v_2$，$\{v_2,v_2'\}$是$G_{v_2v_2'}^{C_6}$的缩点对。如果$G_Y^{C_6}\cap G_{v_2v_2'}^{C_6}=C_6=v_1v_3v_2'v_5v_4v_2$，则称$H=G_Y^{C_6}\cup G_{v_2v_2'}^{C_6}$是图 G 的一个**哑铃型子孙图**。更详细地，称为图 G 的一个基于$\left\{Y,G_{v_2v_2'}^{C_6}\right\}$的**子孙图**。

把上述路型、漏斗型和哑铃型子孙图统称为**子孙图**，在不考虑外圈的长度时，把获得一个图的子孙图的过程也称把一个**多米诺构形嵌入在扩圈型半极大**

平面图上。由上节易知：

$$\left|\mathfrak{I}_{v_2v_2'}^{C_4}\right| \to \infty, \quad \left|\mathfrak{I}_{v_2v_2'}^{C_5}\right| \to \infty, \quad \left|\mathfrak{I}_{v_2v_2'}^{C_6}\right| \to \infty \tag{6.3}$$

即任一给定的 $\delta(G) \geqslant 4$ 的极大平面图 G 必有无限多个子孙图。故按照多米诺构形**内点数**对极大平面图 G 的子孙图进行分类：若多米诺构形内点数为 $t(\geqslant 1)$，则把相应的子孙图 H 称为 G 的**第 t 代子孙图**，并用 $\zeta^{+t}(G)$ 表示 G 的所有第 t 代的子孙图之集。特别地，第 1 代子孙图称为**儿子图**；第 2 代子孙图称为**孙子图**；第 3 代子孙图称为**重孙图**等。

我们用 □$^{+}(G)$ 表示 G 的全体子孙图构成的集合，即

$$\square^{+}(G) = \bigcup_{t=1}^{\infty} \zeta^{+t}(G) \tag{6.4}$$

在式(6.4)中，$\zeta^{+t}(G)$ 只泛泛地给出了极大平面图 G 的第 t 代的所有子孙图，但并未分出具体的多米诺构形。为此，我们在此引入**等同子图**的概念。设 G 是一个极大平面图，$Aut(G)$ 是它的自同构群，H 与 H' 是 G 的两个同构子图。若 $\exists \sigma \in Aut(G)$，使得 $\sigma(H) = H'$，则称 H 与 H' **是等同的**。

文中用 $\mathfrak{I}_G^H$ 表示极大平面图 G 中所有不等同的子图 H 构成的集合，特别地，用 $\mathfrak{I}_G^{P_3}$ 表示 G 中所有不等同的 2-长路 P_3 构成的集合；用 $\mathfrak{I}_G^L$ 表示 G 中所有不等同的漏斗子图 L 构成的集合；用 $\mathfrak{I}_G^{L^*}$ 表示 G 中所有不等同的半封漏斗子图 L^* 构成的集合；用 $\mathfrak{I}_G^Y$ 表示 G 中所有不等同的哑铃子图 Y 构成的集合；用 $\mathfrak{I}_G^{Y^*}$ 表示 G 中所有不等同的半封哑铃子图 Y^* 构成的集合；用 $\mathfrak{I}_G^{Y_*^*}$ 表示 G 中所有不等同的全封哑铃子图 Y_*^* 构成的集合。基于这些准备，式(6.4)中 $\zeta^{+t}(G)$ 可以写成

$$\zeta^{+t}(G) = \bigcup_{P_3 \in \mathfrak{I}_G^{P_3}} H_t^{P_3} \bigcup_{L \in \mathfrak{I}_G^L} H_t^L \bigcup_{L^* \in \mathfrak{I}_G^{L^*}} H_t^{L^*} \bigcup_{Y \in \mathfrak{I}_G^Y} H_t^Y \bigcup_{Y^* \in \mathfrak{I}_G^{Y^*}} H_t^{Y^*} \bigcup_{Y_*^* \in \mathfrak{I}_G^{Y_*^*}} H_t^{Y_*^*} \tag{6.5}$$

其中，$H_t^{P_3}$，H_t^L，$H_t^{L^*}$，H_t^Y，$H_t^{Y^*}$，$H_t^{Y_*^*}$ 分别表示基于 G 中 2-长路 P_3，漏斗子图 L，半封漏斗子图 L^*，哑铃子图 Y，半封哑铃子图 Y^* 及全封哑铃子图 Y_*^* 的 G 的所有第 t 代子孙图集。

6.3.2 祖先图

设 G 是一个 $\delta(G) \geqslant 4$ 的极大平面图。$C_4 = v_1v_2'v_3v_2$ 是 G 中一个长度为 4 的圈。如果 C_4 及其内部构成的半极大平面图是以 $\{v_2, v_2'\}$ 为缩点对的多米诺构形 $G_{v_2v_2'}^{C_4}$，且 C_4 及其外部构成的半极大平面图，记作 $G_{P_3}^{C_4}$，满足 $d_{G_{P_3}^{C_4}}(v_1)$，

$d_{G_{P_3}^{C_4}}(v_3) \geqslant 5$，则称 $G_{P_3}^{C_4} \circ \{v_2, v_2'\} = \zeta_{G_{v_2v_2'}^{C_4}}^{-}$ (G)为 G 的基于多米诺构形 $G_{v_2v_2'}^{C_4}$ 的**祖先图**，也称之为 G 的**路型祖先图**。

类似地，若 $C_5 = v_1v_2'v_3v_4v_2$ 是 G 中一个长度为 5 的圈，如果 C_5 及其内部构成的半极大平面图是以 $\{v_2, v_2'\}$ 为缩点对的多米诺构形 $G_{v_2v_2'}^{C_5}$，且 C_5 及其外部构成的半极大平面图，记作 $G_L^{C_5}$，满足 $d_{G_L^{C_5}}(v_1) \geqslant 5,\ d_{G_L^{C_5}}(v_3), d_{G_L^{C_5}}(v_4) \geqslant 4$，则称 $G_L^{C_5} \circ \{v_2, v_2'\} = \zeta_{G_{v_2v_2'}^{C_5}}^{-}(G)$ 为 G 的基于多米诺构形 $G_{v_2v_2'}^{C_5}$ 的**祖先图**，也称之为 G 的**漏斗型祖先图**。

若 $C_6 = v_1v_3v_2'v_5v_4v_2$ 是 G 中一个长度为 6 的圈。如果 C_6 及其内部构成的半极大平面图是以 $\{v_2, v_2'\}$ 为缩点对的多米诺构形 $G_{v_2v_2'}^{C_6}$，且 C_6 及其外部构成的半极大平面图，记作 $G_Y^{C_6}$，满足 $d_{G_Y^{C_6}}(v_1), d_{G_Y^{C_6}}(v_3), d_{G_Y^{C_6}}(v_4), d_{G_Y^{C_6}}(v_5) \geqslant 4$，则称 $G_L^{C_6} \circ \{v_2, v_2'\} = \zeta_{G_{v_2v_2'}^{C_6}}^{-}(G)$ 为 G 的基于多米诺构形 $G_{v_2v_2'}^{C_6}$ 的**祖先图**，也称之为 G 的**哑铃型祖先图**。

在不考虑外圈的长度时，把路型祖先图、漏斗型祖先图和哑铃型祖先图统称为**祖先图**。

注　不同于子孙图，在 $\delta(G) \geqslant 4$ 的极大平面图 G 中，基于 G 中一个给定的多米诺构形的**祖先图只有一个**。

类似于子孙图，按照多米诺构形 $G_{v_2v_2'}^{C_i}\ (i = 4,5,6)$ 的**内点数**对极大平面图 G 的祖先图进行层次上的分类。若 $G_{v_2v_2'}^{C_i}$ 的内点数为 $t(\geqslant 1)$，则把相应的祖先图 $\zeta_{G_{v_2v_2'}^{C_i}}^{-}(G)$ 称为 G 的**第 t 代祖先图**，或简记为 $\zeta^{-t}(G)$。特别地，$t = 1$ 的祖先图称为**父代图**；$t = 2$ 的祖先图称为**爷代图**；$t = 3$ 的祖先图称为**曾祖父图**。

显然，$\mathfrak{I}_G^H$ 与 $Aut(G)$ 息息相关。当 G 的对称性很强时，$\left|\mathfrak{I}_G^H\right|$ 却很小。例如，对正二十面体极大平面图 G，易证

$$\left|\mathfrak{I}_G^{P_3}\right| = \left|\mathfrak{I}_G^L\right| = 1, \quad \left|\mathfrak{I}_G^Y\right| = 0 \tag{6.6}$$

而当 $Aut(G)$ 是单位群时，$\left|\mathfrak{I}_G^H\right|$ 比较大。

用 □$^{-}(G)$ 表示 G 的全体祖先图构成的集合，基于此，有：

定理 6.5　设 G 是一个 $\delta(G) \geqslant 4$ 的极大平面图，则 $\left|\Upsilon^{-}(G)\right|$ 等于 G 中不等同的多米诺构形子图的数目。

作为例子，在此考察正二十面体 G(度序列为 555555555555 的 12 阶图)的祖先图与第 1～3 代子孙图。由于该图中不等同的多米诺构形只有一种：5-轮，故由定理 6.5 知它的祖先图只有一个，如图 6.17(a)所示。

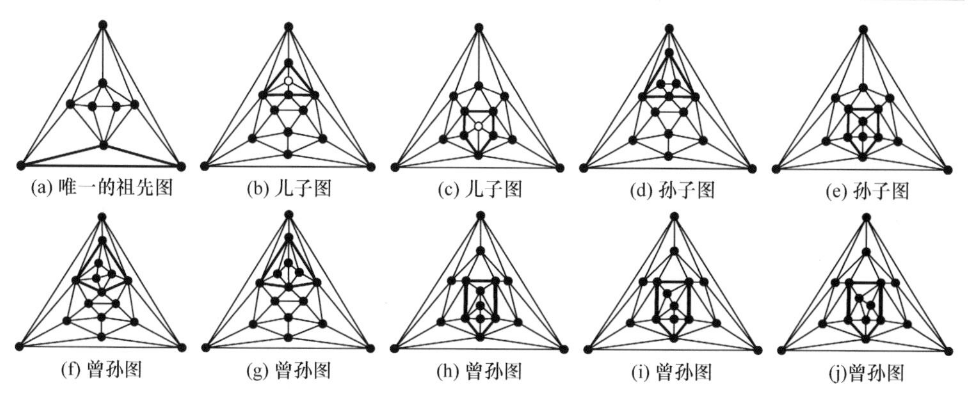

图 6.17　正二十面体的祖先图与第 1～3 代子孙图

又由式(6.6)知，正二十面体中的不等同 2-长路与不等同漏斗子图数各为一个，且无哑铃子图，故由图 6.13 与 6.3.1 节知，它的第 1～3 代的子孙图共有 9 个，如图 6.17(b)～(j)所示。

6.4　极大平面图的构造方法

前两节给出了构造 $\delta(G)\geqslant 4$ 的极大平面图 G 的子孙图的具体方法与步骤。本节的主要贡献是给出构造 n-阶极大平面图的方法与步骤。首先证明了任一 n-阶极大平面图可通过连续扩轮运算获得，换言之，可通过若干次多米诺运算获得；其次给出了可分极大平面图的构造方法与步骤；最后，重点证明了：**任一阶数为 $n(\geqslant 9)$ 极大平面图 G，要么来自于最小度 $\geqslant 4$ 的 $(n-2)$-阶祖先图，要么来自于最小度 $\geqslant 4$ 的 $(n-3)$-阶祖先图。**

6.4.1　构造的一般理论

定理 6.6　设 G 是一个 n-阶极大平面图，则可通过不断地实施缩 2-轮，缩 3-轮，缩 4-轮或缩 5-轮运算，使得该图最终收缩成 K_3。

证明　当 $n=4$ 时，由于只有一个极大平面图 K_4，显然结论成立。假设 $n\geqslant 4$，且顶点数 $\leqslant n$ 时结论成立，考虑顶点数为 $n+1$ 的情况。对于任意一个阶数为 $n+1$ 的极大平面图 G，若 G 含有 2 度或 3 度顶点，则收缩该 2 度或 3 度顶点后所得到的图是一个阶数为 n 的极大平面图 $\zeta_2^-(G)$ 或 $\zeta_3^-(G)$，由归纳假设，结论成立；若 $\delta(G)=4$ 或 $\delta(G)=5$，则通过选择某 4 度或 5 度顶点实施缩 4-轮或缩 5-轮运算后所得到的图 $\zeta_4^-(G)$ 或 $\zeta_5^-(G)$，它们均是阶数为 $n-1$ 的极大平面图，由归纳假设，它们均可通过不断地实施缩 2-轮，缩 3-轮，缩 4-轮与缩 5-轮运算，使

得该图最终收缩成为 K_3。 ■

由定理 6.6 知，每个 n-阶极大平面图 G 均可通过 4 种基本收缩运算可以收缩到 K_3。当然，沿着对图 G 实施的缩 i-轮运算的逆方向，从 K_3 开始，作相应的扩 i-轮运算，则最终可得到相应的原图 G。由此，可以推出：

推论 6.1 任意两个极大平面图 G 和 G' 总可以通过 4 对基本算子，从 G 出发得到 G'。

6.4.2 可分极大平面图的构造

设 H_1 和 H_2 是两个极大平面图，$H_1 \cap H_2 = \Delta v_1v_2v_3$，若 $G = H_1 \cup H_2$ 的最小度 $\geqslant 4$，则称 G 为**可分极大平面图**，简称为**可分图**。由于极大平面图中的每个三角形面均可作为 ∞- **面**(即含 ∞ 点的面)，故不妨设 $\Delta v_1v_2v_3$ 总是 H_1 的 ∞- 面，如图 6.18(a) 所示；并令 $\Delta v_1v_2v_3$ 总为 H_2 的非 ∞- 面，如图 6.18(b)所示。故 $G = H_1 \cup H_2$ 可视由一种将 H_1 **嵌入于** H_2 的 $\Delta v_1v_2v_3$ 内的一种**嵌入运算**得到的极大平面图。

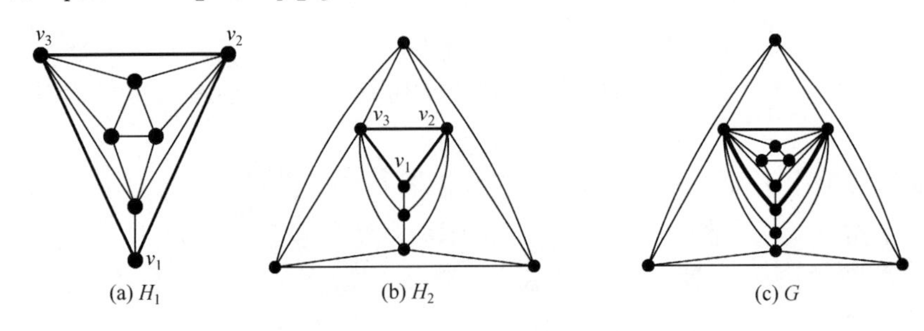

图 6.18　可分图的嵌入构造过程示意图

一般地，设 H_1 和 H_2 是两个极大平面图。$\Delta v_1v_2v_3 \triangleq \Delta_1$ 是 H_1 中的三角形面，$\Delta v_1v_2v_3 \triangleq \Delta_2$ 是 H_2 的一个三角形面。所谓基于 $\{\Delta_1, \Delta_2\}$ 的 H_1 与 H_2 的**嵌入运算**是指，首先对 Δ_2 中的顶点重新标定：顶点 u_i 定义为 $v_i, i = 1, 2, 3$，且 H_1 与 H_2 中其余的标定均不相同；进而对标定后的 H_1 与 H_2 施行并运算，所得之图 $G = H_1 \cup H_2$ 是一个可分极大平面图。

注 在对 Δ_2 中的顶点重新标定中，也可选择不同于上述的标定，如 u_1 标定为 v_2; u_2 标定为 v_3; u_3 标定为 v_1 等。但不同的标定，导致所获得的可分图 $G = H_1 \cup H_2$ 不同。

显然，当 $\delta(G) \geqslant 4,\ i = 1, 2$ 时，有 $\delta(G) \geqslant 4$；但是，也存在 $\delta(H_i) = 3$，但 $\delta(G) \geqslant 4$ 的情况。如图 6.18 所示，H_1 和 H_2 均为 $\delta = 3$ 的极大平面图，且分别只有一个顶点 v_1 的度数为 3，但 $G = H_1 \cup H_2$ 满足 $\delta(G) \geqslant 4$。

一个极大平面图 G 称为**递归极大平面图**，若它是从 K_4 出发，不断在某些三

角面上嵌入一个 3 度顶点得到的极大平面图。用Λ_n表示所有不同构的 n-阶递归极大平面图构成的集合，并令$\lambda_n=|\Lambda_n|$。易证，当$n=4,5,6$时，$\lambda_n=1$，对应于Λ_4,Λ_5与Λ_6中的递归极大平面图如图 6.19 所示。

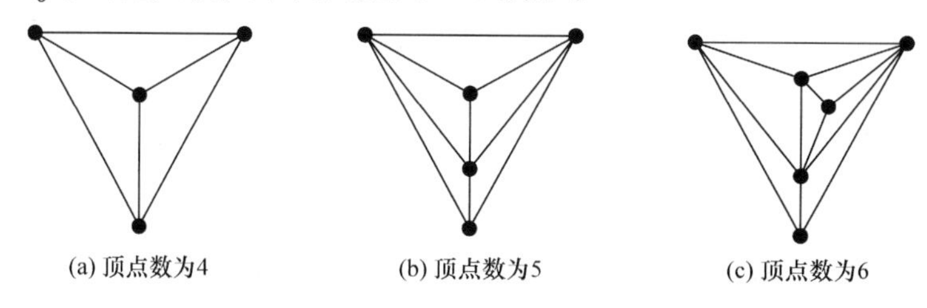

图 6.19　顶点数分别为 4, 5, 6 的 3 个递归极大平面图

易证，一个递归极大平面图至少有 2 个 3 度顶点。把恰好有 2 个 3 度顶点的递归极大平面图称为**(2,2)-型递归极大平面图**。如图 6.19(b)和(c)所示的图均为(2,2)型递归极大平面图。有关递归极大平面图的系统研究在第 8 章中给出。这里不再赘述。

设H^*是一个(2，2)-型递归极大平面图或者K_4，$\Delta v_1v_2v_3\triangleq\Delta_1$是其中含一个 3 度顶点的三角形面，$H_2$是一个最小度$\geqslant 4$的极大平面图。所谓将$H^*$**嵌入**在$H_2$中的某三角形面$\Delta_2$中是指基于$\{\Delta_1,\Delta_2\}$的$H^*$与$H_2$的嵌入运算，并定义$H^*\cup H_2\triangleq H_2^*$。

易证：

定理 6.7　设H_1和H_2是两个极大平面图，$H_1\cap H_2=\Delta v_1v_2v_3$，则$G=H_1\cup H_2$的最小度$\geqslant 4$的充要条件是：对于任意的$H_i,d_{H_i}(v_1),d_{H_i}(v_2),d_{H_i}(v_3)$中至多有一个为 3，$H_i$中其余顶点度数均$\geqslant 4$，$i=1,2$。

阶数最小的最小度$\geqslant 4$的图是 6-阶极大平面图，见附录 A 中的第 1 个图；阶数最小且只有一个 3 度顶点的极大平面图是如图 6.18 中所示的H_1。于是由定理 6.7 知，阶数最小的可分极大平面图的阶数$=6+6-3=9$，其次是$6+7-3=10$。进而，可证：

基于定理 6.7，现给出构造$n(\geqslant 9)$-阶可分图的方法与步骤。设H_i的阶数为$n_i(\geqslant 6)$，$i=1,2$，分如下两种情况：

情况 1　$n=n_1+n_2-3$。则可用最小度均$\geqslant 4$的两个极大平面图H_1和H_2来构造 n-阶可分图，其中n_i为H_i的阶数，$n_i\geqslant 6$，$i=1,2$。具体步骤如下：

步骤 1：分别找出H_1与H_2中不等同的三角形面；

步骤 2：将H_1中的每个不等同的三角形嵌入在H_2中的每个不同的三角形面中即可。

情况 2 $n < n_1 + n_2 - 3$。令 $m = n - n_1 - n_2 + 3$, $m = m_1 + m_2, m_1, m_2 \geqslant 0$, $t_i = m_i + n_i$, $i = 1, 2$，从而有 $n = t_1 + t_2 - 3$。由此可分如下情况讨论：

情况 2.1 $t_1 = n_1$，即 $m_1 = 0$。

步骤 1：分别找出 H_1 与 H_2 中不等同的三角形面；

步骤 2：把 $(m_2 + 3)$-阶的(2,2)-型递归极大平面图 H^* 嵌入在 H_2 中每个不同的三角形面中，或者当 $m_2 = 1$ 时，把 K_4 嵌入在 H_2 中每个不同的三角形面中，所得之图记作 H_2^*，并将 H_2^* 中含 3 度顶点的三角形面记作 Δ_2；

步骤 3：记 H_1 中不等同的三角形面为 Δ_1，实施基于 $\{\Delta_1, \Delta_2\}$ 的 H_1 与 H_2^* 的嵌入运算即可。

情况 2.2 $m_i > 0$, $i = 1, 2$。

步骤 1：分别找出 H_1 与 H_2 中不等同的三角形面；

步骤 2：对 $(m_i + 3)$-阶的(2,2)-型递归极大平面图 H^* 嵌入在 H_i 中每个不同的三角形面中，所得之图记作 H_i^*，当 $m_i = 1$ 时，$H^* = K_4$，并将 H_i^* 中含 3 度顶点的三角形面记作 Δ_i, $i = 1, 2$；

步骤 3：实施基于 $\{\Delta_1, \Delta_2\}$ 的 H_1^* 与 H_2^* 的嵌入运算即可。

基于本小节的构造方法，我们给出 10-阶所有可分极大平面图，共有 2 个，其具体的构造方法步骤如下：

由于 $10 = (6 + 7) - 3$，而 6-阶与 7-阶的极大平面图各一个，且它们恰只有一个等同的三角形，因而，应用上述情况 1，可构造出一个 10-阶的可分极大平面图，其构造过程如图 6.20(a)所示；又由于 $10 = ((6 + 4) - 3) + 6 - 3$，故可利用构造上述情况 2 的构造方法构造出另一个 10-阶可分图，其过程如图 6.20(b)和(c)所示。容易证明，除了这两个可分图外，再无其他可分图。

按照此方法，我们构造出 11-阶极大平面图中共有 **9 个可分图**，分别见附录 A 中 11-阶极大平面图中的第 17, 19, 24～28, 30, 32 个；构造出 12-阶极大平面图中共有 43 个可分图，附录 A 中 12-阶极大平面图中的第 38, 49～52, 58, 62, 64, 68, 70, 72, 74, 81, 83, 84, 86～94, 98～100, 103, 105, 107, 109, 110, 112, 113, 115～117, 119, 120, 122, 125, 127, 129 个。

6.4.3 非可分极大平面图构造基本定理

定理 6.8 设 G 是一个最小度 $\geqslant 4$ 的 $n(\geqslant 9)$-阶非可分极大平面图，则 G 有 $(n-2)$-阶或 $(n-3)$-阶祖先图。

证明 设 G 是一个最小度 $\geqslant 4$ 的 $n(\geqslant 9)$-阶非可分极大平面图。用 (i, j, t) 标记 G 中三角面 $\Delta v_1 v_2 v_3$，其中，顶点 v_1, v_2, v_3 的度数分别为 i, j, t, $i \leqslant j \leqslant t$。

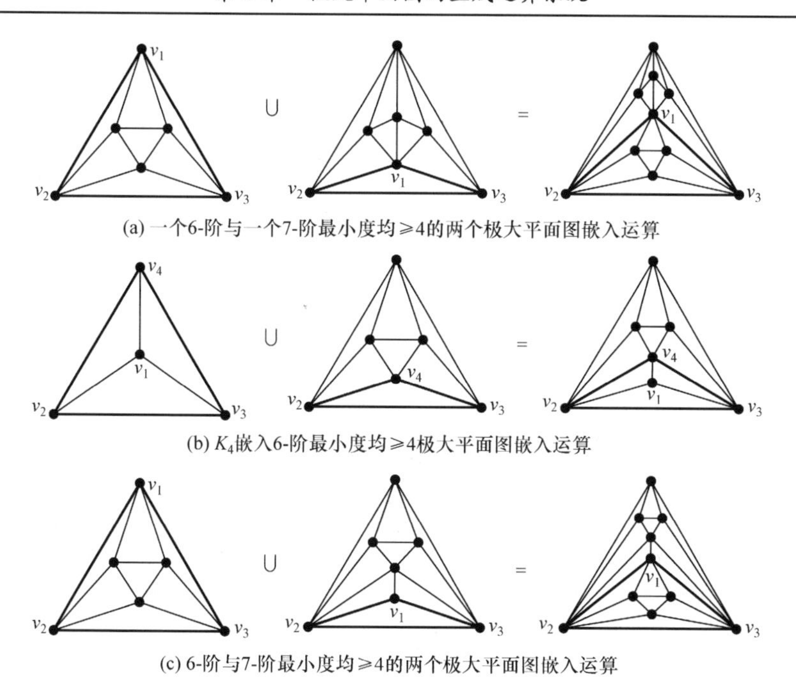

(a) 一个6-阶与一个7-阶最小度均⩾4的两个极大平面图嵌入运算

(b) K_4嵌入6-阶最小度均⩾4极大平面图嵌入运算

(c) 6-阶与7-阶最小度均⩾4的两个极大平面图嵌入运算

图 6.20　两个 10-阶可分极大平面图的构造过程示意图

当$\delta(G)=4$，G中含 4 度顶点的三角面(仍记为$\Delta v_1v_2v_3$)可分如下 3 种类型：

类型 1　$\Delta v_1v_2v_3$为(4,4,t)型，$t\geqslant 4$；

此类$\Delta v_1v_2v_3$的邻域顶点标记如图 6.21(a)所示。具体分如下情况：

情况 1　$t=4$。则G为 6-阶图或可分图，矛盾。

情况 2　$t=5$。如图 6.21(b)所示，则$d(w_1)\geqslant 5$，且$w_1w_3\notin E(G)$，否则G是可分图或者 7-阶图。若$d(w_1)=5$，则令u_1是$N(w_1)$中除w_2,v_2,v_1,w_4外的另一个顶点，如图 6.21(c)所示。显然，有$d(w_2),d(w_4)\geqslant 6$，于是，G含有一个以$w_1w_2v_3w_4$为外圈，以$\{v_1,v_2\}$为内点集的基本多米诺构形(w_1与v_3是缩点对)；若$d(w_1)\geqslant 6$，且$d(w_3)\geqslant 5$，则$d(w_2),d(w_4)\geqslant 5$，故推出以$w_1w_2w_3w_4$为外圈，以$\{v_2,v_3\}$为内点集(v_1与w_2为缩点对)的基本多米诺构形；若$d(w_1)\geqslant 6$，且$d(w_3)=4$，则$d(w_2),d(w_4)\geqslant 6$，则G有一个以$w_1w_2v_3w_4$为外圈，以$\{v_1,v_2\}$为内点集(v_3与w_1为缩点对)的基本多米诺构形。

情况 3　$t\geqslant 6$。若$d(w_1)\geqslant 6$，则以v_1为轮心的 4-轮是G的一个多米诺构形(v_2与w_{t-1}为缩点对)；若$d(w_1)=5$，则$N(w_1)$中有一个顶点(记作u_1)不属于$\{v_1,v_2,v_3,w_1,w_2,w_3,\cdots,w_{t-1}\}$，且$d(w_{t-1}),d(w_2)\geqslant 5$，如图 6.21(d)所示；若$d(u_1)\geqslant 5$，则$G$有一个基本多米诺构形，其以$v_3v_1w_{t-1}u_1w_2$为外圈，以$\{v_2,w_1\}$为

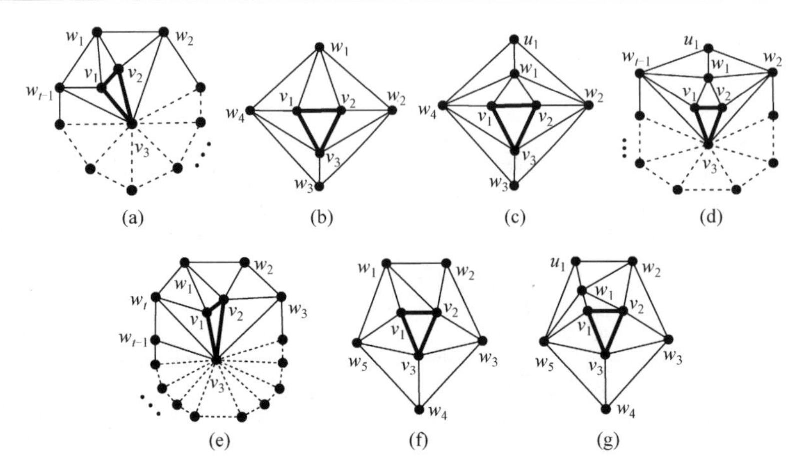

图 6.21　定理 6.8 证明示意图

内点集(v_1与w_2为缩点对)，定理成立；若$d(u_1)=4$，则$d(w_{t-1}), d(w_2)\geqslant 6$，故 G 有一个基本多米诺构形，其以$w_2v_2v_3w_{t-1}u_1$为外圈，以$\{v_1, w_1\}$为内点集(u_1与v_2为缩点对)；若$d(w_1)=4$，则 G 是可分图，矛盾。

类型 2　$\Delta v_1v_2v_3$为$(4,5,t)$型，$t\geqslant 5$。

对此情况，$\Delta v_1v_2v_3$的邻域顶点标记如图 6.21(e)所示。具体分如下情况：

情况 1　$t=5$，如图 6.21(f)所示。若$d(w_1)=4$，则$\Delta v_1w_1v_2$为$(4,4,5)$型，由类型 1 知定理成立。

若$d(w_1)=5$，则$N(w_1)$中存在顶点$u_1\notin\{v_1, v_2, v_3, w_1, w_2, w_3, w_4\}$，如图 6.21(g)所示，此时$d(w_5)\geqslant 5$；若$d(w_3)=4$，则$d(w_4), d(w_2)\geqslant 5$，此时 G 有以$w_3w_4w_5v_1w_1w_2$为外圈，以$\{v_2, v_3\}$为内点集的基本多米诺构形(v_1与w_3为缩点对)；若$d(u_1), d(w_3)\geqslant 5$，则 G 有以$v_3v_1w_5u_1w_2$为外圈，以$\{w_1, v_2\}$为内点集的基本多米诺构形(v_1, w_2为缩点对)；若$d(w_3)\geqslant 5$且$d(u_1)=4$，则$d(w_5)\geqslant 6$，$d(w_2)\geqslant 5$，故以w_1为轮心的 5-轮是多米诺构形(v_1与u_1为缩点对)。

若$d(w_1)\geqslant 6$且$d(w_5)=4$，则$\Delta v_1w_5w_1$属于类型 1。下面假设$d(w_1)\geqslant 6$且$d(w_5)\geqslant 5$。此时，若$d(w_3)\geqslant 5$，则以v_2为轮心的 5-轮是多米诺构形(v_1与w_2为缩点对)；如果$d(w_3)=4$，则$d(w_4), d(w_2)\geqslant 5$，此时 G 有以$w_3w_4w_5v_1w_1w_2$为外圈，以v_2与v_3为内点的基本多米诺构形(v_1与v_3为缩点对)。

情况 2　$t\geqslant 6$。分如下情况：

情况 2.1　$d(w_1)\geqslant 6$，则以v_1为轮心的 4-轮是多米诺构形(v_2与w_t为缩点对)；

情况 2.2　$d(w_1)=5$，则$\Delta v_1w_1v_2$为$(4,5,5)$型，由类型 2 中情况 2.1 知结论成立；

情况 2.3　$d(w_1)=4$，则$\Delta v_1w_1v_2$为$(4,4,5)$型，由类型 1 知结论成立。

类型 3　$\Delta v_1v_2v_3$为$(4,j,t)$型，$6\leqslant j\leqslant t$。令$w_1(\neq v_3)$为v_1与v_2的公共邻点。若

$d(w_1)=4$，则 $\Delta v_1w_1v_2$ 为(4,4,j)型，由类型 1 知结论成立；若 $d(w_1)=5$，则 $\Delta v_1w_1v_2$ 为(4,5,j)型，由类型 2 知结论成立；若 $d(w_1)\geqslant 6$，则以 v_1 为轮心的 4-轮是多米诺构形。

当 $\delta(G)=5$ 时，G 中含 5 度顶点的三角面(仍记为 $\Delta v_1v_2v_3$)可分为两种类型：(5,5,t_1)型和(5,j,t_2)型，其中 $t_1\geqslant 5$，$6\leqslant j\leqslant t_2$。相应的证明过程与 $\delta(G)=4$ 的情况类似，故略。

综上所述，本定理成立。■

6.4.4　非可分极大平面图的构造方法与步骤

基于定理 6.8，本小节给出非可分极大平面图构造方法与步骤(在此以构造 $G(n)$ 为例给予说明)。

步骤 1　基于 $G(n-2)$，**构造出所有的第 1 代子孙图**，即通过扩 4-轮，扩 5-轮运算生成的极大平面图。其具体步骤如下：

步骤 1.1　找出 $G(n-2)$ 中每个极大平面图中不等同的 2-长路集 $\Im_G^{P_3}$，漏斗子图集 $\Im_G^L$；

步骤 1.2　对 $\Im_G^{P_3}$ 中每个图中的每条 2-长路，$\Im_G^L$ 中每个漏斗子图实施扩轮运算即可得到 $G(n-2)$ 中的全部第 1 代子孙图。

步骤 2　基于 $G(n-3)$，**构造出所有的第 2 代子孙图**，采用 6.3.1 节中的构造方法，具体步骤如下：

步骤 2.1　找出 $G(n-3)$ 中每个极大平面图中不等同的 2-长路集 $\Im_G^{P_3}$，漏斗子图集 $\Im_G^L$，半封漏斗子图集 $\Im_G^{L^*}$，哑铃子图集 $\Im_G^Y$，半封哑铃子图集 $\Im_G^{Y^*}$，全封哑铃子图集 $\Im_G^{Y_*^*}$；

步骤 2.2　基于 $\Im_G^{P_3}$，与图 6.7 中的含 2 个内点第 1 个多米诺构形，利用路型子孙图构造方法，构造出所有可能的路型子孙图。

基于 $\Im_G^L$，与图 6.7 中的含 2 个内点的第 2 个多米诺构形，利用漏斗型子孙图构造方法，构造出所有可能的漏斗型子孙图；

基于 $\Im_G^{L^*}$，与图 6.7 中的含 2 个内点的第 2 个多米诺构形，利用漏斗型子孙图构造方法，构造出所有可能的漏斗型子孙图；

基于 $\Im_G^Y$，与图 6.7 中的含 2 个内点的第 3 个多米诺构形，利用哑铃型子孙图构造方法，构造出所有可能的哑铃型子孙图。

基于 $\Im_G^{Y^*}$，与图 6.7 中的含 2 个内点的第 3 个多米诺构形，利用哑铃型子孙图构造方法，构造出所有可能的哑铃型子孙图。

基于 $\mathfrak{I}_G^{Y_*^*}$，与图 6.7 中的含 2 个内点的第 3 个多米诺构形，利用哑铃型子孙图构造方法，构造出所有可能的哑铃型子孙图。

举例　利用上述方法，构造 $G(9)$ 过程如下：

由于最小度≥4 的 7-阶极大平面图只有一个，如图 6.22(a)所示，它是一个双心轮图，故 $\mathfrak{I}_G^{P_3}$ 中含有 3 条 2 长路，如图 6.22(a)～(c)中粗线所示；$\mathfrak{I}_G^{L}$ 中只有 1 个漏斗子图，如图 6.22(d)中粗线所示。对图 6.22(a)～(d)中粗线的对象子图实施相应的扩 4-轮与扩 5-轮运算，得到相应的 4 个最小度≥4 的 9-阶极大平面图，如图 6.22(a′)～(d′)，但图 6.22(a′)与图 6.22(c′)中所示的两个极大平面图是同构的，故只有 **3 个不同构**的 9-阶极大平面图。

最小度≥4 的 6-阶极大平面图也只有一个，如图 6.22(e)所示，其对称性很强，显然有 $\left|\mathfrak{I}_G^{P_3}\right|=\left|\mathfrak{I}_G^{L}\right|=\left|\mathfrak{I}_G^{Y}\right|=1$。易证，对 $\mathfrak{I}_G^{P_3}$ 与 $\mathfrak{I}_G^{L}$ 中对象实施扩圈运算，再与含两内点的多米诺构形结合给出的 9 阶极大平面图与图 6.22(a′)～(c′)中所示的图同构。故只考虑 $\mathfrak{I}_G^{Y}$ 中所含唯一全封哑铃的情况，如图 6.22(e)中粗线所示。首先对其施行扩 6-圈，所得之图如图 6.22(f)所示。最后将图 6.13 中含 2 个内点的 6 圈多米诺构形嵌入在图 6.22(f)中所示的半极大平面图中去，得到如图 6.22(g)中所示的 9-阶极大平面图。

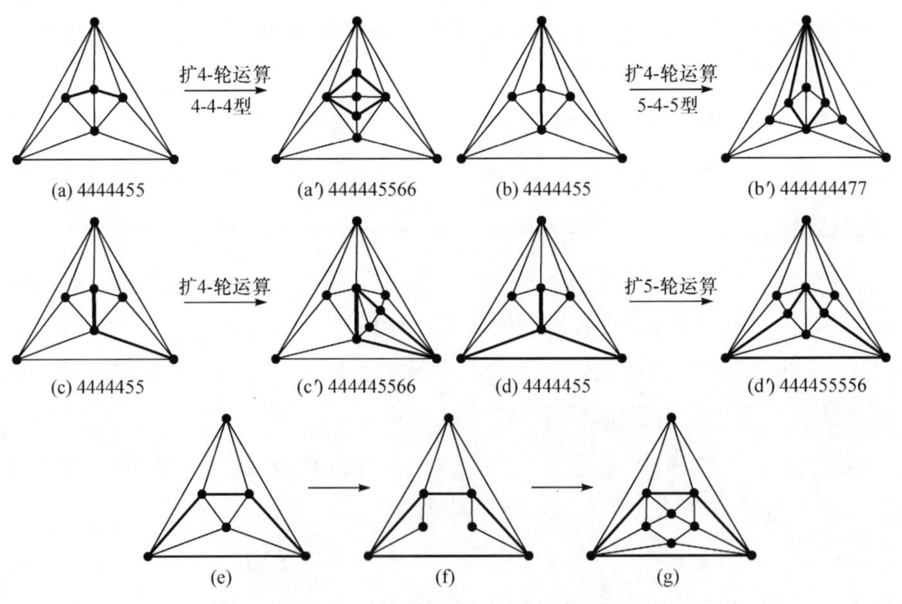

图 6.22　$G(9)$ 构造过程示意图

至此，我们已经按照上述构造方法，构造出了 9 个顶点的全部 4 个非可分极大平面图，见附录 A。

利用 6.4.2 节构造可分极大平面图以及 6.4.3 节构造非可分极大平面图的方法，在本小节构造出了最小度⩾4的所有 6～12 阶的极大平面图，见附录 A。

6.5　小　　结

本章的主要贡献是：

(1) 系统建立了一种将着色与结构有机结合的构造极大平面图的新方法——**扩缩运算法**。

(2) 发现了最小度⩾4的极大平面图中很重要的子图——**多米诺构形**，并详细地刻画了此类图的结构特征，特别给出了构造多米诺构形的方法步骤。此工作是递归性构造极大平面图的基础。

(3) 提出了**祖先图**与**子孙图**，并详细地刻画了如何构造一个最小度⩾4极大平面图的祖先图集与子孙图集。

(4) 发现并证明了任一阶数为 $n(\geqslant 9)$ 的最小度⩾4的极大平面图的祖先图必含 $(n-2)$ -阶或 $(n-3)$ -阶的祖先图(定理 6.8)。给出递推性构造 $n(\geqslant 8)$ 阶极大平面图的方法与步骤，并用此方法获得了 6～12-阶所有最小度⩾4的极大平面图。

特别要说的是：定理 6.8 是在后续研究中起到基石作用。

基于本章的工作，从本书第 8 章开始，将结构与着色有机结合性地展开研究。

为了证明本节的主要结果，我们需要知道 $\delta \geqslant 4$ 的所有 6～12 阶的极大平面图的数目。$\delta \geqslant 4$ 的极大平面图的计数问题，2007 年 Brinkmann 与 Mckay 给出一种生成算法[3]。在此只列举出阶数从 6 到 23 的计数，见表 6.1。

表 6.1　满足 $\delta \geqslant 4$ 的 6～23-阶极大平面图的计数表

阶数	6	7	8	9	10	11	12
图的数目	1	1	2	5	12	34	130
阶数	13	14	15	16	17	18	19
图的数目	525	2472	12400	65619	357504	1992985	11284042

阶数	20	21	22	23
图的数目	64719885	375126827	2194439398	12941995397

参考文献

[1] 许进. 极大平面图的结构与着色理论(2)多米诺构形与扩缩运算. 电子与信息学报，2016, 38(6): 1271-1327.

[2] Xu J, Li Z, Zhu E Q. On purely tree-colorable planar graphs. Information Processing Letters, 2016, 116(8): 532-536.

[3] Brinkmann G, Mckay B. Fast generation of planar graphs. MATCH Communications in Mathematical and in Computer Chemistry, 2007, 58(58): 323-356.

第 7 章　色多项式递推公式与四色猜想

本章给出求解极大平面图的一种色多项式的递推公式,它异于缩边递推公式。基于该公式，给出证明四色猜想的两种思路[1]。

7.1　色多项式的缩轮递推公式

本章用 $f(G,t)$ 表示对标定图 G 的顶点用 t 种颜色进行着色时具有的着色数目。显然，当 $t<\chi(G)$ 时，即该图没法被着色时，$f(G,t)=0$；但当 $\chi(G)\leqslant t$，这种着色的数目肯定存在，即 $f(G,t)>0$。对于任意一个平面图 G，当 $t=4$ 时，若能够证明 $f(G,4)>0$，则就相当于证明了四色猜想！这就是 Birkhoff 在 1912 年提出用来证明四色猜想的一种方法[2,3]。后来发现，$f(G,t)$ 是一个关于 t 的多项式，故称 $f(G,t)$ 为图的**色多项式**。目前，图的色多项式已经成为了图论学科中一个很有魅力的独立分支[4]。遗憾的是，Birkhoff 的愿望至今尚未实现。对色多项式的研究引起了众多学者的极大兴趣。关于这方面研究较为深入的有 Birkhoff 和 Lewis[2,3]、Dong 等[4]、Tutte[5,6]、Read[7]、Whitney[8]。其中 Tutte[5]的结果最为诱人，他证明了：当 $t=\tau(\sqrt{5})=3.618\cdots$ (其中 $\tau=(\sqrt{5}+1)/2$)时，$f(G,\tau\sqrt{5})>0$。此结果与四色猜想有点“擦肩而过”的遗憾，因为只要能够证明 $f(G,4)>0$，则四色猜想成立。

在计算给定图的色多项式方面，一个最为基本的公式是所谓的**缩边递推公式**。

对于图 G 中的一条边 e，用 $G-e$ 和 $G\circ e$ 分别表示图 G 经过对边 e 进行删边运算和收缩运算后得到的图。在收缩运算中，假设除 W_2 以外，图 G 是无自环且没有平行边的。

缩边递推公式[2]　若图 G 是简单图，则对图 G 的任何边 e，都有

$$f(G,t)=f(G-e,t)-f(G\circ e,t)$$

另外，作者在文献[9,10]中分别给出缩点递推公式以及图与补图的色多项式等。

可能是因为 Tutte 的工作很漂亮，以及 Tutte 在学术界的地位，人们认为以图的色多项式为工具解决四色猜想似乎不可能，但下述的工作重新“燃起”了利用图的色多项式作为工具之一来证明四色猜想的希望。

为方便，先给出如下两个引理：

引理 7.1[3]　对任何无自环的平面图 G，G 是4-可着色的当且仅当

$$f(G,4)>0 \tag{7.1}$$

引理 7.2[2,4]　若图 G 是子图 G_1 与 G_2 的并，且 G_1 与 G_2 的交为 k-阶完全图，则

$$f(G,t)=\frac{f(G_1,t)\times f(G_2,t)}{t(t-1)\cdots(t-k+1)} \tag{7.2}$$

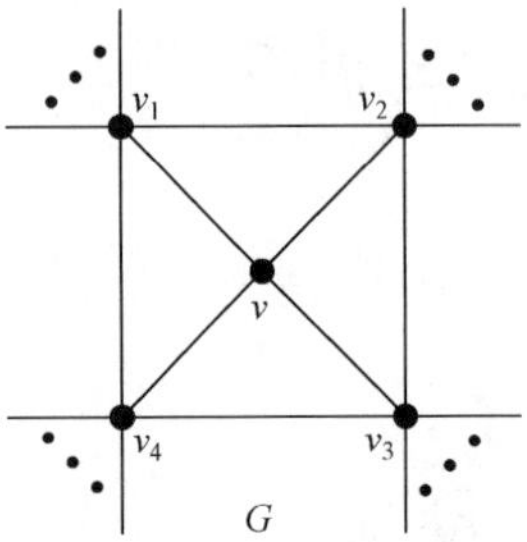

v_1 v_2 v v_4 v_3 G

图 7.1　一个含有 4 度顶点的极大平面图

定理 7.1　设图 G 是一个极大平面图，v 是图 G 的一个 4 度顶点，且 $N(v)=\{v_1,v_2,v_3,v_4\}$，如图 7.1 所示，则有

$$f(G,4)=f(G_1,4)+f(G_2,4) \tag{7.3}$$

其中，$G_1=(G-v)\circ\{v_1,v_3\}$；$G_2=(G-v)\circ\{v_2,v_4\}$。

证明　在下面的推导过程中，用记号 $G[\overline{N(v)}]$ 来代表图 G。用缩边递推公式来求图 G 的色多项式。为了直观，采用 Zykov[11]引入的一种方法，先不写 t，而用图的一个图解来记它的色多项式。注意：若有一对顶点间至少有 2 条边，除 W_2 外，只保留一条，删去其余的边。

$f(G,4)=$ v_1 v_2 v v_4 v_3 $= \quad - \quad$

$= \quad - \quad - \quad$

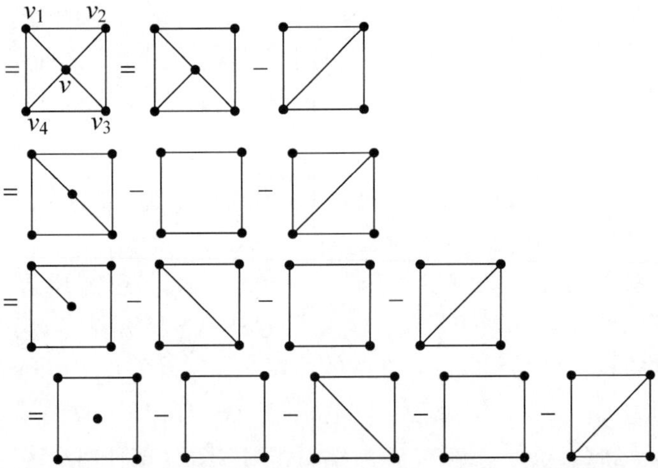

$= \quad - \quad - \quad - \quad$ (7.4)

$= \quad - \quad - \quad - \quad - \quad$

由引理 7.2，式(7.4)中第一个图的色多项式应该为 $t\cdot f(G-v,t)$，因此

$f(G,t)=(t-2)$ $\quad - \quad - \quad$ (7.5)

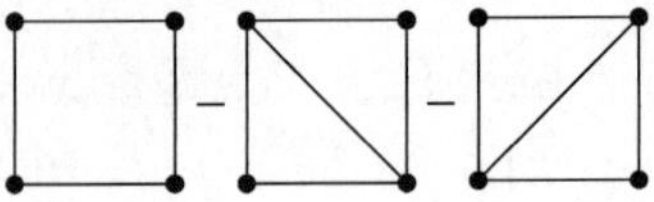

当 $t=4$ 时，有

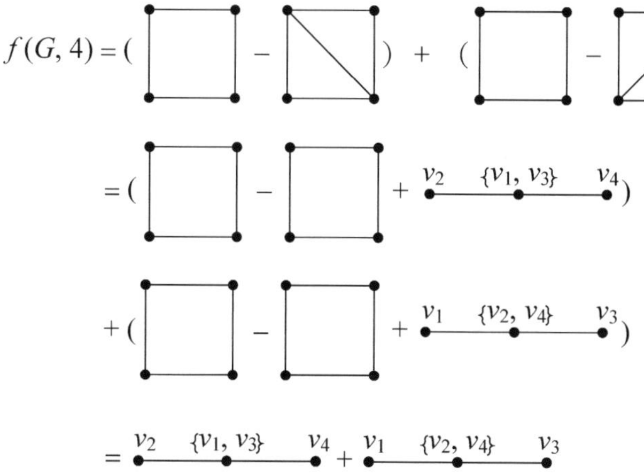

$f(G,4)=($ ⋯ $)+($ ⋯ $)$

$=($ ⋯ $+$ v_2 $\{v_1, v_3\}$ v_4 $)$

$+($ ⋯ $+$ v_1 $\{v_2, v_4\}$ v_3 $)$ (7.6)

$=$ v_2 $\{v_1, v_3\}$ v_4 $+$ v_1 $\{v_2, v_4\}$ v_3

注意到式(7.6)等号右边的两个图实际上分别表示 $(G-v)\circ\{v_1,v_3\}$ 和 $(G-v)\circ\{v_2,v_4\}$。很容易证明，它们都是顶点数为 $n-2$ 的极大平面图。因此有

$$f(G,4)=f((G-v)\circ\{v_1,v_3\},4)+f((G-v)\circ\{v_2,v_4\},4)=f(G_1,4)+f(G_2,4) \tag{7.7}$$

即

$$f(G,4)=f(G_1,4)+f(G_2,4) \tag{7.8}$$

从而本定理获证。■

定理 7.2　设图 G 是一个极大平面图。v 是图 G 的一个 5 度顶点，且 $N(v)=\{v_1,v_2,v_3,v_4,v_5\}$，其结构如图 7.2 所示，则有

$$\begin{aligned}f(G,4)=&[f(G_1,4)-f(G_1\cup\{v_1v_4,v_1v_3\},4)]\\&+[f(G_2,4)-f(G_2\cup\{v_3v_1,v_3v_5\},4)]\\&+[f(G_3,4)-f(G_3\cup\{v_1v_4\},4)]\end{aligned} \tag{7.9}$$

其中，$G_1=(G-v)\circ\{v_2,v_5\}$；$G_2=(G-v)\circ\{v_2,v_4\}$；$G_3=(G-v)\circ\{v_3,v_5\}$。

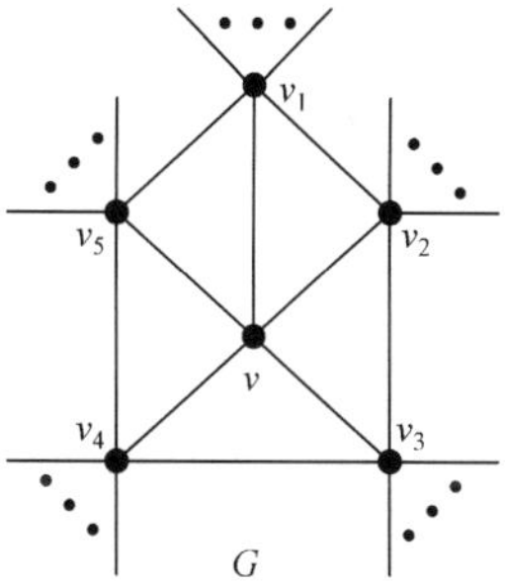

v_1 v_2 v_3 v_4 v_5 v G

图 7.2　一个含有 5 度顶点的极大平面图

证明　利用 $G[\overline{N(v)}]=G[v_1,v_2,v_3,v_4,v_5,v]$ 来代表图 G。现对图 G 反复应用缩边递推公式，在运算过程中若产生多重边，则删去重边只保留一条边，但轮图 W_2 除外，且用轮图 W_5 来表示极大平面图 G 的色多项式。

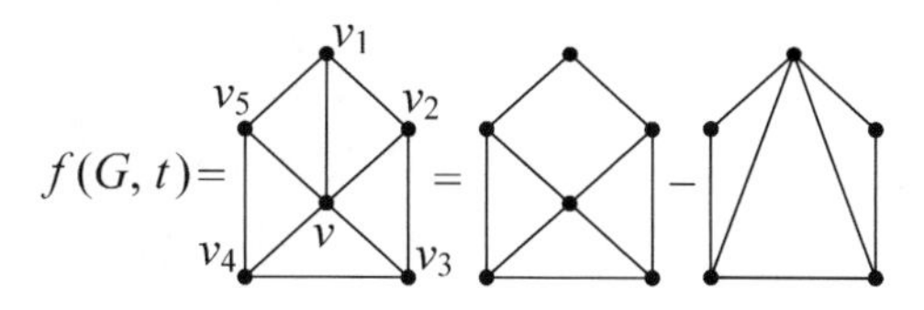

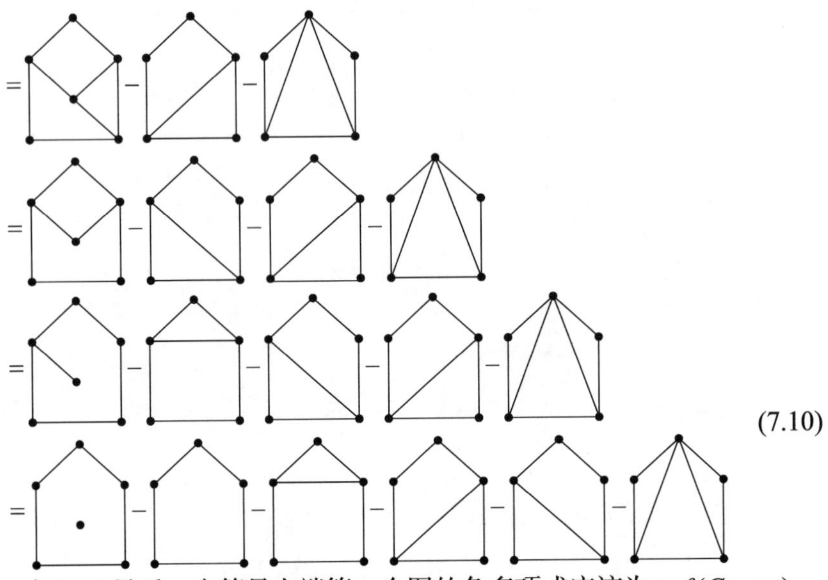

(7.10)

由引理7.2，式(7.10)最后一个等号右端第一个图的色多项式应该为$t \cdot f(G-v,t)$。因此得到

$$f(G,t)=(t-1)\ \square - \square - \square - \square - \square \tag{7.11}$$

取$t=4$时，有

$$f(G,4)=(\square - \square)+(\square - \square)+(\square - \square)-\square$$

$= \ \ v_1,\ v_2 v_5,\ v_4,\ v_3 \ + \ v_3,\ v_2 v_4,\ v_1,\ v_5 \ + \ v_4,\ v_3 v_5,\ v_2,\ v_1 \ - \ v_1,\ v_5,\ v_2,\ v_4,\ v_3$

$= \ \ v_1,\ v_2 v_5,\ v_4,\ v_3 \ + \ v_3,\ v_2 v_4,\ v_1,\ v_5 \ + \ v_4,\ v_3 v_5,\ v_2,\ v_1 \ - \ v_1,\ v_5,\ v_2,\ v_4,\ v_3 \ - \ v_4,\ v_3,\ v_5,\ v_2,\ v_1$

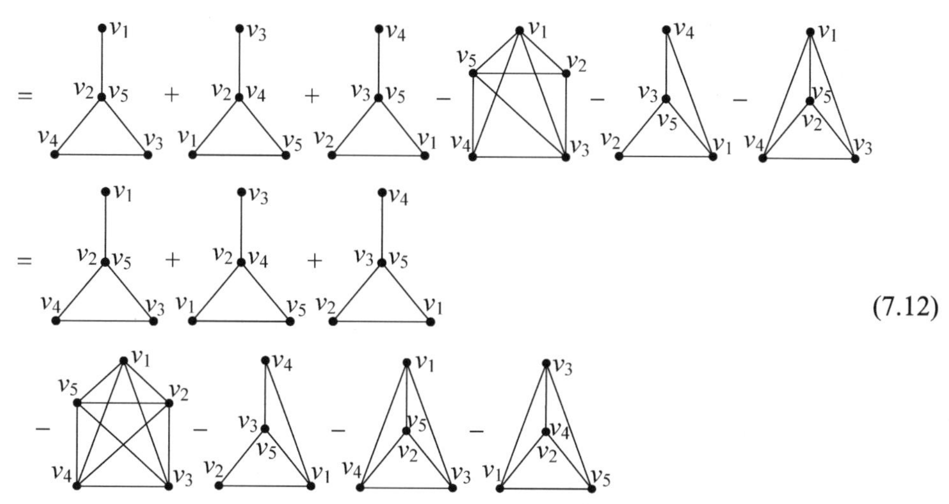

(7.12)

注意到在式(7.12)最后一个等号右端的第4个图，记作图 G' ，它含有子图 K_5 ，故 $f(G',4)=0$ 。由此可得到下面的等式

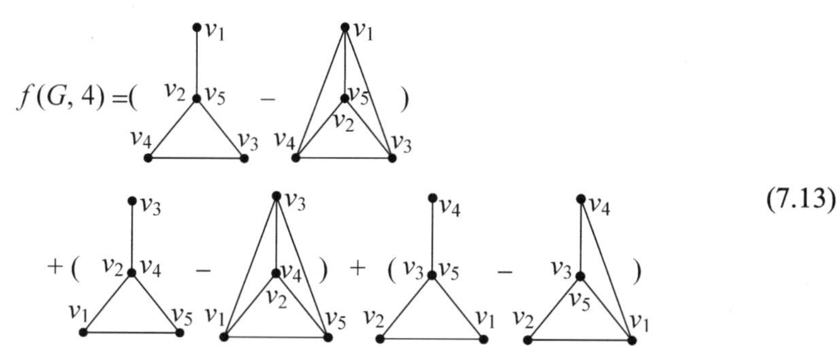

(7.13)

注意到式(7.13)等号右端第 1 个括号内的第 1 个图实际上就是图 $G_1=(G-v)\circ\{v_2,v_5\}$ ；第 2 个括号内的第 1 个图实际上是 $G_2=(G-v)\circ\{v_2,v_4\}$ ；第 3 个括号内的第 1 个子图实际上是 $G_3=(G-v)\circ\{v_3,v_5\}$ 。 ■

7.2　证明四色猜想的新思路

众所周知，四色猜想的最终证明一般需采用数学归纳法，且按照最小度进行分类。当最小度为 $\delta(G)=3,4$ 时，由归纳法容易证明，但当 $\delta(G)=5$ 时，至今数学方法尚未给出证明。下面，**给出一种基于定理 7.1 和定理 7.2 的四色猜想证明思路：**

欲证对任一极大平面图 G ， $f(G,4)>0$ ，现对其顶点数 n 施行归纳法。

当 $n=3,4,5$ 时，显然结论成立。

假设当顶点数$\geqslant 5$而$\leqslant n-1$时结论成立。考察顶点数为n的情况。由于只考虑简单极大平面图，而任一极大平面图G满足：$3\leqslant\delta(G)\leqslant 5$。故按最小度分下列 3 种情况考虑。

情况 1　$\delta(G)=3$。

设$v\in V(G), d(v)=3$。令$G_1=G[\overline{N(v)}], G_2=G-v$，故$G_1\cap G_2=G[N(v)]\cong K_3$。

再注意到$G_1=G[\overline{N(v)}]\cong K_4$，于是由引理 7.2 有

$$f(G,t)=f(G_1\cup G_2,t)=\frac{f(G_1,t)\times f(G_2,t)}{f(K_3,t)}=(t-3)f(G_2,t)$$

由归纳假设，$f(G_2,4)>0$，故有$f(G,4)=f(G_2,4)>0$。

这就证明了$\delta(G)=3$时结论成立。

情况 2　$\delta(G)=4$。

设$v\in V(G)$，$d(v)=4$。$N(v)=\{v_1,v_2,v_3,v_4\}$，其结构如图 7.1 所示。注意，在图中用$G[\overline{N(v)}]$来代表图G。由定理 7.1 知，$f(G,4)=f(G_1,4)+f(G_2,4)$，其中$G_1=(G-v)\circ\{v_1,v_3\}$，$G_2=(G-v)\circ\{v_2,v_4\}$。易证，$G_1$和$G_2$都是顶点数为$n-2$的极大平面图，故由归纳假设有

$$f(G_1,4)=f((G-v)\circ\{v_1,v_3\},4)>0，\quad f(G_2,4)=f((G-v)\circ\{v_2,v_4\},4)>0$$

从而有$f(G,4)=f(G_1,4)+f(G_2,4)>0$，故$\delta(G)=4$时结论成立。

关键是下面的情况 3。

情况 3　$\delta(G)=5$。

顶点数最少的最小度为5的极大平面图是正二十面体，如图 7.3(a)所示，具有 12 个顶点，它显然是 4-可着色的。不存在 13 阶的最小度为 5 的极大平面图，故对顶点数$\geqslant 14$，且最小度为 5 的极大平面图G，一定$\exists v\in V(G), d(v)=5$，其邻域$N(v)=\{v_1,v_2,v_3,v_4,v_5\}$中的顶点$v_1$(结构如图 7.2 所示)满足$d_G(v_1)\geqslant 6$。于是，对定理 7.2 中的图$G_1$(如图 7.3(b)所示)，它是一个最小度$\geqslant 4$的 4-色极大平面图。

基于此约定，欲证$f(G,4)>0$，有如下两种思路。

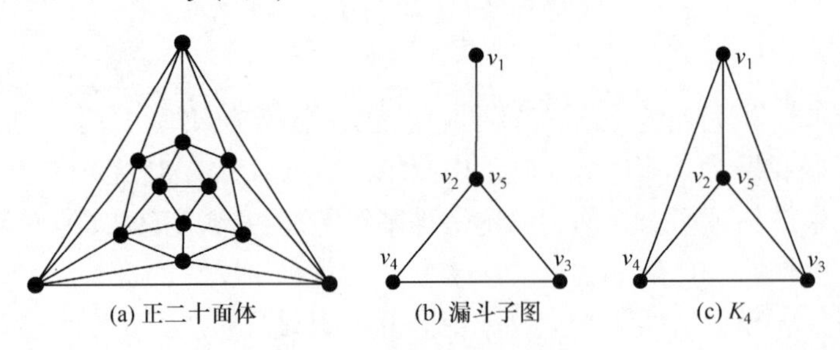

图 7.3　情况 3 说明示意图

第 1 种思路：显然，由于

$$f(G,4)=[f(G_1,4)-f(G_1\cup\{v_1v_4,v_1v_3\},4)]$$
$$+[f(G_2,4)-f(G_2\cup\{v_3v_1,v_3v_5\},4)]$$
$$+[f(G_3,4)-f(G_3\cup\{v_1v_4\},4)]$$

中每个括号内的值$\geqslant 0$，若其中一个>0，则四色猜想成立。而第一个括号内的值$>0\Leftrightarrow \exists f_1\in C_4^0(G_1)$，$f_1(v_1)=f_1(v_3)$或$f_1(v_1)=f_1(v_4)$。故使式(7.9)的值为 0$\Leftrightarrow$每个括号中的值为 0。而使第一个括号内的值为 0 的充要条件是：$\forall f_1\in C_4^0(G_1)$，$f_1(v_1)\neq f_1(v_3)$，且$f_1(v_1)\neq f_1(v_4)$，即对$\forall f_1\in C_4^0(G_1)$，如图 7.3(b)所示的**漏斗子图**中每个顶点的着色两两互不相同。这类图称为**4-色漏斗型-伪唯一 4-色极大平面图**，如图 7.4 中所示的 3 个图，均为 4-色漏斗型伪唯一 4-色极大平面图。

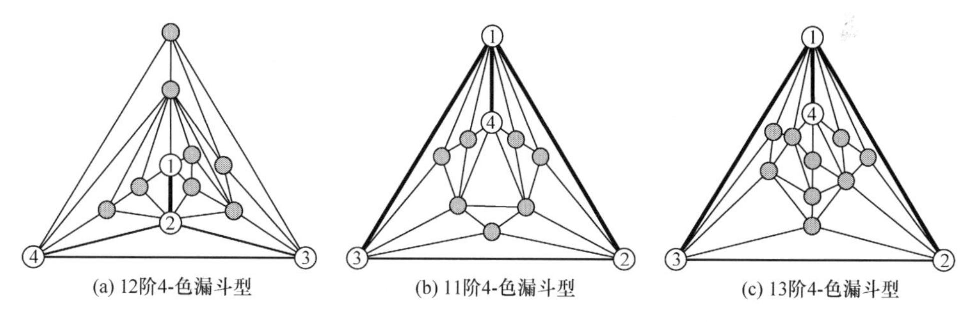

图 7.4　3 个 4-色漏斗型-伪唯一 4-色极大平面图

一个k-色图G称为**可k-色坐标系**的，如果在G中存在k个顶点$v_1,v_2,\cdots,v_k$，使得对G的任意k-着色f，$f(v_1),f(v_2),\cdots,f(v_k)$两两互不相同。对于可 4-色坐标系的极大平面图，共分为 3 类：①唯一 4-色极大平面图，即只有一种色组划分的极大平面图；②拟唯一 4-色极大平面图，即含有唯一 4-色极大平面图的子图；③伪唯一 4-色极大平面图，即非唯一 4-色极大平面图，又非拟唯一 4-色极大平面图的 4-色极大平面图。

第 2 种思路：定理 7.2 中给出的 3 个极大平面图G_1,G_2,G_3可视为，在原图G中，首先删去顶点v，即为$G-v$，进而在此基础上分别收缩 5-圈上的顶点对$\{v_2,v_5\},\{v_2,v_4\},\{v_3,v_5\}$得到的极大平面图，如图 7.5 所示，且$G$中的 5-圈分别收缩成$G_1$，$G_2$，$G_3$中的漏斗子图，分别记作$L_1=v_1\text{-}\Delta v_2^5v_3v_4$，$L_2=v_3\text{-}\Delta v_2^4v_1v_5$，$L_3=v_4\text{-}\Delta v_3^5v_1v_2$，如图 7.5 中下方 3 个图示，$v_2^5,v_2^4,v_3^5$分别代表收缩点对$\{v_2,v_5\}$，$\{v_2,v_4\},\{v_3,v_5\}$后得到的新顶点。

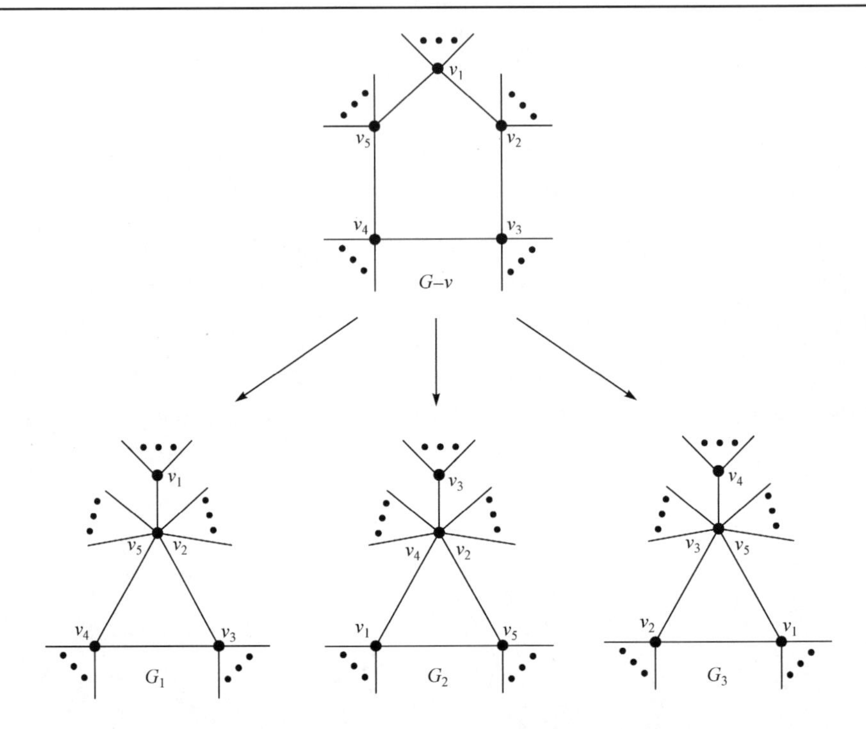

图 7.5　3 个漏斗子图的产生过程说明示意图

由归纳假设，G_1, G_2, G_3 均为 4-可着色的。欲证 $f(G,4)>0$，只要证这 3 个极大平面图中 3 个漏斗子图 L_1, L_2, L_3 中至少有一个不是 4-色漏斗子图即可。

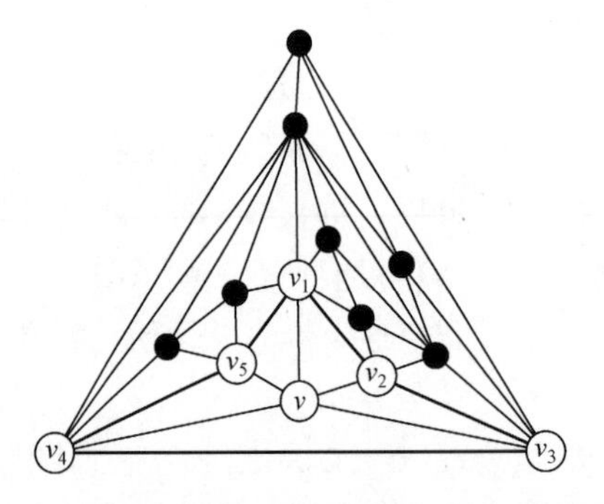

图 7.6　可收缩成图 7.4(a)所示的极大平面图

由此给出**证明四色猜想的第 2 种思路**：对于一个最小度为 5 的极大平面图 G 中的 5-轮 W_5^v，对应于 G_1, G_2, G_3 的 3 个漏斗子图 L_1, L_2, L_3 至少有一个为非 4-色漏斗。例如，图 7.4(a)是由图 7.6 中的 5-轮 $W_5^v = v\text{-}v_1v_2v_3v_4v_5$ 按图 7.5 所示的方法获得的。容易证明，按图 7.5 中所示的方法获得的其余两个极大平面图不含 4-色漏斗。

参考文献

[1] 许进. 极大平面图的结构与着色理论(1): 色多项式递推公式与四色猜想. 电子与信息学报, 2016, 38(4): 33-40.

[2] Birkhoff G D. A determinantal formula for the number of ways of coloring a map. Annals of Mathematics, 1912, 14(1/4): 42-46.

[3] Birkhoff G D, Lewis D C. Chromatic polynomials. Transactions of the American Mathematical Society, 1946, 60(3): 355-451.

[4] Dong F M, Koh K M, Teo K L. Chromatic Polynomials and Chromaticity of Graphs. Singapore: World Scientific, 2005: 23-215.

[5] Tutte W T. On chromatic polynomials and the golden ratio. Journal of Combinatorial Theory, 1970, 9(3): 289-296.

[6] Tutte W T. Chromatic sums for rooted planar triangulations. V. Special equations. Canadian Journal of Mathematics, 1974, 26(4): 893-907.

[7] Read R C. An introduction to chromatic polynomials. Journal of Combinatorial Theory, 1968, 4(1): 52-71.

[8] Whitney H. The coloring of graphs. Annals of Mathematics, 1932, 33(4): 688-717.

[9] Xu J. Recursive formula for calculating the chromatic polynomial of a graph by vertex deletion, Acta Mathematica Scientia, 2004, 24(4): 577-582.

[10] Xu J, Liu Z H. The chromatic polynomial between graph and its complement. Graph and Combinatorics, 1995, 11(4): 337-345.

[11] Zykov A A. On some properties of linear complexes. Matematicheskii Sbornik, 1949, 24(66): 163-188.

第 8 章　纯树着色与唯一 4-色极大平面图猜想

一个极大平面图若是从 K_4 出发，不断地在三角面上嵌入 3 度顶点得到，则称此极大平面图为递归极大平面图。唯一 4-色极大平面图猜想是指：一个平面图是唯一 4-可着色的当且仅当它是递归极大平面图。此猜想已有 46 年历史，是图着色理论中继四色猜想之后另一个著名的未解猜想。为此，本章相继深入研究了哑铃极大平面图与递归极大平面图的结构与特性，结合第 6 章的扩缩运算，给出了证明唯一 4-色极大平面图猜想的一种思路[1]。

8.1　唯一 4-色极大平面图研究进展

图论诞生于 1736 年欧拉(Euler)研究的哥尼斯堡七桥问题，以及 1847 年基尔霍夫(Kirchhoff)研究的电网络问题。图论在最近 70 年来得以迅速发展，其主要原因有两个：一个是受到电子计算机发展的影响；另一个更重要的原因是受四色猜想的影响。对四色猜想的研究推动了整个图论学科的发展，开创了图论的许多领域，诸如拓扑图论、最大独立集与最大团理论、顶点与边覆盖理论、色多项式理论、Tutte-多项式理论、因子理论、整数流理论，特别是图着色理论等。

在图着色领域，除著名的四色猜想外，相继出现了其他不少著名的猜想，本章所讨论的“**唯一 4-色极大平面图猜想**”就是其中之一。唯一 4-色极大平面图猜想源于 1973 年 Greenwell 与 Kronk 所提出的猜想[2]，距今已有 46 年，此猜想本质上也与四色猜想有内在联系，至今尚未解决。

图的唯一着色概念是由 Gleason 和 Cartwright[3]、Cartwright 和 Harary[4]相继提出的。Cartwright 和 Harary 给出了一些判定标号图是唯一可着色图的充分条件。其后，许多学者在此领域做了大量工作，如 Harary 等[5]研究了唯一 k-可着色图的连通性问题、边数的取值问题等；对于任意 $k \geqslant 3$，不含 K_3 的唯一 k-色图是否存在这个问题，众多学者展开了研究，如 Nesetril[6,7]研究了临界-唯一可着色图的性质，并证明了存在不含三角形的唯一 k-可着色图；1974 年，Greenwell 和 Lovasz[8]证明了存在不含短奇圈的唯一 k-可着色图；1975 年，Muller[9]解决了此问题的一般情形(也见文献[10])，即对任意的正整数 $k \geqslant 3$ 和 t，存在围长大于 t 的唯一 k-可着色图，其中 Muller 采用的也是构造的方法；Muller[9,10]、Aksionov[11]、Melnikov 与 Steinberg[12]研究了边-临界唯一可着色图性质；Wang 和

Artzy[13]得到了“当$k \geqslant 3$，如果存在一个不含K_3的唯一k-可着色图G，那么图G的边数严格大于k^2+k-1”；Osterweil[14]给出 6-团环构造一类唯一 3-可着色图的方法；Bollobas 和 Sauer[15]证明了“对任意$k \geqslant 2$和$g \geqslant 3$，总存在一个围长至少为g的唯一k-可着色图”，其中g是给定图的围长，并证明了“对任意$k \geqslant 3$和n，总存在一个阶数至少为n的临界-唯一k-色图”；Dmitriev[16]推广了 Bollobas 在文献[17]中的结果；Xu[18]证明了“如果G是一个顶点数为n，边数为m的唯一k-可着色图，则$m \geqslant (k-1)n-(1/2)k(k-1)$，且该界是最好可能的”，并猜想“如果$G$是一个顶点数为$n$，边数为$(k-1)n-(1/2)k(k-1)$的唯一$k$-可着色图，则$G$含子图$K_k$”。同时，Chao 和 Chen[19]证明了“对每个正整数$n \geqslant 12$，存在一个不含三角形的n-阶唯一 3-可着色图”；Akbari 等[20]证明了“存在阶数为 24 不含三角形的唯一 3-可着色图且边数$SH(G)=45$，其中$SH(G)=(k-1)n-(1/2)k(k-1)$”，该结果否定了 Xu[18]的猜想。

在边唯一可着色图方面，1973 年，Greenwell 与 Kronk 首先研究了唯一边-可着色图[2]。他们提出了下述猜想：

猜想 8.1　若G是一个唯一 3-边可着色立方图，则G是平面图且含一个三角形。

1975 年，Fiorini[21]独立研究了边唯一可着色问题，并获得一些与 Greenwell 和 Kronk[2]类似结果。其后，不少学者研究了唯一边可着色问题，如 Thomason[22,23]、Fiorini 与 Wilson[24]、Zhang[25]、Goldwasser 与 Zhang[26,27]、Kriessell[28]等。

1977 年，Fiorini 和 Wilson[24]及 Fisk[29]分别独立提出下述猜想：

猜想 8.2　每个至少有 4 个顶点的唯一 3-边可着色立方平面图含一个三角形。

这个猜想是在猜想 8.1 的基础上进一步提出来的。Fowler[30]也对此猜想进行了一定的研究。此猜想至今未被解决。

在唯一可着色平面图方面，1969 年，Chartrand 和 Geller[31]开始研究唯一可着色平面图。他们证明了至少有 4 个顶点的唯一 3-可着色平面图至少含两个三角形，**唯一 4-可着色平面图是极大平面图**，不存在唯一 5-可着色平面图。

唯一 3-色平面图的充分必要条件是什么？这个问题至今尚未解决，但关于唯一 3-色平面图的一些基本特性已有很多研究。1977 年，Aksionov[32]证明了阶数$\geqslant 6$的唯一 3-色平面图至少包含 3 个三角形，并详细刻画了恰含 3 个三角形的唯一 3-色平面图的结构特征。同年，Melnikov 和 Steinberg [12]研究了边临界唯一 3-色平面图，并提出如下问题：找出n-阶边临界唯一 3-可着色平面图边数的精确上界$size(n)$。2013 年，Matsumoto[33]证明了$size(n) \leqslant 8/3n-17/3$；最近，Li 等[34,35]证明了$size(n) \leqslant 5/2n-6$，其中$n \geqslant 6$，并证明了包含至多4个三角形的唯一3-色平面图中存在相邻三角形。

哪些极大平面图是唯一 4-可着色的？换言之，唯一 4-可着色平面图的基本特征是什么？这个问题自然是研究唯一 4-可着色平面图的主要内容。围绕此问题，许多学者从不同方面展开了研究[25,36-38]。

其实，Fisk 在文献[29]中也提出了与猜想 8.2 等价的猜想 8.3。

猜想 8.3　一个平面图 G 是唯一 4-可着色的充分必要条件是 G 为递归极大平面图。

猜想 8.3 与猜想 8.2 的等价性是容易证明的，且是猜想 8.1 的特殊情况。1998 年，Bohme 等[36]证明了猜想 8.3 的最小反例图是 5-连通的。我们把猜想 8.3 称为**唯一 4-色极大平面图猜想**。由于它源于 1973 年 Greenwell 与 Kronk 的猜想，故也将唯一 4-色极大平面图猜想称为 **GK-猜想**。GK-猜想已形成图着色理论中影响力大的一个猜想。显然，研究递归极大平面图，有助解决 GK 猜想。

我们在研究中发现，一类称为(2,2)-递归极大平面图实际上是递归极大平面图的主要图类，所以，在第 8.4 节将对递归极大平面图的一些相关基本性质进行研究，特别对(2,2)-递归极大平面图的一些特性进行了较为深入的研究。

8.2　树着色与圈着色

设 G 是一个 4-色极大平面图，颜色集 $C(4)=\{1,2,3,4\}$，$f\in C_4^0(G)$。若 G 中有一长度为 $2m$ 的偶圈 C_{2m}，$V(C_{2m})=\{v_1,v_2,\cdots,v_{2m}\}$，使得 $\{f(v_1),f(v_2),\cdots,f(v_{2m})\}$ 中只含有 2 种颜色，则称 C_{2m} 是 f 的一个 **2-色圈**，也称 f **含有 2-色圈**，并称 f 为**圈着色**，称 G 是**可圈着色的**。若 C_{2m} 上所含颜色为 i 和 t，则 C_{2m} 亦可记作 it-圈。否则，若 f 不含 2-色圈，则称 f 为图 G 的**树着色**，称 G 是**可树着色的**。如图 8.1 中所示图的 4-着色，f_1 与 f_2 为圈着色，f_3 与 f_4 为树着色。在圈着色与树着色分类的基础上，相应地，可将 G 分为 3 种类型：**纯树着色型**，即 $C_4^0(G)$ 每个着色均为树着色；**纯圈着色型**，即 $C_4^0(G)$ 每个着色均为圈着色；**混合着色型**，即 $C_4^0(G)$ 中既含树着色，又含圈着色。如图 8.1 中所示的图属于混合着色型。

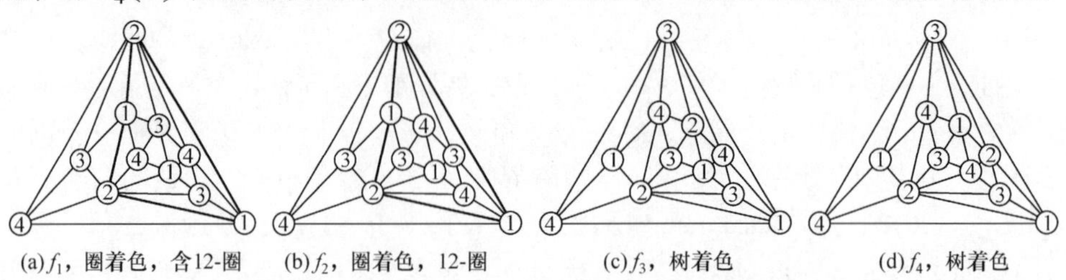

(a) f_1，圈着色，含 12-圈　(b) f_2，圈着色，12-圈　(c) f_3，树着色　(d) f_4，树着色

图 8.1　一个 11-阶 4-色极大平面图的全部 4 种着色

一个极大平面图 G 称为**可圈着色的**，如果 $\exists f \in C_4^0(G)$ ，f 是圈着色；G 称为**可树着色的**，如果 $\exists f \in C_4^0(G)$ ，f 是树着色。对阶数为 7～11 的所有最小度 ⩾ 4 的非可分极大平面图的 4-着色数目进行统计发现，树着色数约占 2%，即圈着色数约占 98%。目前在可树着色极大平面图结构与特性方面的研究较少。Zhu 等[39]证明了最小度 ⩾ 4 的可树着色极大平面图 G 包含至少 4 个度数为奇数的顶点，并且，当 G 恰含 4 个度数为奇数的顶点时，G 中这 4 个顶点的导出子图不含三角形且不是爪图。

7～11 阶最小度 ⩾ 4 的极大平面图共有 54 个，其中纯树着色型的图只有 1 个(为方便，我们在下一节给出其图示)，称为 **9-阶哑铃极大平面图**，或**基本哑铃极大平面图**[40]，记作 J^9 。

本章中未给出的概念与符号可查看文献[41]、[42]。

8.3　纯树着色极大平面图

由 8.2 节知，极大平面图可分为纯树着色型、纯圈着色型与混合着色型 3 种。而刻画这 3 种类型极大平面图的结构，给出相应的充分必要条件是很困难的问题，如**若刻画出纯树着色型的结构特征，自然也就证明了已有 46 年的唯一 4-色极大平面图猜想**(猜想 8.3)。故在接下来我们将逐渐对这 3 种类型极大平面图展开研究。本节重点针对纯树着色型展开研究。

8.3.1　最小度为 5 的纯树着色极大平面图猜想

文献[40]中已指出，正二十面体是一个最小度为 5 的纯树着色极大平面图，它共有 10 种不同的树着色，如图 8.2 所示。

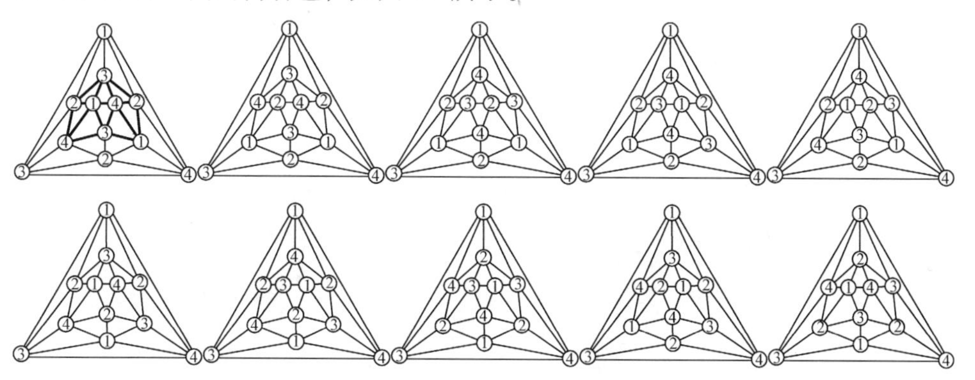

图 8.2　正二十面体及它的全部 10 种 4-着色

图 G 称为**顶点可迁的**，若对 G 中任意两个顶点 u 与 v，$\exists\sigma\in Aut(G)$，使 $\sigma(u)=v$。易证，正二十面体是**顶点可迁的**。因此，其中所含的外圈长度为 6，且内点数为 2 的多米诺构形必是唯一的，故图 8.2 的第 1 个图中粗线所示的多米诺构形可作为其代表。

猜想 8.4 最小度为 5 的极大平面图是纯树着色的当且仅当它是正二十面体。

8.3.2 哑铃极大平面图

1. 哑铃变换

哑铃变换的对象图是一个全封哑铃，即为一个 4-轮，如图 8.3 所示。所谓**哑铃变换**，是指按照如下步骤，将一个全封哑铃变成一个如图 8.3(a)或图 8.3(b)中最右边所示构形的过程：

步骤 1：将轮心划开，横划或竖划，如图 8.3(a)或图 8.3(b)中的第 2 个图所示；

步骤 2：伸展开成如图 8.3(a)或图 8.3(b)中的第 3 个图所示；

步骤 3：在 6-圈内添加 2-长路，并按横划开与竖划开，令 2-长路与 6-圈连接边构成如图 8.3 中的最右边的构形。

上述步骤的逆运算称为**哑铃收缩变换**，并把图 8.3(a)中最右边的构形称为**哑铃收缩变换对象图**。哑铃变换实际上是扩 334-轮运算，可参见图 8.3(c)，也可参见本书第 6 章。

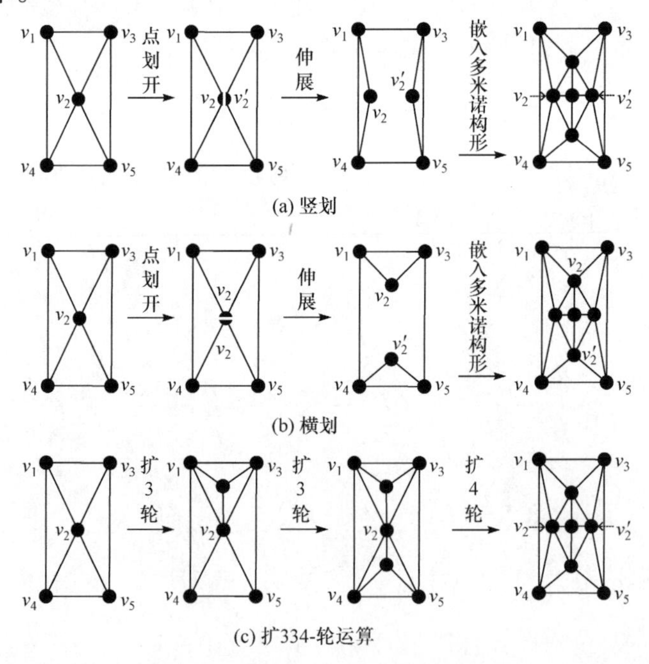

图 8.3 哑铃变换对象图及过程示意图

2. 哑铃极大平面图的构造

设 J^{4k+1}($k\geqslant 3$)是一个最小度为 4 的$(4k+1)$-阶极大平面图，且含哑铃收缩变换对象子图。若对该对象子图实施哑铃收缩变换，所得之图若仍含有哑铃收缩变换对象子图，再对其实施哑铃收缩变换。按此步骤连续实施哑铃收缩变换，当最终所得之图为 J^9 时，则称 J^{4k+1} 为**哑铃极大平面图**。

由此定义可知，对一个哑铃极大平面图实施哑铃变换后所得之图必为哑铃极大平面图。

下面，基于$(4k+1)$-阶哑铃极大平面图 J^{4k+1}($k\geqslant 2$)，给出构造$(4k+5)$-阶哑铃极大平面图的方法步骤：

步骤 1：找出 J^{4k+1} 中所有不等同的全封哑铃，即寻找不等同的 4-轮。如图 8.4(a)～(d)中所示分别为 9-阶和 13-阶，以及两个 17-阶哑铃极大平面图，它们中均含 3 个 4-轮，但不等同的 4-轮分别为 1, 2, 2, 2 个。

步骤 2：对 J^{4k+1} 中的每个不等同的 4-轮实施哑铃变换，得到$(4k+5)$-阶哑铃极大平面图。如图 8.4(a)所示的基本哑铃极大平面图 J^9，对粗线所示的全封哑铃施行哑铃变换得 J^{13}，如图 8.4(b)所示。J^{13} 中仍含有 3 个全封哑铃，易证，有两个是等同的，分别对其施行哑铃变换，得到如图 8.4(c)和(d)所示的两个 17-阶的哑铃极大平面图。

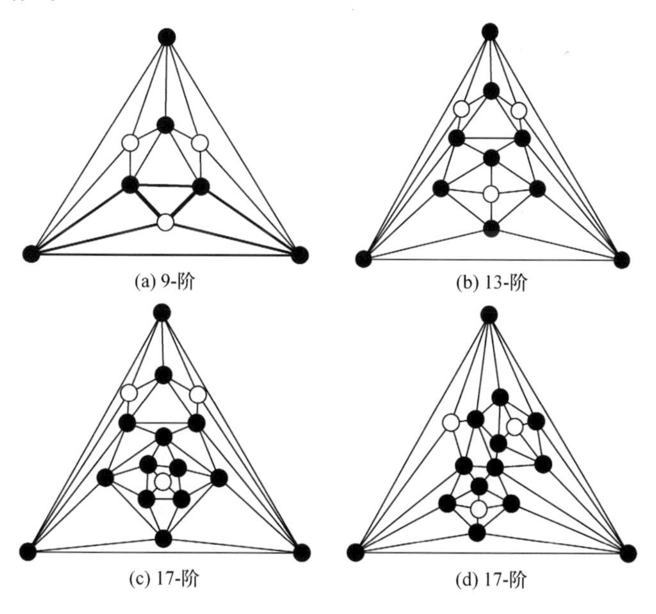

图 8.4　阶数最小的 4 个哑铃极大平面图

3. 哑铃极大平面图的性质

下面，我们进一步讨论哑铃极大平面图的一些性质。

定理 8.1　①任一哑铃极大平面图恰有 3 个 4-度顶点；②每个哑铃极大平面图的阶数均为 $4k+1$，其中 $k \geqslant 2$；③每个哑铃极大平面图均为纯树着色型，且每个 $(4k+1)$-阶哑铃极大平面图恰有 2^{k-1} 种不同的着色。

证明　①与②的证明：注意到 J^9 有 3 个等同的 4-度顶点，因此，由哑铃变换的定义知，J^9 经过哑铃变换后得到的 13-阶哑铃极大平面图恰有 3 个 4-度顶点，逐次类推，易证对于 $\forall k \geqslant 2$，J^{4k+1} 恰有 3 个 4-度顶点，且每个哑铃极大平面图的阶数均为 4 的倍数余 1，即为 $4k+1$；

③用数学归纳法来证明：9-阶哑铃极大平面图时结论成立，13-阶的哑铃极大平面图共有 4 种着色，且均为纯树着色，如图 8.5 所示。故结论成立。

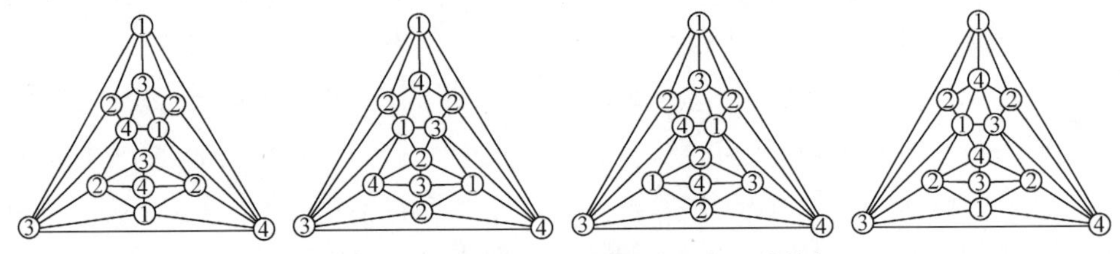

图 8.5　13-阶哑铃极大平面图的所有 4 种着色

假设当 $k \geqslant 3$ 时结论成立，即 J^{4k+1} 为纯树着色的，且含 2^{k-1} 种不同的 4-着色。现在来考察 $k+1$ 的情况。设 $W_4 = v_2 - v_1v_4v_5v_3$ 是 J^{4k+1} 中的一个 4-轮，v_2 是轮心，如图 8.6(b)所示。对 W_4 中的哑铃 $X_4 = \Delta v_1v_2v_3 \cup \Delta v_2v_4v_5$ 施行哑铃变换(见图 8.6(a)与(c))。假设变换后的所得之图 $\zeta_{334}^{+}\left(J^{4k+1}\right)$ 是可圈着色的，并设 $f \in C_4^0\left(\zeta_{334}^{+}\left(J^{4k+1}\right)\right)$ 含 2-色圈，于是，存在两种情况：一种是 $f(v_2') = f(v_2)$，如图 8.6(a)所示；另一种是 $f(x_1) = f(x_2)$，如图 8.6(c)所示。对这两种情况实施哑铃收缩变换均得到图 J^{4k+1}。**注意到：**哑铃收缩变换是先实施一次缩 4-轮运算，然后再实施两次缩 3-轮运算，所得之图的自然着色(即每个顶点的着色是在 f 下的限制)含 2-色圈，这与 J^{4k+1} 是纯树着色矛盾！从而证明了 $\zeta_{334}^{+}\left(J^{4k+1}\right)$ 是纯树着色的。

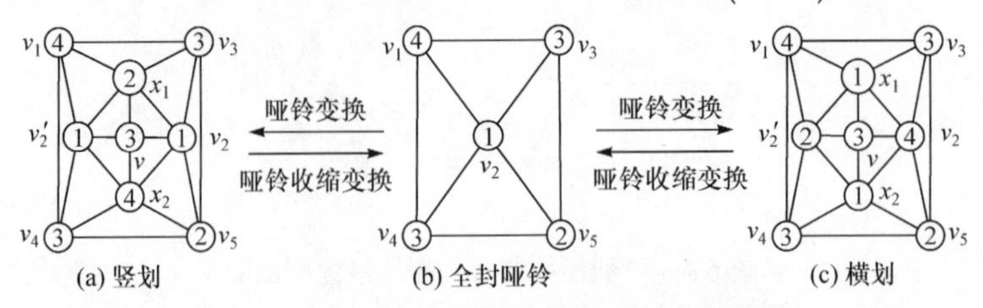

(a) 竖划　　(b) 全封哑铃　　(c) 横划

图 8.6　顶点赋色的哑铃变换与哑铃收缩变换

从图 8.6 可看出，对 J^{4k+1} 中的每个 4-轮，在轮圈上的着色被确定时，不失一般性，假设其顶点着色如图 8.6(b)所示。对该 4-轮实施哑铃变换后所得之图 $\zeta_{334}^{+}\left(J^{4k+1}\right)$ 中，其哑铃收缩变换对象子图，在**外圈着色不变的情况下**，恰有两种着色，如图 8.6(a)与(c)所示。故 $\zeta_{334}^{+}\left(J^{4k+1}\right)$ 中恰含有 $2^{k-1}\times 2=2^{k}$ 种不同的着色。从而本定理获证。■

4. 哑铃极大平面图的计数

9-阶哑铃极大平面图仅有 1 个，由于它的 3 个 4-轮是等同的，因而，13-阶的哑铃极大平面图也只有 1 个；在对 9-阶极大平面图实施哑铃变换时，由于只对其中一个实施哑铃变换，故其余两个是等同的，从而导致在 13-阶哑铃极大平面图中，它的 3 个 4-轮中有两个是等同的，由此推出 17-阶哑铃极大平面图共有 2 个，分别如图 8.4(c)和(d)所示。进而，关于一般阶数的哑铃极大平面图，我们有

定理 8.2　记 t_k 为所有 $(4k+9)$-阶哑铃极大平面图的数目，$k\geqslant 0$，则有

$$t_k=\frac{(k+3)^2}{12}-\frac{7}{72}+\frac{(-1)^k}{8}+\frac{2}{9}\cos\frac{2k\pi}{3}$$

证明见文献[42]。

8.4　递归极大平面图

所谓递归极大平面图，是指从 K_4 出发，不断地在三角面上嵌入 3-度顶点得到的极大平面图。这里所言在一个三角形面上**嵌入 3 度顶点**是指：首先在该面上添加一个顶点，然后让该顶点与这个三角形面上的每个顶点相连边。用 Λ 表示所有递归极大平面图构成的集合，而全体 n-阶递归极大平面图构成的集合记为 Λ_n，并令 $\gamma_n=|\Lambda_n|$。易证，当 $n=4,5,6$ 时，γ_n=1，对应的递归极大平面图如图 8.7 所示。

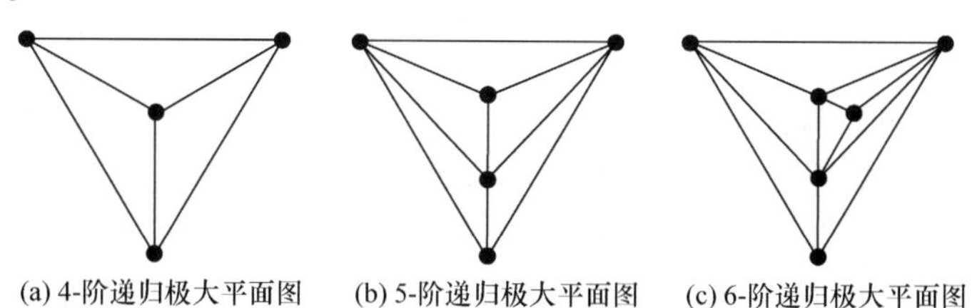

(a) 4-阶递归极大平面图　(b) 5-阶递归极大平面图　(c) 6-阶递归极大平面图

图 8.7　顶点数分别为 4，5，6 的 3 个递归极大平面图

8.4.1 基本性质

定理 8.3 设G是一个n-阶递归极大平面图，则G至少含有 2 个 3-度顶点，并且当$n \geqslant 5$时，任意两个 3-度顶点之间均不相邻。

证明 对顶点数n施行数学归纳法。当n=4,5,6 时，$\gamma_4=\gamma_5=\gamma_6=1$，对应于$\Lambda_4,\Lambda_5$与$\Lambda_6$中的递归极大平面图见图 8.7，结论显然成立。

假设当$n \geqslant 6$时结论成立，即对于任意的n-阶递归极大平面图G，它至少含有两个 3-度顶点，且所有的 3-度顶点互不相邻。我们来考虑顶点数为$n+1$的情况。

对于任意$G \in \Lambda_{n+1}$，由于G是从n个顶点的递归极大平面图中某一个三角形构成的面上通过增加一个 3-度顶点v形成的，不妨设$N_G(v)=\{v_1,v_2,v_3\}$。由归纳假设$G-v$中至少含有两个 3-度顶点，且任意两个 3-度顶点都是不相邻的。对于图$G-v$，若$\{v_1,v_2,v_3\}$中含有 3-度顶点，那么最多含有一个 3-度顶点，不妨令为v_1，显然除v_1外还至少存在一个 3-度顶点，且任意两个 3-度顶点互不相邻。由于v是G的一个 3-度顶点，且v与除$\{v_1,v_2,v_3\}$外的点都不相邻，因此G中也至少含有 2 个 3-度顶点，且任意 2 个 3-度顶点也互不相邻，故此时结论成立；若$\{v_1,v_2,v_3\}$中不含有 3-度顶点，结论依然成立。 ■

定理 8.4 ①不存在恰有 2 个相邻的 3-度顶点的极大平面图；②不存在恰有 3 个两两相邻的 3-度顶点的极大平面图。

证明 ①用反证法。设G是一个极大平面图，$u,v \in V(G)$，$d(u)=d(v)=3$且$uv \in E(G)$。由于顶点u是 3-度顶点，故可设$N(u)=\{v,x,y\}$。注意到G是极大平面图，因此顶点u所在的面是由顶点v,x,y构成的三角形，即顶点v与顶点x和y均相邻。于是形成一个子图K_4，如图 8.8 所示。由于G是极大平面图，因此当G还有其他顶点时，顶点u或v必与其他顶点形成三角形，这与$d(u)=d(v)=3$矛盾！若无其他顶点，K_4显然是一个含有 4 个相邻的 3-度顶点的图。因此，不存在恰有 2 个相邻的 3-度顶点的极大平面图。

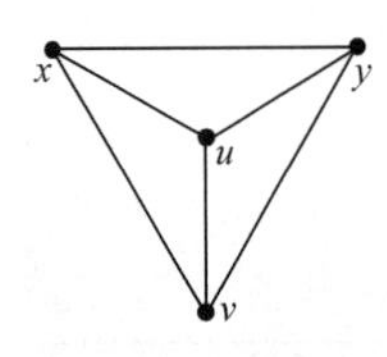

图 8.8 定理 8.4 证明的示意图

类似可证②。 ■

定理 8.5 设G是一个极大平面图，且G只有一个 3-度顶点，则通过逐点删除 3-度顶点的方法，可得到一个不含 3-度顶点的子图。

证明 令v是图G中唯一的 3-度顶点，其邻域$N_G(v)=\{u_1,u_2,u_3\}$，则u_1,u_2,u_3构成了一个三角形。令$G_1=G-v$，则G_1也是一个极大平面图，有 4 种可能的情况：

第 1，$\delta(G_1)\geqslant 4$；

第 2，只有 1 个 3-度顶点；

第 3，只有 2 个 3-度顶点；

第 4，只有 3 个 3-度顶点。

对于第 1 种情况显然结论成立；而由定理 8.4 知第 3 第 4 种情况不存在，故只考虑第 2 种情况，即在子图 G_1 中只存在一个 3-度顶点，记作 u_1。令 $G_2 = G_1 - u_1$，类似于上述分析方法，若 $\delta(G_2) \geqslant 4$，则结论得证；否则，G_2 必恰有一个 3-度顶点。如此下去，在有限步内，必有 $\delta(G_m) \geqslant 4$；否则，当 G_m 只含有 4 个顶点时只能同构于 K_4，从而说明图 G 是递归极大平面图，但 G 只有一个 3-度顶点，与定理 8.3 矛盾！ ■

定理 8.6　设 G 是一个阶数 $\geqslant 5$ 的递归极大平面图，v 是其中的一个 3-度顶点，则 $G - v$ 仍是递归极大平面图。

证明　设 G 是从 $K_3 = v_1v_2v_3$ 开始，依次添加 3-度顶点 $v_4, v_5, \cdots, v_n$ 得到的递归极大平面图。若 $v \in \{v_4, v_5, \cdots, v_n\}$，当 $v = v_n$ 时，显然 $G - v$ 是递归极大平面图；当 $v = v_i$，$4 \leqslant i \leqslant n-1$ 时，则在 $G - v$ 中，依次删去 3-度顶点 $v_n, v_{n-1}, \cdots, v_{i+1}$，所得到的图记为 G'。易验证，G' 可以从 G 开始，依次删去 3-度顶点 $v_n, v_{n-1}, \cdots, v_{i+1}, v_i$ 得到，故 G' 是递归极大平面图。所以，$G - v$ 仍是递归极大平面图。若 $v \in \{v_1, v_2, v_3\}$，不妨设 $v = v_1$，则 $G - v$ 是在三角形 $\Delta v_2v_3v_4$ 的基础上依次添加 3-度顶点 $v_5, v_6, \cdots, v_n$ 得到的递归极大平面图。 ■

8.4.2　(2,2)-递归极大平面图

本小节引入一类特殊的递归极大平面图：(2,2)-递归极大平面图，并研究它的相关性质。一个递归极大平面图 G 称为**(2,2)-递归极大平面图**，如果 G 中只有 2 个度数为 3 的顶点，且这两个顶点之间的距离为 2。容易证明 5-阶(2,2)-递归极大平面图只有 1 个，如图 8.9(a)所示，6-阶(2,2)-递归极大平面图也只有 1 个，如图 8.9(b)所示。

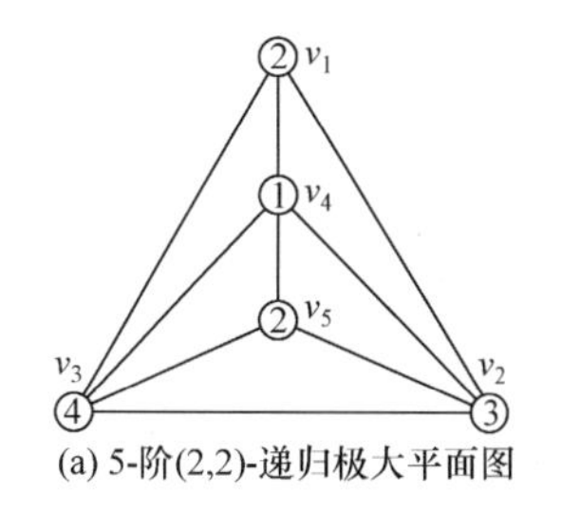

(a) 5-阶(2,2)-递归极大平面图

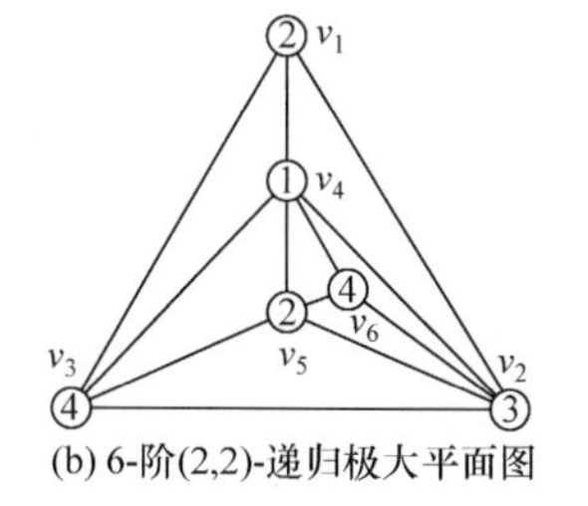

(b) 6-阶(2,2)-递归极大平面图

图 8.9　5-阶及 6-阶(2,2)-递归极大平面图

为了弄清(2,2)-递归极大平面图的结构，我们先将 4-阶完全图 K_4 分成 3 个区，并给出相应顶点的名称，由顶点 v_1,v_2,v_3 标定的三角形称为**外三角形**，顶点 u 称为**中心顶点**或简称为**中心点**，如图 8.10 所示。我们约定：顶点 v_1 着色为颜色 2，顶点 v_2 着颜色 3，顶点 v_3 着颜色 4，**顶点** $u(v_4)$ 着颜色 1，称这 4 个顶点与对应的着色为(2,2)-递归极大平面图的**色坐标系**中的**基本坐标轴**。4 个色坐标轴分别为 u (颜色 1), v_1 (颜色 2), v_2 (颜色 3), v_3 (颜色 4)。

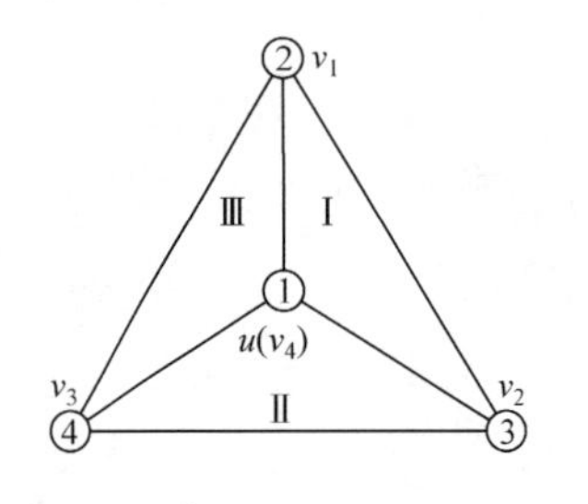

图 8.10　色坐标系的基本框架图

显然，没有 4-阶(2,2)-递归极大平面图；不同构的 5-阶(2,2)-递归极大平面图只有 1 个，就是在如图 8.10 所示 K_4 的Ⅰ区、Ⅱ区或Ⅲ区中通过嵌入一个 3-度顶点的运算(即扩 3-轮运算)而得到。不失一般性，我们约定，所增加的顶点在Ⅱ区。因而该顶点着色为颜色 2(如图 8.9(a)所示)；6-阶不同构的(2,2)-递归极大平面图也只有 1 个(如图 8.9(b)所示)，因为在 5-阶极大平面图的任意面内嵌入一个 3-度顶点所得到的 6-阶极大平面图均是同构的。故这里约定：在由顶点 v_2,v_4,v_5 这 3 个顶点构成的面上(即在Ⅱ区的子Ⅰ区)嵌入第 6 个顶点，显然，它着色为颜色 4，如图 8.9(b)所示。不失一般性，在此进一步约定更高阶数的(2,2)-递归极大平面图只在Ⅰ区和Ⅱ区内有顶点，在Ⅲ区内无顶点。

在上述约定的基础上，现在来讨论(2,2)-递归极大平面图的分类。有两种分类方法：

第 1 种方法是按照嵌入 3-度顶点的区来分类：①只在Ⅱ区通过不断嵌入 3-度顶点而得到的(2,2)-递归极大平面图，如图 8.11 所示的 3 个图均是此种类型；②通过不断地在Ⅰ区和Ⅱ区之间随机地嵌入 3-度顶点而得到，如图 8.12 所示。对于极大平面图，有如下结论。

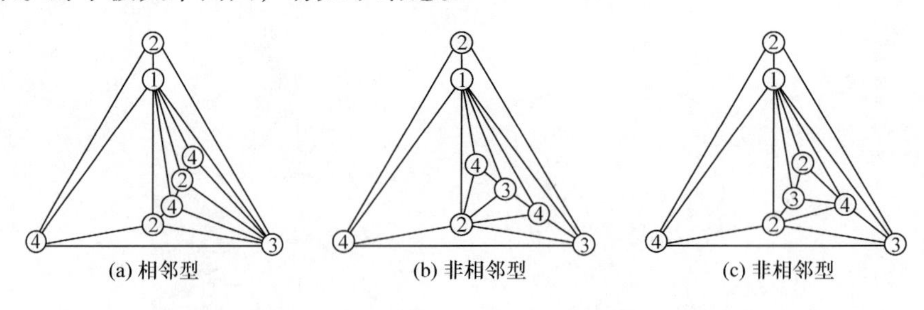

图 8.11　只在Ⅱ区嵌入 3-度顶点的(2,2)-递归极大平面图

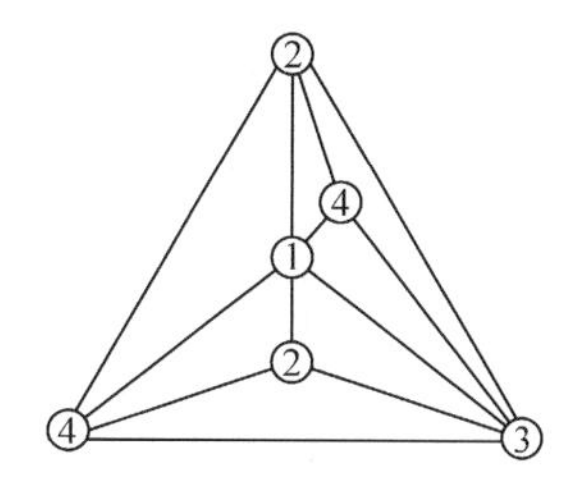

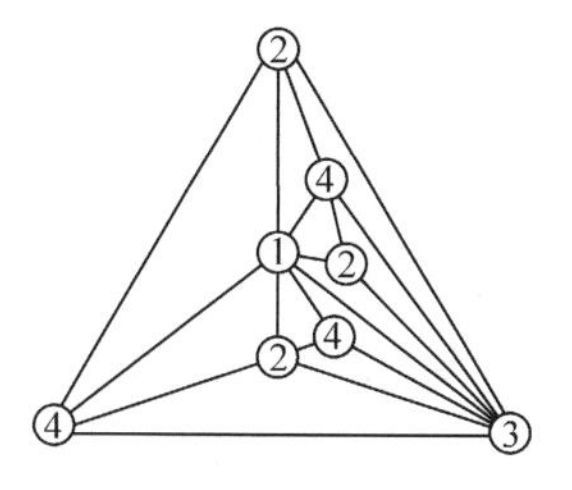

图 8.12　在Ⅰ区与Ⅱ区之间随机嵌入 3-度顶点的(2,2)-递归极大平面图

命题 8.1[43]　极大平面图的任一面均可以成为无穷面。

由命题 8.1 可知，在上述Ⅰ区与Ⅱ区之间随机嵌入 3-度顶点的(2,2)-递归极大平面图中，可以将Ⅰ区或者Ⅱ区中的任一 3-度顶点变换到外三角形面上，就等价于分类中的①的情况，即只在Ⅱ区通过不断地嵌入 3-度顶点而得到的(2,2)-递归极大平面图。因此，只需考虑在Ⅱ区通过不断嵌入 3-度顶点而得到的(2,2)-递归极大平面图即可。

第 2 种分类方法是根据 2 个 3-度顶点所在长度为 2 路中的 3 个顶点是否存在一个公共的相邻顶点来进行分类：若存在，则称为**相邻型**，否则称为**非相邻型**。如图 8.11(a)是相邻型的，而图 8.11(b)和(c)均是非相邻型的。

由图 8.9(a)可以看出，5-阶(2,2)-递归极大平面图是一个**双心轮图**，且每个轮心的邻域中顶点度数均为 4，但当阶数⩾6 时，有下述结论。其中**双心轮图**是指一个圈与两个孤立点的联图构成的极大平面图。

定理 8.7　①设 G 是一个阶数⩾6 的(2,2)-递归极大平面图，则对 G 中每个 3-度顶点 v，其邻域 $N(v)$ 中恰有一个顶点的度数为 4；②每个非相邻型 $n(\geqslant 7)$-阶(2,2)-递归极大平面图 G 有且只有一个度数为 $n-1$ 的顶点，称此顶点为图 G 的**中心顶点**，记作 u；并且在(2,2)-递归极大平面图的任意 4-色组划分中，有且只有中心顶点 u 着颜色 1；③只在Ⅱ区嵌入 3-度顶点的相邻型(2,2)-递归极大平面图的任意 4-色组划分中，不仅只有中心顶点 u 着颜色 1，而且有且只有色坐标轴的顶点 v_2 着颜色 3。

证明　①采用数学归纳法。由于阶数为 5 的极大平面图只有一个(如图 8.9(a)所示)，它是一个双心轮图，故每个三角形面都是等同的。因此，同构意义下的 6-阶递归极大平面图只有一个，且该递归极大平面图是(2,2)-递归极大平面图(如图 8.9(b)所示)。该图中的两个 3-度顶点的邻域中均恰有一个顶点的度数等于 4，其余顶点的度数均 $\geqslant 5$，这就证明了当顶点数 $n=6$ 时结论成立。

假设当阶数 $n(\geqslant 6)$ 时结论成立，考察顶点数为 $n+1$ 的情况。设 G 是一个阶数为 $n+1$ 的(2,2)-递归极大平面图，且 v 是 G 中的一个 3-度顶点。分两种情况讨论：

情况 1　$N(v)$ 中含有 2 个或 3 个 4-度顶点，则 $G-v$ 也是一个阶数 $n\geqslant 6$ 的递归极大平面图，它含有 2 个或者 3 个两两相邻的 3-度顶点，这与定理 8.3 矛盾；

情况 2　$N(v)$中不含有 4 度顶点，则$G-v$也是一个阶数$n\geqslant 6$的递归极大平面图，且只有一个 3-度顶点，这与定理 8.3 矛盾。

综上两种情况，我们证明了 3-度顶点v的邻域$N(v)$中有且仅有一个 4 度顶点。

②和③可通过在逐步构造(2,2)-递归极大平面图的过程中获证。■

推论 8.1　设G是一个阶数$\geqslant 6$的(2,2)-递归极大平面图，任取G的一个 3-度顶点v，则$G-v$仍然是(2,2)-递归极大平面图。

定理 8.8　设η_n表示n-阶非同构(2,2)-递归极大平面图的数目，$n\geqslant 6$，则$\eta_n\leqslant 2^{n-6}$。特别地，$\eta_6=1$，$\eta_7=2$，$\eta_8=3$，$\eta_9=6$。

证明　由于任意(2,2)-递归极大平面图可通过在 6-阶的(2,2)-递归极大平面图的Ⅱ区添加 3-度顶点得到，当在i-阶的(2,2)-递归极大平面图中添加第$i+1$个顶点时，$6\leqslant i\leqslant n-1$，对于每个非相邻型的，只有两个三角形面可选择；对于相邻型的，有 3 个三角形面可选择，但易验证在与 4-度顶点关联的两个面中添加顶点所得到的图是同构的。因此，$\eta_n\leqslant 2^{n-6}$。当$n\leqslant 9$时，其相应的 7-阶，8-阶及 9 阶图分别如图 8.13 所示。■

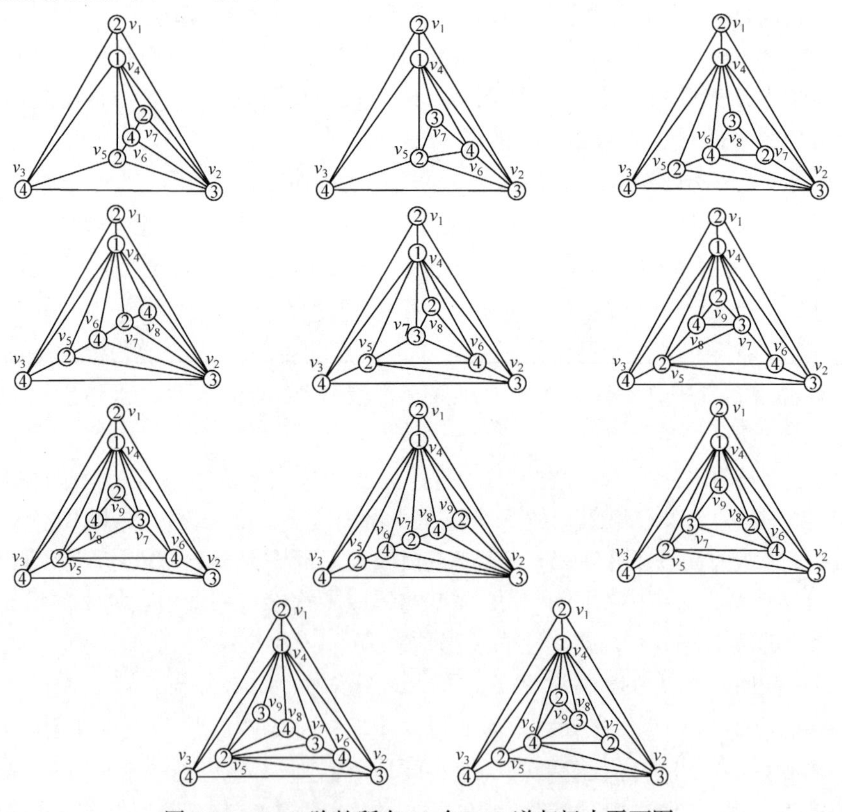

图 8.13　7～9-阶的所有 11 个(2,2)-递归极大平面图

8.4.3　扩 4-轮运算图的着色

不失一般性，今后总是假定(2,2)-递归极大平面图 G 就是只在Ⅱ区嵌入 3-度顶点得到的(2,2)-递归极大平面图。因此，一个(2,2)-递归极大平面图可唯一地由它的颜色序列来表示。具体表示方法如下：

设 $V(G)=\{v_1,v_2,v_3,v_4=u,v_5,\cdots,v_n\}$ ，顶点 $v_1=x$ 表示第 1 个固定的 3-度顶点，顶点 $v_n=y$ 表示第 2 个 3-度顶点；顶点 $v_1=x$, v_2 , v_3 和 $v_4=u$ 分别表示第1、第2、第3和第4个色坐标轴，顶点 $v_4=u$ 是中心顶点；顶点 v_{n-1} 表示 $G_{n-1}=G-v_n$ 中的 3-度顶点；顶点 v_{n-2} 表示子图 $G_{n-2}=G_{n-1}-v_{n-1}$ 的 3-度顶点；依此类推。用序列 $c_1c_2\cdots c_n$ 来表示顶点 $v_1,v_2,v_3,v_4=u,v_5,\cdots,v_n$ 的颜色序列，其中 c_i 表示顶点 v_i 在(2,2)-递归极大平面图 G 中所着的颜色： $c_i\in\{1,2,3,4\}$ 。根据(2,2)-递归极大平面图 G 的定义，易知此表示方法也唯一地确定了一个图的结构，即从如图 8.10 所示的 K_4 出发，按照每个顶点所着的颜色来选择该顶点嵌入的三角面。

例如，对于色序列为 $c_1c_2c_3c_4c_5c_6c_7c_8c_9=234124343$ ，容易分析它所对应的(2,2)-递归极大平面图是图 8.13 中所示的第 3 行第 2 个图。

关于(2,2)-递归极大平面图的色序列，容易得到下述结论：

定理 8.9　设 $c_1c_2\cdots c_n$ 表示(2,2)-递归极大平面图 G 的色序列。在“只在Ⅱ区嵌入 3-度顶点”约定下，该序列的前 6 个顶点颜色是确定的，即为 $c_1=2$ ， $c_2=3$ ， $c_3=4$ ， $c_4=1$ ， $c_5=2$ ， $c_6=4$ ；当 G 为相邻型时， $c_7=2$ ；而当 G 为非相邻型时， $c_7=3$ 或 2。

证明　基于图 8.10 知： $c_1=2$ ， $c_2=3$ ， $c_3=4$ ， $c_4=1$ ；基于图 8.9(a)知： $c_5=2$ ；基于图 8.9(b)知： $c_6=4$ ；进而由图 8.9(b)，易证 c_7 的情况成立。　■

下面讨论扩 4-轮运算在(2,2)-递归极大平面图类中顶点着色问题。我们知道，对一个给定的(2,2)-递归极大平面图 G ，它是唯一 4-可着色的，且每个顶点所着的颜色也是确定的。

设图 G 是一个(2,2)-递归极大平面图， f 是它的唯一 4-着色， xuy 是它的一条 2-长路。显然，在对图 G 实施关于路 xuy 的扩 4-轮运算后所得的图 $\zeta_4^+(G)$ 中存在如下一种着色，记为 f^*，其中 v 是扩 4-轮得到的 4-轮轮心， u' 是该 4-轮的轮圈上新添加的顶点，

$$f^*(z)=\begin{cases} f(u), & z=u',\text{或 } u \\ \{1,2,3,4\}\backslash\{f(x),f(u),f(y)\}, & z=v \\ f(z), & \text{其他} \end{cases}$$

即 f^* 是图 $\zeta_4^+(G)$ 的一种着色，它使得顶点 u 与 u' 着相同颜色，顶点 v 的着色与顶点 x,u,y 不同，其余顶点的着色与 G 中 f 下的着色相同。我们称 f^* 为图

$\zeta_4^+(G)$的**自然 4-着色**。

自然要问：经过扩 4-轮运算后所得到的图$\zeta_4^+(G)$是否仍是唯一 4-可着色的？事实上，答案是否定的，即$\left|C_4^0\left(\zeta_4^+(G)\right)\right| \geqslant 2$。

定理 8.10　设G是一个n-阶(2,2)-递归极大平面图。x与y是它的两个 3-度顶点，且u是中心点，则对G实施基于路xuy的扩 4-轮运算后得到的图$\zeta_4^+(G)$不是唯一 4-可着色的。

证明　当$f(x)=f(y)$时，显然成立。下面考虑$f(x)\neq f(y)$的情况，设$N(x)=\{u,x_1,x_2\}$，$f(u)=1$，$f(x)=2$，$f(x_1)=3$，$f(x_2)=4$。由定理 8.7 知，G中只有顶点u着颜色 1，故y只能着颜色 3 或 4。不失一般性，假设$f(y)=f(x_1)=3$。由于G是(2,2)-递归极大平面图，即G可通过在$K_4=G[\{x,u,x_1,x_2\}]$中依次添加$n-4$个 3-度顶点$v_1,v_2,\cdots,v_{n-4}$得到。令$v_1,v_2,\cdots,v_{n-4}$中与x_1相邻的下标最大顶点为w，则$f(w)=2$或 4。

在图$\zeta_4^+(G)$中，设新添加顶点分别为v(扩 4-轮得到的 4-轮轮心)和u'，$N(v)=\{x,y,u,u'\}$，其中u与x_1相邻，u'与x_2相邻。由自然着色定义知，$f^*(w)=f(w)=2$或 4。

若$f^*(w)=2$，则删去顶点x,x_1,v上的颜色，将u所在的 14-分支(即，所有着颜色 1 或 4 的顶点导出子图的某个分支)上的颜色互换，再给x,x_1,v分别着颜色 3, 1, 2，易证，所得到的着色是$\zeta_4^+(G)$的一种异于f^*的 4-着色。若$f^*(w)=4$，则删去顶点x和x_1上的颜色，将u所在的 12-分支上的颜色互换，再给x和x_1分别着颜色 3 和 1，易验证，所得到的着色是$\zeta_4^+(G)$的一种异于f^*的 4-着色。 ■

注　定理 8.10 说明了对(2,2)-递归极大平面图G施行基于 2-长路xuy的扩 4-轮运算后得到的图$\zeta_4^+(G)$不是唯一 4-可着色的，其中x和y必须都是G中的 3-度顶点。当x和y不是 3-度顶点时，$\zeta_4^+(G)$有可能还是唯一 4-可着色的。

8.5　唯一 4-色极大平面图的证明思路

唯一 4-色极大平面图猜想是一个尚待解决的难题，该猜想的对象是递归极大平面图，故在第 8.4 节中对此类图的性质展开了详细讨论，我们在文献[40]中提出了纯树着色猜想，并指出若此猜想成立，则唯一 4-色极大平面图猜想成立。特别在 8.3 节中重点针对哑铃极大平面图进行了深入研究。本节给出的唯一 4-色极大平面图猜想证明思路实际上是证明纯树着色极大平面图猜想。

设 G 是一个纯树着色平面图，W_4 和 W_5 分别是 G 中的一个 4-轮和 5-轮。用 τ_i，$i=1,2,3$，及 τ_1' 表示多米诺构形的 4 个生成运算算子[42]，用 $\tau_i(W_4)$ 表示对 G 中的 4-轮 W_4 实施 τ_i 运算后所得之图，其余记号类似，这里不再一一介绍。

下面，给出纯树着色猜想的证明思路，即按照如下 9 种情况，逐一给出证明：

第 1，若 G 是纯树着色极大平面图，则 $\tau_1(W_4)$ 是可圈着色的；

第 2，若 G 是纯树着色极大平面图，则 $\tau_1(W_5)$，$\tau_2(W_4)$ 是可圈着色的；

第 3，若 G 是纯树着色极大平面图，则 $\tau_2(W_5)$ 是可圈着色的；

第 4，若 G 是纯树着色极大平面图，则 $\tau_3(W_5)$ 是可圈着色的；

第 5，若 G 是纯树着色极大平面图，则 $\tau_1(\tau_1(W_4))$ 是可圈着色的；

第 6，若 G 是纯树着色极大平面图，则 $\tau_2(\tau_1(W_4))$ 及 $\tau_1(\tau_2(W_4))$ 是可圈着色的；

第 7，若 G 是纯树着色极大平面图，则 $\tau_1'(\tau_2(W_4))$ 是可圈着色的；

第 8，若 G 是纯树着色极大平面图，则 $\tau_1'(\tau_2(W_5))$ 是可圈着色的；

第 9，若 G 是纯树着色极大平面图，则 $\tau_2(\tau_2(W_4))$ 是**纯树着色的**。

有兴趣的读者可参见第 6.2.5 节，特别是图 6.13。关于这方面的详细论述将在本系列后续书籍中给出。

8.6 小　　结

本章主要对图着色理论中另一个至今未被解决的猜想——“唯一 4-色极大平面图猜想”展开研究。由于此猜想的对象是递归极大平面图，所以，我们在本章的 8.4 节里对此类图进行了深入的研究。

作者在文献[40]中所提出的纯树着色猜想是：“一个极大平面图 G 是纯树着色的充分必要条件是 G 是正二十面体或哑铃极大平面图”，并指出，若纯树着色猜想成立，则唯一 4-色极大平面图猜想成立。故本章的另一个主要内容是研究哑铃极大平面图结构与性质。

本章所提出的唯一 4-色极大平面图猜想的证明思路实际上是给出证明纯树着色猜想的思路。该证明思路是：在假设 G 是纯树着色极大平面图的基础上，基于第 6 章所给出的**扩缩运算法**，以及任意 $n(\geqslant 9)$-阶最小度 $\geqslant 4$ 的极大平面图要么有父代图，要么有祖父图，我们给出了证明纯树着色猜想的 9 种情况，其中 8 种情况是否定的，只有 1 种情况是肯定的。

本章的工作为证明纯树着色猜想奠定了一定的基础。在本书的下册中，我们将给出 4-色极大平面图的扩缩运算系统，简称为**色扩缩运算系统**。然后在此基础上，纯树着色猜想有望得到完整的证明。

参 考 文 献

[1] 许进. 极大平面图的结构与着色理论(3): 纯树着色与唯一 4-色极大平面图猜想. 电子与信息学报, 2016, 38(6): 1328-1353.

[2] Greenwell D, Kronk H V. Uniquely line-colorable graphs. Canadian Mathematical Bulletin, 1973, 16(4): 525-528.

[3] Gleason T C, Cartwright F D. A note on a matrix criterion for unique colorability of assigned graph. Psychometrika, 1967, 32(3): 291-296.

[4] Cartwright F D, Harary F. On the coloring of signed graphs. Elemente Der Mathematik, 1968, 23(4): 85-88.

[5] Harary F, Hedetniemi S T, Robinson R W. Uniquely colorable graphs. Journal of Combinatorial Theory, 1969, 6(3): 264-270.

[6] Nestril J. On critical uniquely colorable graphs. Archiv Der Mathematics, 1972, 23(1): 210-213.

[7] Nestril J. On uniquely colorable graphs without short cycles. Casopis Pro Pěstování Matematiky, 1973, 98(2):122-125.

[8] Greenwell D, Lovasz L. Applications of product coloring. Acta Mathematica Academiae Scientiarum Hungaricae, 1974, 25(3): 335-340.

[9] Muller V. On colorable critical and uniquely colorable critical graphs. Recent Advances in Graph Theory, 1974: 385-386.

[10] Muller V. On coloring of graphs without short cycles. Discrete Mathematics, 1979, 26(2): 165-176.

[11] Aksionov V A. Chromatically connected vertices in planar graphs. Diskret Analiz, Russian, 1977, 31(31): 5-16.

[12] Melnikov L S, Steinberg R. One counterexample for two conjectures on three coloring. Discrete Mathematics, 1977, 20(77): 203-206.

[13] Wang C C, Artzy E. Note on the uniquely colorable graphs. Journal of Combinatorial Theory, Series B, 1973, 15(2): 204-206.

[14] Osterweil L J. Some classes of uniquely 3-colorable graphs. Discrete Mathmatics, 1974, 8(1): 59-68.

[15] Bollobas B, Sauer N W. Uniquely colourable graphs with large girth. Canadian Journal of Mathematics, 1976, 28(6): 1340-1344.

[16] Dmitriev I G. Weakly cyclic graphs with integral chromatic spectra. Metody Diskret Analiz, 1980, 34(34): 3-7.

[17] Bollobas B. Uniquely colorable graphs. Journal of Combinatorial Theory, Series B, 1978, 25(1): 54-61.

[18] Xu S J. The size of uniquely colorable graphs. Journal of Combinatorial Theory, Series B, 1990, 50(2): 319-320.

[19] Chao C, Chen Z. On uniquely 3-colorable graphs. Discrete Mathematics, 1993, 112(1): 21-27.

[20] Akbari S, Mirrokni V S, Sadjad B S. K_r-free uniquely vertex colorable graphs with minimum possible edges. Journal of Combinatorial Theory, Series B, 2001, 82(2): 316-318.

[21] Fiorini S. On the chromatic index of a graph, III: Uniquely edge-colorable graphs. Quarterly Journal Mathematics, 1975, 26(3): 129-140.

[22] Thomason A G. Hamiltonian cycles and uniquely edge colourable graphs. Annals of Discrete Mathematics, 1978, 3: 259-268.

[23] Thomason A G. Cubic graphs with three Hamiltonian cycles are not always uniquely edge Colorable. Journal of Graph Theory, 1982, 6(2): 219-221.

[24] Fiorini S, Wilson R J. Edge colouring of graphs. Research Notes in Mathematics, 1977, 23(1): 237-238.

[25] Zhang C Q. Hamiltonian weights and unique edge-3-colorings of cubic graphs. Journal of Graph Theory, 1995, 20(1): 91-98.

[26] Goldwasser J L, Zhang C Q. On the minimal counterexamples to a conjecture about unique edge-3-coloring. Congressus Numerantium, 1996, 113: 143-152.

[27] Goldwasser J L, Zhang C Q. Uniquely edge-colorable graphs and Snarks. Graphs and Combinatorics, 2000, 16(3): 257-267.

[28] Kriesell M. Contractible non-edges in 3-connected graphs. Journal of Combinatorial Theory, Series B, 1998, 74(2): 192-201.

[29] Fisk S. Geometric coloring theory. Advances in Mathematics, 1977, 24(3): 298-340.

[30] Fowler T. Unique coloring of planar graphs [Ph.D. Thesis]. Georgia Institute of Technology, 1998:19-55.

[31] Chartrand G, Geller D. On uniquely colorable planar graphs. Journal of Combinatorial Theory, 1969, 6(3): 271-278.

[32] Aksionov V A. On uniquely 3-colorable planar graphs. Discrete Mathematics, 1977, 20(3): 209-216.

[33] Matsumoto N. The size of edge-critical uniquely 3-colorable planar graphs. The Electronic Journal of Combinatorics, 2013, 20(4): 1823-1831.

[34] Li Z P, Zhu E Q, Shao Z H, et al. Size of edge-critical uniquely 3-colorable planar graphs. Discrete Mathematics, 2016, 339(4): 1242-1250.

[35] Li Z P, Zhu E Q, Shao Z H, et al. A note on uniquely 3-colorable planar graphs. International Journal of Computer Mathematics, 2016: 1-8.

[36] Bohme T, Stiebitz M, Voigt M, et al. On uniquely 4-colorable planar graphs[OL]. url=cite-seer.ist.psu.edu/110448.html. 1998.

[37] Dailey D P. Uniqueness of colorability and colorability of planar 4-regular graphs are NP-complete. Discrete Mathematics, 1980, 30(3): 289-293.

[38] Xu J, Wei X S. Theorems of uniquely k-colorable graphs. Journal of Shaanxi Normal University (Natural Science Edition), 1995, 23: 59-62.

[39] Zhu E Q, Li Z P, Shao Z H, et al. Acyclically 4-colorable triangulations. Information Processing Letters, 2016, 116(6): 401-408.

[40] Xu J, Li Z, Zhu E. On purely tree-colorable planar graphs. Information Processing Letters, 2016, 116(8): 532-536.

[41] Bondy J A, Murty U S R. Graph Theory. Berlin: Springer, 2008: 6-58.

[42] 许进. 极大平面图的结构与着色理论(2): 多米诺构形与扩缩运算. 电子与信息学报，2016, 38(6): 1271-1327.

[43] Ore O. The Four Color Problem. New York: Academic Press, 1967.

第 9 章　Kempe 变换

Kempe 变换是 Kempe“证明”四色猜想的精髓。其功能是：从极大平面图中的一个 4-着色导出另一个 4-着色。Kempe 用该变换未能证明四色猜想的根本原因是：存在大量的不能从一个 4-着色导出所有 4-着色的极大平面图。虽然如此，由于图顶点着色问题是一个困难的 NP-完全问题，故从 1879 年至今的 130 多年来，Kempe 变换一直是平面图、非平面图着色理论、算法与应用研究中的基本工具。本章重点介绍 Kempe 变换的如下理论：着色的 Kempe 等价性、刻画所有着色之间关联关系的 σ-特征图、非 Kempe 图类型等。

9.1　定义与基本性质

设 G 是一个 k-可着色图。**Kempe 变换**[1]，简称为 **K-变换**，是指对 G 中某个 2-色分支实施颜色互换，并保持其余顶点着色不变的一种运算。令 $f,f'\in C_k^0(G)$，若从 f 出发，通过若干次 K-变换可获得 f'，则称 f 与 f' 是 Kempe **等价的**，简称为 **K-等价的**。图 G 的基于 f 的 **Kempe 等价类**是指所有与 f 互为 K-等价的着色与 f 的并构成之集，记作 $F^f(G)$，简称为 **K-类**。用 $\kappa(G,k)$ 表示图 G 的所有 k-着色构成的 Kempe 等价类数目。

根据 K-变换定义可知，K-变换本质上是一种导色运算。在 f 下，对 G 的某个 2-色分支实施 K-变换，很可能得到 $C_k^0(G)$ 中与 f 不同的着色。

例如，从图 9.1(a)所示图 G 的着色 f_1 出发，对粗线边所示的 23-分支实施 K-变换，可得到图 9.1(b)所示的着色 f_2；对图 9.1(a)中粗线顶点所在 24-分支实施 K-变换，可得到图 9.1(c)所示的着色 f_3；对图 9.1(b)中粗线边所示 24-分支实施 K-变换，便得到如 9.2(d)所示的着色 f_4；对图 9.1(d)中粗线顶点所在 23-分支实施 K-变换，得到图 9.1(e)所示的着色 f_5；对图 9.1(e)中粗线顶点所在 34-分支实施 K-变换，可得到如图 9.1(c)所示的着色 f_3。至此，获得了 G 的所有 4-着色。

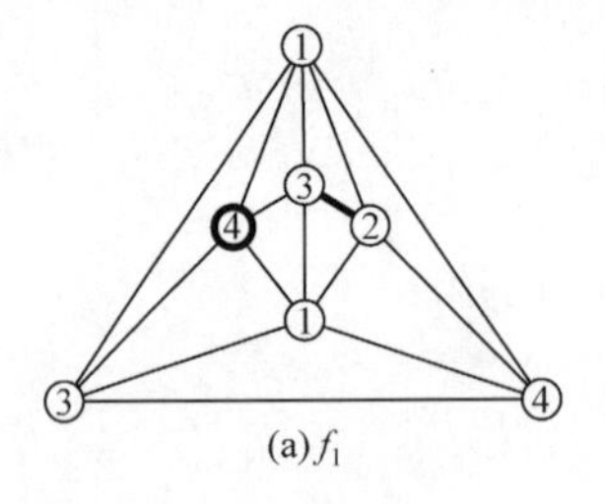

(a) f_1

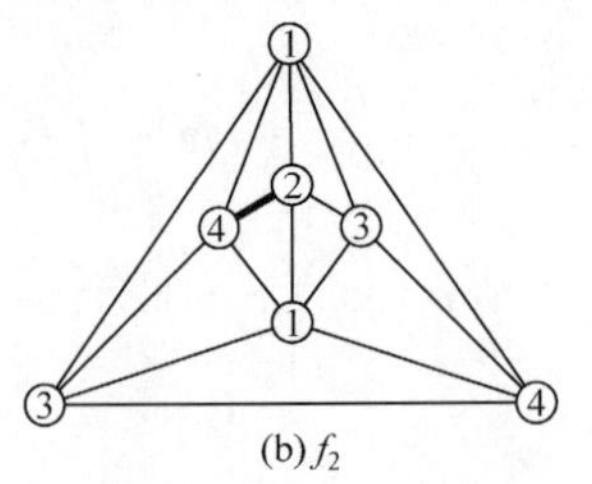

(b) f_2

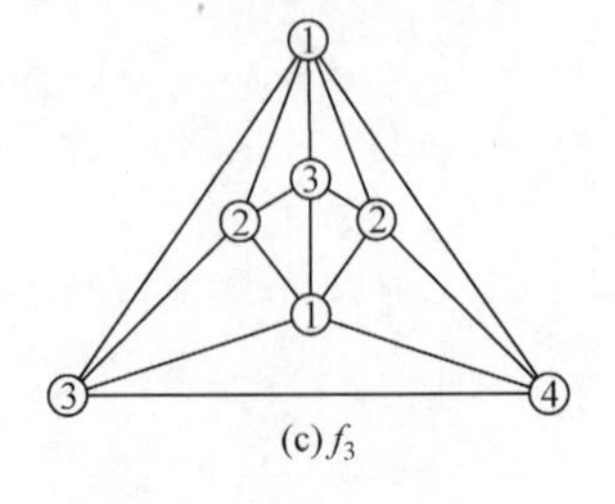

(c) f_3

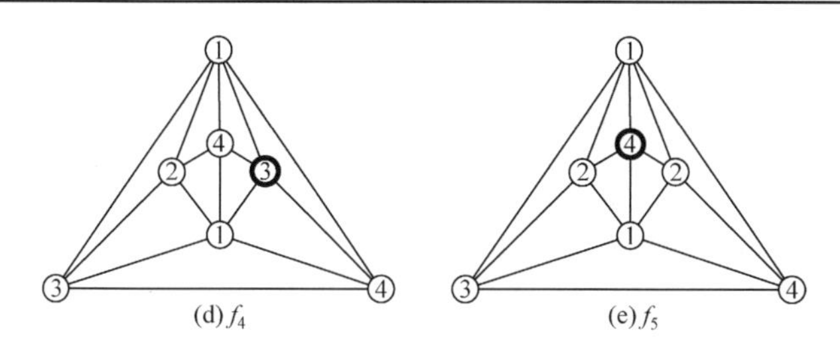

图 9.1　阶数最小的度数≥4 的 4-色极大平面图所有 4-着色

需要注意的是，从某个着色出发，通过 K-变换并不一定总能获得一个与之不同的新着色。若 G 是一个 4-可着色图，f 是 G 的一个 4-着色，且基于 f 的 G 中仅含 6 个 2-色分支，则无论对哪个 2-色分支实施 K-变换，其结果均等同于对 f 中的两种颜色实施置换。设 G 是一个 k-可着色图，f 是 G 的一个 k-着色，若从 f 出发，存在一种 K-变换，得到 $C_k^0(G)$ 的另一个着色，则称基于 f 的 G 是**可 K-变换**的。

定理 9.1　设 G 是一个 k-可着色图，$f \in C_k^0(G)$。基于 f 的 G 不是可 K-变换的当且仅当在 f 下，G 共有 $k(k-1)/2$ 个 2-色分支。

证明　先证充分性。由于 f 是 G 的一个 k-着色，故 G 共有 $k(k-1)/2$ 个 2-色导出子图。又因为在 f 下，G 共有 $k(k-1)/2$ 个 2-色分支，故 G 的每个 2-色导出子图是连通的。因此在 f 下对 G 实施一次 K-变换仅仅是对 f 中的两种颜色实施置换，即基于 f 的 G 不是可 K-变换的，结论成立。

再证必要性。因为基于 f 的 G 不是可 K-变换的，则 G 的每个 2-色导出子图是连通的，故在 f 下，G 共有 $k(k-1)/2$ 个 2-色分支。■

即使基于某个着色 f 的图 G 是可 K-变换的，也不一定能够从 f 出发通过 K-变换导出 G 的所有着色。设 G 是一个 k-可着色图，若 G 的所有 k-着色是 K-等价的，则称 G 为 **k-Kempe 图**。

图 9.2(a)所示的极大平面图，共有 3 个 4-着色，分别如图 9.2(a)～(c)所示。其中，f_1 与 f_2 是K-等价的，但不与 f_3 构成K-等价，该图的4-着色集构成2个K-类。

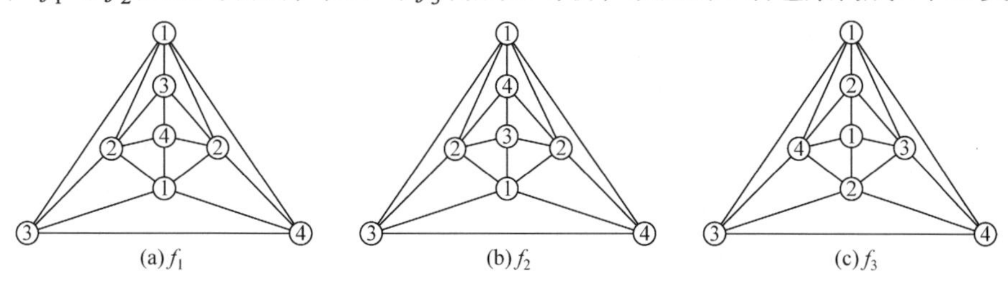

图 9.2　一个 8-阶 4-色极大平面图所有 4-着色

对于一个k-可着色图G，若$\kappa(G,k)=1$，$\kappa(G,k+1)$不一定等于 1。

定理 9.2[2] 对于任意的两个整数l和k，其中$l\geqslant 3$、$k>l$，存在一个色数为l的图G，使得$\kappa(G,l)=1$，$\kappa(G,k)>1$。

如图 9.3 所示的 6-正则图G，它仅含一个 3-着色，记为f，且$f(v_{ij})=i$，其中$i=1,2,3$，$j=1,2,3,4$，因此$\kappa(G,3)=1$。同时，G有一个 4-着色f'，使得$f'(v_{ij})=j$。由于在f'下，G的所有 2-色导出子图是连通的，即基于f'的G不是可 K-变换的，因此$\kappa(G,4)>1$。

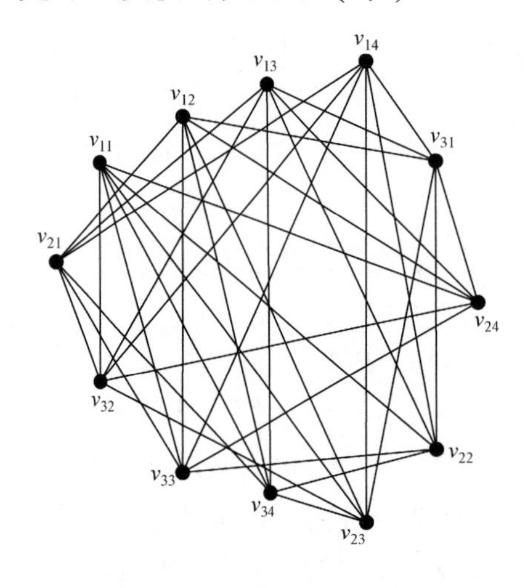

图 9.3 一个 12-阶的 6-正则图

对 K-变换展开研究的目的之一是确定着色的 K-类数目，或者，确定整数k值要多大时，其所有k-着色构成一个 K-类。至此，给出k-色图为k-Kempe 图的充分必要条件仍是十分困难的。甚至，针对某一类特定图，确定它们的 K-类数目也十分困难。

研究 K-变换的另一目的是通过 K-变换导出其他着色。这与四色猜想息息相关。例如，我们已经知道，每个平面图的所有 5-着色是 K-等价的，故若一个平面图G是 4-可着色的，则从G的一个 5-着色出发，是否存在一种 K-变换序列，实现从 5-着色到 4-着色的转化？接下来，我们将首先讨论 K-类的已有结论；然后，针对极大平面图，介绍一种称为σ-**运算**的导色方法，见 9.3 节。

9.2 Kempe 等价类

下面分别按照顶点着色、边着色、着色的重构图等对图的 K-类予以介绍。

9.2.1 基于顶点着色的 K-类

在基于顶点着色的 K-变换研究方面，成果主要集中在平面图、完美图、正则图等图类。

自 Kempe 引入 K-变换后[1]，Fisk 是首先对 K-变换展开研究的学者。他在 1977 年获得了如下结论：

定理 9.3[3] 设G是 3-可着色的极大平面图，则$\kappa(G,4)=1$。

对于任意一个 3-可着色的极大平面图 G，从 G 的任意一个 3-着色或 4-着色出发，均可通过 K-变换的方法导出 G 的所有 4-着色(包括 3-着色)。对于 4-色平面图，由上一节给出的示例知道，不一定能够通过 K-变换的方法，由一个 4-着色导出另一个 4-着色。对于平面图的 5-着色，有下述结论。

定理 9.4[4] 设 G 是一个平面图，则 $\kappa(G,5)=1$。

证明[5] 首先证明每个极大平面图的所有 5-着色构成一个 K-类。

设 G 是一个极大平面图，由五色定理知，G 有一个 5-着色。设 $n=|V(G)|$。对 n 实施数学归纳。阶数最小的极大平面图 G 为一个三角形，如图 9.4(a)所示，即 $n=3$，此时 $\kappa(G,5)=1$。当 $n=4$ 时，G 为 K_4，如图 9.4(b)所示，易推结论成立。假设当 $n\geqslant 4$ 时，结论均成立，考察 $|V(G)|=n+1$ 的情况。由于 $3\leqslant \delta(G)\leqslant 5$，故下面分 3 种情况讨论。

情况 1 $\delta(G)=3$。

设 $x\in V(G)$，$d_G(x)=3$，如图 9.4(b)所示。由于 $G-x$ 是极大平面图，故由归纳假设知，$\kappa(G-x,5)=1$。又由于 $d_G(x)=3$，故有 $\kappa(G,5)=1$。

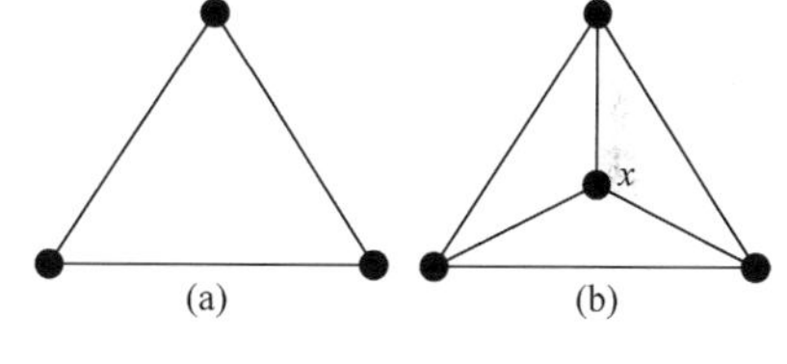

图 9.4 K_3 与 K_4 图示

情况 2 $\delta(G)=4$。

设顶点 $x\in V(G)$，$d_G(x)=4$，$N(x)=\{v_1,v_2,v_3,v_4\}$，如图 9.5(a)所示。删除顶点 x，并对 v_2和v_4 实施收缩运算，所得新顶点记为 v_4^2，所得之图记作 G'，如图 9.5(b)所示。由归纳假设知 $\kappa(G',5)=1$，故对于 G，所有使得 v_2和v_4 着相同颜色的 5-着色构成一个 K-类。同理，G 的所有使得 v_1和v_3 着相同颜色的 5-着色构成一个 K-类。

在 G 中，删除顶点 x，并使 v_2和v_4 连边，所得之图记作 G''，如图 9.5(c)所示，则由归纳假设知 $\kappa(G'',5)=1$，故对于 G，所有使得 v_2和v_4 着不相同颜色的 5-着色构成一个 K-类。同理，G 的所有使得 v_1和v_3 着不相同颜色的 5-着色构成一个 K-类。

若 $\exists f,f'\in C_5^0(G)$，使得 $f(v_1)\neq f(v_3)$，$f'(v_1)=f'(v_3)$，且 f 与 f' 是 K-等价的，则自然有 $\kappa(G,5)=1$。同理，若 $\exists g,g'\in C_5^0(G)$，使得 $g(v_2)\neq g(v_4)$，$g'(v_2)=g'(v_4)$，且 g 与 g' 是 K-等价的，则有 $\kappa(G,5)=1$。

下面假设任意使得 v_1和v_3 着不相同颜色的 $f\in C_5^0(G)$，以及任意使得 v_1和v_3 着相同颜色的 $f'\in C_5^0(G)$，满足 f 与 f' 不是 K-等价的；且任意使 v_2和v_4 着不相同颜色的 $g\in C_5^0(G)$，以及任意使 v_2和v_4 着相同颜色的 $g'\in C_5^0(G)$，g 和 g' 不是 K-等价的。

不妨设 $f(v_1)=1$，$f(v_3)=2$，则在 f 下，v_1和v_3之间必然存在一条 12-路，如图 9.5(d)所示。若 $f(v_2)\neq f(v_4)$，对 v_2 所在的某个 2-色分支实施 K-变换，可得到使 $f'(v_2)=f'(v_4)$ 的着色 f'，且 f 与 f' 是 K-等价的，与上述假设矛盾；若 $f(v_2)=f(v_4)$，则 $\exists f'\in C_5^0(G)$，使得 $f'(v_2)\neq f'(v_4)$，且 f 与 f' 是 K-等价的，与上述假设矛盾。

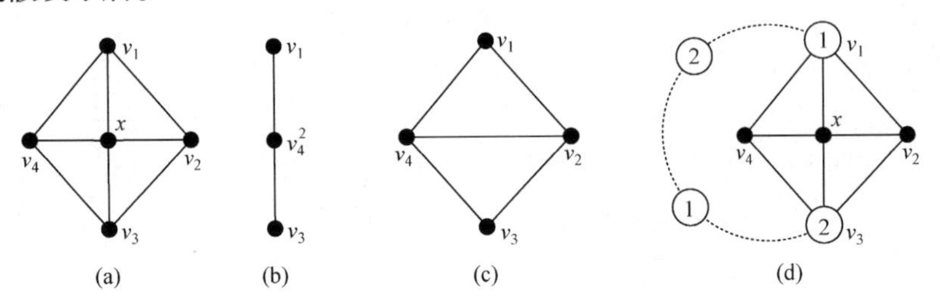

图 9.5　定理 9.4 证明示意图

情况 3　$\delta(G)=5$。

设 $x\in V(G)$，$d_G(x)=5$，$N(x)=\{v_1,v_2,v_3,v_4,v_5\}$，如图 9.6(a)所示。删除顶点 x，并对 v_2和v_5实施收缩运算，所得新顶点记为 v_5^2，所得之图记作 G'，如图 9.6(b)所示，则由归纳假设知 $\kappa(G',5)=1$，故对于 G，所有使得 v_2和v_5着相同颜色的 5-着色构成一个 K-类。同理，在 G 中，所有使得 $\{v_1,v_4\}$，$\{v_1,v_3\}$，$\{v_2,v_4\}$ 或 $\{v_3,v_5\}$ 中的顶点对着相同颜色的 5-着色构成一个 K-类。

下面假设 $\forall f,f'\in C_5^0(G)$，若 $f(v_1)=f(v_4)$，$f'(v_1)\neq f'(v_4)$（或 $f(v_1)=f(v_3)$，$f'(v_1)\neq f'(v_3)$；或 $f(v_2)=f(v_4)$，$f'(v_2)\neq f'(v_4)$；或 $f(v_2)=f(v_5)$，$f'(v_2)\neq f'(v_5)$；或 $f(v_3)=f(v_5)$，$f'(v_3)\neq f'(v_5)$），则 f 与 f' 不是 K-等价的。

不妨设 $f\in C_5^0(G)$，$f(v_1)=1$，$f(v_3)=2$，如图 9.6(c)所示。由假设可推出，在 f 下，v_1和v_3之间存在一条 12-路。分如下 3 种情况讨论。

情况 3.1　$f(v_4)\neq 1$，$f(v_5)\neq 2$。

若 $f(v_2)\neq f(v_5)$，则 $\exists f'\in C_5^0(G)$，使得 $f(v_2)=f(v_5)$，且 f 与 f' 是 K-等价的，与上述假设矛盾；若 $f(v_2)=f(v_5)$，则 $\exists f'\in C_5^0(G)$，使得 $f(v_2)\neq f(v_5)$，且 f 与 f' 是 K-等价的，与上述假设矛盾。

情况 3.2　$f(v_4)=1$，$f(v_5)\neq 2$；或 $f(v_4)\neq 1$，$f(v_5)=2$。

假设 $f(v_4)=1$，$f(v_5)\neq 2$（$f(v_4)\neq 1$，$f(v_5)=2$ 的证明过程类似），如图 9.6(d)所示。若 $f(v_2)\neq f(v_5)$，则 $\exists f'\in C_5^0(G)$，使得 $f'(v_2)=f'(v_5)$，且 f 与 f' 是 K-等价的，与上述假设矛盾；若 $f(v_2)=f(v_5)$，则 $\exists f'\in C_5^0(G)$，使得 $f'(v_2)\neq f'(v_5)$，且 f 与 f' 是 K-等价的，与上述假设矛盾。

情况 3.3　$f(v_4)=1$，$f(v_5)=2$。

不妨设 $f(x)=3$，$f(v_2)=4$，如图 9.6(e)所示。由假设可推出，v_2 与 v_5 之间存在一条 24-路，对 G 中所有 14-分支实施颜色互换，所得着色仍记作 f，如图 9.6(f)所示。于是在 f 下，v_2 与 v_5 之间存在一条 12-路，$f(v_1)=f(v_4)=4$。此时，v_1与v_4在 G_{45} 中不连通，对 v_1 所在 45-分支实施 K-变换，所得着色记 f'。由于 $f'(v_1)\neq f'(v_4)$，且 f与f' 是 K-等价的，这与上述假设矛盾。

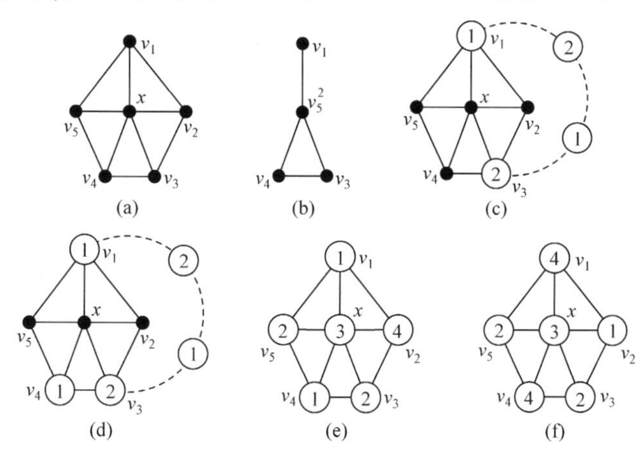

图 9.6　定理 9.4 证明示意图

综上所述，每个极大平面图的所有 5-着色构成一个 K-类。又注意到下列事实：设 G 是图 G' 的子图，c_1'和c_2' 是 G' 的两个着色，c_i 是 c_i' 在 G 上的限制，$i=1,2$。若 c_1'和c_2' 是 K-等价的，则 c_1和c_2 是 K-等价的。故本定理成立。■

文献[2]和[6]分别对定理 9.4 给予了一些扩展。

定理 9.5[2] 设 G 是一个平面图，k 是一个整数。若 $\chi(G)<k$，则 $\kappa(G,k)=1$。

定理 9.6[6]　设 G 是一个不可收缩至 K_5 的简单图，则 $\kappa(G,5)=1$。

基于定理 9.6，对非平面图的 Kempe 等价性，仅需再考虑不可收缩至 $K_{3,3}$ 的这一类图的情形。由五色定理知，任意一个平面图是 5-可着色的，故结合定理 9.4 和定理 9.5，可直接推出下述：

推论 9.1　设 G 是一个平面图，k 是一个整数。若 $k\geqslant 1$，则 $\kappa(G,k)=1$。

设 $S\subseteq V(G)$，若由 S 导出的子图是一个完全图，则称 S 为 G 的一个**团**。如果 G 中不包含适合 $|S'|>|S|$ 的团 S'，则称 S 为 G 的一个**最大团**。G 的最大团的规模记作 $\omega(G)$。若图 G 的每个导出子图 H 均满足 $\chi(H)=\omega(H)$，则称 G 为**优美图**。

设 $u,v\in V(G)$，$u\neq v$。若 u与v 间的任意一条路的路长为偶数，则称 u与v 构成一个**偶对**。在图 G 中对 u与v 实施收缩运算后，将所得之图记作 G^{uv}。若存在一个图序列 $G_0,G_1,\cdots,G_s$，其中，每个 G_i ($i=1,2,\cdots,s$)是通过在 G_{i-1} 中对一个偶对实施缩点运算得到，$G_0=G$，G_s 是一个完全图，则称图 G 是**偶可收缩的**。若 G 的每个导出子图是偶可收缩的，则称 G 是**完全可收缩的**。

定理 9.7[7] 设 G 是一个完全可收缩图，则 G 是优美图，且若整数 $k \geqslant \chi(G)$，则有 $\kappa(G,k)=1$。

正则图的 Kempe 等价性问题也是研究的热点。文献[2]给出了一个猜想：所有的非完全 k- 正则图的所有 k- 着色构成一个 K-类，其中 $k \geqslant 3$ (以下称为 Mohar 猜想)。

对于 3-正则图 G，文献[8]证明了除 K_4 或三角柱外，G 的所有 3-着色是 K-等价的；文献[8]证明了 Mohar 猜想在 $k \geqslant 4$ 时成立。

9.2.2 基于边着色的 K-类

设 G 是一个 k-可边着色的图，f 是它的一个 k-边着色，$\{1,2,3,\cdots,k\}$ 为颜色集。在 f 下，G 中所有着颜色 i 与颜色 j 构成的边子集导出子图称为 **2-色边导出子图**，记作 $G_{ij}'^{f}$，其中 $i, j \in \{1,2,3,\cdots,k\}$，$i \neq j$。$G_{ij}'^{f}$ 中的分支称为 ij **-边分支**或 **2-色边分支**。

基于边着色的 Kempe 变换，简称为 **K-边变换**，是指对图 G 中某个 2-色边分支实施颜色互换，并保持其余边的着色不变的一种运算。设 f 与 f' 是 G 的两个 k -边着色，若从 f 出发，通过一系列 K-边变换可获得 f'，则称 f 与 f' 是 **Kempe 等价的**，简称为 **K-等价的**。图 G 的基于边着色 f 的 **Kempe 等价类**是指所有与 f 互为 K-等价的边着色与 f 的并构成之集，记作 $F_E^f(G)$，简称为 **K-类**。用 $\kappa_E(G,k)$ 表示图 G 的所有 k -边着色构成的 K-类数目。

研究 K-边变换，首先会想到的问题的是：图 G 在何种情况下会满足 $\kappa_E(G,k)=1$？

定理 9.8[2] 设 G 是一个图，其边色数为 $\chi'(G)$。若整数 $k \geqslant \chi'(G)+2$，则 $\kappa_E(G,k)=1$。

此外，图的 K-类数目与最大度 $\varDelta$ 有关：

定理 9.9[2] 若 G 是一个最大度 $\varDelta \leqslant 3$ 的图，则 $\kappa_E(G,4)=1$；若 G 是一个最大度为 $\varDelta$ 的 2-部图，整数 $k \geqslant \varDelta+1$，则 $\kappa_E(G,k)=1$。

定理 9.10 又对上述结论做了一定扩展。

定理 9.10[10] 若 G 是一个最大度 $\varDelta \leqslant 3$ 的图，则 $\kappa_E(G,\varDelta+1)=1$；若 G 是一个最大度 $\varDelta \leqslant 4$ 的图，则 $\kappa_E(G,\varDelta+2)=1$。

上述结论给出了使得 $\kappa_E(G,\varDelta+1)=1$ 的一个充分条件，事实上，其也是 $\kappa_E(G,\varDelta+1)=1$ 的必要条件。

定理 9.11[10] 若 G 是一个最大度为 $\varDelta$ 的图，且 $\kappa_E(G,\varDelta+1)=1$，则 $\varDelta \leqslant 3$。

也有研究 3-边可着色立方 2-部图的 Kempe 等价性，如文献[11]获得了如下结论：

定理 9.12[11]　每个边色数为 3 的平面立方 2-部图 G，有 $\kappa_E(G,3)=1$。

9.2.3　着色重构图

图 G 的 k-**色重构图**，记作 $P_k(G)$，其顶点集为 G 的所有 k-着色构成之集，两个 k-着色相连边当且仅当它们在 G 中仅有一个顶点着不同颜色。若 $P_k(G)$ 是连通的，则称图 G 是 k-**混合的**。有关 k-色重构图的主要研究内容是，判断给定的图 G 是否为 k-混合的[12]，即着色的重新配置问题。下面首先介绍一个基本事实。

定理 9.13[13]　若图 G 的色数 $k\in\{2,3\}$，则 $P_k(G)$ 不连通；若图 G 的色数 $k\geqslant 4$，则存在使得 $P_k(G)$ 连通的图 G，也存在使得 $P_k(G)$ 不连通的图 G。

判定一个 3-可着色图是否为 3-混合的问题是 P-问题[14]；判定一个 $k\,(\geqslant 4)$-可着色图是否为 k-混合的是 PSPACE-完全问题[15]。

一个图 G 的**混合数**，记作 $m(G)$，是指满足下述条件的最小值：对于任意的 $k\geqslant m(G)$，G 是 k-混合的。图的混合数存在一个上界，即

定理 9.14[16]　设图 G 的最大度为 Δ，则 $m(G)\leqslant \Delta+2$。

图的混合数 $m(G)$ 存在上界，但也存在 $m(G)$ 比 t 值任意大的情况，其中使 G 为 k-混合的最小 k 值即为 t[17]。若图 G 的任意子图均有度数 $\leqslant d$ 的顶点，则称 G 为 d-**退化图**。一个 k-混合图 G 的 k-**重着色直径**是指 k-色重构图 $P_k(G)$ 的直径，将 G 的树宽记为 $tw(G)$。对于一个 k-退化的图 G，当 $tw(G)=k$ 时，G 是 $(k+2)$ 混合的[17]。当 $k\geqslant tw(G)+2$ 时，G 的 k-重着色直径 $\leqslant(2n^2+n)$[18]。

基于色重构图，文献[19]引入了 k-色稠，给定一个正整数 k，一个 k-可着色的 n-阶图 G 称为 k-**色稠的**，如果下列条件之一成立：

(1) G 是不相交的团的并，每个团至多含 k 个顶点。

(2) G 有一个割集 S，$G-S$ 有两个连通分支 D 和 D'，$u\in D$，$v\in D'$，满足；①$|D|=1$ 或 $|D\cup S|\leqslant k$；②$S\subseteq N(v)$；③对 G 中的 u,v 实施收缩运算后所得之图 G' 是 k-色稠的。

例如，弦 2-部图以及 $k\,(\geqslant 1)$-可着色弦图均为 k-色稠的。

定理 9.15[19]　①设 G 是一个 k-色稠图，整数 $l\geqslant k+1$，则 G 的 l-色重构图 $P_l(G)$ 是连通的，且 $P_l(G)$ 的直径为 $O(|V|^2)$；②对于任意的 $k\geqslant 2$，均存在一个 k-可着色弦图 G，使得对应的 $(k+1)$-色重构图 $P_{k+1}(G)$ 的直径为 $\Theta(|V|^2)$。

对于 k-色重构图 $P_k(G)$，其连通性与 $k-\Delta$ 的取值大小也存在关联。

定理 9.16[20]　设图 G 的最大度为 Δ，k 为整数，则

① 当$k \leqslant \Delta$时，$P_k(G)$可能不连通，且$P_k(G)$的某个连通分支具有超多项式直径；

② 当$k=\Delta+1$时，$P_k(G)$含孤立顶点，且最多有一个直径为$O(n^2)$的分支；

③ 当$k \geqslant \Delta+2$时，$P_k(G)$是连通的，且直径为$O(n^2)$；

④ 当$k > \Delta$时，若G不是完全图、奇圈或$k=\Delta+1$的Δ-正则图，则从G的一个k-着色出发，最多通过$O(n^2)$次的K-变换(每次K-变换只改变G中一个顶点的颜色，且仅使用初始的k个颜色)，可得到一个Δ-着色。

在$P_k(G)$中，判断两个顶点是否连通的难易与k的取值有关。设图G的最大度为Δ，确定它的两个k-着色是否在同一个2-色分支上[20]：

① 当$k=3$时，其时间复杂度为$O(n^2)$；

② 当$4 \leqslant k \leqslant \Delta$时，其为PSPACE-完全问题；

③ 当$k=\Delta+1$时，其时间复杂度为$O(n)$；

④ 当$k \geqslant \Delta+2$时，猜想其时间复杂度为$O(1)$。

K-变换是攻克4-色猜想的一个有力工具，尽管还没有成功地解决4-色猜想，但是在研究过程中得到了许多可以借鉴的思想和结论。在应用方面，K-变换可应用于时间表[21]、理论物理[22,23]，以及 Markov 链[24]等领域中。此外，无线通信网络中的频率重新分配问题可视为图的重新着色问题。在未来的 K-变换的研究中，可以着眼于打破着色的 K-类之间的壁垒：是否存在一种运算，使得从一个K-类的某个着色出发，导出另一个K-类的某个着色？

9.3 σ-运 算

本节将介绍针对平面图，特别是极大平面图的一种导色运算——**σ-运算**，其由文献[25]首次引入。通过σ-运算可清楚刻画图所有着色之间的相互关系，并且很自然地对极大平面图的K-类予以分类。

9.3.1 2-色耳相关定义与性质

使用σ-运算从一个4-着色导出另一个4-着色的内在机理与一种称为**2-色耳**的结构息息相关。本节先对2-色圈给予描述与分类，在此基础上给出2-色耳的定义与结构，2-色耳是可连续施行σ-运算的根源。

设G是一个4-色极大平面图，H是G的一个子图，$f \in C_4^0(G)$。我们用$f(H)$表示H在f着色下的颜色集。对于G中的任意圈C，用V_C^{in}和V_C^{out}分别表示C的内部顶点和外部顶点构成的顶点子集。若C是G的一个偶圈，$|f(C)|=$

2，则称 C 是 f 的 **2-色圈**，也称 f **含 2-色圈** C。C 上的两种颜色称为**圈色**，其他两种颜色称为**非圈色**。对 f 的一个 2-色圈 C，若 C 上存在两个顶点 u 与 v，它们在 C 上不相邻，但在 G 中相邻且边 uv 在 C 内部，则称边 uv 为 2-色圈 C 的**弦**，且称 C 为 **2-色弦圈**；若 u 与 v 之间存在一条颜色为圈色，且顶点数 $\geqslant 3$ 的路 P，且 P 的内部顶点都在 C 的内部，则称 P 为 C 的**弦路**，且称 C 为 **2-色弦路圈**；如果一个 2-色圈 C 的内部不含弦及弦路，称 C 为 **2-色基本圈**。图 9.7(a)与(b)所示的圈 C 分别为 2-色弦圈与 2-色弦路圈，其中图 9.7(a)中的弦为 v_1y_5，图 9.7(b)中的弦路为 $v_1v_2v_3v_4v_5$；图 9.7(a)与(b)中的圈 C_1 与 C_2 均为 2-色基本圈。

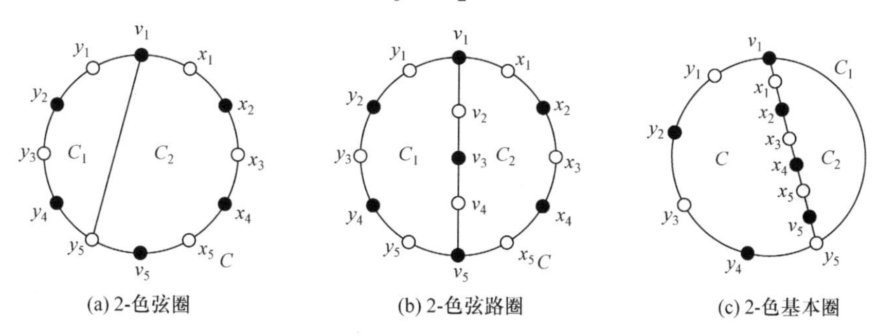

(a) 2-色弦圈　(b) 2-色弦路圈　(c) 2-色基本圈

图 9.7　弦圈、弦路圈与基本圈

基于 4-着色 f，G 中 2-色圈 C 的类型与 G 的平面嵌入形式有关。如图 9.7(a)所示的图，当其平面嵌入转化为图 9.7(c)时，2-色圈 C_1 是 2-色弦路圈，其中 $v_1x_1x_2x_3x_4x_5v_5y_5$ 为弦路，而 C_1 与 C_2 均是 2-色基本圈。若无特别声明，后面所言的 2-色圈皆指 2-色基本圈。对于 $f \in C_4^0(G)$，用 $C^2(f)$ 表示 f **中所有 2-色圈构成的集合**。若 $\exists f \in C_4^0(G)$，使得 $|f(C)|=2$，则称 C 是 G 的一个**可 2-色圈**。文中用 $C^2(G)$ 表示 G 的**全体可 2-色圈构成的集合**。显然，

$$C^2(G)=\bigcup_{f\in C_4^0(G)} C^2(f) \tag{9.1}$$

设 G 是一个 $\delta(G)\geqslant 4$ 的 4-色极大平面图，$f \in C_4^0(G)$。C_1 与 C_2 是 f 中的两个 2-色圈，如果 C_1 与 C_2 满足：

(1) $|f(C_1)\cap f(C_2)|=1$；

(2) $|V_{C_1}^{in}\cap V(C_2)|\neq\phi$ 且 $|V_{C_1}^{\text{out}}\cap V(C_2)|\neq\phi$。

则称它们是**相交的**；否则，称 C_1 与 C_2 **不相交**。

设 $C^2(G)=\{C_1,C_2,\cdots C_m\}$，$m\geqslant 2$。对其两个可 2-色圈 $C_1,C_t\in C^2(G)$，若存在可 2-色圈序列 $C_1,C_2,\cdots,C_t$ 及对应的 4-着色 $f_1,f_2,\cdots,f_k$，使得 C_i 与 C_{i+1} $(1\leqslant i\leqslant t-1)$ 是 f_i 的相交 2-色圈，则称 C_1 与 C_t 是**相关的**。否则，称 C_1 与 C_t **不相关**。

图 9.8 所示的图中，C_1,C_2,C_3,C_4 是 $C^2(G)$ 中的 4 个可 2-色圈，f_1 与 f_2 是 G 的两个着色，C_1,C_2,C_3 是 f_1 的 2-色圈，C_3 与 C_4 是 f_2 的 2-色圈。由此推出，C_1 与 C_4 是相关的。

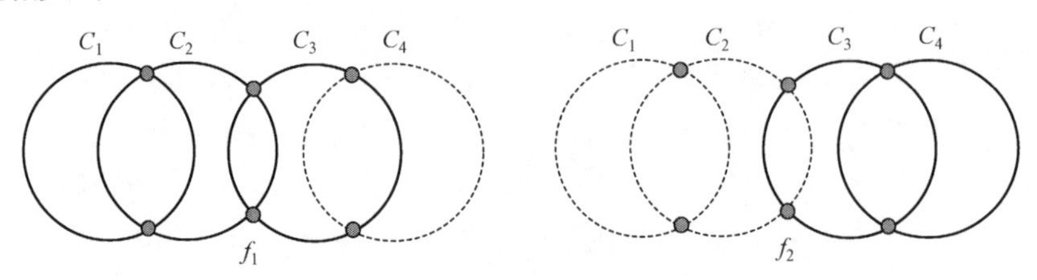

图 9.8　两个 2-色圈 C_1, C_2 相关的情况

设 G 是一个 4-色极大平面图，$f \in C_4^0(G)$，$C \in C^2(f)$，令 $f(C)=\{1,2\}$，x 与 y 是 C 上的一对同色顶点，则把从顶点 x 到顶点 y 之间的一条顶点数 $\geqslant 3$，且非颜色 1 与颜色 2 构成的 2-色路 $P(x,y)$ 称为圈 C 的一个 **2-色耳**，或简称为圈 C 的一个**耳朵**，并把 x 与 y 均称为**耳根**。用 $Ed(C)$ 表示圈 C 上全体耳朵构成的集合。$Ed(C)$ 中的耳朵可分为两类：一类是圈 C 内的耳朵，称为**内耳**；另一类是圈 C 外的耳朵，称为**外耳**。

设 C 是 4-着色 f 的一个 2-色圈，$P(x,y)$ 与 $P(x',y')$ 是圈 C 的两只耳朵。若顶点 x 与 x' 是同色的，则称 $P(x,y)$ 与 $P(x',y')$ 为**同源耳**；若 $x=x'$，$y=y'$，则称 $P(x,y)$ 与 $P(x',y')$ 为**同根耳**。显然，同根耳属于同源耳，但同源耳不一定是同根耳。

设 $P(x,y)$ 与 $P(x',y')$ 是 2-色圈 C 的两只耳朵，$P(x,y)$ 与 $P(x',y')$ 称为**同色耳**，如果它们满足下列条件之一：

(1) $P(x,y)$ 与 $P(x',y')$ 均为内耳，或者外耳，且满足 $P(x,y)$ 所着的两种颜色与 $P(x',y')$ 的两种颜色相同。不失一般性，设圈 $f(C)=\{1,2\}$。把颜色 1 与颜色 3 构成的耳朵称为 **13-耳**，类似地有 **14-耳**、**23-耳**和 **24-耳**。我们把耳朵中非耳根的颜色称为**耳边色**。当然，耳边色要么为颜色 3，要么为颜色 4。

(2) $P(x,y)$ 与 $P(x',y')$ 中一个为内耳，另一个为外耳，且为耳边色不同的同源耳。否则，$P(x,y)$ 与 $P(x',y')$ 称为**异色耳**。

多个耳朵 $P_1,P_2,\cdots,P_m$ 称为**成路的**，如果 $P_1\cup P_2\cup\cdots\cup P_m$ $(m\geqslant 3)$ 是 G 的一条路。多个耳朵 $P_1,P_2,\cdots,P_m$ 称为**成圈的**，如果 $P_1\cup P_2\cup\cdots\cup P_m$ 是一个偶圈。把由 $Ed(C)$ 中耳朵形成所有可能的圈构成的集合记作 $Q(C)$。把只由内耳构成的圈称为**内耳圈**，C 的所有内耳圈构成的集合记为 $Q^i(C)$；把只由外耳构成的圈称为**外耳圈**，C 的所有外耳圈构成的集合记为 $Q^e(C)$；把既含内耳，又含外耳构成圈

称为**混合耳圈**，C 的所有混合耳圈构成的集合记为 $Q^m(C)$。于是有

$$Q(C)=Q^i(C)\cup Q^e(C)\cup Q^m(C) \tag{9.2}$$

图 9.9 所示的图中，2-色圈 C 共有 5 只耳朵：P_1,P_2,P_3,P_4 和 P_5，其中 P_1,P_2,P_3,P_4 是同源耳，P_1 与 P_2 是同根耳；P_1,P_3,P_5 为内耳，P_2 与 P_4 为外耳；P_1,P_3,P_4 与 P_2,P_3,P_4 均成路；P_1与P_2 是成圈的。

定理 9.17　设 G 是一个最小度$\geqslant 4$ 的 4-色极大平面图，$f\in C_4^0(G)$，且 C 是 f 的唯一 2-色圈，$f(C)=\{1,2\}$。则

(1) $Q^i(C)$ 与 $Q^e(C)$ 中的每个圈必由异色耳构成；

(2) 对 C 内所有 34-分支实施颜色互换后所得新着色 f^c 中含异于 C 的 2-色圈 C' 的充要条件是

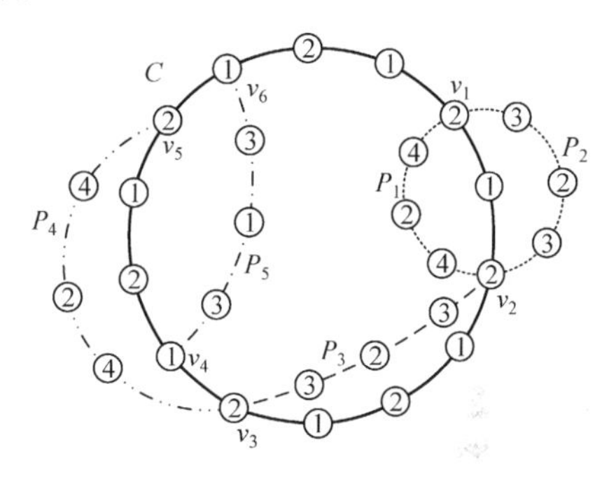

图 9.9　耳朵、同根耳、同源耳说明示意图

$$C'\in Q^m(C) \tag{9.3}$$

且构成 C' 的所有耳朵均为同色耳。

证明　(1) 若在 $Q^i(C)$ 或 $Q^e(C)$ 中存在一个圈，设为 C'，由同色耳构成，则由同色耳的定义知它们不仅是同源耳，而且任意两个耳朵颜色是相同的，故 C' 是 f 的一个 2-色圈，这与 C 是 f 的唯一 2-色圈矛盾，从而结论(1)获证。

(2) 必要性。由 C 是 f 的唯一 2-色圈可知 $C'\in Q^m(C)$。又注意到构成 C' 的所有耳朵均为同源耳。假设构成 C' 中的耳朵中有一对异色耳 P与P'，则要么 P与P' 均在 C 内，要么 P与P' 均在 C 外，要么其中一个在 C 内，一个在 C 外。无论是哪种情形，均可推出 C' 不是 f^c 的 2-色圈，矛盾。

充分性。由 $C'\in Q^m(C)$ 知 C' 是一个圈，且构成 C' 的所有耳朵是同源耳。又因为构成 C' 的所有耳朵均为同色耳，故当两只耳朵 P与P' 均在圈内或 P与P' 均在圈外时，它们在 f 下的着色恰有 2 种颜色；当 P与P' 一个属于圈内，一个属于圈外时，若其中一个由颜色 1(或 2)与颜色 3 的顶点构成，则另一个必由颜色 1(或 2)与颜色 4 的顶点构成，故在 f^c 下，P与P' 只由两种颜色构成，即证明了 C' 是 f^c 的 2-色圈。 ■

设 C 是 4-色极大平面图 G 中关于着色 $f\in C_4^0(G)$ 的唯一 2-色圈。若 $\sigma(f)=f^c$ 中含有至少两个 2-色圈，则除了 C 外，其余的 2-色圈 C' 是由 C 的同色耳构成，可具有如下情况：

① 若 C 只有两个同色耳朵，则这两个耳朵是分别是圈内耳和圈外耳，结构如图 9.10(a)所示；

② 若 C 有 3 个同色耳朵，其可能的结构如图 9.10(b)和(c)所示；

③ 若 C 有 4 个同色耳朵，其可能的结构如图 9.10(d)和(e)所示；

④ 对 C 含有更多个同色耳朵，其一般可能的结构如图 9.10(f)所示。

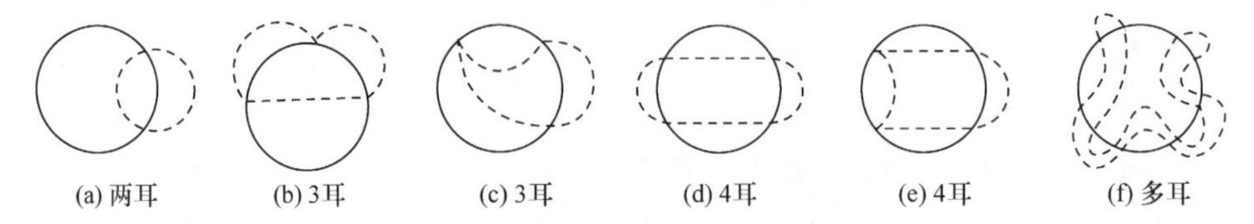

图 9.10　同色耳构成可能的结构，其中实线表示 C

9.3.2　σ - 运算

设 f 是极大平面图 G 的一个 4-着色，$\{1,2,3,4\}$ 为颜色集，C 是 f 的一个 2-色圈，且 $f(C)=\{1,2\}$，f 关于 C 的 **σ - 运算**，记作 $\sigma(f,C)$。在已知圈 C 时，也可简记为 $\sigma(f)$。σ - 运算是指将 C 内所有颜色 3 与颜色 4 的顶点颜色互换，同时保持其他顶点着色不变的一种导色运算。显然，基于 f 的 σ - 运算是将 f 变换成 G 的另一个圈着色，记作 f^c，即

$$\sigma(f,C)=f^c \tag{9.4}$$

并称 f^c 与 f 为**基于 C 的互补着色**。在不考虑圈 C 时，式(9.4)可用 $\sigma(f)=f^c$ 来表示。显然，若 C 内仅有一个 34-分支，则 σ - 运算即为 K-变换；若 C 内所含 34-分支数 $m\geqslant 2$，则一次 σ - 运算包含了 m 次 K-变换，故 f^c 与 f 是 K-等价的。

图 9.11 中所示的 11-阶极大平面图 G 共有 8 种 4-着色 $f_1\sim f_8$。对前 4 种 f_1,f_2,f_3,f_4，易验证 $\sigma(f_1,C_1)=f_2$，$\sigma(f_2,C_2)=f_3$，$\sigma(f_2,C_3)=f_4$。另外，G 共有 7 个可 2-色圈 $C_1\sim C_7$，即 $|C^2(G)|=7$。

由 σ - 运算定义可直接推出下述结论：

定理 9.18　设 f 是 G 的一个 4-着色，C 是 f 的一个 2-色圈，则

$$\sigma(\sigma(f,C))=f \tag{9.5}$$

σ - 运算的目的是：由 G 的一个 4-着色 f 出发，通过不断地实施 σ - 运算，导出 $C_4^0(G)$ 中 f 的 Kempe 等价类 $F^f(G)$。业已得知，对于极大平面图 G，从 $C_5^0(G)$ 中的任一 5-着色出发，可导出 $C_5^0(G)$ 中全部 5-着色[4]，而对 $C_4^0(G)$，情况并非如此，可能含多个 K-类，将在本章 9.5 节详细讨论。

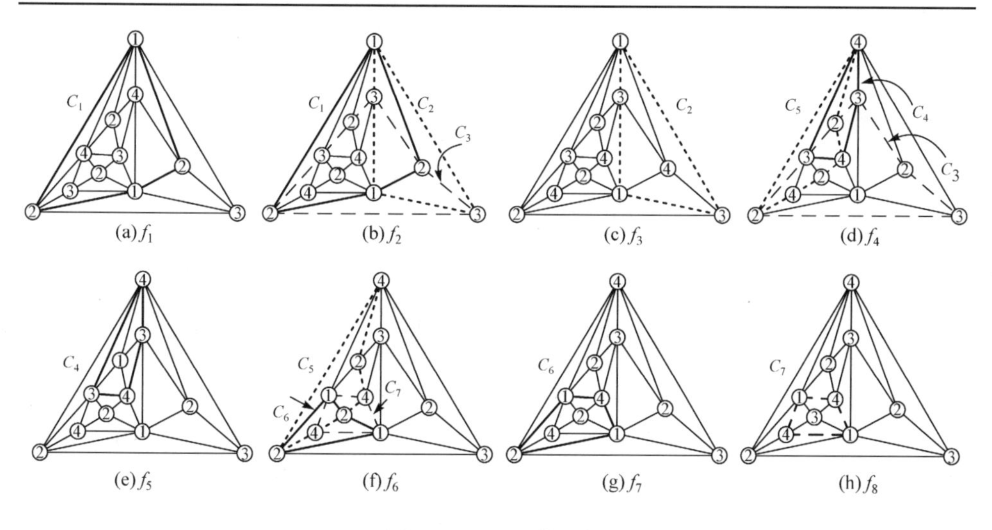

图 9.11　σ- 运算示例

9.4　σ-特征图

本节介绍基于σ-运算的着色重构图，称之为σ-**特征图**，它使得$C_4^0(G)$中着色之间的关系清楚直观。

9.4.1　σ-特征图定义

设G是一个 4-色极大平面图，$C_4^0(G)=\{f_1,f_2,\cdots,f_n\}$。$G$的$\sigma$-**特征图**，记作$G_4^\sigma$，顶点集$V(G_4^\sigma)=\{f_1,f_2,\cdots,f_n\}$，$V(G_4^\sigma)$中两个顶点$f_i$与$f_t$相邻当且仅当它们在$G$中关于某2-色圈$C$为互补着色，$i,t=1,2,\cdots,n$，$i\neq t$。由此定义，可视$G_4^\sigma$为一个**边标定图**，其边上的标号即为导致两个着色互补的圈C。在只考虑拓扑结构的情况下，可略去边上的标号。

图 9.11 所示的图G共有 8 种着色，其σ-特征图及相应的拓扑结构如图 9.12(a)和(b)所示，显然G_4^σ是一个连通图，且是一棵树，故只需知道G的任一 4-着色f_i，即可通过σ-运算得到$C_4^0(G)$其他的 4-着色。正二十面体的全部 9 种着色均为树着色，故其σ-特征图是由 9 个孤立顶点构成的 9-阶空图。

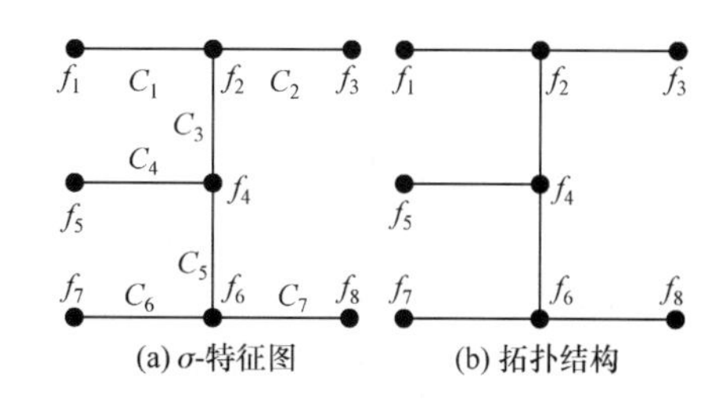

图 9.12　图 9.11 中所示图G的σ-特征图

9.4.2 σ-特征图基本性质

设G是4-色极大平面图，如果$|C_4^0(G)|=1$，则称G是**唯一4-色极大平面图**。

定理 9.19 设G是4-色极大平面图，G_4^σ是它的σ-特征图，则有

(1) G是唯一4-色极大平面图当且仅当$G_4^\sigma \cong K_1$；

(2) G_4^σ中任一顶点f，$d_{G_4^\sigma}(f)=k$的充分必要条件是f中含k个2-色圈；

(3) 若$\exists f \in C_4^0(G)$，它含有$k(\geqslant 1)$个2-色圈，即$d_{G_4^\sigma}(f)=k$，则有

$$|C_4^0(G)| \geqslant k+1 \tag{9.6}$$

对于阶数不超过11的所有极大平面图，树着色的数目约占2%[26]。故我们推测对最小度$\geqslant 4$的极大平面图集，树着色数相比圈着色数来说非常少，因此，给定4-色极大平面图的一个圈着色，很有可能通过σ-运算将$C_4^0(G)$中的其他着色推导出来。

定理 9.20 设G是一个4-色极大平面图，若G_4^σ连通，则求出G的全部4-着色的算法只比求出G中一种4-着色多$|V(G_4^\sigma)|-1$次。

根据定理9.21可知，若G是4-Kempe极大平面图，求G的全部4-着色算法复杂度与求出G中一个4-着色的算法复杂度是等价的。

G_4^σ与$C_4^0(G)$息息相关，研究G_4^σ的结构是揭示$C_4^0(G)$本质的一项基础性工作。

定理 9.21 设G是一个$\delta(G)\geqslant 4$的4-色极大平面图，$f \in C_4^0(G)$，则G_4^σ不含三角形。

证明 假设G_4^σ中含三角形$f_1f_2f_3f_1$，不失一般性令

$$\sigma(f_1,C_1)=f_2，\sigma(f_1,C_2)=f_3，\sigma(f_2,C_3)=f_3 \tag{9.7}$$

故C_1和C_2是f_1的2-色圈，C_1和C_3是f_2的2-色圈，C_2和C_3是f_3的2-色圈，如图9.13(a)所示。设颜色集$C(4)=\{1,2,3,4\}$，用$V_{C_i}^{*in}$表示C_i内部中所有与C_i上颜色不同的顶点构成的集合，$i=1,2$。

分如下2种情况给予证明：

情况 1 在f_1下，C_1和C_2不相交，如图9.13(b)所示。其中，C_1和C_2可以着色相同，也可以不同，其证明过程相同。

显然，$\forall u \in V_{C_1}^{*in}$，有$f_1(u)\neq f_2(u)$；$\forall v \in V(G)\setminus V_{C_1}^{*in}$，有$f_1(v)=f_2(v)$，如图9.13(b)和(c)所示。同理，对$\forall u \in V_{C_2}^{*in}$，有$f_1(u)\neq f_3(u)$；但$\forall v \in V(G)\setminus V_{C_2}^{*in}$，有$f_1(v)=f_3(v)$，如图9.13(b)～(d)所示。故有，$\forall u \in V_{C_1}^{*in}\cup V_{C_2}^{*in}$，有$f_2(u)\neq$

$f_3(u)$，$\forall v \in V(G) \setminus V_{C_1}^{*in} \cup V_{C_2}^{*in}$，有 $f_2(v) = f_3(v)$。显然，f_2和f_3中不存在能够满足$V_{C_3}^{*\text{in}} = V_{C_1}^{*\text{in}} \cup V_{C_2}^{*\text{in}}$的 2-色圈$C_3$，矛盾。

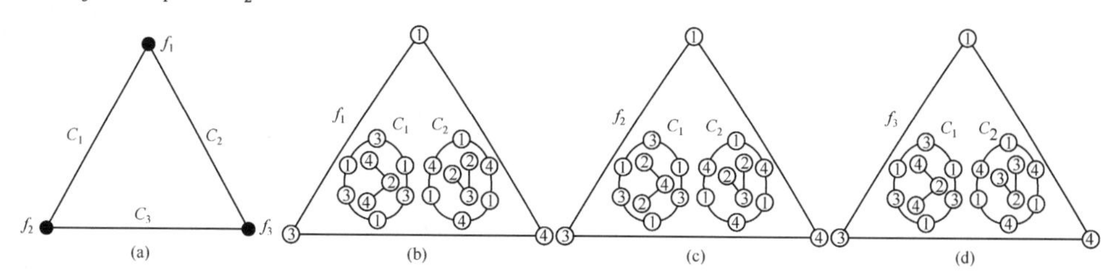

图 9.13　C_1、C_2不相交的情况

情况 2　在 f_1 下，若 C_1和C_2 相交，则 $f_1(C_1) \neq f_1(C_2)$，不失一般性，设 $f_1(C_1) = \{1,2\}$，$f_1(C_2) = \{1,3\}$，如图 9.14(a)所示。取$u \in V_{C_1}^{*in} \cup V(C_2)$，$v \in V_{C_2}^{*in} \cup V(C_1)$，则 $f_1(u) = 3$，$f_1(v) = 2$；$f_2(u) = 4$，$f_2(v) = 2$；$f_3(u) = 3$，$f_3(v) = 4$。显然，f_2 中不存在 2-色圈C_3，使得f_2 和 f_3 为基于C_3的互补着色，矛盾。

基于上述两种情况，本定理获证。■

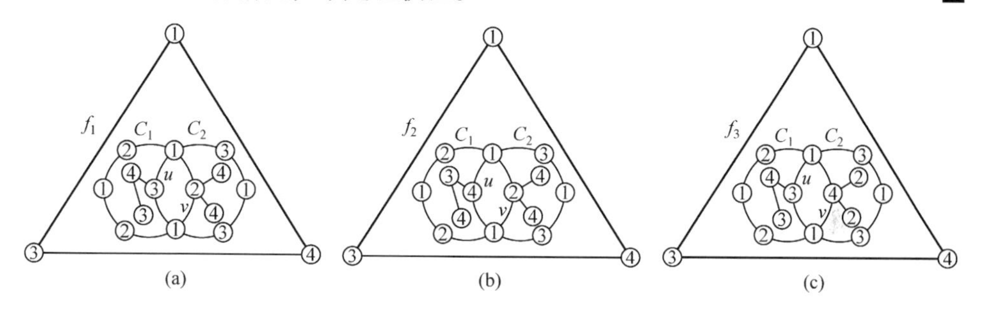

图 9.14　C_1, C_2 相交的情况

由于任意最小度≥4的极大平面图G 的G_4^σ中不含三角形，这就意味着，若将G_4^σ中每个顶点f 的闭邻域，记作$\overline{N^f(G)}$，则其导出子图$G_4^\sigma[\overline{N^f(G)}]$是一个星图，即有

推论 9.2　设 G 是一个 $\delta(G) \geqslant 4$ 的 4-色极大平面图，则对任一圈着色 $f \in C_4^0(G)$，$G_4^\sigma[\overline{N^f(G)}]$是一个星图。

定理 9.22　设G是一个 4-色极大平面图，f 是G 的一个 4-着色。C是f 的一个 2-色圈，且f 是G_4^σ 中的 1 度顶点，若$\sigma(f) = f^c$在G_4^σ 中的度数≥2，则一定存在着色$f' \in C_4^0(G)$，使得C不是f' 的 2-色圈。

证明　因$|C^2(f)|=1$，令C是f 的 2-色圈，且设$f(C) = \{1,2\}$，如图 9.15(a)

所示。由于 f^c 中至少含两个 2-色圈，故在 C 上至少存在一对基于着色 f 的同色点对，记作 v_1, v_2。令 $f(v_1)=f(v_2)=1$，使得基于 v_1, v_2 的圈外存在一个 14-耳，圈内存在一个 13-耳，如图 9.15(a)所示。现对 C 内 34-分支实施 σ-运算，得到着色 f^c。f^c 中含至少两个 2-色圈 C 与 C'，如图 9.15(b)所示。于是，对 C' 内的 23-分支实施 σ-运算，得到一个新的着色 f'，$|f'(C)|=3$，如图 9.15(c)所示。基于推论 9.2，在原着色的基础上，σ-运算要么破坏某 2-色圈，要么产生新的 2-色圈。从而本定理获证。■

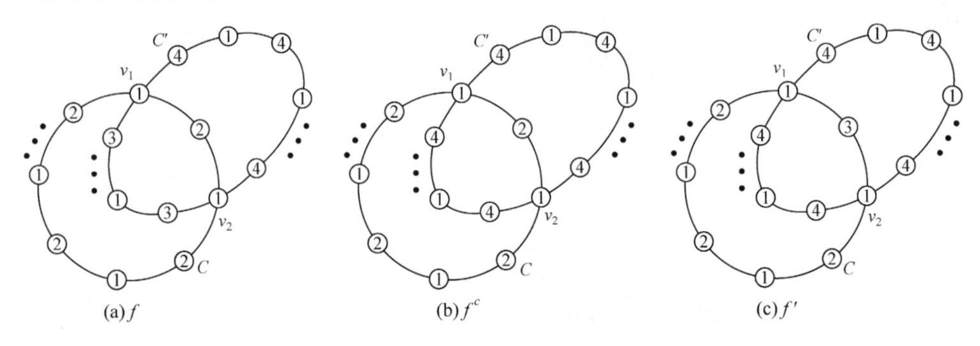

图 9.15　定理 9.23 证明示意图

定理 9.23　设 G 是一个 $\delta(G)\geqslant 4$ 的 4-色极大平面图，则 G_4^σ 中任意一对相邻顶点的度数不可能是 1 和 2。

证明　假设 G_4^σ 中存在度数分别为 1 和 2 的两个相邻顶点 f_1 和 f_2，则可令 f_1 只含一个 2-色圈 C_1，f_2 恰含两个相交的 2-色圈 C_1 和 C_2，且 f_1 与 f_2 关于 C_1 是互补的。不失一般性，设 $f_1(C_1)=\{1,2\}$，$f_2(C_1)=\{1,2\}$，$f_2(C_2)=\{1,3\}$。将 C_1 及其内部顶点构成的集合与 C_1 及其外部顶点构成的集合在 G 中的导出子图分别记为 $G_1^{C_1}$ 和 $G_2^{C_1}$。用 r_{ij} 表示 $G_1^{C_1}$ 中 ij-分支数，$i, j\in\{1,2,3,4\}$，$i\neq j$。

在 f_1 下，G 仅含一个 2-色圈 C_1，则 G_{34} 含 2 个分支，G_{13}，G_{14}，G_{23} 和 G_{24} 分别是连通的。此时，$G_1^{C_1}$ 中的 r_{14} 个 14-分支被 $G_2^{C_1}$ 中的 $r_{14}-1$ 条 14-路连接成一个分支，$G_1^{C_1}$ 中的 r_{13} 个 13-分支被 $G_2^{C_1}$ 中的 $r_{13}-1$ 条 13-路连接成一个分支。

将 $G_1^{C_1}$ 中 34-分支实施颜色互换，所得着色为 f_2。在 f_2 下，$G_1^{C_1}$ 中 13-分支数变为 r_{14} 个，$G_2^{C_1}$ 中仍含 $r_{13}-1$ 条两端点均在 C_1 上的 13-路，由于这些 13-路将 r_{14} 个 $G_1^{C_1}$ 中的 13-分支连接成一个连通分支且含一个 13-圈 C_2，因此，$r_{13}>r_{14}$；$G_1^{C_1}$ 中 14-分支数变为 r_{13} 个，$G_2^{C_1}$ 中仍含 $r_{14}-1$ 条两端点均在 C_1 上的 14-路，由于 $r_{13}>r_{14}$，故这些 $r_{14}-1$ 条 14-路不能将 $G_1^{C_1}$ 中的 r_{13} 个 14-分支连接成一个连通分

支，因此基于 f_2 的 G_{14} 不连通，即 G_{23} 中含 2-色圈，矛盾。■

对于 G_4^{σ} 不连通的情况，将在下一节给予详细讨论。

9.5　极大平面图的 Kempe 等价类

设 G 是一个 4-色极大平面图，$f, f' \in C_4^0(G)$，如果 f 与 f' 为非 K-等价的，则说明从 $C^2(f)$ 中任意 2-色圈出发，通过连续 σ-运算，不能获得 f'。出现这种情况的原因与 $C^2(f)$ 有关，可归结为 3 种情况：① $C^2(f)=\phi$，即 f 是树着色；② $C^2(f)$ 中含 **2-色不变圈**(其定义稍后给出)；③ $C^2(f)$ 中含**循环 2-色圈**(其定义稍后给出)。针对这 3 种情况，相应地将非 4-Kempe 图的 K-类分为 3 类：树型、圈型和循环圈型。下面，我们对这 3 种类型逐一介绍。

9.5.1　树型 Kempe 等价类

若 f 是 G 的一个树着色，则 $C^2(f)=\phi$，即 f 中全部 6 个 2-色导出子图是连通的，因此，$F^f(G)=\{f\}$。我们把这种非 4-Kempe 图 G 的 Kempe 等价类称为**树型 Kempe 等价类**，并把 G 称为**树型极大平面图**。因此，由 $\forall f' \in C_4^0(G)$，$f' \neq f$，可知

$$f' \notin F^f(G) \tag{9.8}$$

由此推出

定理 9.24　设 G 是一个非唯一 4-色的可树着色极大平面图，则 $\kappa(G,4) \geqslant 2$；若 G 是纯树着色的，则 $\kappa(G,4)=|C_4^0(G)|$；若 G 是混合型着色，且含树着色的数目为 t 个，则 $\kappa(G,4) \geqslant t+1$。

9.5.2　圈型 Kempe 等价类

设 G 是一个 4-色极大平面图，C 是 f 的一个 2-色圈，f 不含与 C 相交的 2-色圈。若 $Q^m(C)$ 中不含同色耳构成的圈，则称 f 是 G 的一个 **2-色不变圈着色**，且 C 称为 f 的一个 **2-色不变圈**。由此定义知，在 f 下，若实施关于 C 的 σ-运算，所得之 4-着色记为 f^c，则

$$C^2(f)=C^2(f^c) \tag{9.9}$$ ①

若 f 中含有 2-色不变圈，则称 G 为 **2-色不变圈极大平面图**，简称为**圈型极**

① 此等式中，不考虑 $C^2(f)$ 与 $C^2(f^c)$ 中 2-色圈的颜色，即某 2-色圈 C 可能在 f 与 f^c 下的颜色不同。

大平面图。当然，满足式(9.9)的 f^c 也是图 G 的一个 2-色不变圈着色。图 9.16 中所示的图是一个 2-色不变圈极大平面图，共有 4 个着色，其中 f_1 与 f_2 为一对互补的 2-色不变圈着色，它们所含唯一 2-色不变圈为 12-圈。

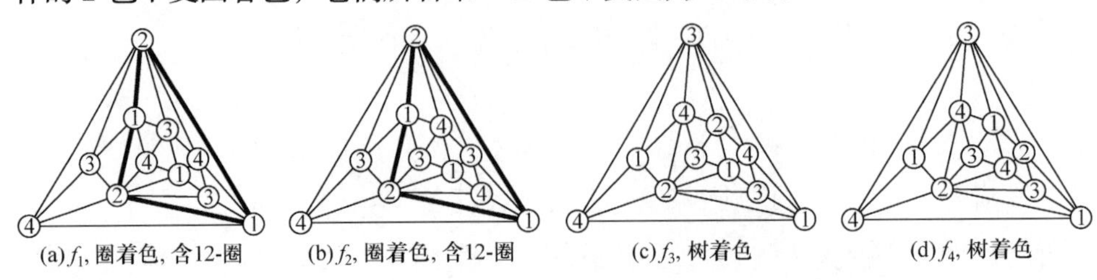

(a) f_1, 圈着色, 含12-圈　(b) f_2, 圈着色, 含12-圈　(c) f_3, 树着色　(d) f_4, 树着色

图 9.16　只含有一个 2-色不变圈的 2-色不变圈极大平面图

图 9.17 分别给出了两个都含两个 2-色不变圈的极大平面图，其中第 1 个图中的两个 2-色不变圈有两个公共顶点。图 9.17 中第 1～9 个图给出了该图的所有 4-着色，且在第 11 个图示中给出了它的 σ-特征图。图 9.17 最后 1 个图给出了含不相交的两个 2-色不变圈(用粗线标记)的极大平面图。

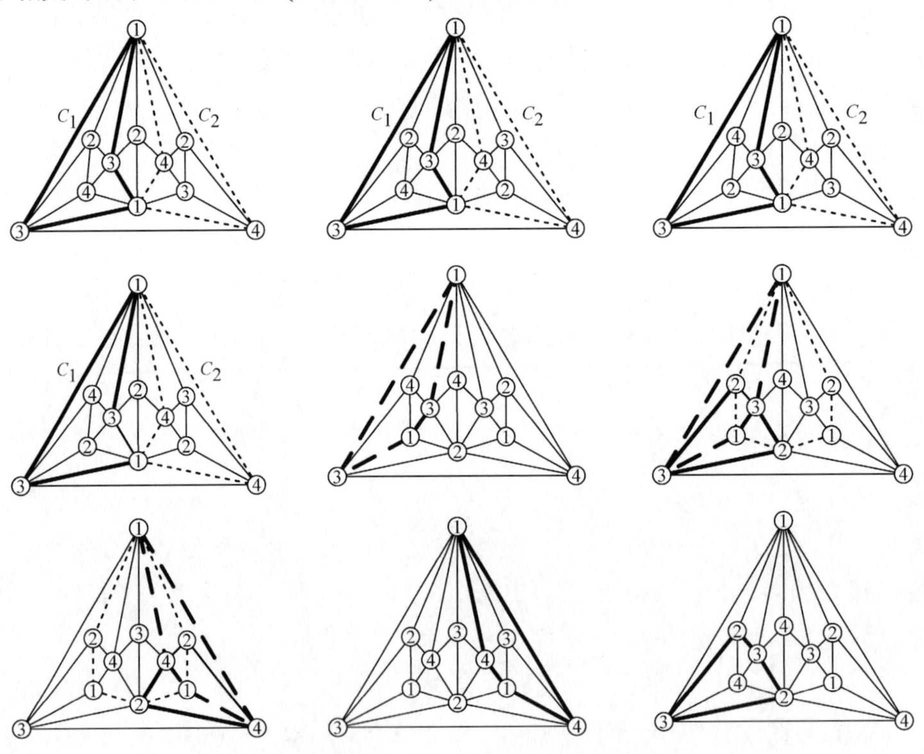

图 9.17　含两个 2-色不变圈的极大平面图

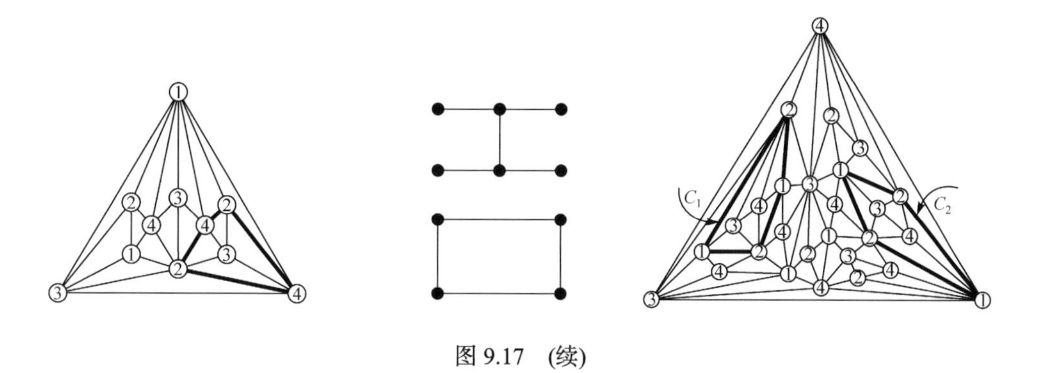

图 9.17 (续)

设G是一个4-色极大平面图。对G中基于f的2-色圈C，若$\exists f' \in C_4^0(G)$，使

$$|f'(C)| \geqslant 3 \tag{9.10}$$

则称圈C是**可破的**。

定理 9.25 设G是一个$\delta(G) \geqslant 4$的4-色极大平面图，C_1与C_t是G的两个可2-色圈，且是相关的，则C_1与C_t均为可破的。

证明 由可2-色圈相关的定义，基于σ-运算，易证本定理成立。 ■

对满足定理9.25的两个2-色圈，显然由σ-运算知这两个圈均为可破的。那么，对于一个含2-色不变圈C的f，基于σ-运算是不能破圈C的，即利用σ-运算，无法在$C_4^0(G)$中找到f'，使f'满足式(9.10)。这就是说，f与f'为**非K-等价的**。导致这种不等价的根本原因是2-色不变圈，故把$F^f(G)$称为**圈型Kempe等价类**。对于恰含$k(\geqslant 2)$个2-色不变圈的4-着色集，它们在G_4^σ中的顶点导出子图是一个k-维超立方体。所谓**t-维超立方体图**，简称**t-维超立方体**，记作B^t，其顶点集为

$$V(B^t) = \{(x_1, x_2, \cdots, x_t); x_i \in B = \{0,1\}\} \tag{9.11}$$

B^t中的两个顶点X_1与X_2相邻当且仅当

$$d_{\mathrm{H}}(X_1, X_2) = 1 \tag{9.12}$$

其中，$d_{\mathrm{H}}(X_1, X_2)$表示X_1与X_2的汉明(Hamming)距离，即两个向量对应分量不同元素对的数目。由此定义易知，t-维超立方体图B^t是一个2^t阶的t-正则图，因此有

$$|E(B^t)| = t \cdot 2^{t-1} \tag{9.13}$$

定理 9.26 设G是一个$\delta(G) \geqslant 4$的4-色极大平面图，f是G的一个恰含k个2-色圈，且均为2-色不变圈的4-着色，则$|F^f(G)| = 2^k$，且$G_4^\sigma[F^f(G)] = B^k$。

证明 设f是G的一个恰含k个2-色不变圈着色，其中$C_1, C_2, \cdots, C_k$是它的

k个 2-色不变圈。对每个$C_i\,(1\leqslant i\leqslant k)$，若实施$\sigma$-运算，则用 1 表示；若没有实施$\sigma$-运算，则用 0 表示。于是由 2-色不变圈构成的序列$C_1,C_2,\cdots,C_k$按照是否实施关于某个圈的σ-运算与长度为k的 0-1 序列集$\{(x_1,x_2,\cdots,x_k);x_i=0,1,i=1,2,\cdots,k\}$建立 1-1 对应关系：对$C_i\,(1\leqslant i\leqslant k)$施行$\sigma$-运算当且仅当$x_i=1$。因为每次对$C_i\,(1\leqslant i\leqslant k)$施行一次$\sigma$-运算恰好对应$G$中的一个着色，也就是对应$\{(x_1,x_2,\cdots,x_k);x_i=0,1,i=1,2,\cdots,k\}$中的一个 0-1 序列。因此，$f$所在$G_4^{\sigma}$的连通分支上至少有$2^k$个着色。

另一方面，不失一般性，设f所对应的长度为k的 0-1 序列为$(0,0,\cdots,0)$，则对每个$C_i\,(1\leqslant i\leqslant k)$施行$\sigma$-运算后所得到的着色记为$f_i'\,(1\leqslant i\leqslant k)$，即$f$恰好导出$k$个互补着色。同理可证，每个$f_i'\,(1\leqslant i\leqslant k)$恰好导出$k$个互补着色。进而可证$2^k$个着色中的每个 4-着色恰好导出$k$个互补着色。注意到每个 4-着色可导出它的互补着色当且仅当它们对应的长度为k的 0-1 序列之间的汉明距离等于1，从而证明了这2^k个 4-着色对应的2^k个 0-1 序列构成的图是超立方体图。

显然，这2^k个 4-着色是封闭的，即不能通过σ-运算导出这2^k个之外的任何一个 4-着色。从而本定理获证。 ■

一个自然的问题是：**任意 4-着色 f 中的任意 2-色圈是否可破**？在此，作为一个猜想给出：

猜想 9.1 若G是$\delta(G)\geqslant 4$的 4-色极大平面图，$f\in C_4^0(G)$，$C\in C^2(f)$，则C可破。

9.5.3 循环圈型 Kempe 等价类

设G是一个$\delta(G)\geqslant 4$的 4-色极大平面图，$\mathbb{C}\subseteq C^2(G)$。如果① $\forall C_1,C_2\in\mathbb{C}$，$C_1$与$C_2$相关；② $|\mathbb{C}|\geqslant 2$；③ $\mathbb{C}$是极大相关圈集，即在$C^2(G)\setminus\mathbb{C}$中，不存在任何可 2-色圈$C'$，它与$\mathbb{C}$中的任一可 2-色圈相关。则把$\mathbb{C}$中的可 2-色圈均称为**循环 2-色圈**，$F^f(G)$中的着色均称为**循环圈着色**，其中$f\in C_4^0(G)$含$C\in\mathbb{C}$，且$f$使得$C$与$\mathbb{C}\setminus C$中的某个 2-色圈相关；$\mathbb{C}$称为$F^f(G)$的**循环 2-色圈集**；且若$F^f(G)$不含 2-色不变圈着色，则称$F^f(G)$所在的 K-类为**循环圈型 Kempe 等价类**。若G含循环圈型 Kempe 等价类，则称G为**循环圈型极大平面图**。

图 9.18 所示两个图G与H，相应 4-着色分别为f与g。容易验证，f既是 2-色不变圈着色，又是循环圈着色，具体讨论如下：

(1) f是基于$C_1=v_1v_2v_3v_4$的 2-色不变圈着色；

(2) f是基于循环 2-色圈集$\mathbb{C}=\{C_2,C_3,C_4,C_5,C_6\}$的循环圈着色，其中$C_2=u_1u_2u_3u_4$，$C_3=u_2x_3x_4x_5u_4x_2$，$C_4=x_1u_2u_3u_4$，$C_5=u_1u_2x_2u_4$，$C_6=x_1u_2x_3x_4x_5u_4$；

循环圈着色集为 $F_{\mathbb{C}}^{f}(G)=\{f,f_1,f_2,f_3,f_4\}$，其中，$f_1=\sigma(f,C_2)$，$f_2=\sigma(f_1,C_3)$，$f_3=\sigma(f_2,C_4)$，$f_4=\sigma(f_3,C_5)$，$f=\sigma(f_4,C_6)$；$F_{\mathbb{C}}^{f}(G)$ 在 G_4^{σ} 的导出子图如图 9.18(d)所示。

图 9.18(c)所示 g 是图 H 的一个 4-着色，它含 2 个循环 2-色圈集：$\mathbb{C}_1$ 与 $\mathbb{C}_2$，其中 $\mathbb{C}_1=\{C_1,C_2,C_3,C_4,C_5\}$，$\mathbb{C}_2=\{C_6,C_7,C_8,C_9,C_{10}\}$。这里，$C_1=v_1v_2v_3v_4$，$C_2=y_5v_2y_2y_3y_4v_4$，$C_3=y_1v_2v_3v_4$，$C_4=v_1v_2y_5v_4$，$C_5=y_1v_2y_2y_3y_4v_4$，$C_6=u_1u_2u_3u_4$，$C_7=x_2u_2x_3x_4x_5u_4$，$C_8=x_1u_2u_3u_4$，$C_9=u_1u_2x_2u_4$，$C_{10}=x_1u_2x_3x_4x_5u_4$。每个循环 2-色圈集对应的循环圈着色集分别为：$F_{\mathbb{C}_1}^{g}(H)=\{g,g_1,g_2,g_3,g_4\}$ 与 $F_{\mathbb{C}_2}^{g}(H)=\{g,g_5,g_6,g_7,g_8\}$，其中，$g_1=\sigma(g,C_1)$，$g_2=\sigma(g_1,C_2)$，$g_3=\sigma(g_2,C_3)$，$g_4=\sigma(g_3,C_4)$，$g=\sigma(g_4,C_5)$，$g_5=\sigma(g,C_6)$，$g_6=\sigma(g_5,C_7)$，$g_7=\sigma(g_6,C_8)$，$g_8=\sigma(g_7,C_9)$，$g=\sigma(g_8,C_{10})$；$F_{\mathbb{C}_1}^{g}(H)$ 在 H_4^{σ} 的导出子图如图 9.18(e)所示，$F_{\mathbb{C}_2}^{g}(H)$ 在 H_4^{σ} 的导出子图如图 9.18(f)所示。

(3) $F^{f}(G)$ 构成一个圈型 Kempe 等价类，f 所在的 G_4^{σ} 的连通分支如图 9.18(b)所示。$F^{g}(H)$ 构成一个循环圈型 Kempe 等价类。

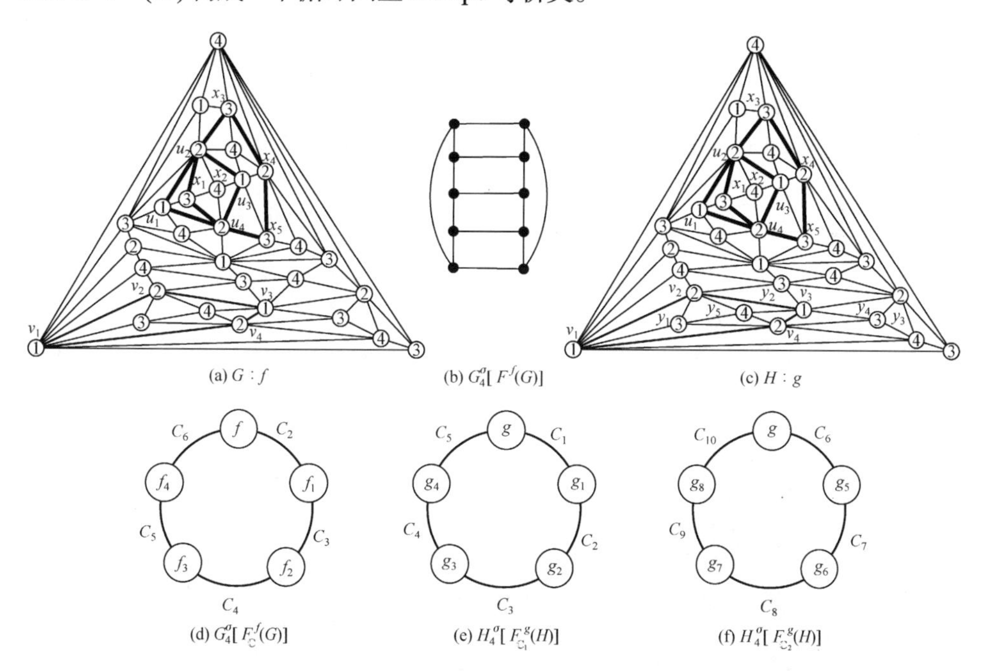

图 9.18　圈型及循环型圈型 Kempe 等价类的两个例子

注 1　有些图在不同着色下含相同的某 2-色圈，但这些着色并不属于同一 K-类。

注 2 由上述给出 3 种 K-类可知，在一个给定的最小度⩾4的极大平面图 G 中，$C_4^0(G)$ 中可能存在 1～3 种 K-类，且可能存在多个同种类型的 K-类。如正二十面体含有 9 个树型等价类。

σ-运算无法从 G 中的一个 K-类导出另一个 K-类。为解决此问题，未来需要对 2-色不变圈极大平面图，以及循环圈型极大平面图展开深入研究。

参 考 文 献

[1] Kempe A B. On the geographical problem of the four colors. American Journal of Mathematics, 1879, 2(3): 193-200.

[2] Mohar B. Kempe Equivalence of Colorings. Birkhäuser Basel: Graph Theory in Paris, 2006: 287-297.

[3] Fisk S. Geometric coloring theory. Advances in Mathematics, 1977, 24(3): 298-340.

[4] Meyniel H. Les 5-colorations d'un graphe planaire forment une classe de commutation unique. Journal of Combinatorial Theory Series B, 1978, 24(3): 251-257.

[5] 许进, 刘小青. Kempe 变换理论研究进展. 电子与信息学报, 2017, 39(6): 1493-1502.

[6] Vergnas M L, Meyniel H. Kempe classes and the hadwiger conjecture. Journal of Combinatorial Theory Series B, 1981, 31(1): 95-94.

[7] Bertschi M E. Perfectly contractile graphs. Journal of Combinatorial Theory, Series B, 1990, 50(2): 222-230.

[8] Feghali C, Johnson M, Paulusma D. Kempe equivalence of colourings of cubic graphs. Electronic Notes in Discrete Mathematics, 2015, 49: 243-249.

[9] Bonamy M, Bousquet N, Feghali C, et al. On a conjecture of Mohar concerning Kempe equivalence of regular graphs. Computer Science, ar Xiv: 151.06964v3[CS.DM] 22 Sep 2016.

[10] Mcdonald J, Mohar B, Scheide D. Kempe equivalence of edge-colorings in subcubic and subquartic graphs. Journal of Graph Theory, 2012, 70(2): 226-239.

[11] Belcastro S M, Haas R. Counting edge-kempe-equivalence classes for 3-edge-colored cubic graphs. Discrete Mathematics, 2014, 325(13): 77-84.

[12] HeuvelJan Van Den. The complexity of change. Surveys in Combinatorics, arXiv: 1312.2816v1 [cs.DM] 9 Dec 2013.

[13] Cereceda L, Heuvel J V D, Johnson M. Connectedness of the graph of Vertex-colourings. Discrete Mathematics, 2008, 308(5-6): 913-919.

[14] Cereceda L, Heuvel J V D, Johnson M. Finding paths between 3-colorings. Journal of Graph Theory, 2011, 67(1): 69-82.

[15] Bonsma P, Cereceda L. Finding paths between graph colourings: pspace-completeness and superpolynominall distances. Theoretical Computer Science, 2007, 49(50): 738-749.

[16] Jerrum M. A very simple algorithm for estimating the number of k-Colorings of a low-degree graph. Random Structures & Algorithms, 1995, 7(2): 157-165.

[17] Cereceda L. Mixing graph colourings [PhD Thesis]. London: School of Economics and Political Science, 2007: 1-121.

[18] Bonamy M, Bousquet N. Recoloring bounded treewidth graphs. Electronic Notes in Discrete Mathematics, 2013, 44(5): 257-262.

[19] Bonamy M, Johnson M, Lignos I M, et al. Reconfiguration graphs for vertex colourings of chordal and chordal bipartite graphs. Journal of Combinatorial Optimization, 2014, 27: 132-143.

[20] Feghali C, Johnson M, Paulusma D. A reconfigurations analogue of brooks' theorem. Journal of Graph Theory, 2015, 8635: 287-298.

[21] Muhlenthaler M, Wanka R. The connectedness of clash-free timetables. 9th International Conference of the Practice and Theory of Automated Timetabling PATAT 2014, York, United Kindom, 2014: 330-346.

[22] Wang J S, Swendsen R H, Kotecky R. Antiferromagnetic potts models. Physical Review Letters, 1989, 63(63): 99-112.

[23] Wang J S, Swendsen R H, Kotecky R. Three-state antiferromagnetic potts models: a monte carlo study. Physical Review B: Condensed Matter, 1990, 42(4): 2465-2474.

[24] Vigoda E. Improved bounds for sampling colorings. Journal of Mathematical Physics, 2000, 41(3): 1555-1569.

[25] 许进. 极大平面图的结构与着色理论(4): σ-运算与 Kempe 等价类. 电子与信息学报, 2016, 38(7): 1557-1585.

[26] 许进. 极大平面图的结构与着色理论(3): 纯树着色与唯一 4-色平面图猜想. 电子与信息学报, 2016, 38(6): 1328-1353.

附　　录

本附录由附录 A、附录 B 构成。附录 A 是利用极大平面图的生成运算方法，构造出 6～12 阶 $\delta \geqslant 4$ 的所有极大平面图；附录 B 给出了 6～12 阶 $\delta \geqslant 4$ 的非可分极大平面图的全部着色、分类及特征图。

附录 A　6～12-阶 $\delta \geqslant 4$ 的极大平面图

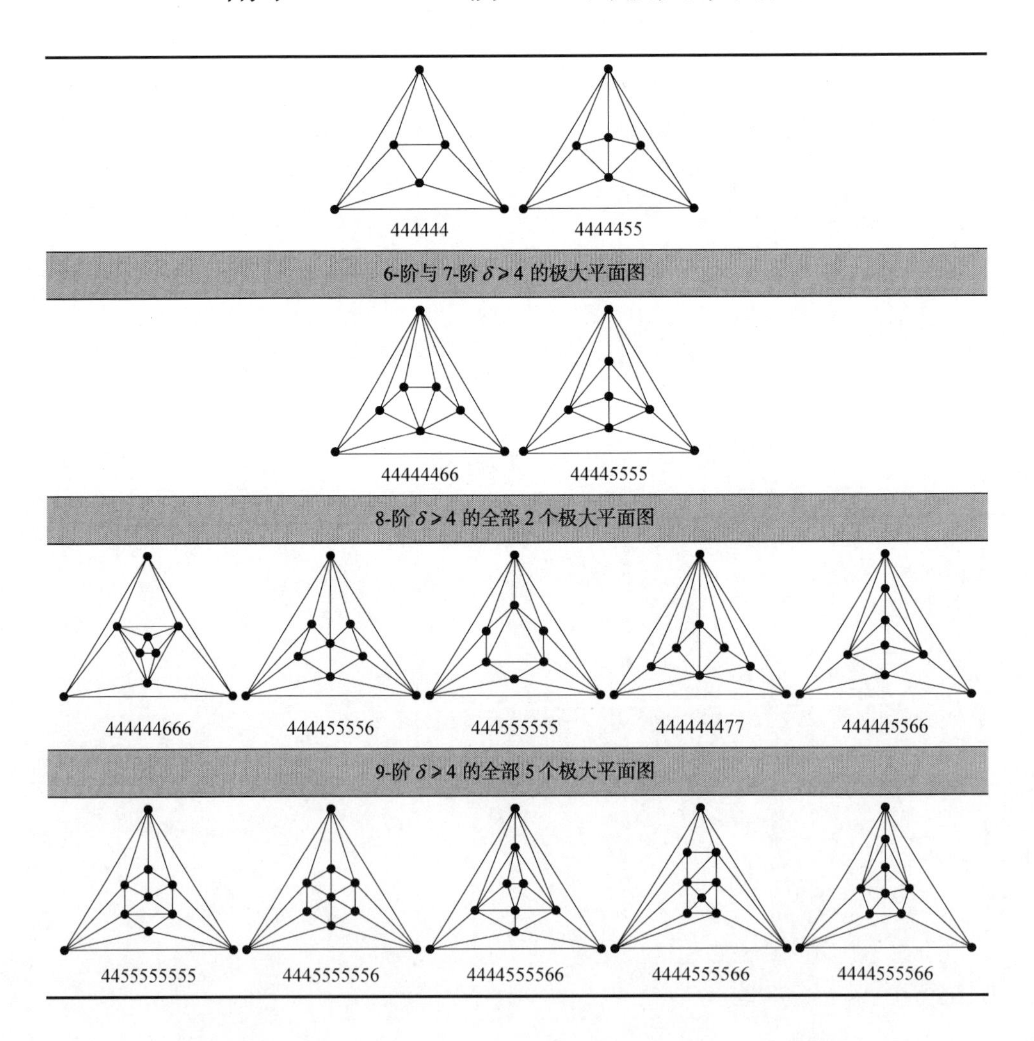

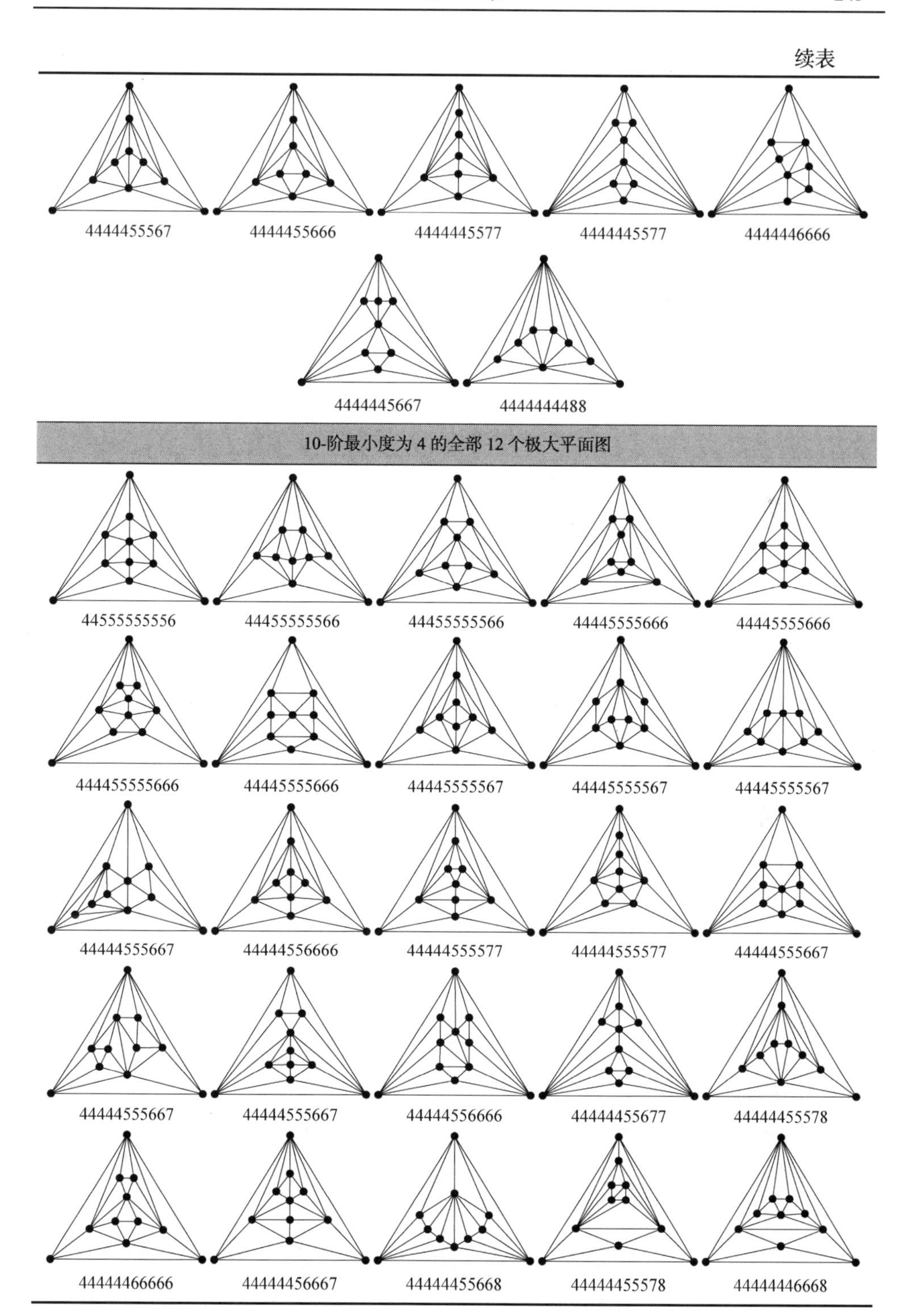
续表
4444455567
4444455666
4444445577
4444445577
4444446666
4444445667
4444444488
10-阶最小度为 4 的全部 12 个极大平面图
44555555556
44455555566
44455555566
44445555666
44445555666
444455555666
44445555666
44445555567
44445555567
44445555567
44444555667
44444556666
44444555577
44444555577
44444555667
44444555667
44444555667
44444556666
44444455677
44444455578
44444466666
44444456667
44444455668
44444455578
44444446668

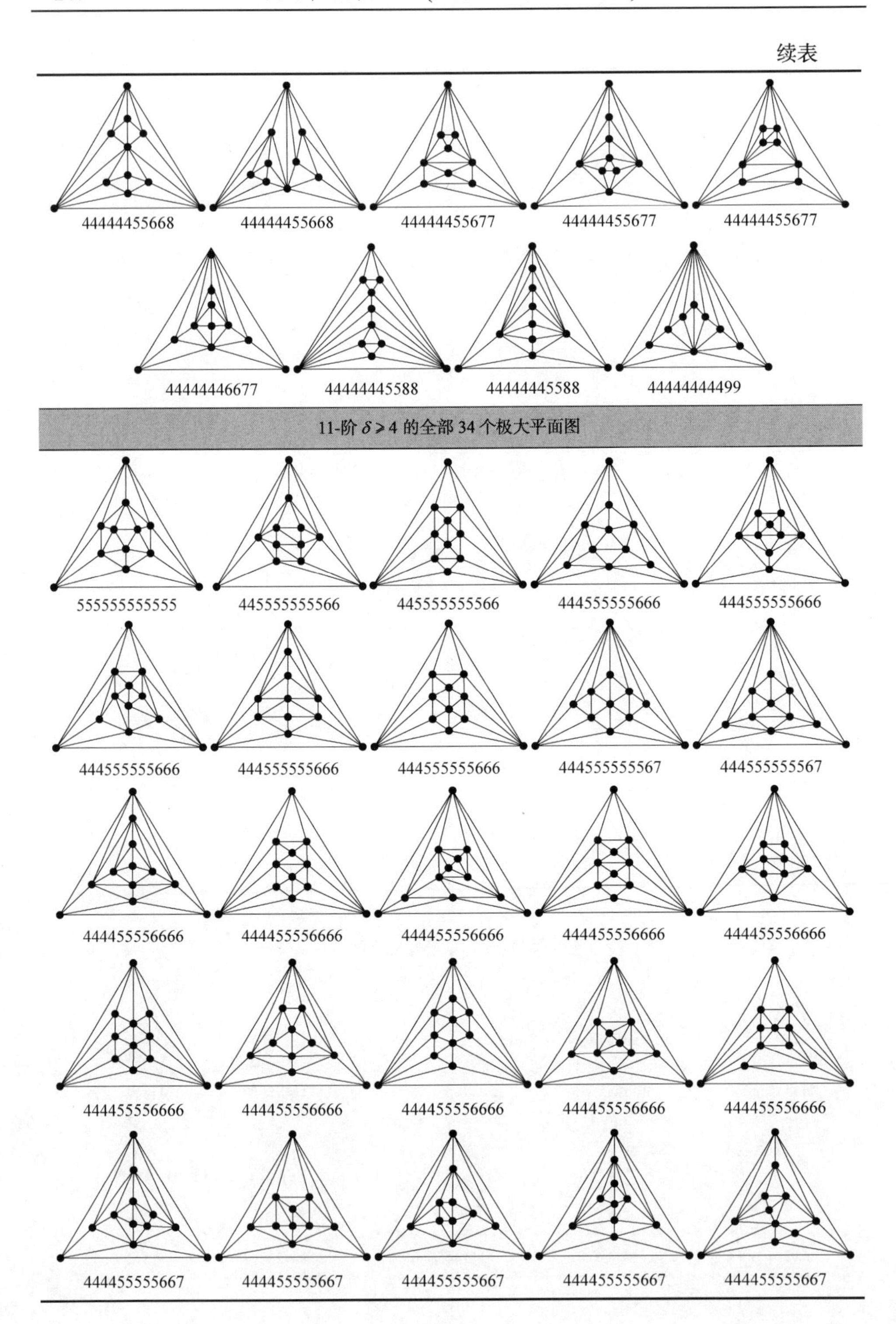
续表
44444455668
44444455668
44444455677
44444455677
44444455677
44444446677
44444445588
44444445588
44444444499
11-阶 δ≥4 的全部 34 个极大平面图
555555555555
445555555566
445555555566
444555555666
444555555666
444555555666
444555555666
444555555666
444555555567
444555555567
444455556666
444455556666
444455556666
444455556666
444455556666
444455556666
444455556666
444455556666
444455556666
444455556666
444455555667
444455555667
444455555667
444455555667
444455555667

续表

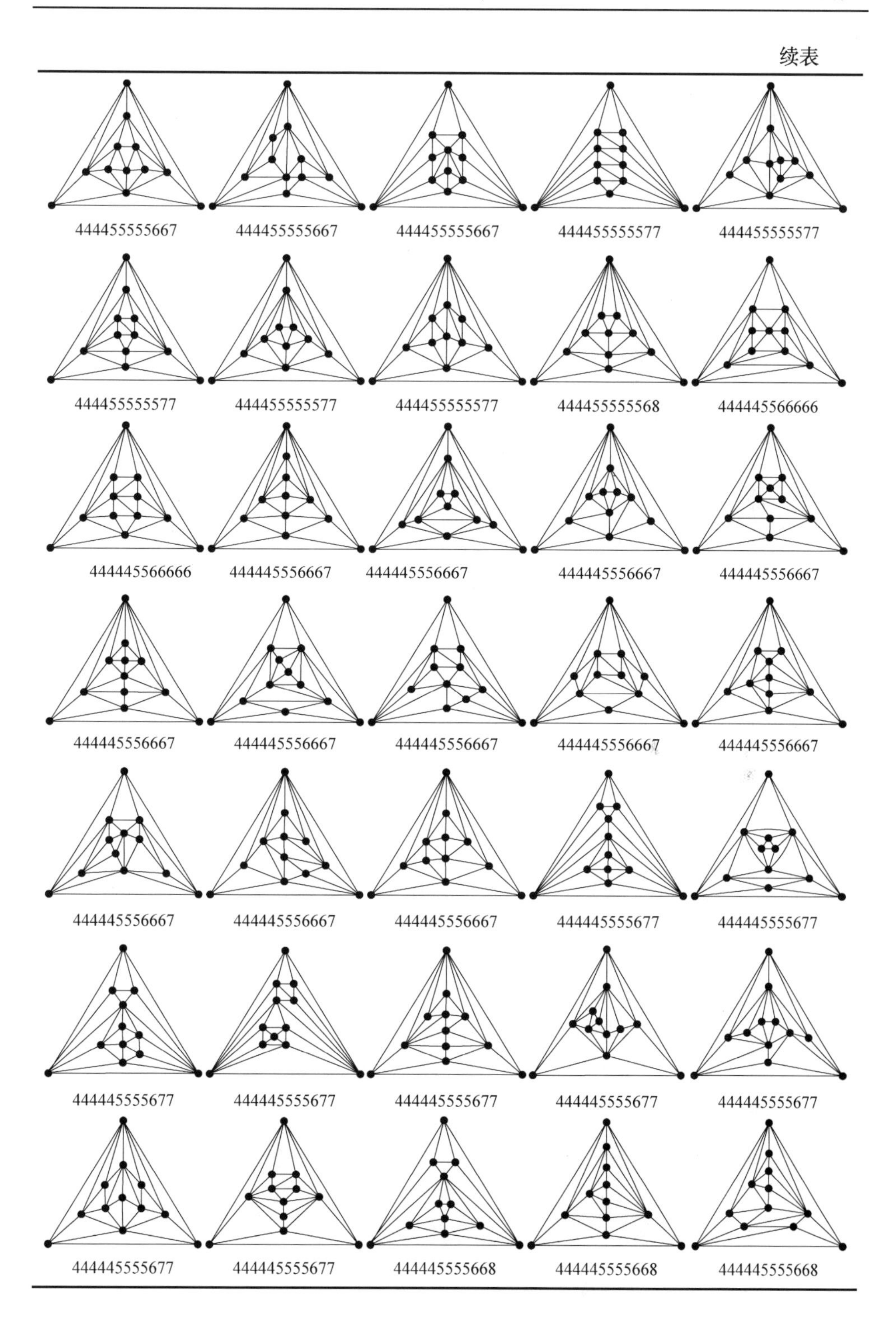

444455555667 444455555667 444455555667 444455555577 444455555577

444455555577 444455555577 444455555577 444455555568 444445566666

444445566666 444445556667 444445556667 444445556667 444445556667

444445556667 444445556667 444445556667 444445556667 444445556667

444445556667 444445556667 444445556667 444445555677 444445555677

444445555677 444445555677 444445555677 444445555677 444445555677

444445555677 444445555677 444445555668 444445555668 444445555668

续表

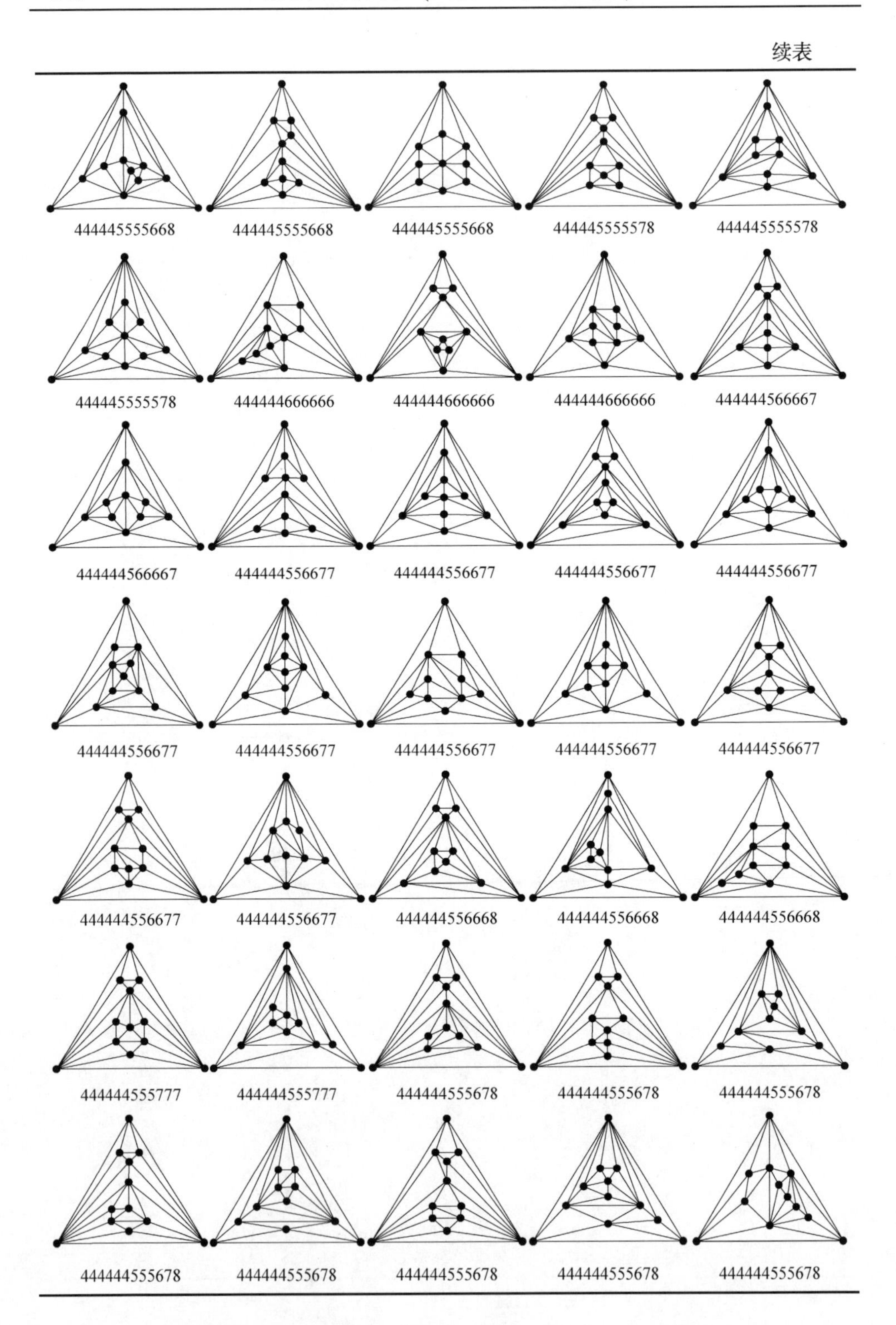

444445555668
444445555668
444445555668
444445555578
444445555578
444445555578
444444666666
444444666666
444444666666
444444566667
444444566667
444444556677
444444556677
444444556677
444444556677
444444556677
444444556677
444444556677
444444556677
444444556677
444444556677
444444556677
444444556668
444444556668
444444556668
444444555777
444444555777
444444555678
444444555678
444444555678
444444555678
444444555678
444444555678
444444555678
444444555678

续表

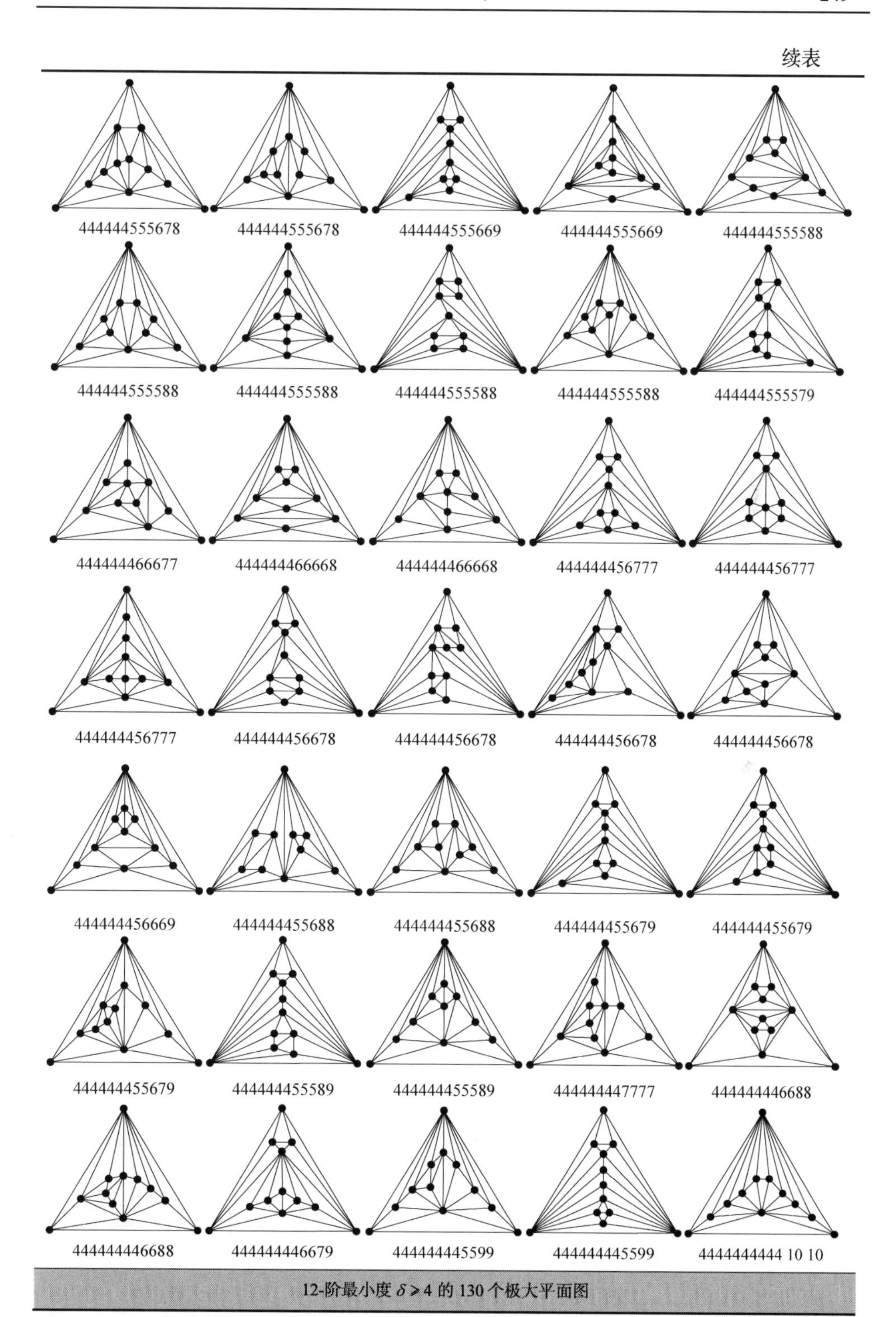

12-阶最小度 $\delta \geqslant 4$ 的 130 个极大平面图

附录B　6～12-阶$\delta \geqslant 4$的非可分极大平面图的全部着色、分类及特征图

6-1　(444444)；唯一 3-色图。

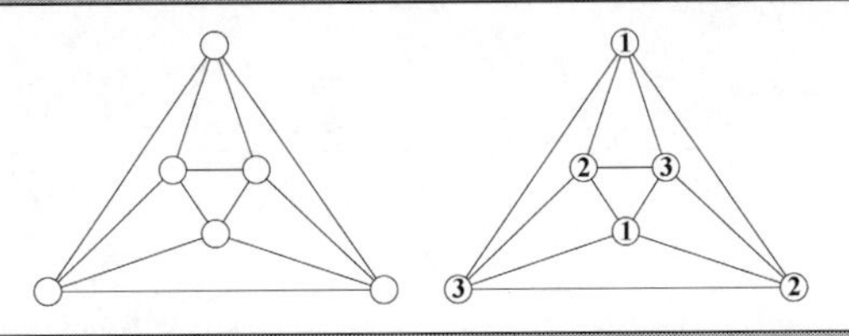

7-1　(4444455)；纯圈型。

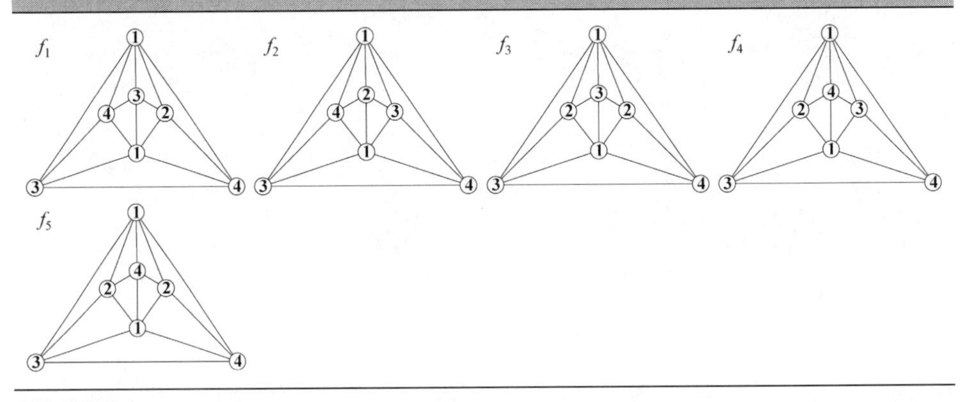

着色特征图：

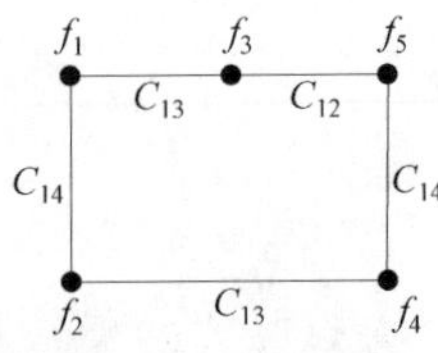

8-1　(44444466)；唯一 3-色图，双心轮图。

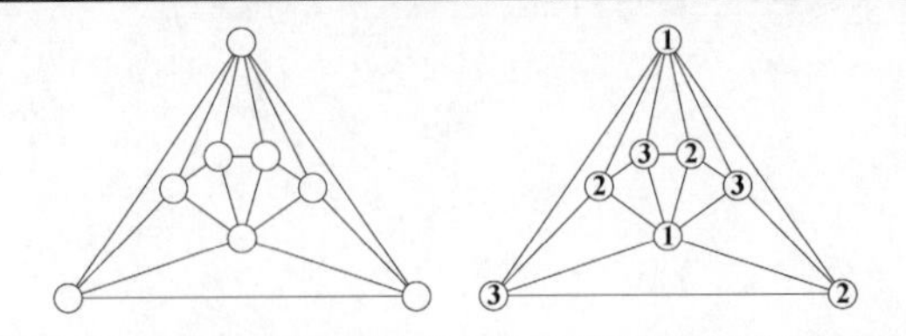

续表

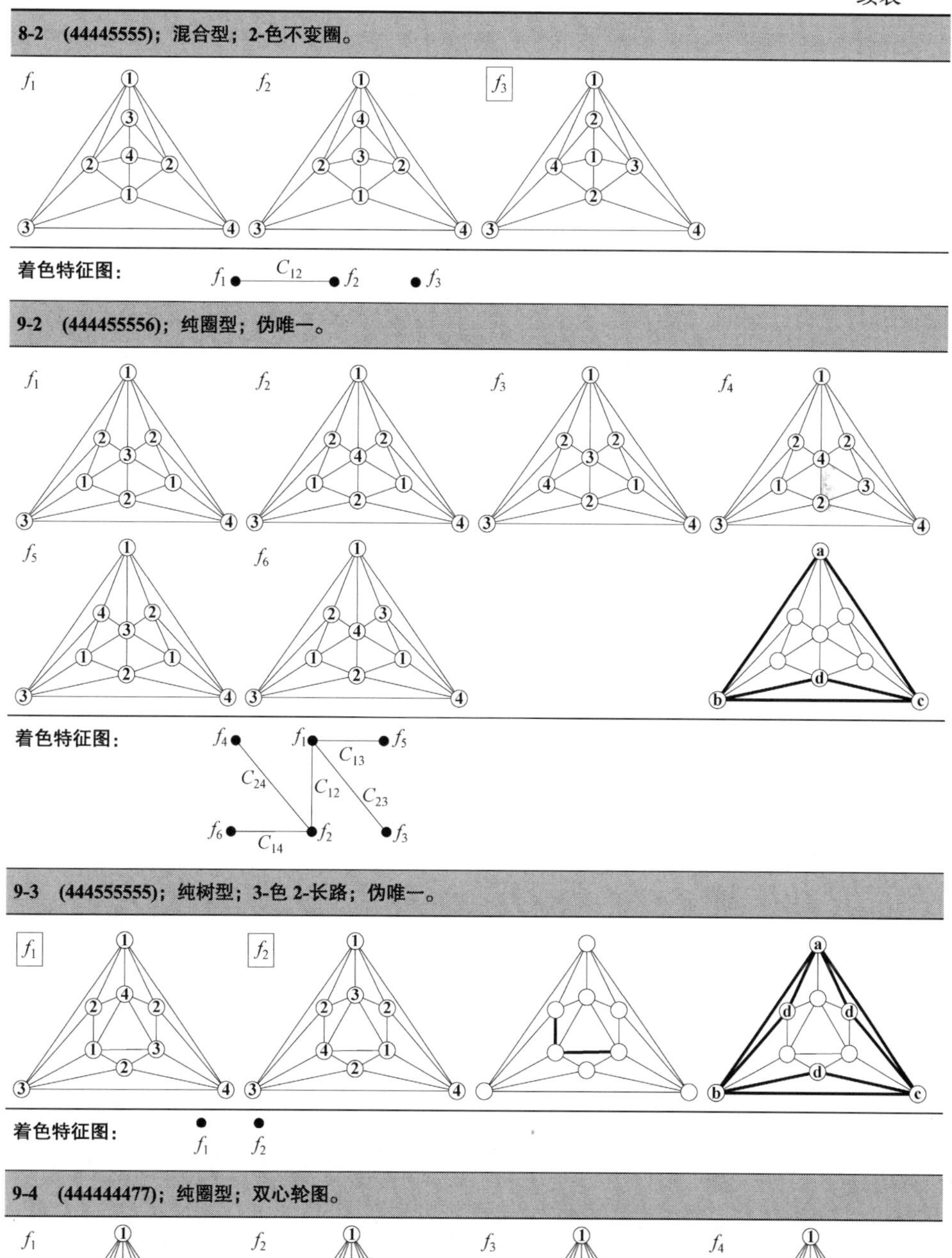

8-2　(44445555)；混合型；2-色不变圈。

着色特征图：

9-2　(444455556)；纯圈型；伪唯一。

着色特征图：

9-3　(444555555)；纯树型；3-色 2-长路；伪唯一。

着色特征图：

9-4　(444444477)；纯圈型；双心轮图。

f_1　f_2　f_3　f_4

续表

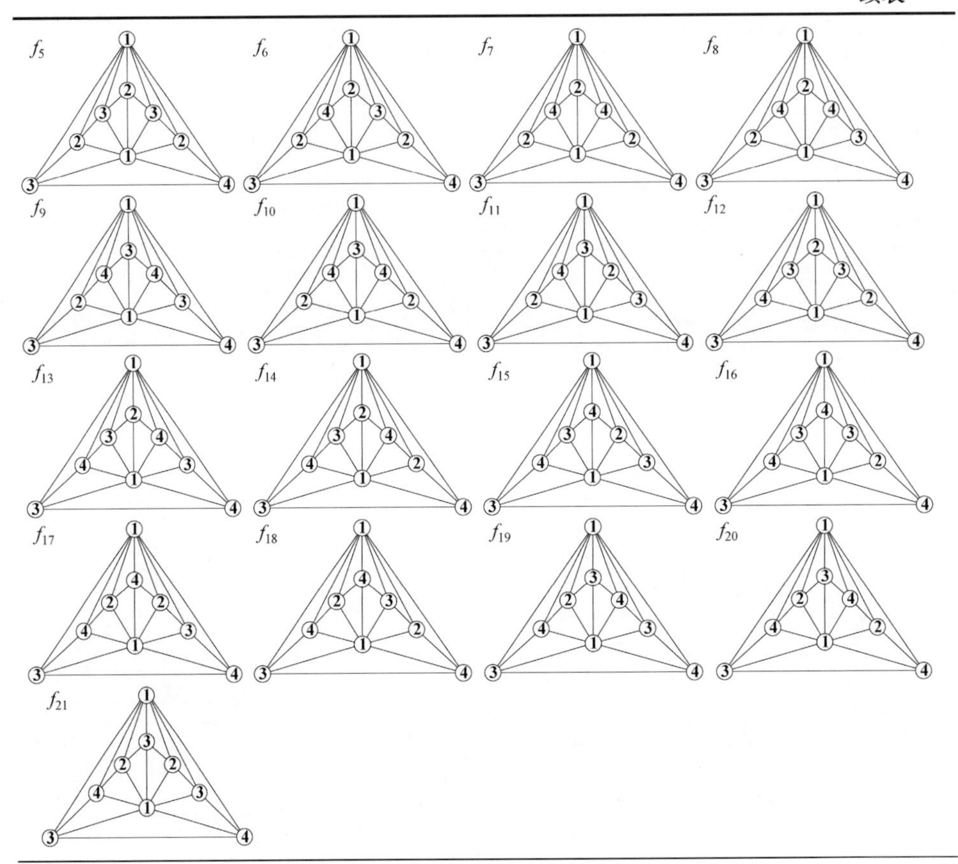
f_5
f_6
f_7
f_8
f_9
f_{10}
f_{11}
f_{12}
f_{13}
f_{14}
f_{15}
f_{16}
f_{17}
f_{18}
f_{19}
f_{20}
f_{21}

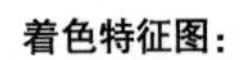
着色特征图：

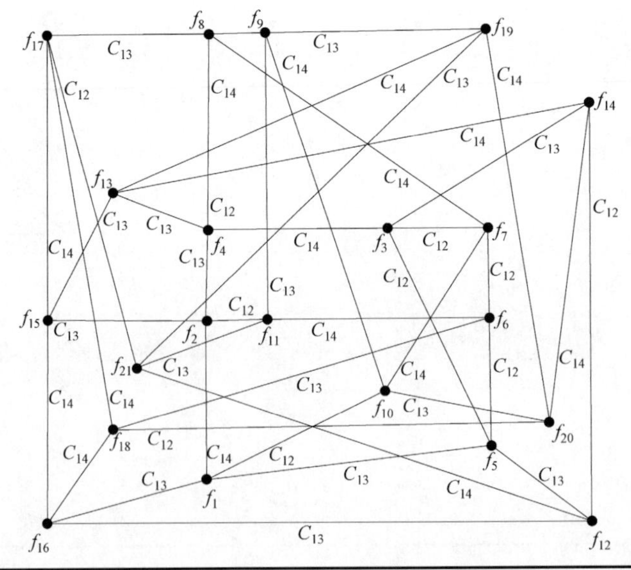
f_1
f_2
f_3
f_4
f_5
f_6
f_7
f_8
f_9
f_{10}
f_{11}
f_{12}
f_{13}
f_{14}
f_{15}
f_{16}
f_{17}
f_{18}
f_{19}
f_{20}
f_{21}
C_{12}
C_{13}
C_{14}

续表

9-5　(444445566)；纯圈型。

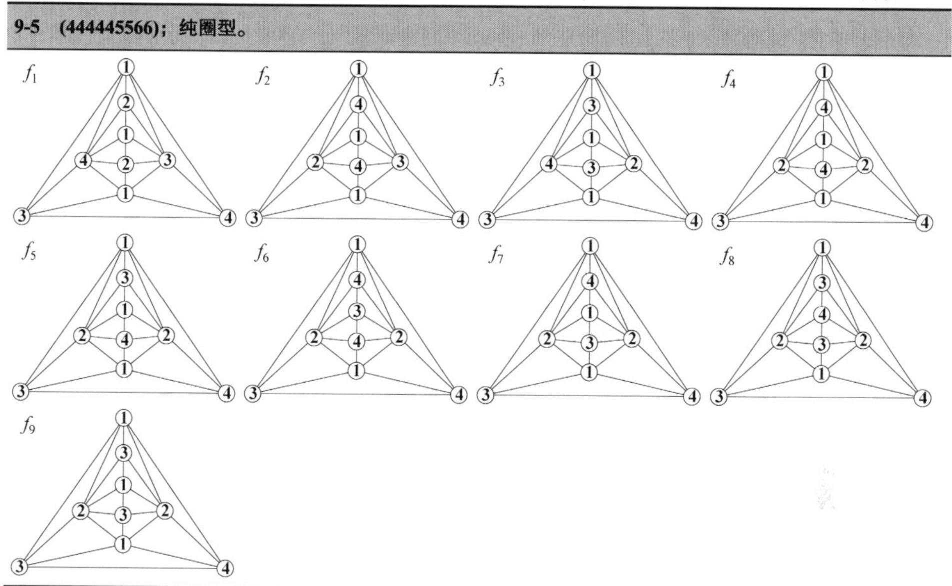

着色特征图：

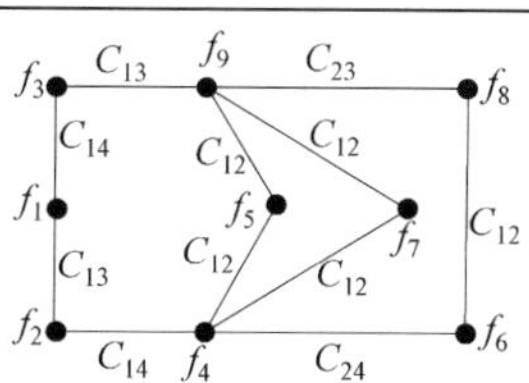

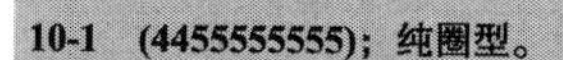

10-1　(4455555555)；纯圈型。

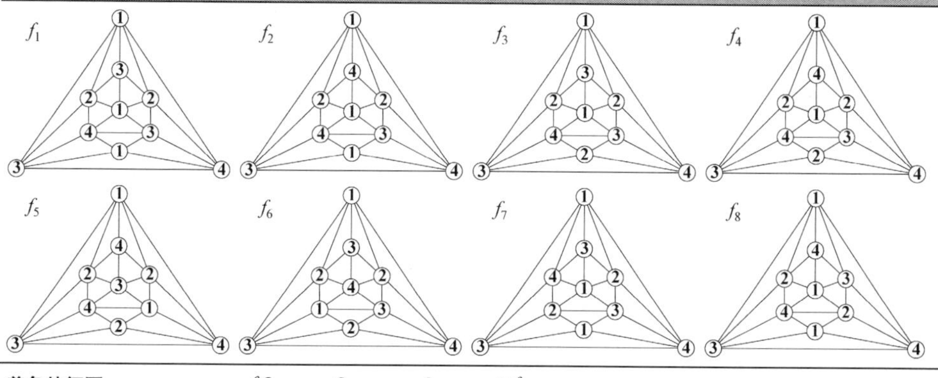

着色特征图：

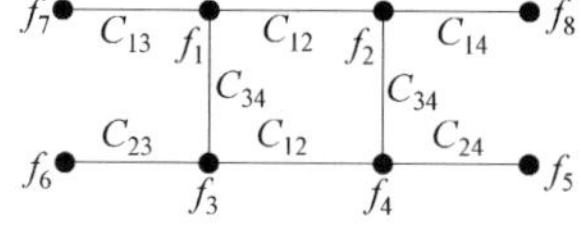

续表

10-2　(4445555556)；纯圈型；伪唯一。

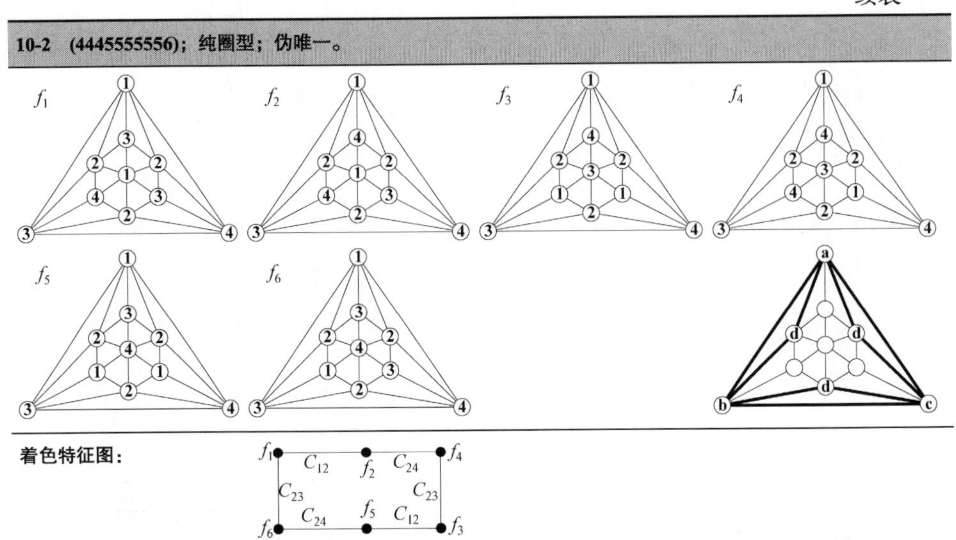

着色特征图：

10-3　(4444555566)；纯圈型。

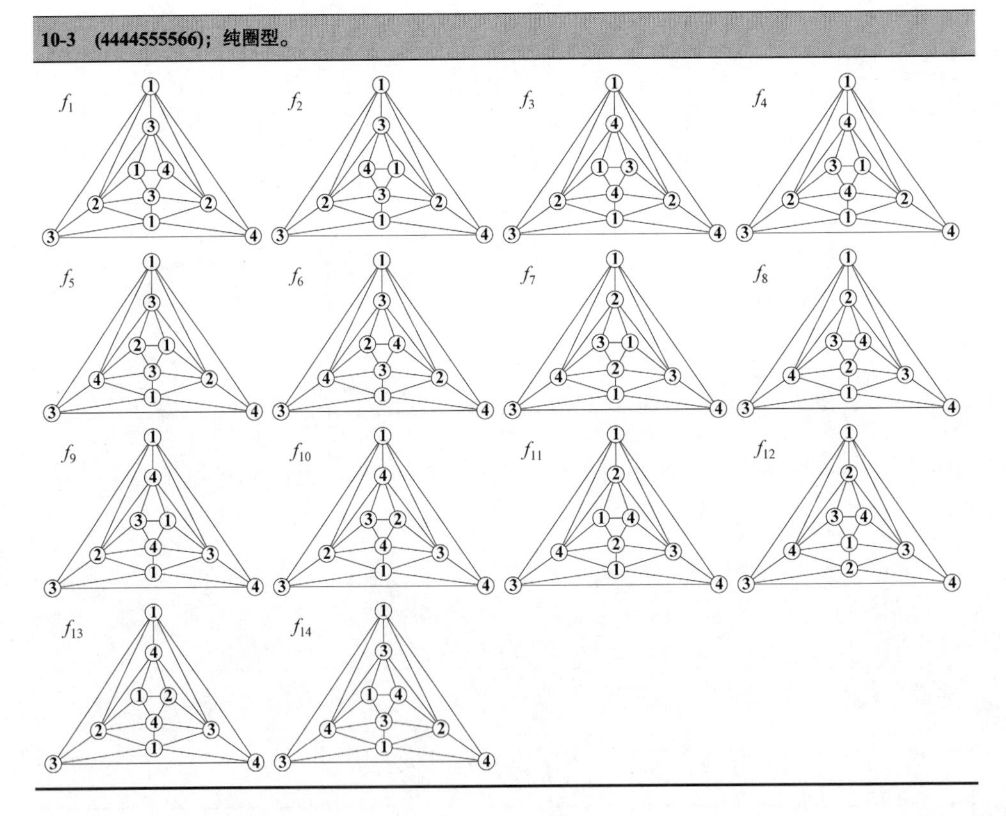

续表

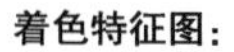
着色特征图：

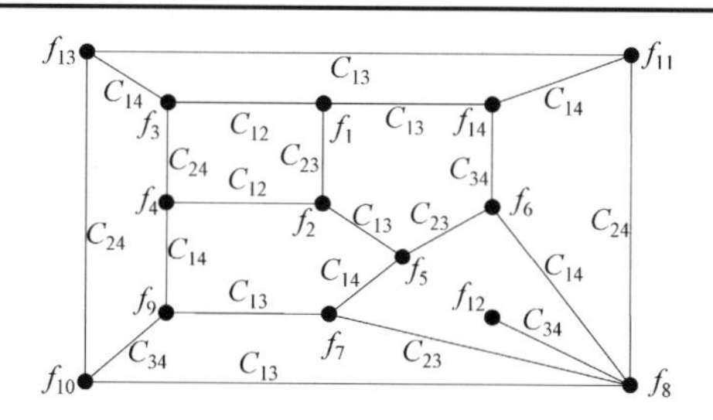

10-4　(4444555566)；纯圈型；伪唯一。

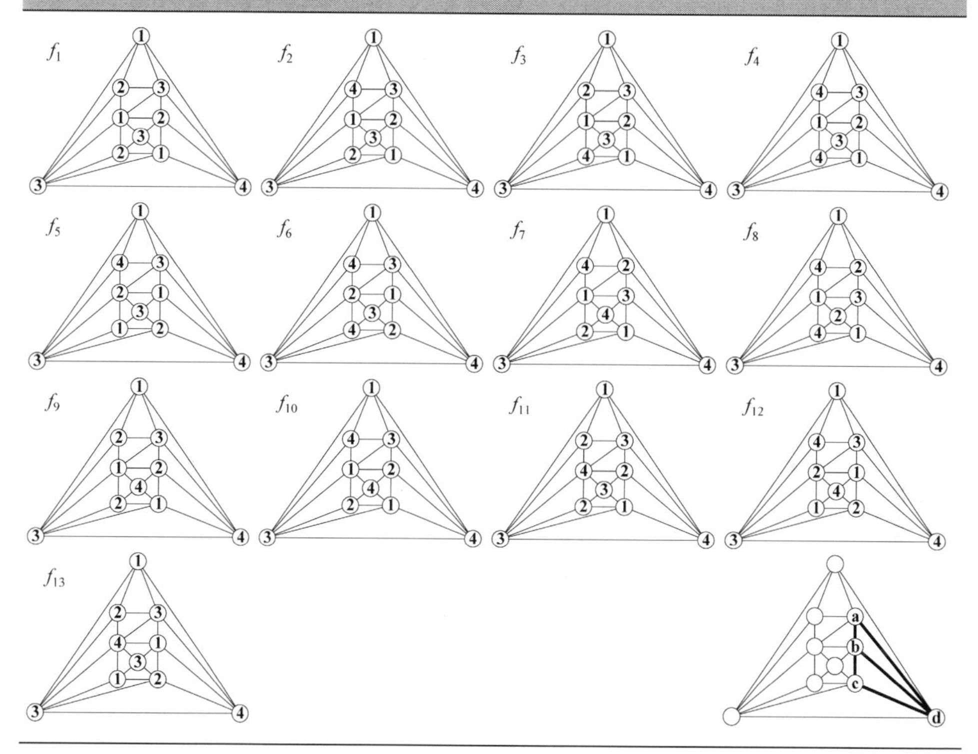

着色特征图：

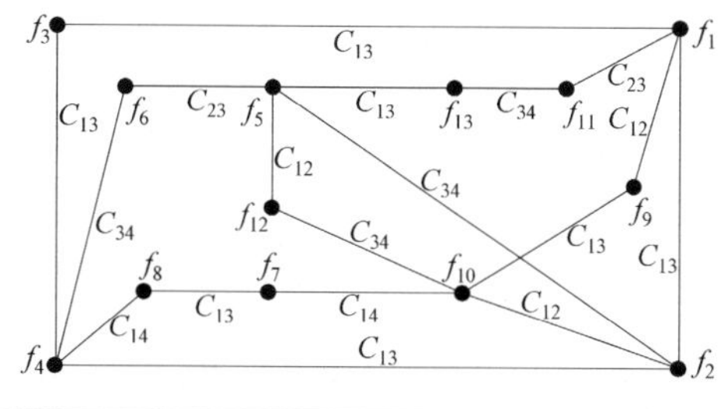

续表

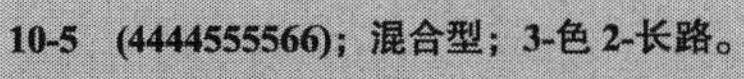

10-5 (4444555566)；混合型；3-色 2-长路。

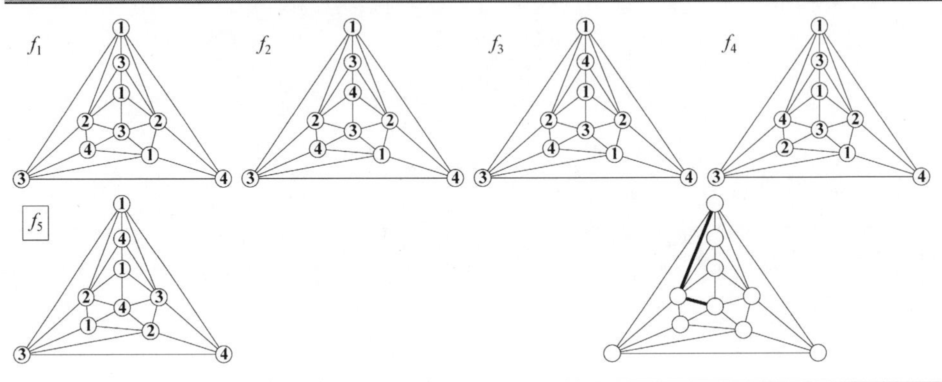

着色特征图：

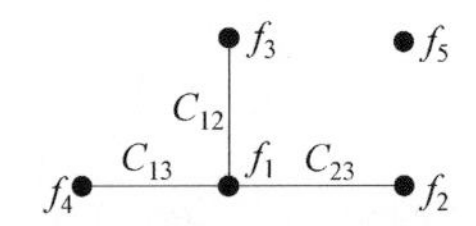

10-6 (4444455567)；纯圈型；2-色不变圈。

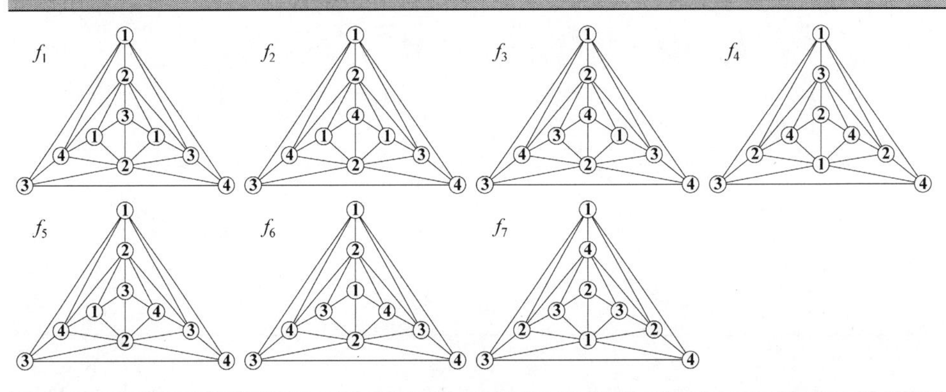

着色特征图：

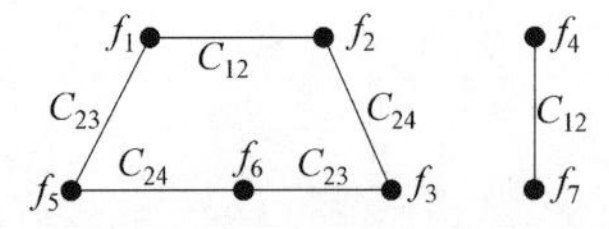

10-7 (4444455666)；纯圈型。

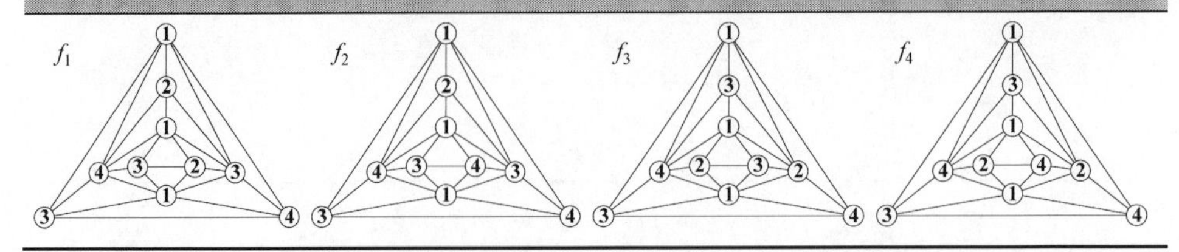

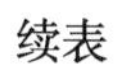

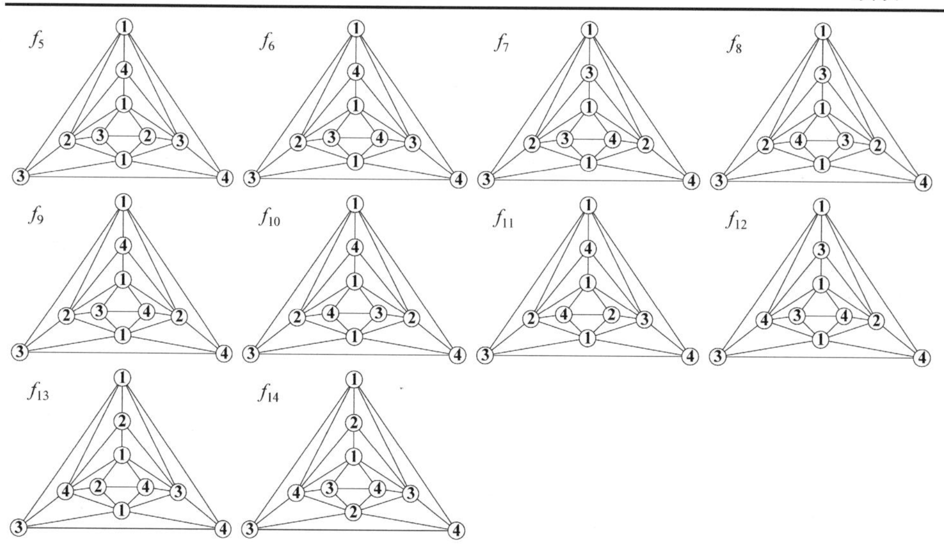

着色特征图：

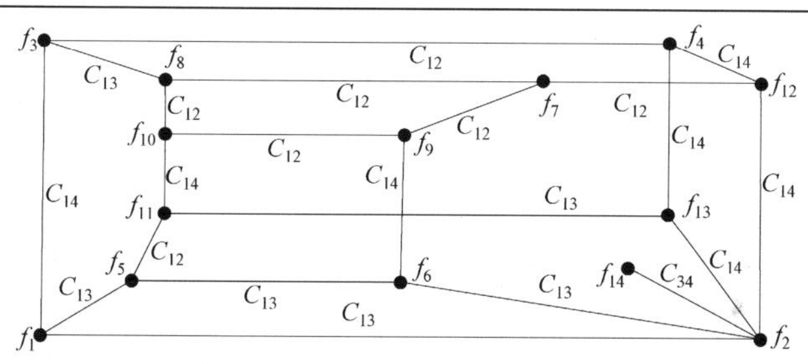

10-8　(4444445577)；混合型。

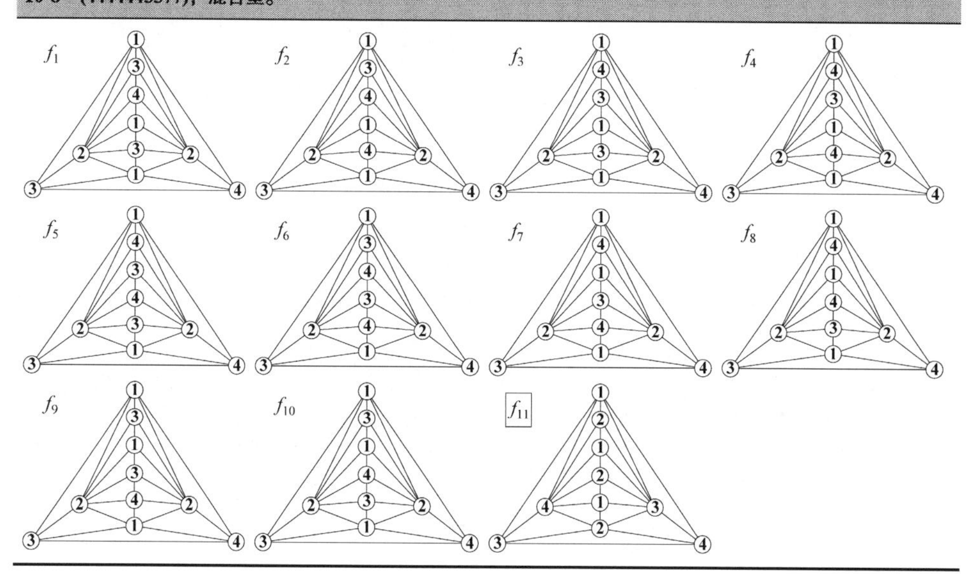

续表

着色特征图：

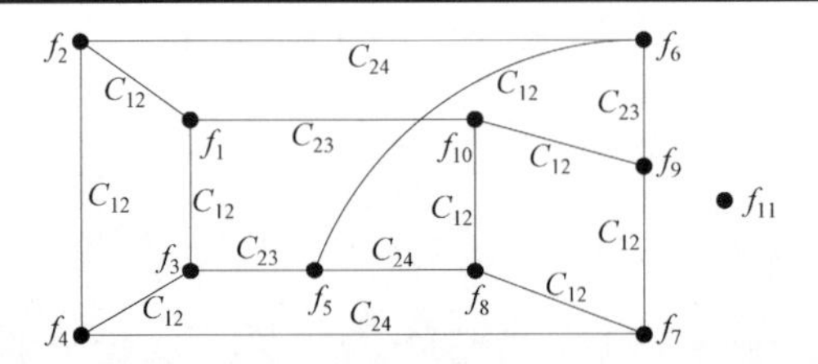

10-10 (4444446666)；唯一 3-色图。

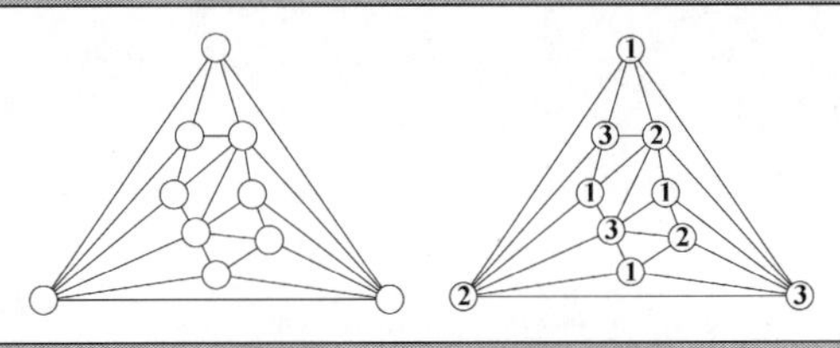

10-12 (4444444488)；唯一 3-色图；双心轮图。

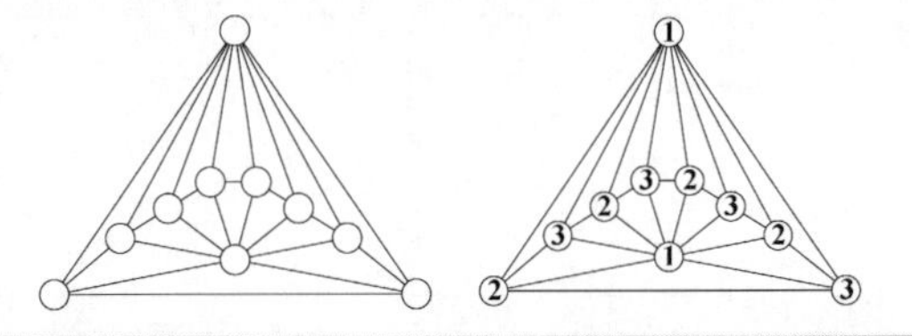

11-1 (44555555556)；纯圈型；2-色不变圈。

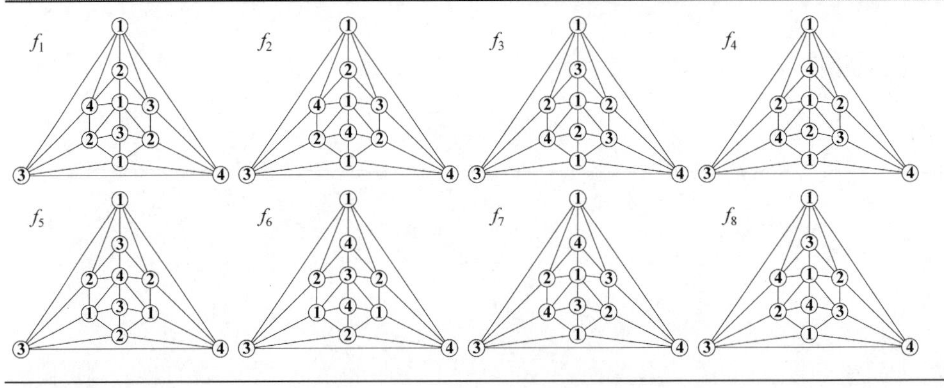

着色特征图：

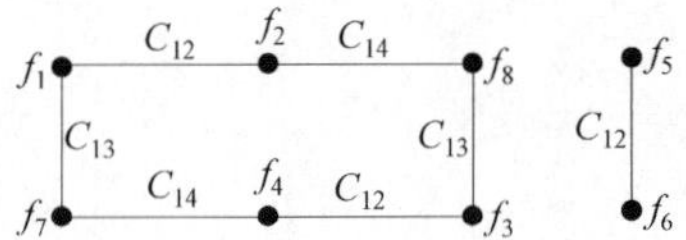

续表

11-2　(44455555566)；混合型；3-色 2-长路。

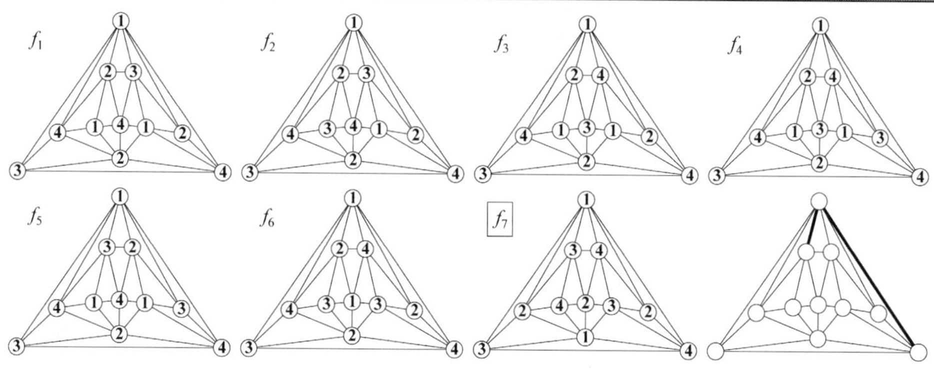

着色特征图：

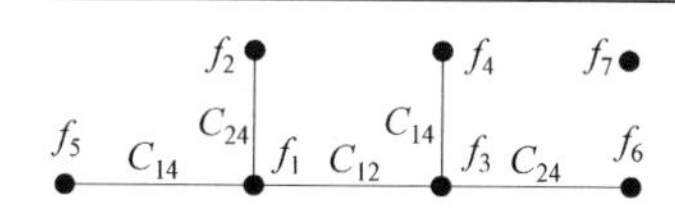

11-3　(44455555566)；纯圈型。

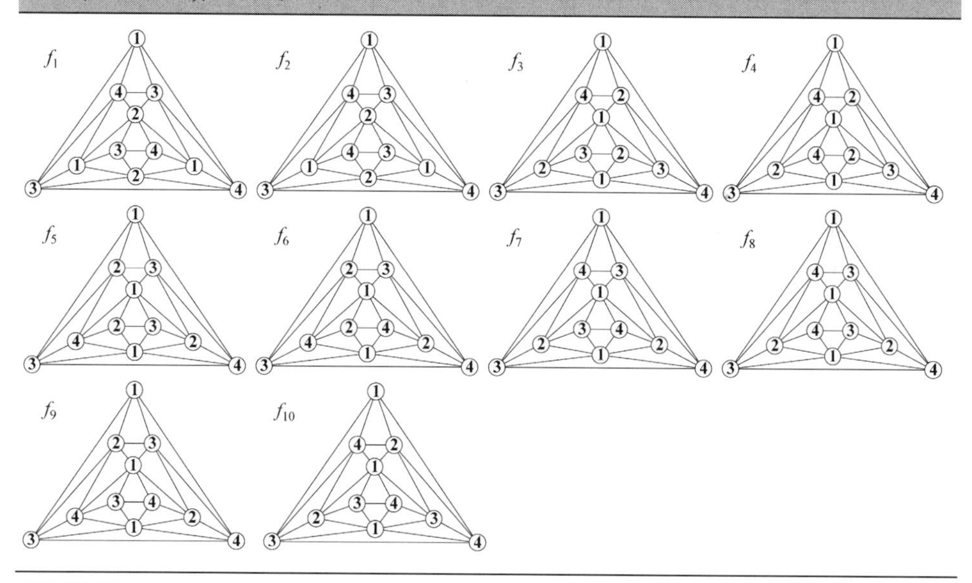

着色特征图：

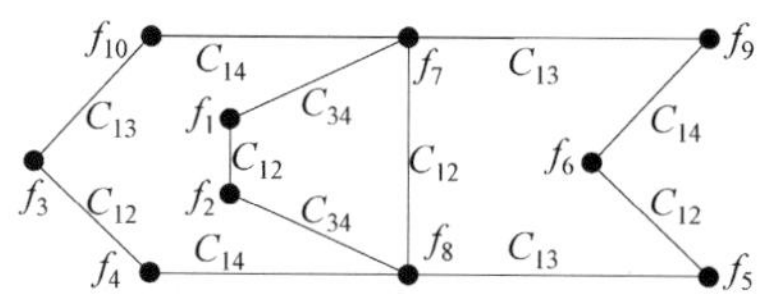

续表

11-4 (44445555666)；混合型；3-色 2-长路。

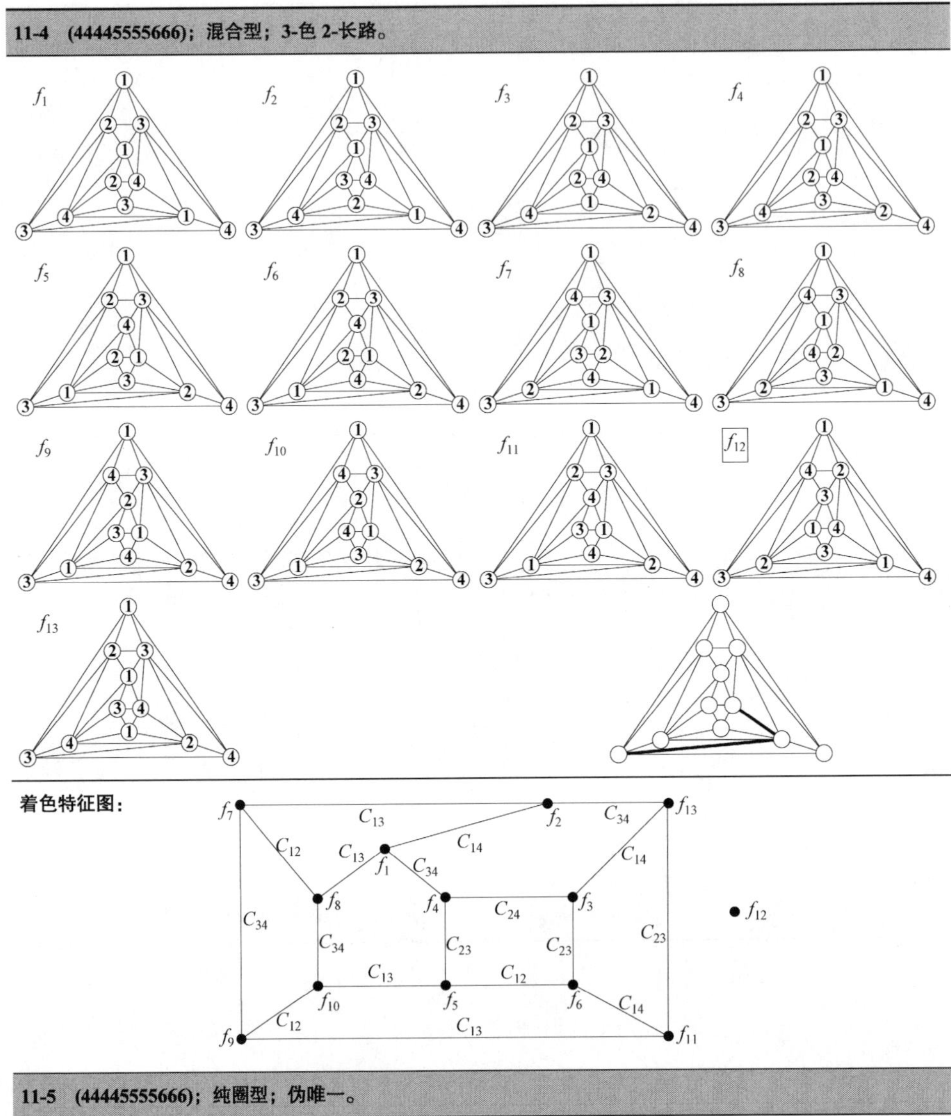

11-5 (44445555666)；纯圈型；伪唯一。

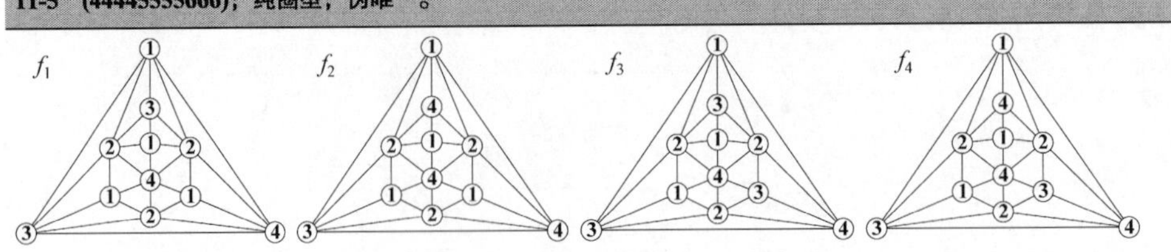

续表

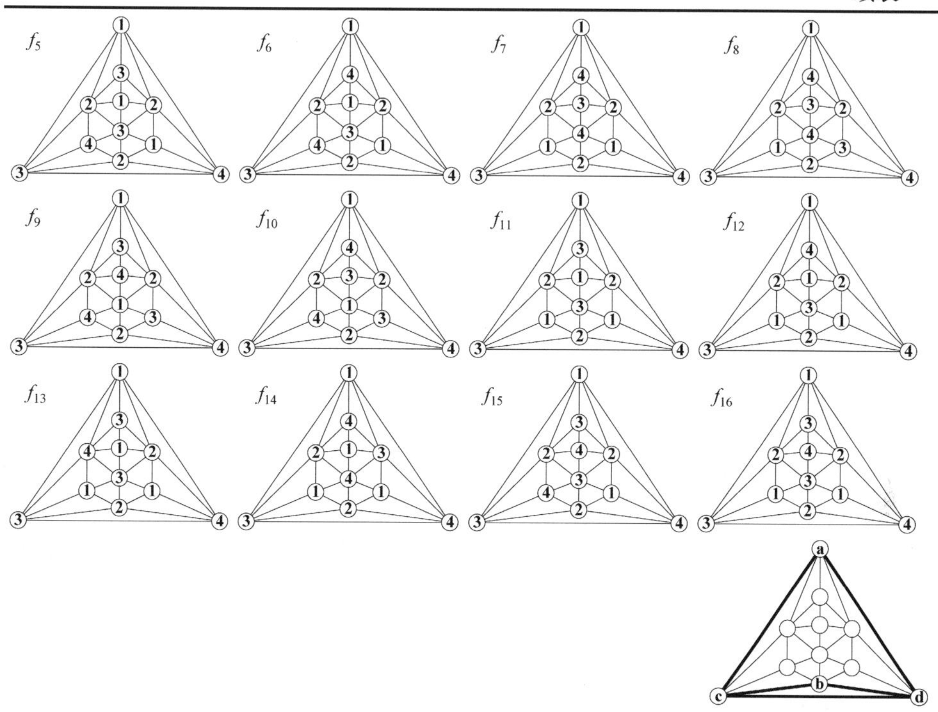

着色特征图：

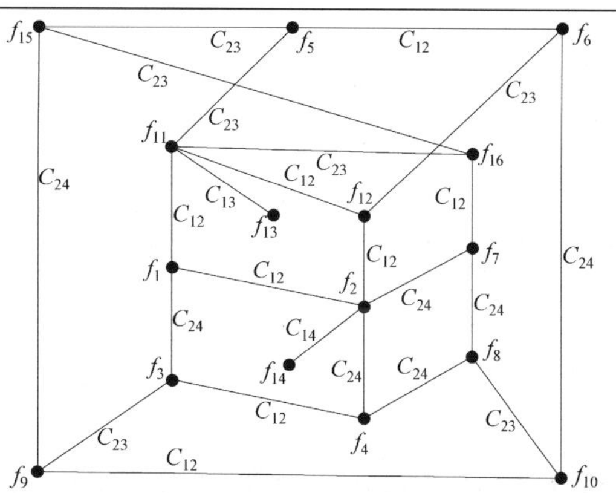

11-6　(44445555666)；纯圈型。

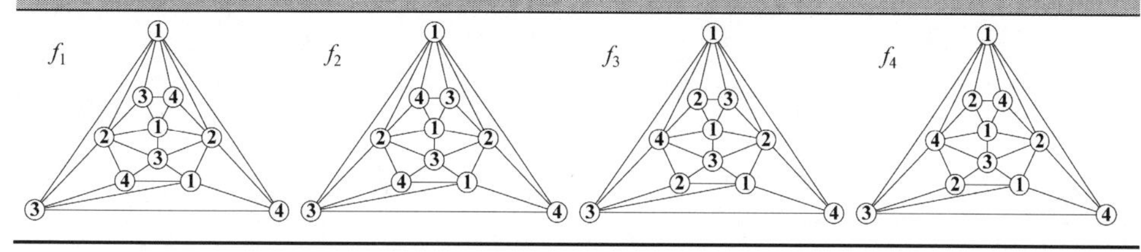

续表

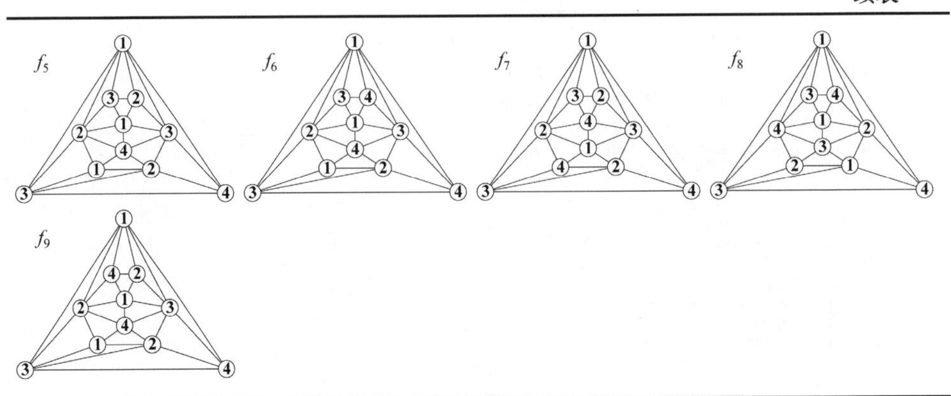

着色特征图：

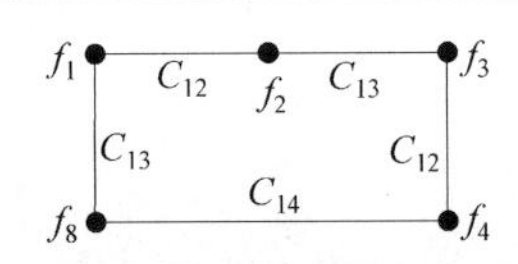

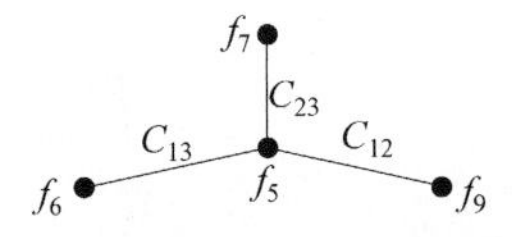

11-7 (44445555666)；纯圈型。

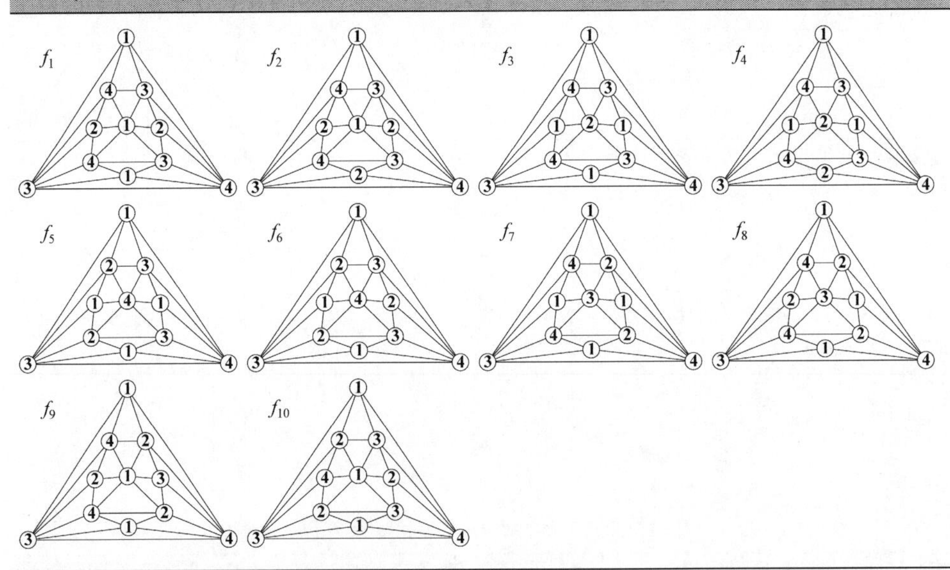

着色特征图：

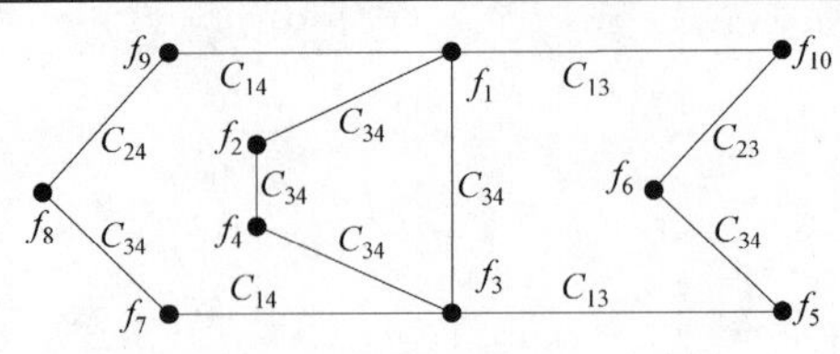

续表

11-8　(44445555567)；纯圈型；2-色不变圈。

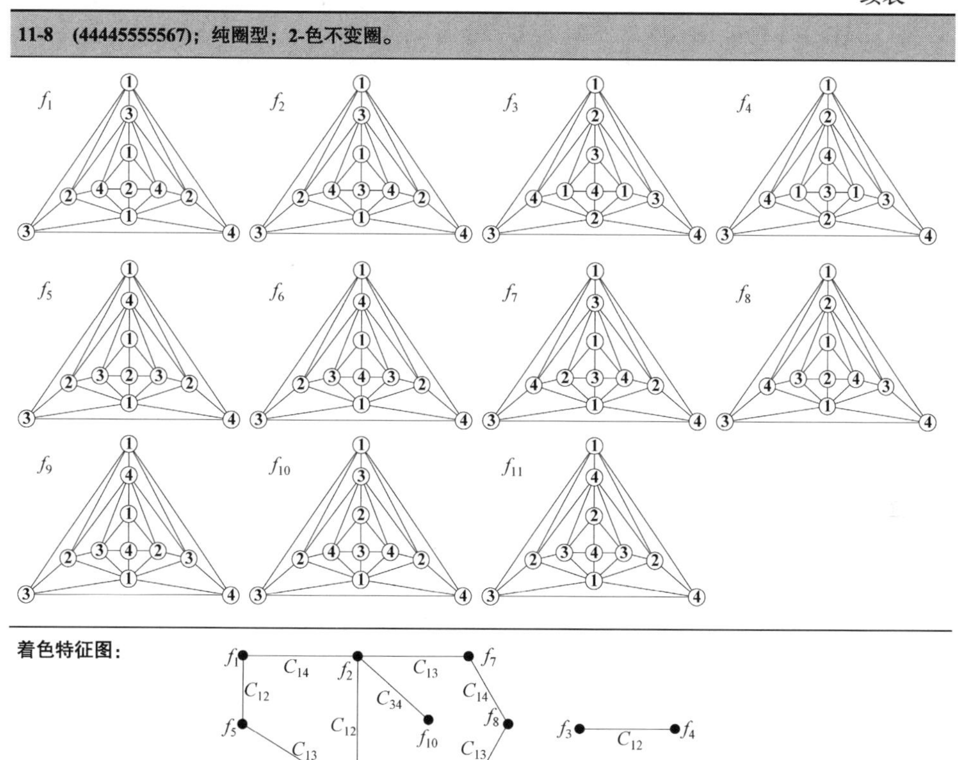

着色特征图：

11-9　(44445555567)；混合型；2-色不变圈；3-色 2-长路；伪唯一。

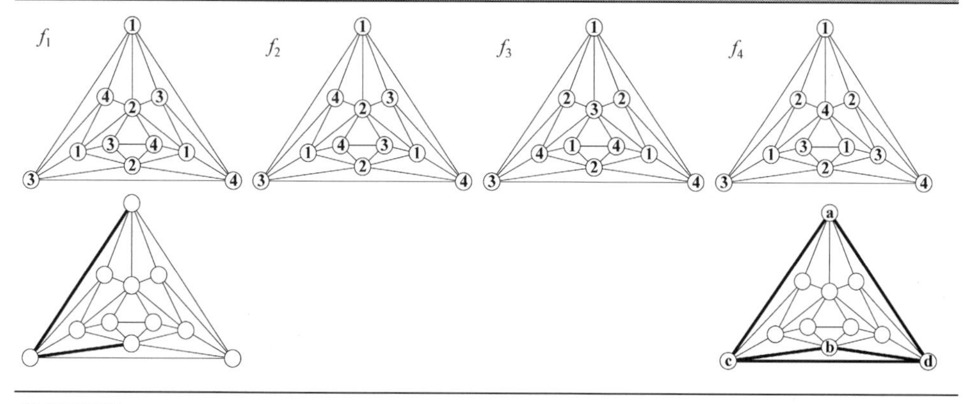

着色特征图：

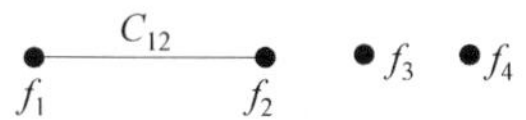

续表

11-10 (44445555567)；混合型。

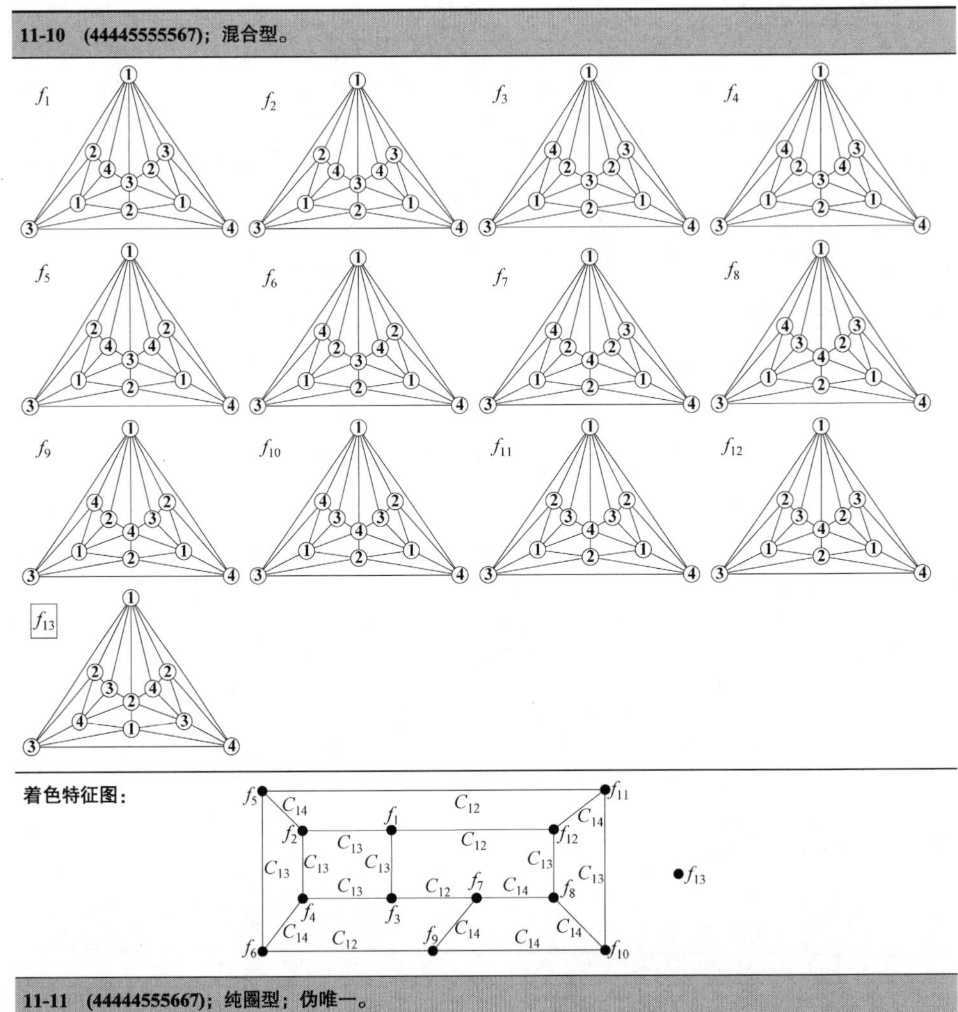

着色特征图：

11-11 (44444555667)；纯圈型；伪唯一。

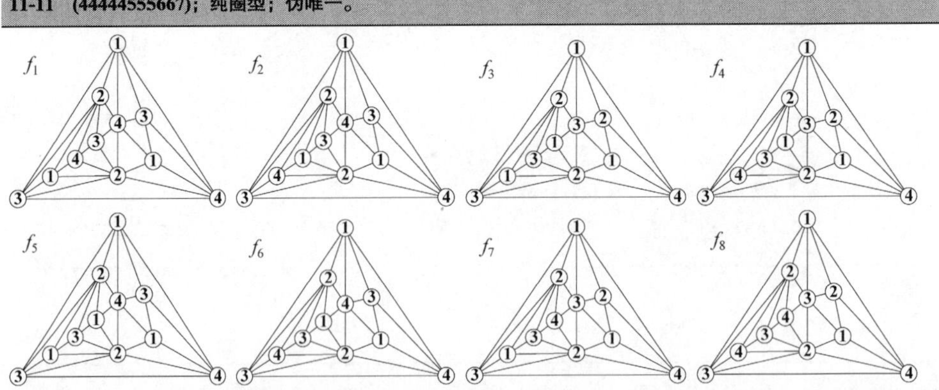

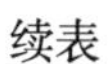

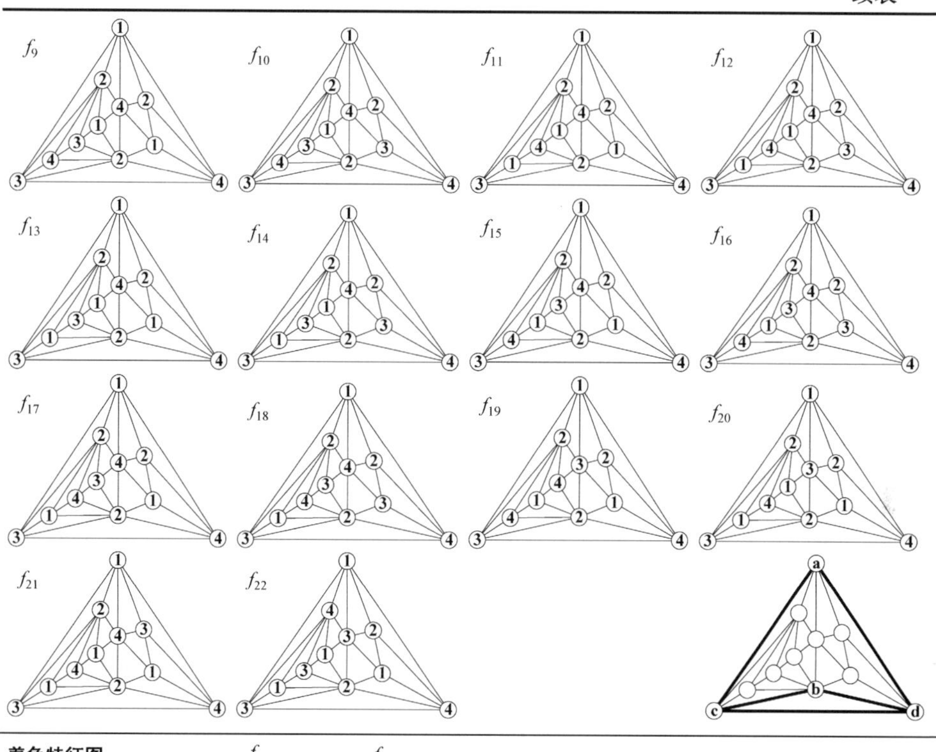

着色特征图：

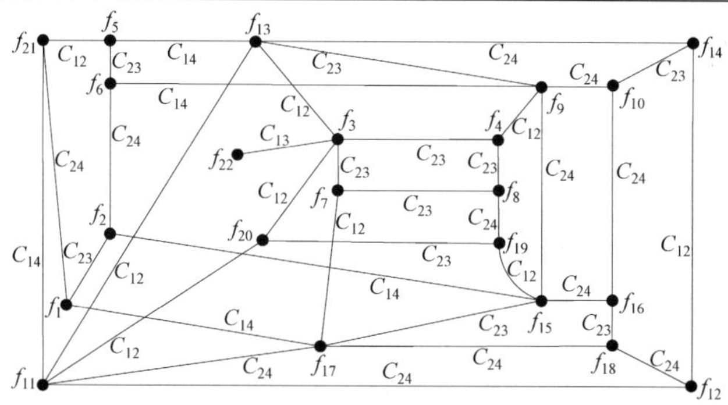

11-12　(44444556666)；纯圈型。

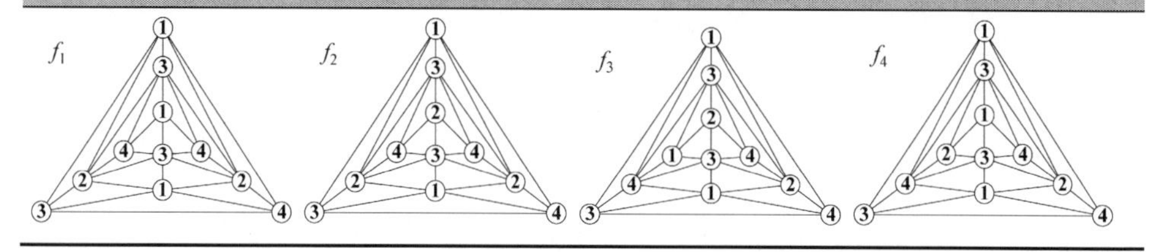

续表

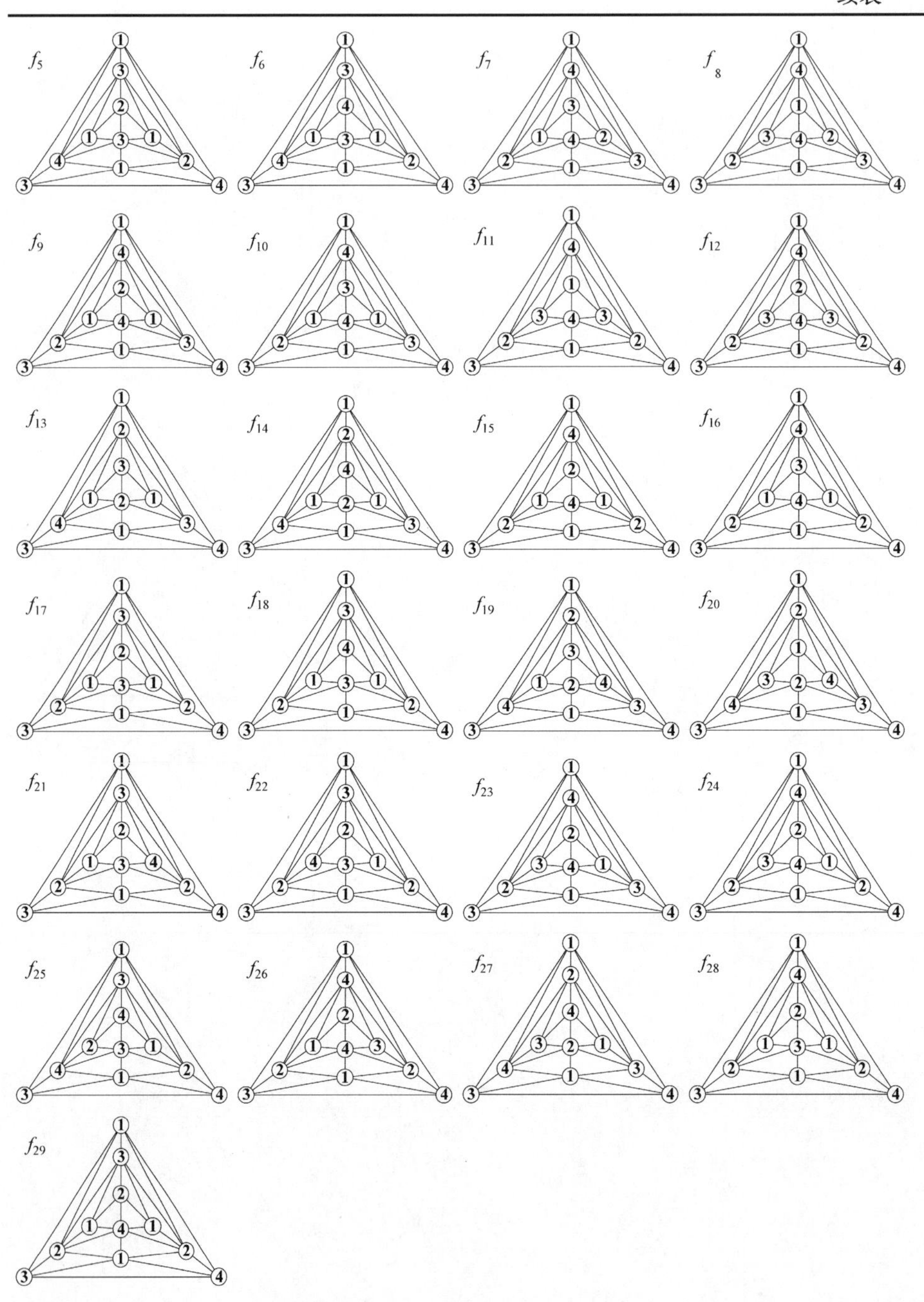
f_5
f_6
f_7
f_8
f_9
f_{10}
f_{11}
f_{12}
f_{13}
f_{14}
f_{15}
f_{16}
f_{17}
f_{18}
f_{19}
f_{20}
f_{21}
f_{22}
f_{23}
f_{24}
f_{25}
f_{26}
f_{27}
f_{28}
f_{29}

续表

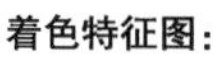

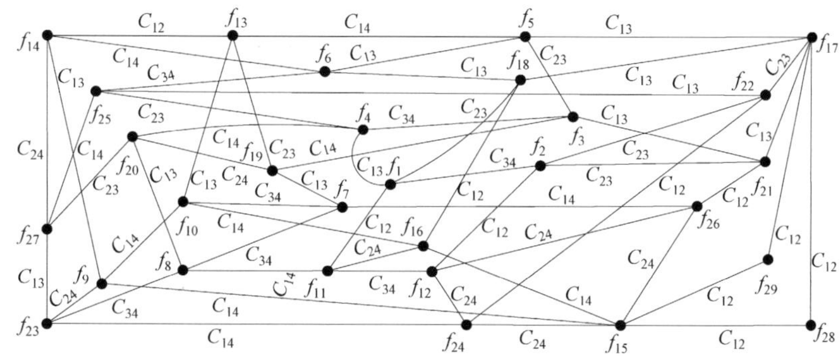

11-13　(44444555577)；纯圈型。

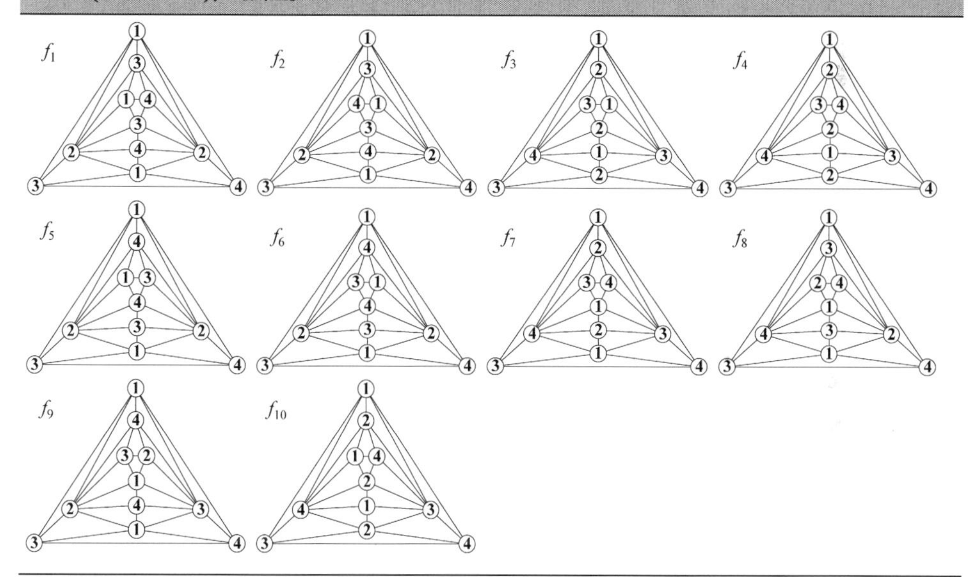

着色特征图:

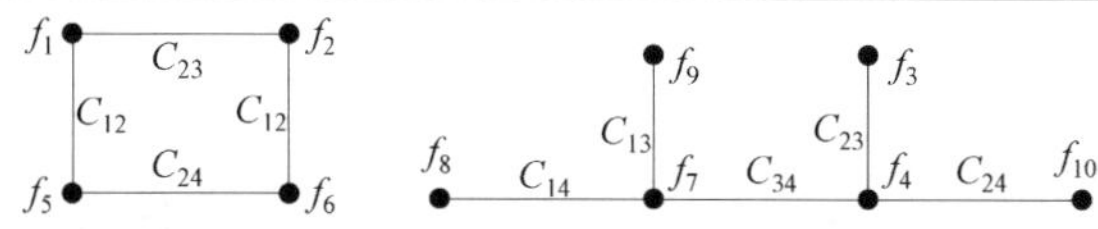

11-14　(44444555577)；混合型；伪唯一。

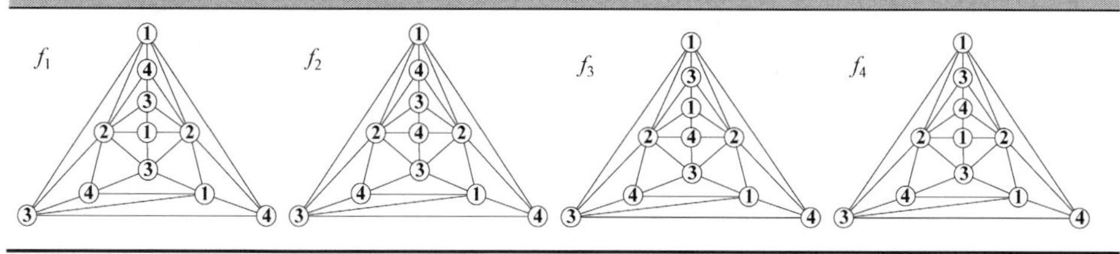

续表

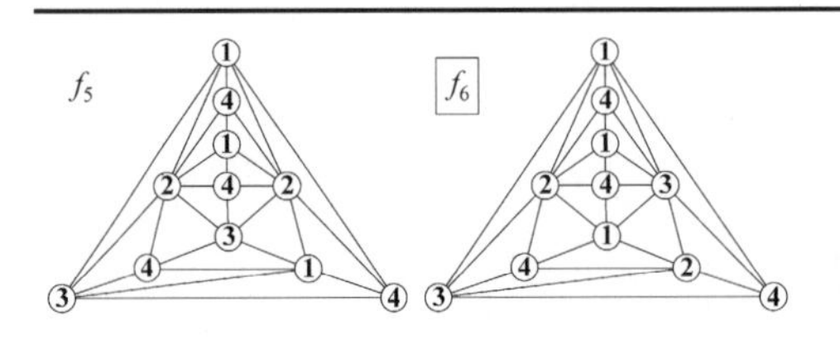

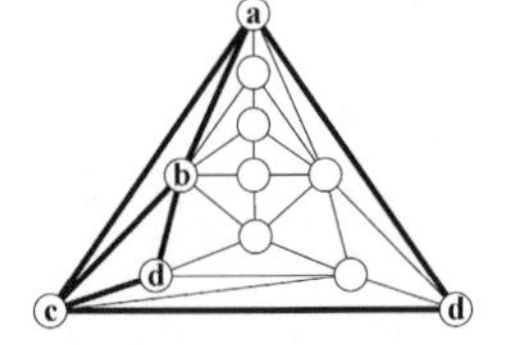

着色特征图：

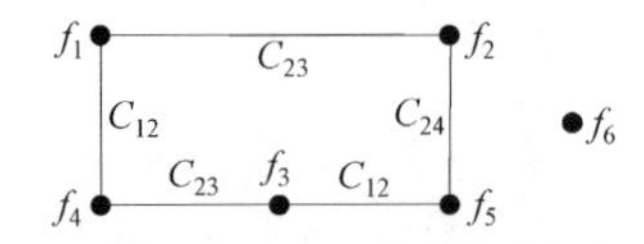

11-15　(44444555667)；纯圈型；伪唯一。

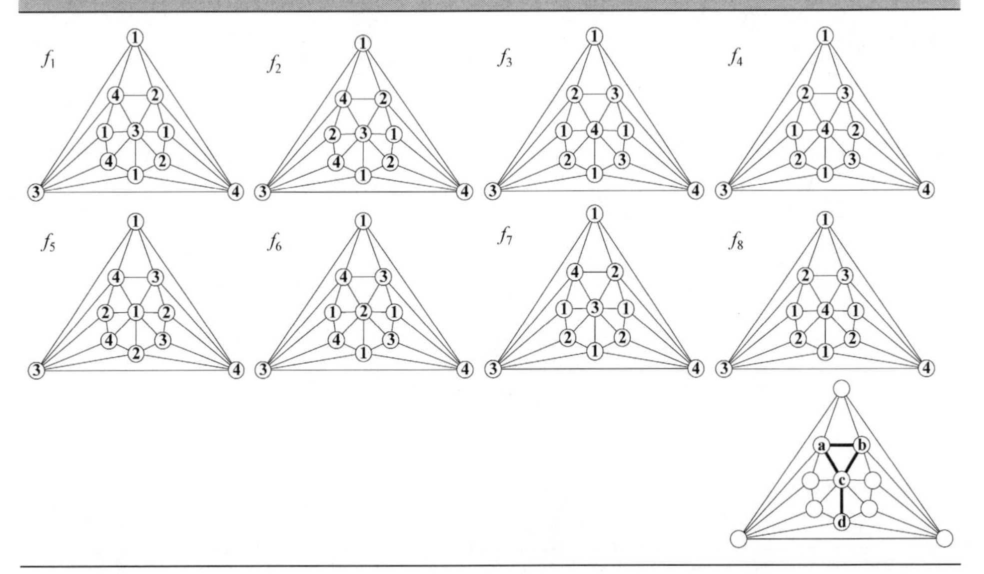

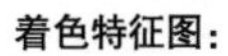
着色特征图：

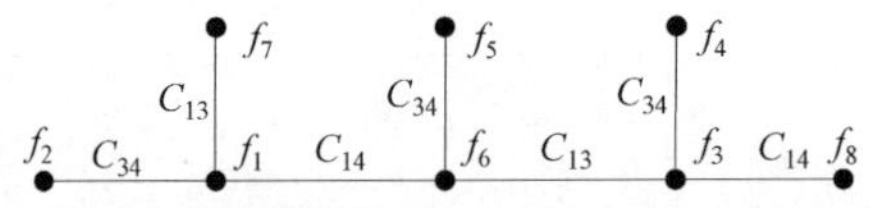

11-16　(44444555667)；纯圈型；2-色不变圈。

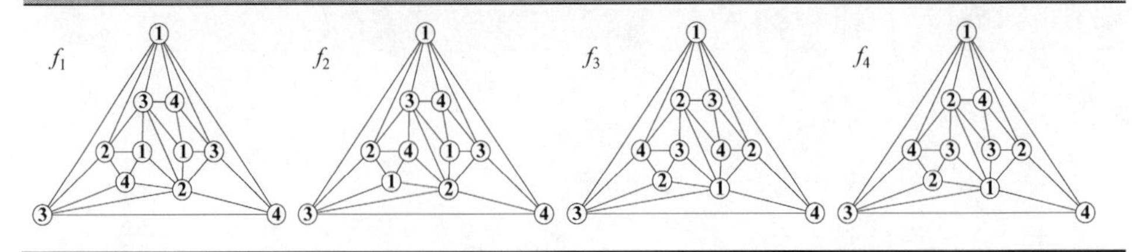

续表

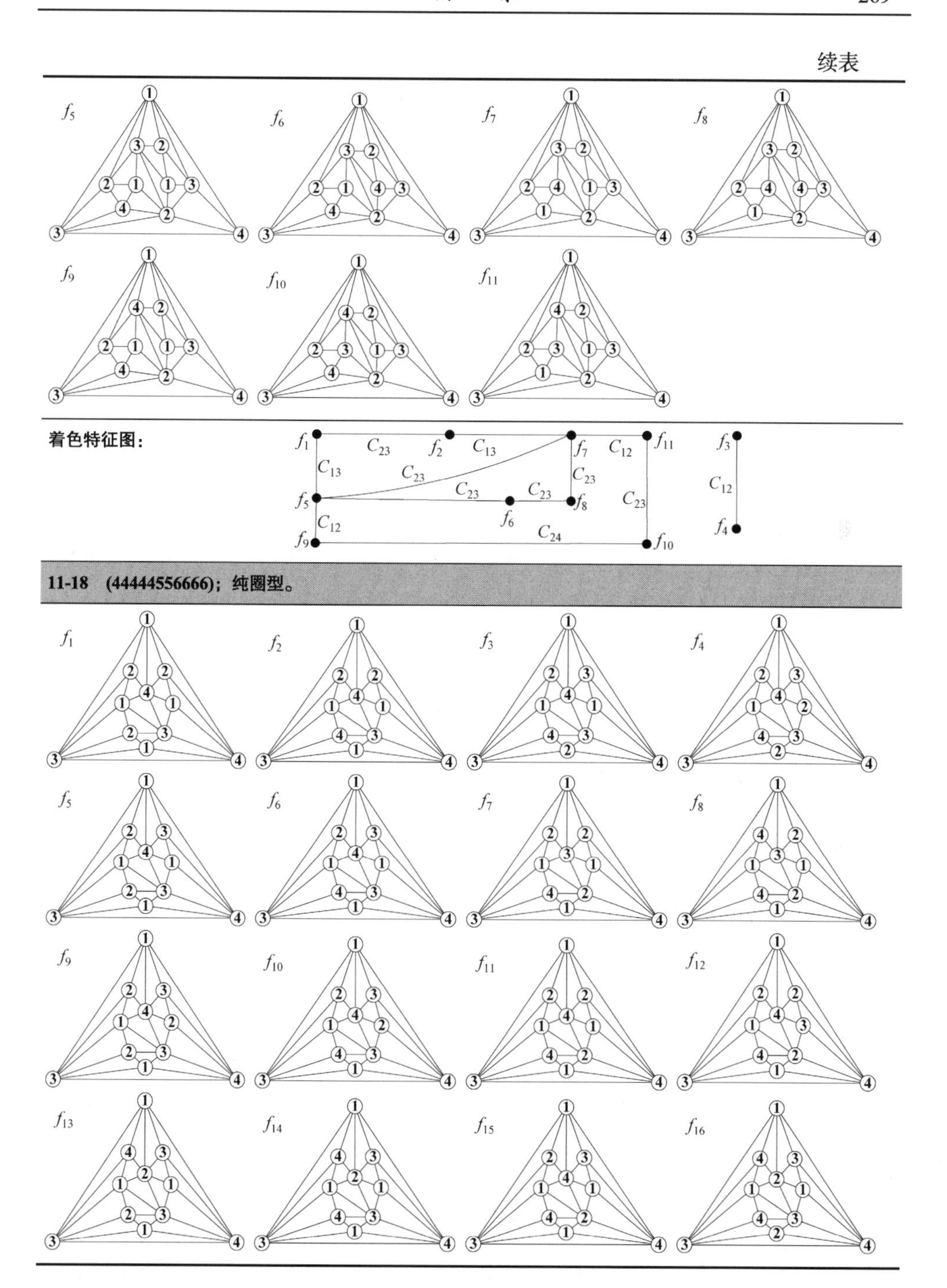

着色特征图：

11-18　(44444556666)；纯圈型。

续表

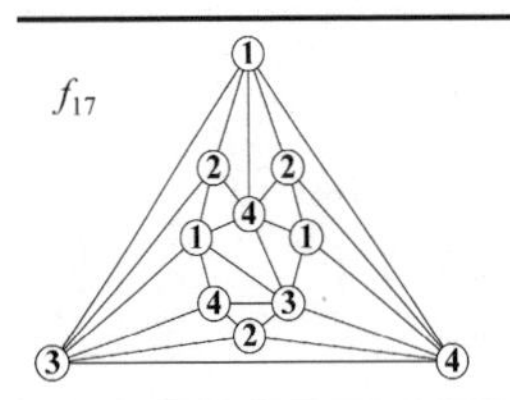

着色特征图：

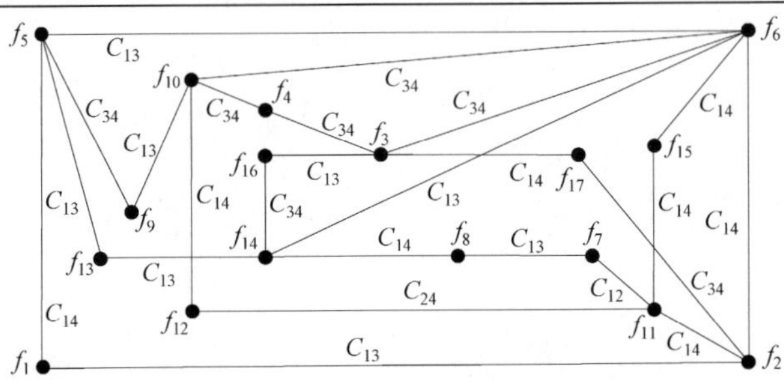

11-20 (44444455578)；纯圈型。

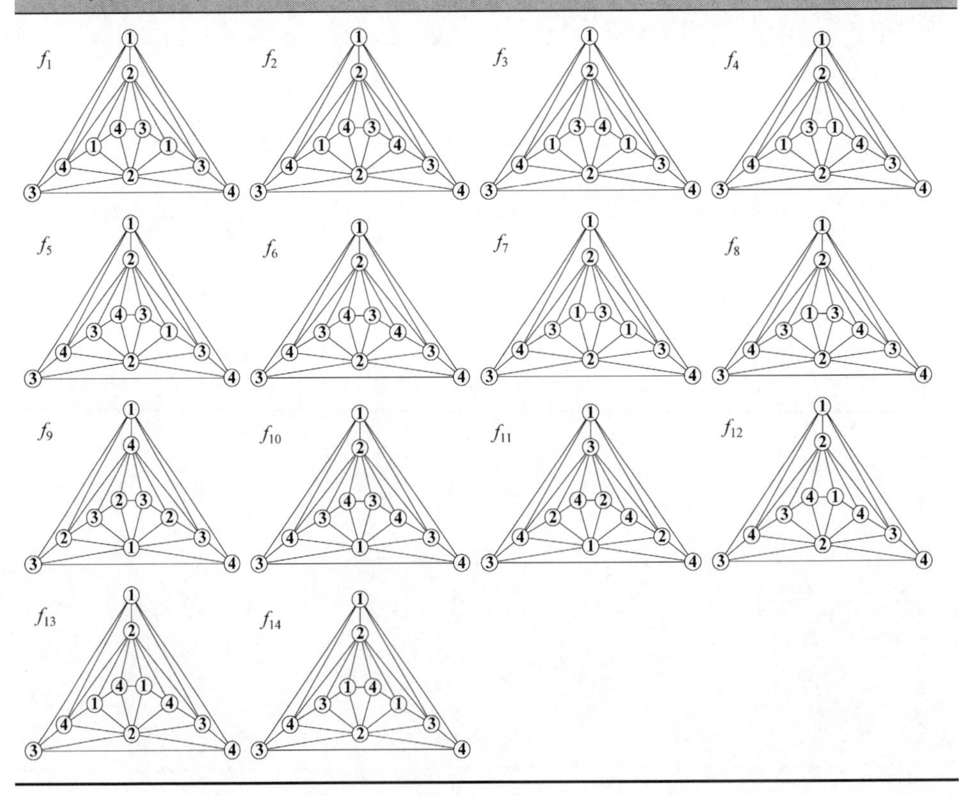

续表

着色特征图：

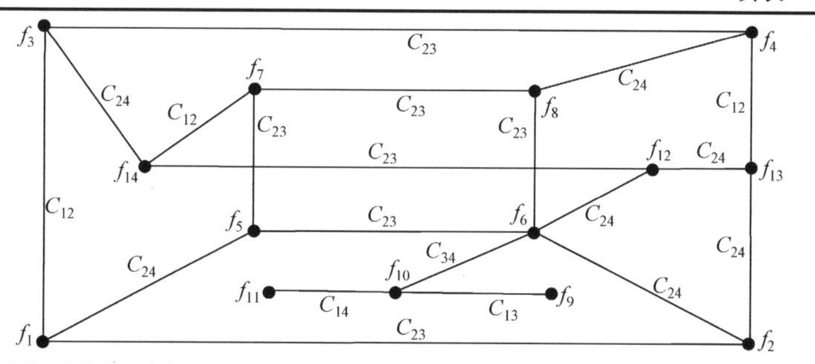

11-21　(44444466666)；唯一 3-色图。

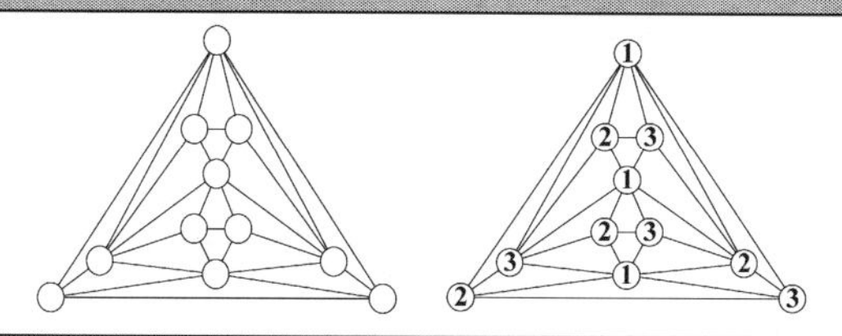

11-22　(44444456667)；纯圈型。

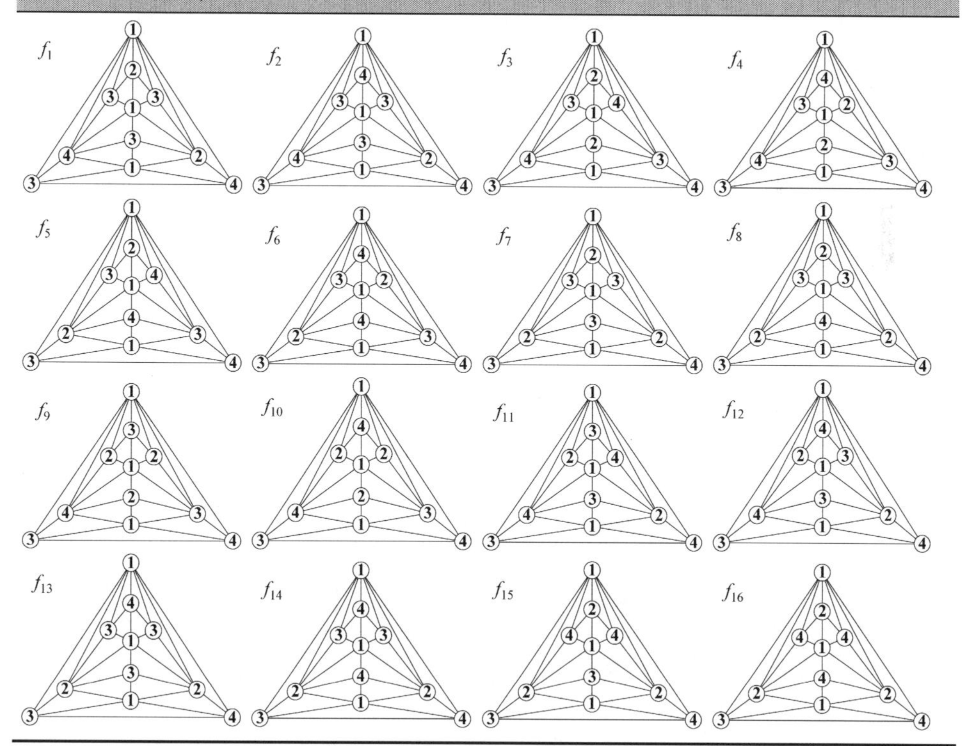

续表

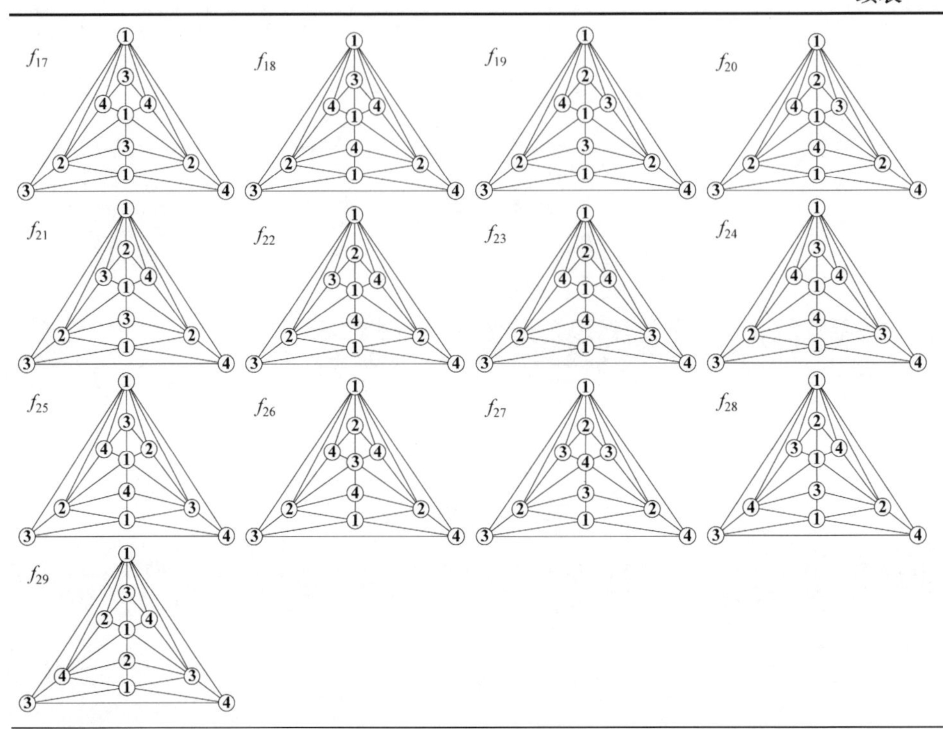

着色特征图：

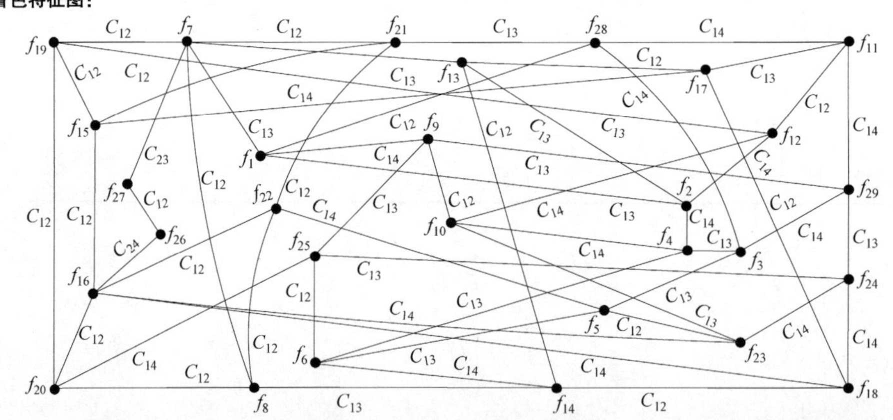

11-23 (44444455668)；纯圈型。

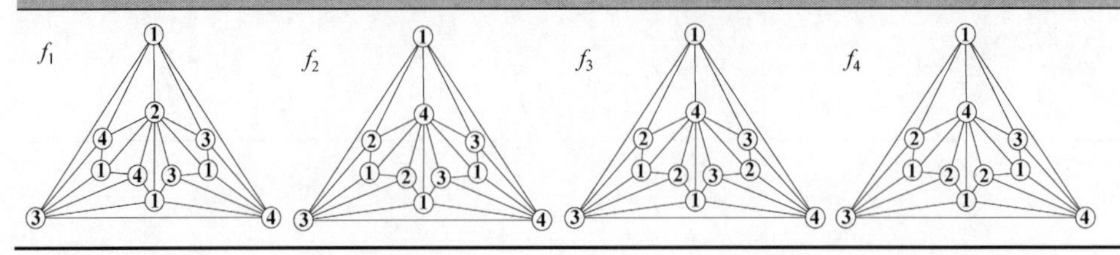

续表

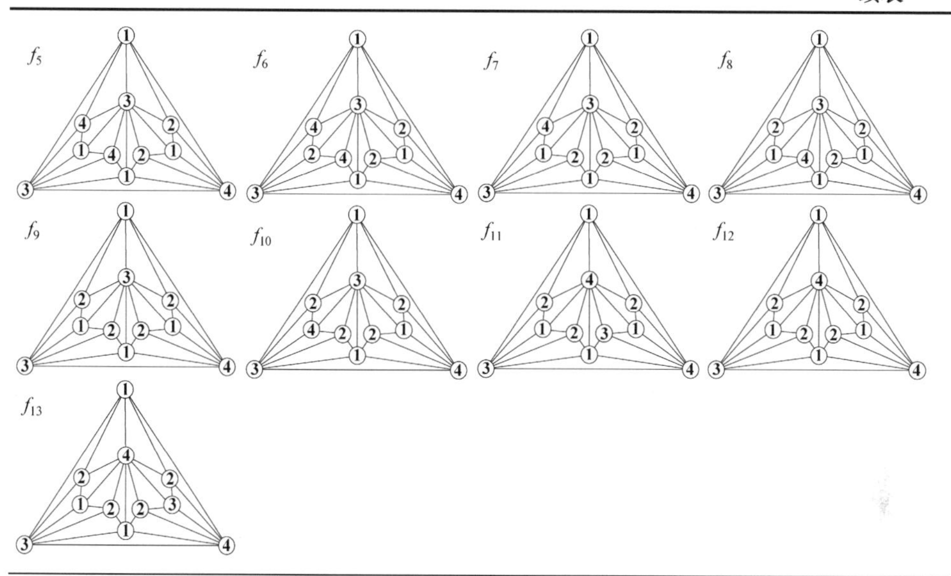

着色特征图:

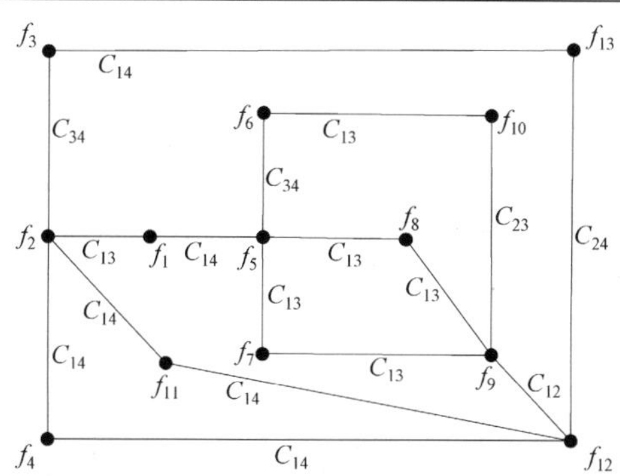

11-29　(44444455677)；纯圈型。

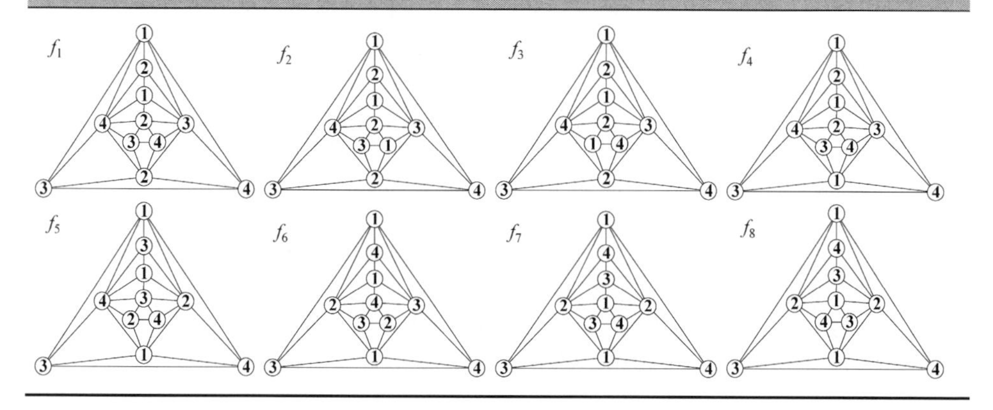

续表

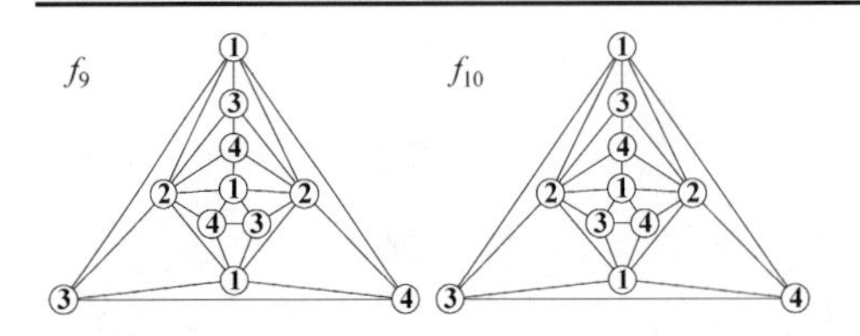

着色特征图：

f_2 f_1 f_3 f_8 C_{12} f_9
C_{23} C_{24} C_{12} C_{12}
C_{34}
f_5 C_{14} f_4 C_{13} f_6 f_7 C_{12} f_{10}

11-31 (44444446677)；纯圈型。

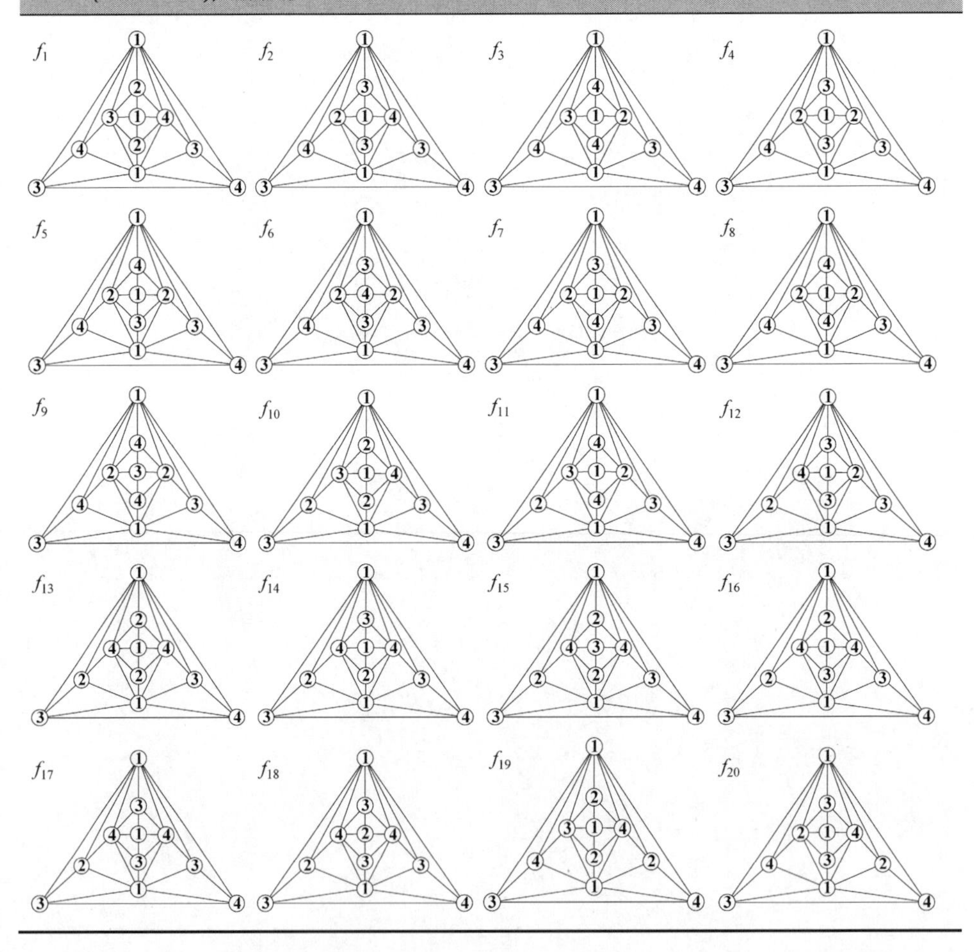

续表

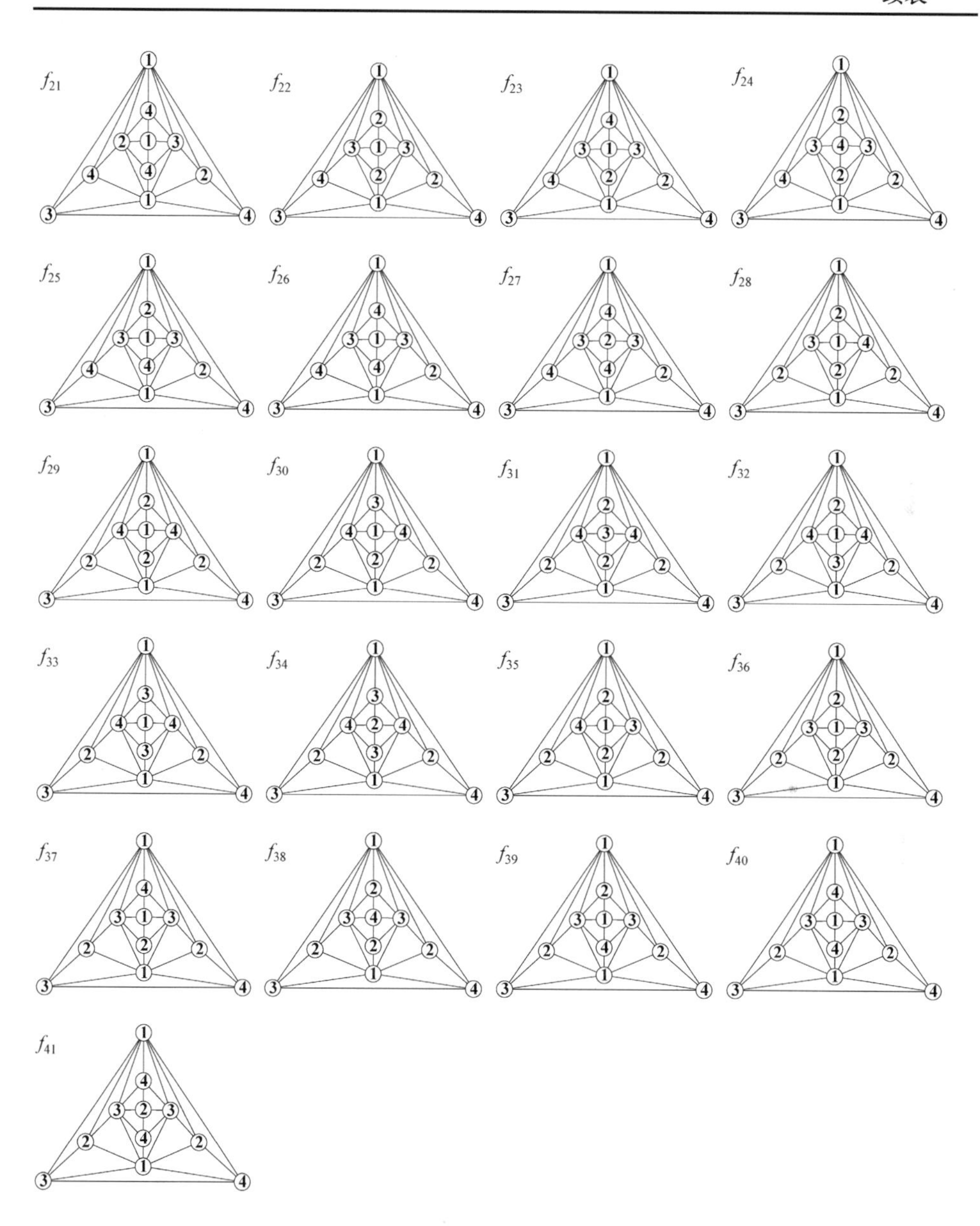

f_{21}
f_{22}
f_{23}
f_{24}
f_{25}
f_{26}
f_{27}
f_{28}
f_{29}
f_{30}
f_{31}
f_{32}
f_{33}
f_{34}
f_{35}
f_{36}
f_{37}
f_{38}
f_{39}
f_{40}
f_{41}

续表

着色特征图：

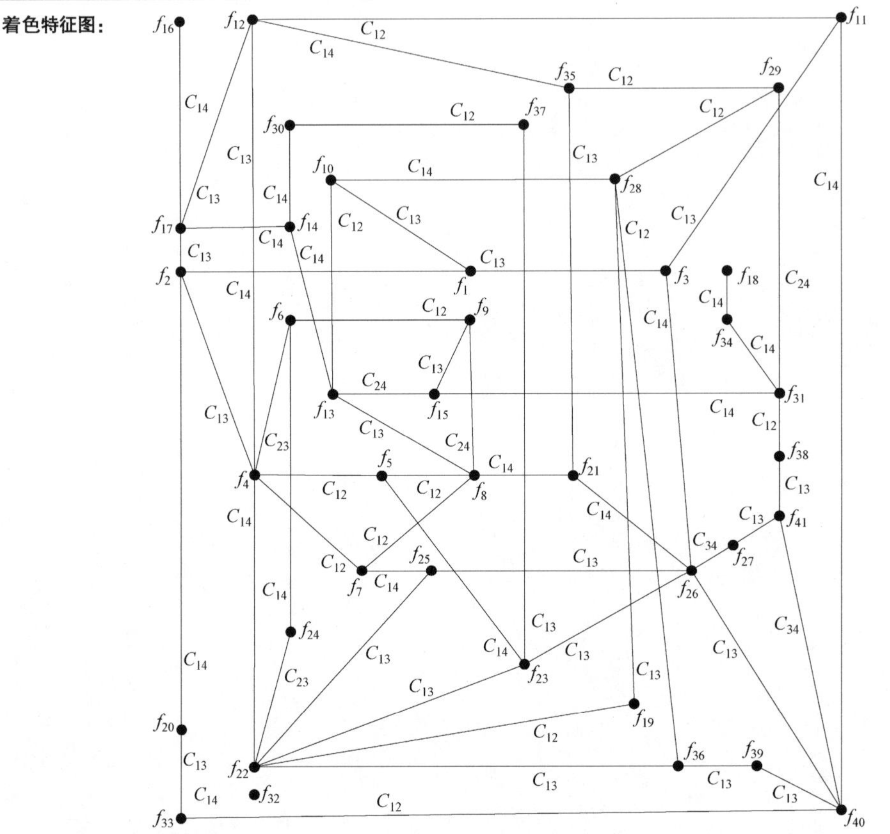
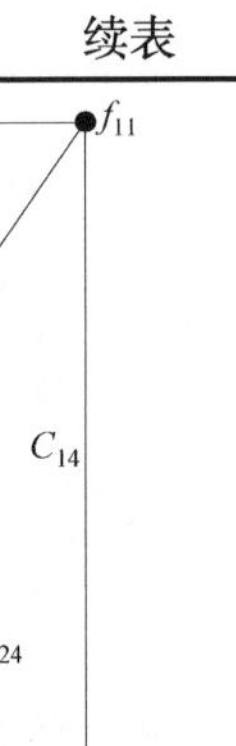

11-33 (44444445588)；纯圈型。

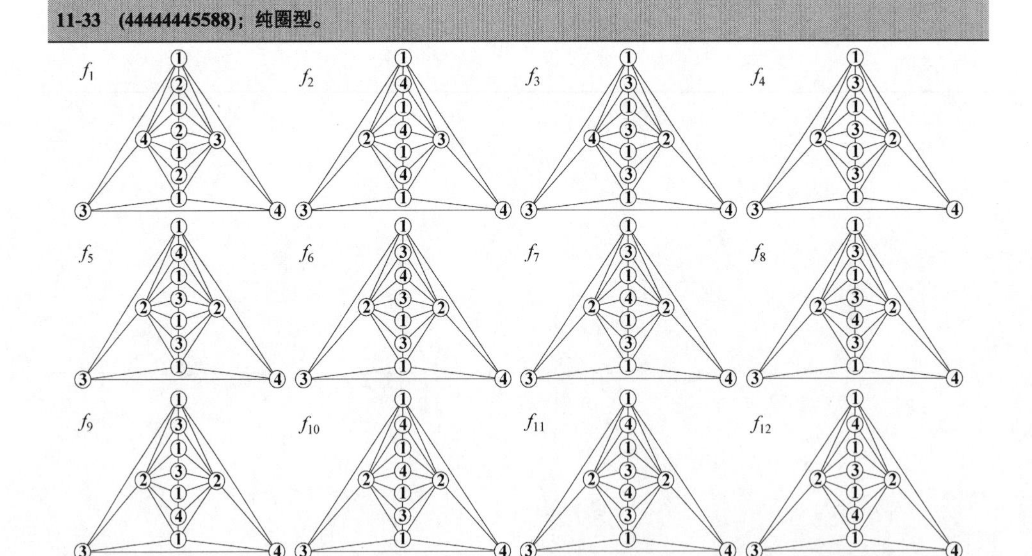

续表

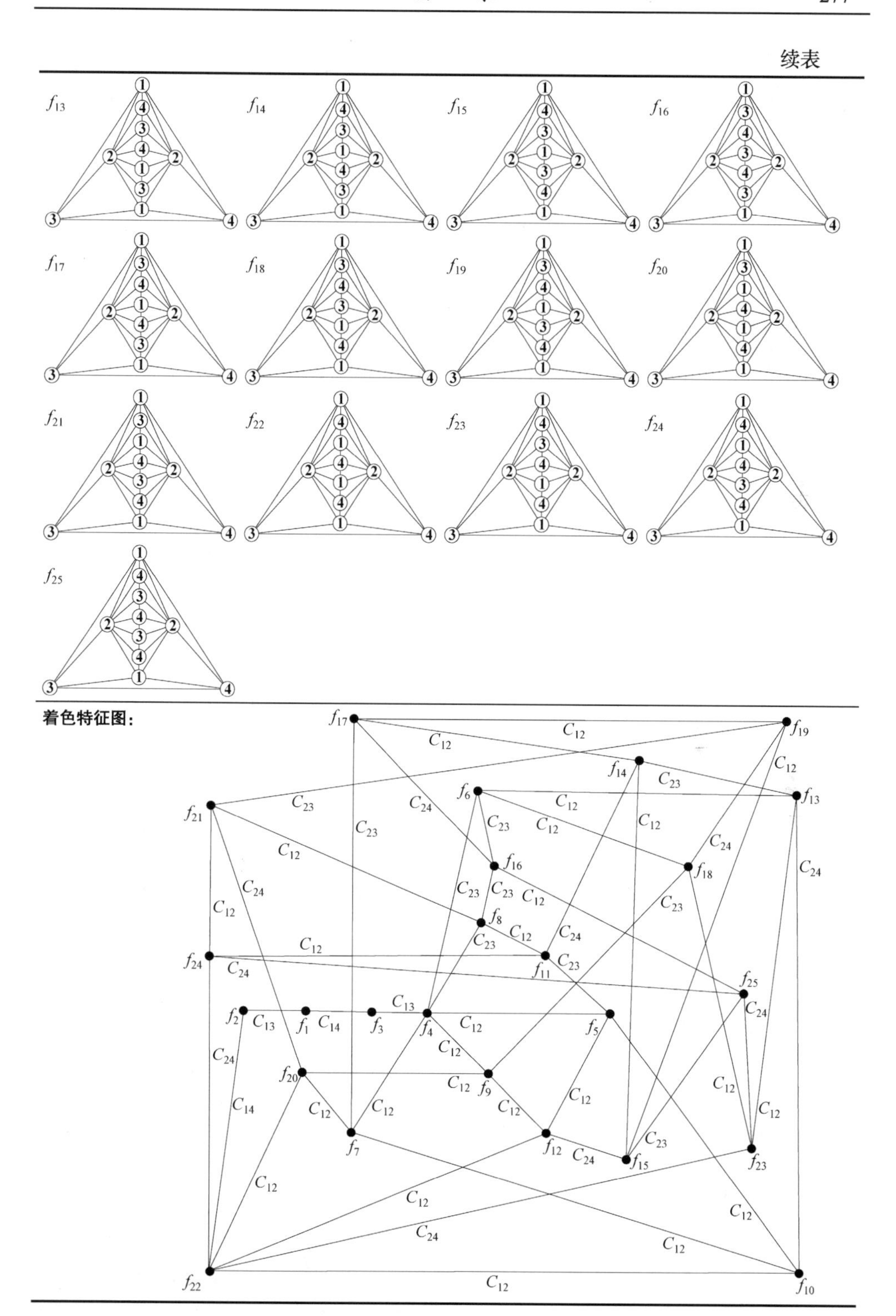

续表

11-34　(44444444499)；纯圈型，双心轮图。

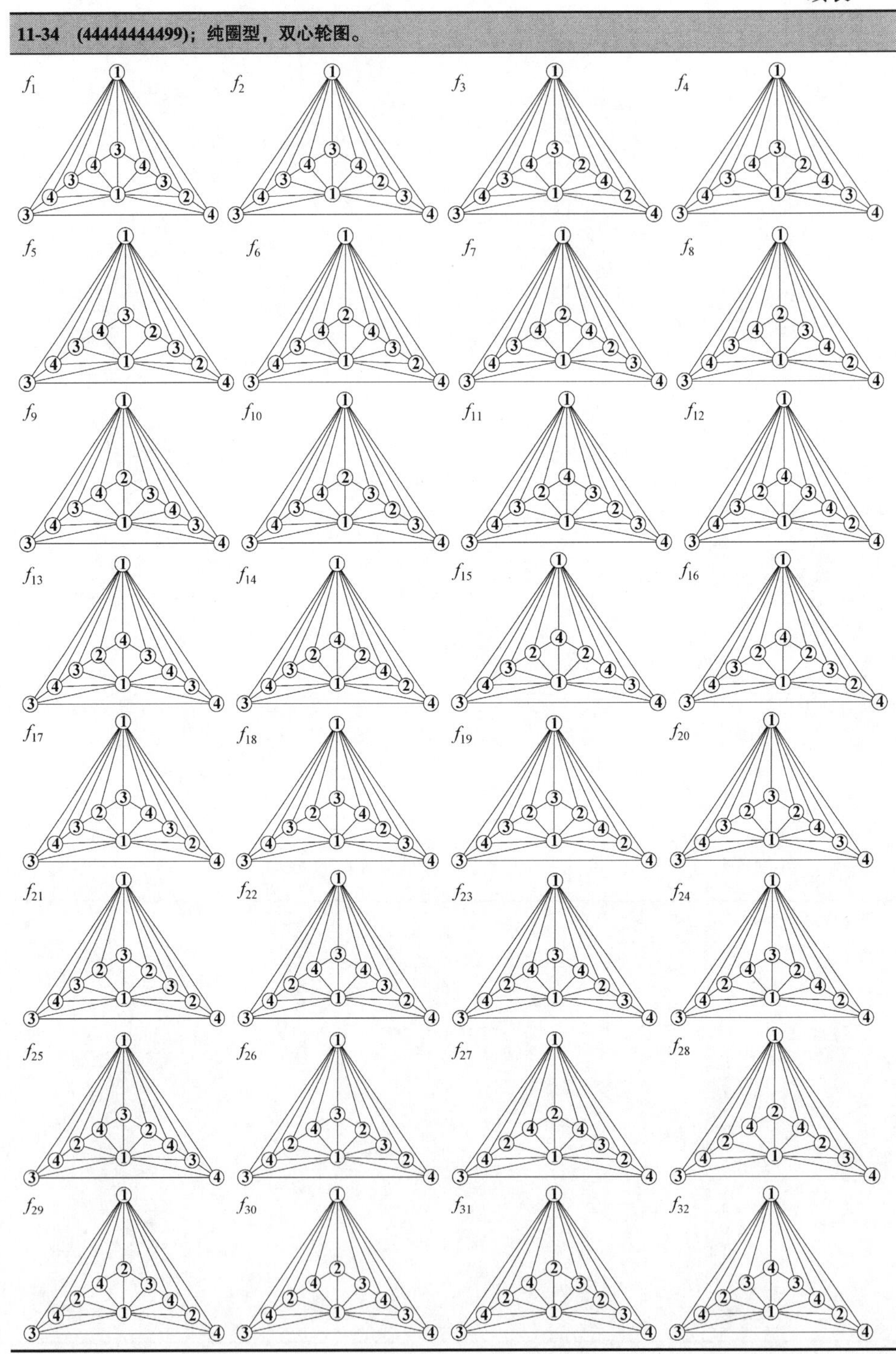

续表

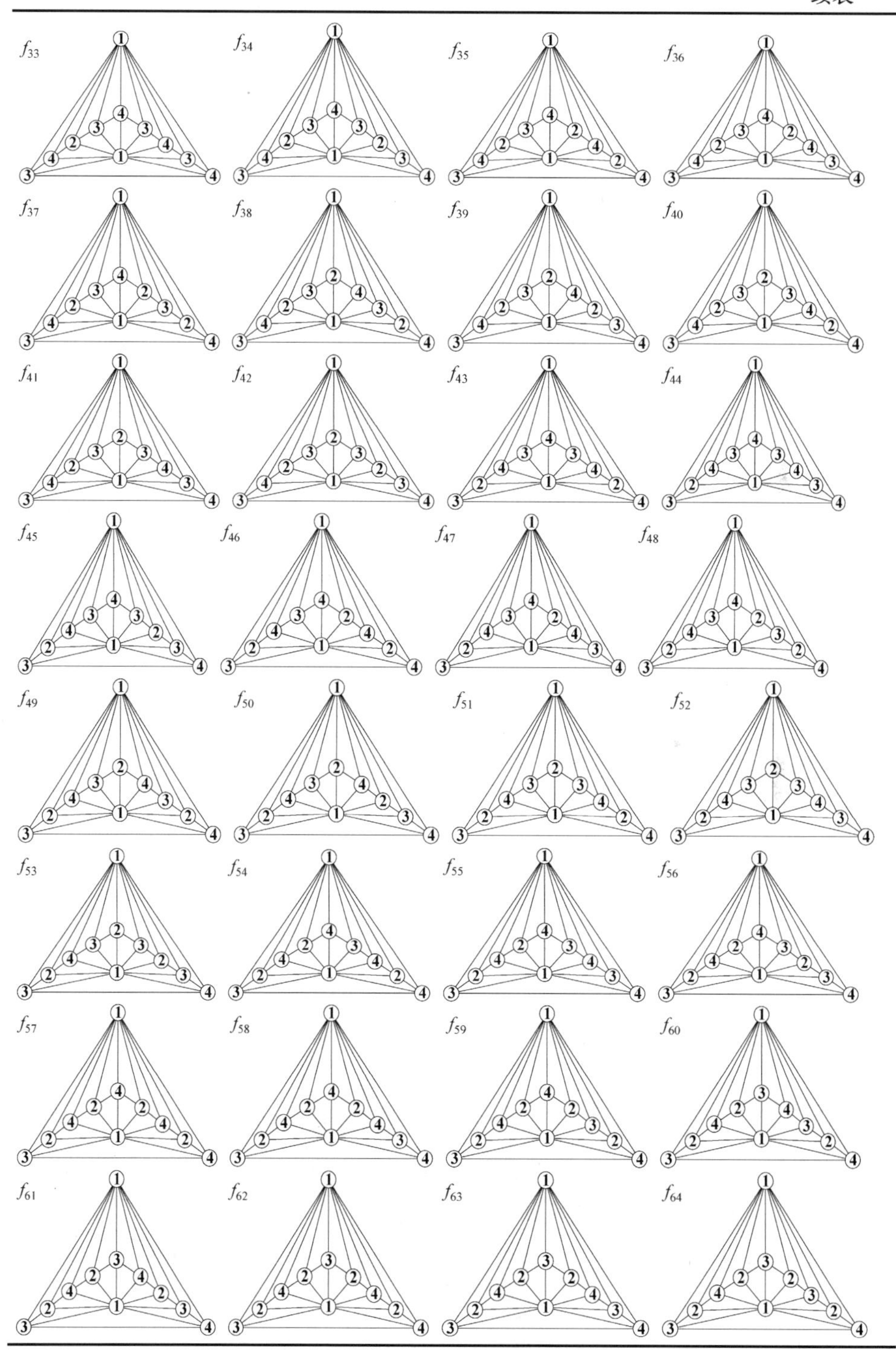

续表

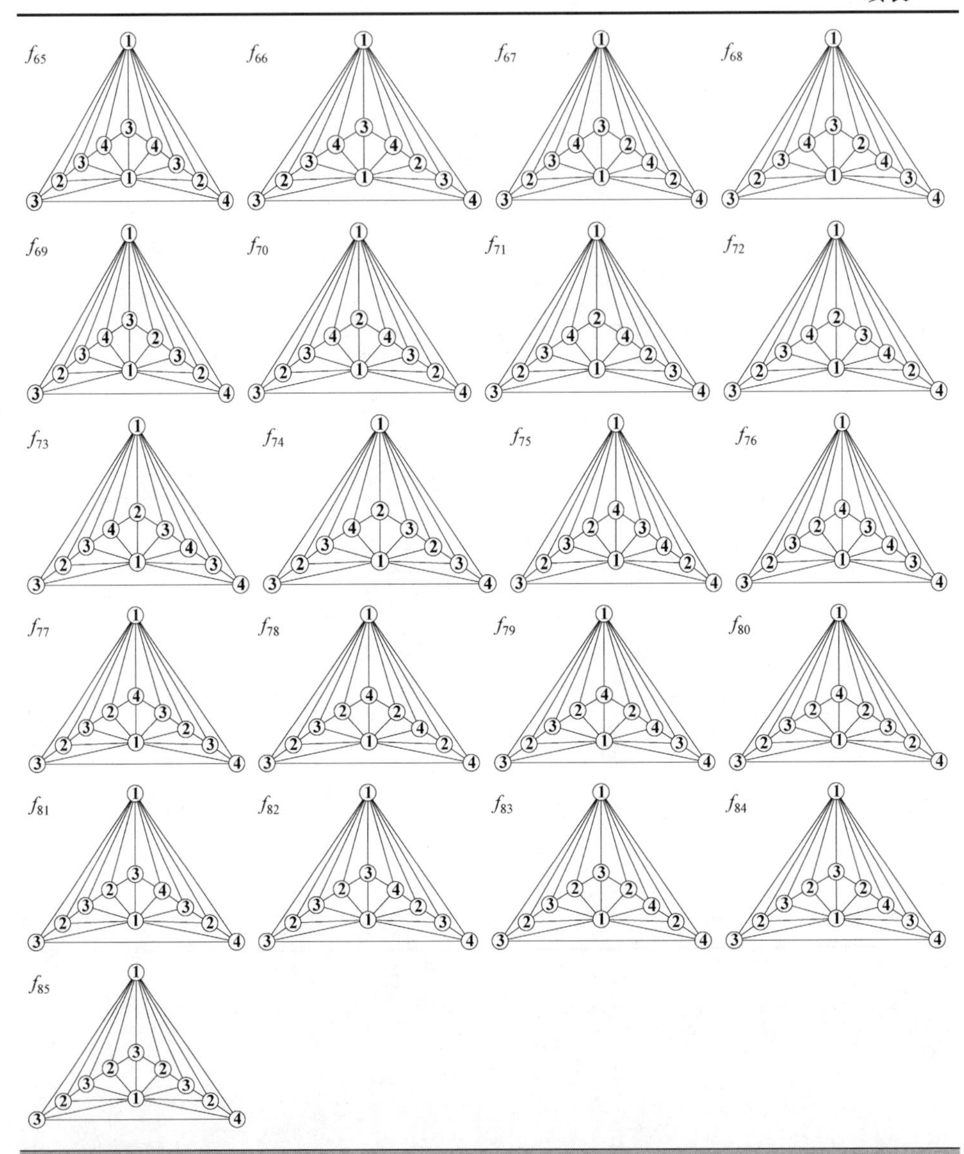

12-1 (555555555555)；纯树型。

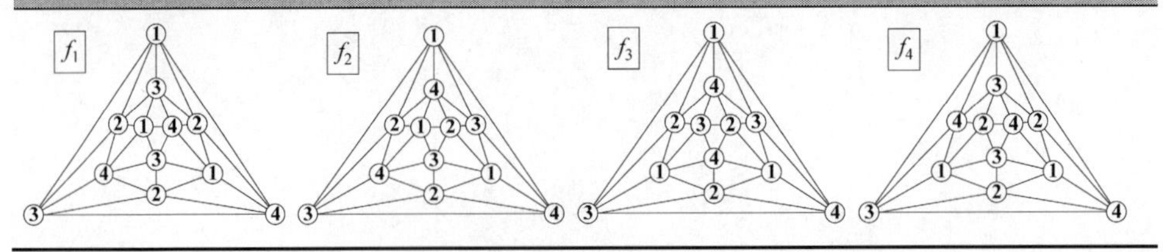

续表

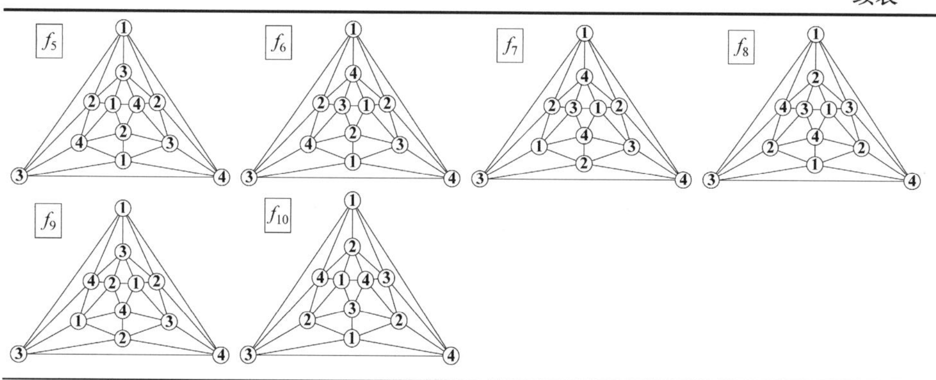

着色特征图：　f_1● f_2● f_3● f_4● f_5●

f_6● f_7● f_8● f_9● f_{10}●

12-2　(445555555566)；混合型；2-色不变圈；3-色 2-长路；伪唯一。

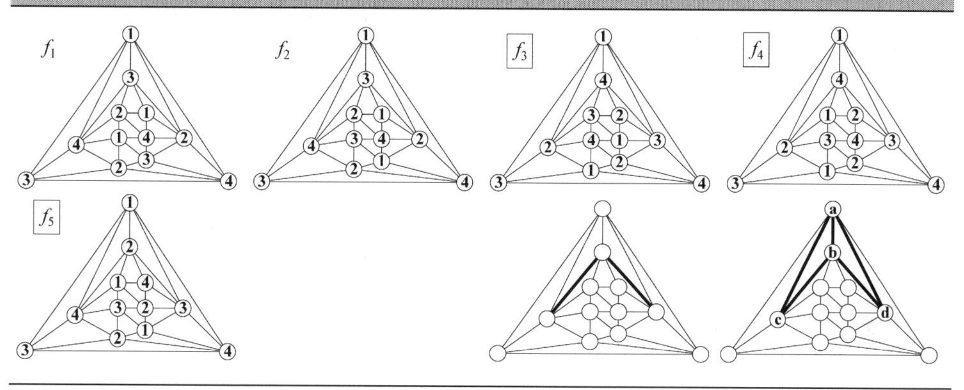

着色特征图：　f_1 ●—C_{24}—● f_2

f_3● f_4● f_5●

12-3　(445555555566)；纯圈型。

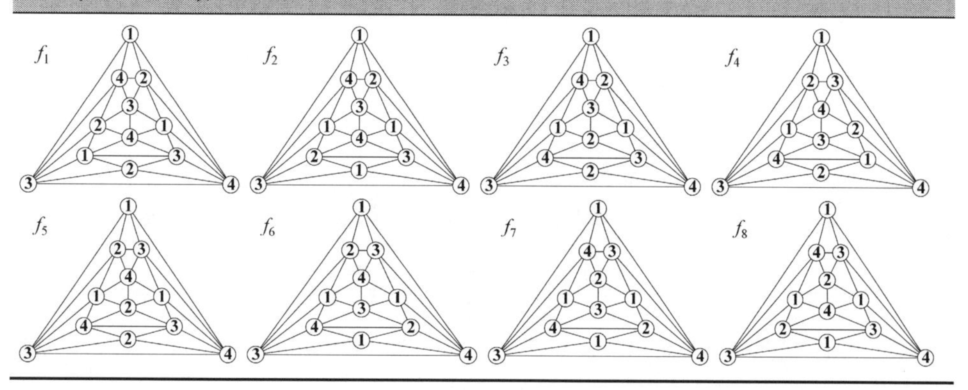

续表

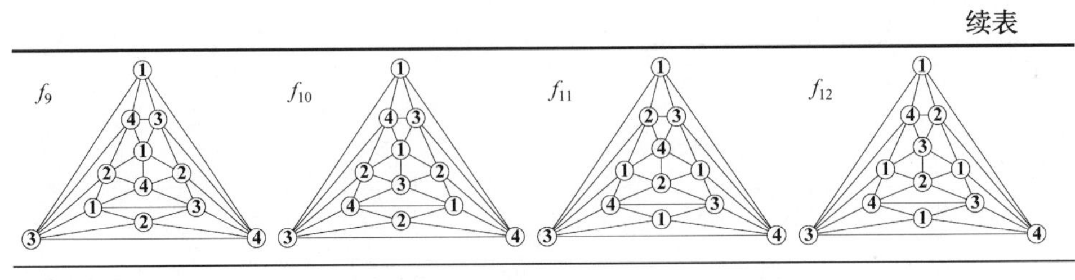

着色特征图:

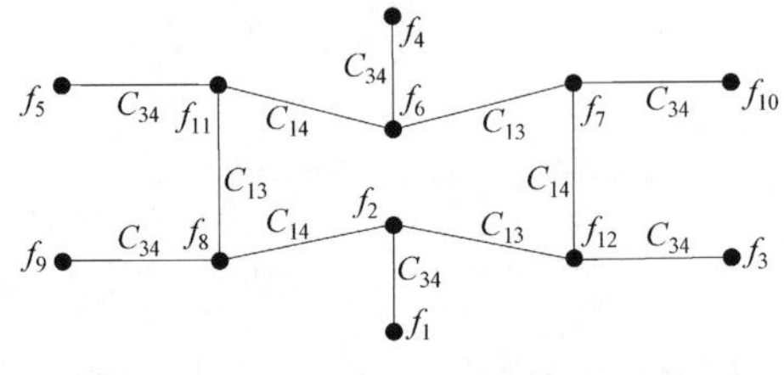

12-4 (444555555666); 纯圈型。

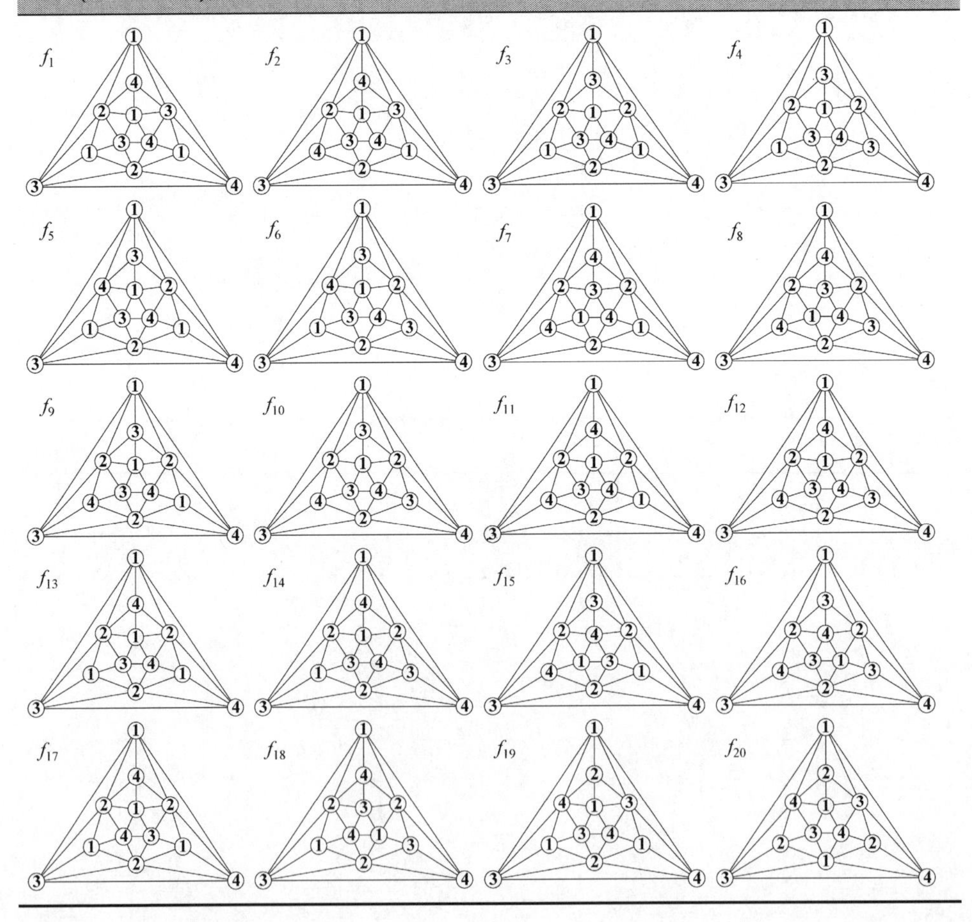

续表

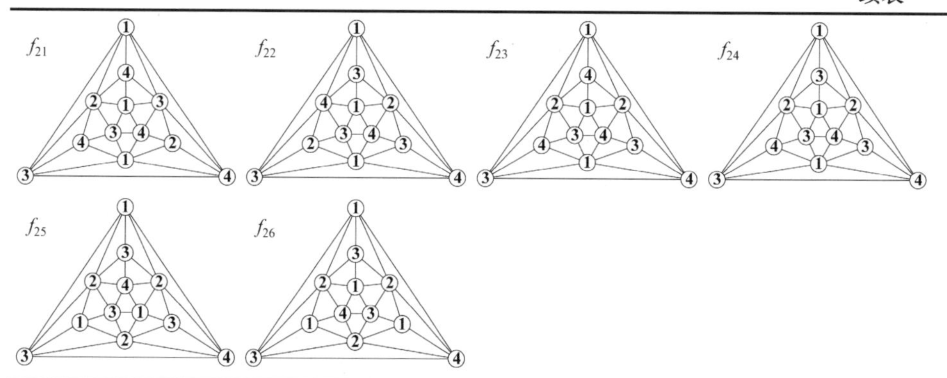

着色特征图：

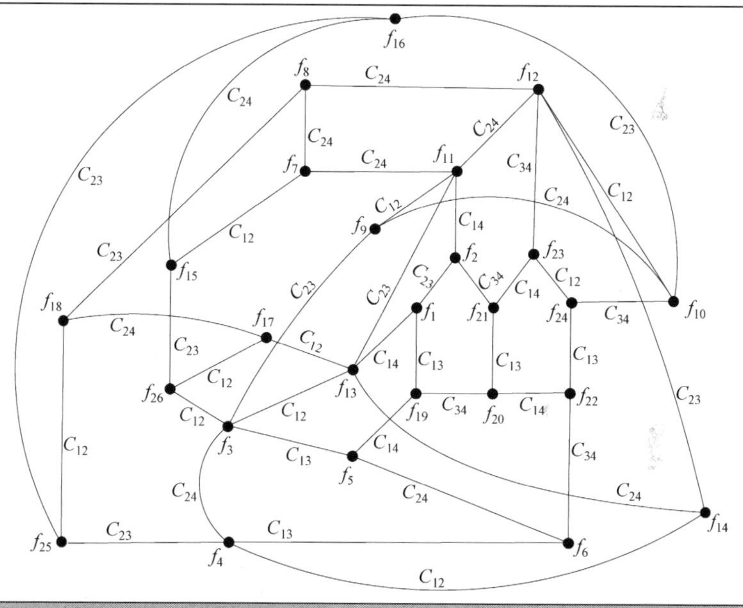

12-5　(444555555666)；混合型；2-色不变圈；伪唯一。

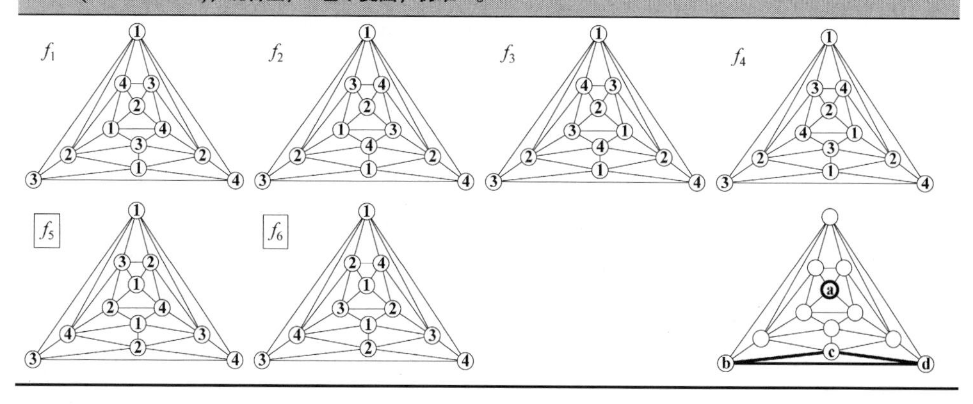

续表

着色特征图：

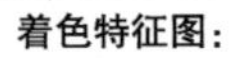

12-6 (444555555666)；混合型。

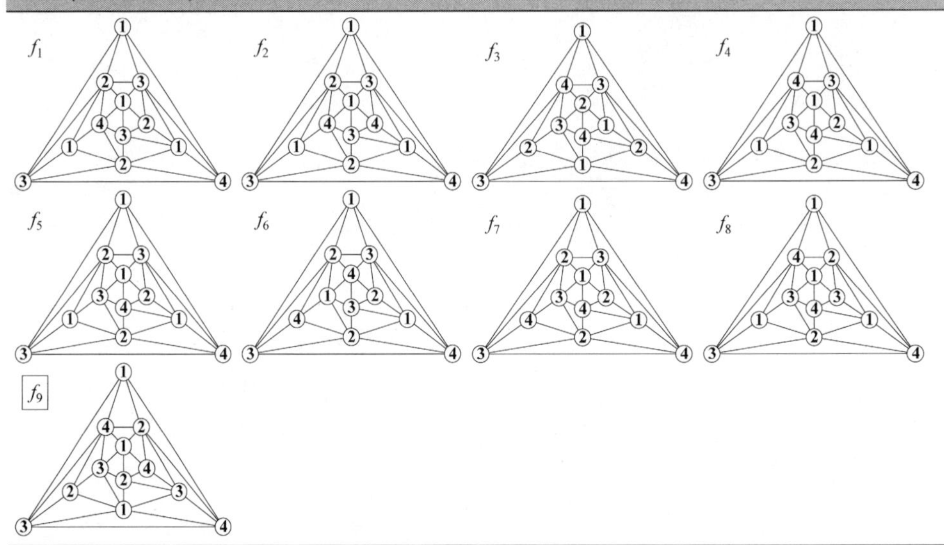

着色特征图：

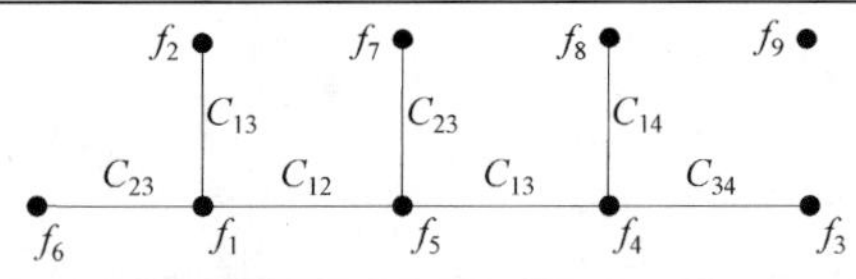

12-7 (444555555666)；纯圈型；2-色不变圈。

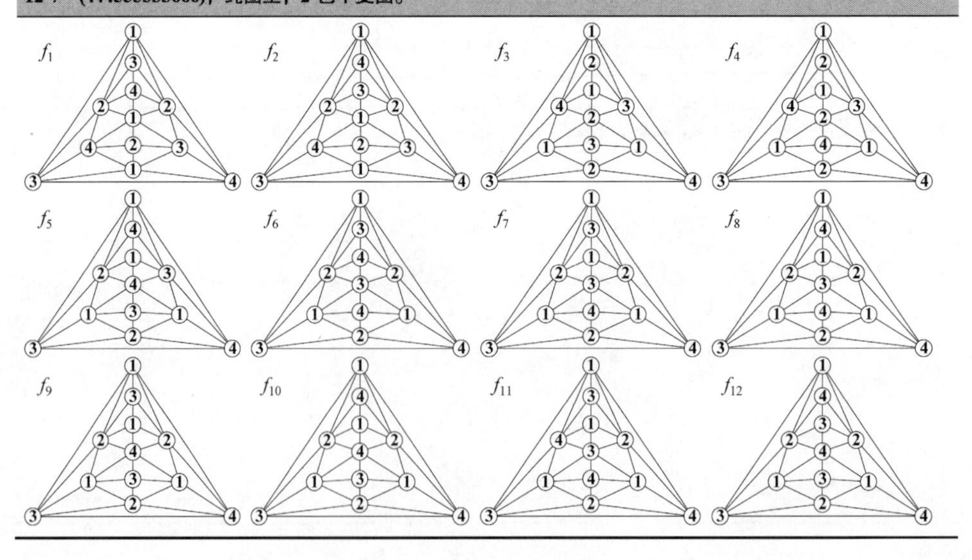

续表

着色特征图：

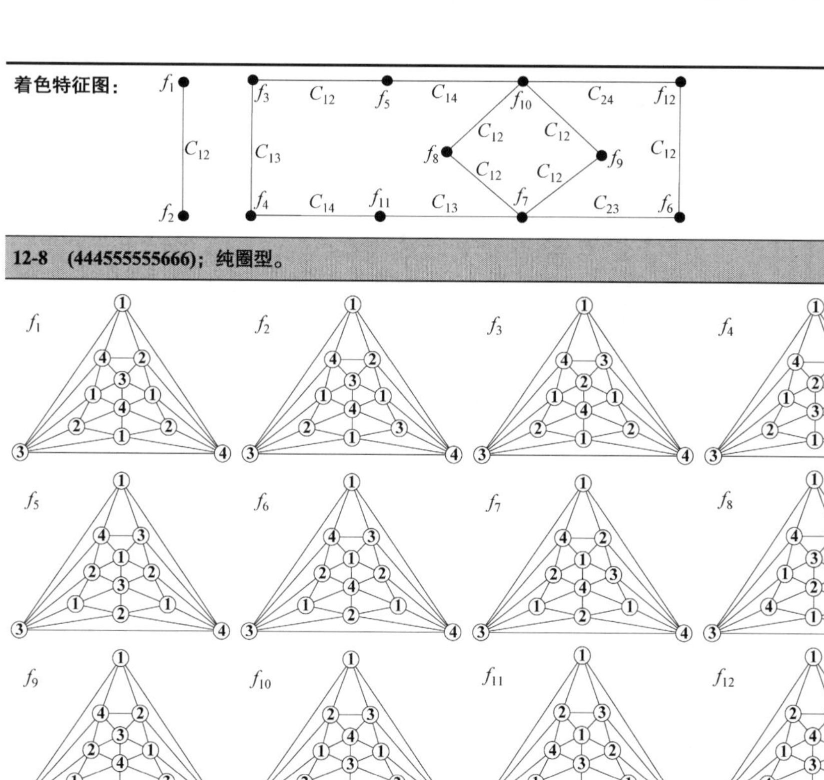

12-8　(444555555666)；纯圈型。

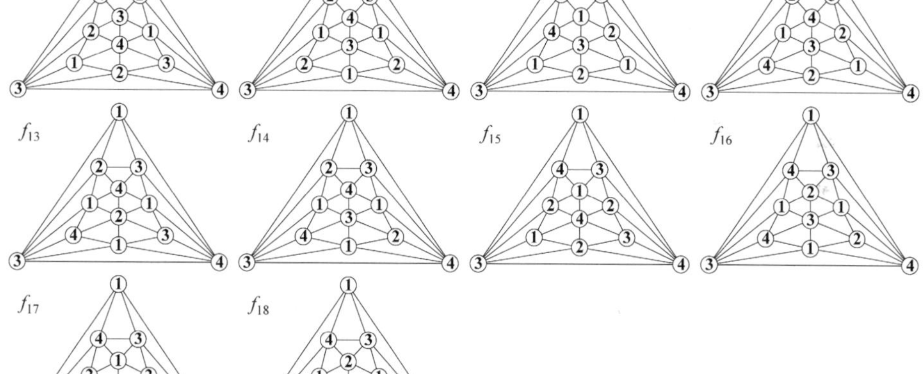

着色特征图：

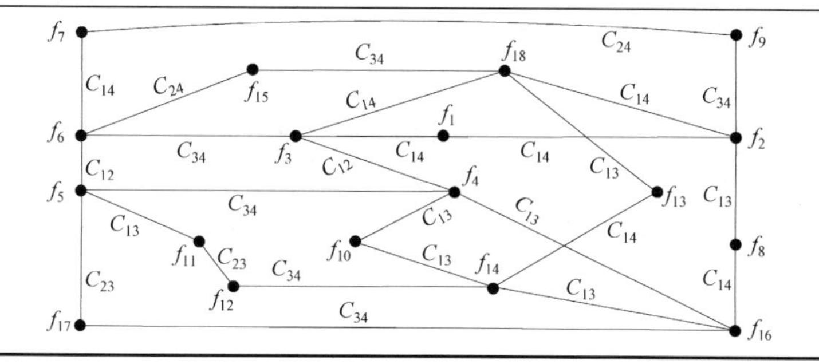

续表

12-9　(444555555567)；混合型；3-色 2-长路；伪唯一。

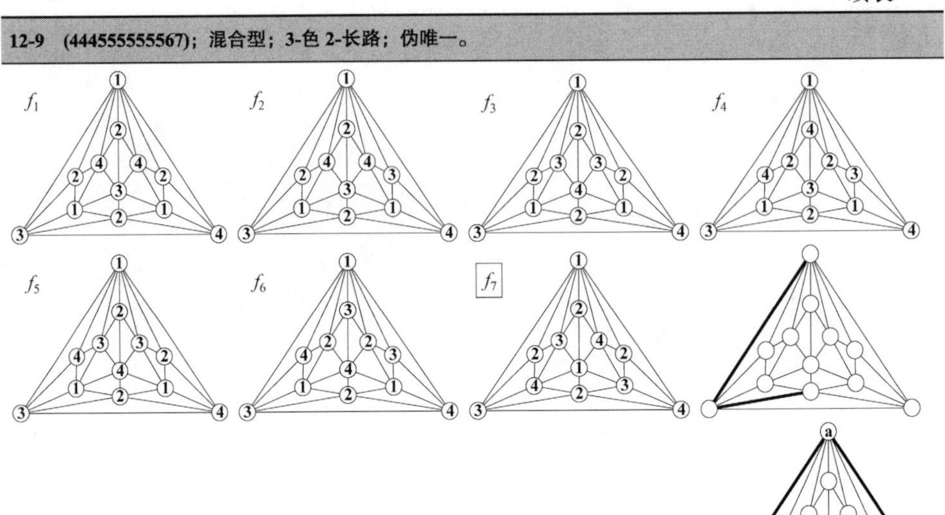

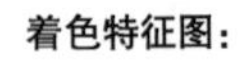
着色特征图：

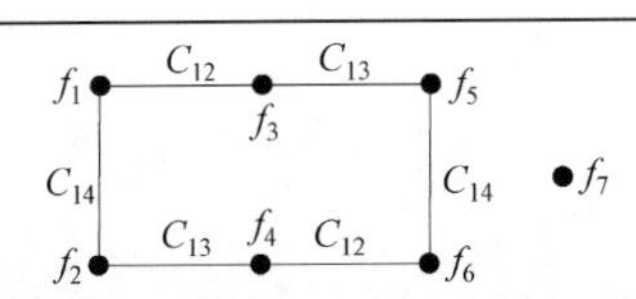

12-10　(444555555567)；纯圈型。

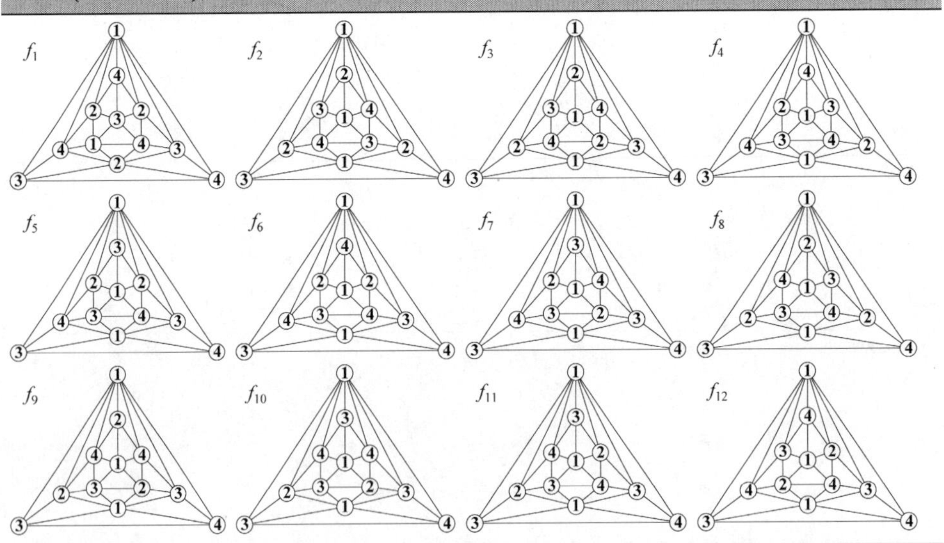

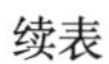
续表

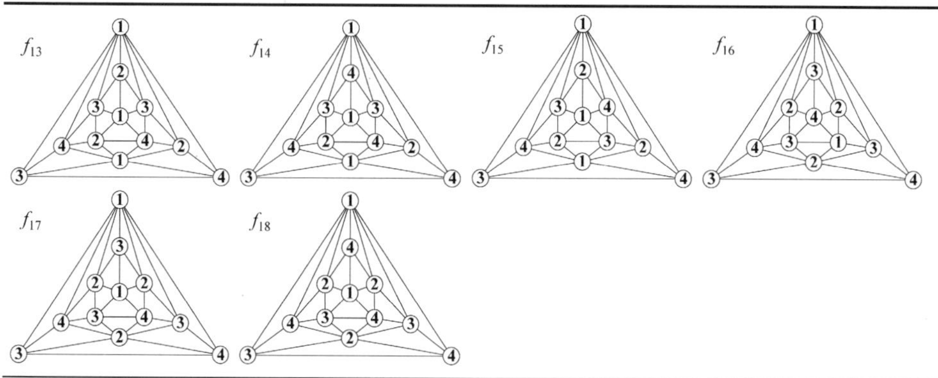

着色特征图：

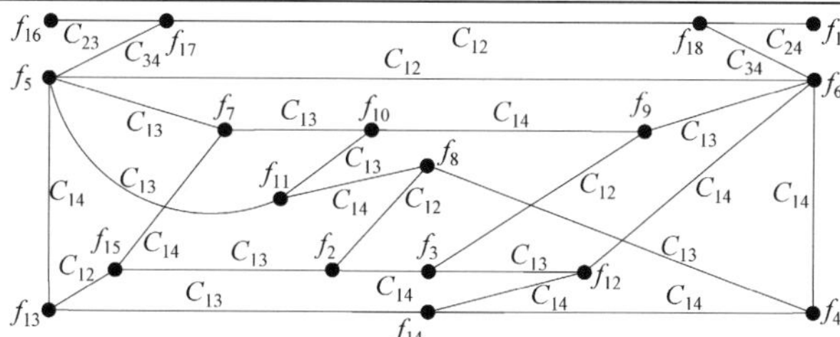

12-11　(444455556666)；混合型。

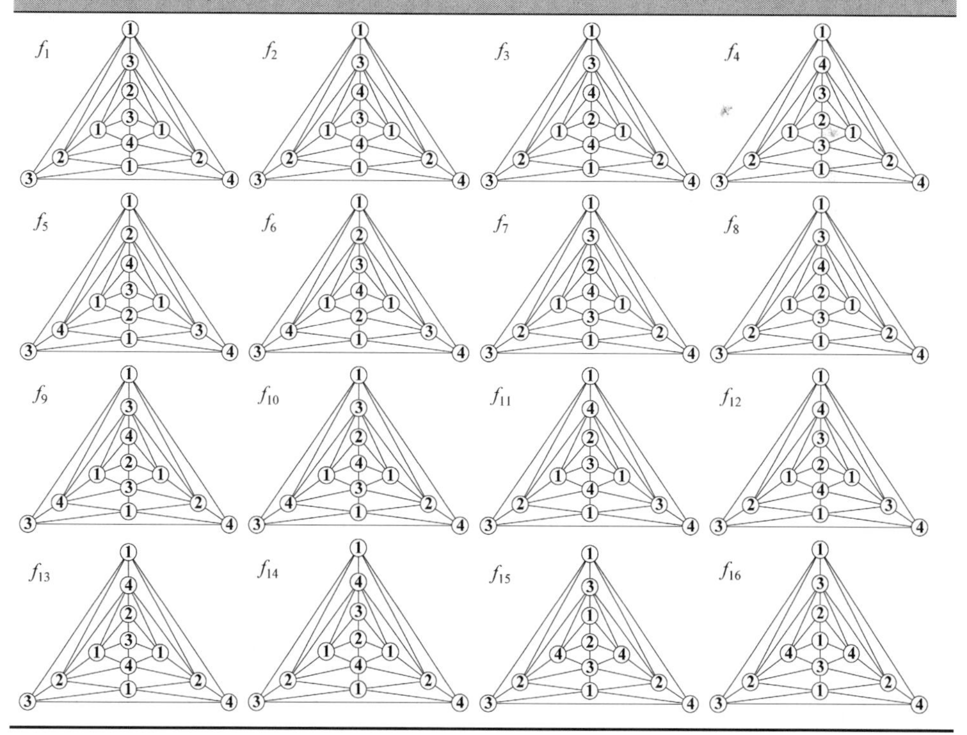

续表

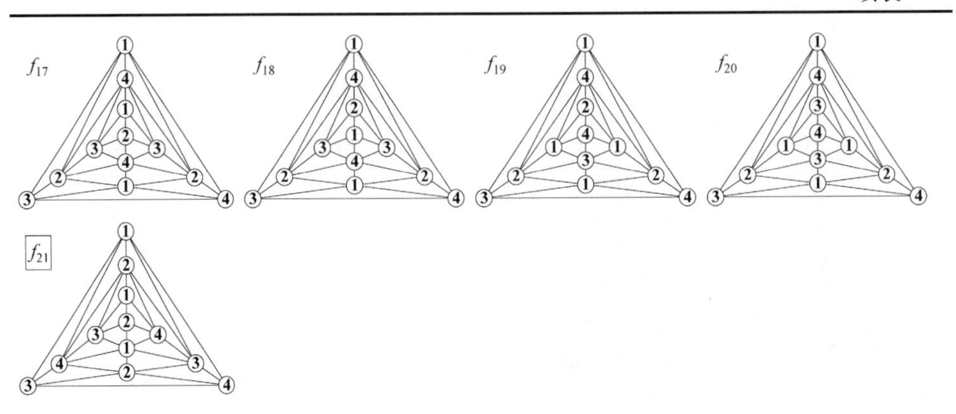

着色特征图：

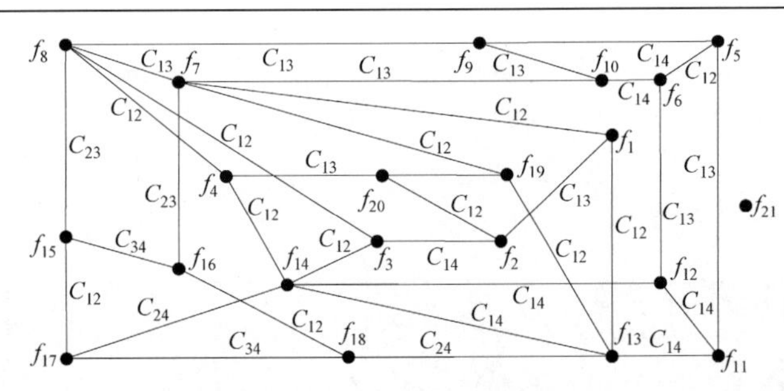

12-12　(444455556666)；混合型；2-色不变圈。

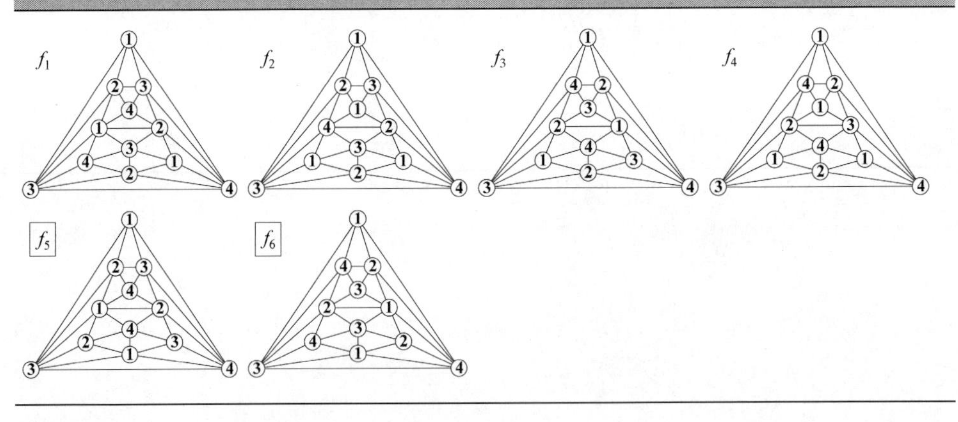

着色特征图：

f_1 —C_{23}— f_2　f_5

f_3 —C_{24}— f_4　f_6

续表

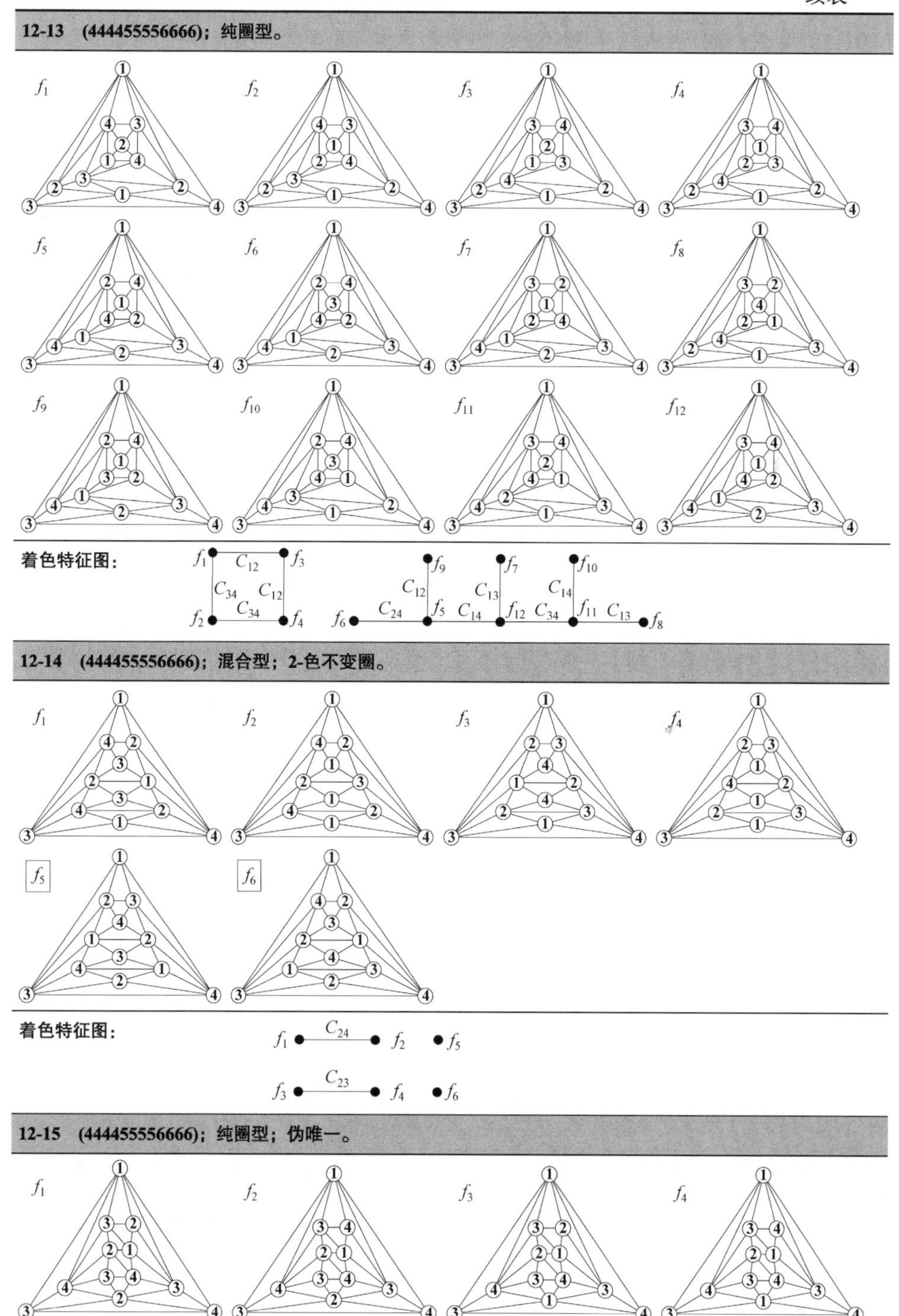
12-13 (444455556666)；纯圈型。
着色特征图：
f_1 C_{12} f_3 C_{34} C_{12} C_{34} f_2 f_4
f_9 f_7 f_{10} C_{12} C_{13} C_{14} f_6 C_{24} f_5 C_{14} f_{12} C_{34} f_{11} C_{13} f_8
12-14 (444455556666)；混合型；2-色不变圈。
着色特征图：
f_1 C_{24} f_2 f_5
f_3 C_{23} f_4 f_6
12-15 (444455556666)；纯圈型；伪唯一。

续表

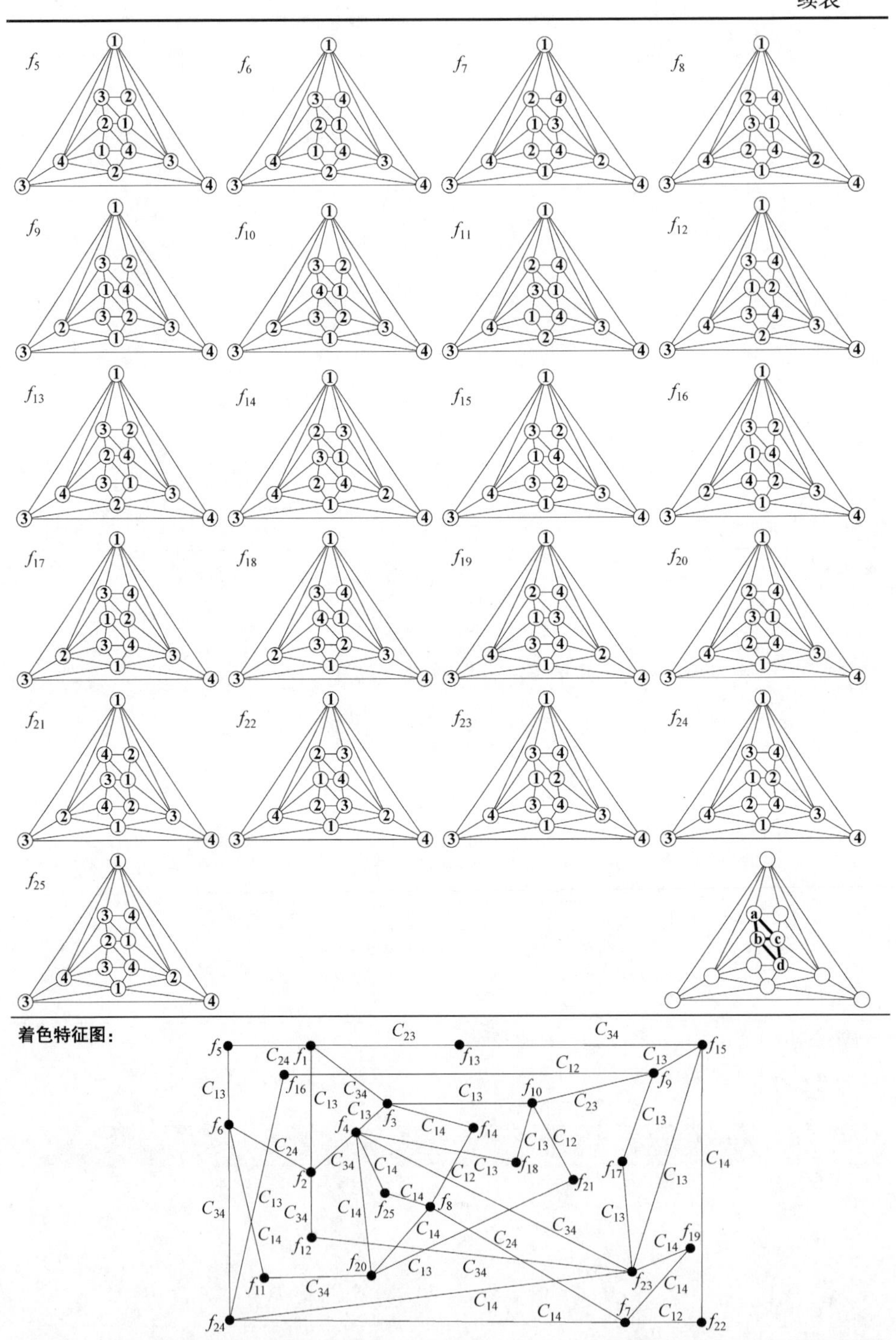

f_5
f_6
f_7
f_8
f_9
f_{10}
f_{11}
f_{12}
f_{13}
f_{14}
f_{15}
f_{16}
f_{17}
f_{18}
f_{19}
f_{20}
f_{21}
f_{22}
f_{23}
f_{24}
f_{25}
a
b
c
d
着色特征图：

续表

12-16 (444455556666)；纯圈型。

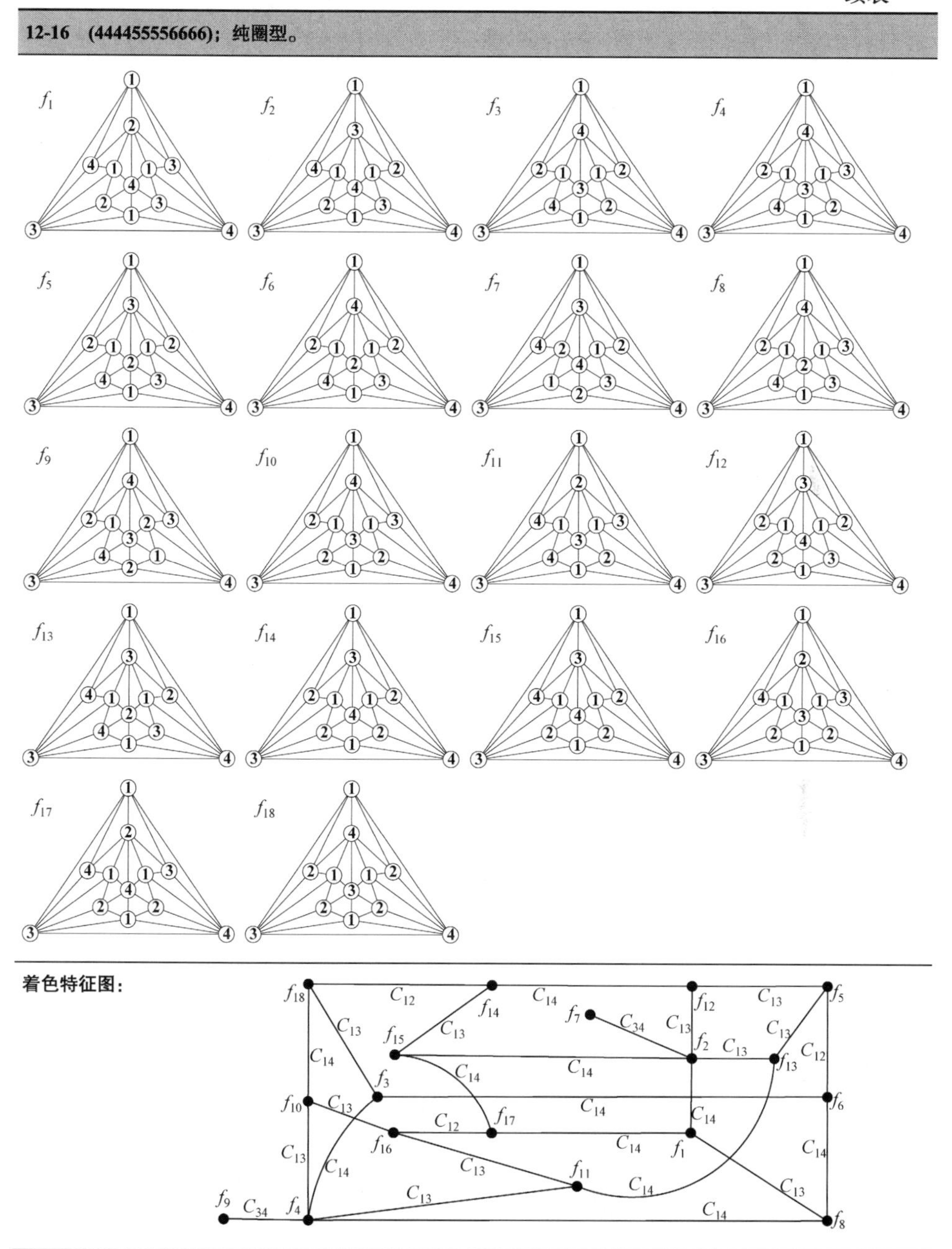

续表

12-17 (444455556666)；纯圈型；伪唯一。

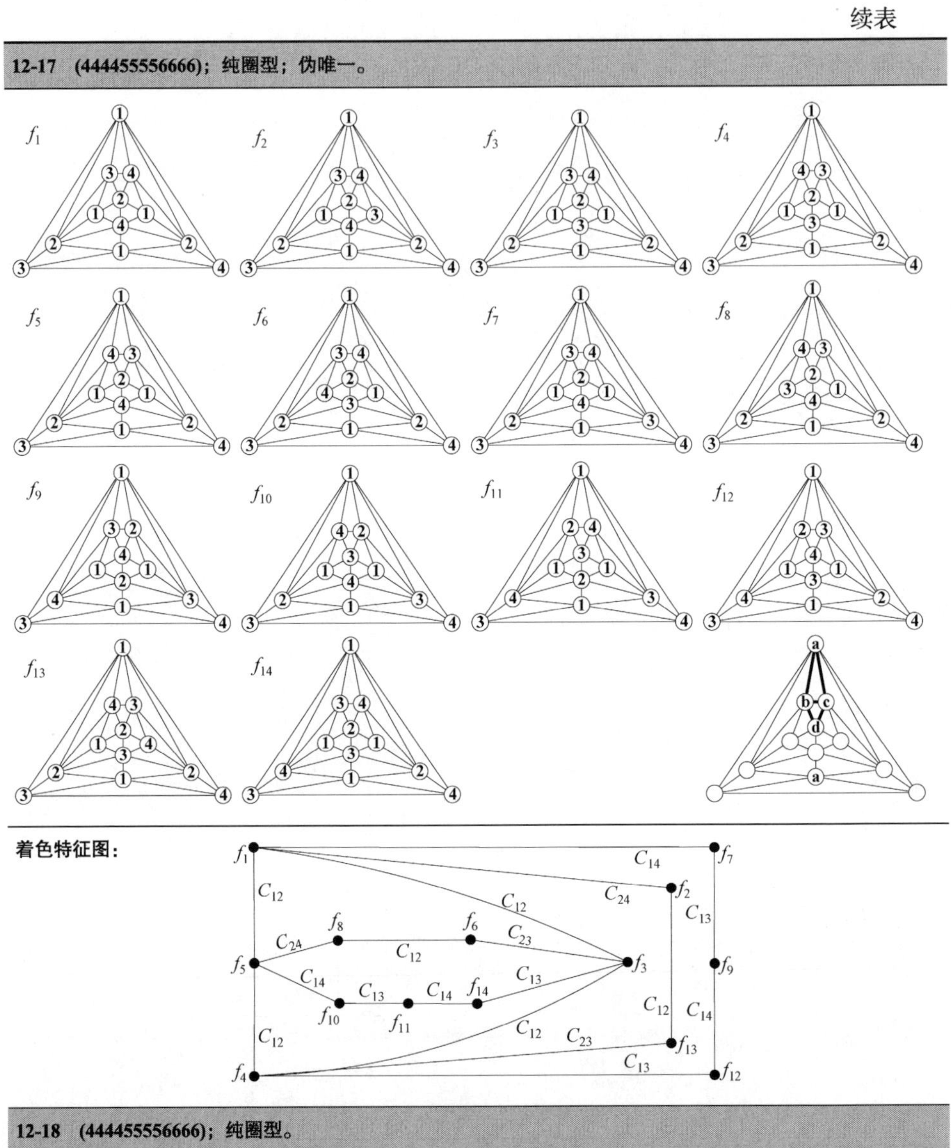

12-18 (444455556666)；纯圈型。

f1
f2
f3
f4

续表

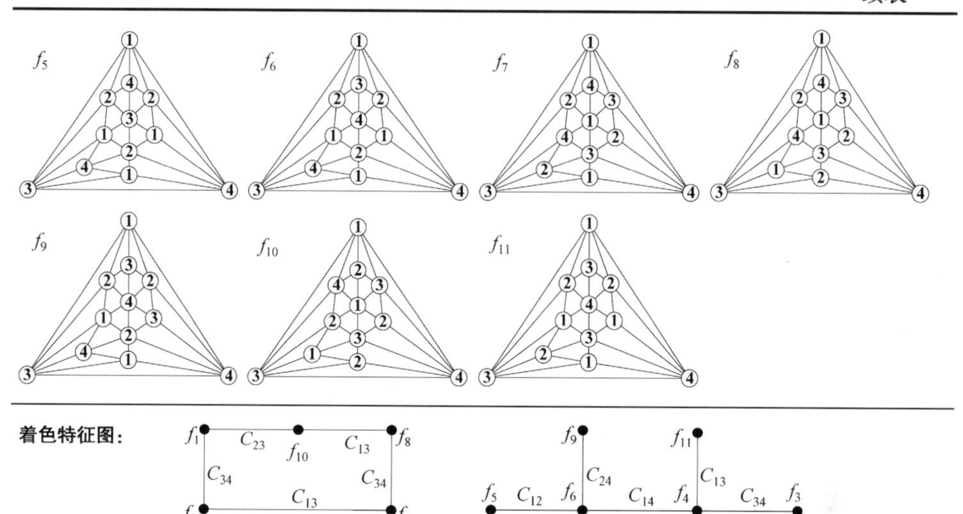

12-19 (444455556666)；混合型。

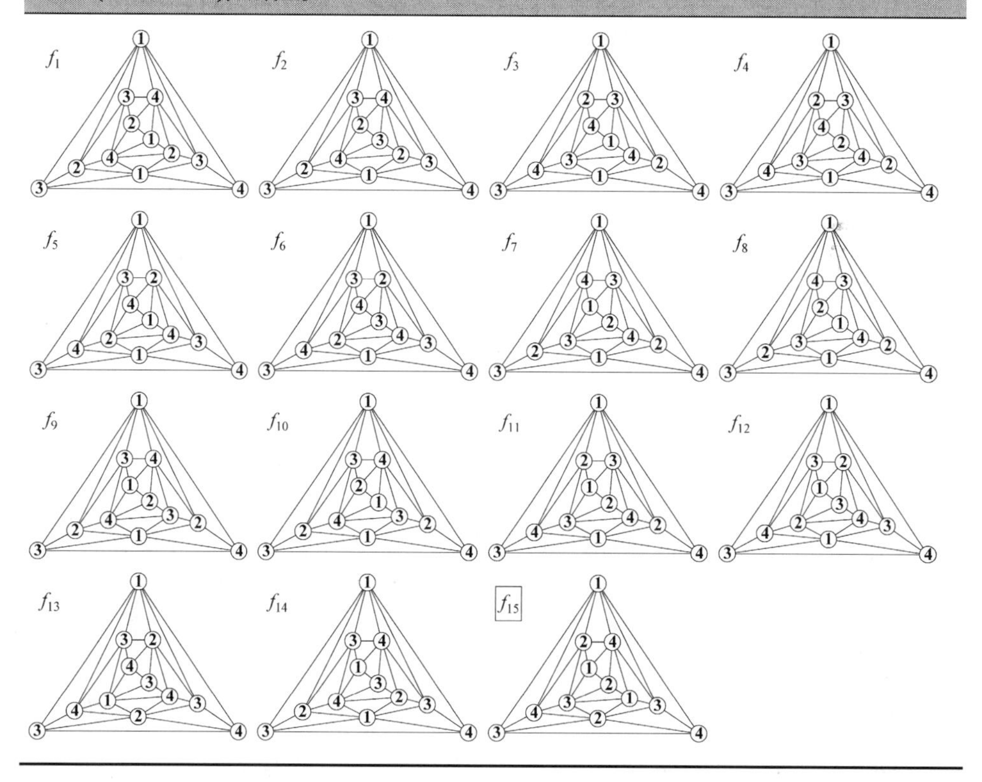

续表

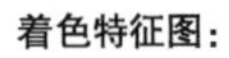

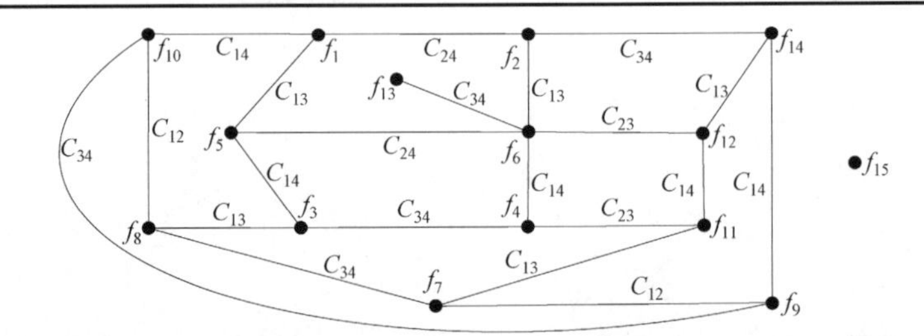

12-20　(444455556666)；纯圈型；2-色不变圈。

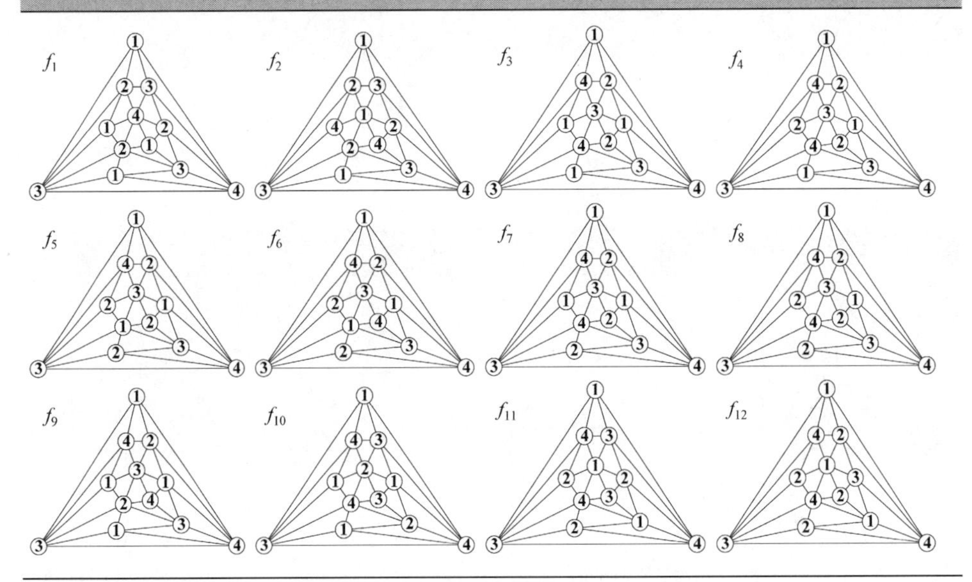

着色特征图:

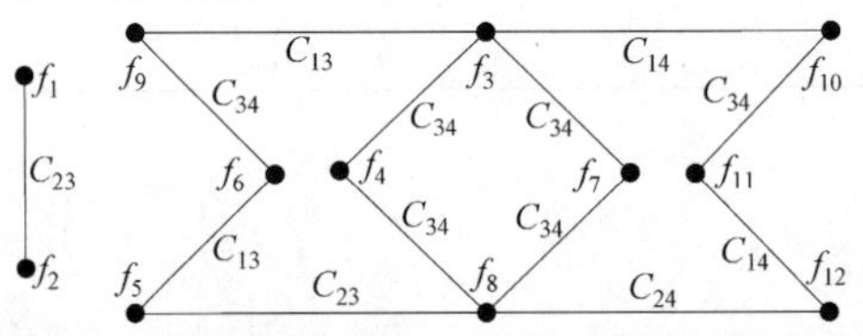

12-21　(444455555667)；混合型；2-色不变圈；3-色 2-长路。

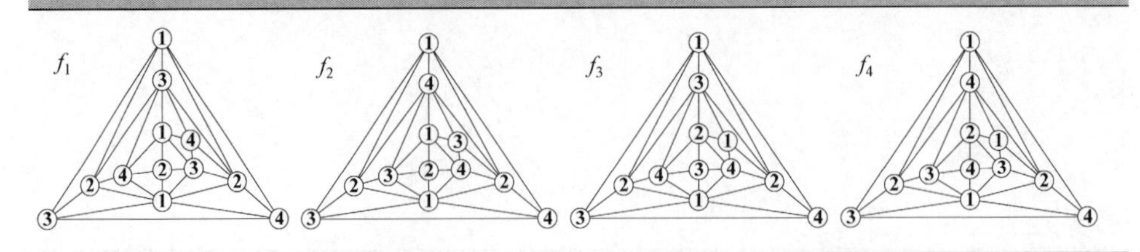

续表

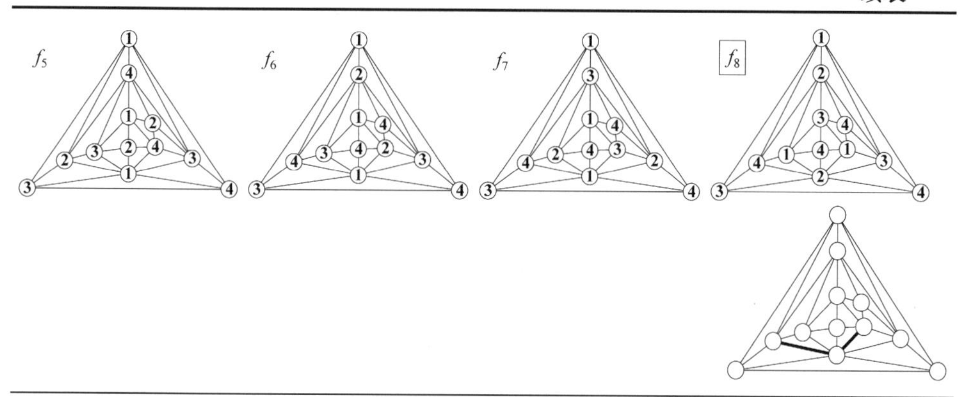

着色特征图：

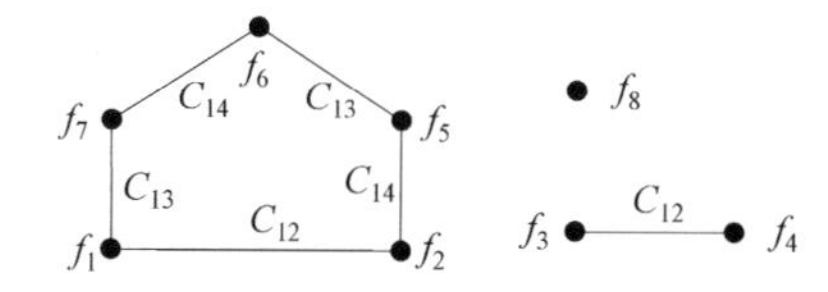

12-22　(444455555667)；纯圈型；伪唯一。

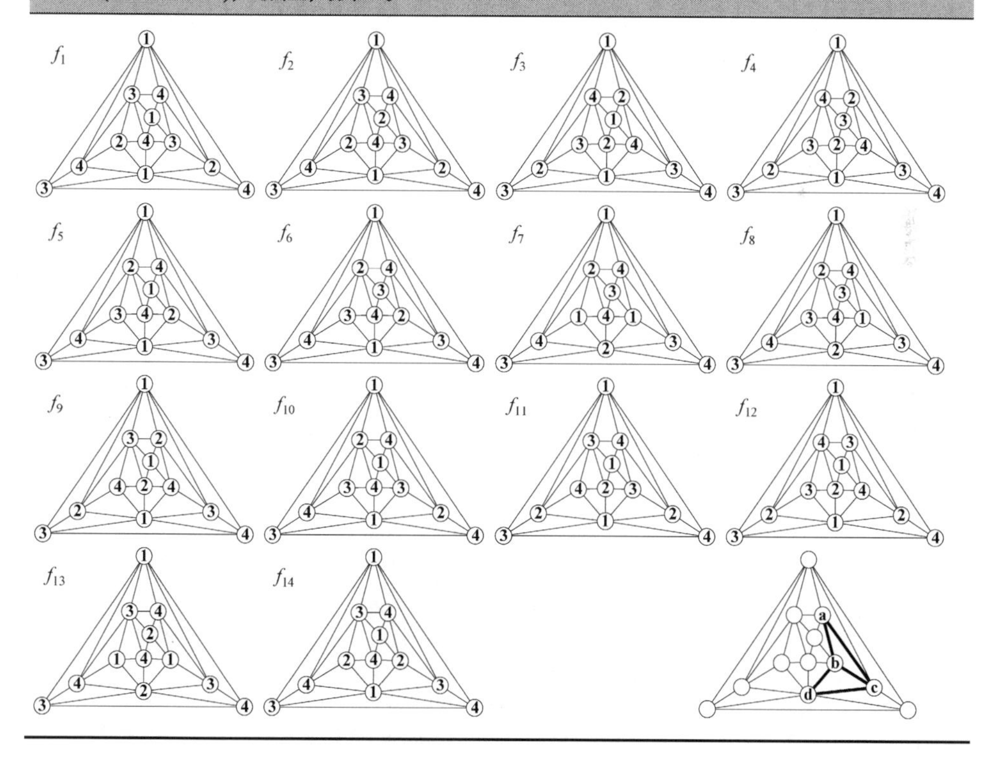

续表

着色特征图：

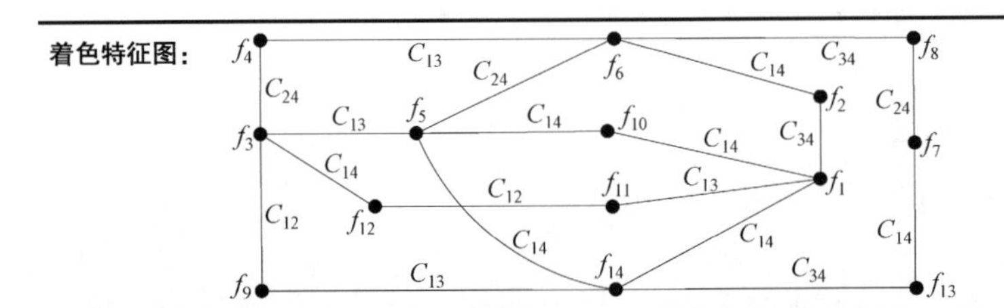

12-23　(444455555667)；混合型；2-色不变圈；3-色 2-长路。

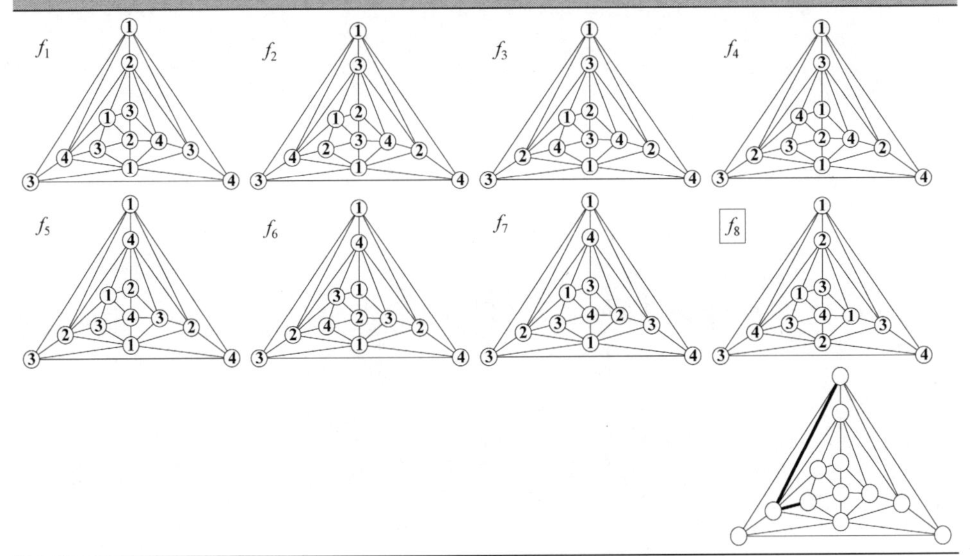

着色特征图：

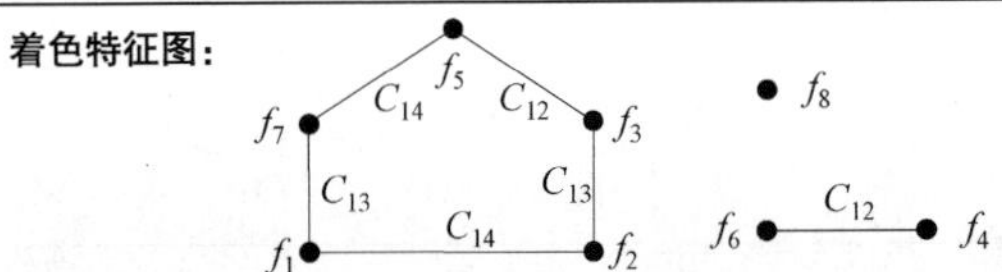

12-24　(444455555667)；纯圈型；2-色不变圈。

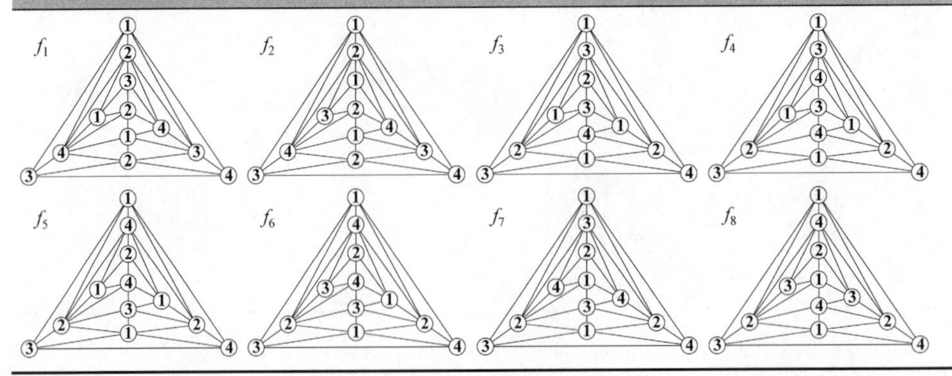

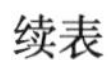
续表

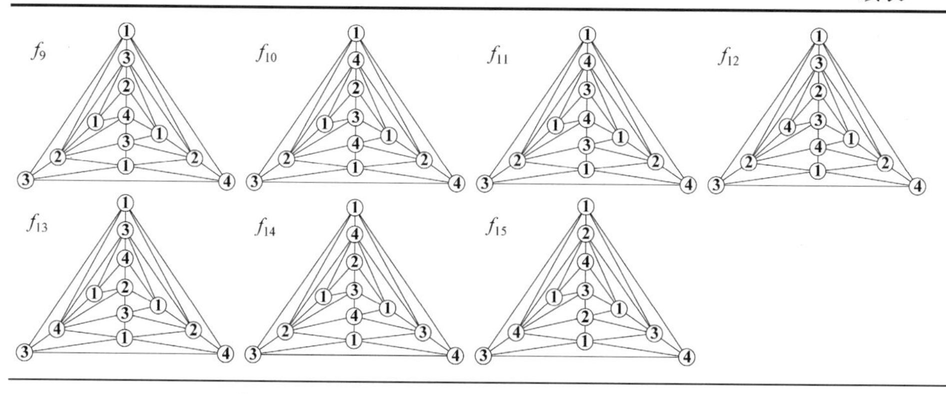

着色特征图：

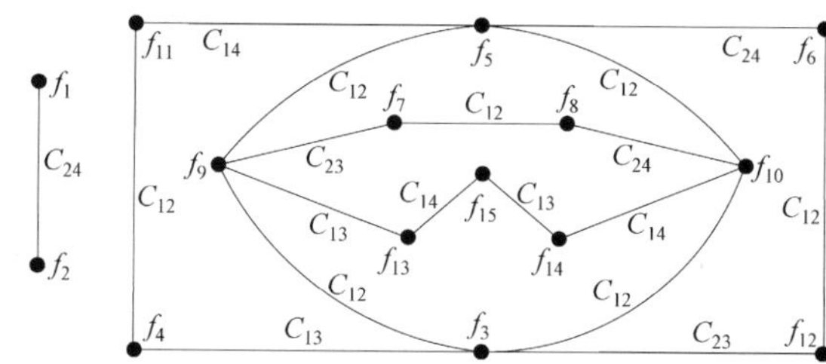

12-25　(444455555667)；纯圈型。

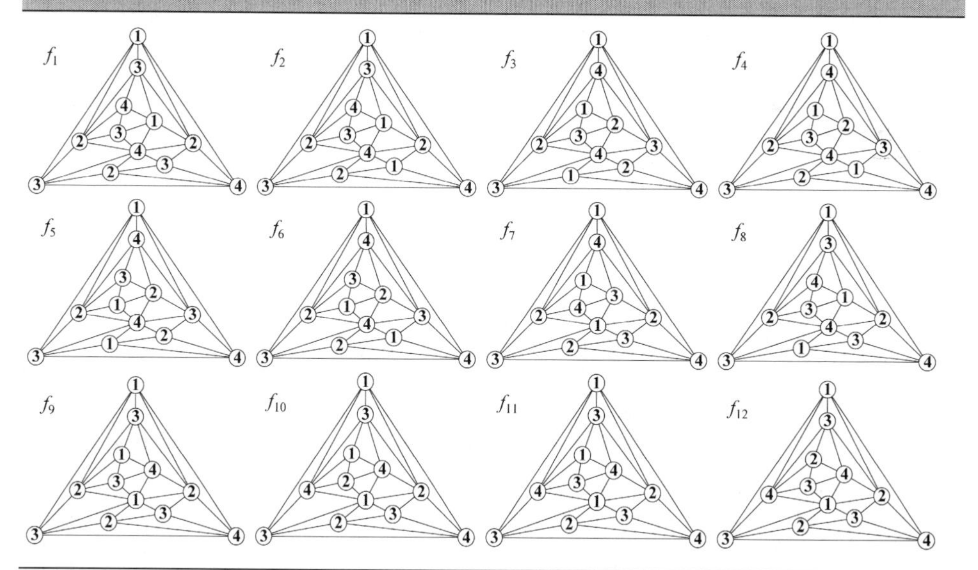

着色特征图：

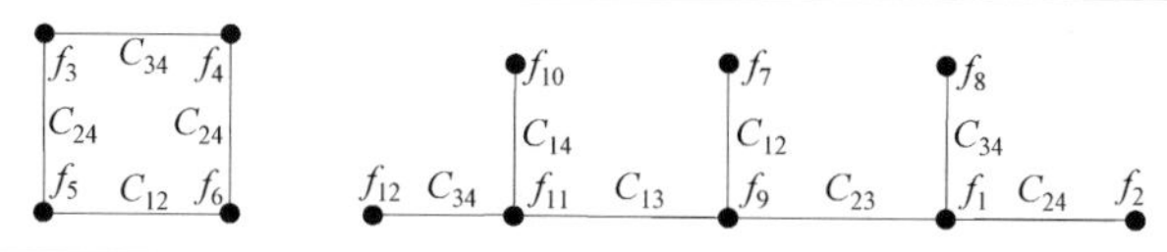

续表

12-26　(444455555667)；纯圈型；伪唯一。

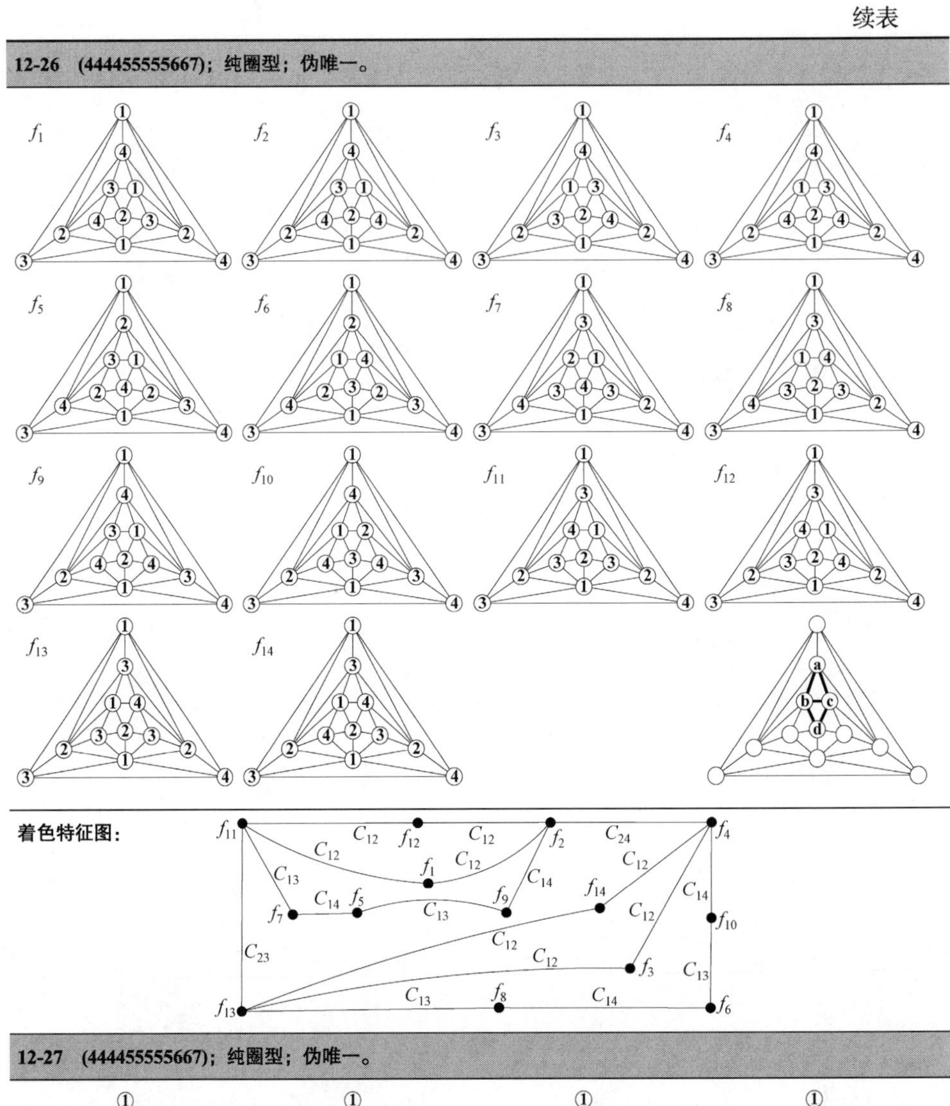

12-27　(444455555667)；纯圈型；伪唯一。

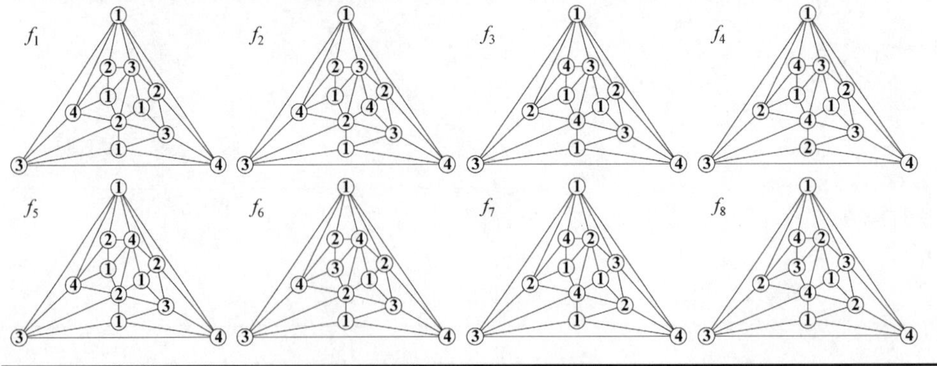

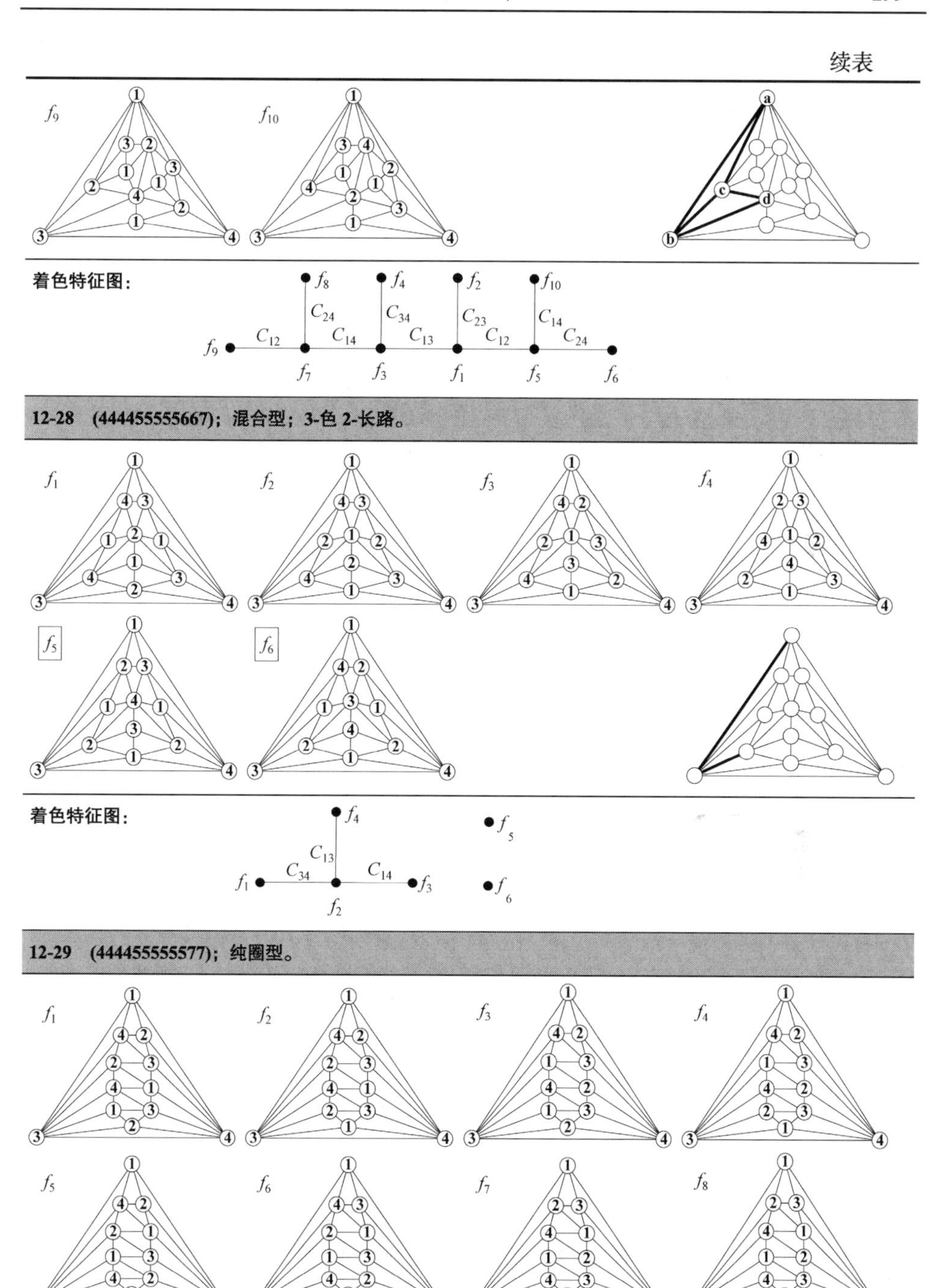
续表
f_9
f_{10}
a
b
c
d
着色特征图：
f_8 f_4 f_2 f_{10}
C_{24} C_{34} C_{23} C_{14}
f_9 C_{12} C_{14} C_{13} C_{12} C_{24}
f_7 f_3 f_1 f_5 f_6
12-28 (444455555667)；混合型；3-色 2-长路。
f_1 f_2 f_3 f_4
f_5 f_6
着色特征图：
f_4
C_{13}
f_1 C_{34} C_{14} f_3
f_2
f_5
f_6
12-29 (444455555577)；纯圈型。
f_1 f_2 f_3 f_4
f_5 f_6 f_7 f_8

续表

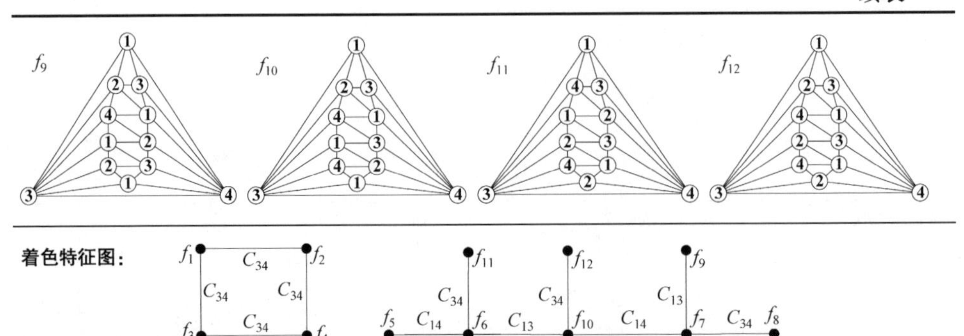

12-30　(444455555577)；纯圈型。

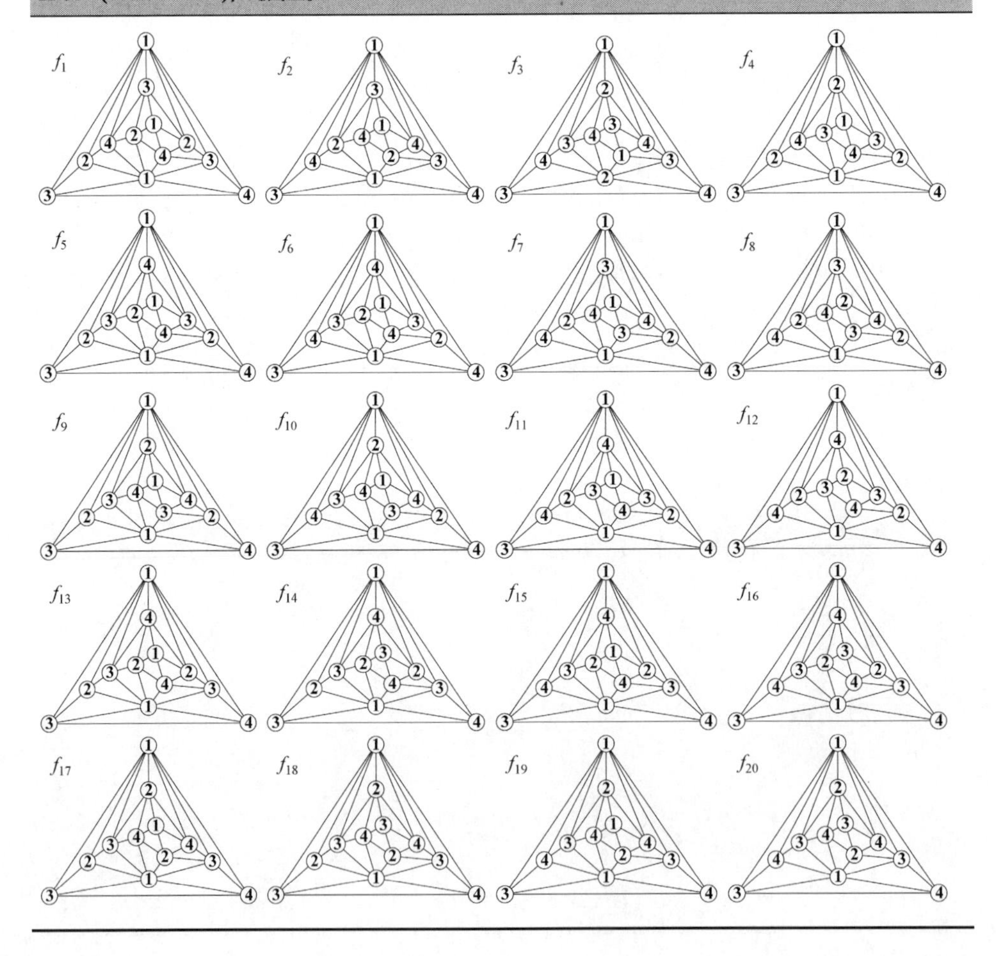

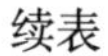
续表

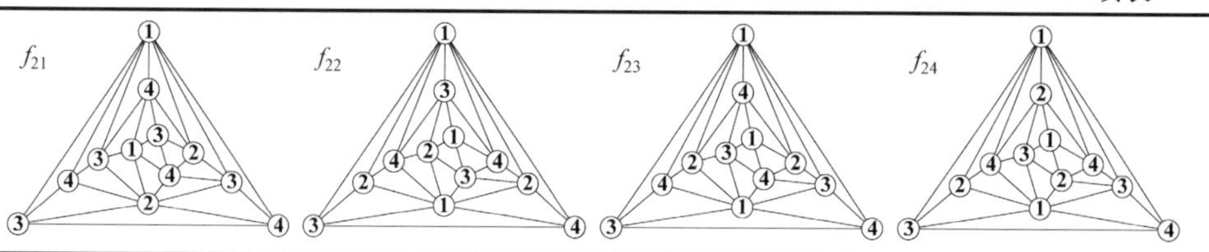

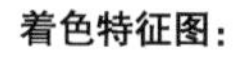
着色特征图：

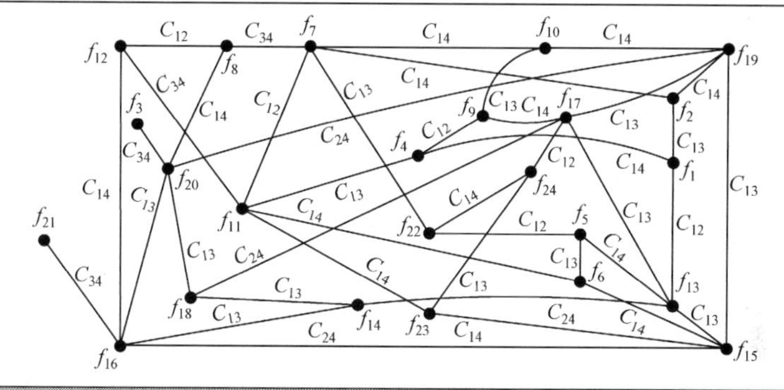

12-31 (444455555577)；混合型；2-色不变圈；3-色 2-长路。

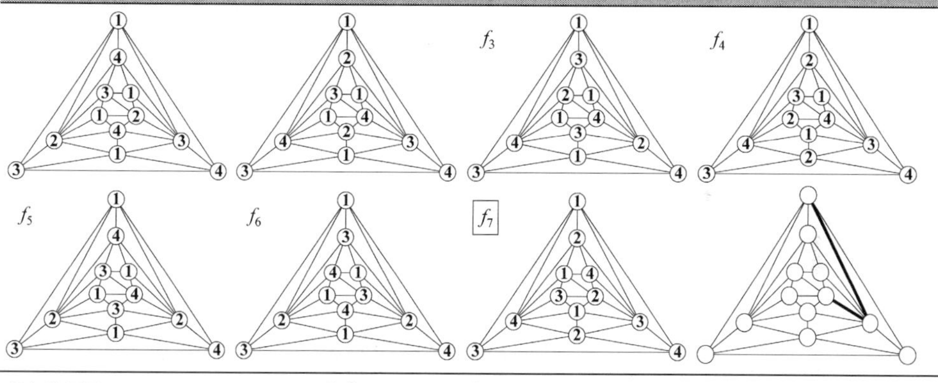

着色特征图：

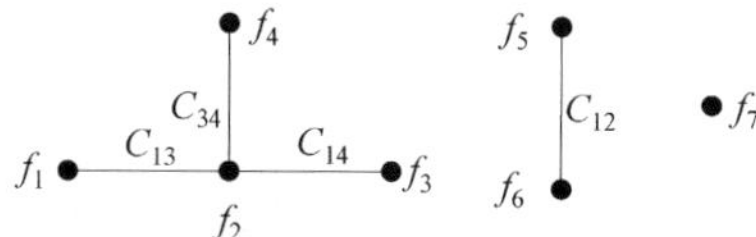

12-32 (444455555577)；纯圈型。

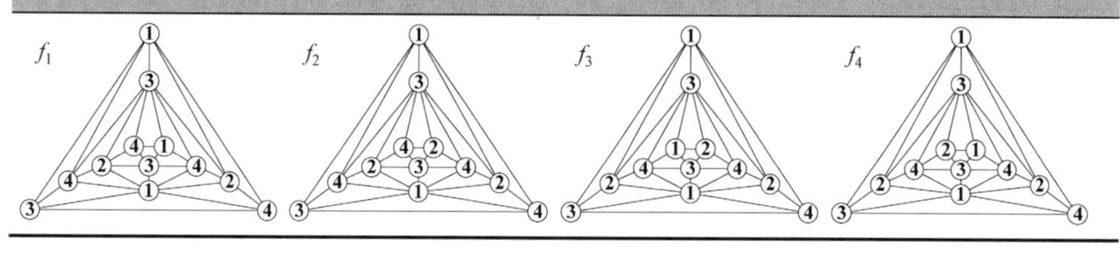

续表

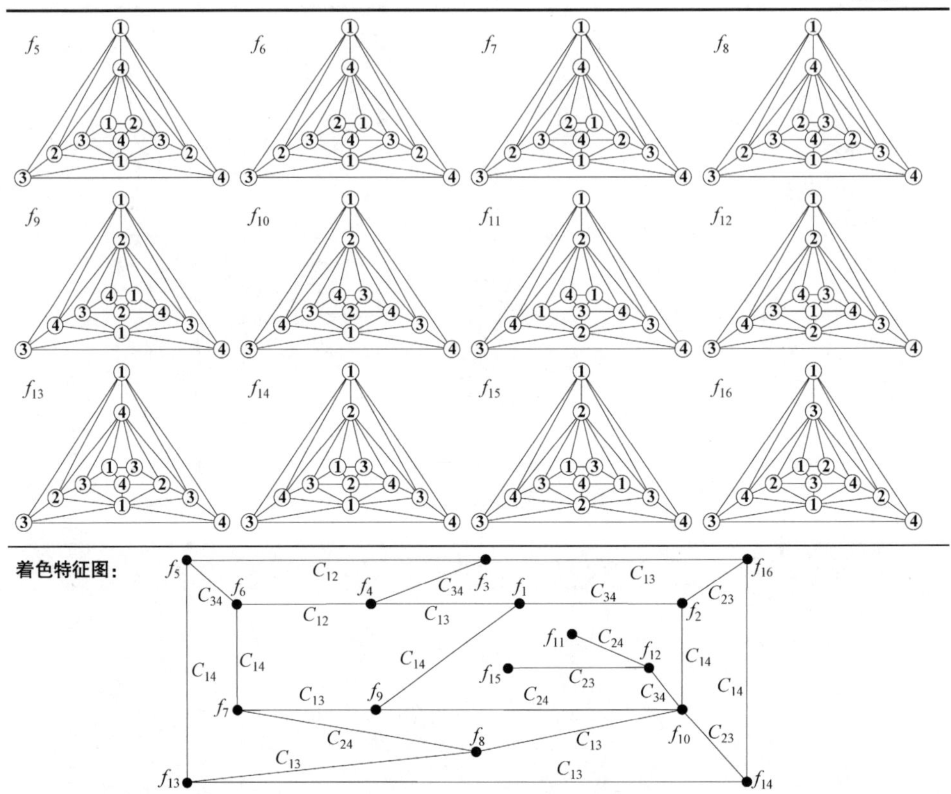

12-33　(444455555577)；纯圈型。

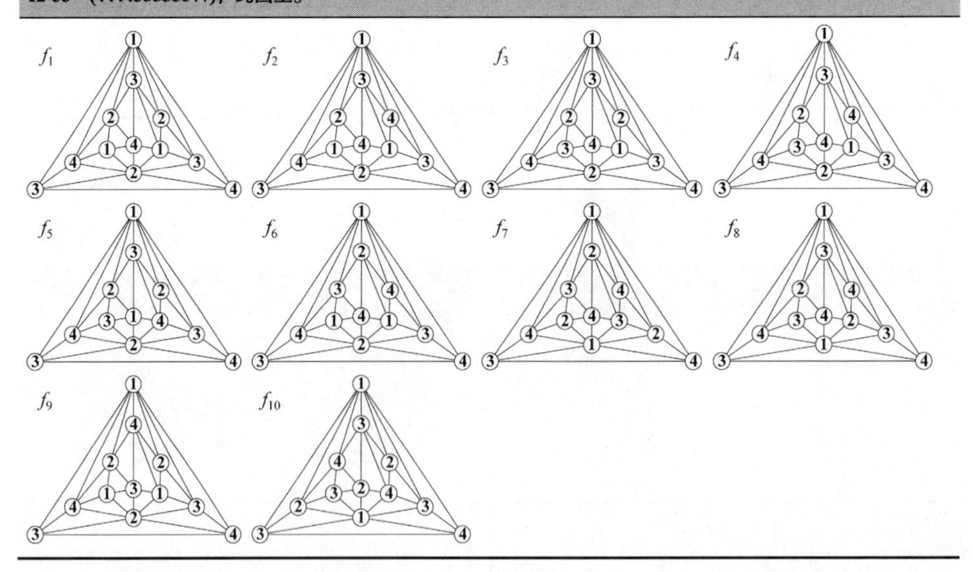

续表

着色特征图：

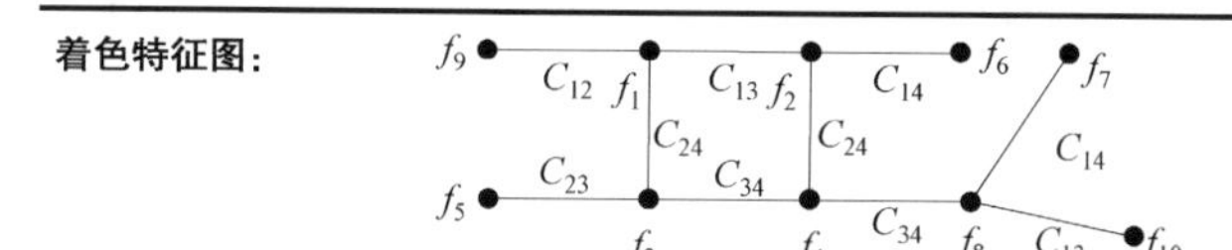

12-34　(444455555568)；纯圈型。

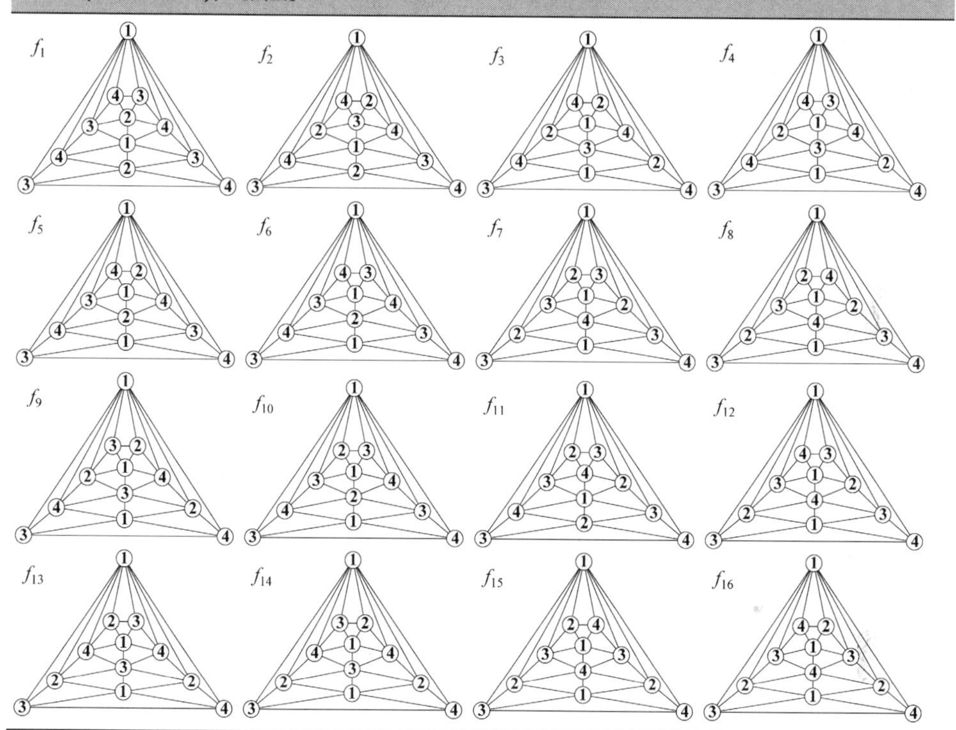

着色特征图：

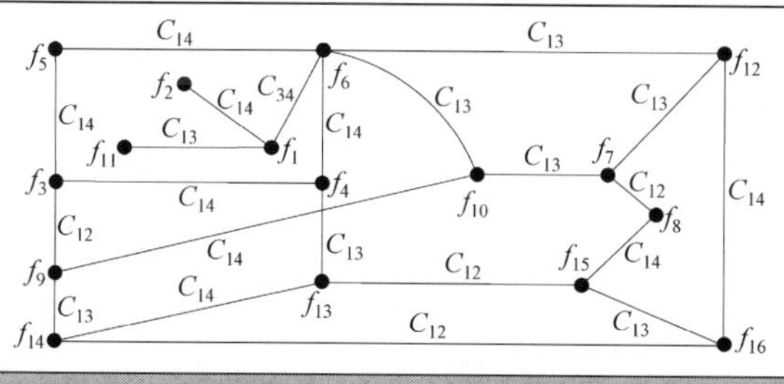

12-35　(444445566666)；纯圈型。

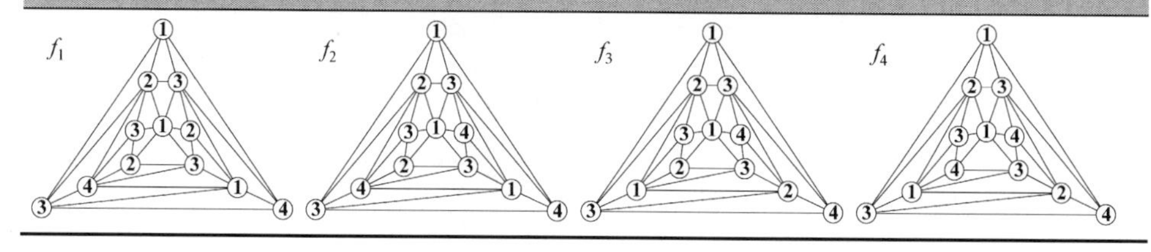

续表

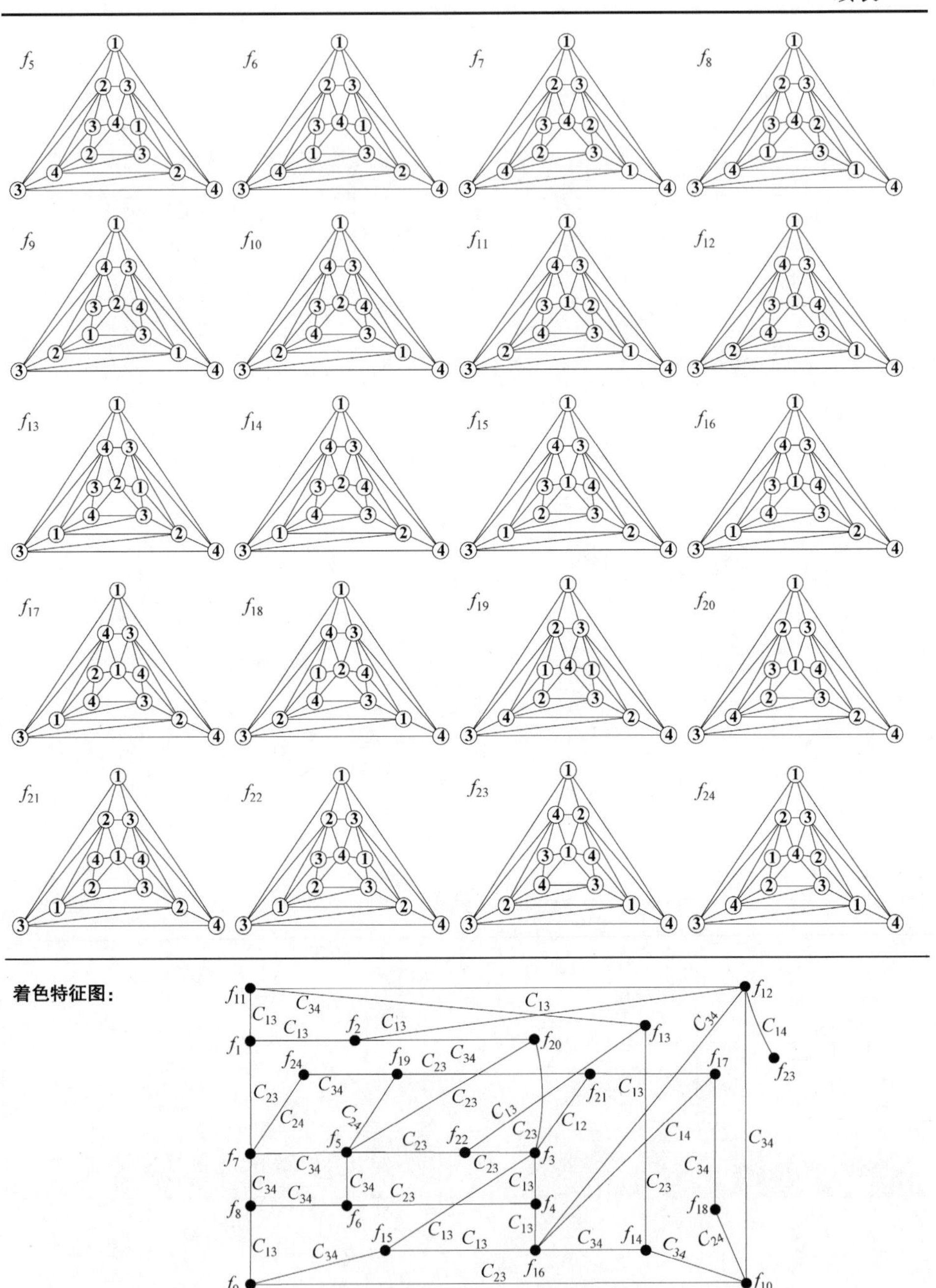

f_5
f_6
f_7
f_8
f_9
f_{10}
f_{11}
f_{12}
f_{13}
f_{14}
f_{15}
f_{16}
f_{17}
f_{18}
f_{19}
f_{20}
f_{21}
f_{22}
f_{23}
f_{24}
着色特征图：

续表

12-36　(444445566666)；纯圈型。

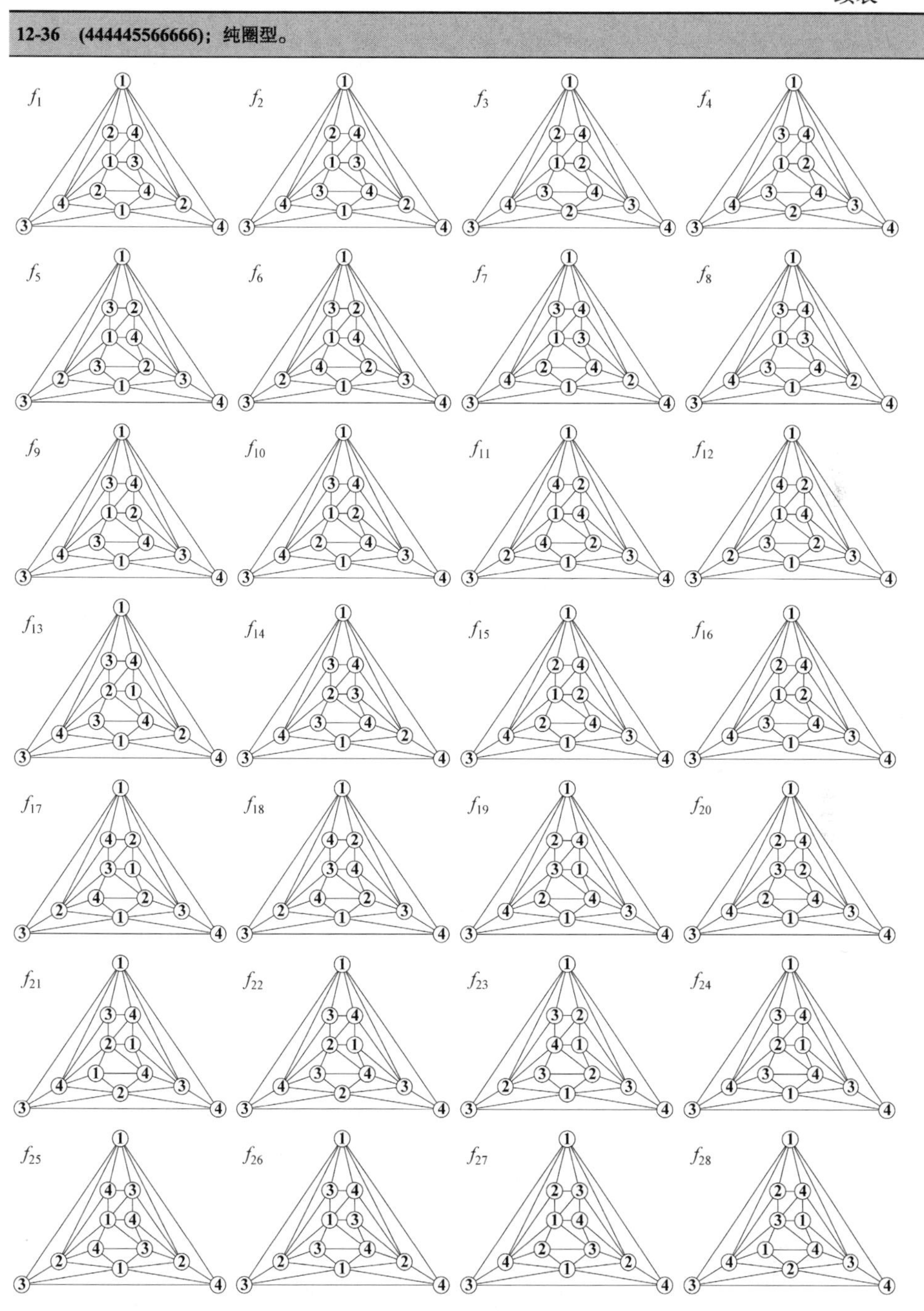

续表

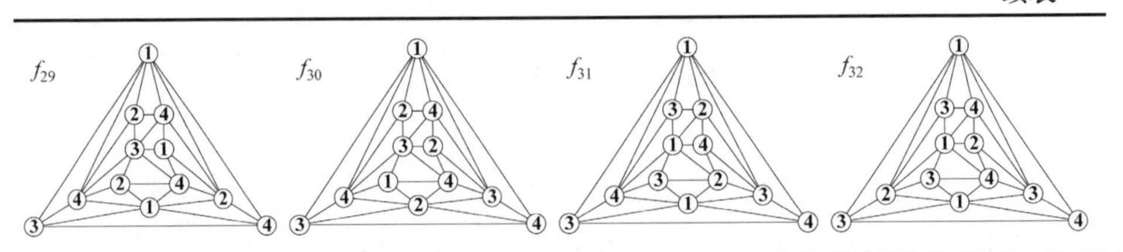

着色特征图：

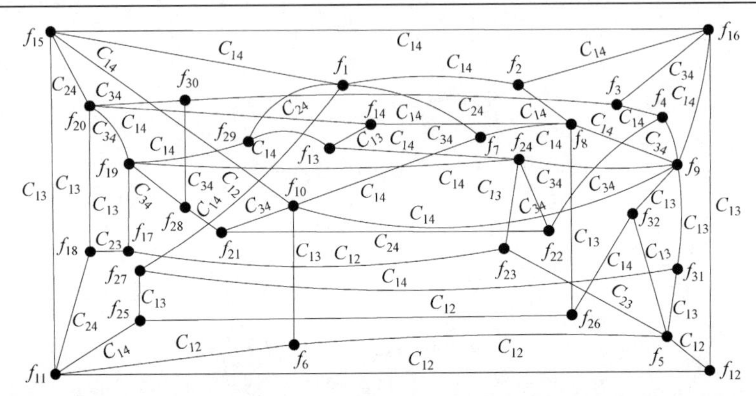

12-37 (444445556667); 纯圈型。

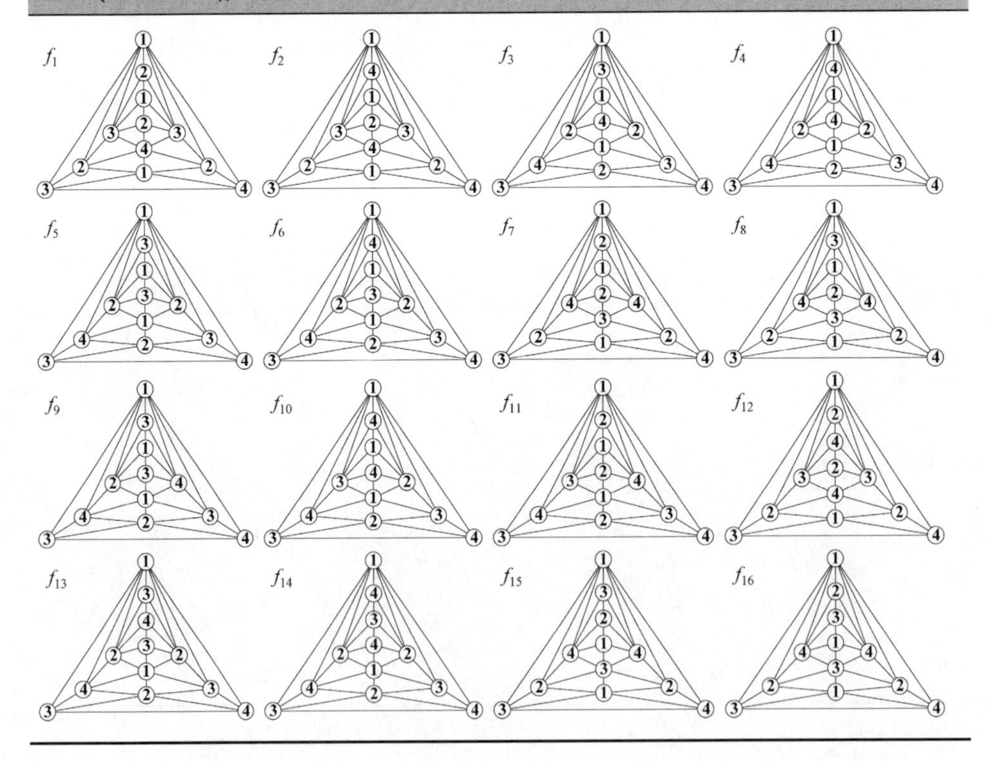

续表

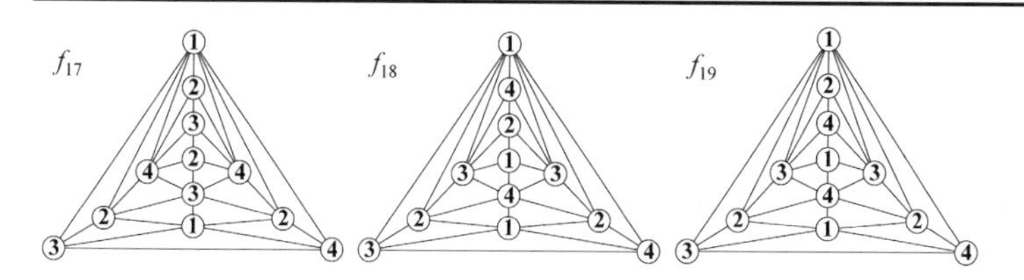

着色特征图：

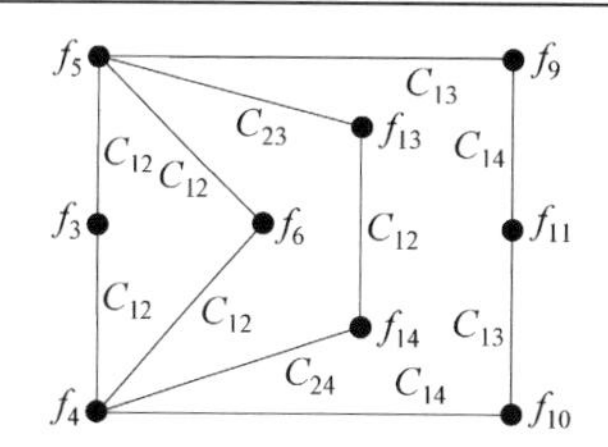

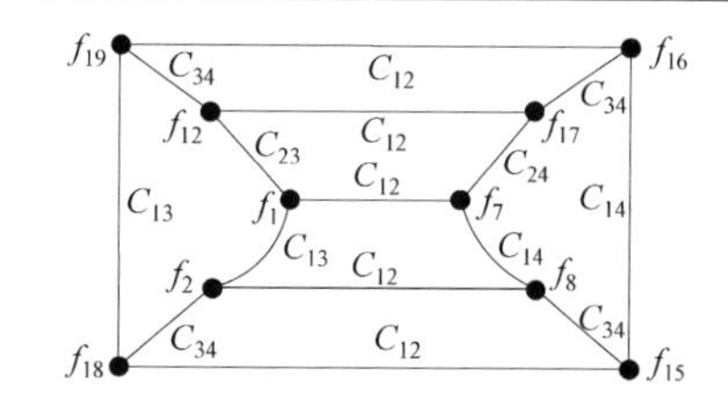

12-39 (444445556667)；纯圈型；伪唯一。

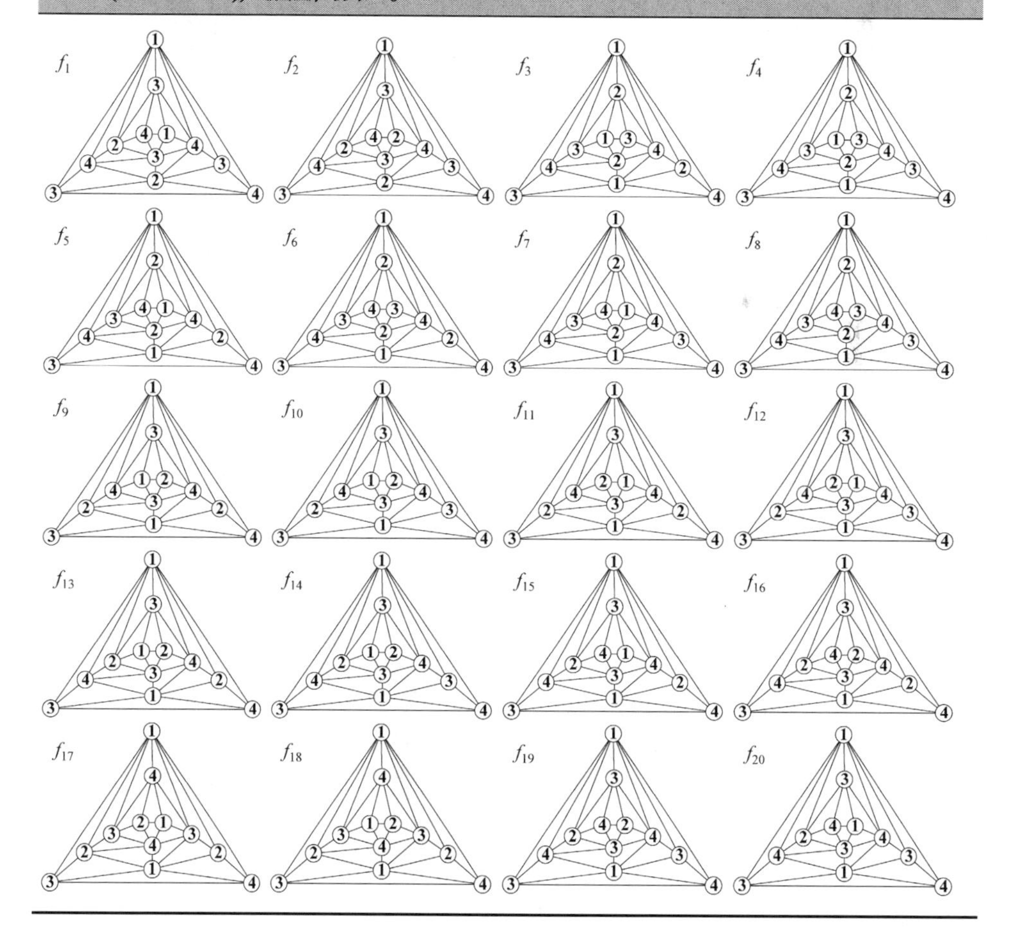

续表

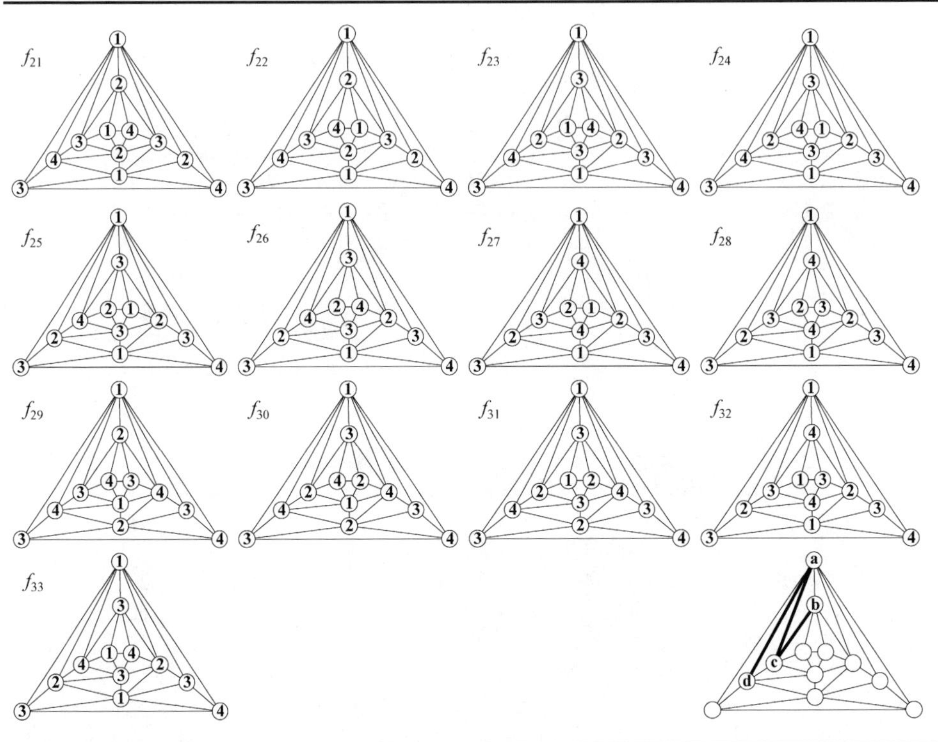
f_{21}
f_{22}
f_{23}
f_{24}
f_{25}
f_{26}
f_{27}
f_{28}
f_{29}
f_{30}
f_{31}
f_{32}
f_{33}
a
b
c
d

着色特征图：

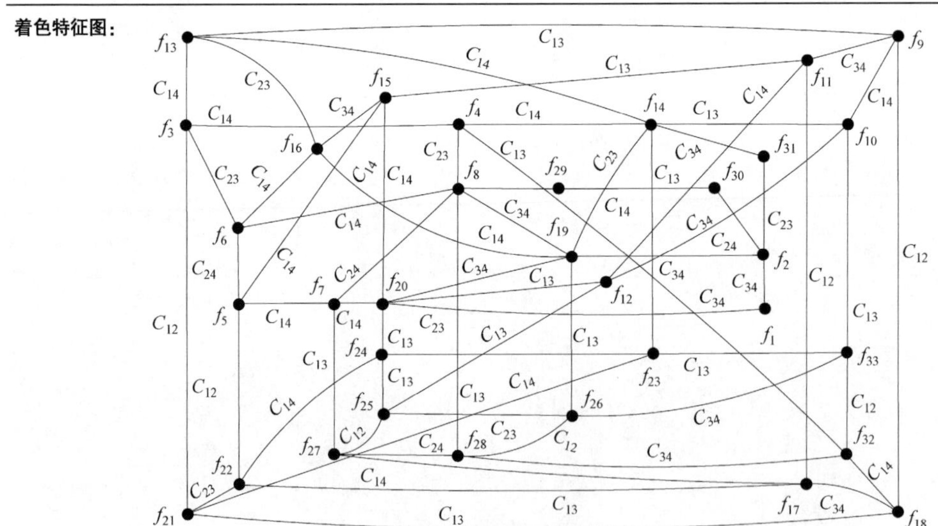
f_{13}
f_{9}
f_{11}
f_{15}
f_{3}
f_{4}
f_{14}
f_{10}
f_{16}
f_{31}
f_{29}
f_{8}
f_{30}
f_{6}
f_{19}
f_{2}
f_{7}
f_{20}
f_{12}
f_{5}
f_{1}
f_{24}
f_{23}
f_{33}
f_{25}
f_{26}
f_{27}
f_{28}
f_{32}
f_{22}
f_{17}
f_{21}
f_{18}

续表

12-40　(444445556667)；纯圈型；2-色不变圈。

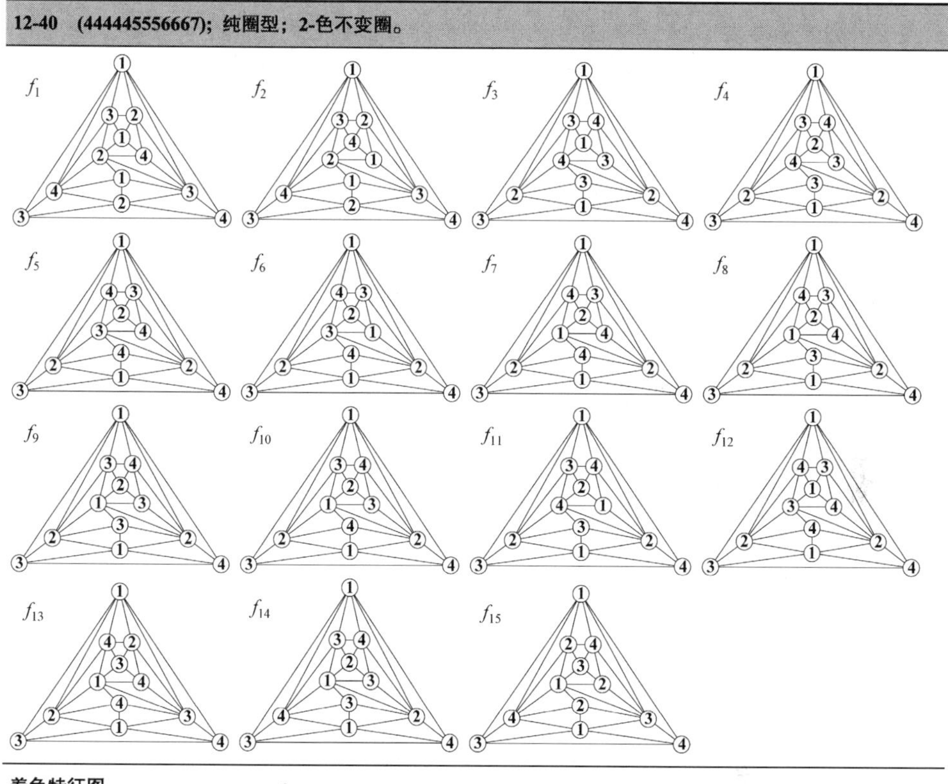

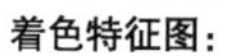
着色特征图：

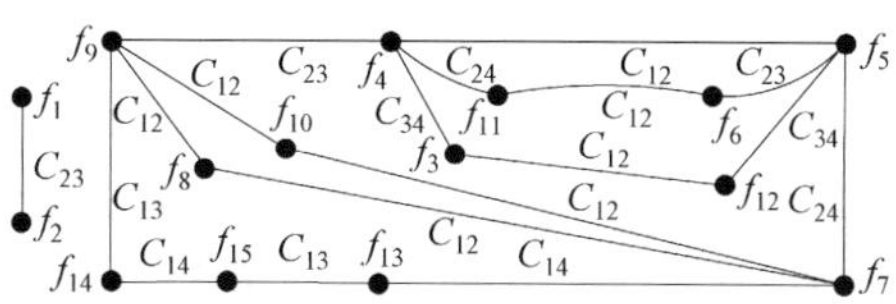

12-41　(444445556667)；混合型。

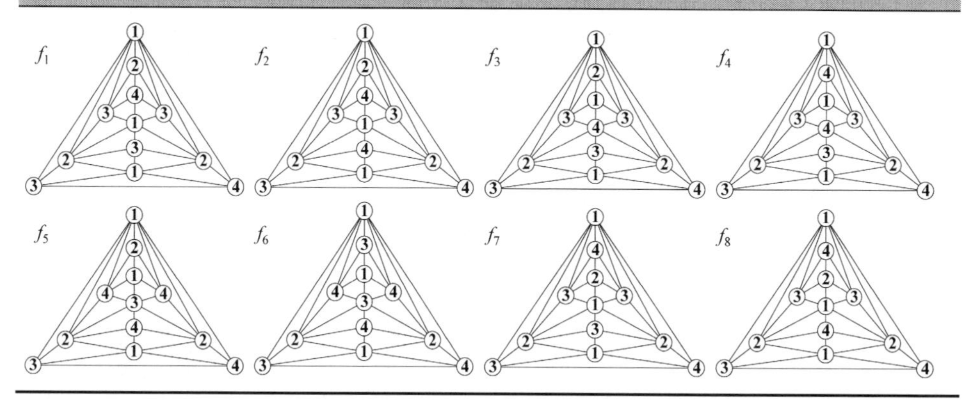

续表

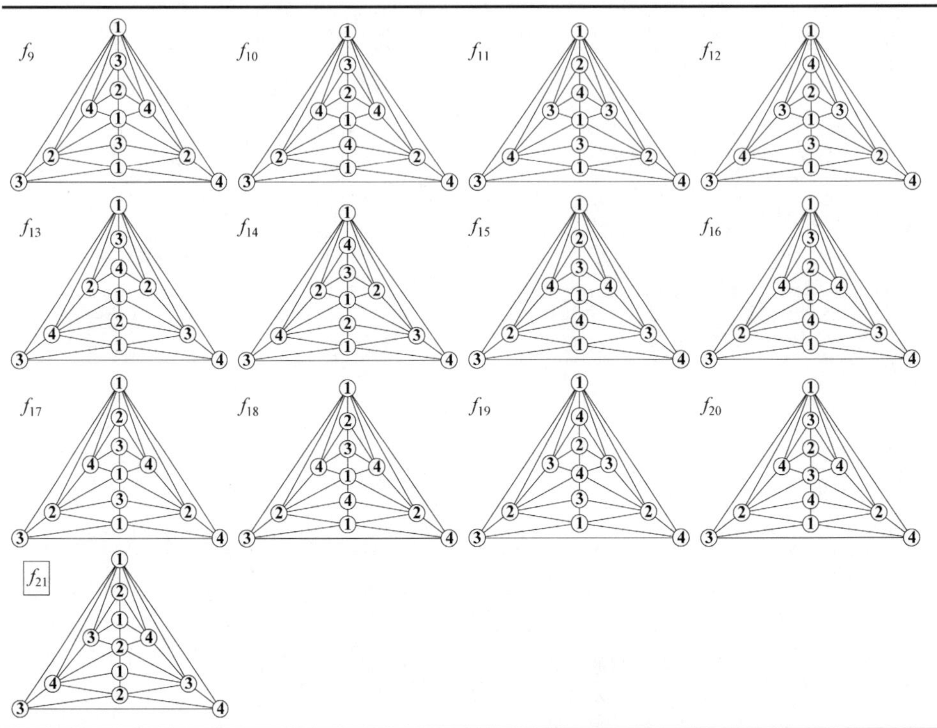

着色特征图：

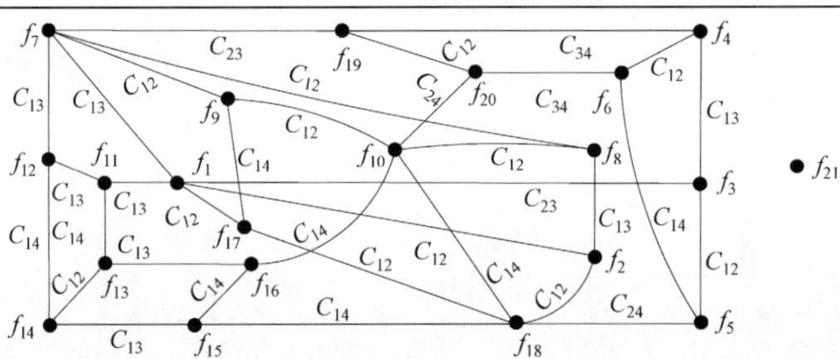

12-42 (444445556667); 纯圈型。

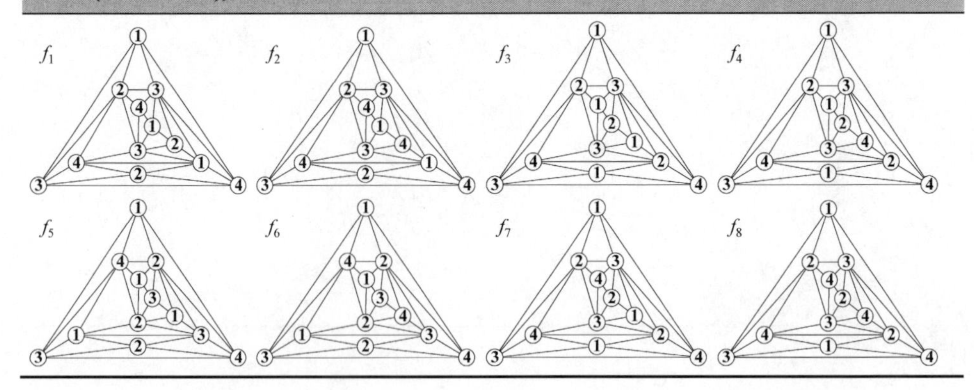

续表

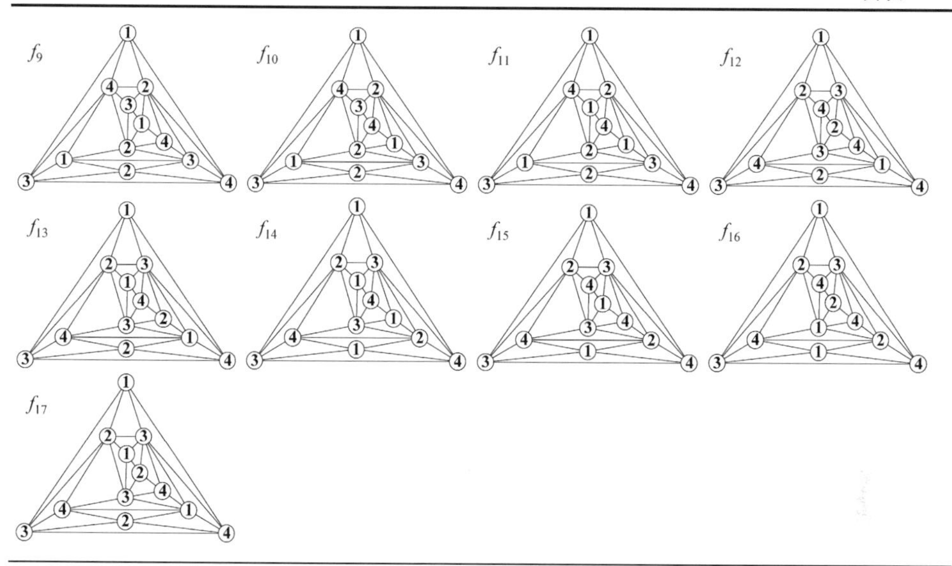

着色特征图:

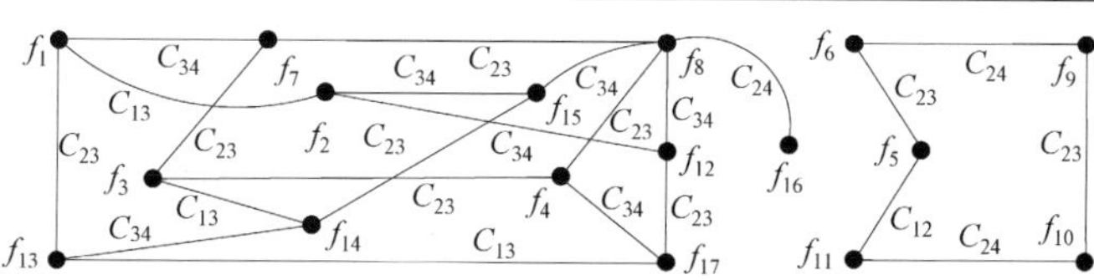

12-43　(444445556667); 纯圈型; 伪唯一。

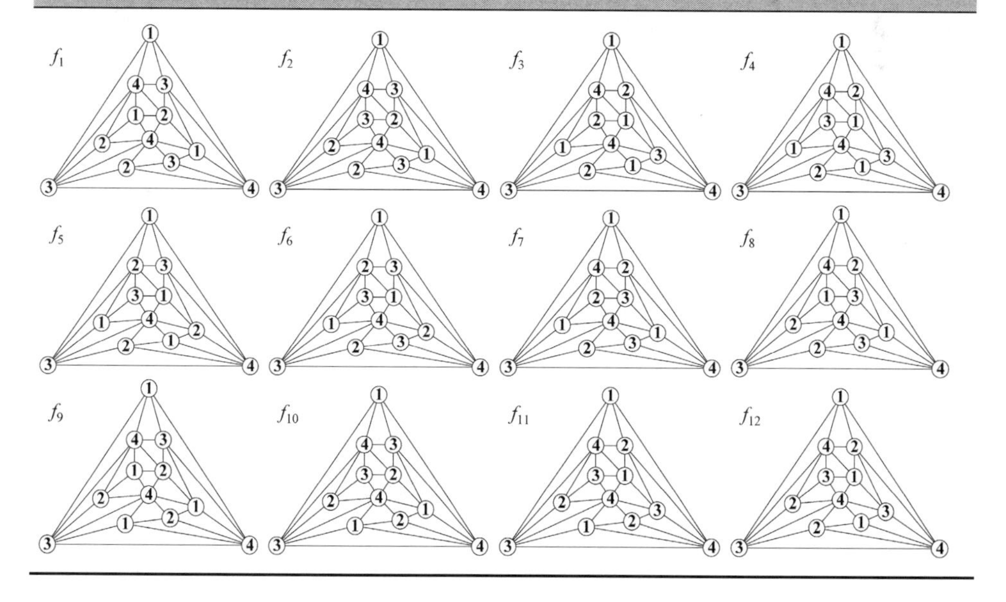

续表

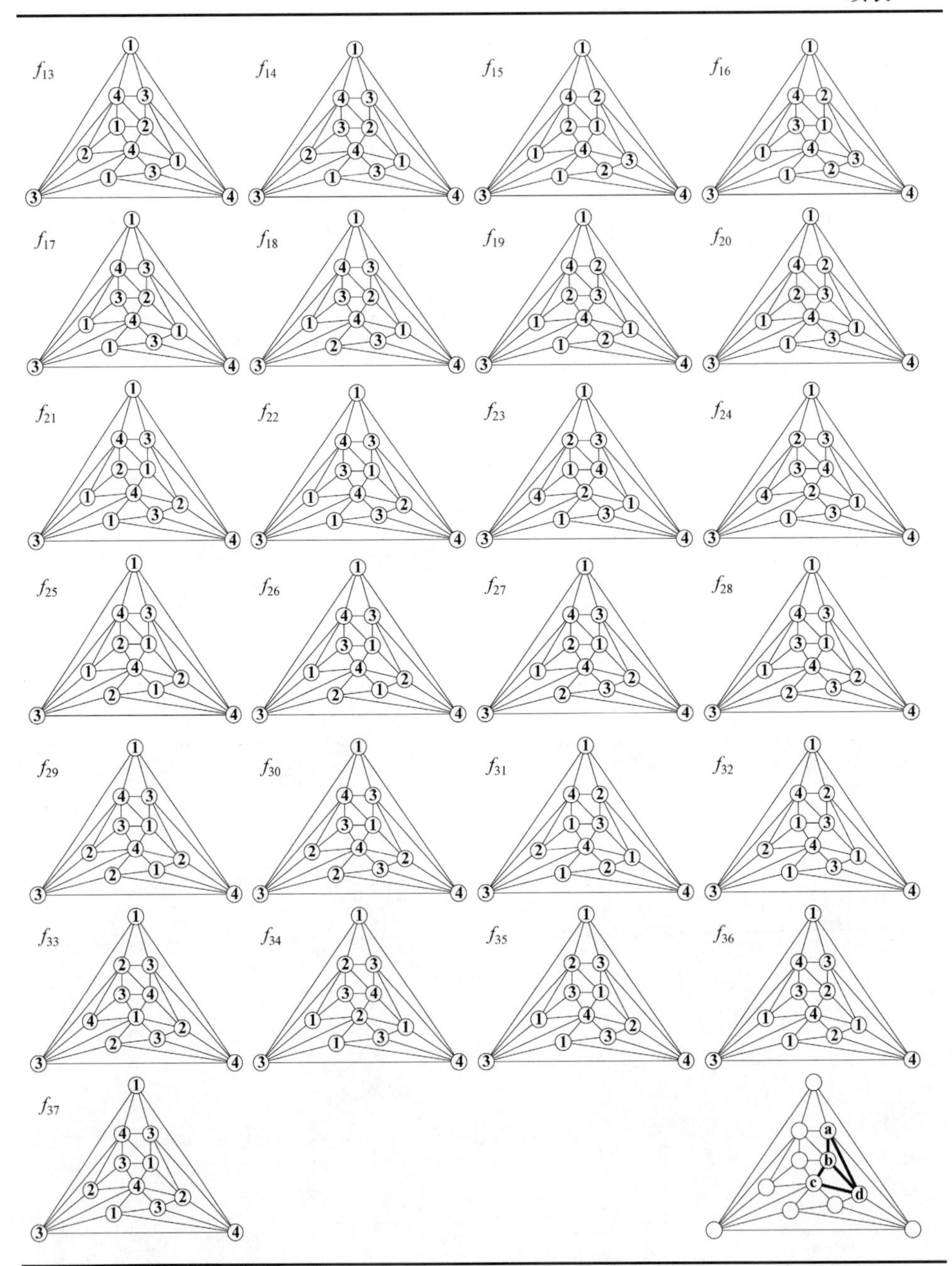
f_{13}
f_{14}
f_{15}
f_{16}
f_{17}
f_{18}
f_{19}
f_{20}
f_{21}
f_{22}
f_{23}
f_{24}
f_{25}
f_{26}
f_{27}
f_{28}
f_{29}
f_{30}
f_{31}
f_{32}
f_{33}
f_{34}
f_{35}
f_{36}
f_{37}
a
b
c
d

续表

着色特征图：

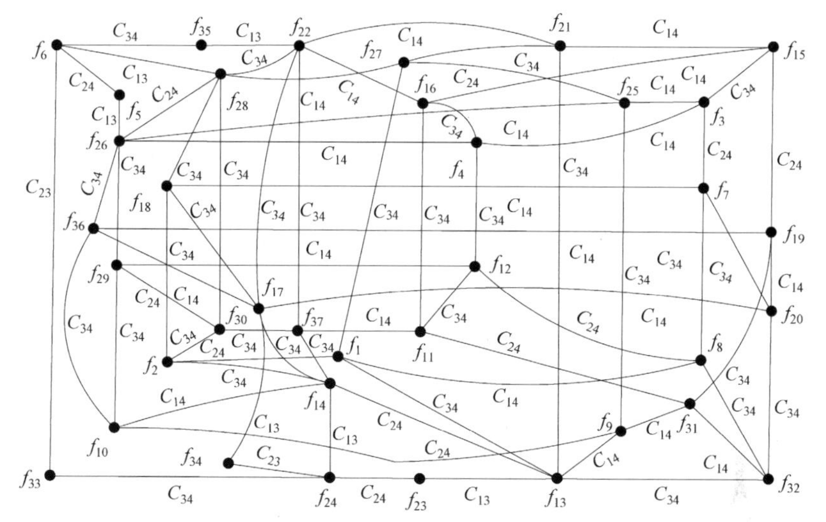

12-44　(444445556667)；混合型；3-色 2-长路。

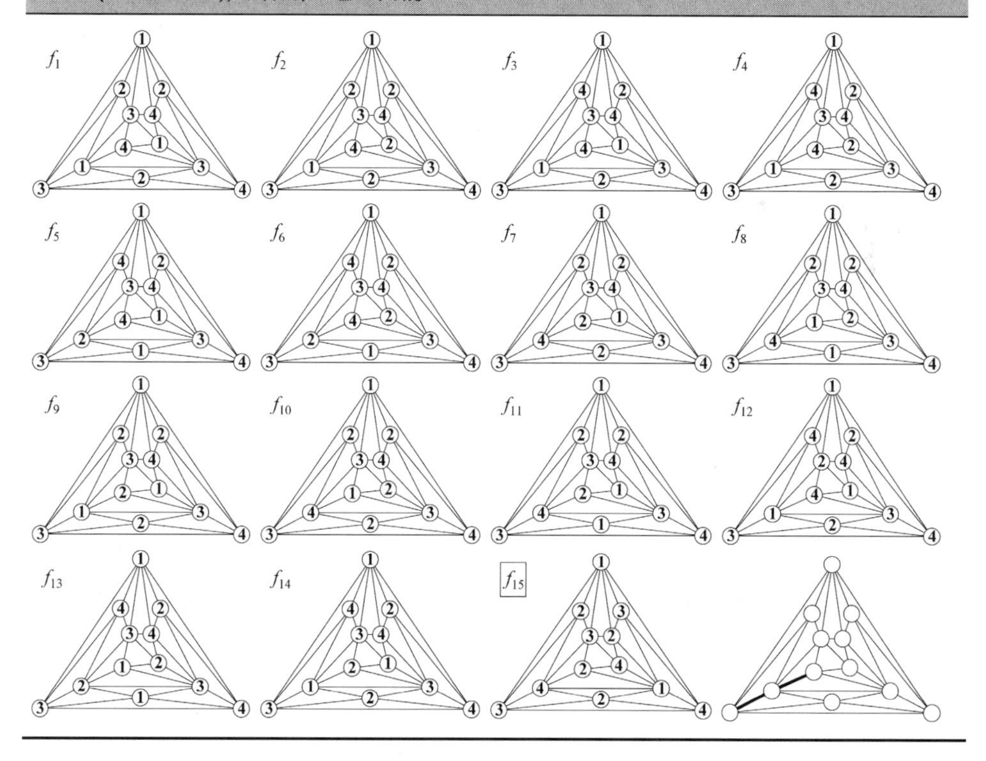

续表

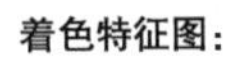
着色特征图:

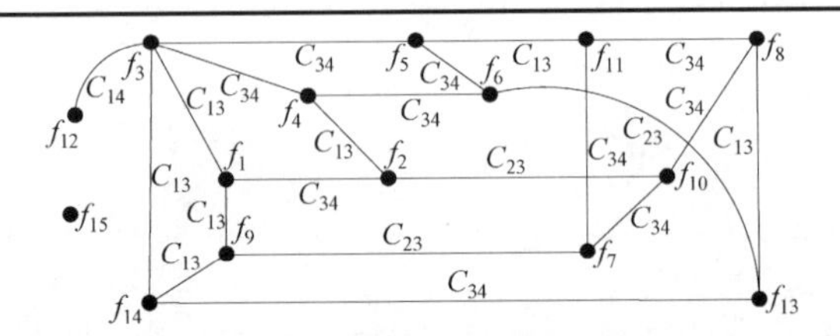

12-45 (444445556667); 纯圈型。

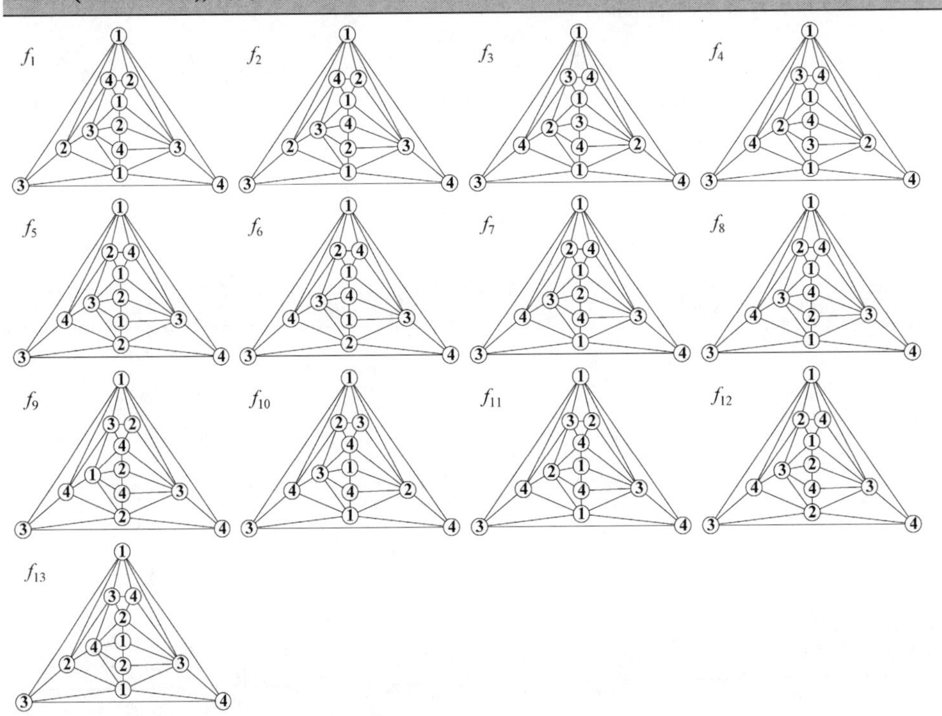

着色特征图:

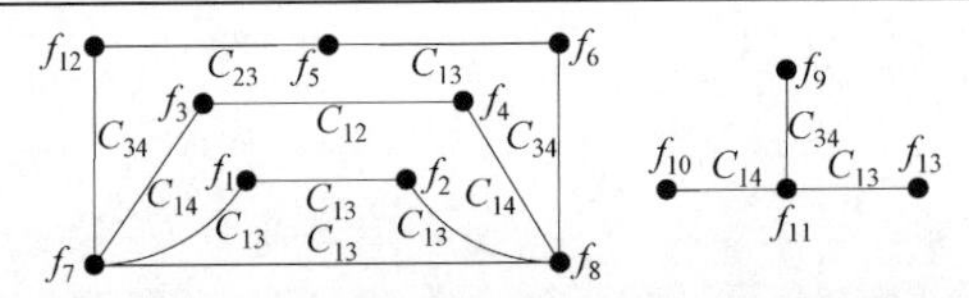

12-46 (444445556667); 纯圈型；伪唯一。

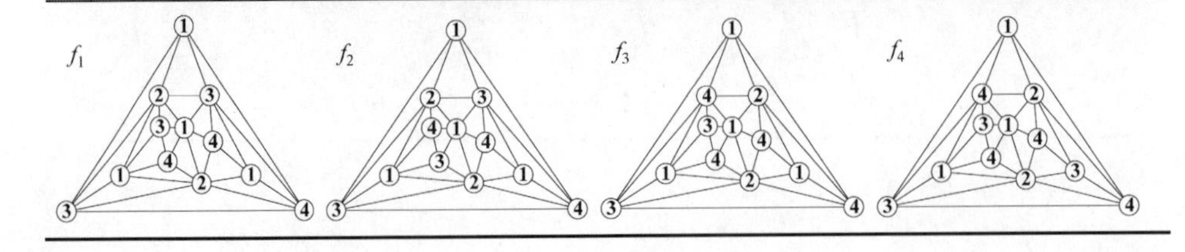

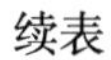

续表

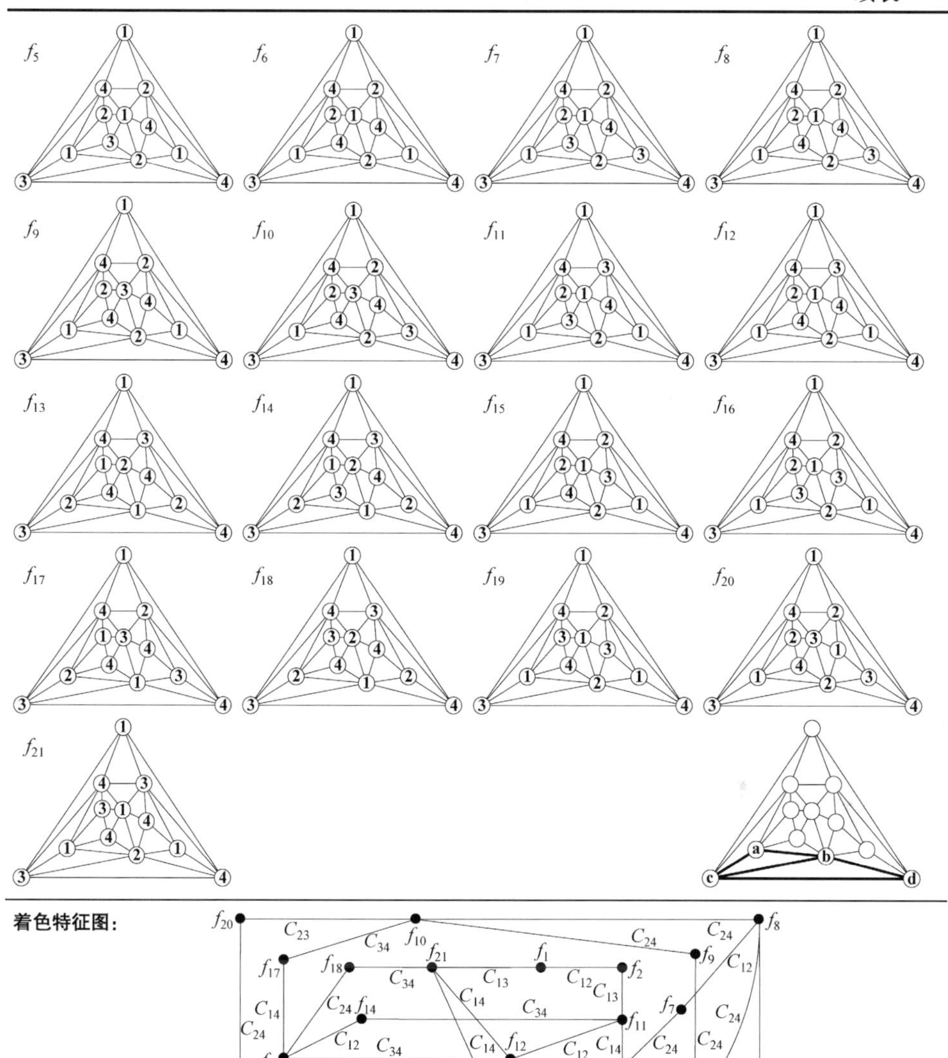

着色特征图：

12-47　(444445556667)；纯圈型。

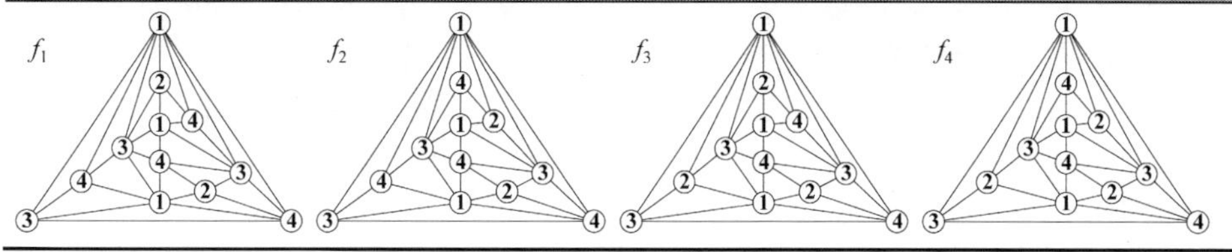

续表

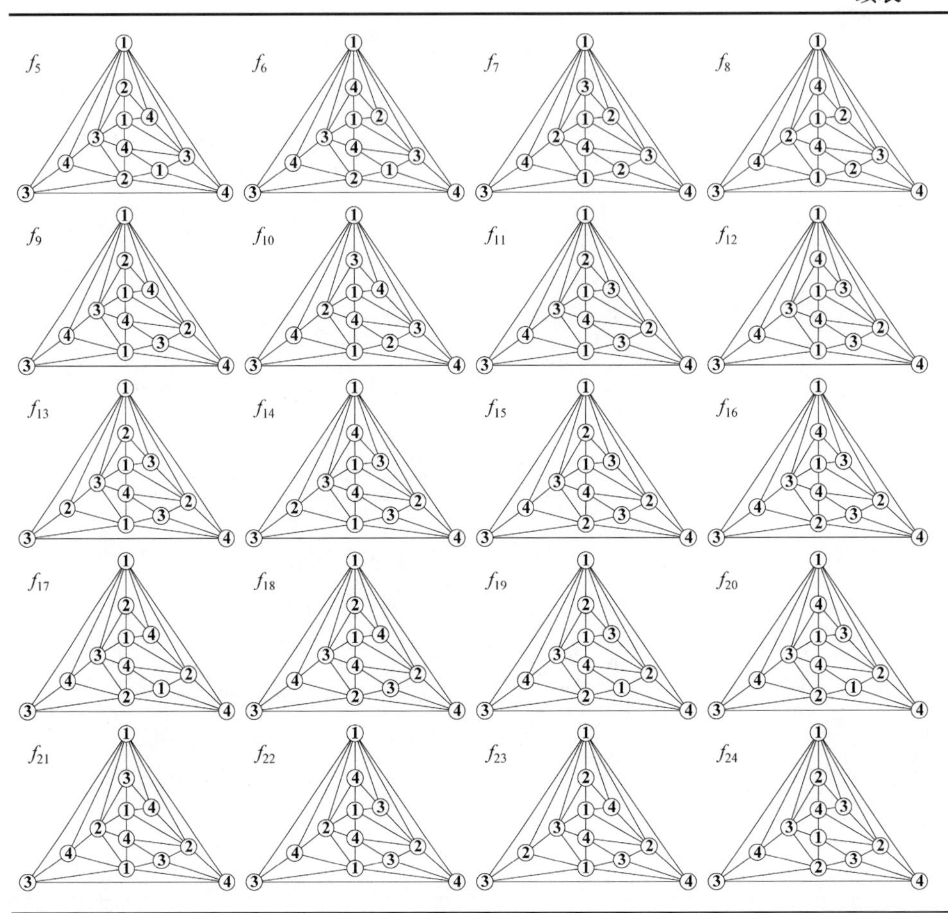
f_5
f_6
f_7
f_8
f_9
f_{10}
f_{11}
f_{12}
f_{13}
f_{14}
f_{15}
f_{16}
f_{17}
f_{18}
f_{19}
f_{20}
f_{21}
f_{22}
f_{23}
f_{24}

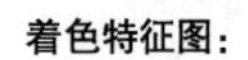

着色特征图：

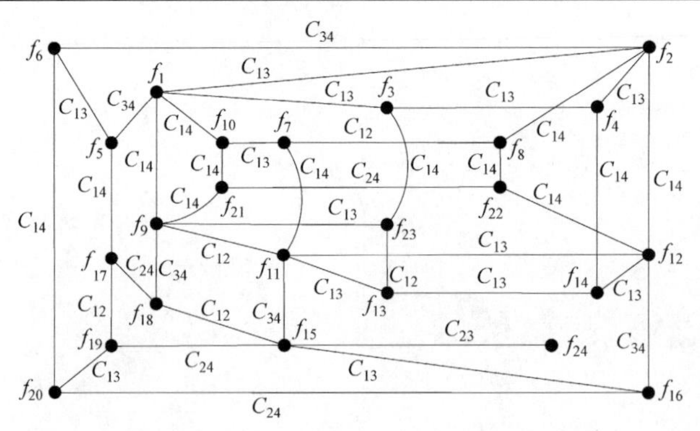
f_6
f_2
f_1
f_3
f_4
f_5
f_{10}
f_7
f_8
f_{21}
f_{22}
f_9
f_{23}
f_{17}
f_{11}
f_{12}
f_{13}
f_{14}
f_{18}
f_{15}
f_{19}
f_{24}
f_{20}
f_{16}

续表

12-48 (444445556667); 纯圈型; 伪唯一。

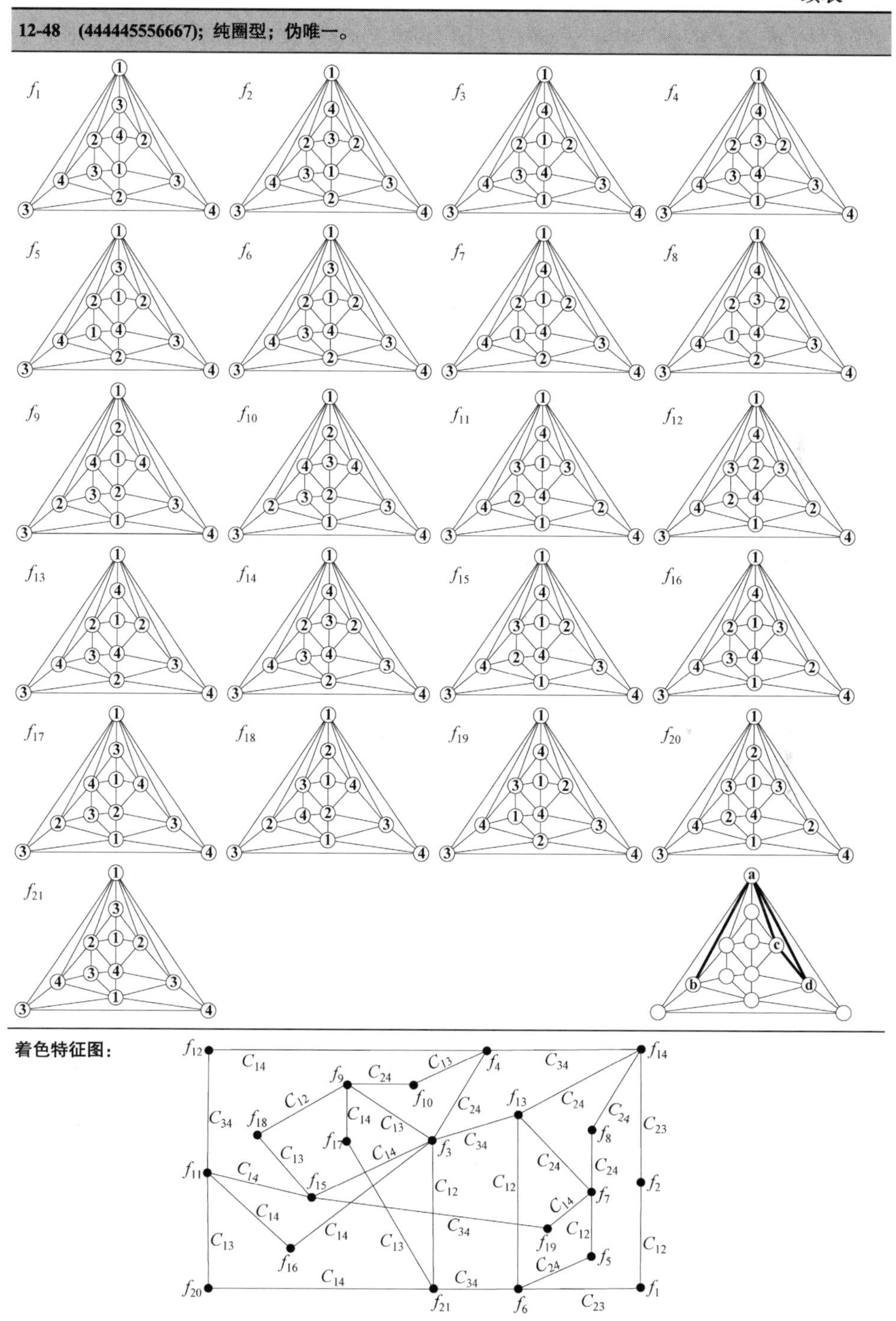

着色特征图:

续表

12-53　(444445555677)；纯圈型；2-色不变圈。

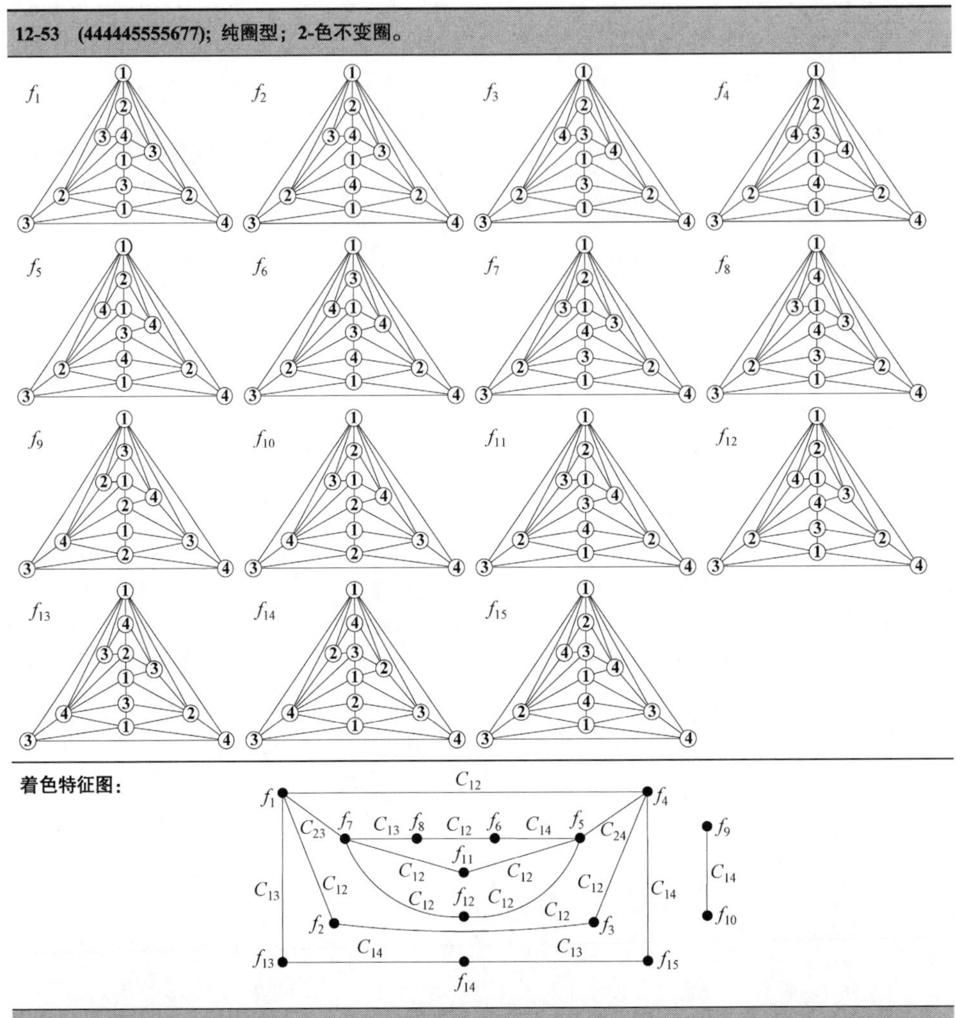

12-54　(444445555677)；纯圈型。

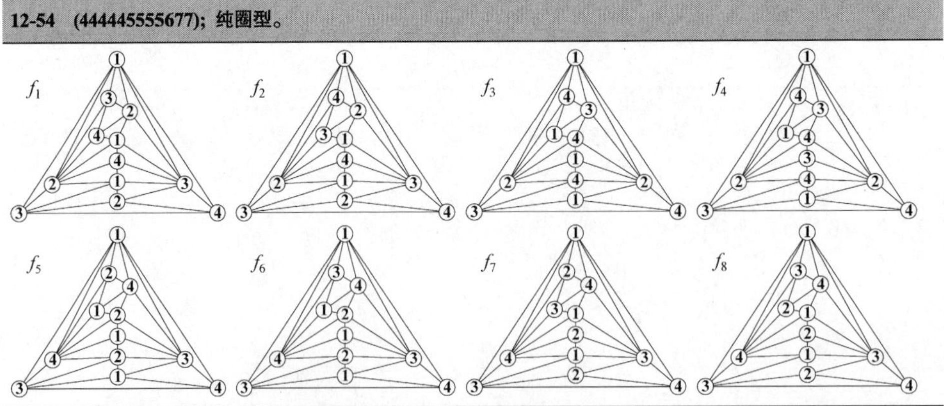

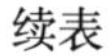

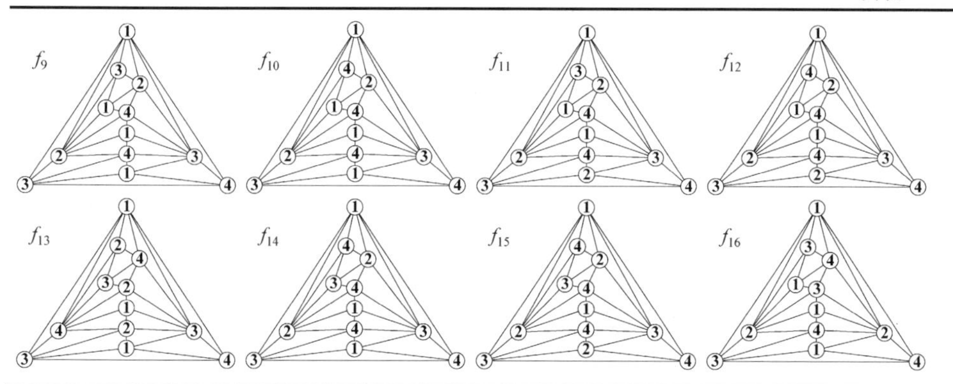

着色特征图：

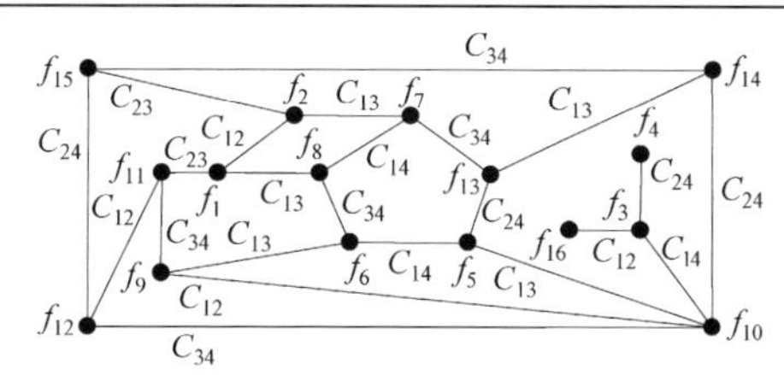

12-55 (444445555677)；纯圈型；伪唯一。

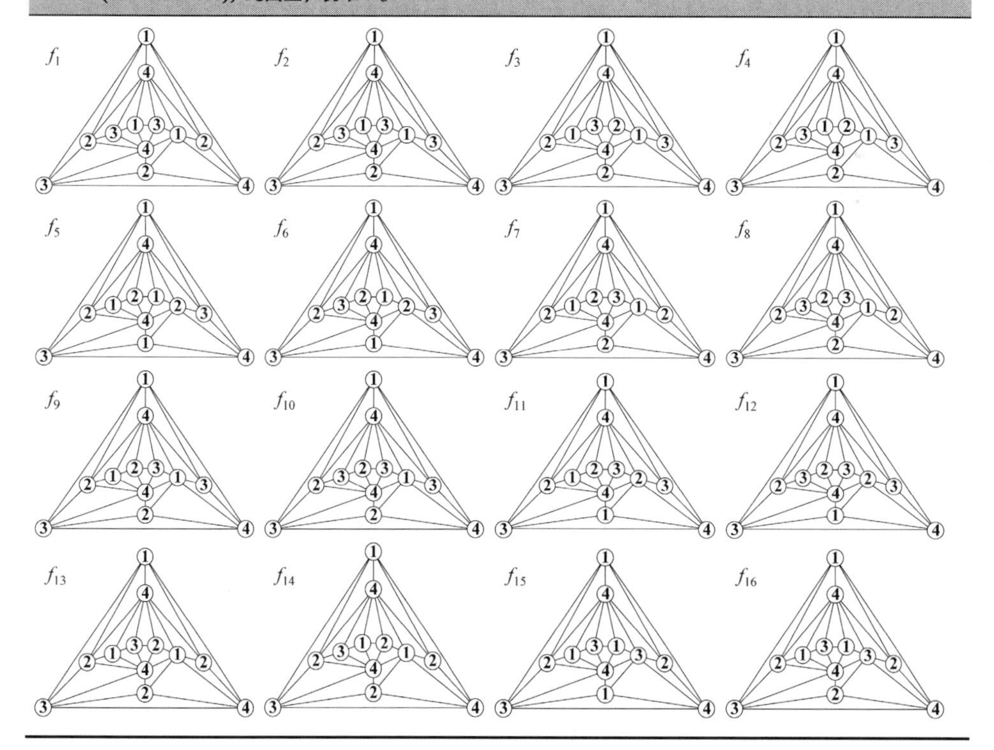

续表

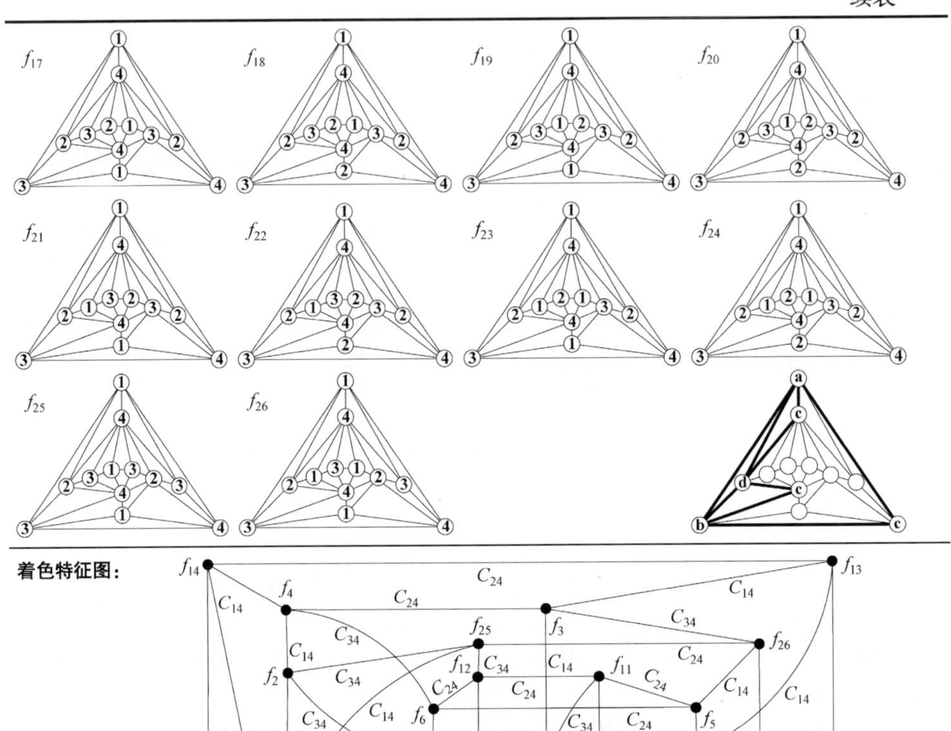

着色特征图：

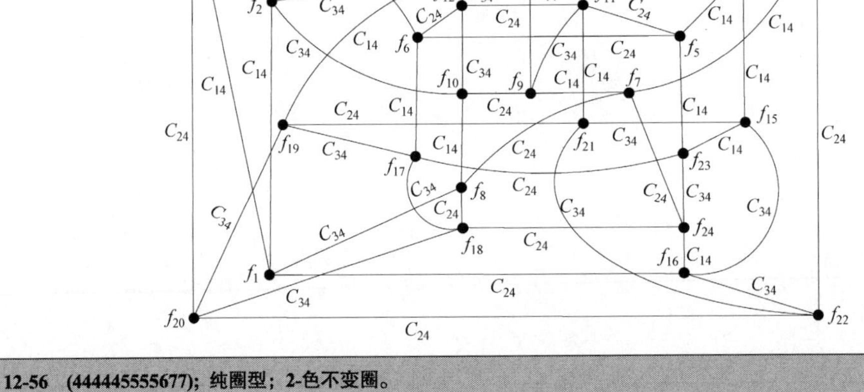

12-56 (444445555677); 纯圈型；2-色不变圈。

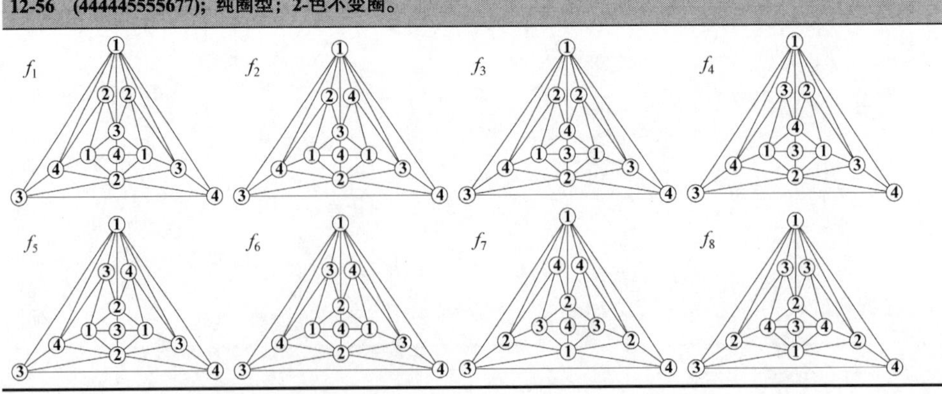

续表

着色特征图:

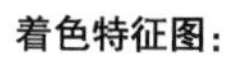

12-57　(444445555677); 混合型; 2-色不变圈。

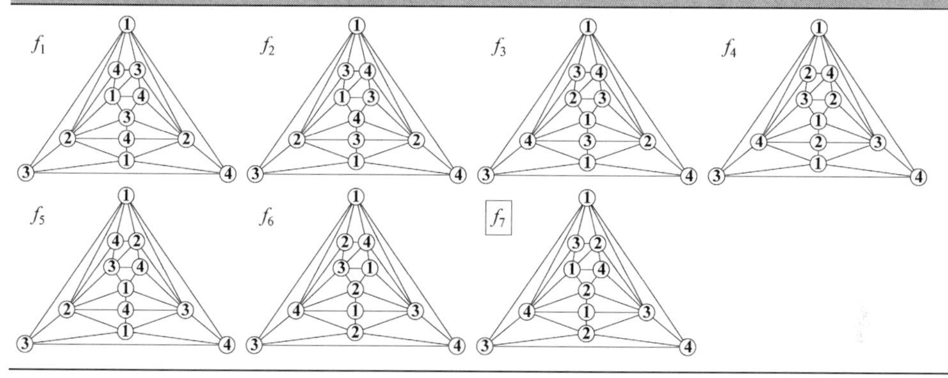

着色特征图:

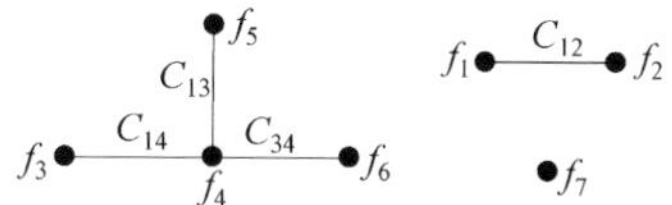

12-59　(444445555668); 纯圈型。

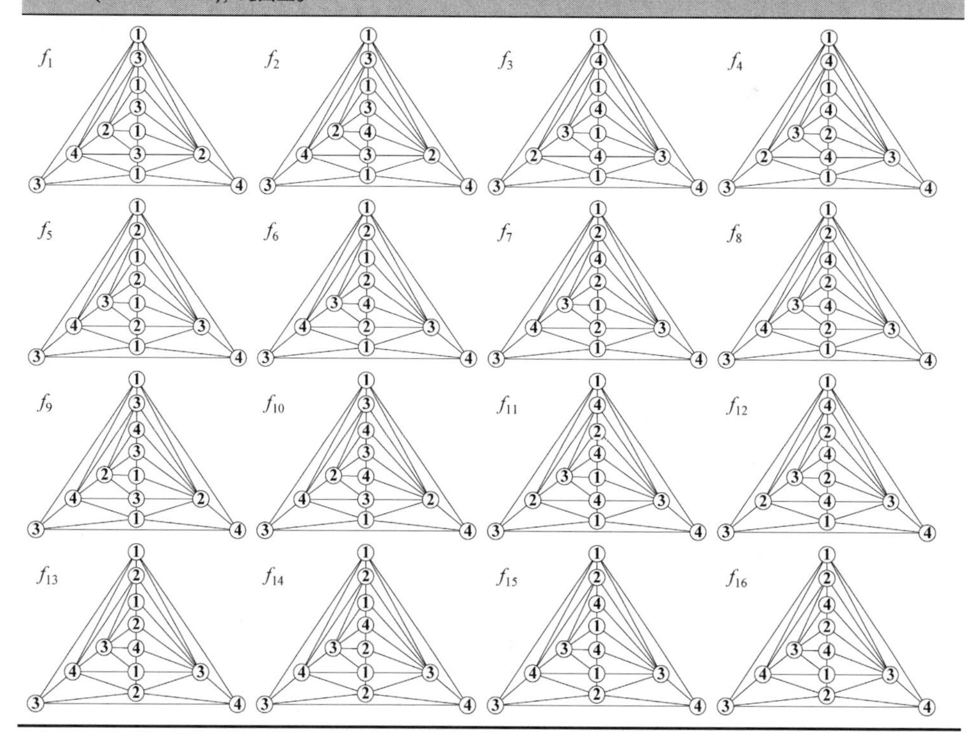

续表

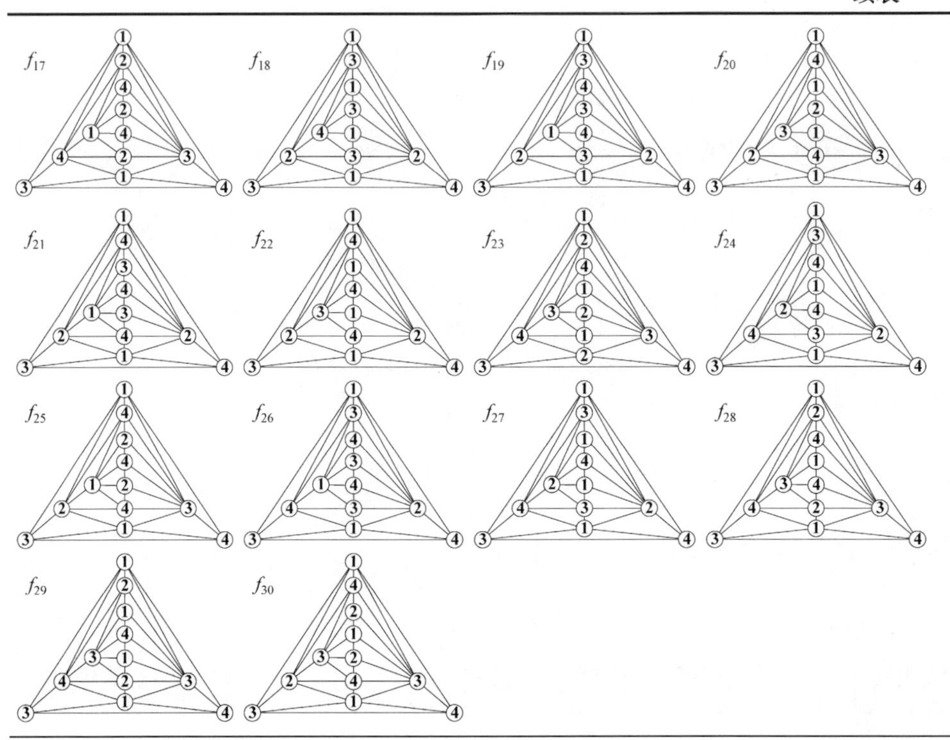

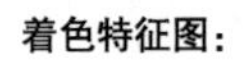
着色特征图：

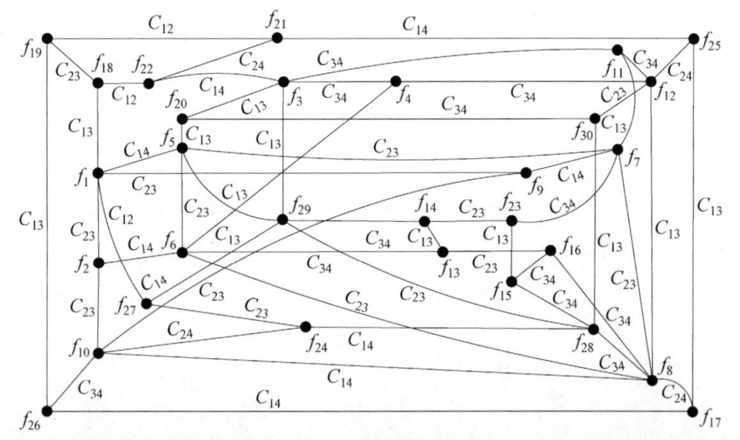

12-60 (444445555668)；纯圈型；伪唯一。

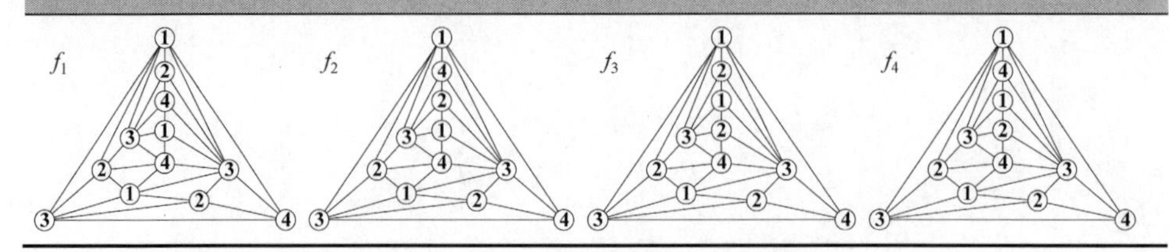

续表

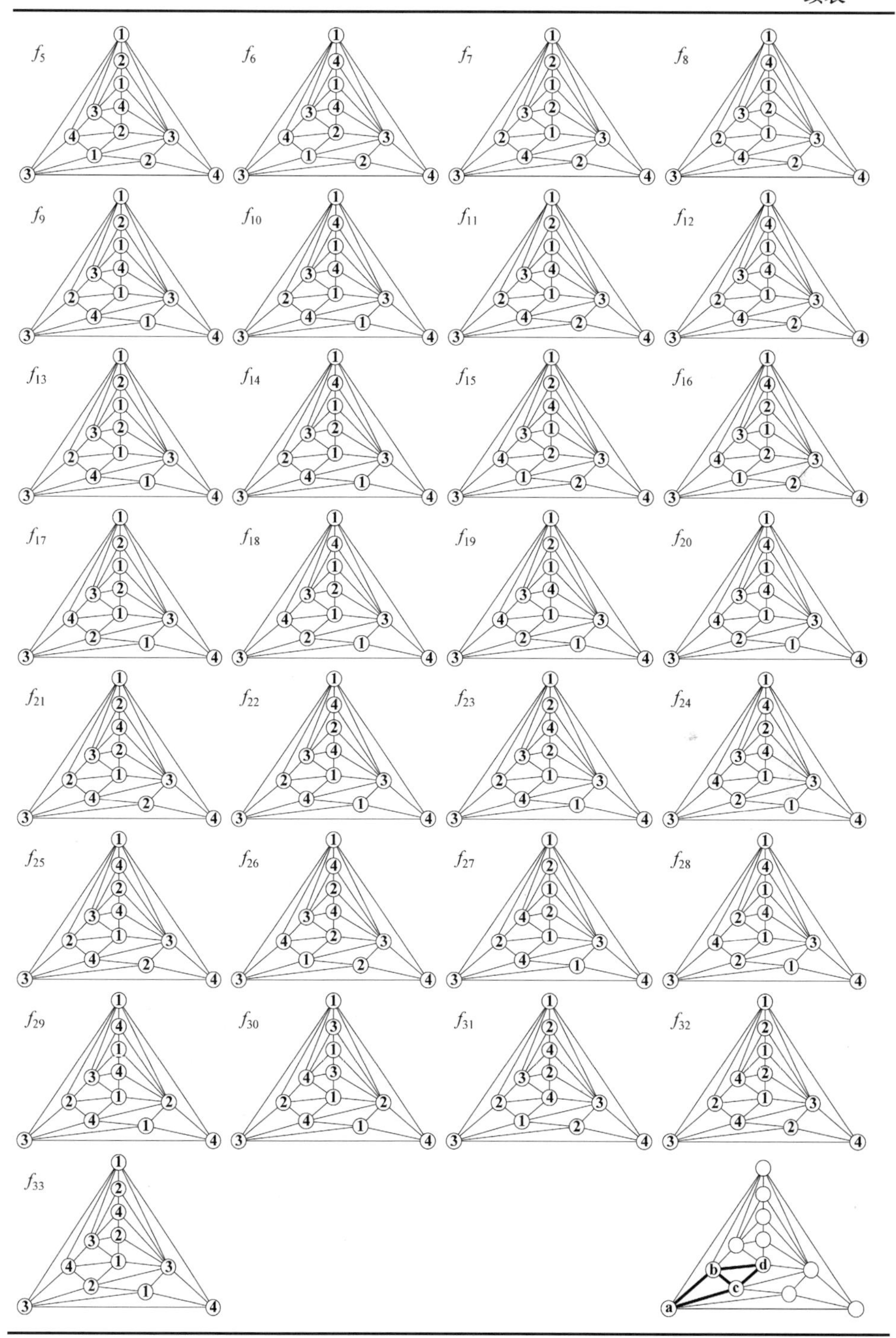
f5
f6
f7
f8
f9
f10
f11
f12
f13
f14
f15
f16
f17
f18
f19
f20
f21
f22
f23
f24
f25
f26
f27
f28
f29
f30
f31
f32
f33
a
b
c
d

续表

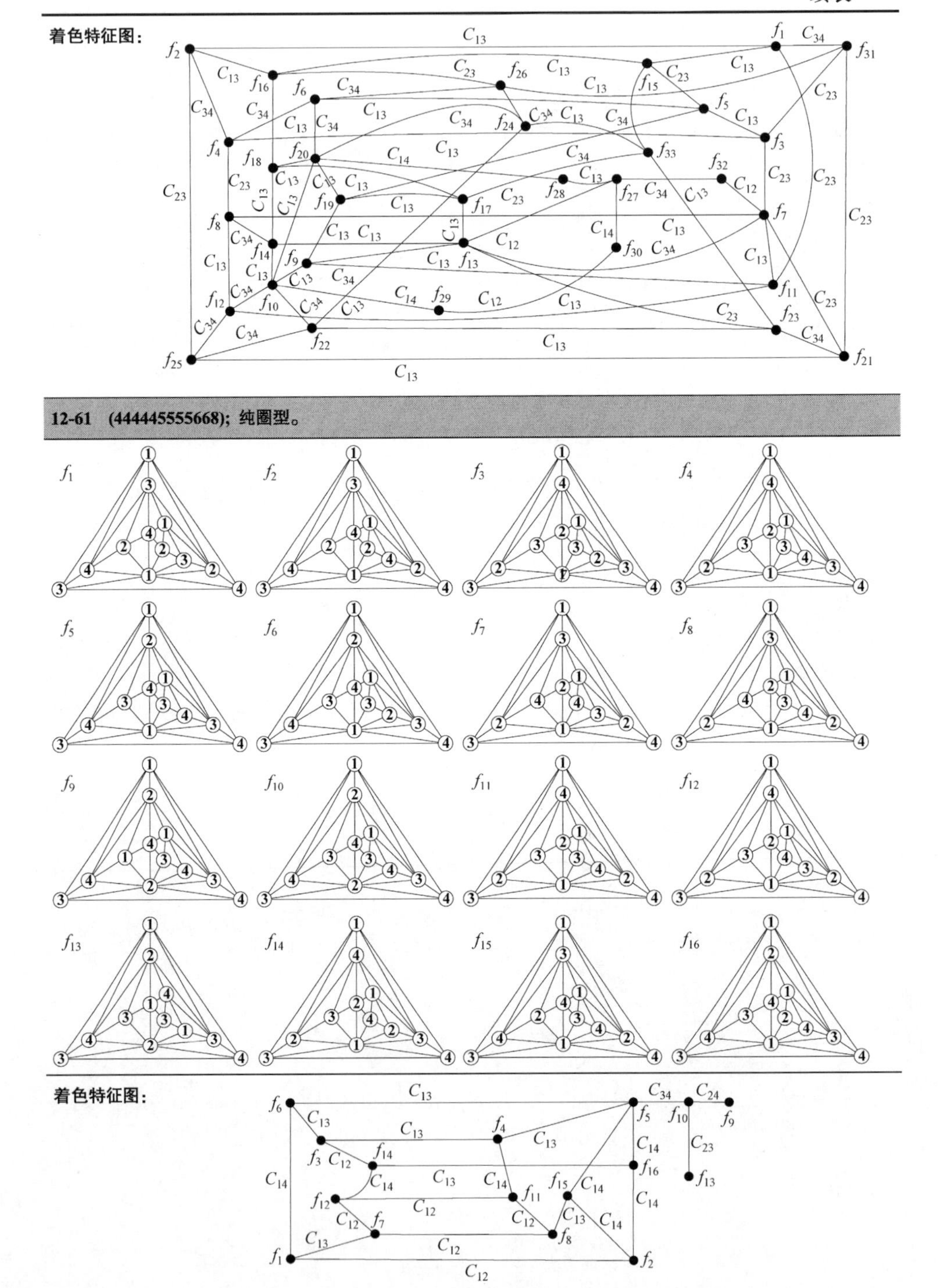

续表

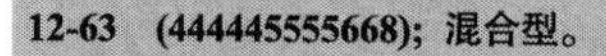

12-63　(444445555668)；混合型。

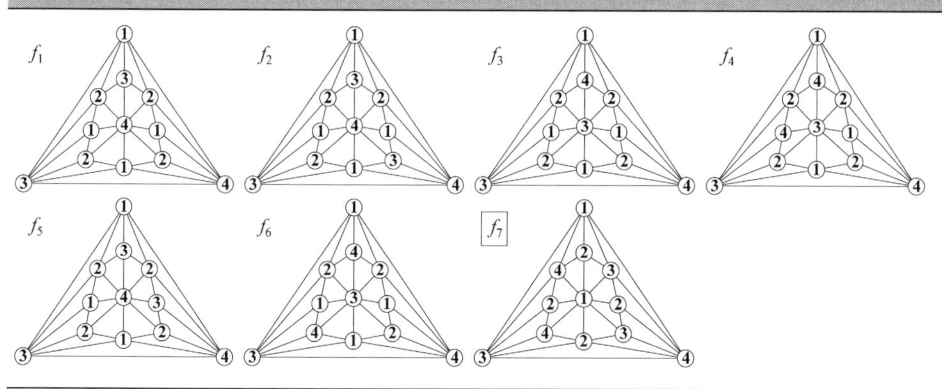

着色特征图：

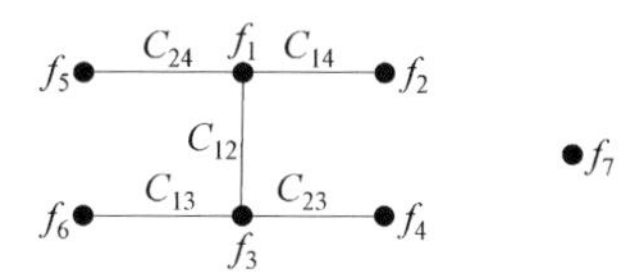

12-65　(444445555578)；纯圈型。

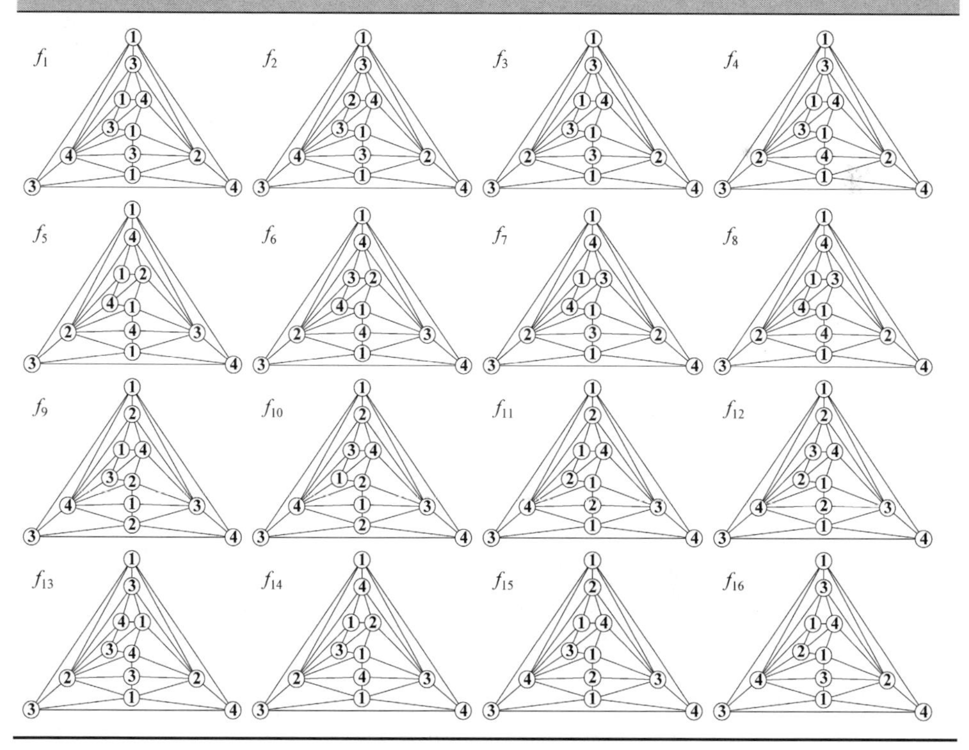

续表

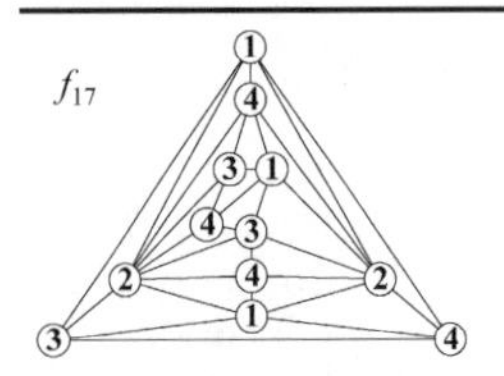

着色特征图：

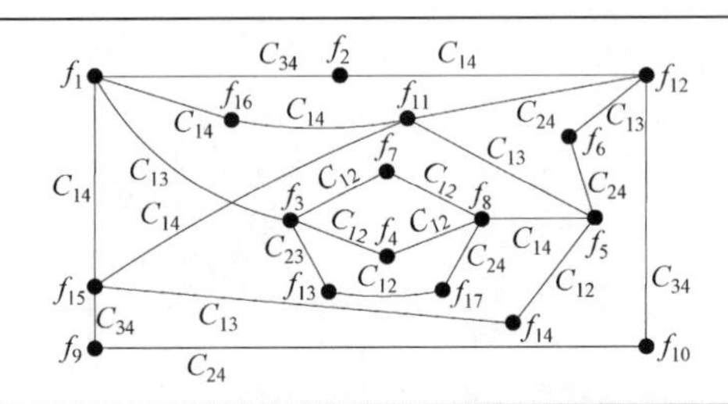

12-66 (444445555578)；纯圈型；伪唯一。

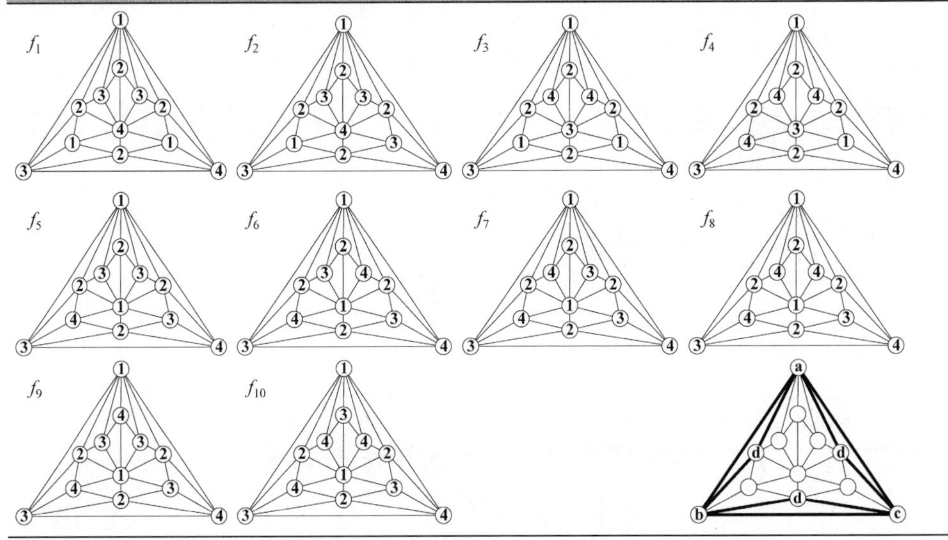

着色特征图：

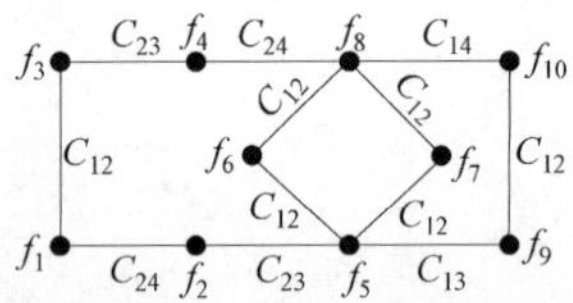

12-67 (444444666666)；唯一 3-色图。

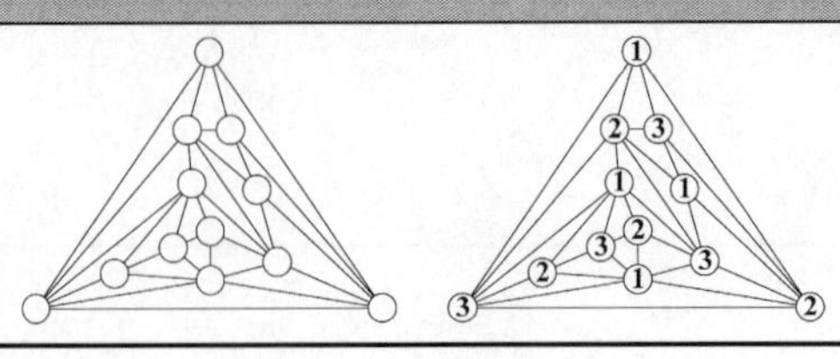

续表

12-69　(444444666666); 唯一 3-色图。

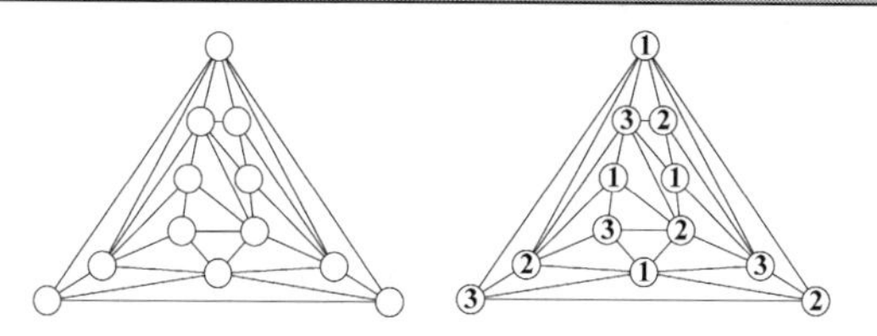

12-71　(444444566667); 纯圈型。

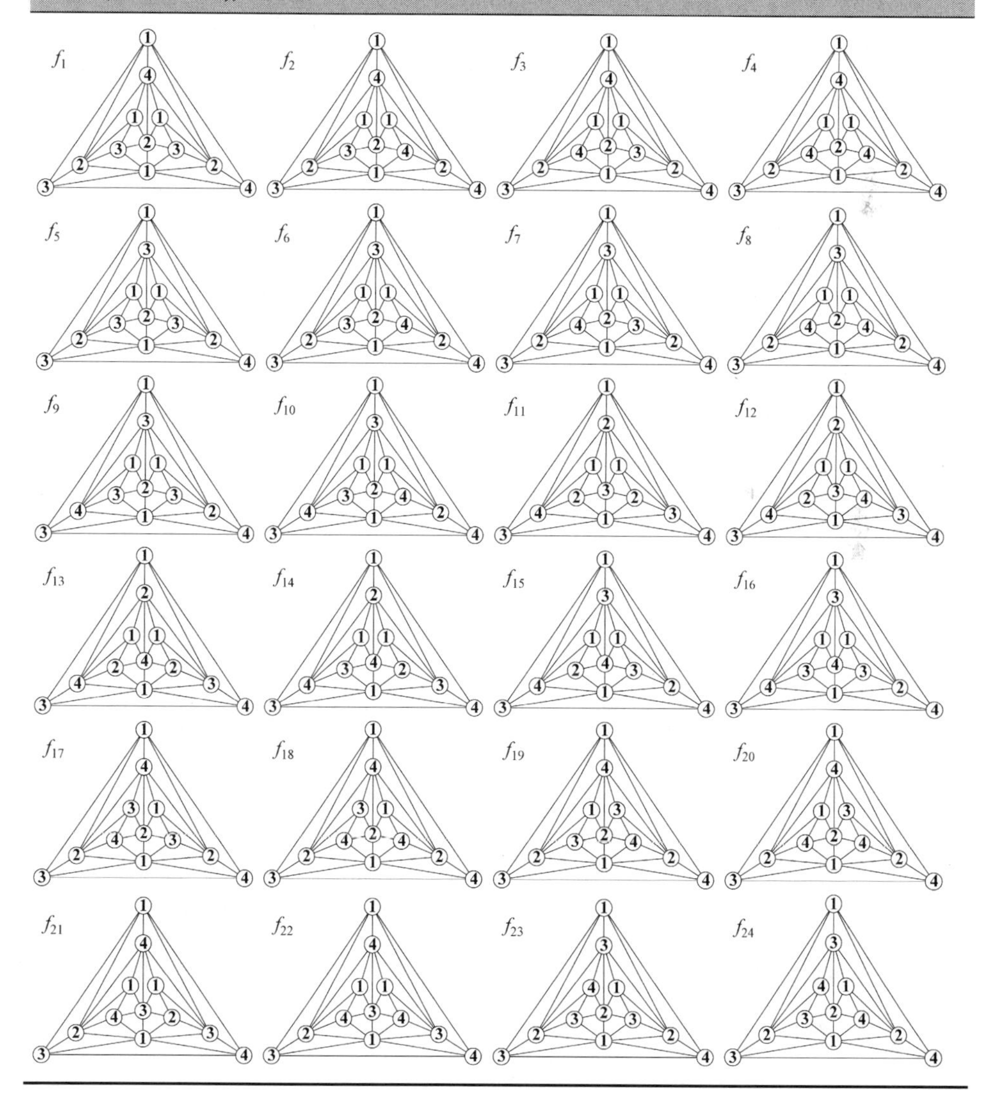

续表

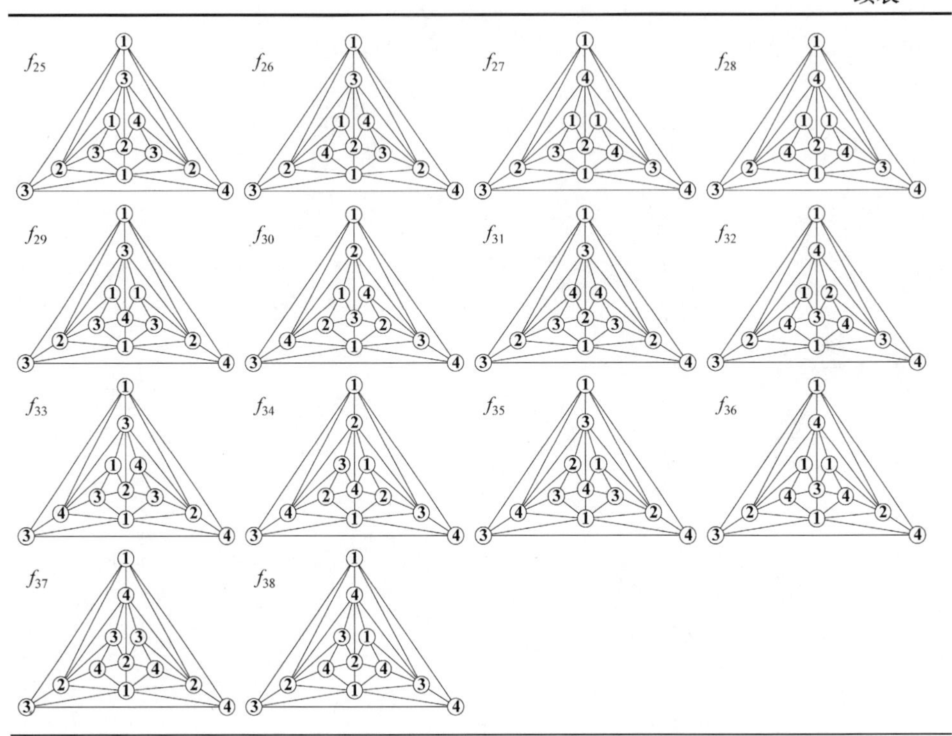

着色特征图：

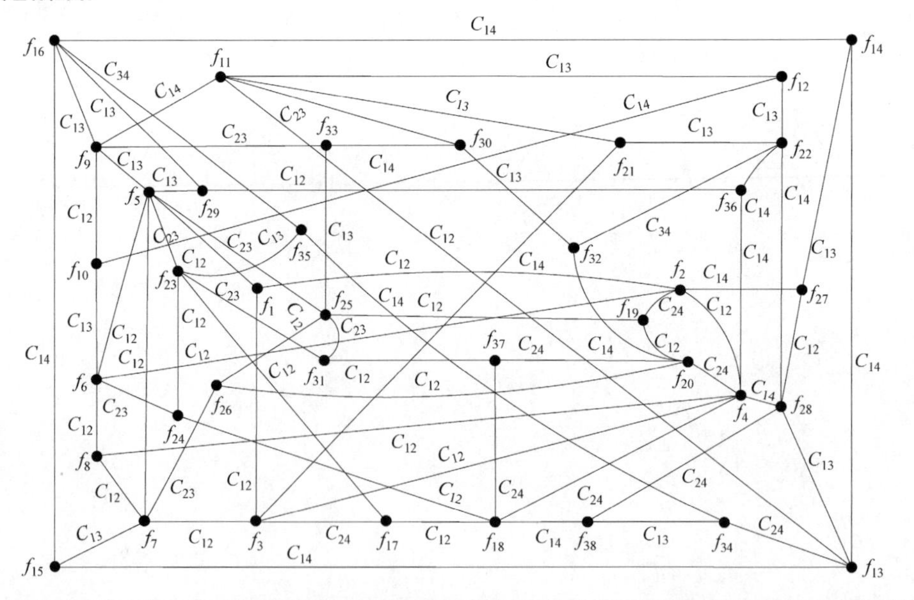

续表

12-73　(444444556677)；纯圈型。

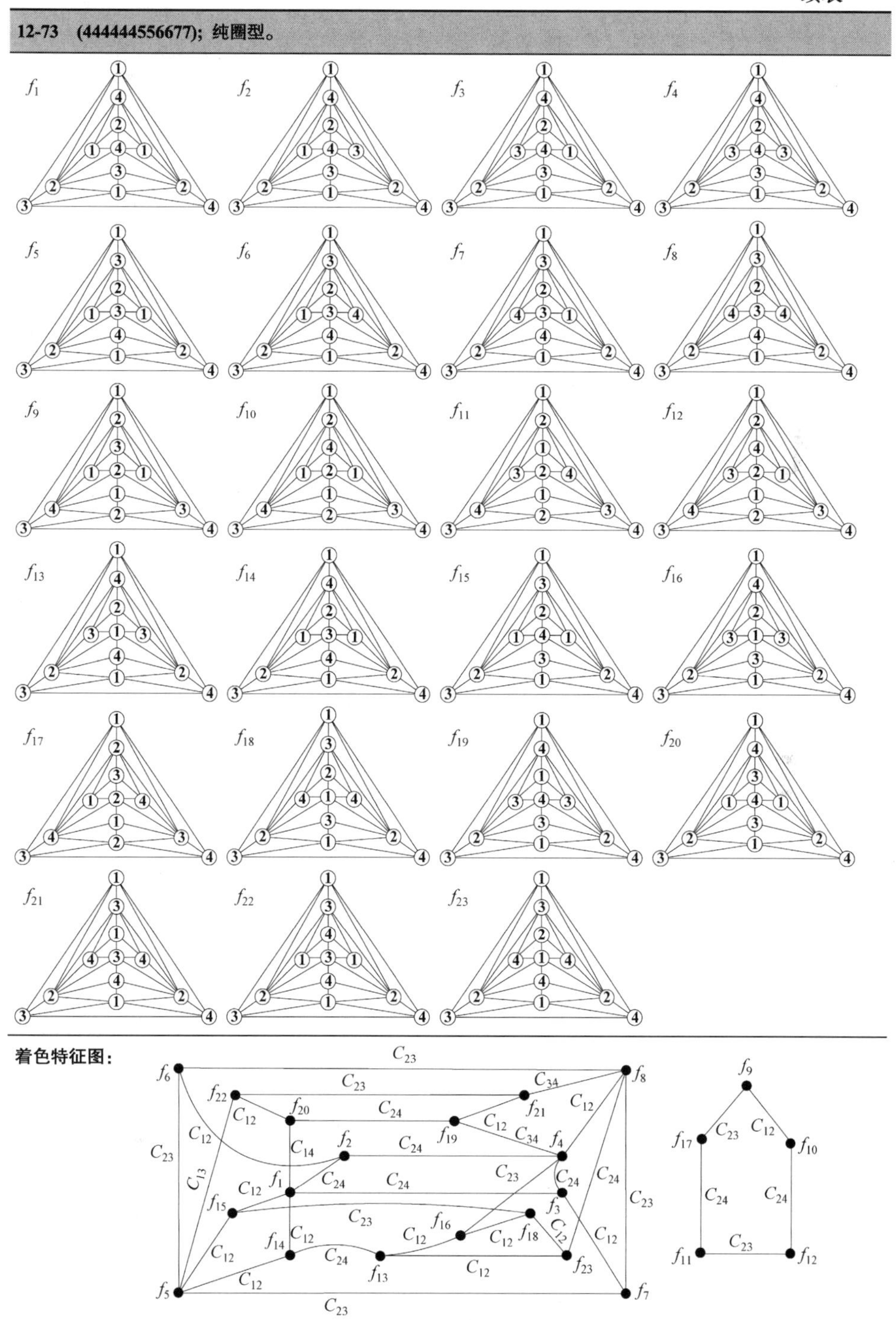

着色特征图：

续表

12-75　(444444556677); 纯圈型。

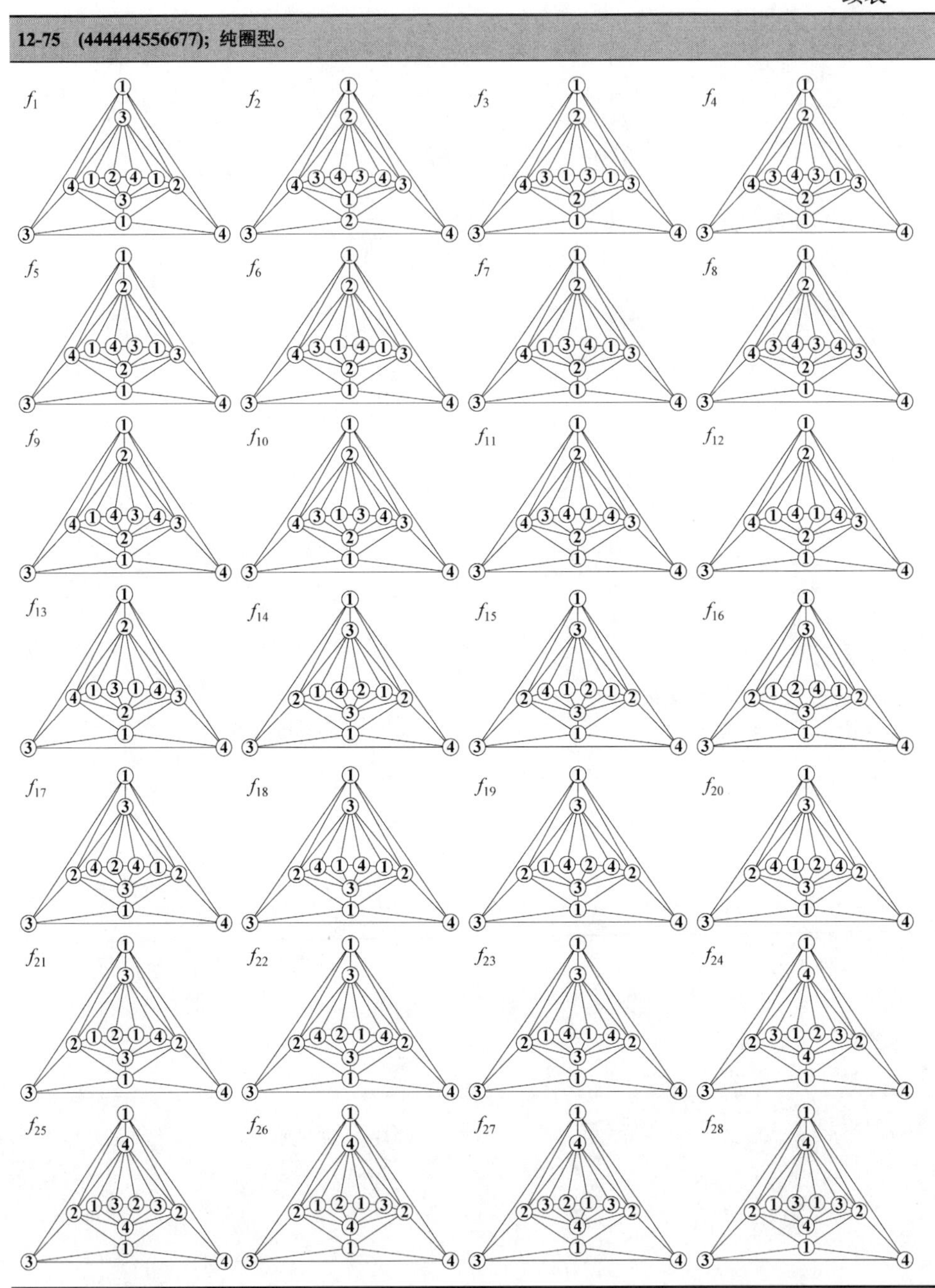

续表

f_{29} f_{30} f_{31} f_{32}

f_{33} f_{34} f_{35} f_{36}

f_{37} f_{38} f_{39} f_{40}

f_{41} f_{42} f_{43} f_{44}

f_{45} f_{46} f_{47} f_{48}

f_{49} f_{50} f_{51} f_{52}

f_{53} f_{54}

12-76　(444444556677); 纯圈型。

f_1 f_2 f_3 f_4

续表

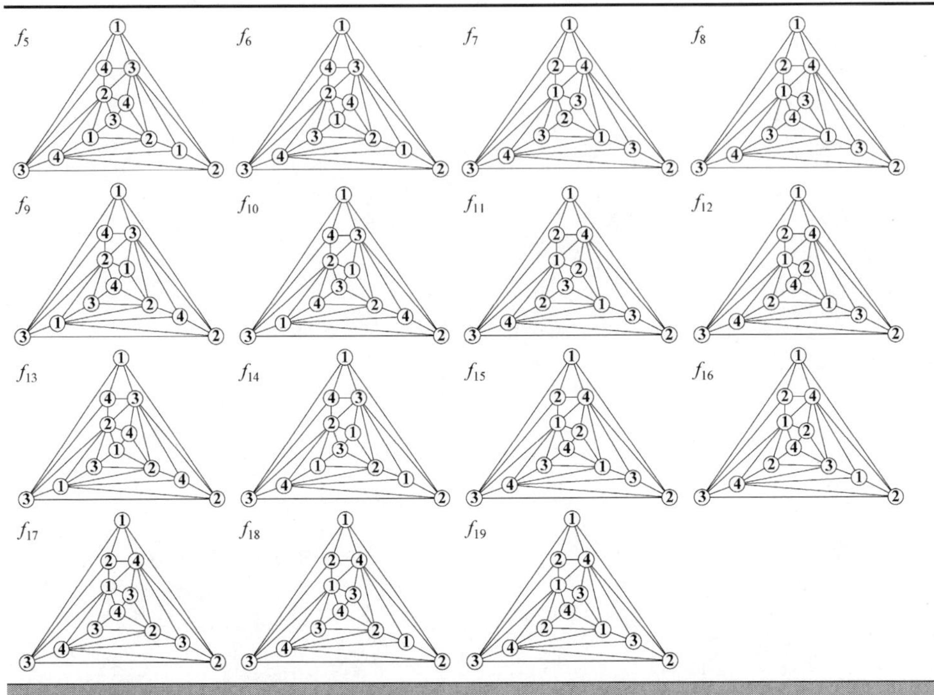

12-77　(444444556677)；纯圈型；2-色不变圈。

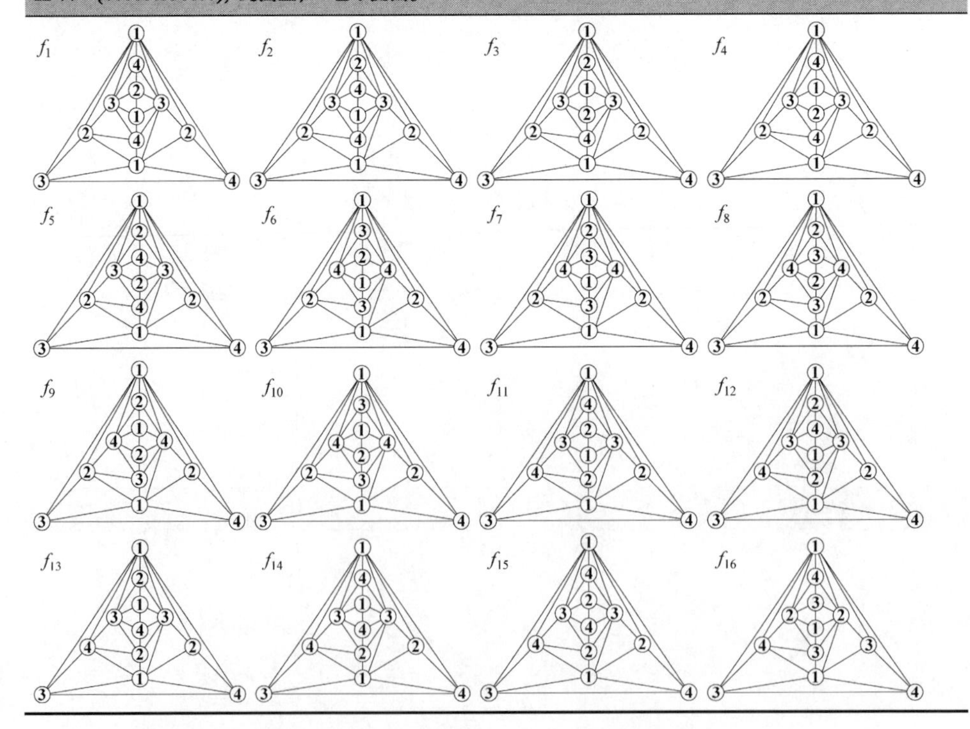

续表

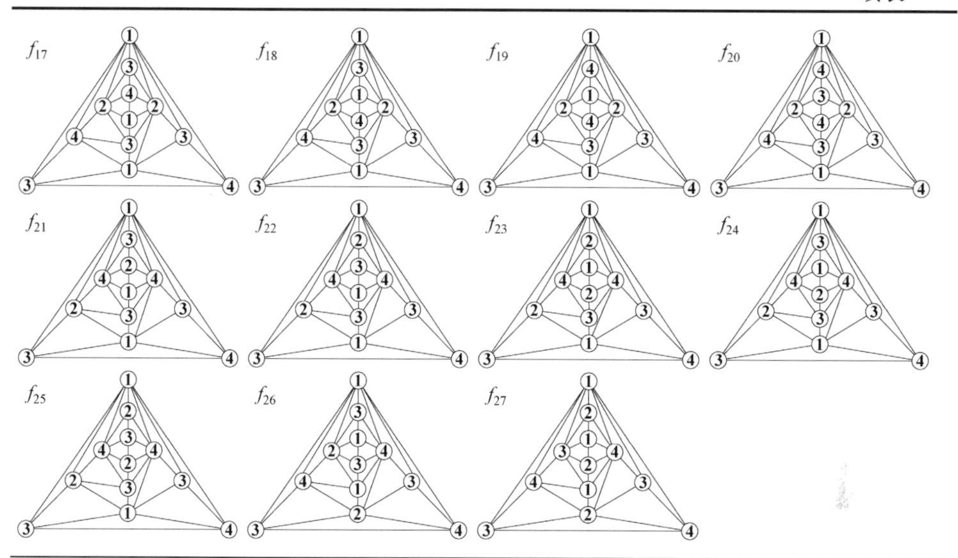

着色特征图：

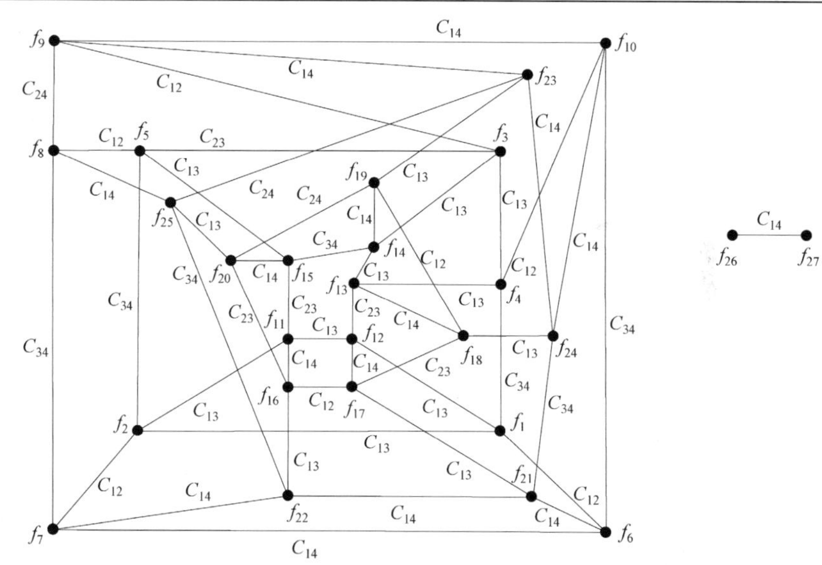

12-78　(444444556677)；混合型。

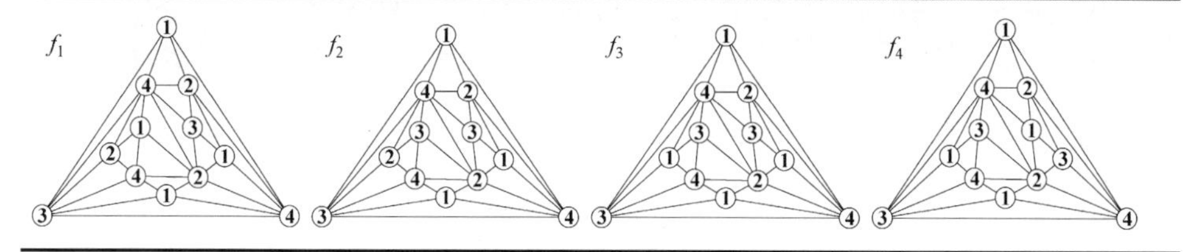

续表

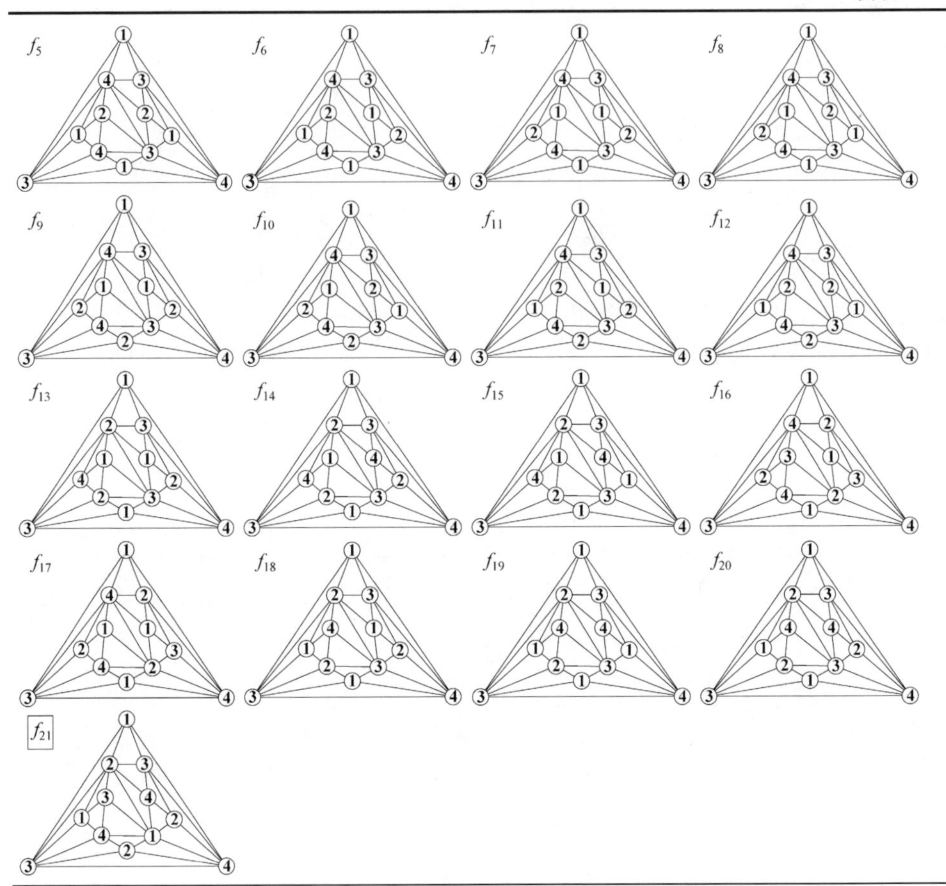

着色特征图：

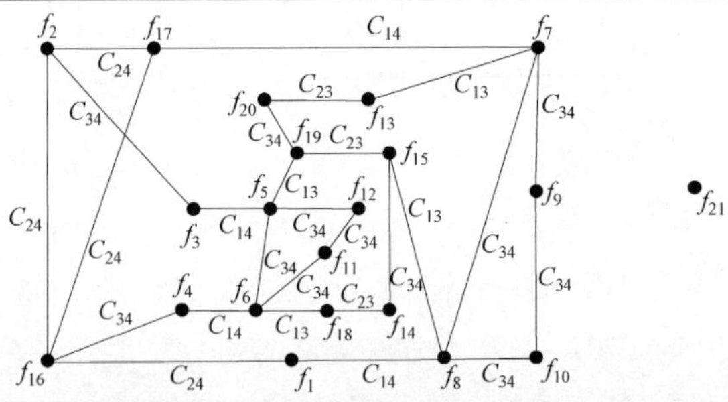

12-79 (444444455667); 混合型。

f_1 f_2 f_3 f_4

续表

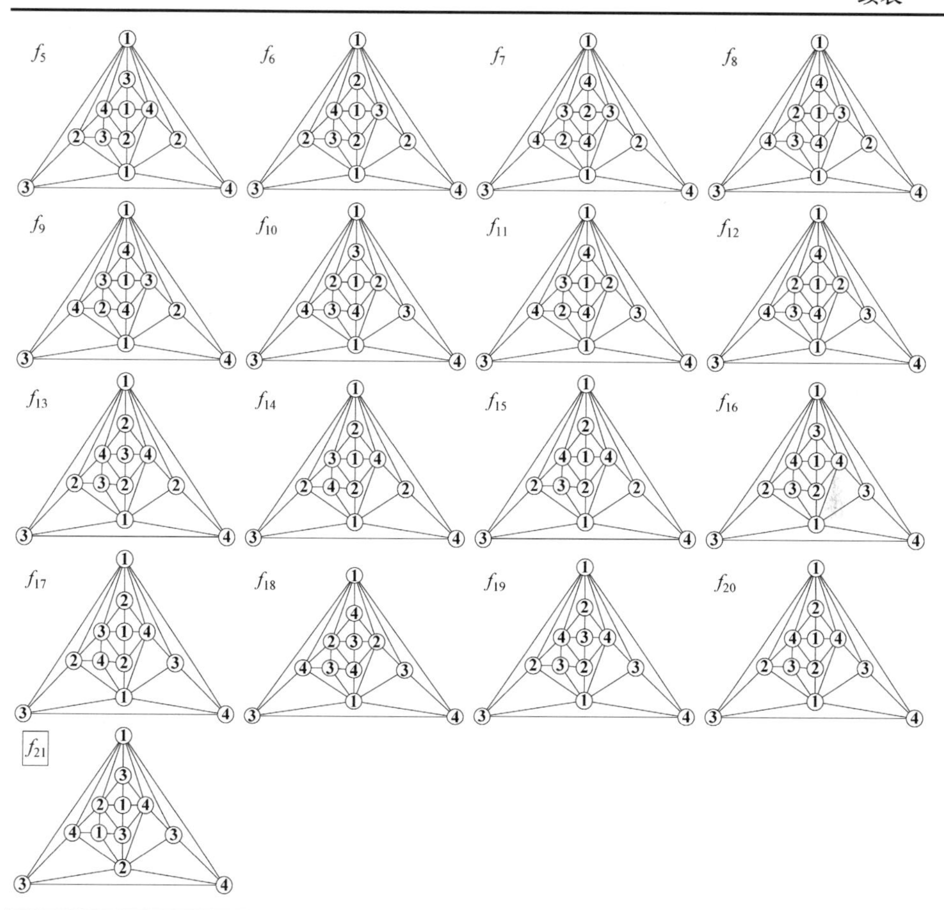
f_5
f_6
f_7
f_8
f_9
f_{10}
f_{11}
f_{12}
f_{13}
f_{14}
f_{15}
f_{16}
f_{17}
f_{18}
f_{19}
f_{20}
f_{21}

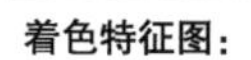
着色特征图：

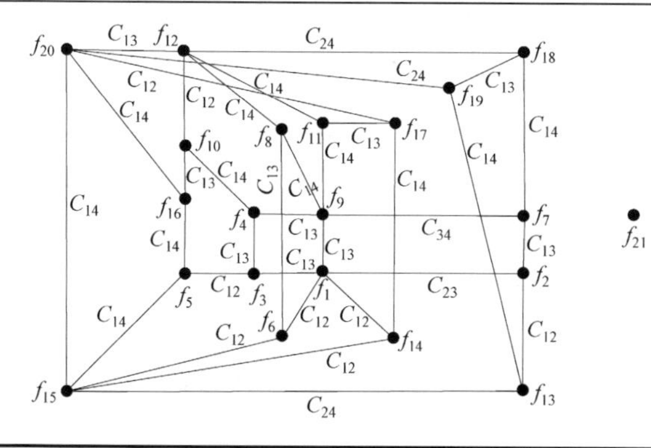
f_{20} C_{13} f_{12} C_{24} f_{18}
C_{24} C_{13} f_{19}
C_{12} C_{14} C_{14}
C_{12} C_{14} f_8 f_{11} C_{13} f_{17}
f_{10} C_{14} C_{14} C_{14}
C_{13} C_{14} C_{13} C_{14}
C_{14} f_{16} f_9 f_7
f_4 C_{13} C_{34} C_{13} f_{21}
C_{14} C_{13} C_{13} C_{13}
f_5 C_{12} f_3 f_1 C_{23} f_2
C_{14} C_{12} C_{12} f_6 C_{12} C_{12} f_{14}
C_{12}
f_{15} C_{24} f_{13}

续表

12-80 (444444556677); 纯圈型; 伪唯一。

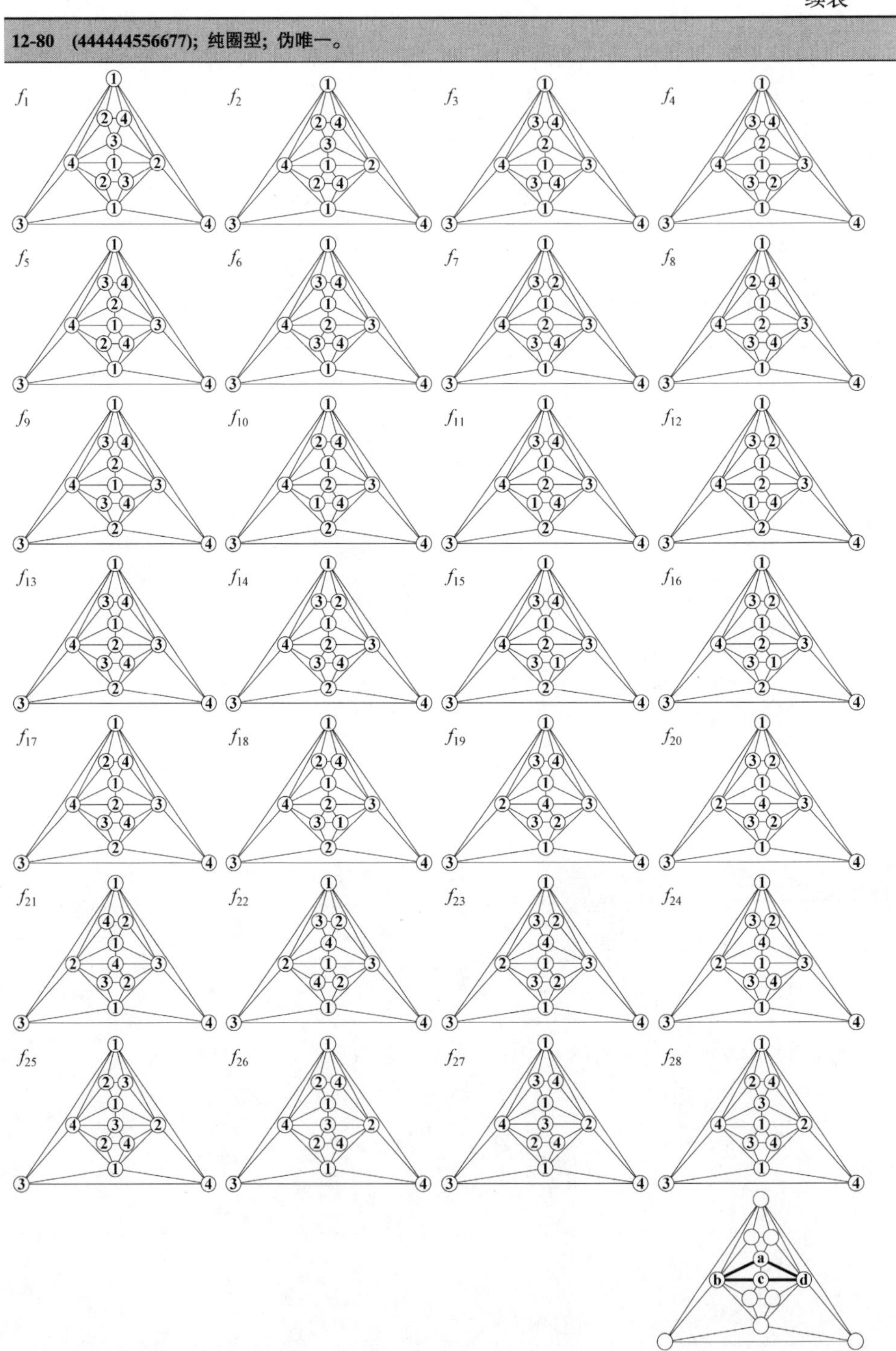

续表

着色特征图:

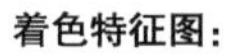

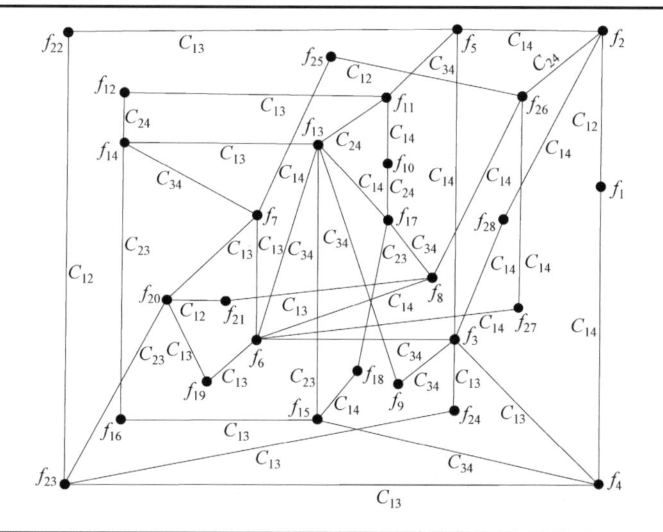

12-82　(444444556677); 纯圈型; 2-色不变圈。

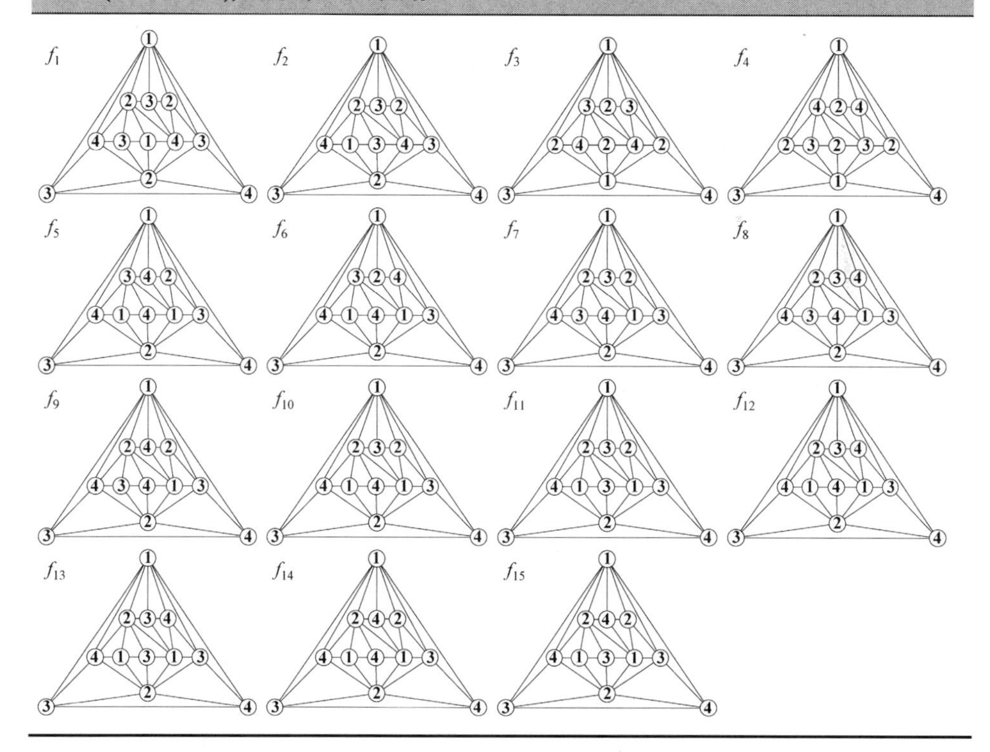

续表

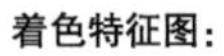

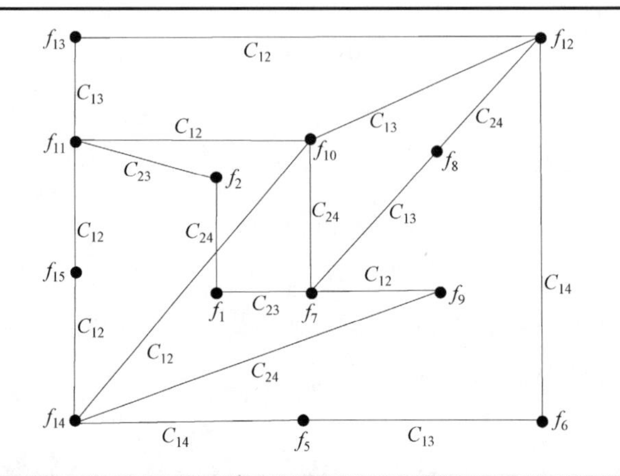

C_{12}

f_3　f_4

12-85　(444444556668)；纯圈型。

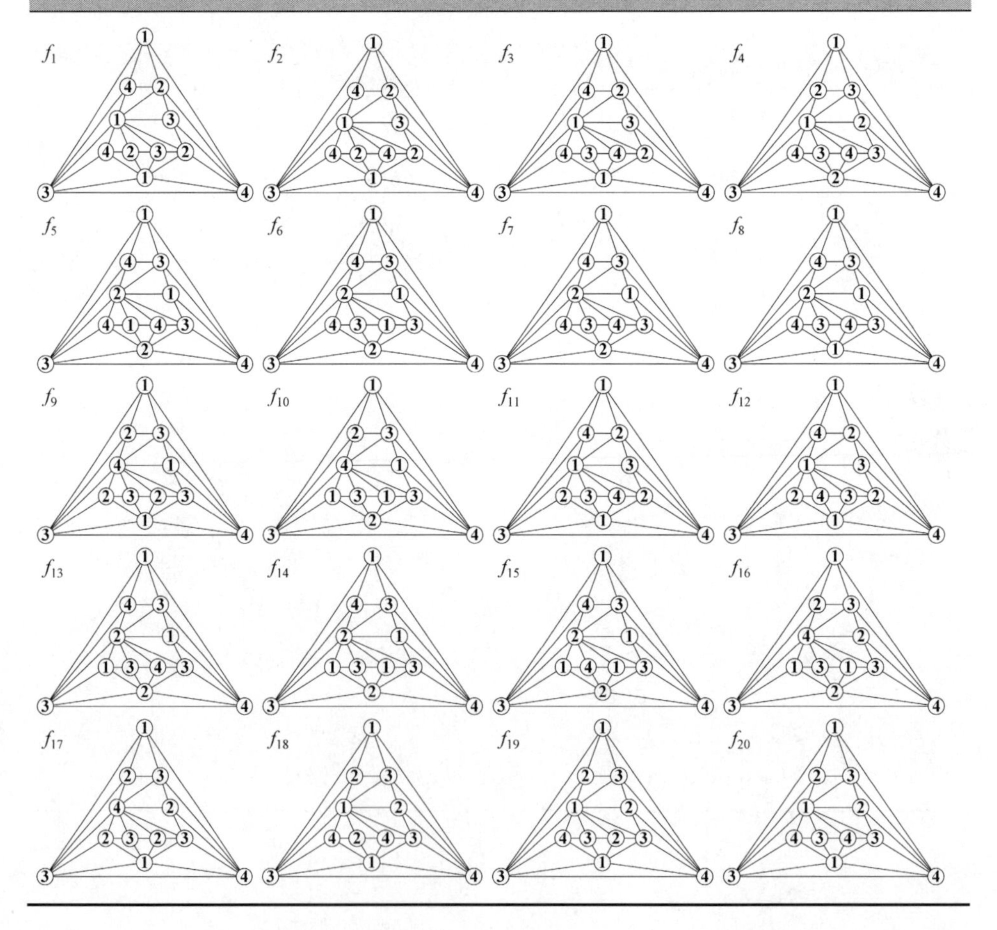

续表

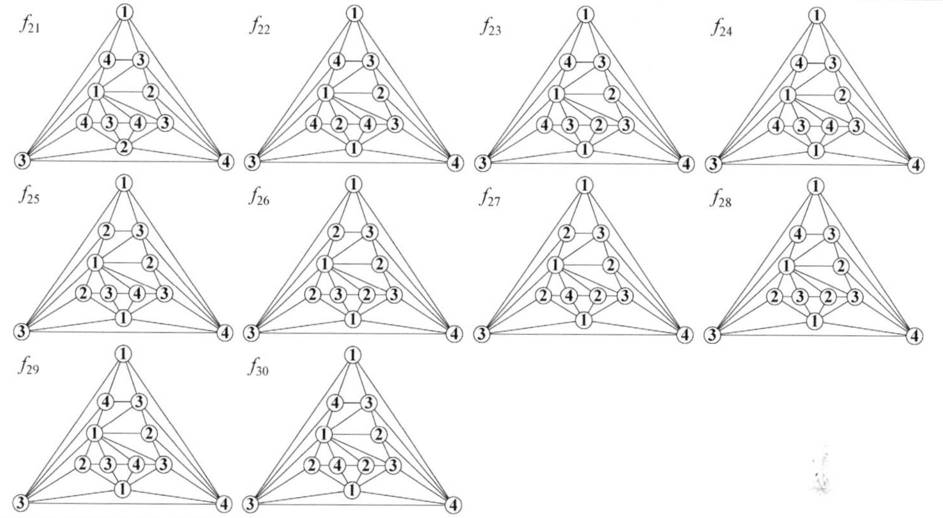

f_{21}　f_{22}　f_{23}　f_{24}

f_{25}　f_{26}　f_{27}　f_{28}

f_{29}　f_{30}

着色特征图：

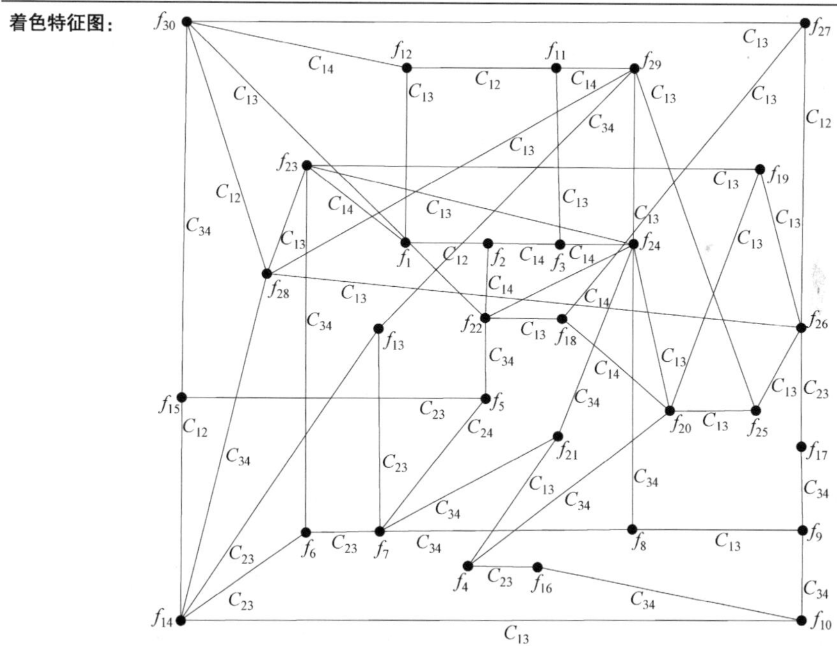

12-95(444444555678)；纯圈型。

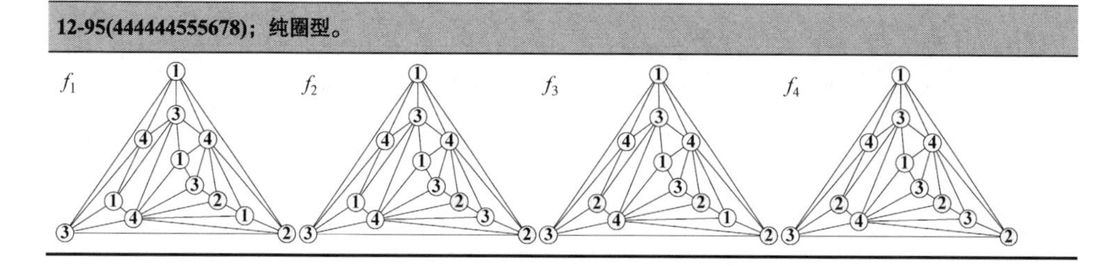

续表

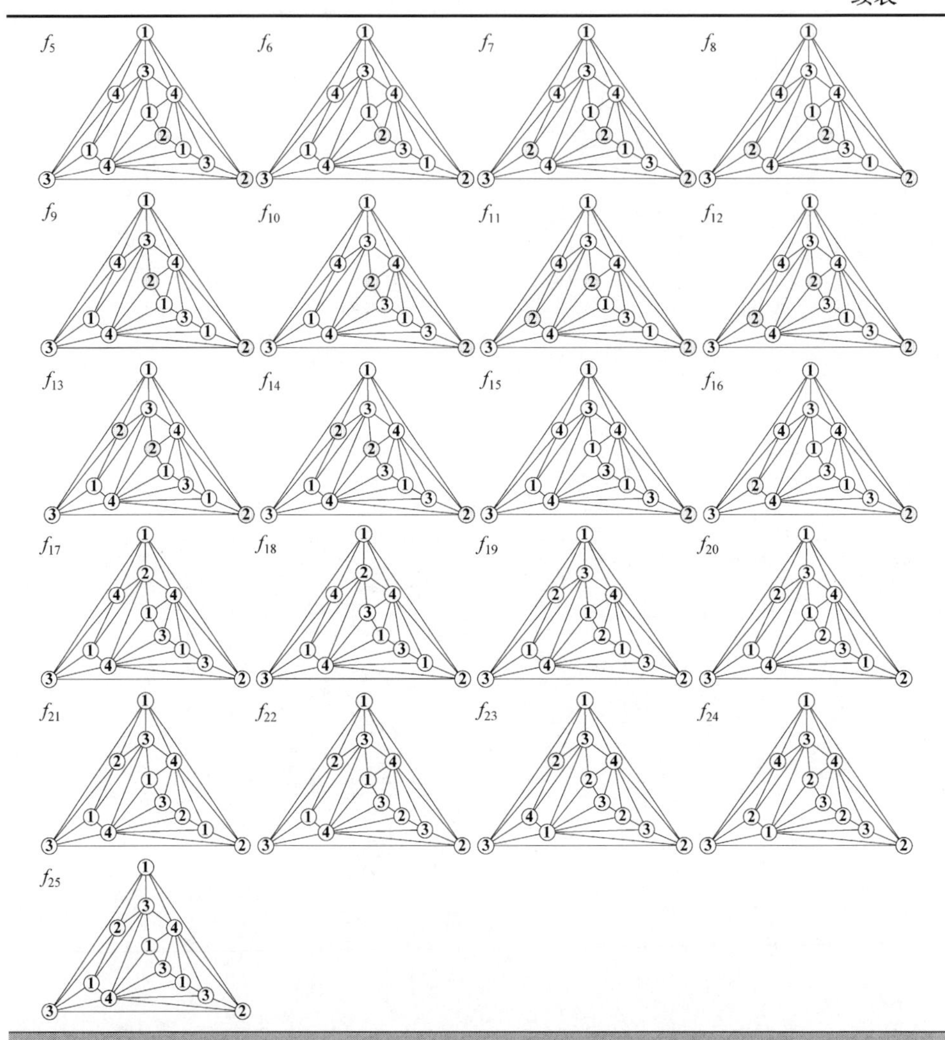

12-96(444444555678)；纯圈型。

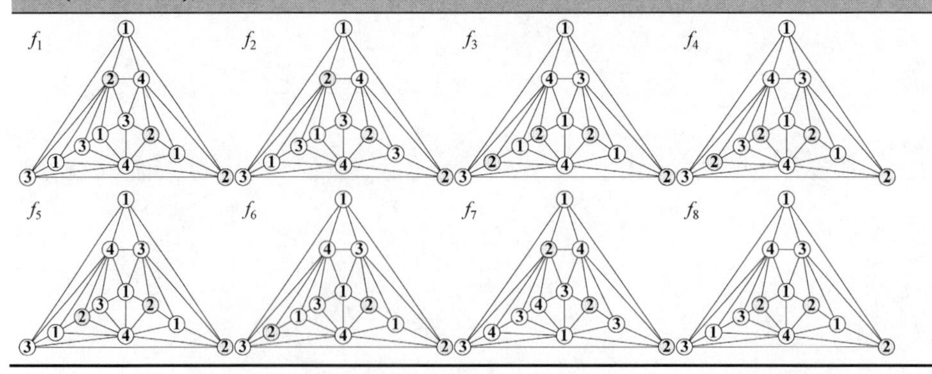

续表

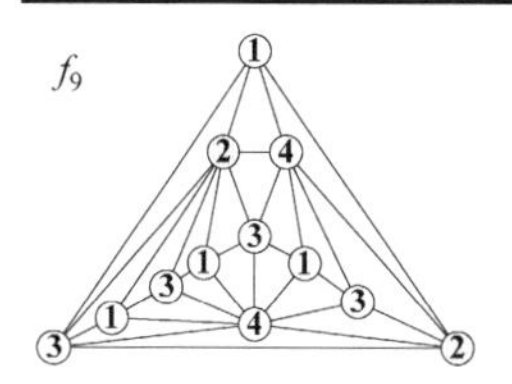

着色特征图：

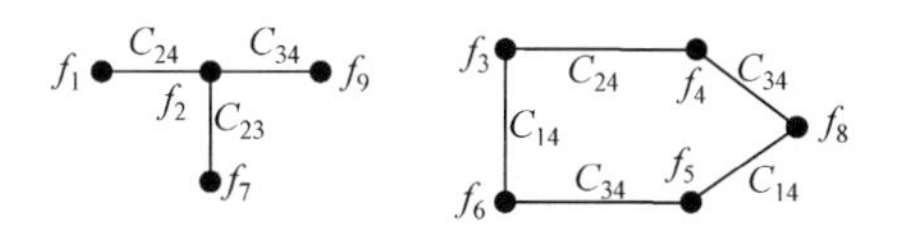

12-97(444444555678)；纯圈型；伪唯一。

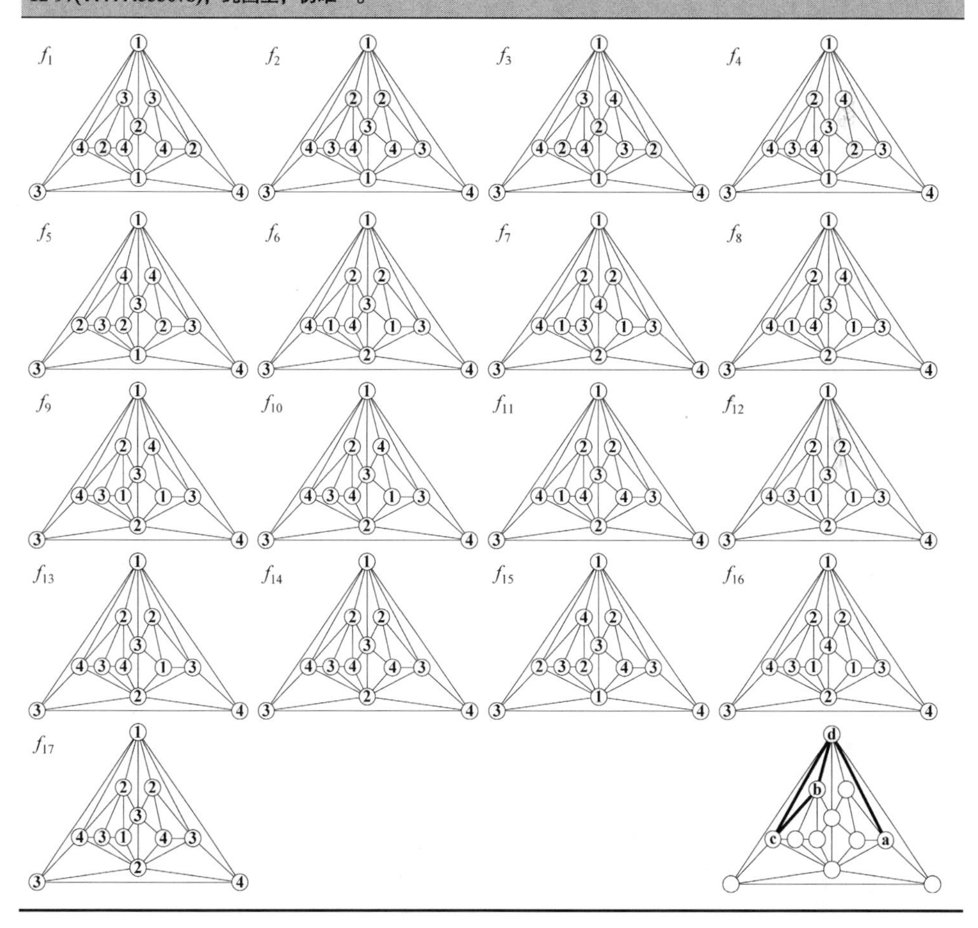

续表

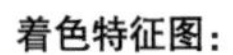

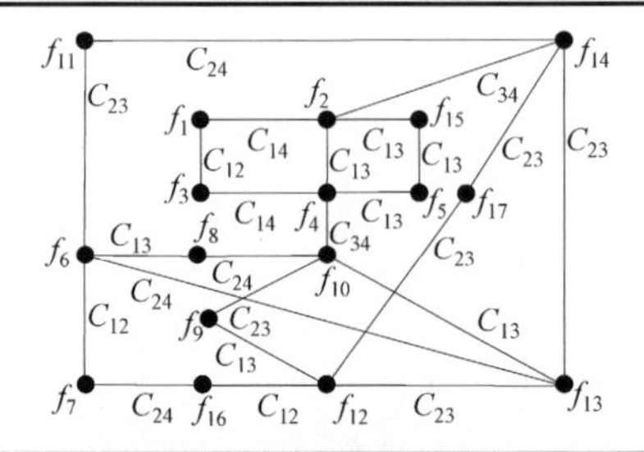

12-101(444444555588)；纯圈型。

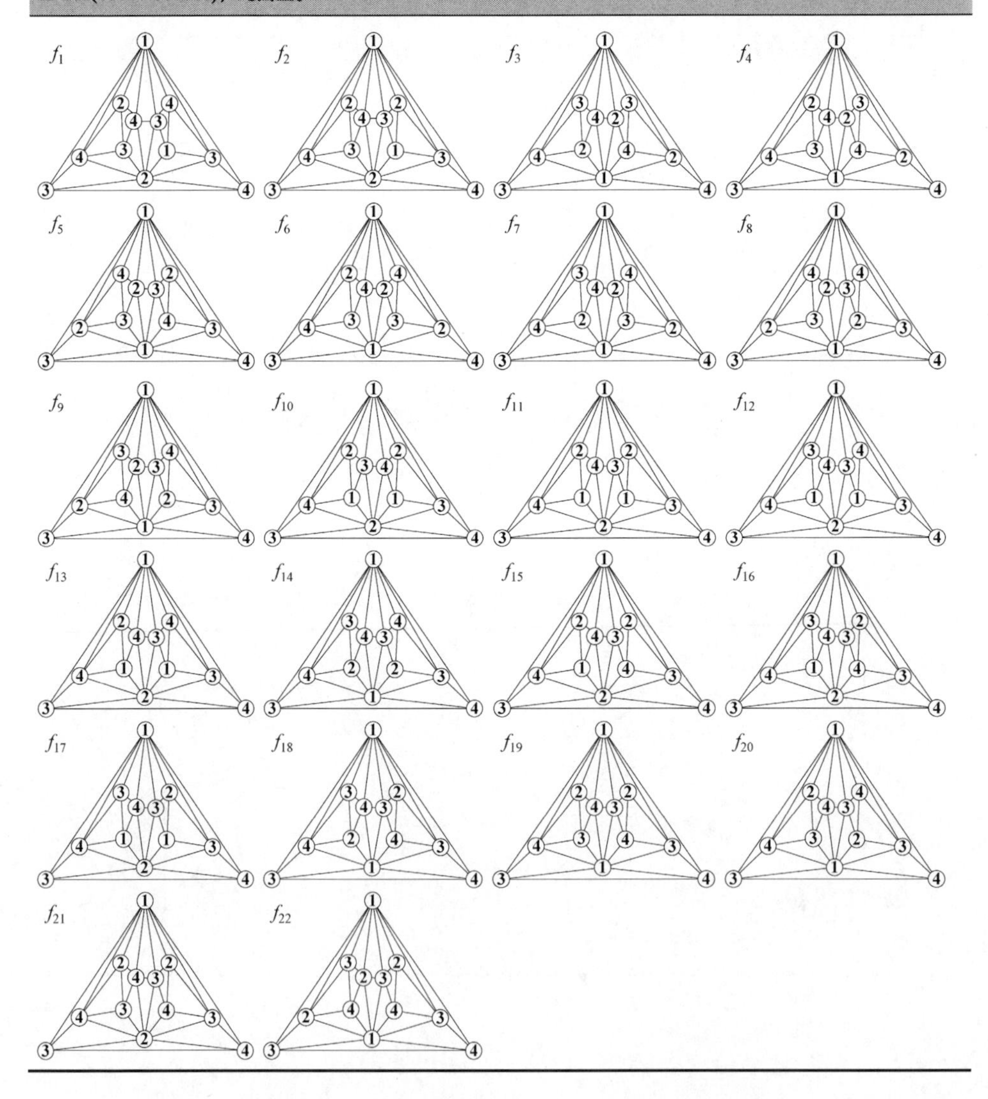

续表

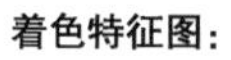
着色特征图：

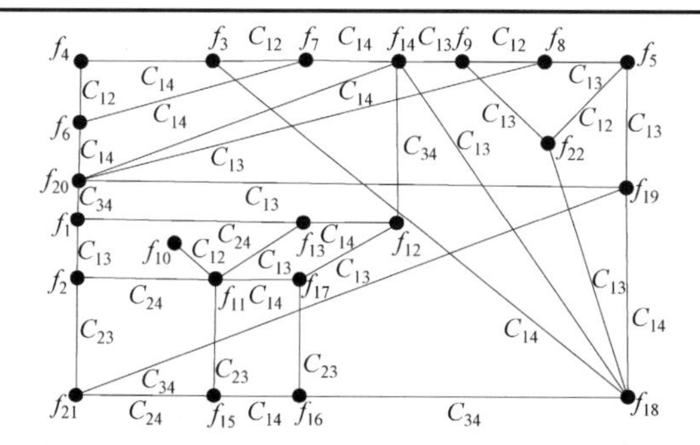

12-102(444444555588)；纯圈型。

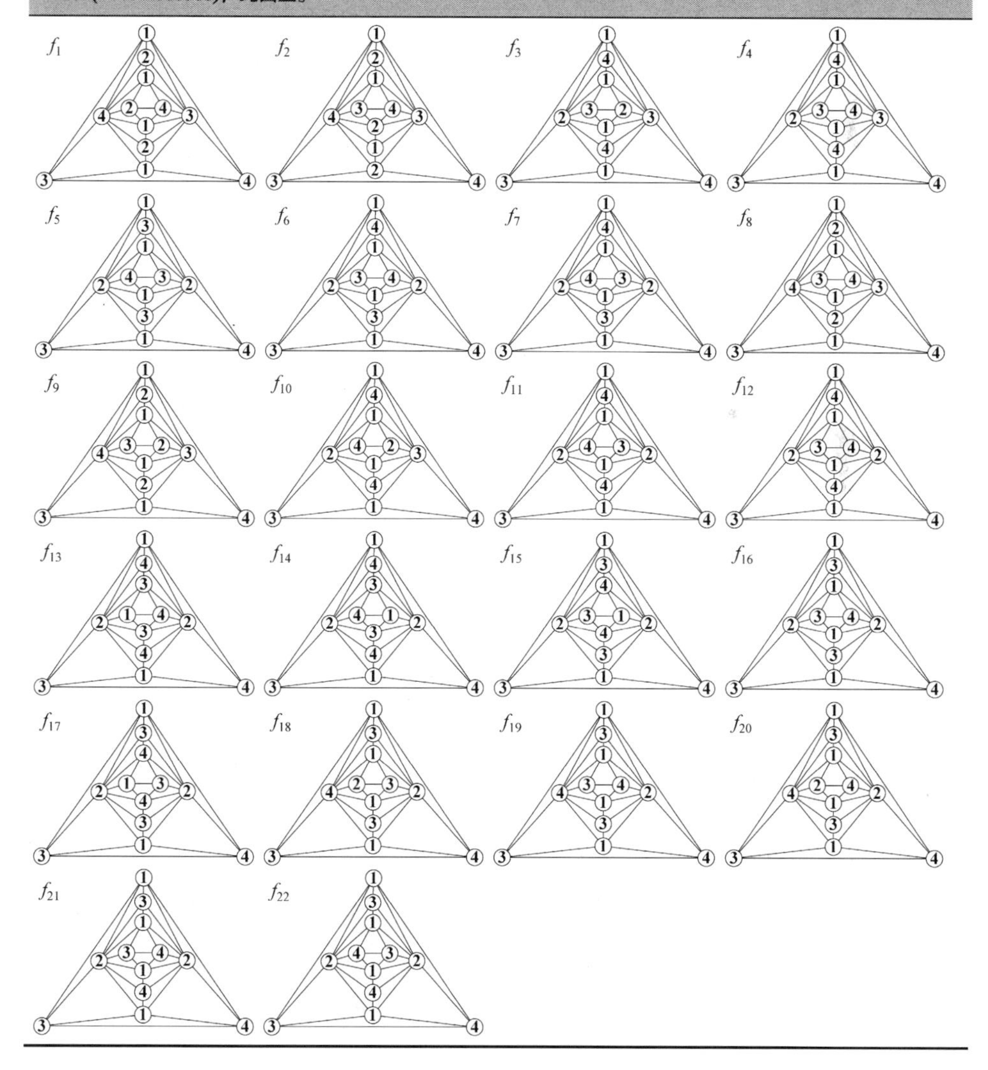

续表

着色特征图：

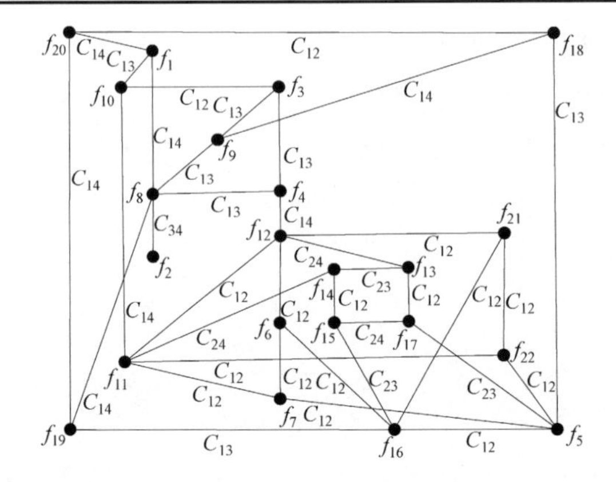

12-104(44444455588)；混合型。

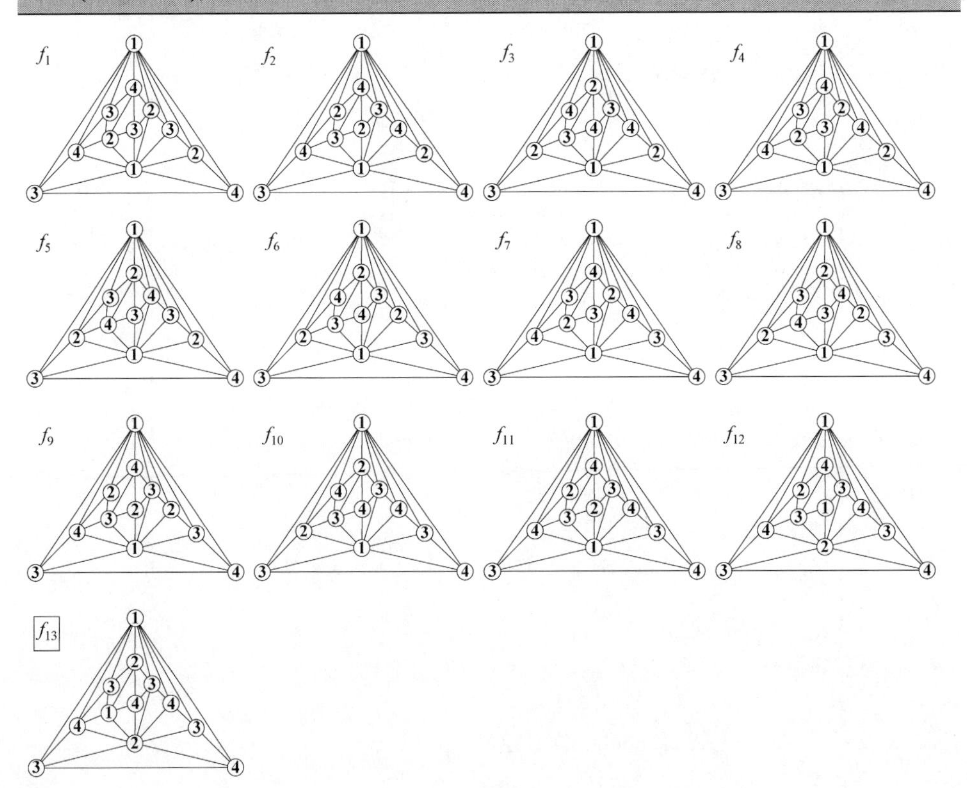

续表

着色特征图:

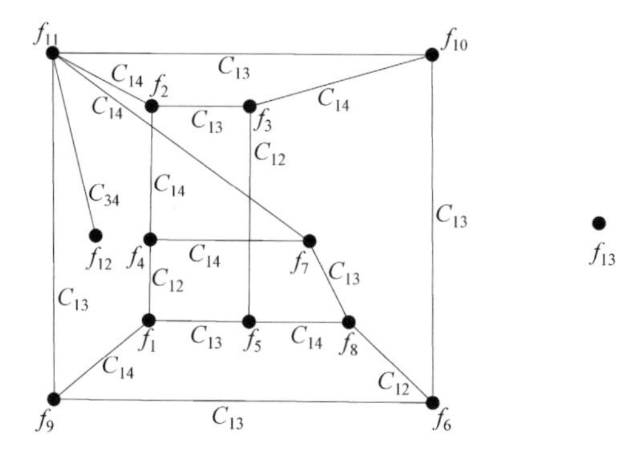

12-106(444444466677);纯圈型。

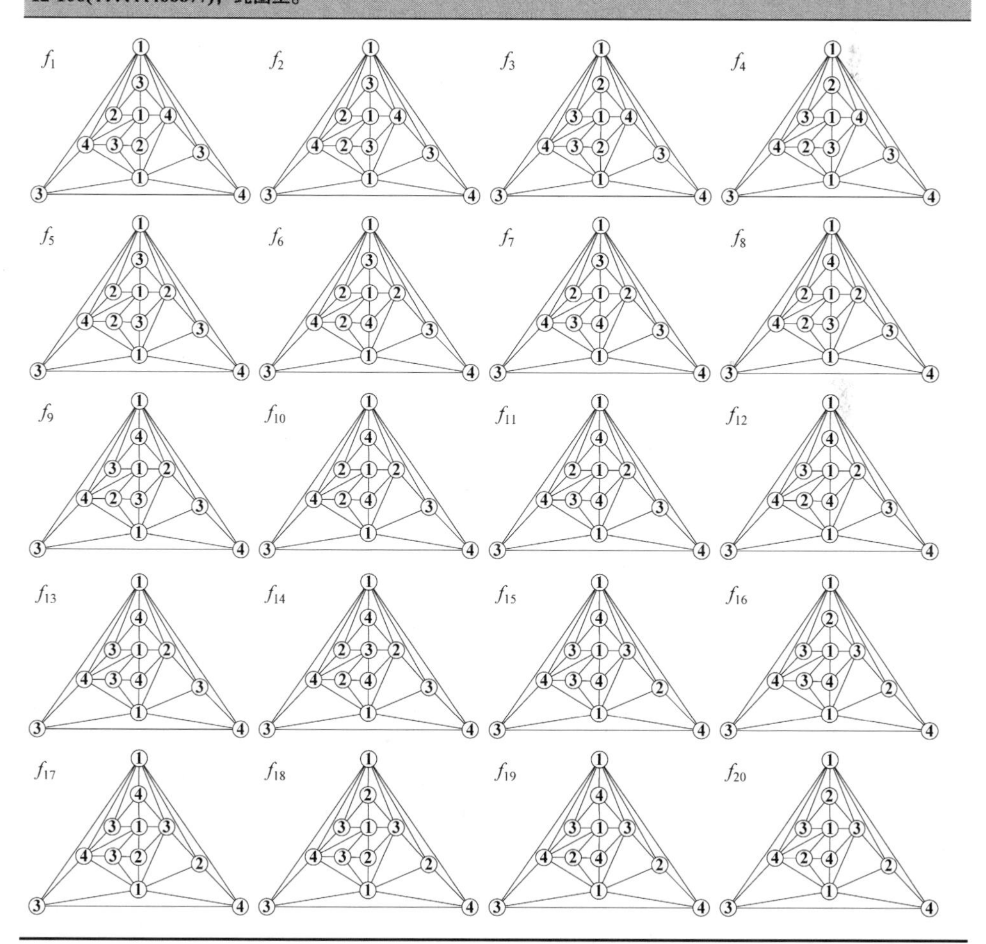

续表

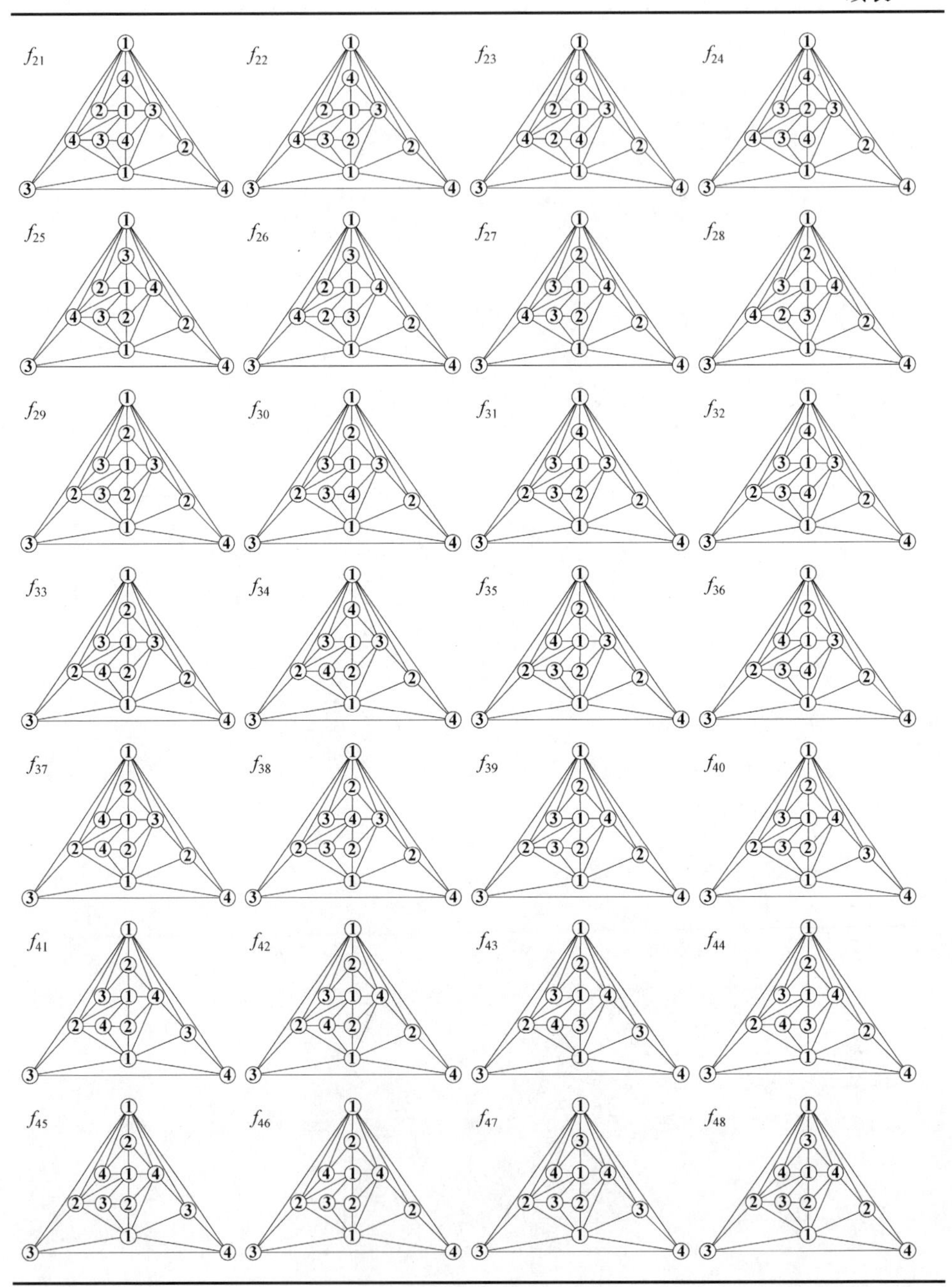
f21
f22
f23
f24
f25
f26
f27
f28
f29
f30
f31
f32
f33
f34
f35
f36
f37
f38
f39
f40
f41
f42
f43
f44
f45
f46
f47
f48

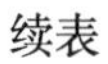

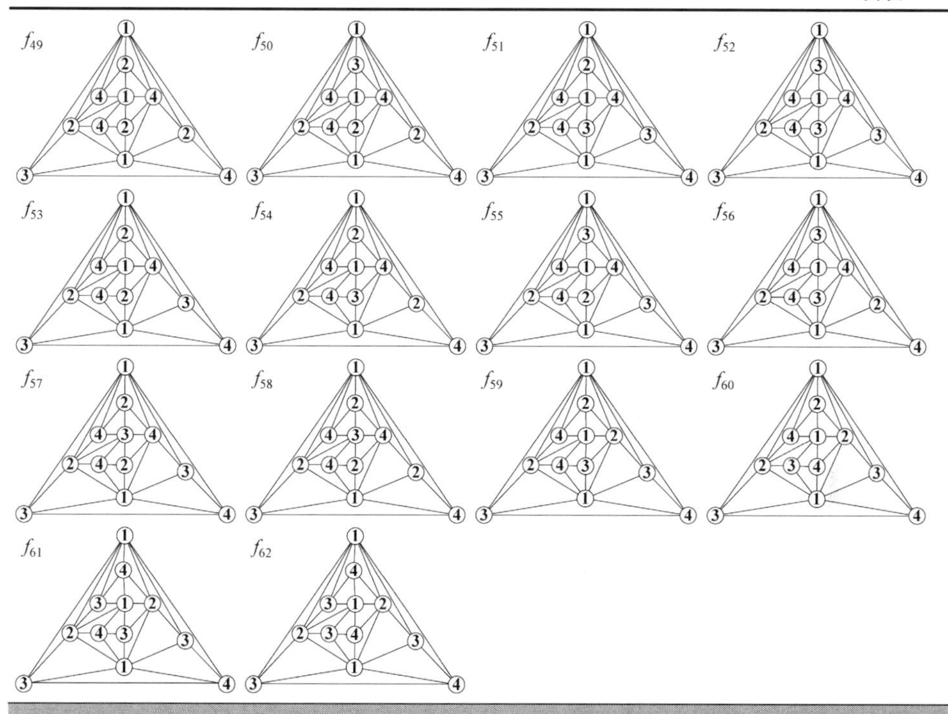

12-108(444444466668)；唯一 3-色图。

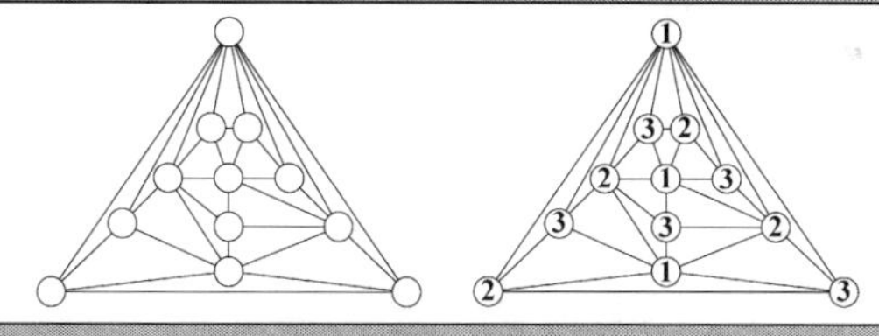

12-111(444444456777)；纯圈型。

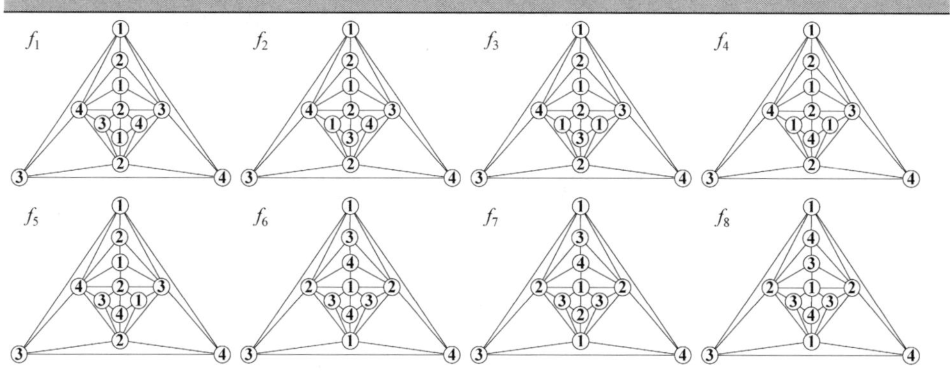

续表

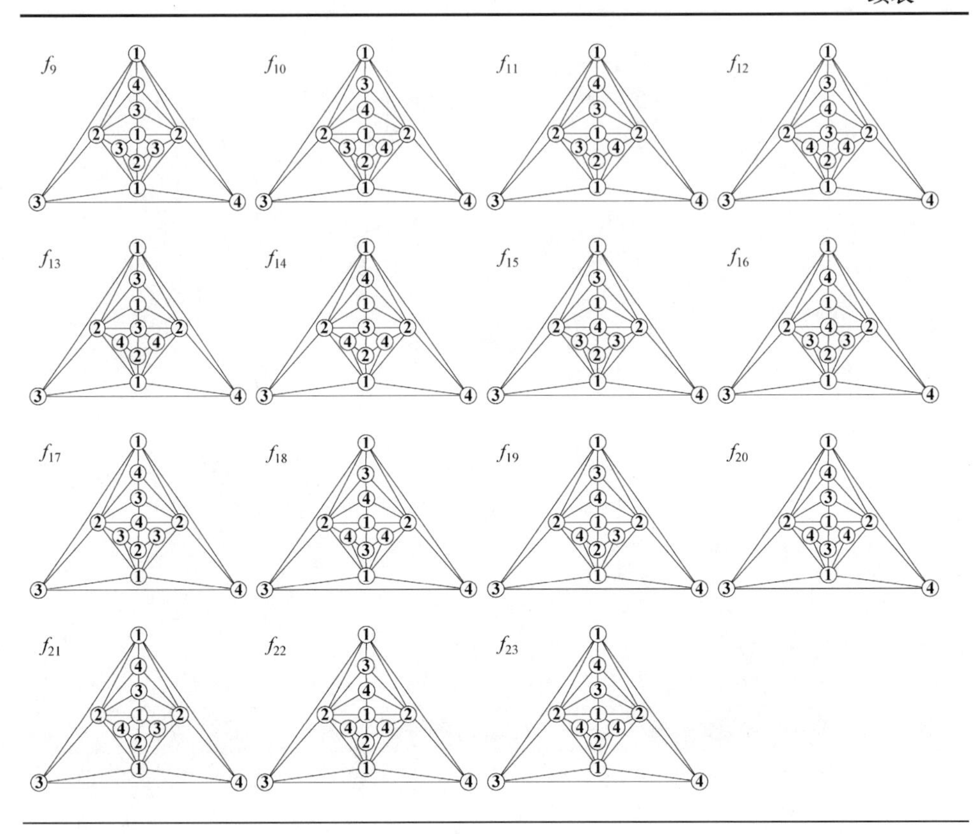

着色特征图: f_2 C_{24} f_1 C_{23} f_5 C_{24} f_4 C_{12} f_3

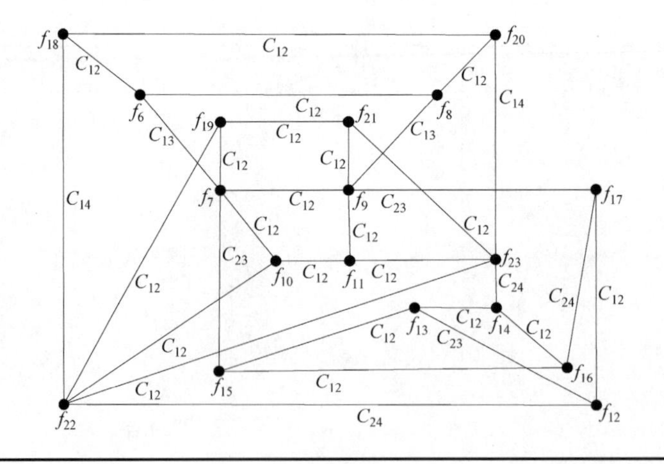

续表

12-114(444444456678)；纯圈型。

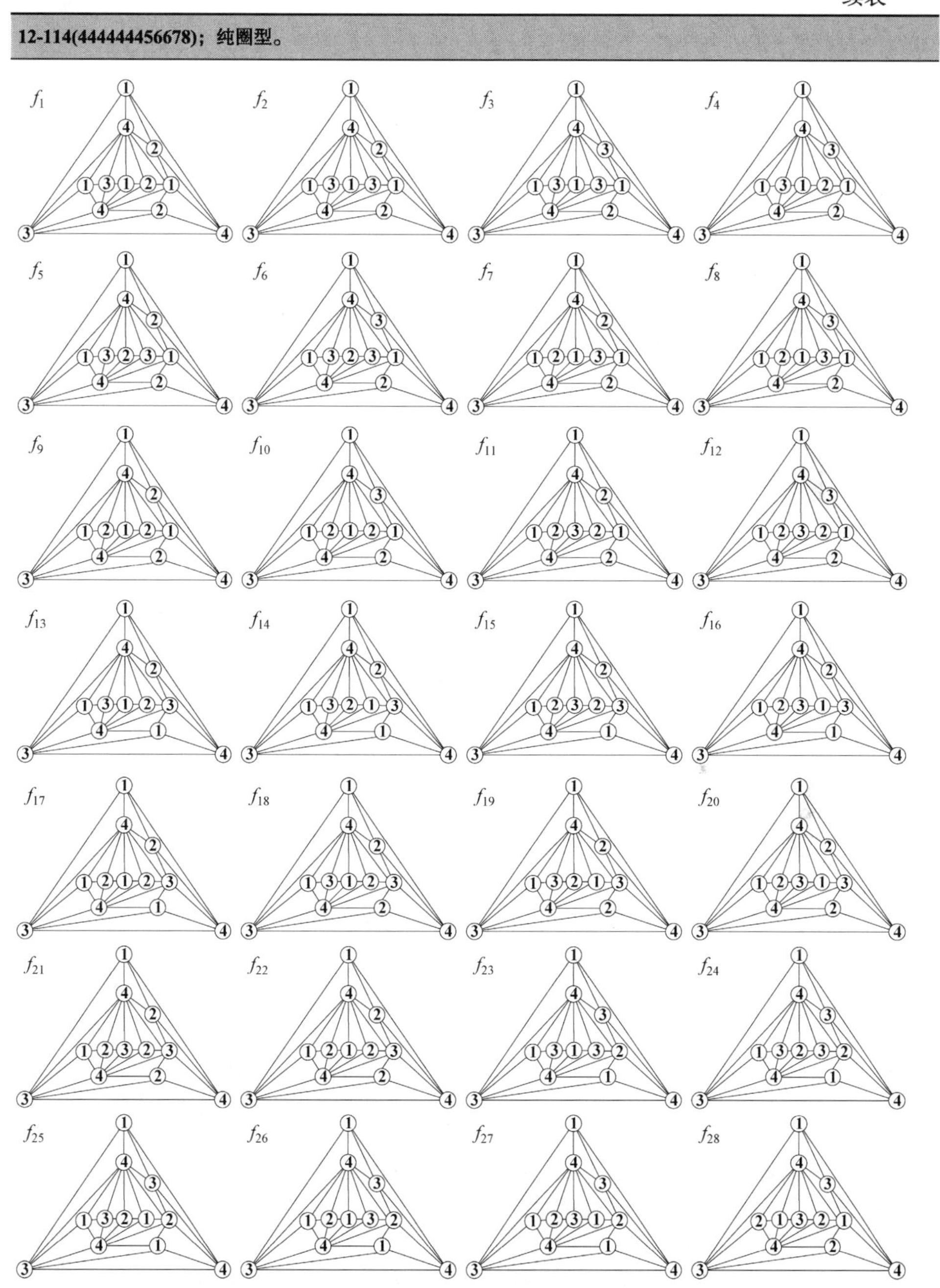

续表

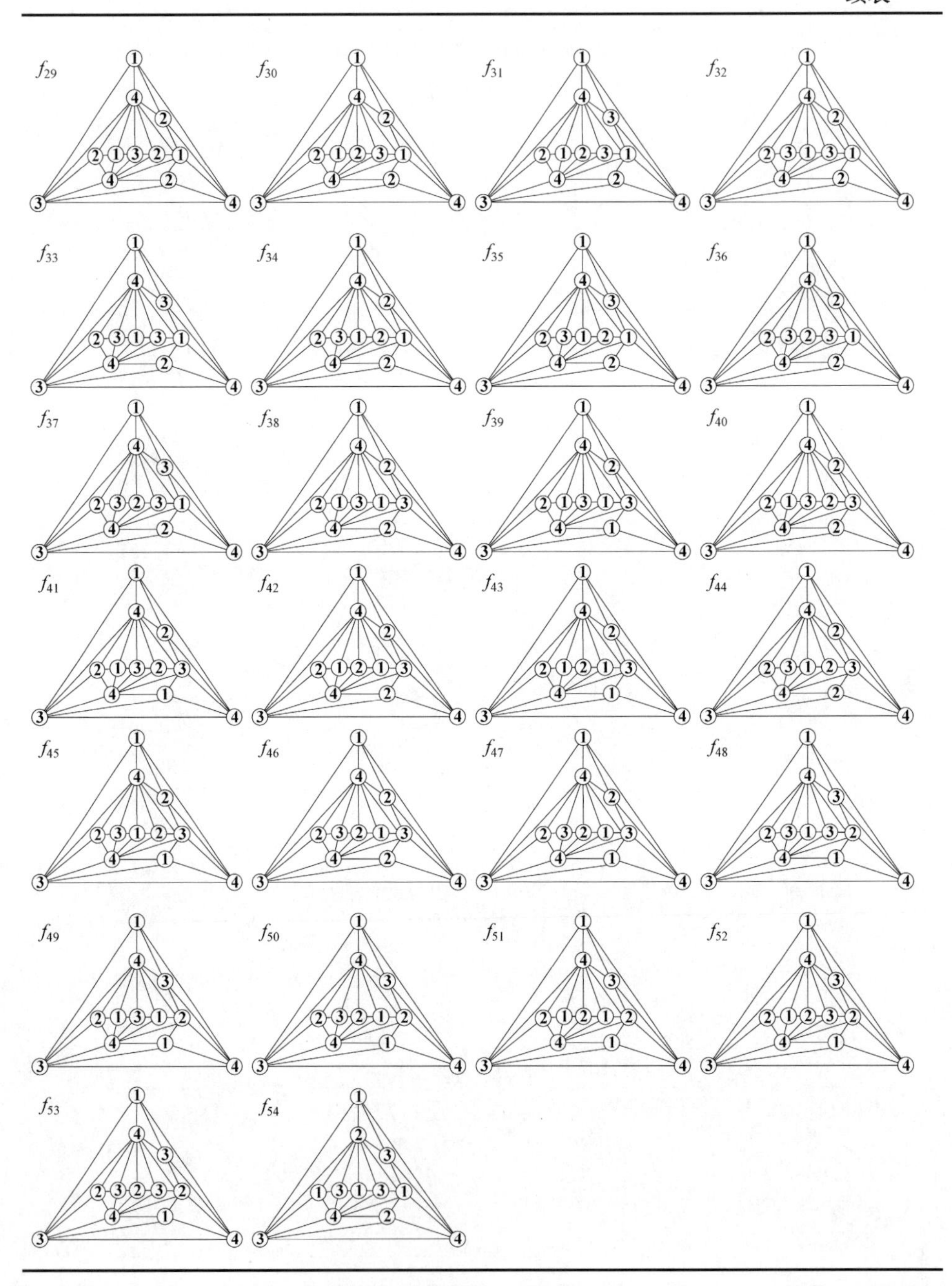
f29
f30
f31
f32
f33
f34
f35
f36
f37
f38
f39
f40
f41
f42
f43
f44
f45
f46
f47
f48
f49
f50
f51
f52
f53
f54

续表

12-118(444444455688)；纯圈型。

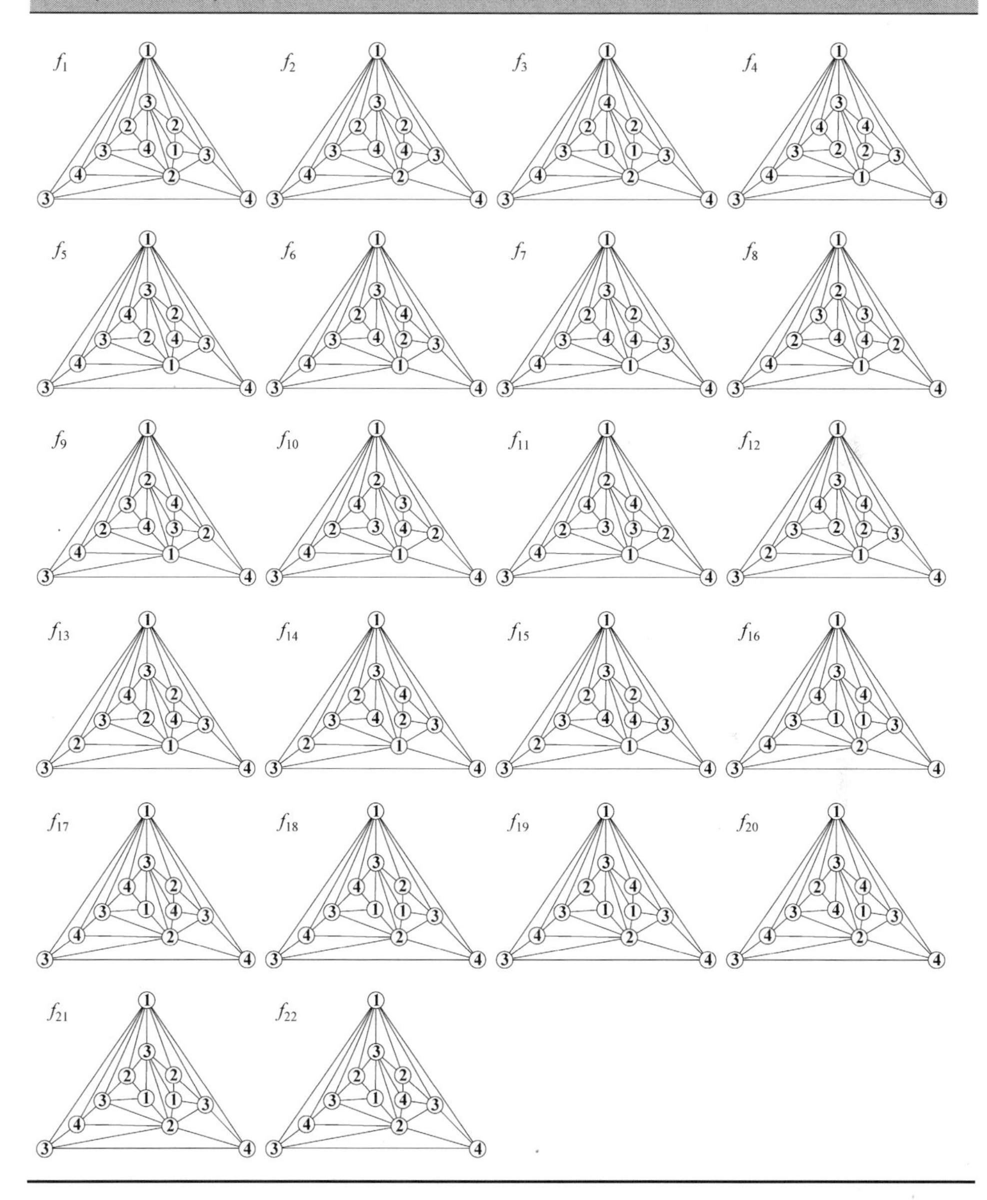

续表

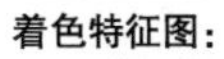

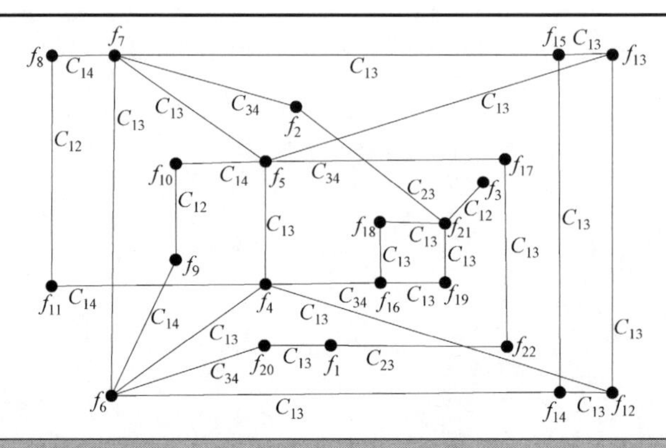

12-121(444444455679)；纯圈型。

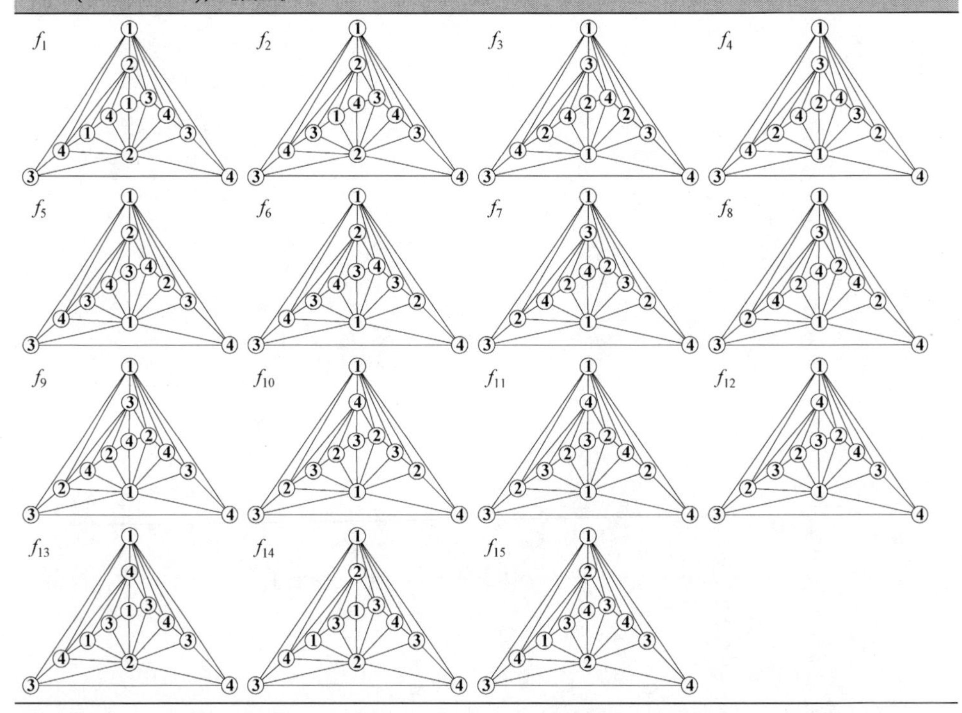

着色特征图:

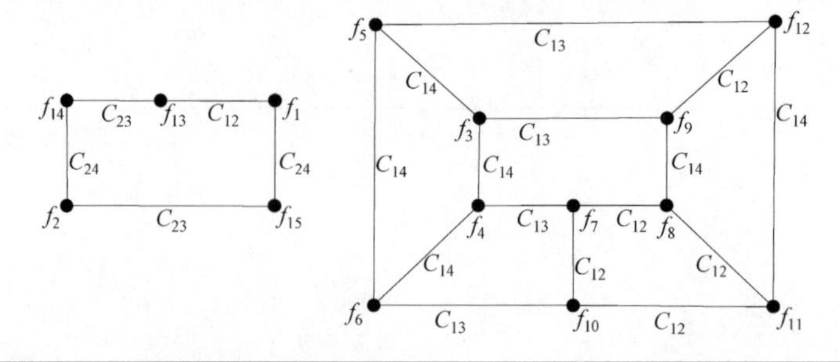

续表

12-123(444444455589)；纯圈型；2-色不变圈。

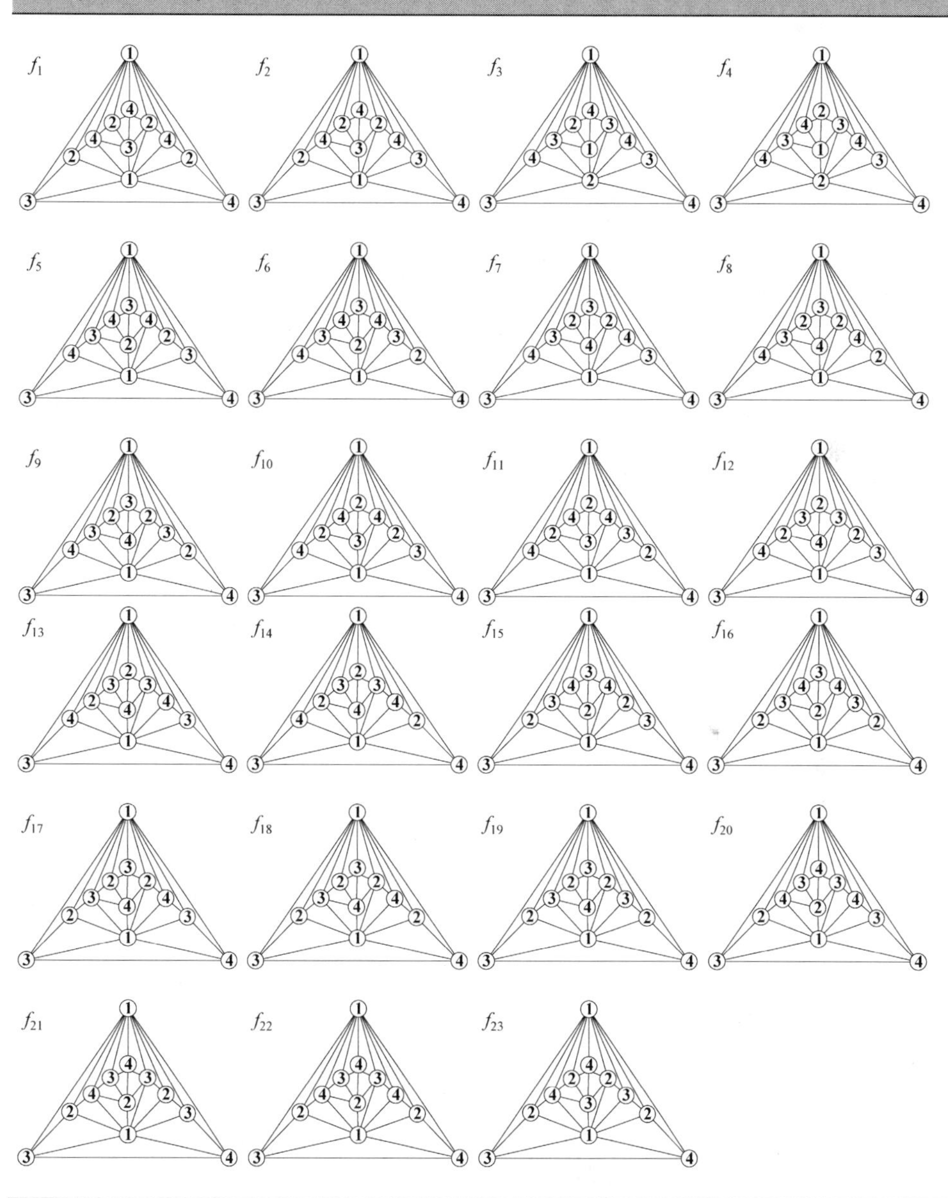

续表

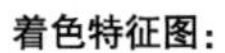

着色特征图：

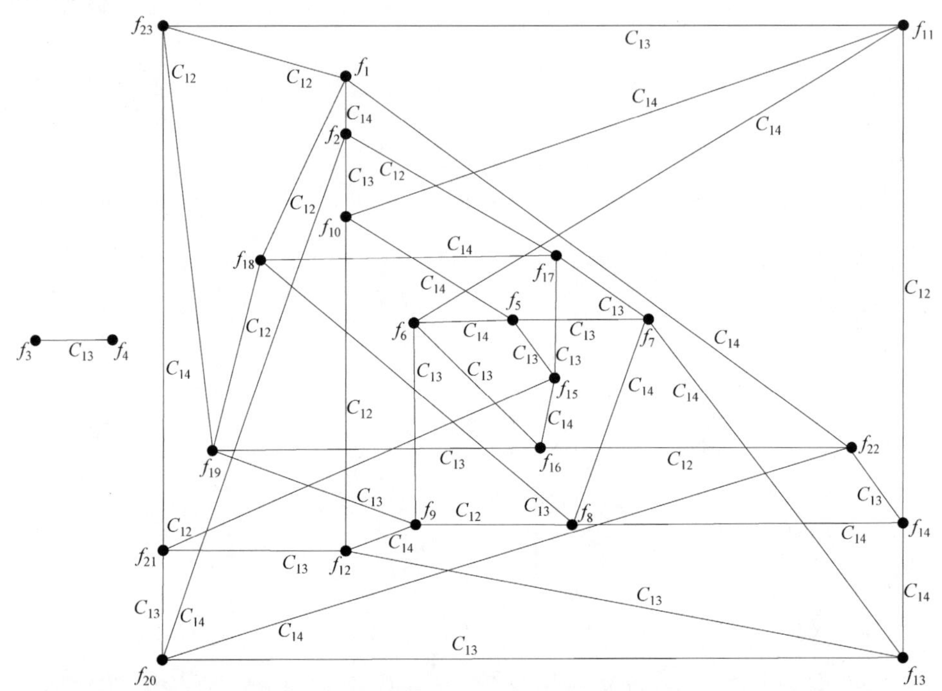

12-124(444444447777)；混合型。

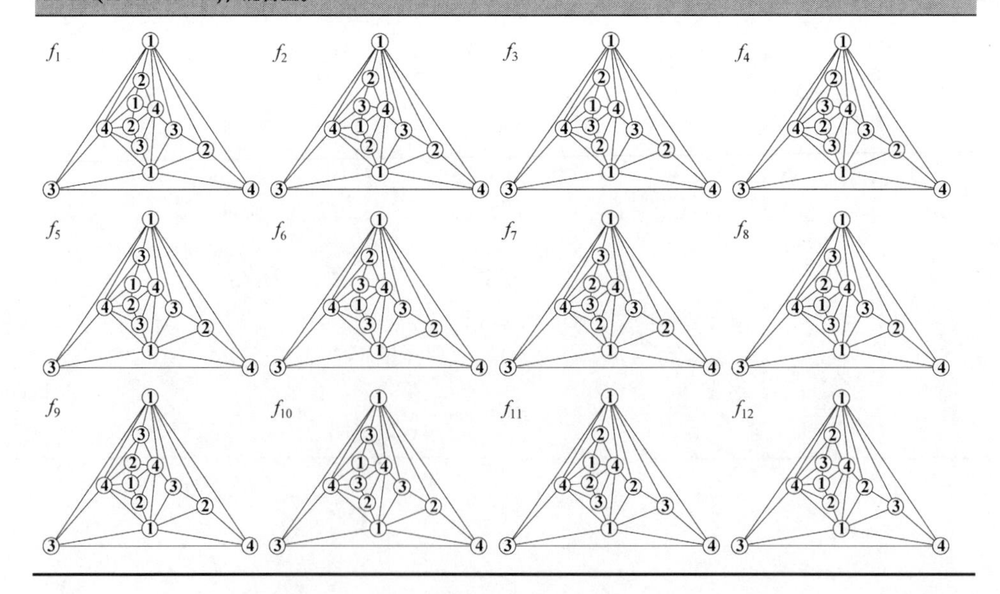

续表

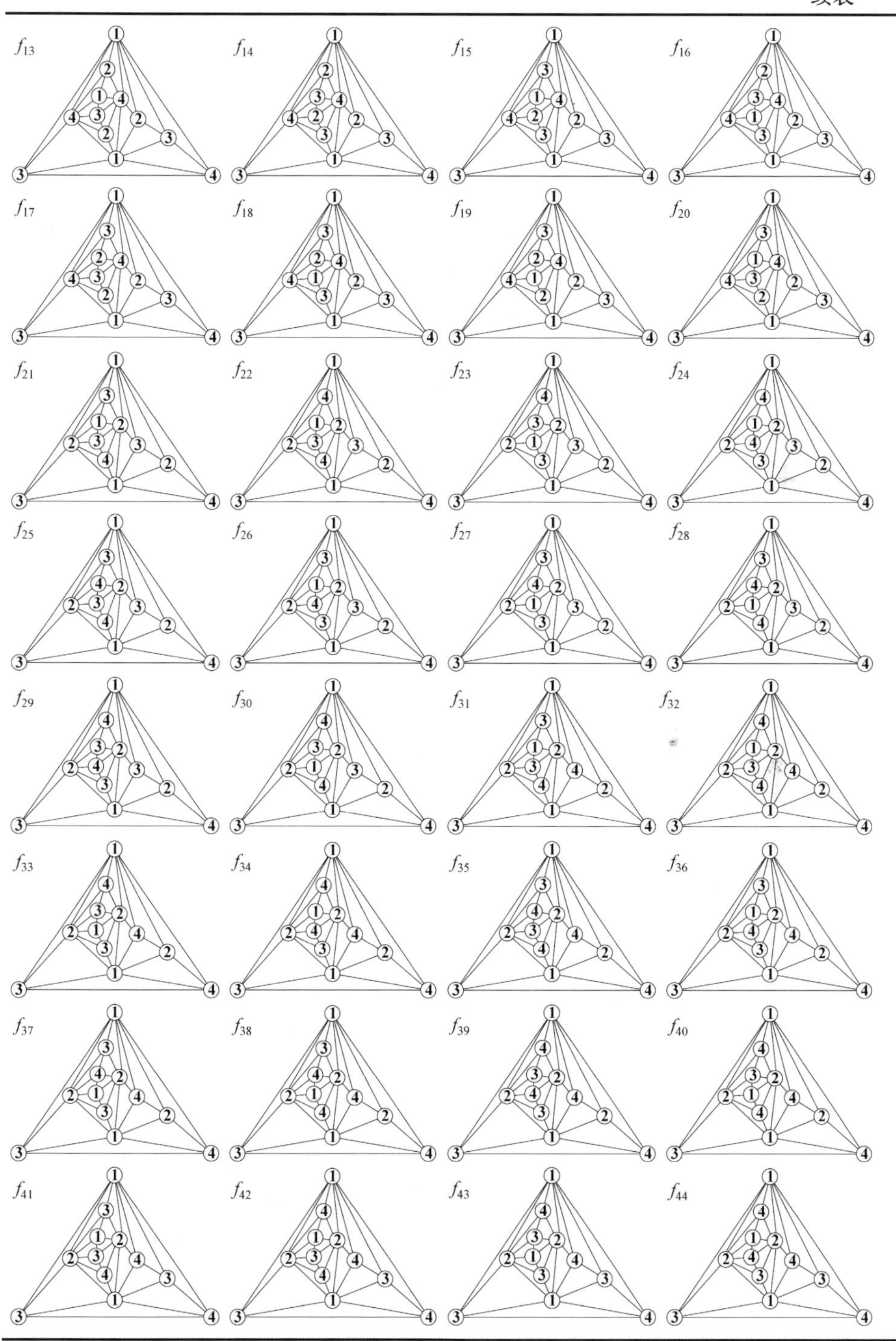
f_{13}
f_{14}
f_{15}
f_{16}
f_{17}
f_{18}
f_{19}
f_{20}
f_{21}
f_{22}
f_{23}
f_{24}
f_{25}
f_{26}
f_{27}
f_{28}
f_{29}
f_{30}
f_{31}
f_{32}
f_{33}
f_{34}
f_{35}
f_{36}
f_{37}
f_{38}
f_{39}
f_{40}
f_{41}
f_{42}
f_{43}
f_{44}

续表

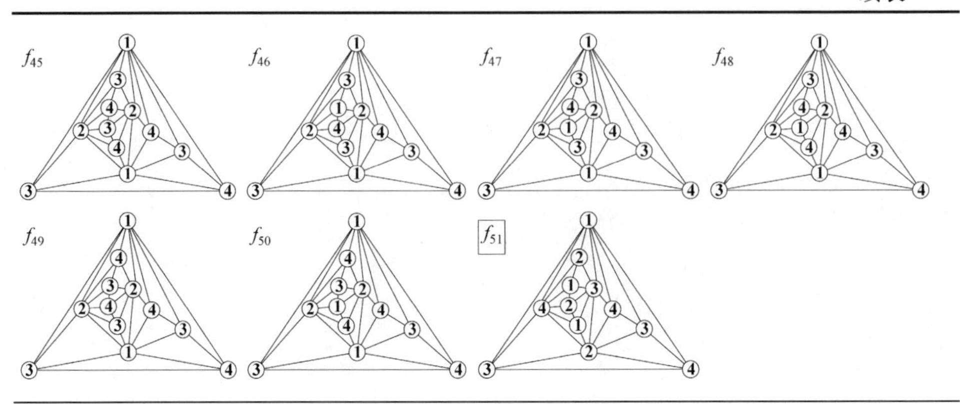

f_{45}
f_{46}
f_{47}
f_{48}
f_{49}
f_{50}
f_{51}

着色特征图:

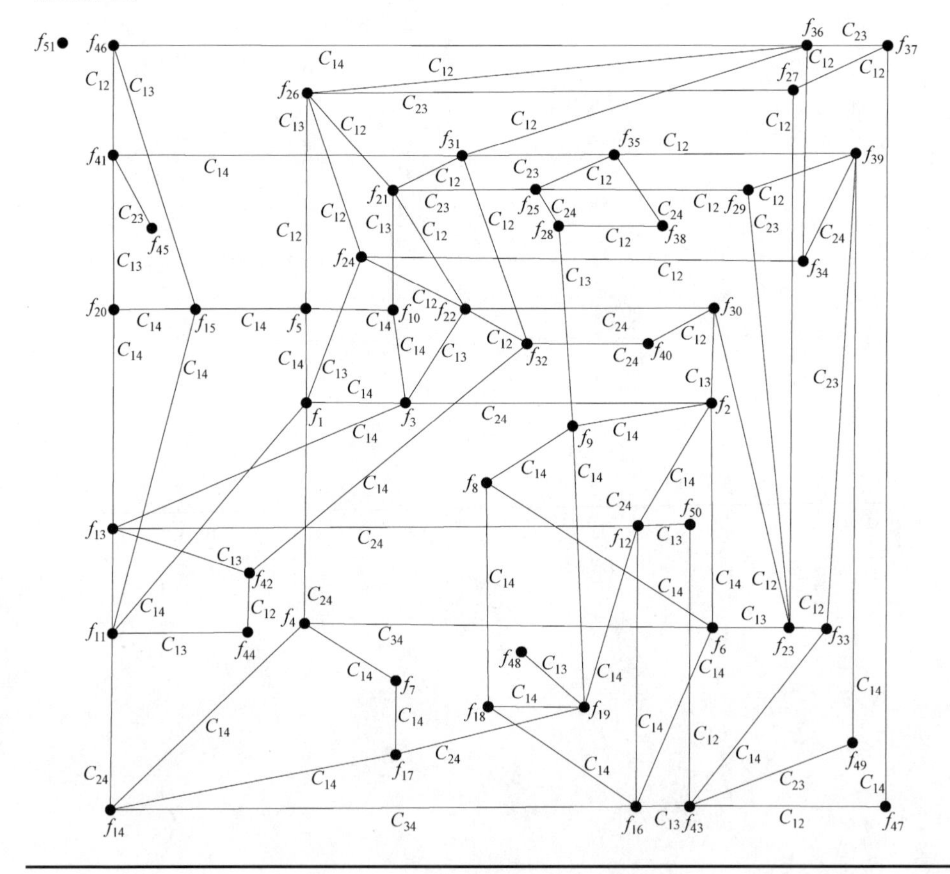

f_{51}
f_{46}
f_{36}
f_{37}
f_{26}
f_{27}
f_{41}
f_{31}
f_{35}
f_{39}
f_{21}
f_{25}
f_{29}
f_{28}
f_{38}
f_{45}
f_{24}
f_{34}
f_{20}
f_{15}
f_{5}
f_{10}
f_{22}
f_{30}
f_{32}
f_{40}
f_{1}
f_{3}
f_{2}
f_{9}
f_{8}
f_{13}
f_{12}
f_{50}
f_{42}
f_{11}
f_{44}
f_{4}
f_{6}
f_{23}
f_{33}
f_{48}
f_{7}
f_{18}
f_{19}
f_{17}
f_{49}
f_{14}
f_{16}
f_{43}
f_{47}

续表

12-126(444444446688)；纯圈型。

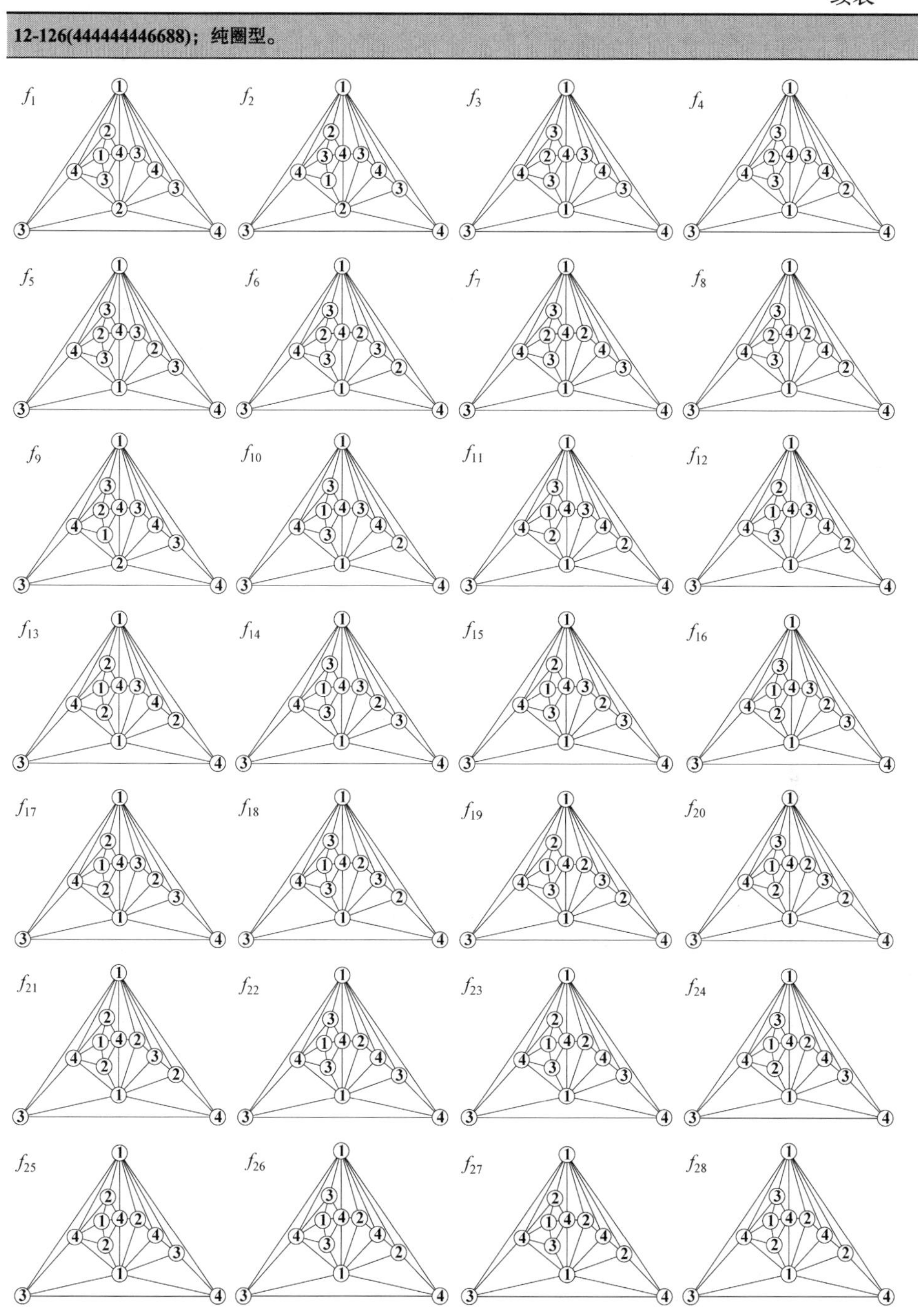

续表

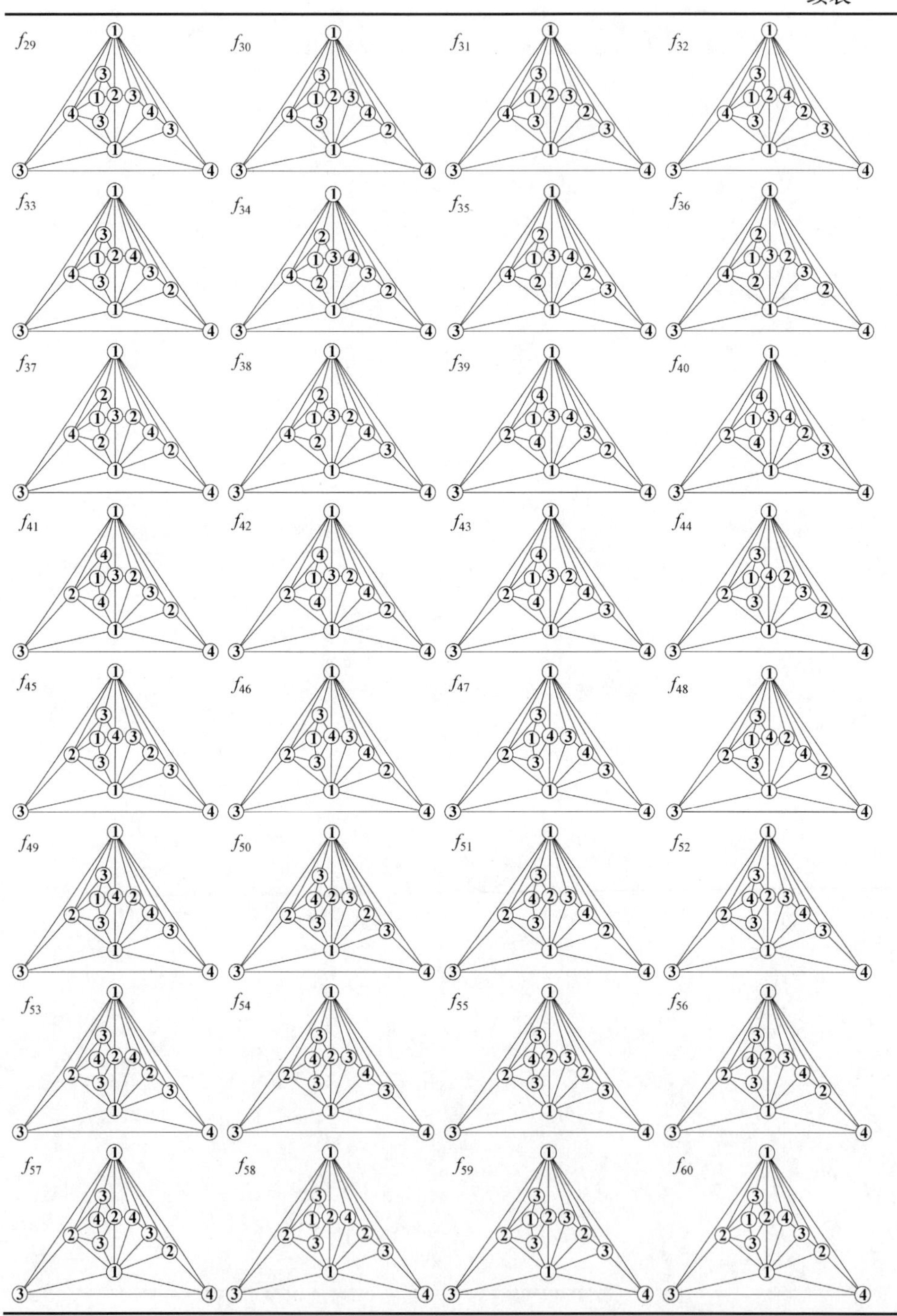
f_{29}
f_{30}
f_{31}
f_{32}
f_{33}
f_{34}
f_{35}
f_{36}
f_{37}
f_{38}
f_{39}
f_{40}
f_{41}
f_{42}
f_{43}
f_{44}
f_{45}
f_{46}
f_{47}
f_{48}
f_{49}
f_{50}
f_{51}
f_{52}
f_{53}
f_{54}
f_{55}
f_{56}
f_{57}
f_{58}
f_{59}
f_{60}

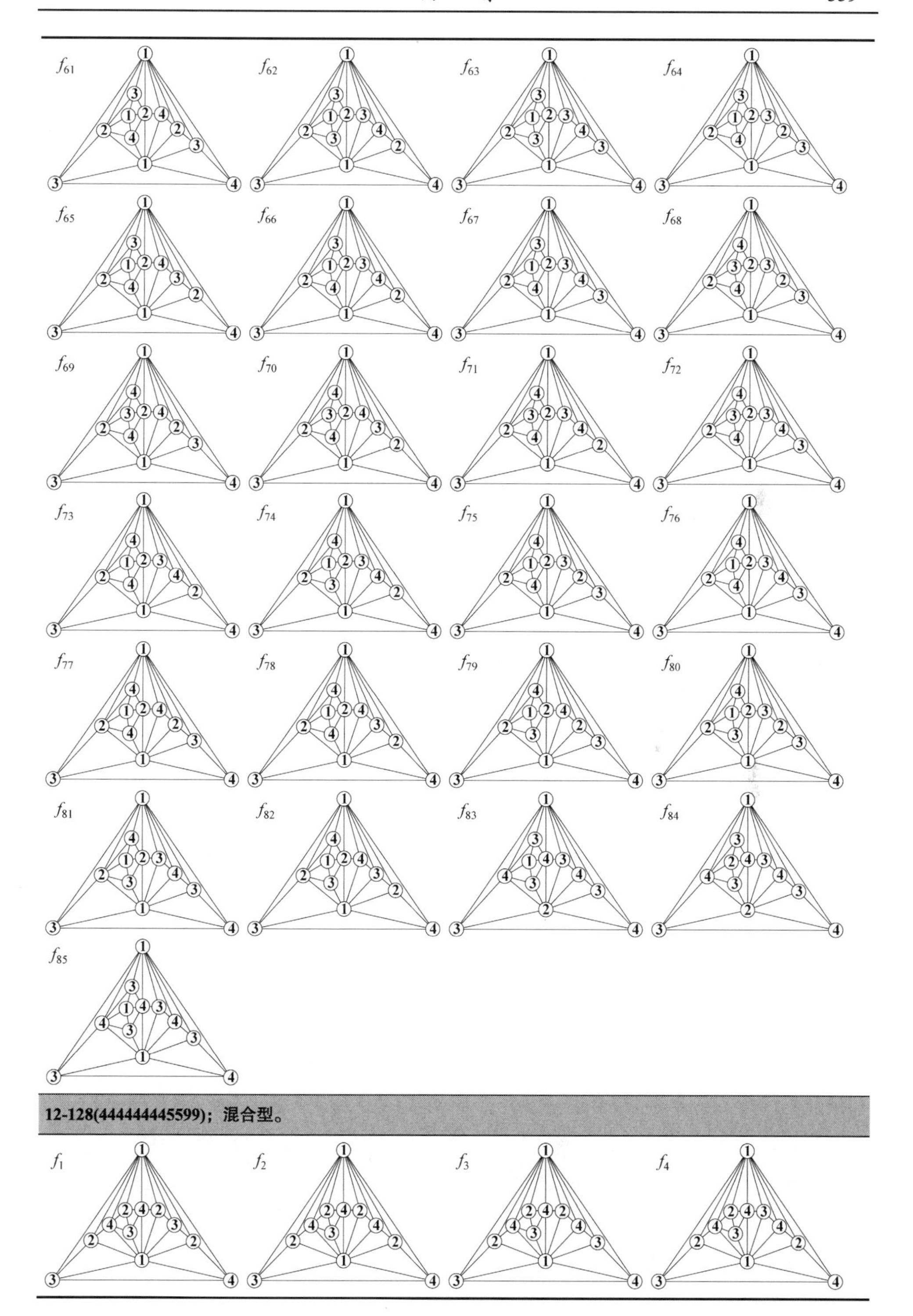

12-128(444444445599)；混合型。

续表

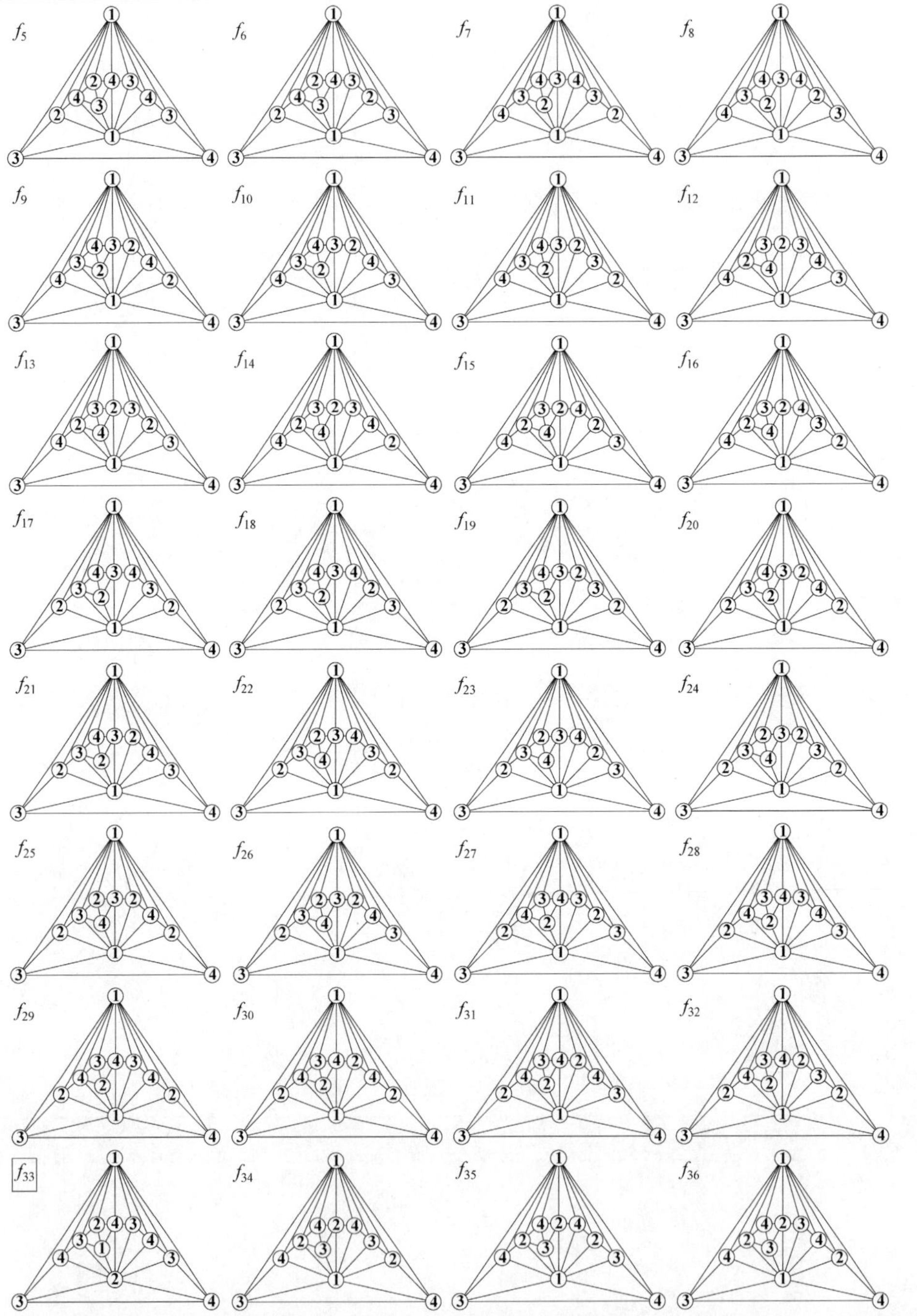

f_5	f_6	f_7	f_8
f_9	f_{10}	f_{11}	f_{12}
f_{13}	f_{14}	f_{15}	f_{16}
f_{17}	f_{18}	f_{19}	f_{20}
f_{21}	f_{22}	f_{23}	f_{24}
f_{25}	f_{26}	f_{27}	f_{28}
f_{29}	f_{30}	f_{31}	f_{32}
f_{33}	f_{34}	f_{35}	f_{36}

续表

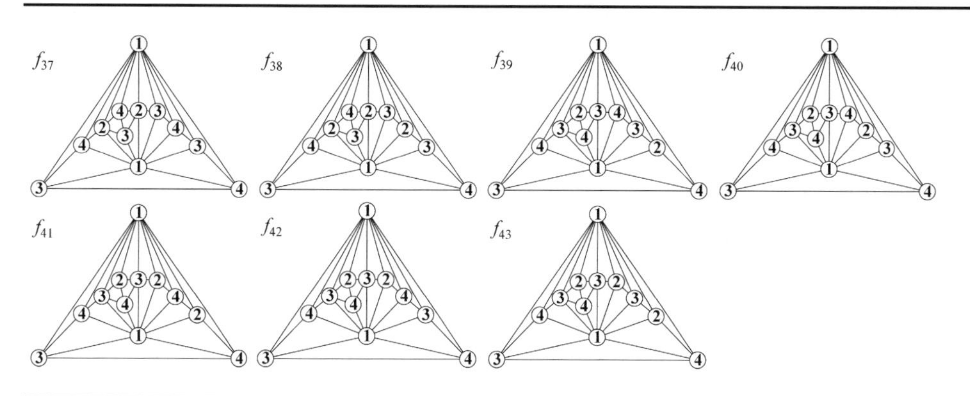
f_{37}
f_{38}
f_{39}
f_{40}
f_{41}
f_{42}
f_{43}

着色特征图:

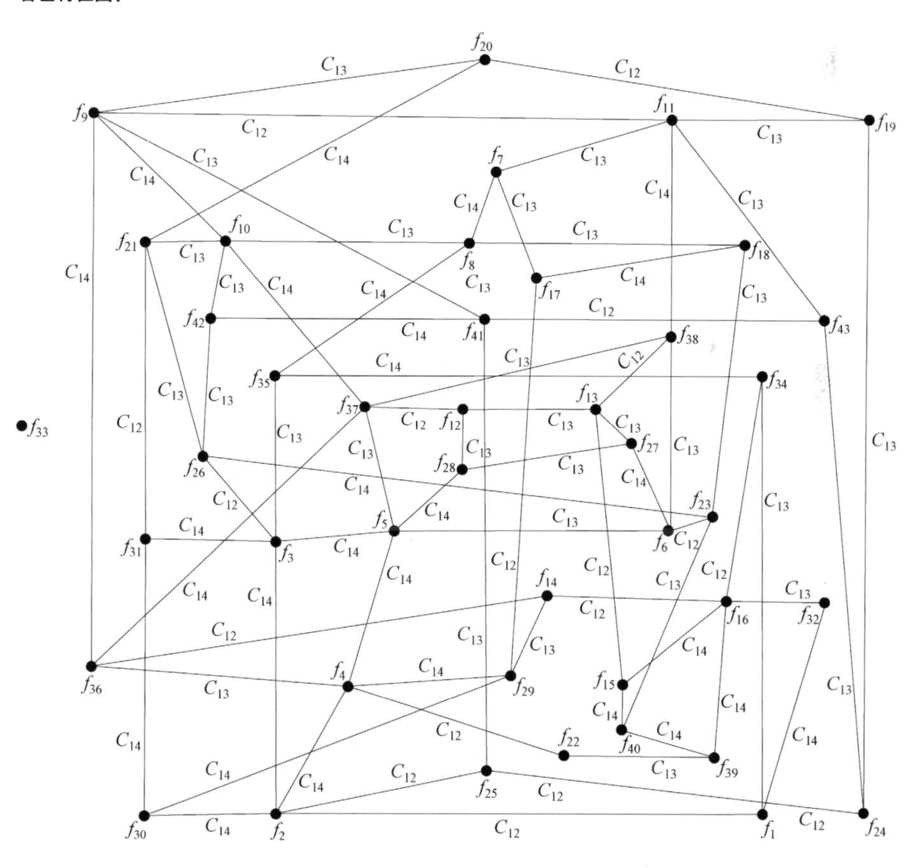
f_{20}
f_9
f_{11}
f_{19}
f_7
f_{21}
f_{10}
f_8
f_{18}
f_{17}
f_{42}
f_{41}
f_{43}
f_{38}
f_{35}
f_{34}
f_{37}
f_{12}
f_{13}
f_{33}
f_{27}
f_{28}
f_{26}
f_{23}
f_5
f_{31}
f_3
f_6
f_{14}
f_{16}
f_{32}
f_{36}
f_4
f_{29}
f_{15}
f_{40}
f_{22}
f_{39}
f_{25}
f_{30}
f_2
f_1
f_{24}

续表

12-130(4444444444 10 10)；唯一 3-色图；双心轮图。
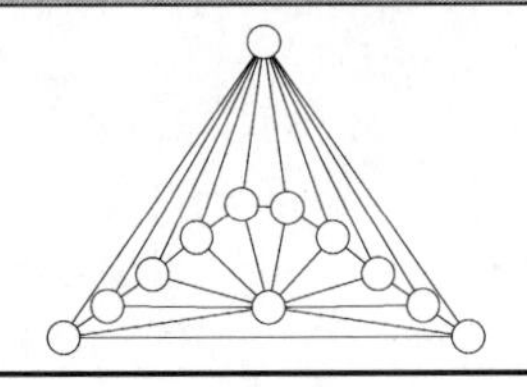 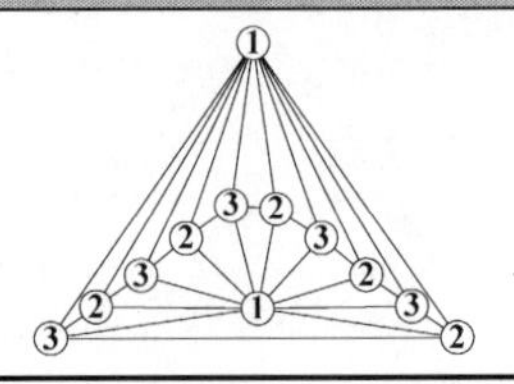